Grundlagentexte der Medienkultur

283-288

315-326

W0371494

Andreas Ziemann
(Hrsg.)

# Grundlagentexte der Medienkultur

## Ein Reader

unter Mitarbeit von Julia Bee, Michael Cuntz, Lorenz Engell, Simon Frisch, Moritz Hiller, Jörg Paulus, Gabriele Schabacher, Henning Schmidgen, Bernhard Siegert, Christiane Voss und Hedwig Wagner

Springer VS

*Hrsg.*
Andreas Ziemann
Bauhaus-Universität Weimar
Weimar, Deutschland

ISBN 978-3-658-15786-9 ISBN 978-3-658-15787-6 (eBook)
https://doi.org/10.1007/978-3-658-15787-6

Die Deutsche Nationalbibliothek verzeichnet diese Publikation in der Deutschen Nationalbibliografie; detaillierte bibliografische Daten sind im Internet über http://dnb.d-nb.de abrufbar.

Springer VS
© Springer Fachmedien Wiesbaden GmbH, ein Teil von Springer Nature 2019
Das Werk einschließlich aller seiner Teile ist urheberrechtlich geschützt. Jede Verwertung, die nicht ausdrücklich vom Urheberrechtsgesetz zugelassen ist, bedarf der vorherigen Zustimmung des Verlags. Das gilt insbesondere für Vervielfältigungen, Bearbeitungen, Übersetzungen, Mikroverfilmungen und die Einspeicherung und Verarbeitung in elektronischen Systemen.
Die Wiedergabe von Gebrauchsnamen, Handelsnamen, Warenbezeichnungen usw. in diesem Werk berechtigt auch ohne besondere Kennzeichnung nicht zu der Annahme, dass solche Namen im Sinne der Warenzeichen- und Markenschutz-Gesetzgebung als frei zu betrachten wären und daher von jedermann benutzt werden dürften.
Der Verlag, die Autoren und die Herausgeber gehen davon aus, dass die Angaben und Informationen in diesem Werk zum Zeitpunkt der Veröffentlichung vollständig und korrekt sind. Weder der Verlag noch die Autoren oder die Herausgeber übernehmen, ausdrücklich oder implizit, Gewähr für den Inhalt des Werkes, etwaige Fehler oder Äußerungen. Der Verlag bleibt im Hinblick auf geografische Zuordnungen und Gebietsbezeichnungen in veröffentlichten Karten und Institutionsadressen neutral.

Verantwortlich im Verlag: Barbara Emig-Roller

Springer VS ist ein Imprint der eingetragenen Gesellschaft Springer Fachmedien Wiesbaden GmbH und ist ein Teil von Springer Nature
Die Anschrift der Gesellschaft ist: Abraham-Lincoln-Str. 46, 65189 Wiesbaden, Germany

# Inhalt

## Archiv



## Bilder



## Computing

## Vergesellschaftung

# Vorwort

Die vorliegende Textsammlung schreibt sich in die Geschichte des „Kursbuch Medienkultur“ ein, das 1999 erstmals publiziert wurde und mehrere Neuauflagen erfahren hat, aber mittlerweile vergriffen ist. So wie damals ein selektiver Kanon an einschlägigen Quellentexten und Theorien vorgelegt wurde, der das Spektrum einer vielfältigen Medienkultur repräsentiert hat, so soll neuerlich vorgeführt werden, welche Themen, Begriffe und Beschreibungs- wie Erklärungsansätze im und zum Feld der Medienkultur existieren. Einige Textauszüge wurden aus dem alten Kursbuch übernommen, viele ausgetauscht und insgesamt die einzelnen Sektionen neu angeordnet und neu überschrieben. Dieses Vorgehen folgt der Einsicht, dass die Medienwissenschaft seither neue Schwerpunkte etabliert und weitere Beschreibungen generiert hat, die wir adäquat abbilden und zur weiteren Reflexion wie Diskussion stellen wollten. Die versammelten Texte zeigen dabei aufs Neue, dass die Beschreibung ihren medialen Gegenstandsbereich selbst erst hervorbringt und anschaulich macht und dass jeder Beschreibung jeweils auch unterschiedliche Perspektiven und Annahmen zugrunde liegen – aber diese auch aus ihr folgen.

Die verschiedenen Sektionen der vorliegenden Anthologie nehmen sich exemplarischer Leitthemen an, welche die Medienkultur betreffen, sie konstituieren, verändern und restabilisieren. Dazu gehören Werkzeuge und Institutionen, Apparate und Infrastrukturen oder Zahlen, Bilder und Codes. Und dazu gehören auch grundlegende Operationen und Aneignungsweisen. Standen im früheren „Kursbuch Medienkultur“ besonders die historische Relativität und die Artifizialität von Medien, Mediendingen und Medienbegriffen im Vordergrund, so hat sich das Interesse in den letzten Jahren in Richtung auf jene Operationen verschoben, denen Medien sich einerseits verdanken und die sie andererseits ermöglichen und ausführen. Dazu zählen: Rechnen und Schreiben, Lesen und Archivieren oder Filmen und Programmieren. Die für jede Sektion ausgewählten Autor*innen und

Texte ermöglichen ein gezieltes Verstehen und kritisches Reflektieren all jener Aspekte, Operationen und Strukturen, die dem jeweiligen Leitthema innewohnen. Ausgewählt wurden die Autor*innen nach den Aspekten der Kanonisierbarkeit und der anhaltenden Aktualität bei aller kontrollierten Distanz zur Gegenwart. Entscheidend war zudem die Grundlagenqualität der Texte: Ausgewählt wurden solche, die einst neue Perspektiven eröffneten, deren Beschreibungen und Diagnosen aber immer noch relevant, lesenswert und bis in unsere Gegenwart anschlussfähig sind und die gegenwärtigen (Begriffs-)Debatten und (Theorie-)Diskurse der Medienwissenschaft und benachbarter Disziplinen prägen.[1]

Wenn wir die Auffassung vertreten, dass Begriffe und Theorien einen Gegenstand und Phänomenbereich überhaupt erst hervorbringen, beobachtbar machen und auch gegen die alltagsweltliche Anschauung und Überzeugung profilieren, dann sind diese relativ und entsprechend unterschiedlich ausgeprägt – je nach Problemstellung, Anwendungsbezug und Beobachterperspektive. Daraus folgt, dass es unmöglich ist, sich auf *einen* distinkten Medienbegriff – geschweige denn Kulturbegriff – zu einigen. Beide Begriffe haben vielmehr einen pluralen Gehalt und zeigen eine signifikante Extension. Wir wollen aber dennoch thesenhaft einige Charakteristika versammeln und vorgeben, die für ein Denken und Schreiben über Medien grundlegende Relevanz besitzen und generalisierbar sind. Mit unterschiedlicher Gewichtung finden sich diese Thesen in unseren Sektionen und Textausschnitten wieder. Man kann sie deshalb didaktisch als Meta-Orientierung begreifen. Man kann sie aber auch als medienwissenschaftliche Provokation begreifen, die weitere Begriffs- und Theoriearbeit forcieren und alternative Vorschläge stimulieren will. Unsere zentralen und strukturbildenden Leitüberlegungen lauten:

1. Medien sind Lösungen, durch die die Welt auf ihre Probleme reagiert. Auch da, wo sie sich einer konkreten Definition entziehen, sind sie funktional. Sie sind dann Reaktionen auf unausgesprochene und implizite Probleme. Medien bearbeiten nicht nur technische Fragen, sondern sie lösen z. B. auch kollektive Wunschziele oder gesellschaftliche Probleme. Sie sind (ex post besehen) *artifizielle Antworten* auf Probleme der Wahrnehmung, Verständigung, kommunikativen Erreichbarkeit

---

1 Bezüglich der Textauswahl ist ein editorischer Hinweis notwendig, insofern wahrscheinlich einige wichtige Autor*innen vermisst werden. Es war relativ aufwendig und schwierig, von den Verlagen oder anderweitigen Rechteinhabern die Abdruckgenehmigungen zu erhalten. In einigen Fällen wurden diese entweder strikt verwehrt oder mit unerschwinglichen Summen belegt, sodass beispielsweise Baudry, Foucault, Lacan, Lafitte, McLuhan oder Parsons in der vorliegenden Textsammlung leider fehlen (müssen). Die Leser*innen mögen es verzeihen. Umso mehr schulden wir den kooperationsbereiten Akteuren umfassend Dank. Dieser geht auch an Frau Emig-Roller von Springer VS für ihre ausdauernde Geduld und breite Unterstützung. Ohne sie wäre das vorliegende Werk nicht zustande gekommen.

und gesellschaftlichen Ordnung. Indem sie Daten erzeugen, speichern, verarbeiten, überertragen und wieder in die Welt setzen, ermöglichen, konditionieren und strukturieren sie zugleich gemeinschaftliches Erleben in der Welt, die Überwindung von Raum- und Zeitdistanzen, koordiniertes Handeln und die Vermittlung bzw. die (reflexive) Kenntnis situativer wie situationsübergreifender Wissensvorräte. Medien bearbeiten und lösen aber nicht nur verschiedene Probleme, sondern generieren auch fortlaufend neue Probleme, die sie dann wieder lösen (müssen).

2. Medien informieren. Sie bringen etwas in Form, etwa Sprach- und Schriftzeichen; und sie verbreiten via Massenmedien oder durch individuelle Mitteilungstechnologien (gesellschaftsrelevante, adressatenspezifische) Neuigkeiten und Wissenswertes. Als materiale Agenten oder agentielle Materie verursachen sie jedoch im selben Maße materielle Folgen und Wirkungen und sind ihrerseits materieller Dynamik und Plastizität ausgesetzt. Unverändert setzen sie die Welt unter Bedingungen, die sie selber sind.

3. Medien schaffen (neue) Wirklichkeiten. Sie sind nicht nur als Bedingungsgefüge wirksam; sie stellen vielmehr fortwährend neue Möglichkeits- und Freiheitsräume zur Verfügung. Als Verstärkungen und Erweiterungen dehnen sie menschliche und nicht-menschliche Operationsräume aus – etwa die körperlichen Möglichkeiten der Bewegung und Wahrnehmung – und führen uns in aisthetische wie ästhetische Dimensionen, die ansonsten unerkannt und unbekannt blieben. Das gilt für das Fernrohr und das Elektronenmikroskop, die Fotografie und den Film ebenso wie für das Rad, die Eisenbahn oder das Flugzeug. Als selbstoptimierende Maschinen arbeiten sie auch, in Unabhängigkeit von menschlichen Handlungen, beständig an der Ausweitung automatischen technischen Agierens.

4. Medien sind ubiquitär. Im Laufe der soziokulturellen und technischen Evolution ist es – vor allem unter Bedingungen der Elektrizität – zu einer derart rasanten Vermehrung, Erfindungsspirale und Ausdehnung von Medien(techniken) gekommen, dass in unserer (Lebens-)Welt scheinbar nichts *nicht* medial und technisch vermittelt ist. Das betrifft noch selbst die Ausweitung und Kontaktaufnahme in Richtung extraterrestrischer, interplanetarischer Konstellationen (z. B. Mondlandung, Marsflüge, Satellitentechnik, GPS etc.). Zugleich verschmelzen die Medien zunehmend mit der materiellen Wirklichkeit selbst: sei es diejenige der dinglichen, „intelligenten" Artefakte, diejenige des menschlichen Lebens (etwa in ‚wearables' und Implantaten) oder auch diejenige der digitalisierten Natur (etwa kontrollierter Schwärme und Tierherden). Man kann in dieser Hinsicht die Kontrollfrage stellen, welche Effekte, Neben- und Nachwirkungen der Ausfall oder die Zerstörung von Medien für jeden Einzelnen oder die gegenwärtige Gesellschaft oder all unsere Umwelten hätte.

5. Medien sind wirkmächtige, autonome Akteure. Im Kontrast zur theoretischen Neutralitätsidee von Medien hat sich seit Längerem die Erkenntnis durch-

gesetzt, dass Medien bei allem, was sie produzieren, übertragen und verbreiten, immer auch ihren spezifischen Eigenanteil haben. Sie beeinflussen folglich jegliches Mitteilungshandeln und Übertragungsgeschehen und setzen es unter ihre je eigenen Bedingungen – in Differenz zu anderen Medien und ihrem Gebrauch. Zunehmend reagieren sie auf und interagieren sie mit anderen Medien, ohne dass ihre Operationen zwingend Menschen oder Sozialitäten in Anspruch nähmen. Sie bilden dadurch Netzwerke, geschlossene Ensembles und Habitate aus.

6. Medien tendieren zur Transparenz. Je besser und erfolgreicher wir mit Medien(techniken) umgehen und diese etwas wahrnehmbar machen, vermitteln und verbreiten, umso weniger erleben und erkennen wir diese selbst. Der Bote, der im Namen eines anderen spricht und eine abwesende Macht repräsentiert, nivelliert in dieser Funktion seine Person und sein Ich; und gleichermaßen machen die Lesebrille oder das Mikroskop etwas wahrnehmbar, ohne im Idealfall selbst wahrgenommen zu werden. Obwohl es keine *nicht*-mediale Vermittlung und keinen unmittelbaren Kontakt geben kann, besteht die höchste Funktion von Medien darin, genau diese Illusion zu erzeugen. Erst beim Nicht-Funktionieren, bei Störungen oder bei Fehlanwendungen werden wir der Medien wieder gewahr, versetzen sie sich in beobachtbare Existenz, sind sie plötzlich vorhanden statt unproblematisch zuhanden.

7. Medien sind opak. Selbst und gerade dort, wo sie sich in begegnungsfähiger Weise zeigen, etwa ihren Benutzern als Apparaturen oder Institutionen gegenübertreten, bleiben sie in der Art der Black Boxes undurchsichtig und undurchdringlich. Ihr internes Funktionieren entzieht sich dem Blick und dem Wissen und ruft deshalb eigene, spezifische Analyse- und Verstehensoperationen hervor. Ob dabei das Öffnen der Black Box oder aber im Gegenteil die genaue Beobachtung der Praktiken ihres Gebrauchs als zielführende Methoden anzusetzen sind, darin unterscheiden sich verschiedene Schulen der Medienarchäologie und -analyse.

8. Medien sind schließlich Reflexions- und Affektionsinstanzen. Ohne Medien sind Operationen der Reflexion und der Selbstreflexion nicht möglich, so wie ohne materielle Grundierung (technisch in Speicher- und Verarbeitungstechnologien wie Schreib- und Rechenwerkzeuge, biologisch im Gehirn und neurologischen Apparat) kein Denken und ohne Außeninstanzen (technisch: Spiegel oder Kameras, anthropologisch: Andere) keine Betrachtung des eigenen Blicks und eine Herausbildung von Subjektivität möglich sind. Ebenso ist ohne (erneut: natürliche oder technische) Medien keine affektive Involvierung zwischen Individuen und Objekten möglich, weder in ästhetischer noch in emotionaler oder kognitiver Hinsicht. Und auch in all diese Operationen der Relationierung und der Rückkopplung und Rückbindung tragen sich die Medien mit ihren Eigenschaften selbst ein und ziehen sich zugleich aus den Resultaten zurück.

Die Medienwissenschaft produziert, untersucht und reflektiert diese Befunde. Sie arbeitet vor allem an der Sichtbarmachung von Medien – von Medientechniken wie auch von Medienobjekten, von Milieus wie auch von Mittlerlagen – mit und erläutert schließlich deren Leistungen für und Auswirkungen auf technische und biologische Systeme nicht weniger als auf menschliches Wahrnehmen und Denken, soziales Handeln und Kommunikation, Wissensformen und Wissensorganisation, Sozialisation und Individualisierung, kulturelle Einrichtungen und Wertsphären und nicht zuletzt auch gesellschaftliche Strukturen. Dabei versteht sie sich speziell als eine relationale Wissenschaft, die mit dem Medium einen Inbegriff für Drittes und Dazwischenliegendes ins Zentrum rückt und sich also für Gemenge und Gemische, für Verstrickungen etwa zwischen Natürlichem und Artefaktuellem, zwischen Sozialem und Dinglichem, zwischen Technischem und Symbolischem interessiert. Dies umfasst auch kreativ-generative und evolutive Prozesse, in denen etwas aus etwas anderem entsteht. Parallel dazu entwickelt und verfolgt die Medienwissenschaft einen historischen Sensus, der erstens die technische Evolution und das Gewordensein von Medien beschreibbar und erklärbar macht und der zweitens im Vergleichsmodus über Altes und Neues, Stabilität und Wandel der Medienkultur insgesamt informiert und aufklärt. In ihrer Selbstbeschreibung sieht sich die Medienwissenschaft auf dem Weg zu einer geisteswissenschaftlichen Leitdisziplin, die über vordringliche und drängende Lagen unter (neuen) medialen Bedingungen aufzuklären imstande ist. Auf welchen Pfaden sie dabei wandert und mit welchen Mitteln sie dies leistet, auch darüber soll die Textauswahl Aufschluss geben.

*Lorenz Engell & Andreas Ziemann*

# Anordnungen

# Zur Einführung

Simon Frisch

Anordnungen sind räumliche oder diskursive Formationen. Sie bestimmen Abstände und Durchgänge sowie Ansichten und Durchsichten. Sie bilden und bedingen somit buchstäblich Einsichten. Anordnungen legen Bedingungsstrukturen für Unterscheidungen an, die sich zu Urteilen und Bewertungen fügen. In der Analyse und Beschreibung von Anordnungen können wir nachvollziehen, wie wir wahrnehmen und wie Werte entstehen. Je nachdem, wie sich Dinge, Lebewesen und die Unterscheidungen von Dingen und Lebewesen verteilen und wie sich jeweils untereinander Abstände ergeben, eröffnen und verteilen sich Ansichten und Einsichten anders und zeitigen andere Urteile und Werte.

Walter Benjamin untersucht in seinem Text „Das Kunstwerk im Zeitalter seiner technischen Reproduzierbarkeit", jenem prominenten Entwurf einer materialistischen Kunsttheorie, die Dialektik des Kunstwerks zwischen seinen Produktionsverhältnissen und dem Kunstdiskurs. Benjamins wichtigster Zeuge für die grundsätzliche Veränderung im Feld der Kunst ist der Film, der von den klassischen Konzepten der Kunst nicht mehr erfasst wird. Den Film stellt Benjamin als die Kunstform vor, in der sich das Zeitalter der Massen und die Bedürfnisse dieser geschichtlichen Epoche offenbaren. Die künftige Theorie der Kunst werde sich am Film erweisen, schreibt Benjamin in einem Entwurf zu seinem Kunstwerkaufsatz. In den einzelnen Abschnitten seines Textes bringt er vor, wie angesichts der technischen Reproduzierbarkeit des Kunstwerks bislang konstitutive Kriterien der Konzeption der Kunst wie Echtheit, Einzigkeit, Kontemplation, Originalität und natürlich die Aura – die sicherlich bekannteste und am meisten diskutierte Kategorie des Texts – obsolet werden. Die technische Reproduzierbarkeit, so führt Benjamin aus, verändert nahezu die Gesamtheit der zuvor bestehenden zeitlichen und räumlichen Parameter und Ordnungen im Feld der Kunst. Völlig verändert, verschoben, vervielfältigt oder aufgelöst haben sich Aspekte der Anwesenheit, des Ortes und der Zeit, der Erscheinung und auch der Materialität von Kunst. Ihre

© Springer Fachmedien Wiesbaden GmbH, ein Teil von Springer Nature 2019
A. Ziemann (Hrsg.), *Grundlagentexte der Medienkultur*,
https://doi.org/10.1007/978-3-658-15787-6_1

Existenzbereiche, ihre Funktions- und Wirkungsweisen sind im Massenzeitalter grundlegend verändert. Kunst ist nicht nur nicht mehr wiederzuerkennen, sie ist in vielen Bereichen schlichtweg nicht mehr da, wo sie zuvor war. Sie dort zu finden und zu beschreiben, wo sie *statt*findet (im wörtlichen Sinne von ‚Stätte finden') oder wohin sie sich verteilt und zerstreut, verschiebt und zergliedert, ist in Benjamins Text die wichtigste Herausforderung der Kulturkritik und der Philosophie. Er spitzt sie als politische Verantwortung zu, nach der sich entscheidet, ob man für die Zukunft den Faschismus oder den Sozialismus wählt.

1954, rund 20 Jahre nachdem Benjamin seinen Kunstwerkaufsatz geschrieben hatte, skizziert der New Yorker Literatur- und Filmkritiker Robert Warshow im Rahmen eines Stipendienantrags zeitgenössische Perspektiven für eine Theorie des Films. Dabei geht es ihm darum, einen Ansatz zu entwickeln jenseits der beiden damals vorherrschenden Grundrichtungen der Filmkritik: der kunstsinnigen Filmkritik, die Filme nach Kriterien der klassischen Künste bewertete – also genau solche, die schon Benjamin überwinden wollte –, und der soziologischen Filmkritik, die Filme immer als Symptome der gesellschaftlichen Verhältnisse analysierte. Warshow bringt zusätzlich das Feld der *populären Kultur* ins Spiel, lange bevor die Kulturwissenschaften diese als Gegenstandsfeld zu erschließen beginnen und sich daraus die *cultural studies* formieren. Allerdings will Warshow den Film weniger theoretisch verorten. Er sucht vielmehr nach einem Ort, von dem aus sich eine Theorie zur genuinen Ästhetik des Films entwickeln ließe. Anders als Benjamin, der die Theorie der Kunst vom Film betroffen sah, tendiert Warshow dazu, die Theoretisierung des Films unabhängig von der Kunsttheorie zu betreiben, und fragt, ob der Film möglicherweise eine ganz eigene Gattung und eine ganz eigene Form sei, die wiederum eine ganz eigene Poetik erfordere – in Anspielung auf Aristoteles. Benjamin ging es eher darum, die Felder der Kunst – die sehr verwandt mit dem sind, was Foucault später Diskurs nennen wird und Institutionen, Produktions- und Machtverhältnisse gleichermaßen wie Redeweisen einschließt – in ihrer Veränderung zu beschreiben und darin dem Film einen Ort zuzuweisen. Warshow hingegen markiert den Ort der unmittelbaren Erfahrung des Films im Kino: Ein Mensch sieht einen Film, bevor er Soziologe oder Kunstrichter ist – das sind der Ort und der Zeitpunkt, die Warshow interessieren. Was bei ihm zu einer Emphase der Unmittelbarkeit gerät, zielt eigentlich ab auf ein Feld theoretischer Unvoreingenommenheit als Möglichkeit zur Gründung einer genuinen Theorie des Films. Wichtiger als eine Theoretisierung der Unmittelbarkeit der Erfahrung erschien ihm, über Film in genügendem Abstand zu den Kriterien der Kunst- oder Gesellschaftstheorie nachzudenken.

Der japanische Philosoph Kitarō Nishida steht am Anfang der modernen japanischen Philosophie, die dadurch gekennzeichnet ist, dass sie den Anschluss an die abendländische Philosophie sucht. In seinem Text „Ort" von 1926 geht er nicht von der Existenz einer transzendenten, höheren Wahrheit aus und fragt auch nicht nach den Möglichkeiten und Grenzen der Erkenntnis. Vielmehr unternimmt er in intensiver Auseinandersetzung mit abendländischer Philosophie (u. a. Platon, Aristoteles, Augustinus, Spinoza, Kant, Fichte, Hegel, Husserl) eine radikale Reflexion auf die Möglichkeiten der Erkenntnistheorie selbst. Dabei bezieht er die Fragen nach Wahrheit und Erkenntnis zurück auf den *Ort*, wo die Unterscheidungen stattfinden, sodass sich die Fragen nach Wahrheit oder der Verblendung – wie sie Plato in seinem Höhlengleichnis stellt – auflösen in eine Reflexion über die Voraussetzungen des Unterscheidens und Urteilens selber. Dabei entfaltet sich eine Art rückwärtslaufender Dialektik, in der es keine stetige Entwicklung von Aufhebungen in immer höhere Stufen gibt. Nishida betreibt stattdessen eine Enthebung oder Auflösung von Beziehungen und Strukturen, die jeweils die Hintergründe und die Voraussetzungen von Stufen erforscht. So versucht er, zu dem Ort einer Unmittelbarkeit vorzudringen, deren Kennzeichen die Entflechtung von *Bedingungen* ist. Nishidas spezifische Logik des Ortes findet durch die radikale Rückzugsbewegung aus allen Voraussetzungen in den Erkenntnistheorien einen Ausweg aus dem abendländischen Transzendenzparadigma. Nishidas Ortskonzept führt über die Grenzen der formalen Logik hinaus, indem er weiter nach dem Hintergrund der Logik fragt. Dadurch gelangt er an eine Konzeption des absoluten Nichts, welches er als einen spezifischen Ort fasst, aus dem alles hervorgeht und in dem sich zugleich alles befindet. Hier verbinden sich abendländische Philosophietradition mit ostasiatischer Denktradition aus dem Zen und dem Daoismus, und somit werden Bedingungsstrukturen der Erkenntnisprozesse topologisch beschreibbar, ohne auf jenseitige Instanzen rekurrieren zu müssen. In dieser Logik der radikalen Rücknahme ist das Ich kein Gegenstand, keine Instanz und kein Ding, sondern „ein Ort".

Die erkenntnistheoretischen Fragestellungen, die sich sehr schnell zu anthropologischen und subjektphilosophischen Fragen fortsetzen lassen, geraten in allen drei Texten dieser Sektion zu Ortsbestimmungen. Kitarō Nishida entkoppelt in seinem Diskurs Beziehungen und Kategorisierungen, wie die von Ding und Raum, Denken und Wissen, Wille und Kraft, Subjekt und Prädikat. Von daher ist es aufschlussreich, mit Nishida Benjamin und Warshow zu lesen. In Anschluss an Nishidas Konzept des Ortes lässt sich Benjamin weiterdenken, insbesondere an jenen Stellen, an denen er die Grenzen der historisch-materialistischen Dialektik erreicht. Von Nishida her werden Reflexionsbeziehungen und die Dialektik von Form und Inhalt, Geist und Körper, Substanz und Idee gewendet in ein Konzept einer radikalen Immanenz. Ort ist dann der Ort, an dem Film denken, Film sehen und Filme machen zugleich sich ereignet – in gleicher Weise als Kunst und Nichtkunst. Nishidas Denkfigur des spiegelnden Grundes des Bewusstseins weist starke Parallelen auf zu Lacans Konzept der Ichfunktion in seinem Text über das Spiegelstadium (1949), die die Konzeptionen des Ich als Ort ebenfalls enthält, wenn Lacan das Ich als Territorium beschreibt.

Warshow und Nishida konvergieren darin, dass sie einen ganz und gar nicht naiven Begriff von unmittelbarer Erfahrung entwerfen, indem sie diese unter die Bedingungen eines Ortes stellen: Warshows Mensch im Kino steht heuristisch mit dem Nichts von Nishida auf gleicher Stufe. Denn offenbar markiert Warshow als Ort der filmischen Erfahrung einen Menschen im Kino, der sich den Film anschaut, bevor er etwas anderes ist als Ort der Filmerfahrung – also auch bevor er Familienvater, Polizist, Krankenschwester oder Bibliothekarin usw. ist. Die topologische Anordnung erlaubt interessanterweise eine Konzeption und eine Frage nach unmittelbarer Erfahrung, da sie in der Lokalität eine spezifische Konzeption vorstellt. So wird eine topologisch bedingte Unmittelbarkeit der Erfahrung als Konzept möglich, das ganz und gar frei ist von mystisch-transzendenten Konstruktionen; und sie wird als und in der *Anordnung* beschreibbar.

# Walter Benjamin: Das Kunstwerk im Zeitalter seiner technischen Reproduzierbarkeit (1935)

Die Umwälzung des Überbaus, die langsamer als die des Unterbaus vor sich geht, hat mehr als ein halbes Jahrhundert gebraucht, um auf allen Kulturgebieten die Veränderung der Produktionsbedingungen zur Geltung zu bringen. In welcher Gestalt das geschah, läßt sich erst heute feststellen. An diese Feststellungen sind gewisse prognostische Anforderungen berechtigt. Es entsprechen ihnen aber weniger Thesen über die Kunst des Proletariats nach der Machtergreifung, geschweige die der klassenlosen Gesellschaft, als Thesen über die Entwicklungstendenzen der Kunst unter den gegenwärtigen Produktionsbedingungen. Deren Dialektik macht sich im Überbau nicht weniger bemerkbar als in der Ökonomie. Darum wäre es falsch, den Kampfwert solcher Thesen zu unterschätzen. Sie setzen eine Anzahl überkommener Begriffe – wie Schöpfertum und Genialität, Ewigkeitswert und Stil, Form und Inhalt – beiseite – Begriffe, deren unkontrollierte (und augenblicklich schwer kontrollierbare) Anwendung zur Verarbeitung des Tatsachenmaterials in faschistischem Sinne führt. *Die im folgenden neu in die Kunsttheorie eingeführten Begriffe unterscheiden sich von anderen dadurch, daß sie für die Zwecke des Faschismus vollkommen unbrauchbar sind. Dagegen sind sie zur Formulierung revolutionärer Forderungen in der Kunstpolitik brauchbar.*

Das Kunstwerk ist grundsätzlich immer reproduzierbar gewesen. Was Menschen gemacht hatten, das konnte immer von Menschen nachgemacht werden. Solche Nachbildung wurde auch ausgeübt von Schülern zur Übung der Kunst, von Meistern zur Verbreitung der Werke, endlich von gewinnlüsternen Dritten. Demgegenüber ist die technische Reproduktion des Kunstwerks etwas Neues, das sich in der Geschichte intermittierend, in weit auseinanderliegenden Schüben, aber mit wachsender Intensität durchsetzt. Mit dem Holzschnitt wurde zum ersten Male die Graphik technisch reproduzierbar; sie war es lange, ehe durch den Druck auch die Schrift es wurde. Die ungeheuren Veränderungen, die der Druck, die technische Reproduzierung der Schrift, in der Literatur hervorgerufen hat, sind

© Springer Fachmedien Wiesbaden GmbH, ein Teil von Springer Nature 2019
A. Ziemann (Hrsg.), *Grundlagentexte der Medienkultur*,
https://doi.org/10.1007/978-3-658-15787-6_2

bekannt. Von der Erscheinung, die hier in weltgeschichtlichem Maßstab betrachtet wird, sind sie aber nur ein, freilich besonders wichtiger Sonderfall. Zum Holzschnitt treten im Laufe des Mittelalters Kupferstich und Radierung, sowie im Anfang des neunzehnten Jahrhunderts die Lithographie.

[…] Mit der Photographie war die Hand im Prozeß bildlicher Reproduktion zum ersten Mal von den wichtigsten künstlerischen Obliegenheiten entlastet, welche nunmehr dem Auge allein zufielen. […] *Die technische Reproduktion des Tons wurde am Ende des vorigen Jahrhunderts in Angriff genommen. Mit ihr hatte die technische Reproduktion einen Standard erreicht, auf dem sie nicht nur die Gesamtheit der überkommenen Kunstwerke zu ihrem Objekt machte und deren Wirkung den tiefsten Veränderungen unterwarf, sondern sich einen eigenen Platz unter den künstlerischen Verfahrungsweisen eroberte.* […]

Noch bei der höchstvollendeten Reproduktion fällt *eines* aus: das Hier und Jetzt des Kunstwerks – sein einmaliges Dasein an dem Orte, an dem es sich befindet. An diesem einmaligen Dasein aber und an nichts sonst vollzog sich die Geschichte, der es im Laufe seines Bestehens unterworfen gewesen ist. Dahin rechnen sowohl die Veränderungen, die es im Laufe der Zeit in seiner physischen Struktur erlitten hat, wie die wechselnden Besitzverhältnisse, in die es eingetreten sein mag. Die Spur der ersteren ist nur durch Analysen chemischer oder physikalischer Art zu fördern, die sich an der Reproduktion nicht vollziehen lassen; die der zweiten Gegenstand einer Tradition, deren Verfolgung von dem Standort des Originals ausgehen muß.

Das Hier und Jetzt des Originals macht den Begriff seiner Echtheit aus, und auf deren Grund ihrerseits liegt die Vorstellung einer Tradition, welche dieses Objekt bis auf den heutigen Tag als ein Selbes und Identisches weitergeleitet hat. *Der gesamte Bereich der Echtheit entzieht sich der technischen – und natürlich nicht nur der technischen – Reproduzierbarkeit.* Während das Echte aber der manuellen Reproduktion gegenüber, die von ihm im Regelfalle als Fälschung abgestempelt wurde, seine volle Autorität bewahrt, ist das der technischen Reproduktion gegenüber nicht der Fall. […] Vor allem macht sie ihm möglich, dem Aufnehmenden entgegenzukommen, sei es in Gestalt der Photographie, sei es in der der Schallplatte. Die Kathedrale verläßt ihren Platz, um in dem Studio eines Kunstfreundes Aufnahme zu finden; das Chorwerk, das in einem Saal oder unter freiem Himmel exekutiert wurde, läßt sich in einem Zimmer vernehmen.

[…] Die Echtheit einer Sache ist der Inbegriff alles von Ursprung her an ihr Tradierbaren, von ihrer materiellen Dauer bis zu ihrer geschichtlichen Zeugenschaft. Da die letztere auf der ersteren fundiert ist, so gerät in der Reproduktion, wo die erstere sich dem Menschen entzogen hat, auch die letztere: die historische Zeugenschaft der Sache ins Wanken. Freilich nur diese; was aber dergestalt ins Wanken gerät, das ist die Autorität der Sache, ihr traditionelles Gewicht.

Man kann diese Merkmale im Begriff der Aura zusammenfassen und sagen: Was im Zeitalter der technischen Reproduzierbarkeit des Kunstwerks verkümmert, das ist seine Aura. Dieser Vorgang ist symptomatisch; seine Bedeutung weist über den Bereich der Kunst weit hinaus. *Die Reproduktionstechnik, so läßt sich allgemein formulieren, löst das Reproduzierte aus dem Bereiche der Tradition ab.* Indem sie die Reproduktion vervielfältigt, setzt sie an die Stelle seines einmaligen Vorkommens sein massenweises. Und indem sie der Reproduktion erlaubt, dem Beschauer in seiner jeweiligen Situation entgegenzukommen, aktualisiert sie das Reproduzierte. Diese beiden Prozesse führen zu einer gewaltigen Erschütterung des Tradierten – einer Erschütterung der Tradition, die die Kehrseite der gegenwärtigen Krise und Erneuerung der Menschheit ist. Sie stehen im engsten Zusammenhang mit den Massenbewegungen unserer Tage. Ihr gewaltigster Agent ist der Film. Seine gesellschaftliche Bedeutung ist auch in ihrer positivsten Gestalt, und gerade in ihr, nicht ohne diese seine destruktive, seine kathartische Seite denkbar: die Liquidierung des Traditionswertes am Kulturerbe. [...]

*Innerhalb großer geschichtlicher Zeiträume verändert sich mit der gesamten Daseinsweise der historischen Kollektiva auch ihre Wahrnehmung.* Die Art und Weise, in der die menschliche Wahrnehmung sich organisiert – das Medium, in dem sie erfolgt – ist nicht nur natürlich sondern auch geschichtlich bedingt. Die Zeit der Völkerwanderung, in der die spätrömische Kunstindustrie und die wiener Genesis entstanden, hatte nicht nur eine andere Kunst als die der klassischen Zeiten sondern auch eine andere Wahrnehmung. [...] Und wenn die Veränderungen im Medium der Wahrnehmung, deren Zeitgenossen wir sind, sich als Verfall der Aura begreifen lassen, so lassen sich dessen gesellschaftliche Bedingungen aufzeigen.

Was ist eigentlich Aura? Ein sonderbares Gespinst aus Raum und Zeit: einmalige Erscheinung einer Ferne, so nah sie sein mag. An einem Sommernachmittag ruhend einem Gebirgszug am Horizont oder einem Zweig folgen, der seinen Schatten auf den Ruhenden wirft – das heißt die Aura dieser Berge, dieses Zweiges atmen. An der Hand dieser Definition ist es ein Leichtes, die besondere gesellschaftliche Bedingtheit des gegenwärtigen Verfalls der Aura einzusehen. Er beruht auf zwei Umständen, welche beide mit der zunehmenden Ausbreitung und Intensität der Massenbewegungen auf das Engste zusammenhängen. Die Dinge sich „näherzubringen" ist nämlich ein genau so leidenschaftliches Anliegen der gegenwärtigen Massen wie es ihre Tendenz einer Überwindung des Einmaligen jeder Gegebenheit durch deren Reproduzierbarkeit darstellt. Tagtäglich macht sich unabweisbarer das Bedürfnis geltend, des Gegenstands aus nächster Nähe im Bild, vielmehr im Abbild, in der Reproduktion habhaft zu werden. Und unverkennbar unterscheidet sich die Reproduktion, wie illustrierte Zeitung und Wochenschau sie in Bereitschaft halten, vom Bilde. Einmaligkeit und Dauer sind in diesem so eng verschränkt, wie Flüchtigkeit und Wiederholbarkeit in jener. *Die Entschälung des Gegenstandes aus seiner Hülle, die Zertrümmerung der Aura, ist die Signatur einer Wahrnehmung, deren „Sinn für das Gleichartige in der Welt" [...] so gewachsen ist, daß sie es mittels der Reproduktion auch dem Einmaligen abgewinnt.* Es wiederholt sich im anschaulichen Bereich was sich im Bereiche der Theorie als die zunehmende Bedeutung der Statistik bemerkbar macht. Die Ausrichtung der Realität auf die Massen und der Massen auf sie ist ein Vorgang von unbegrenzter Tragweite sowohl für das Denken wie für die Anschauung.

Die Einzigkeit des Kunstwerks ist identisch mit seinem Eingebettetsein in den Zusammenhang der Tradition. [...] Die ursprünglichste Art der Einbettung des Kunstwerks in den Traditionszusammenhang fand ihren Ausdruck im Kult. Die ältesten Kunstwerke sind, wie wir wissen, im Dienst eines Rituals entstanden, zuerst eines magischen, dann eines religiösen. Es ist nun von entscheidender Bedeutung, daß diese auratische Daseinsweise des Kunstwerks niemals durchaus von seiner Ritualfunktion sich löst. Mit andern Worten: der einzigartige Wert des „echten" Kunstwerks ist immer theologisch fundiert. Diese Fundierung mag so vermittelt sein wie sie will: sie ist auch noch in den profansten Formen des Schönheitsdienstes als säkularisiertes Ritual erkennbar. Diese profanen Formen des Schönheitsdienstes, die sich mit der Renaissance herausbilden, um für drei Jahrhunderte in Geltung zu bleiben, lassen nach Ablauf dieser Frist bei der ersten schweren Erschütterung, von der sie betroffen wurden, jene Fundamente deutlich erkennen. Als nämlich mit dem Aufkommen des ersten wahrhaft revolutionären Reproduktionsmittels – der Photographie (gleichzeitig auch mit dem Anbruch des Sozialismus) – die Kunst das Nahen der Krise spürt, die nach weiteren hundert Jahren unverkennbar geworden ist, reagierte sie auf das Kommende mit der Lehre vom l'art pour l'art, die eine Theologie der Kunst ist. Aus ihr ist dann weiterhin geradezu eine negative Theologie der Kunst hervorgegangen, in Gestalt der Idee einer *reinen* Kunst, die nicht nur jede soziale Funktion sondern auch jede Bestimmung durch einen gegenständlichen Vorwurf ablehnt. (In der Dichtung hat Mallarmé als erster diesen Standort erreicht.) Diese Zusammenhänge zu ihrem Recht kommen zu lassen, ist unerläßlich für eine Betrachtung, die es mit der Kunst im Zeitalter ihrer technischen Reproduzierbarkeit zu tun hat. Denn sie bereiten die Erkenntnis, die hier entscheidend ist, vor: *die technische Reproduzierbarkeit des Kunstwerks emanzipiert dieses zum ersten Mal in der Weltgeschichte von seinem parasitären Dasein am Ritual.* Das reproduzierte Kunstwerk ist in immer steigendem Maße die Reproduktion eines auf Reproduzierbarkeit angelegten Kunstwerks. Von der photographischen Platte zum Beispiel ist eine Vielheit von Abzügen möglich; die Frage nach dem echten Abzug hat keinen Sinn. In dem Augenblick aber, da der Maßstab der Echtheit an der Kunstproduktion versagt, hat sich die gesamte soziale Funktion der Kunst umgewälzt. An die Stelle ihrer Fundierung aufs Ritual ist ihre Fundierung auf eine andere Praxis getreten: nämlich ihre Fundierung auf Politik.

[…] *Die technische Reproduzierbarkeit der Filmwerke ist unmittelbar in der Technik ihrer Produktion begründet. Diese ermöglicht nicht nur auf die unmittelbarste Art die massenweise Verbreitung der Filmwerke, sie erzwingt sie vielmehr geradezu. Sie erzwingt sie, weil die Produktion eines Films so teuer ist, daß ein Einzelner, der zum Beispiel ein Gemälde sich leisten könnte, sich den Film nicht mehr leisten kann.* Der Film ist eine Anschaffung des Kollektivs. […]

Es wäre möglich, die Kunstgeschichte als Auseinandersetzung zweier Polaritäten im Kunstwerk selbst darzustellen und die Geschichte ihres Verlaufes in den wechselnden Verschiebungen des Schwergewichts vom einen Pol des Kunstwerks zum anderen zu erblicken. Diese beiden Pole sind sein Kultwert und sein Ausstellungswert. Die künstlerische Produktion beginnt mit Gebilden, die im Dienst der Magie stehen. Von diesen Gebilden ist einzig wichtig, daß sie vorhanden sind, nicht aber daß sie gesehen werden. Das Elentier, das der Mensch der Steinzeit an den Wänden seiner Höhle abbildet, ist ein Zauberinstrument, das er nur zufällig vor seinen Mitmenschen ausstellt; wichtig ist höchstens, daß es die Geister sehen. Der Kultwert als solcher drängt geradezu darauf hin, das Kunstwerk im Verborgenen zu halten: gewisse Götterstatuen sind nur dem Hohepriester in der cella zugänglich, gewisse Madonnenbilder bleiben fast das ganze Jahr über verhangen, gewisse Skulpturen an mittelalterlichen Domen sind für den Betrachter zu ebner Erde nicht sichtbar. *Mit der Emanzipation der einzelnen Kunstübungen aus dem Schoße des Kultus wachsen die Gelegenheiten zur Ausstellung ihrer Produkte.* Die Ausstellbarkeit einer Porträtbüste, die dahin und dorthin verschickt werden kann, ist größer als die einer Götterstatue, die ihren festen Ort im Innern des Tempels hat. Die Ausstellbarkeit des Gemäldes ist größer als die des Mosaiks oder Freskos, die ihm vorangingen. Und wenn die Ausstellbarkeit einer Messe von Hause aus vielleicht nicht geringer war als die einer Symphonie, so entstand doch die Symphonie in dem Zeitpunkt, als ihre Ausstellbarkeit größer zu werden versprach als die der Messe. Mit den verschiedenen Methoden technischer Reproduktion des Kunstwerks ist dessen Ausstellbarkeit in so ungeheurem Maße gewachsen, daß die quantitative Akzentverschiebung zwischen seinen beiden Polen ähnlich wie in der Urzeit in eine qualitative Veränderung seiner Natur umschlägt. Wie nämlich in der Urzeit das Kunstwerk durch das absolute Gewicht, das auf seinem Kultwert lag, in erster Linie zu einem Instrument der Magie wurde, das man als Kunstwerk gewissermaßen erst später erkannte, so wird heute das Kunstwerk durch das absolute Gewicht, das auf seinem Ausstellungswert liegt, zu einem Gebilde mit ganz neuen Funktionen, dessen uns bewußte, die „künstlerische", man später gewissermaßen als eine rudimentäre erkennen wird. Soviel ist sicher, daß gegenwärtig der Film die brauchbarsten Handhaben zu dieser Erkenntnis gibt. Sicher ist weiter, daß die geschichtliche Tragweite dieses Funktionswandels der Kunst, die im Film am weitesten vorgeschritten erscheint, deren Konfrontation mit der Urzeit der Kunst nicht nur methodisch sondern auch materiell erlaubt. Diese hält, im Dienst der Magie, gewisse Notierungen fest, die der Praxis dienen. Und zwar wahrscheinlich ebensowohl als Ausübung magischer Prozeduren, wie auch als Anweisungen zu solchen, wie auch endlich als Gegenstände einer kontemplativen Betrachtung, der man magische Wirkungen zuschrieb. Gegenstände solcher Notierungen boten der Mensch und seine Umwelt dar, und abgebildet wurden sie nach den Erfordernissen einer Gesellschaft, deren Technik nur erst völlig verschmolzen mit dem Ritual existierte. Diese Gesellschaft stellte den Gegenpol zu der heutigen dar, deren Technik die emanzipierteste ist. Diese emanzipierte Technik steht nun aber der heutigen Gesellschaft als eine zweite Natur gegenüber und zwar, wie Wirtschaftskrisen und Kriege beweisen, als eine nicht minder elementare wie die der Urgesellschaft gegebene es war. Dieser zweiten Natur gegenüber ist der Mensch, der sie zwar erfand aber schon längst nicht mehr meistert, genau so auf einen Lehrgang angewiesen wie einst vor der ersten. Und wieder stellt sich in dessen Dienst die Kunst. Insbesondere aber tut das der Film. Der Film dient, den Menschen in denjenigen neuen Apperzeptionen und Reaktionen zu üben, die der Umgang mit einer Apparatur bedingt, deren Rolle in seinem Leben fast täglich zunimmt. Die ungeheure technische Apparatur unserer Zeit zum Gegenstande der menschlichen Innervation zu machen – das ist die geschichtliche Aufgabe, in deren Dienst der Film seinen wahren Sinn hat.

*In der Photographie beginnt der Ausstellungswert den Kultwert auf der ganzen Linie zurückzudrängen.* Dieser weicht aber nicht widerstandslos. Er bezieht vielmehr eine letzte Verschanzung, und die ist das Menschenantlitz. Keineswegs zufällig steht das Porträt im Mittelpunkt der frühen Photographie. Im Kult der Erinnerung an die fernen oder die abgestorbenen Lieben hat der Kultwert des Bildes die letzte Zuflucht. Im flüchtigen Ausdruck eines Menschengesichts winkt aus den frühen Photographien die Aura zum letzten Mal. Das ist es, was deren schwermutvolle und mit nichts zu vergleichende Schönheit ausmacht. Wo aber der Mensch aus der Photographie sich zurückzieht, da tritt nun erstmals der Ausstellungswert dem Kultwert überlegen entgegen. Diesem Vorgang seine Stätte gegeben zu haben ist die unvergleichliche Bedeutung von Atget, der die pariser Straßen um 1900 in menschenleeren Aspekten festhielt. Sehr mit Recht hat man von ihm gesagt, daß er sie aufnahm wie einen Tatort. Auch der Tatort ist menschenleer. Seine Aufnahme geschieht der Indizien wegen. Die photographischen Aufnahmen beginnen bei Atget Beweisstücke im historischen Prozeß zu werden. Das macht ihre verborgene politische Bedeutung aus. Sie fordern schon eine Rezeption in bestimmtem Sinne. Ihnen ist die freischwebende Kontemplation nicht mehr angemessen.

Sie beunruhigen den Betrachter; er fühlt: zu ihnen muß er einen bestimmten Weg suchen. Wegweiser beginnen ihm gleichzeitig die illustrierten Zeitungen aufzustellen. Richtige oder falsche – gleichviel. In ihnen ist die Beschriftung zum ersten Mal obligat geworden. Und es ist klar, daß sie einen ganz andern Charakter hat als der Titel eines Gemäldes. Die Direktiven, die der Betrachter von Bildern in der illustrierten Zeitschrift durch die Beschriftung erhält, werden bald darauf noch präziser und gebieterischer im Film, wo die Auffassung von jedem einzelnen Bild durch die Folge aller vorangegangenen vorgeschrieben erscheint.

Die Griechen kannten nur zwei technische Reproduktionsverfahren von Kunstwerken: den Guß und die Prägung. Münzen und Terrakotten waren die einzigen Kunstwerke, die von ihnen massenweise hergestellt werden konnten. Alle übrigen waren einmalig und technisch nicht zu reproduzieren. *Daher* mußten sie für die Ewigkeit gemacht sein. *Die Griechen waren durch den Stand ihrer Technik darauf angewiesen, in der Kunst Ewigkeitswerte zu produzieren.* [...] Es ist nun kein Zweifel, daß der unsrige sich an dem den Griechen entgegengesetzten Pol befindet. Niemals vorher sind Kunstwerke in so hohem Maße und so weitem Umfang technisch reproduzierbar gewesen wie heute. Im Film haben wir eine Form, deren Kunstcharakter zum ersten Mal durchgehend von ihrer Reproduzierbarkeit determiniert wird. [...]

Der Streit, der im Verlauf des neunzehnten Jahrhunderts zwischen der Malerei und der Photographie um den Kunstwert ihrer Produkte durchgefochten wurde, wirkt heute abwegig und verworren. Das spricht aber nicht gegen seine Bedeutung, könnte sie vielmehr eher unterstreichen. In der Tat war dieser Streit der Ausdruck einer weltgeschichtlichen Umwälzung, die als solche keinem der beiden Partner bewußt war. Indem das Zeitalter ihrer technischen Reproduzierbarkeit die Kunst von ihrem kultischen Fundament löste, erlosch der Schein ihrer Autonomie auf immer. Die Funktionsveränderung der Kunst aber, die damit gegeben war, fiel aus dem Blickfeld des Jahrhunderts heraus.

Und auch dem zwanzigsten, das die Entwicklung des Films erlebte, entgingen sie lange Zeit. Hatte man vordem vielen vergeblichen Scharfsinn an die Entscheidung der Frage, ob die Photographie eine Kunst sei, gewandt, ohne die Vorfrage sich gestellt zu haben: *ob durch die Erfindung der Photographie sich die Kunst selber verändert habe* – so übernahmen die Filmtheoretiker bald die entsprechende voreilige Fragestellung. Aber die Schwierigkeiten, welche die Photographie der überkommenen Ästhetik bereitet hatte, waren ein Kinderspiel gegen die, mit denen der Film sie erwartete. Daher die blinde Gewaltsamkeit, die die Anfänge der Filmtheorie kennzeichnet. [...]. Es ist sehr lehrreich zu sehen, wie das Bestreben, den Film der „Kunst" zuzuschlagen, diese Theoretiker nötigt, mit einer Rücksichtslosigkeit ohne gleichen kultische Elemente in ihn hineinzuinterpretieren. [...]

Kennzeichnend ist, daß auch heute noch besonders reaktionäre Autoren die Bedeutung des Films in der gleichen Richtung suchen und wenn nicht geradezu im Sakralen so doch im Übernatürlichen. […]

Es ist eine andere Art der Reproduktion, die die Photographie einem Gemälde, und eine andere, die sie einem im Filmatelier gestellten Vorgang zuteil werden läßt. Im ersten Fall ist das Reproduzierte ein Kunstwerk und die Reproduktion ist es nicht. Denn die Leistung des Kameramanns am Objektiv ist ebensowenig ein Kunstwerk wie die eines Dirigenten an einem Symphonieorchester; sie ist bestenfalls eine Kunstleistung. Anders bei der Aufnahme im Filmatelier. […] Das Kunstwerk entsteht hier im besten Fall erst auf Grund der Montage. Es beruht im Film auf einer Montage, von der jedes einzelne Bestandstück die Reproduktion eines Vorgangs ist, der ein Kunstwerk weder an sich ist noch in der Photographie ein solches ergibt. […]

*In der Repräsentation des Menschen durch die Apparatur hat dessen Selbstentfremdung eine höchst produktive Verwertung erfahren.* Diese Verwertung kann man daran ermessen, daß das Befremden des Darstellers vor der Apparatur […] von der gleichen Art ist, wie das Befremden des romantischen Menschen vor seinem Spiegelbild […]. Nun aber ist dieses Spiegelbild von ihm ablösbar, es ist transportabel geworden. Und wohin wird es transportiert? Vor die Masse. Das Bewußtsein davon verläßt den Filmdarsteller natürlich nicht einen Augenblick. Er weiß, während er vor der Apparatur steht, hat er es in letzter Instanz mit der Masse zu tun. […] Und gerade sie ist nicht sichtbar, noch nicht vorhanden, während er die Kunstleistung absolviert, die sie kontrollieren wird. Die Autorität dieser Kontrolle aber wird gesteigert durch jene Unsichtbarkeit. […]

*Die Kunst der Gegenwart darf auf um so größere Wirksamkeit rechnen, je mehr sie sich auf Reproduzierbarkeit einrichtet,* also je weniger sie das Originalwerk in den Mittelpunkt stellt. Wenn unter allen Künsten die dramatische am offenkundigsten von der Krise befallen ist, so liegt das in der Natur der Sache. […] Sachkundige Beobachter haben längst erkannt, daß „die größten Wirkungen fast immer erzielt werden, indem man so wenig wie möglich ‚spielt' … Die letzte Entwicklung" sieht Arnheim 1932 darin, „den Schauspieler wie ein Requisit zu behandeln, das man charakteristisch auswählt und … an der richtigen Stelle einsetzt." (Rudolf Arnheim: Film als Kunst Berlin 1932 p. 176/177) […]

Die Veränderung der Ausstellungsweise durch die Reproduktionstechnik macht sich auch in der Politik bemerkbar. *Die Krise der Demokratien läßt sich als eine Krise der Ausstellungsbedingungen des politischen Menschen verstehen.* […] Mit den Neuerungen der Aufnahmeapparatur, die es erlauben, den Redenden während der Rede unbegrenzt vielen vernehmbar und kurz darauf unbegrenzt vielen sichtbar zu machen, tritt die Anstellung des politischen Menschen vor dieser Aufnahmeapparatur in den Vordergrund. […] Das bedingt eine neue Auslese, eine Auslese vor der Apparatur, aus der der Champion, der Star und der Diktator als Sieger hervorgehen.

Es hängt mit der Technik des Films genau wie mit der des Sports zusammen, daß jeder den Leistungen, die sie ausstellen, als halber Fachmann beiwohnt. Man braucht nur einmal eine Gruppe von Zeitungsjungen, auf ihre Fahrräder gestützt, die Ergebnisse eines Radrennens diskutieren gehört zu haben, um diesem Zusammenhang auf die Spur zu kommen. [...] Jahrhundertelang lagen im Schrifttum die Dinge so, daß einer geringen Zahl von Schreibenden eine vieltausendfache Zahl von Lesenden gegenüberstand. [...] Mit der ungeheuren Ausdehnung der Presse, die immer neue politische, religiöse, wissenschaftliche, berufliche, lokale Organe der Leserschaft zur Verfügung stellte, gerieten immer größere Teile der Leserschaft [...] unter die Schreibenden. Es begann damit, daß die Tagespresse ihr ihren „Briefkasten" eröffnete und es steht heute so, daß es kaum einen im Arbeitsprozeß stehenden Europäer gibt, der nicht grundsätzlich irgendwo Gelegenheit zur Publikation einer Arbeitserfahrung, einer Beschwerde, einer Reportage oder dergleichen finden könnte. Damit ist die Unterscheidung zwischen Autor und Publikum im Begriff, ihren grundsätzlichen Charakter zu verlieren. [...] Der Lesende ist jederzeit bereit ein Schreibender zu werden. [...]

Das Theater kennt prinzipiell die Stelle, von der aus das Geschehen nicht ohne weiteres als illusionär zu durchschauen ist. Der Aufnahmeszene im Film gegenüber gibt es diese Stelle nicht. Seine illusionäre Natur ist eine Natur zweiter Ordnung, sie ist ein Ergebnis des Schnitts. Das heißt: *im Filmatelier ist die Apparatur derart tief in die Wirklichkeit eingedrungen, daß deren reiner, vom Fremdkörper der Apparatur freier Aspekt das Ergebnis einer eigenen technischen Prozedur, nämlich der Aufnahme durch die besonders eingestellte Kamera und ihrer Montierung mit andern Aufnahmen von der gleichen Art ist.* Der apparatfreie Aspekt der Realität ist hier zu ihrem künstlichsten geworden und der Anblick der unmittelbaren Wirklichkeit zu der blauen Blume im Land der Technik.

[...] *So ist die filmische Darstellung der Realität für den heutigen Menschen darum die unvergleichlich bedeutungsvollere, weil sie den apparatfreien Aspekt des Wirklichen, den er von der Kunst zu fordern berechtigt ist, gerade auf Grund ihrer intensivsten Durchdringung mit der Apparatur gewährt.* [...]

Man vergleiche die Leinwand, auf der der Film abrollt, mit der Leinwand, auf der sich das Gemälde befindet. Das Bild auf der einen verändert sich, das Bild auf der andern nicht. Das letztere lädt den Betrachter zur Kontemplation ein; vor ihm kann er sich seinem Assoziationsablauf überlassen. Vor der Filmaufnahme kann er das nicht. Kaum hat er sie ins Auge gefaßt, so hat sie sich schon verändert. Sie kann nicht fixiert werden, weder wie ein Gemälde noch wie etwas Wirkliches. Der Assoziationsablauf dessen, der sie betrachtet, wird sofort durch ihre Veränderung unterbrochen. Darauf beruht die Chockwirkung des Films, die wie jede Chockwirkung durch gesteigerte Geistesgegenwart aufgefangen sein will. *Der Film ist die der betonten Lebensgefahr, in der die Heutigen leben, entsprechende Kunstform.* Er entspricht tiefgreifenden Veränderungen des Apperzeptionsapparats – Veränderungen wie sie im Maßstab der Privatexistenz jeder Passant im Großstadtverkehr, wie sie im weltgeschichtlichen Maßstab jeder Kämpfer gegen die heutige Gesellschaftsordnung erlebt.

Die Masse ist eine matrix, aus der gegenwärtig alles gewohnte Verhalten Kunstwerken gegenüber neu geboren hervorgeht. Die Quantität ist in Qualität umgeschlagen: die sehr viel größeren Massen der Anteilnehmenden haben eine veränderte Art des Anteils hervorgebracht. Es darf den Betrachter nicht irre machen, daß diese zunächst in verrufener Gestalt in Erscheinung tritt. Man klagt ihm, daß die Massen im Kunstwerk Zerstreuung suchten, während der Kunstfreund sich diesem mit Sammlung nahe. Für die Massen sei das Kunstwerk ein Anlaß der Unterhaltung, für den Kunstfreund sei es ein Gegenstand seiner Andacht. Hier heißt es nun, näher zusehen. Zerstreuung und Sammlung stehen in einem Gegensatz, der folgende Formulierung erlaubt: Der vor dem Kunstwerk sich Sammelnde versenkt sich darein; er geht in dieses Werk ein, wie die Legende es von einem chinesischen Maler beim Anblick seines vollendeten Bildes erzählt. Dagegen versenkt die zerstreute Masse ihrerseits das Kunstwerk in sich; sie umspielt es mit ihrem Wellenschlag, sie umfängt es in ihrer Flut. So am sinnfälligsten die Bauten. [...]

Bauten werden auf doppelte Art rezipiert: durch Gebrauch und durch Wahrnehmung. Oder besser gesagt: taktil und optisch. Es gibt von solcher Rezeption keinen Begriff, wenn man sie sich nach Art der gesammelten vorstellt, wie sie z. B. Reisenden vor berühmten Bauten geläufig ist. Es besteht nämlich auf der taktilen Seite keinerlei Gegenstück zu dem, was auf der optischen die Kontemplation ist. Die taktile Rezeption erfolgt nicht sowohl auf dem Wege der Aufmerksamkeit als auf dem der Gewohnheit. Der Architektur gegenüber bestimmt diese letztere weitgehend sogar die optische Rezeption. Auch sie findet ursprünglich viel weniger in einem gespannten Aufmerken als in einem beiläufigen Bemerken statt. Diese, an der Architektur gebildete, Rezeption hat aber unter gewissen Umständen kanonischen Wert. Denn: Die Aufgaben, welche in geschichtlichen Wendezeiten dem menschlichen Wahrnehmungsapparat gestellt werden, sind auf dem Wege der bloßen Optik, also der Kontemplation, gar nicht zu lösen. Sie werden allmählich, nach Anleitung der taktilen Rezeption durch Gewöhnung bewältigt.

Gewöhnen kann sich aber auch der Zerstreute. Mehr: gewisse Aufgaben in der Zerstreuung bewältigen zu können, erweist erst, daß sie zu lösen einem zur Gewohnheit geworden ist. Durch die Zerstreuung, wie die Kunst sie zu bieten hat, wird unter der Hand kontrolliert, wie weit neue Aufgaben der Apperzeption lösbar geworden sind. [...] *Die Rezeption in der Zerstreuung, die sich mit wachsendem Nachdruck auf allen Gebieten der Kunst bemerkbar macht und das Symptom von tiefgreifenden Veränderungen der Wahrnehmung ist, hat in den Kinos ihren zentralen Platz.* [...]

Die zunehmende Proletarisierung der heutigen Menschen und die zunehmende Formierung von Massen sind zwei Seiten eines und desselben Geschehens. Der Faschismus versucht, die neuentstandnen proletarischen Massen zu organisieren, ohne die Produktions- und Eigentumsordnung, auf deren Beseitigung sie hindrängen, anzutasten. Er sieht sein Heil darin, die Massen zu ihrem Ausdruck (beileibe nicht zu ihrem Recht) kommen zu lassen. Hier ist, besonders mit Rücksicht auf die Wochenschau, deren propagandistische Bedeutung gar nicht zu überschätzen ist, anzumerken, daß *die massenweise Reproduktion der Reproduktion von Massen besonders entgegenkommt.* In den großen Festaufzügen, den Monstreversammlungen, in den Massenveranstaltungen sportlicher Art und im Krieg, die heute sämtlich der Aufnahmeapparatur zugeführt werden, sieht die Masse sich selbst ins Gesicht. [...]

*Alle Bemühungen um die Ästhetisierung der Politik konvergieren in einem Punkt. Dieser eine Punkt ist der Krieg.* [...] Nur der Krieg macht es möglich, die sämtlichen technischen Mittel der Gegenwart unter Wahrung der Eigentumsverhältnisse zu mobilisieren. [...]

Er ist ein Sklavenaufstand der Technik, die am „Menschenmaterial" die Ansprüche eintreibt, denen sich die Gesellschaft entzogen hat. Anstelle von Kraftwerken setzt sie die Menschenkraft – in Gestalt von Armeen – ins Land. Anstelle des Luftverkehrs setzt sie den Verkehr von Geschossen und im Gaskriege hat sie ein Mittel, die Aura auf neue Art abzuschaffen.

„Fiat ars – pereat mundus" sagt der Faschismus und erwartet die künstlerische Befriedigung der von der Technik veränderten Sinneswahrnehmung, [...] vom Kriege. Das ist offenbar die Vollendung des l'art pour l'art. Die Menschheit, die einst bei Homer ein Schauobjekt für die olympischen Götter war, ist es nun für sich selbst geworden. Ihre Selbstentfremdung hat jenen Grad erreicht, der sie ihre eigene Vernichtung als ästhetischen Genuß ersten Ranges erleben läßt. *So steht es mit der Ästhetisierung der Politik, welche der Faschismus betreibt. Der Kommunismus antwortet ihm mit der Politisierung der Kunst.*

**Textnachweis:** Walter Benjamin (1935): Das Kunstwerk im Zeitalter seiner technischen Reproduzierbarkeit; erste Fassung. In: Ders.: Gesammelte Schriften. I, 2. Herausgegeben von Rolf Tiedemann und Hermann Schweppenhäuser. Frankfurt am Main: Suhrkamp 1990, S. 431–469; hier: S. 435–449, 451–452, 454–455, 458–459, 464–469.

# Robert Warshow: Die unmittelbare Erfahrung (1954)[1]

Das Kino, und besonders das amerikanische, steht im Zentrum jenes ungelösten Problems der „Populärkultur“, das die Kritik immer wieder in peinliche Verlegenheit bringt und das sich all unseren Bemühungen aufdrängt, den Charakter unserer Kultur zu verstehen und unser eigenes Verhältnis zu ihr zu bestimmen. Dass dieses Verhältnis überhaupt einer Bestimmung bedarf, ist genau der Kern des Problems. Kulturell sind wir alle „selbstgemacht“, wir schaffen uns selbst, indem wir angesichts der immensen Vielzahl sich darbietender Anregungen eine Auswahl treffen. [...] Meiner Meinung nach ist eine Kritik der Populärkultur dringend erforderlich, die guten Gewissens deren tiefgreifende und verstörende Kraft anerkennen kann, ohne die überlegenen Ansprüche der höheren Kultur aus dem Auge zu verlieren. Am besten eignet sich für eine solche Kritik das Kino, die ausgereifteste und fesselndste der populären Kunstformen, mit einer geradezu unbegrenzt erscheinenden Macht, die unzusammenhängenden Teile unserer fragmentierten Kultur aufzunehmen und zu gestalten.

Die seriöse Filmkritik hat sich mehr oder weniger in zwei große Gattungen aufgeteilt. Die erste ist jene Kritik, die den Anspruch des Films auf Ebenbürtigkeit mit den älteren Künsten unter Beweis stellen möchte und daher ebenso die formalen Eigenschaften des Mediums betont wie die Reflektiertheit des Filmkünstlers. Eine solche Kritik basiert meist auf einem einigermaßen klaren Begriff vom Filmischen und richtet sich daran in seinem Urteil aus. Entsprechend seinen Vorlieben sieht der Kritiker das Filmische entweder in erster Linie im Visuellen (eine Sichtweise, die zu abstrakten Filmen tendiert) oder in der Macht des Mediums zu wahrhaftiger Abbildung (eine Sicht, die zu Dokumentarfilmen tendiert). [...] In

1 Dieses Vorwort diente ursprünglich als Projektbeschreibung, mit der sich Robert Warshow im Oktober 1954 um ein Stipendium der Guggenheim-Stiftung bewarb. Mehrere Absätze, die nur für die Bewerbung von Bedeutung waren, wurden gestrichen.

© Springer Fachmedien Wiesbaden GmbH, ein Teil von Springer Nature 2019
A. Ziemann (Hrsg.), *Grundlagentexte der Medienkultur*,
https://doi.org/10.1007/978-3-658-15787-6_3

diese Kategorie der Kritik gehören solch bekannte Werke wie Rudolf Arnheims *Film als Kunst* (1931) sowie Sergej Eisensteins *The Film Sense* (1942) und *Film Form* (1949).

In jüngster Zeit hat sich eine zweite Form der Kritik herausgebildet, die das ästhetische Problem entweder relativiert oder gänzlich ignoriert und das Kino (wie auch andere Formen der Populärkultur) als Hinweise auf die Psychologie der Massen deutet oder gelegentlich auch auf die „Seele des Volkes". Eine derartige Kritik reicht von der Erkenntnis, dass zwischen dem Kino und dem Leben eine direkte Verbindung besteht [...], bis hin zu komplexen „tiefen"-psychologischen Interpretationen [...]. Vorstellungen von filmischer Ästhetik sind nicht zwangsläufig ausgeschlossen, aber dem obersten Ziel der soziologischen Betrachtung untergeordnet. Daher wird jeder soziologische Kritiker [...] sich eher mit jenen Komponenten befassen, die seiner Ansicht nach das Publikum betreffen oder erkennen lassen, als mit denen, die ihm selbst wichtig sind. [...] Soziologie und Ästhetik werden eins, die „Psychologie der Massen" wird wahrscheinlich zum „Mythos" und der ästhetische Wert mit „mythischer" Intensität gleichgesetzt. [W]enn Werturteile getroffen werden, beziehen sie sich gewöhnlich nicht auf die Filme an sich, sondern auf die sozialen Umstände, die die Filme angeblich widerspiegeln. Hervorragende Beispiele für diese Art von Kritik sind Siegfried Kracauers *From Caligari to Hitler* (1947) [...] und Nathan Leites' und Martha Waltensteins *Movies: A Psychological Study* (1950) [...].

Kein Filmstudent kann verkennen, was er den brillanten Leistungen verdankt, die in diesen beiden großen Bereichen der Kritik erbracht wurden: Diese Arbeiten geben die Grundlinien vor, innerhalb derer sich alle zukünftigen Diskussionen bewegen müssen. Dennoch kann man meiner Meinung nach feststellen, dass beide Ansätze, jeder auf seine Art, den wesentlichen Aspekt des Kinos vernachlässigen, und dieser Aspekt ist ästhetisch und soziologisch zugleich, aber auch noch mehr. Es ist die eigentliche, die unmittelbare Erfahrung, Filme genauso zu sehen und auf sie zu reagieren, wie es die meisten von uns tun. Ein Kritiker soll seinen Bezugsrahmen ruhig so weit spannen, wie dieser trägt, doch halte ich es eigentlich für eine Selbstverständlichkeit, dass er mit dem schlichten Eingeständnis beginnt, wie er selbst zu dem Gegenstand seiner Kritik steht: Im Zentrum jeder wirklich gelungenen Kritik steht immer ein bestimmter Mann, der ein Buch liest, der ein Bild betrachtet, der sich einen Film ansieht. [...].

Der soziologische Kritiker trägt daran vielleicht noch etwas mehr Schuld, denn er bleibt zur Erfahrung des Films vollkommen auf Distanz. [...] Er untersucht allein ein soziales oder psychologisches Phänomen – also etwas, das andere betrifft. [...] Der ästhetische Kritiker mag andererseits absolut bereitwillig sein Verhältnis zum Gegenstand eingestehen – aber nur, nachdem er diesen umgeformt hat. Denn was er im Film sucht, ist fast immer etwas, das er als legitim in der Kunstwelt anerkennen kann – das heißt vergleichbar mit den Erscheinungen anderer Kunstformen auf ihrem höchsten Niveau. […] Das Kino ist in Wahrheit nicht so „legitim" – es ist immer noch der Bastard der Kunst, und wenn es am Ende doch legitimiert werden muss, wird es ein veränderter Haushalt sein, der es aufnimmt. (Etwas Ähnliches hat sich wohl mit dem Roman zugetragen.) […] Der soziologische Kritiker sagt uns im Grunde: Nicht ich gehe ins Kino, sondern das Publikum. Der ästhetische Kritiker sagt: Ich sehe mir nicht Filme an, sondern Kunst.

Das Gefühl von der Unzulänglichkeit älterer Ansätze zu formulieren fällt mir leichter, als zu erklären, was ich denn für den richtigen Weg der Filmkritik halte. Am besten wird mir dies wohl gelingen, wenn ich in persönlicher Form schreibe.

Mein ganzes Leben lang bin ich ins Kino gegangen, in manchen Zeiten beinahe zwanghaft. […] Zugleich habe ich genug ernsthaftes Interesse für die Werke der „höheren" Kultur aufgebracht, um sehr genau zu wissen, wie sich der Wunsch, in einen Humphrey-Bogart-Film zu gehen, von dem unterscheidet, die Romane von Henry James oder die Poesie von T.S. Eliot zu lesen. Sicherlich gibt es eine Verbindung zwischen den beiden Impulsen, aber diese Verbindung kann man nicht wirklich damit erklären, dass sowohl der Bogart-Film als auch das Eliot-Gedicht Formen der Kunst sind. Diese Verbindung genau zu definieren ist meiner Ansicht nach eine Aufgabe der Filmkritik, und diese Definition muss zuallererst eine persönliche zu sein. Ein Mann sieht einen Film, und der Kritiker muss anerkennen, dass er dieser Mann ist.

Auch weiß ich sehr genau, dass ich nicht ins Kino gehe, um herauszufinden, was „das Publikum" bewegt, obwohl ich, sollte ich auf sie stoßen, bereit bin, derartige Entdeckungen zu machen. Noch einmal: ich bin es, der ins Kino geht […], nicht der Soziologe in mir […]. Und sehr wahrscheinlich gehe ich aus den gleichen Gründen ins Kino wie jeder andere auch: Weil ich Humphrey Bogart, Shelley Winters oder Greta Garbo verfallen bin, weil ich die fesselnde Unmittelbarkeit der Leinwand brauche, weil ich irgendwie diesen ganzen Unsinn ernstnehme. Und ich muss noch etwas gestehen: Ich habe sehr viele sehr schlechte Film gesehen, und ich weiß, wann ein Film schlecht ist, aber ich war selten gelangweilt im Kino; wenn ich gelangweilt war, dann für gewöhnlich von einem „guten" Film. Ich schreibe mehr oder weniger seit 1947 übers Kino […]. Ich fand meine Arbeit immer dann gelungen, wenn sie den Film als wichtigen Bestandteil meines kulturellen Lebens zeigt, als einen Bestandteil mit seinen eigenen Qualitäten und an sich interessant, weder abseitig noch fremdartig. Der Film ist Teil meiner Kultur, und möglicherweise hat seine besondere Macht damit zu tun, dass er eine Art „reine" Kultur ist, ein wenig wie Fischen, Trinken oder Baseballspielen – eine kulturelle Realität also, die noch nicht gänzlich in die Kunstdisziplin fällt. […] Auf lange Sicht wird meine Arbeit hoffentlich zur „Legitimierung" des Films beitragen. Aber einen solchen Beitrag kann man meiner Meinung nach nicht leisten, wenn man so tut, als hätte diese Legitimierung bereits stattgefunden. [...] Filmtheorien gibt es schon genug – wer möchte nicht der Aristoteles einer neuen Kunstgattung werden? In der vorliegenden Arbeit zielt mein eigener Ehrgeiz jedoch lediglich darauf, eine Sammlung von Kritiken zu erstellen, die sich mit einigen Filmen und Genres beschäftigt, mit einigen Schauspielern und Themen und mit zwei oder drei generellen Problemen, die vielleicht in die Richtung einer Theorie weisen könnten. Falls möglich sollte das Buch seinen Lesern in Bezug auf einen wesentlichen Bestandteil der modernen Kultur Vergnügen und Erkenntnis bringen und vielleicht dazu beitragen, diese eigentümliche Spannung aufzuheben, die das Problem der „Populärkultur" umgibt.

*Aus dem Englischen von Thekla Dannenberg*

**Textnachweis:** Robert Warshow (1962): Author's Preface (1954). In: Ders.: The Immediate Experience. Movies, Comics, Theatre and Other Aspects of Popular Culture. New York: Doubleday, S. xxxvii–xliii. Deutsche Fassung: Warshow, Robert: Vorwort des Autors. In: Ders.: Die unmittelbare Erfahrung. Filme, Comics, Theater und andere Aspekte der Populärkultur. Berlin: Vorwerk 8 (2014), S. 29–33.

# Kitarō Nishida: Ort (1926)

## I

In der gegenwärtigen Erkenntnistheorie unterscheidet man Gegenstand, Inhalt und Akt und erörtert ihre Beziehung zueinander. [...] Meines Erachtens wird aber im Grunde dieser Unterscheidung nur der Gegensatz zwischen dem sich zeitlich wandelnden Erkenntnisakt und dem akttranszendenten Gegenstand in Betracht gezogen. [...] Um jedoch sagen zu können, daß Gegenstand und Gegenstand sich aufeinander beziehen, ein System bilden und sich selbst erhalten, ist etwas anzunehmen, das dieses System selbst erhält, in sich zustande kommen läßt und in dem sich dieses System befindet. Seiendes muß sich in etwas befinden. Wäre dies nicht der Fall, könnte man Vorhandensein und Nichtvorhandensein nicht unterscheiden. Logisch lassen sich die Glieder einer Beziehung und die Beziehung selbst unterscheiden. Es müßte sich auch das die Beziehung Vereinigende, und dasjenige, in dem sich die Beziehung befindet, unterscheiden lassen. Versucht man über den Akt zu reflektieren, kann man zunächst das Ich [...] als reine Einheit des Aktes verstehen. Da das Ich aber nur dem Nicht-Ich gegenüber gedacht werden kann, muß es etwas geben, das das Gegenüberstehen von Ich und Nicht-Ich in sich umfaßt und die sogenannten Bewußtseinsphänomene in seinem *Inneren* zustande kommen läßt. Dieses, die Ideen Aufnehmende – so könnte man es auch bezeichnen – nenne ich hier, einem Wort aus Platons *Timaios* folgend, den *Ort*. [...] Natürlich sind der Raum bei Platon bzw. der die Ideen aufnehmende Ort und das, was ich Ort nenne, nicht identisch.

Es ist zwar eine äußerst einfache Denkungsart, aber wir gehen davon aus, daß die Körper im Raum existieren und aufeinander wirken. Auch in der bisherigen Physik wurde dies so verstanden. Man mag vielleicht meinen, daß es keinen Raum ohne Dinge gebe und daß der Raum nicht mehr als die Beziehung zwischen Körpern sei, oder auch, wie Lotze sagt, der Raum befinde sich in den Dingen. [...]

© Springer Fachmedien Wiesbaden GmbH, ein Teil von Springer Nature 2019
A. Ziemann (Hrsg.), *Grundlagentexte der Medienkultur*,
https://doi.org/10.1007/978-3-658-15787-6_4

Nach dieser Ansicht müßten die sich Beziehenden und die Beziehung eins sein und wären dann beispielsweise so etwas wie der physikalische Raum. Allerdings ist das, was eine Beziehung zwischen physikalischen Räumen zustande kommen läßt, nicht wieder der physikalische Raum, sondern vielmehr müßte es einen *Ort-Worin* geben, in dem sich der physikalische Raum befindet. [...]

Denken wir Dinge und Sachverhalte, so muß es einen Ort geben, der sie spiegelt. Zunächst können wir das *Bewußtseinsfeld* als diesen Ort denken. Um irgendeines Dinges bewußt zu werden, muß es in einem Bewußtseinsfeld gespiegelt werden. Das gespiegelte Bewußtseinsphänomen und das spiegelnde Bewußtseinsfeld sind dann zu unterscheiden. [...] Aber gegenüber den sich in jedem Augenblick wandelnden Bewußtseinsphänomenen muß es doch ein unveränderliches Bewußtseinsfeld geben, durch das sich die Bewußtseinsphänomene gegenseitig aufeinander beziehen und miteinander verbinden. Vielleicht kann man sich dieses Bewußtseinsfeld auch als einen einzigen Punkt vorstellen, den wir Ich nennen. [...]

Die Kantianer denken die Erkenntnis als die Vereinigung der Materie durch die Form. [...] Aber im Hintergrund dieses Gedankens ist bereits ein Konstitutionsakt des Subjektes vorauszusetzen. Die Form liegt hier im Subjekt schon vor. [...] Was den unmittelbaren Inhalt des Urteils bildet, ist Richtigkeit und Falschheit. Der Ort, der das Gegenüberstehen von Form und Materie, und der Ort, der das Gegenüberstehen von Richtigkeit und Falschheit entstehen läßt, sind verschieden. [...] Im *Ort des Erlebnisses* kommt die Beziehung des Gegenüberstehens von Form und Material zustande. In diesem sich in sich selbst unendlich Spiegelnden – das sich selbst gegenüber das Nichts bleibt [...] und unendliches Sein in sich enthält – als dem wahren Ich, kommt auch das Gegenüberstehen von Subjekt und Objekt zustande. Dieses kann weder identisch noch verschieden genannt werden. Es ist weder Sein noch Nichts. Es ist nicht durch eine logische Form zu bestimmen, sondern ist umgekehrt gerade der Ort, der selbst die logische Form zustande kommen läßt. Selbst wenn man die Form durchaus radikalisiert, gelangt man nicht über die Form hinaus. Die Form der Form im wahren Sinne ist der Ort der Form.

[...] Um das, was ist, zu erkennen, erkennen wir es in Abhebung von dem, was nicht ist. Ein im Gegensatz zu einem Seienden erkanntes Nichtseiendes ist jedoch immer noch ein gegensätzlich Seiendes. Das wahre Nichts muß Seiendes und Nichtseiendes [als Entgegengesetzte, R.E.] in sich umfassen, es ist der Ort, der [den Gegensatz von, R.E.] Sein und Nichts entstehen läßt. [...] Ein Nichts, das das Sein negiert und dem Sein gegenübersteht, ist nicht das wahre Nichts. Das wahre Nichts ist das, was den Hintergrund des Seins ausmacht. So ist z.B. auch das, was im Gegensatz zu Rot nicht rot ist, wiederum eine Farbe. Aber das, was farbig ist, bzw. das, worauf die Farbe aufgetragen wurde, ist selber keine Farbe. Es ist etwas, worauf sich sowohl Rot als auch nicht Rotes befindet. Über unser Bestimmen von Erkenntnisgegenständen hinaus können wir meiner Ansicht nach denselben Gedanken bis zur Beziehung von Sein und Nichts radikalisieren. Den „Ort-Worin" haben wir im Fall der Farbe als ein Ding gedacht. Ähnlich wie Aristoteles könnte man auch sagen, die Eigenschaften befinden sich in den Dingen. Dabei geht jedoch der Sinn des Ortes verloren und es bedeutet dann, daß das Ding Akzidenzien besitzt. Denkt man aber im Gegensatz dazu, daß sich die Dinge ganz in Beziehungen auflösen, kann man das, was Sein und Nichts in sich einschließt, als einen einzelnen Akt denken. Allerdings muß man im Hintergrund dieses Aktes noch ein potentielles Sein annehmen. [...]

Besitzt ein Ding irgendeine Eigenschaft, so ist es unmöglich, daß in dem Ding eine dieser Eigenschaft widersprechende Eigenschaft enthalten ist. Ein Wirkendes aber muß in sich einen Gegensatz enthalten, denn das sich Verändernde verändert sich allein durch diesen Gegensatz. Daher kann man den Ort selbst, der Sein und Nichts in sich enthält, unmittelbar auch als Akt denken. [...] Im Akt verbinden sich Sein und Nichts. Man kann aber nicht sagen, daß das Nichts das Sein in sich umfaßt. Im wahren Ort ist es nicht nur möglich, daß ein Ding in seinen Gegensatz, sondern sogar, daß es in das ihm Widersprechende übergeht. Es muß möglich sein, daß es sich außerhalb seines Gattungsbegriffes begibt. Der wahre Ort ist nicht bloß der Ort der Veränderung, sondern der Ort des Entstehens und Vergehens. [...] Der wirklich reine Akt ist nicht das Wirkende, sondern das, was das Wirkende in seinem Inneren umfaßt. Das wirkliche Sein muß dem potentiellen Sein vorausgehen. In diesem können wir das Gegensatzlos-Gegenständliche sehen, in dem Form und Materie miteinander verschmolzen sind. [...]

Der Ort-Worin, in dem sich der Gegenstand befindet, muß zugleich auch der Ort-Worin sein, in dem sich das Bewußtsein befindet. Wenn wir den Gegenstand an sich sehen, so denken wir dies [gewöhnlich, R.E.] *als Anschauung*, doch selbst die Anschauung muß Bewußtsein sein. Auch sie kann sich nicht vom Bewußtseinsfeld trennen, das den *Widerspruch* als solchen sieht. Gewöhnlich nimmt man an, Anschauung und Denken seien zwei völlig verschiedene Dinge. Damit aber etwas Intuitives sich selbst erhalten kann, muß es einen „Ort-Worin" geben, in dem es sich befindet. Dieser Ort ist derselbe Ort-Worin, in dem sich das Denken befindet. Wird das Intuitive in dem Ort-Worin gespiegelt, so wird es zu einem Denkinhalt. Im sogenannten konkreten Denken muß auch Intuitives mit enthalten sein. [...] Der Ort, der auch das Intuitive spiegelt, ist unmittelbar der Ort, der den begrifflichen Widerspruch spiegelt.

Es werden vermutlich viele Einwände dagegen erhoben werden, daß ich im Hintergrund der Anschauung das Bewußtseinsfeld bzw. den Ort annehme. Wenn Anschauung jedoch nur bedeutet, daß es weder Subjekt noch Objekt gibt, ist sie nicht mehr als ein einfacher Gegenstand. Spricht man von Anschauung, hat man bereits den Wissenden und das Gewußte unterschieden und beide wieder vereint.

Wissen bedeutet nicht einfach ein Konstituieren oder Wirken. Das Wissende muß das Gewußte umfassen, muß es in seinem Inneren spiegeln. Die Einheit von Subjekt und Objekt, bzw. daß es weder Subjekt noch Objekt gibt, heißt nur, daß der Ort zum wahren Nichts bzw. bloß zu einem spiegelnden Spiegel wird. Man denkt das Besondere als objektiv und das Allgemeine als nur subjektiv. Aber auch das Besondere kann als Erkenntnisinhalt subjektiv sein. Erkennt man aber gegenüber dem Besonderen objektiv Gegebenes an, kann auch gegenüber dem Allgemeinen objektiv Gegebenes anerkannt werden. In der Kantischen Philosophie wird dieses Allgemeine einfach als apriorische Form gedacht. Im Grunde dieses Gedankens ist jedoch vorausgesetzt, daß das objektiv Gegebene durch einen Konstitutionsprozeß des Subjekts konstituiert wird. Konstituieren aber ist nicht unmittelbar Wissen. Wissen ist ein Sich-in-sich-selbst-Spiegeln. Das wahre Apriori ist etwas, das seinen eigenen Inhalt in sich selbst konstituiert. [...]

In Platons Philosophie wird das Allgemeine als objektive Realität verstanden, allerdings gelangte Platon nicht bis zu dem Gedanken, daß das Allgemeine, das wahrhaft alles in sich umfaßt, der Ort ist, der alles entstehen läßt. Daher dachte er den Ort sogar als irreal, als ein Nichts [...]. Doch selbst im Grunde der Anschauung der Ideen muß es den Ort geben, [der alles entstehen läßt, R. E.]. Selbst die höchste Idee ist nicht mehr als etwas bereits Bestimmtes und Besonderes, auch die Idee des Guten entgeht nicht dem Relativsein. [...] Denkt man bloß den Ort des gegensätzlichen Nichts als den Ort des Bewußtseins, verschwindet dieser Ort in der Anschauung, und man kann den Ort, in dem sich die Anschauung befindet, wohl nicht erkennen. Ich gehe aber nicht davon aus, daß der Ort von der Anschauung umfaßt wird, sondern gerade umgekehrt, daß dieser Ort auch die Anschauung in sich umfaßt. In diesem Ort befindet sich nicht allein die Anschauung, auch Wollen und Handeln befinden sich in ihm. Aus diesem Grunde kann man Wollen und Handeln als etwas Bewußtes denken. Descartes dachte die Ausdehnung und das Denken als zwei Substanzen und verstand einerseits die Bewegung als den Modus der Ausdehnung, andererseits den Willen als den Modus des Denkens. In diesem Sinn muß es sich bei der wahren Ausdehnung um den physikalischen Raum handeln und zugleich muß das wahre Denken so etwas wie der erläuterte Ort sein. *Ein Bewußtsein von etwas besitzen und im Gegenstandsbereich des Wissens spiegeln* wird als dasselbe gedacht. [...] Das die begriffliche Erkenntnis Spiegelnde bleibt nur ein Ort des relativen Nichts. Bereits in der Anschauung befinden wir uns im Ort des wahren Nichts, aber der Ort, der Gefühl und Wille entstehen läßt, ist ein noch tieferer und weiterer Ort des Nichts. Daher denke ich am Grund unseres Willens ein Nichts ohne jede Einschränkung.

## II

Kehren wir zum Ausgangspunkt zurück. Seiendes muß so gedacht werden, daß es sich in etwas befindet. [...] Zum Beispiel befinden sich verschiedene Farben im Allgemeinbegriff Farbe; dieser Allgemeinbegriff ist der Ort-Worin, in dem sich die verschiedenen Farben befinden. Aristoteles dachte die Substanz als das, worin sich die Eigenschaften befinden, und mit seinem Gedanken der zweiten Substanz läßt sich die allgemeine Farbe selbst als das denken, worin sich die verschiedenen Farben befinden. [...] Die Beziehung der verschiedenen Farben wird durch das System der Farbe selbst gebildet, so daß die Farbe an sich zum wahren Subjekt des Farburteils werden muß. Das Allgemeine wird bloß subjektiv gedacht, somit ist auch das Einzelne nicht mehr als ein Gedachtes. In welcher Beziehung stehen die Besonderen innerhalb dieses objektiven Allgemeinen? Die Farbe als solche kann die verschiedenen Farben nicht besitzen; um sie zu besitzen, müßte im Hintergrund etwas Verborgenes liegen. Dieses Etwas muß jedoch Eigenschaften annehmen können, die von vollkommen anderer Art sind. Kann somit die besondere Farbe als Wirkung bzw. als Akt der Farbe an sich gedacht werden? Die Farbe an sich ist noch kein Wirkendes und enthält auch keinen Bezug zur Zeit. Allein das Allgemeine enthält das Besondere, d. h., das Besondere existiert nur, wenn es sich im Allgemeinen befindet. [...]

In dem Urteil *Rot ist eine Farbe* bedeutet die Kopula, objektiv gesehen, daß sich im Allgemeinen ein Besonderes befindet, d. h., daß das Allgemeine der Ort des Besonderen ist. Das wahrhaft Allgemeine ist ein in sich selbst Identisches und umfaßt in sich die Artunterschiede. Doch nur wenn der Gegenstand das Bewußtsein übersteigt, kann das Besondere einfach im Allgemeinen liegen. Vertieft man die Bedeutung des Ortes weiter, so daß sich auch das Bewußtsein darin befindet, so spiegelt der wahre Ort in sich selbst sein eigenes Bild und wird zu einem Spiegel, der sich selbst bescheint. Befindet sich etwas Seiendes in einem anderen Seienden, so besitzt das letztere das erstere. Befindet sich ein zum Vorschein gekommenes Seiendes in einem nicht zum Vorschein gekommenen, so ist das erste die Manifestation des zweiten, das insofern als das Wirkende bezeichnet werden kann. Befindet sich aber ein Seiendes im wahren Nichts, so kann nur gesagt werden: das wahre Nichts spiegele es. Spiegeln bedeutet, die Form, so wie sie ist [...], ohne jede Verzerrung entstehen zu lassen, d. h. sie so aufzunehmen, wie sie von sich aus ist. Das Spiegelnde läßt in sich die Dinge entstehen, wobei es aber ihnen gegenüber kein Wirkendes ist. Auf dieselbe Weise können wir sagen, daß der Spiegel Dinge spiegelt. Da der Spiegel aber ein bestimmtes Seiendes ist, kann er selbstverständlich nicht wirklich die Dinge selber spiegeln. [...] Auch der Raum enthält nicht einfach Dinge, d. h., er enthält sie nicht in der Weise, daß die Dinge sich einfach im Raum befinden. Allgemeines und Besonderes sind nicht in der Weise voneinander verschieden wie Ding und Raum. Das Besondere ist ein Teil des Allgemeinen und zugleich ist es sein *Spiegelbild.* Allerdings hat das Allgemeine gegenüber dem Besonderen nicht die Bedeutung irgendeines Seienden, es ist vielmehr ihm gegenüber ganz und gar Nichts. [...]

Darum gilt: Damit sich etwas vollständig in einem anderen befinden kann, muß das Erstere der Modus des Letzteren sein. Auf diese Weise können wir unmittelbar Substanz und Modus denken. Wenn nun aber die reflexiven Kategorien den konstitutiven Kategorien vorangehen [...], so differenzieren sich die reinen Eigenschaften voneinander, die substanzlose Modi genannt werden sollten. Im Sich-aufeinander-Beziehen erhalten sie in objektiver Weise ihr eigenes System, indem sie sich gegenseitig spiegeln und gespiegelt werden. Läßt man die Substanz wegfallen, die im Hintergrund der unmittelbaren Erfahrung gedacht wurde, so sieht man den substanzlosen Akt bzw. die Welt des reinen Aktes. Noch wird hier aber in irgendeinem Sinne etwas Wirkendes angenommen. Beseitigt man auch dieses Wirkende, sieht man die Welt des reinen Vollzugs [...] bzw. die Welt der substanzlosen Modi. Wäre die Welt der reinen Akte zu erkennen, indem wir im Inneren eine Einheit sehen, so könnten wir, dies weiter vertiefend, die Welt des reinen Vollzugs betrachten. Von dieser Art ist der Bereich der reflexiven Kategorien, der vor dem der konstitutiven liegt.

Sprechen wir von *spiegeln,* so denken wir sogleich an ein bestimmtes Wirken, aber aus einem Wirken entsteht kein Spiegeln. Vielmehr kann umgekehrt aus dem Sachverhalt, *sich selbst in sich selbst unendlich zu spiegeln,* das Wirkende abgeleitet werden. Der Gedanke des Wirkenden entsteht in der Weise, daß ein [Wirkendes, R.E.] in einem endlichen Allgemeinen, d.h. in einem gefärbten Ort, einen unendlichen Inhalt zu spiegeln versucht. Im Ort des Nichts, der alles Seiende negiert, wird das Wirkende einfach zum Wissen, denn Wissen bedeutet nichts anderes als spiegeln. Transzendieren wir diesen Ort noch weiter hin zum Ort des wahren Nichts, so wird auch der Wille an sich sichtbar.

[...] Nehmen wir ein konkretes Allgemeines an, so muß eine Urteilsbeziehung darin enthalten sein. Denn das *wahre Allgemeine* ist immer das *konkrete Allgemeine.* Sprechen wir von Dingen, die außerhalb unserer selbst liegen, so meinen wir dabei nicht ‚sein' im Sinn der Kopula, sondern im Sinne der Existenz. Damit dieses Existenzurteil aber als allgemeingültig zustande kommt, muß in seinem Grunde das konkrete Allgemeine anerkannt werden. Aus diesem Grund kann die *Realität* zum Subjekt des Urteils werden. Das Existenzurteil entsteht durch Rationalisierung des Irrationalen. Dabei sind Zeit und Raum lediglich Hilfsmittel, um das Irrationale zu rationalisieren. [...]

Sagt man, im Bereich der Natur *gibt* es Dinge, so bezieht sich dies auf den Geltungsbereich des Existenzurteils; sagt man, Rot *ist* eine Farbe, so bedeutet dies, daß sich das Rote im Begriff der Farbe befindet. Die Existenz [von etwas, R.E.]

kann als ein spezieller Fall der allgemeinen Kopula gedacht werden. Wenn sich das Besondere im Allgemeinen befindet, so denken wir schlicht, daß es *ist*. In diesem Fall befindet sich ein Seiendes in einem anderen. Zum Beispiel kann die Farbe so verstanden werden, daß sie in sich selbst ein System bildet und sich in sich selber befindet, so daß sie zu einem gegensatzlosen Gegenstand wird. Im gleichen Sinne ist die natürliche Existenz ein transzendenter Gegenstand. Wenn demgegenüber das Seiende im Ort des Nichts, in dem es sich befindet, gespiegelt wird, tritt die Welt der gegensätzlichen Gegenstände zum Vorschein – ähnlich wie die Dinge im Raum, die in verschiedenen Erscheinungsweisen betrachtet werden können. [...]

## III

[...] Es kann hier jetzt nicht weiter auf das Problem der Existenz eingegangen werden, doch soviel möchte ich sagen: im Grunde der Realität liegt etwas Irrationales. [...] Von dieser Tatsache hängt es ab, ob wir das Sinnliche als Realität denken können. Das bedeutet nicht, daß wir einfach das Irrationale als Realität verstehen können; auf der einen Seite ist das Irrationale zwar mit der Vernunft nicht zu erreichen, aber auf der anderen Seite ist zugleich gefordert, es in [die Form, R. E.] der Vernunft zu bringen. Der Gedanke des Aristoteles, daß das Subjekt des Urteils nicht zum Prädikat werden kann, bringt diesen Sachverhalt bestens zum Ausdruck. Auch der Bereich der Natur, der durch die Gesetze von Raum, Zeit, Ursache und Wirkung vereinheitlicht wird, ist nicht mehr als nur ein Beispiel. Wenn wir das Subjekt des Urteils im weiter oben genannten Sinne verstehen, so entspricht das konkrete Allgemeine diesem wohl im höchsten Sinne, so daß wir das konkrete Allgemeine die Realität nennen können. [...]

Das Urteil ist zwar ein Bewußtseinsakt, jedoch nicht zugleich das gesamte Bewußtsein, denn das Urteil ist nicht einfach deckungsgleich mit dem Bewußtsein. Wir besitzen neben dem Bewußtsein des Urteils auch ein Bewußtsein des Willens. Auch der Wille ist ein Bewußtseinsphänomen. Da wir aber annehmen können, daß im Hintergrund des Willens etwas liegt, das den Willen weiß, so liegt dieses Wissen eine Stufe tiefer als der Wille selber. Auf diese Weise kann auch der Wille zum Gegenstand des Urteils werden, wobei aber dasjenige, was den Willen bewußtmacht, nicht einfach dasselbe ist wie dasjenige, was urteilt. Das, was den Willen bewußtmacht, muß auch dasjenige sein, was das Urteil bewußtmacht.

Das Wesen des Bewußtseins ist es, Sein aus dem Nichts hervorzubringen und Sein und Nichts zu umfassen. [...]

Insofern aber zwischen dem umfassenden Allgemeinen und dem umfaßten Besonderen ein Spalt besteht, entsteht die Beziehung von Ding und Qualität, so daß ein transzendentes Ding denkbar ist. *Ein Ding ist transzendent* bedeutet aber, daß Form und Materie voneinander getrennt sind. Es bleibt eine Materie zurück, die weder einfach formbar noch bestimmbar ist, auch nicht durch die Ausrichtung eines Formungsfortschrittes. Das heißt die Richtung der Materie ist letztlich unbestimmt. Die Materie bleibt gegenüber der Form äußerlich. Insofern sie zufällig ist, kann die Eigenständigkeit der Materie erkannt werden, und wir nehmen die Existenz eines transzendenten Dinges an. Um aber die Existenz eines Dinges zu erkennen, müssen wir einen Ort-Worin denken. Wenn wir den Ort als solchen jedoch als immanentes Sein bzw. als eine Art Form denken und im Immanenten ein Transzendentes annehmen, entsteht die Welt der Kraft. So können auch verschiedene Materialitäten der Kraft erkannt werden und zugleich muß ein Ort-Worin der Kraft gedacht werden. Das Irrationale und die Materialität der Kraft ist der Transzendenzcharakter des Immanenten. [...] Das heißt, im immanenten Ort kann man das Transzendente bestehen sehen. [...] Das Urteil entsteht zwischen Subjekt und Prädikat. Nehmen wir in diesem Ort etwas Transzendentes bzw. etwas Potentielles an, so wird es zu einem Wirkenden. Wird es lediglich als ein bereits bestimmter Ort betrachtet, ist das Urteil das Verbindende zwischen Subjekt und Prädikat. Befindet sich Seiendes in Seiendem, so ist hier der Ort ein Ding.

Befindet sich Seiendes im Nichts als objektiviertem Nichts, so wird das Ding, das vorher der Ort war, zum Wirkenden. Ein leerer Ort wird mit Kraft erfüllt und der Ort, der vorher ein Ding war, wird mit Potentialität gefüllt. Wird das Transzendente immanent, so werden der Ort und das Sein zu Nichts. Allein im Nichts, das zum Ort des Seienden wird, gibt es verschiedene Bedeutungen. Wir können unterscheiden zwischen dem Nichts, das bloß Vorhandenes negiert: das ist das relative Nichts, und dem Nichts, das das gesamte Sein verneint: das ist das *absolute Nichts.* Das relative Nichts gleicht dem Raum, das absolute Nichts dem Bewußtseinsfeld. Im Bewußtseinsfeld wird das vorherige Ding zum Bewußtseinsphänomen, so daß der leere Ort mit Geistesakten angefüllt ist. Da der Ort ein Nichts ist, das das gesamte Seiende negiert, können im Ort des Bewußtseins alle Phänomene als unmittelbar und immanent gedacht werden. [...]

Weil der Ort zum absoluten Nichts wird, erlangen die Dinge, die sich im Raum befinden, wieder eine Existenz; denn der Ort übersteigt das in ihm Befindliche in absoluter Weise. Einerseits müssen wir ihn daher als etwas Ewiges denken, das alle Wirkungen übersteigt, doch andererseits muß er ein unendlich Wirkendes sein, da er alle [anderen, R. E.] Orte in sich enthält. Kurz gesagt, er macht die Freiheit zu seiner Eigenschaft.

Das wirklich wissende Ich transzendiert nicht nur das wirkende Ich, sondern weiß auch das wissende Ich; am Grunde unserer Persönlichkeit liegt in diesem Sinne die Bedeutung von Realität. Es muß etwas geben, das aus dem Nichts Sein hervorbringt und auch die Materie schafft. Sowohl der Ort des gegensätzlichen

Nichts als auch die Akte, die in bezug auf den Ort des Nichts erkennbar sind, müssen verschwinden. Der Akt verliert seinen Ort-Worin, und mit dem Verlust seiner Realität muß auch die Möglichkeit gegenüber der Wirklichkeit verlorengehen. Seiendes kann als *reine Qualität* [...] aufgefaßt werden, wobei aber die Dinge nicht im Hintergrund der Qualität liegen, sondern die Qualität im Hintergrund der Dinge liegt; auch liegt im Hintergrund der Qualität nicht die Kraft, sondern die Kraft wird zu einer Eigenschaft. Die [unverwirklichten, R.E.] Möglichkeiten liegen nicht jenseits der Realität, sondern diesseits von ihr. Der Gegenstandsbereich der reflexiven Kategorien, die im Hintergrund des Gegenstandsbereiches der konstitutiven Kategorien sichtbar sind, muß die Welt der reinen Qualität in diesem Sinne sein. Wenn man den Gedanken, den Allgemeinbegriff als Ort aufzufassen, bis zum Äußersten radikalisiert, werden die Dinge zur reinen Qualität, wenn der Ort, in dem sie sich befinden, zum absoluten Nichts wird. Eigentlich sollten konstitutive und reflexive Kategorien nicht voneinander getrennt, sondern als zwei Aspekte einer Sache gesehen werden. Denkt man die konstitutiven Kategorien als konkret und die reflexiven Kategorien als ihren verkümmerten und abstrakten Aspekt, so wird die Welt der reflexiven Kategorien zu einer Welt des bloß abstrakten Denkens; im Hintergrund der konstitutiven Kategorien können aber die reflexiven Kategorien gesehen werden, und wenn die konstitutiven Kategorien als Spezifizierung der reflexiven Kategorien aufgefaßt würden, könnten sie zur Welt des Willens werden. Je nachdem, ob Wille oder Urteil zur Rück- oder Vorderseite von konstitutiven und reflexiven Kategorien werden, verändert sich die Sicht.

Um die reine Qualität als den Grund der Realität zu denken – dafür werde ich sicherlich viel Kritik erhalten –, muß sie das Unmittelbare für uns sein. Es handelt sich hierbei aber nicht um die Empfindung im Sinne der Psychologen, auch nicht um die *reine Dauer* bei Bergson, die niemals auch nur einen Augenblick in die Vergangenheit zurückkehrt. Was man *reine Dauer* nennen kann, ist noch nicht getrennt von der Zeit, aber die [reine Qualität, R.E.] muß auch eine derartige Kontinuität schon überstiegen haben. Es ist die Welt der ewigen Gegenwart, das Sein im Ort des wahren Nichts. Der Standpunkt der Negation ist der Standpunkt des Bewußtseins; denken wir den Ort des Bewußtseins in uns als den höchst unmittelbaren innerlichen Ort, so ist dasjenige, was sich in diesem Ort befindet, das wahrlich Unmittelbare. Wir bilden darin nicht nur die Welt der Dinge und die Welt der Kraft, sondern auch die Welt des Willens. Auch der intelligible Charakter bei Kant, dessen Eigenschaft die Freiheit ist, muß ein Sein in diesem Sinne sein. [...]

Insofern der Ort bestimmt bzw. der Allgemeinbegriff vergegenständlicht werden kann, gehören sie zum Bereich des Wissens. Übersteigen wir aber diesen Bereich, so verliert das Urteil [den Charakter, R.E.] eines Bestimmungsaktes, und wir gelangen in die Welt des Willens. Das Bewußtsein des Widerspruchs zeigt den Wendepunkt vom Bewußtsein des Urteils hin zum Bewußtsein des Willens. Das

Bewußtsein im Hintergrund des urteilenden Wissens bzw. der Ort des wahren Nichts verschwinden niemals. Im Äußersten wird auch der Wille noch überstiegen, und wir erreichen die Anschauung des reinen Vollzugs. Hier erkennen wir wieder die Transzendenz des Bewußtseins des Widerspruchs. Das Erstere ist die Transzendenz des Widerspruchs des Urteils, und das Letztere ist die Transzendenz des Widerspruchs des Willens. Die Grenze zum wahren Nichts erreichen wir, indem wird den Widerspruch des Willens transzendieren.

Der von mir in diesem Kapitel verwendete Ausdruck *reine Qualität* kann vermutlich leicht zu Mißverständnissen führen. Es handelt sich hierbei um etwas, das sich im Ort des wahren Nichts befindet und sich selber sieht. Es liegt im Grunde des reinen Aktes und besagt zugleich, daß das Sehende auch ein Wirkendes ist. Ich habe es *reine Qualität* genannt, weil es tiefer als der Akt liegt und eine stille Existenz besitzt. Darüber hinaus ist es kein Ding und keine Substanz, denn es ist die höchst unmittelbare Existenz. [...]

## V

[...] Das Urteil bildet sich aus dem Verhältnis von Subjekt und Objekt. Doch über die Tatsache hinaus, daß es als urteilendes Wissen entsteht, muß im Hintergrund des Urteils eine sich ausweitende prädikative Ebene liegen, so daß sich das Subjekt durchgehend im Prädikat befindet, wodurch der Urteilsakt sekundär wird. Auch das Erfahrungswissen, insofern es Urteilswissen ist, muß im Grunde ein prädikatives Allgemeines sein. Ein jedes Erfahrungswissen muß begleitet werden von der Tatsache „es kann in mir bewußt werden", denn das Selbstbewußtsein wird zur Prädikatsebene des Erfahrungsurteils. Gewöhnlich denken wir das Ich – so wie auch das Ding – als eine subjektive Einheit, die verschiedene Qualitäten besitzt. Eigentlich ist aber das Ich keine subjektive Einheit, sondern muß vielmehr eine prädikative Einheit sein; es ist kein Punkt, sondern ein Kreis, es ist kein Ding, sondern ein Ort. Ich kann mich aus dem Grunde nicht wissen, weil das Prädikat nicht zum Subjekt werden kann. So stellt sich die Frage, welchen Unterschied es zwischen dem Allgemeinen gibt, das den Grund des mathematischen Urteils bildet, und dem Allgemeinen, das den Grund des empirischen Urteils bildet. Beim ersteren fallen die Ebene des Besonderen und die des Allgemeinen einfach zusammen, beim letzteren umfaßt das Allgemeine das Besondere, dennoch bleibt ein Rest. Ursprünglich ist im Urteil der Bereich des Prädikats, das nicht zum Subjekt wird, weiter als der des Subjekts. Ausgehend vom Standpunkt des urteilenden Bewußtseins, bei dem wir die Objektivität nur in Richtung des Subjekts suchen, wäre dies nur ein einfacher abstrakter Allgemeinbegriff. Doch die Grundlage unseres Erfahrungswissens liegt in der Objektivität des Prädikativen bzw. in der des Qualitativen. Indem das Qualitative zum Subjekt, aber nicht zum Prädikat wird, entsteht die Objektivität des Erfahrungswissens. Auch wenn es den Raum als Form der Anschauung gibt, muß dennoch alles Raum sein, noch bevor es in der Beziehung von Umfassendem und Umfaßtem steht. Daher liegt im Grunde des mathematischen Wissens eine Anschauung. Anschauung bedeutet: die Subjektebene versinkt in der Prädikatsebene. Im Hintergrund dieser Anschauung liegt auch das Gegensatzlos-Gegenständliche, das nicht verlöschen kann, so daß die Prädikatsebene, in der noch ein Rest zurückbleibt, als der Bereich unseres Bewußtseins gedacht werden kann. *In mir wird etwas bewußt* bedeutet, sich in der Prädikatsebene zu befinden, so daß der Gegenstand sowohl des Denkens als auch der Wahrnehmung sich darin befinden. Das Bewußtsein des Denkens und das der Wahrnehmung sind verschieden, denn ihr Unterschied läßt sich dem Gegenstand entsprechend denken. Das wahrnehmende Ich muß zugleich auch ein denkendes Ich sein. Gerade weil man das Bewußtsein als Akt denkt, wird es somit bereits in Beziehung zum Gegenstand gedacht, denn gerade der Akt als solcher ist etwas Bewußtwerdendes. Alle Akte als bewußtgewordene Akte befinden sich auf einer identischen Bewußtseinsebene, durch sie werden Denken und Sinnlichkeit verbunden. [...]

Somit sind nicht nur die Bedeutungen dem Bewußtsein immanent, sondern auch die Gegenstände. Eine intentionale Beziehung bedeutet nicht, ein Ding außerhalb des Bewußtseins zu intendieren, sondern ist eine Kraftlinie auf der Ebene des Bewußtseins. Gewöhnlich lösen wir im Identitätsprinzip die Ebene der ausgedrückten Anschauungen [...] von der Ebene des Bewußtseins ab und denken nur die restliche Ebene als die Ebene des Bewußtseins, so daß nur der Ort des gegensätzlichen Nichts, der dem Sein gegenübersteht, als Bewußtsein verstanden wird. Aus diesem Grunde befindet sich im Hintergrund der Anschauung noch etwas anderes als das Bewußtsein. Die Anschauung jedoch, als ein in sich selbst Identisches, muß in der Ebene des Prädikativen enthalten sein.

Radikalisiert man die Subsumtionsbeziehung von Allgemeinem und Besonderem weiter, so liegt auch im Hintergrund des in sich selbst Identischen die Ebene des Prädikativen, das die Subsumtionsbeziehung übersteigt und ausweitet und zugleich die wahre Ebene des Bewußtseins ist. Sowohl die Anschauung als auch das Denken befinden sich unmittelbar darin. [...] Je mehr das Prädikative das Subjekt übersteigt, vertieft und erweitert, um so freier wird der Wille. Allein der Wille ist durchaus nicht getrennt vom Urteil, vielmehr ist der Wille ein Urteil par excellence, in dem das Prädikat zum Subjekt wurde, denn der Wille, der kein Urteil enthält, ist nicht mehr als ein bloßes Verhalten. Wird das Urteil ein Selbstidentisches, erreicht seine Grenze und übersteigt dann die Umrißlinie des Selbstidentischen, so wird es zum Willen. Aus diesem Grunde ist im Zentrum des Willens immer ein Selbstidentisches enthalten. Der Umfang des Selbstidentischen wird durch die [Ebene der, R.E.] Bedeutung umrissen, wohingegen der Umfang des

Gegensatzlos-Gegenständlichen durch die gegensätzlichen Gegenstände umrissen wird. [...]

Vom bloß intellektualistischen Standpunkt aus betrachtet kann man über die Vereinigung von Subjekt und Objekt hinaus nichts weiter denken. Die Subjekt-Objekt-Einheit ist jedoch die Selbstidentität, die zunächst auf der Subjektebene und dann auf der Ebene des Prädikats betrachtet wird. Die erstere Einheit ist eine einfache Identität, die letztere hingegen ist wahre Selbstidentität. Anschauung bedeutet, daß sich die Ebene eines [bestimmten, R.E.] Ortes mit der Ebene des Ortes-Worin vereinigt. Die Vereinigung dieser beiden Ebenen ist nicht die bloße Vereinigung von Subjekt- und Prädikatsebene, vielmehr fällt die Subjektebene immer tiefer in den Grund der Prädikatsebene, denn die Prädikatsebene ist durchaus in sich selber eine Subjektebene, so daß die Prädikatsebene selber zur Subjektebene wird. Für die Prädikatsebene bedeutet selber zur Subjektebene zu werden, sich selber zu negieren. Sie wird zu einem einfachen Ort. Daß in der Subsumtionsbeziehung das Besondere immer mehr zum Besonderen wird, muß zugleich bedeuten, daß das Allgemeine immer mehr zum Allgemeinen wird. Im äußersten Punkt des Allgemeinen sollte das Allgemeine sich nicht mehr als ein Besonderes ansprechen lassen, so daß es jeglichen besonderen Inhalt übersteigt und zum Ort des Nichts wird. Von der Urteilsbeziehung zwischen Subjekt und Prädikat her betrachtet, handelt es sich hier um eine bloße Anschauung der Subjekt-Objekt-Einheit. Daher hat das Bewußtsein des gegensatzlosen Gegenstandes nicht den Sinn, daß das Bewußtsein sich selber übersteigt, sondern vielmehr daß es noch tiefer in sich selber eindringt. Es zu übersteigen würde nämlich bedeuten, daß man nur die gegenständliche Beziehung in Betracht zieht und somit das Wesen des Bewußtseins selbst nicht denken kann. Suchen wir aber das Wesen des Bewußtseins auf der Ebene des Prädikats, die die Subjektebene umfaßt und erweitert, so erreichen wir fortschreitend in dieser Richtung das reine Bewußtsein. [...]

Die Tatsache, daß das Prädikat das Subjekt transzendiert, zielt auf die Tätigkeit des Bewußtseins. Angenommen, wir können in dieser Richtung fortschreitend den Grund des Bewußtseins erreichen, wird uns das vom Standpunkt des Wissens Allerfernste vom Standpunkt des Willens zum Allernächsten und die Beziehung der gegensätzlichen Gegenstände und des gegensatzlosen Gegenstandes kann sich umkehren. Wenn in den gegensätzlichen Urteilen „es gibt etwas" und „es gibt nichts" das Subjekt als vollständig Unbegrenztes zu Nichts würde, im Sinne eines vollkommen Unbestimmten, so können – ähnlich wie bei Hegel – Sein und Nichts eins werden. [...]

Geht das Verändernde in ein Gegensätzliches über, so bedeutet dies, daß es etwas gibt, das sich nicht als Prädikat bestimmen läßt; durch dieses läßt sich das zum Prädikat Werdende bestimmen, so daß es zu einem Prädikat von allem wird. Vom Subjektiven aus betrachtet, muß man dies das Einzelding nennen, vom Prädikativen aus ist es die letzte Spezies. Vom Prädikat aus gesehen, das das Subjekt umfaßt, kann die unendliche Annäherung des Subjekts an das Prädikat das Wirkende sein. Von der Prädikatsebene aus betrachtet, bestimmt die Prädikatsebene sich selber bzw. ist ein Urteilen.

Insofern daher die Prädikatsebene bestimmt werden kann, ist das Wirkende denkbar. Nur auf der Prädikatsebene, die ein Bewußtsein besitzt vom Widerspruch des Urteils, kann ein wirklich Wirkendes gedacht werden, so daß auf der Prädikatsebene, die eine widersprüchliche Einheit ist, erstmals die Prädikatsebene eigenständig wird. Die bestimmte Prädikatsebene wird zwar zum Grund des Urteils, kann aber nicht zum Wirkenden werden. Ähnlich wie Wirkendes bedeutet, daß sich die Subjektebene an die Prädikatsebene annähert, so nähert sich auch die Prädikatsebene an die Subjektebene an. Insofern die Prädikatsebene die Subjektebene umfaßt und noch ein Spielraum bleibt, wird sie zum Wirkenden. Daß aber die Prädikatsebene sich selbst in der Subjektebene sieht, bedeutet, daß sie selbst zum Ort des Nichts wird. Hier löscht sich der Wille selber aus, und alles, was sich hierin befindet, wird zur Anschauung. Wenn sich die Prädikatsebene unendlich vergrößert, wird zugleich der Ort als solcher zum wahren Nichts, und was sich darin befindet, schaut sich selber einfach an. Wenn das allgemeine Prädikat diese Grenze erreicht, bedeutet dies zugleich, daß auch das besondere Subjekt diese Grenze erreicht. Auf diese Weise wird das Subjekt zum Subjekt selbst.

**Textnachweis:** Kitarō Nishida (1926): Ort. In: Ders.: Logik des Ortes. Der Anfang der modernen Philosophie in Japan. Herausgegeben und übersetzt von Rolf Elberfeld. Darmstadt: WBG 1999, S. 72–139; hier: S. 72–74, 76–77, 81–82, 84–92, 96, 98, 101–102, 104–108, 130–136, 138–139.

# Anthropomedialität

# Zur Einführung

Christiane Voss

Medienanthropologie fragt nach den medialen Bedingungen menschlicher Existenzweisen und ihrer (Selbst-)Verständnisse. Das tut sie in der Verschränkung zweier Perspektiven: In *medienhistorischer* Perspektive geht es um die lebensweltlichen Veränderungen, die durch einzelne Medien und Medienverbünde, wie Schrift, Drucktechnik, Dampfmaschine, Fließband, Auto, Satelliten, TV und Computer etc., zu bestimmten Zeiten und an bestimmten Orten zu verzeichnen sind. In *medienphilosophischer* Perspektive wird die wechselseitige Bestimmung von Mensch und Medium kontextsensibel analysiert sowie epistemisch, ethisch und ästhetisch reflektiert. Der Medienbegriff umfasst dabei zweierlei: erstens alle Funktionen der Vermittlung und Trennung, der Weitergabe und des Speicherns, des Herstellens und Austauschens; zweitens die materiellen Instanzen, die festlegen, wie sie zu handhaben und zu verarbeiten sind. Wenn menschliches Selbstverstehen, Handeln und Wahrnehmen als vermittlungsabhängige Aktivitäten gelten können, so sind sie eo ipso medienabhängig. Demnach sind Medien immer schon Bestandteile und Bedingungen anthropologischer (Selbst-)Bestimmungen und -vollzüge. Von der Beteiligung unterschiedlicher Medien an menschlichen (Selbst-)Reflexionen, Handlungsvollzügen und Wahrnehmungen hängt es folglich maßgeblich ab, welches Selbst-Welt-Verständnis jeweils vorliegt.

Die vier ausgewählten Texte sind repräsentative medienanthropologische Ansätze, die historische Beobachtungen technisch-medialer Einflussfaktoren mit epistemisch-ästhetischen Analysen verknüpfen. Sie unterscheiden sich danach, ob sie eher eine Kontinuitäts- oder Diskontinuitätsthese vertreten. Ernst Kapps Organprojektionstheorie (so wie die hier nur zu nennende Extensionstheorie von Marshall McLuhan) und Vilém Flussers Projektionstheorie der Komputation gehen z. B. von einem kontinuierlichen Übergang zwischen Natur- und Technikentwicklung aus. Für Kapp sind kulturelle Zivilisation und technische Entwicklung gleichursprünglich auf die Anatomie der menschlichen Hand zurückzuführen

© Springer Fachmedien Wiesbaden GmbH, ein Teil von Springer Nature 2019
A. Ziemann (Hrsg.), *Grundlagentexte der Medienkultur*,
https://doi.org/10.1007/978-3-658-15787-6_5

und in zweiter Linie auf andere menschliche Organe. Werkzeuge sowie Zahlen- und Messwerke ersetzen und verkörpern nach Kapp Hand und Fuß und ermöglichen so auch ein abstraktes Begreifen und Vorstellen. Werkzeuge würden nun aber andere Werkzeuge herstellen, die morphologisch dem menschlichen Körperbau immer unähnlicher würden. Nach Kapps Lesart verdeckt dies nur die genealogische Verankerung moderner Technik in der menschlichen Hand für die sinnliche Anschauung. Erst eine philosophische Analyse kann ihm zufolge diese hintergründige Entwicklungslogik aufklären, in der (menschliche) Natur bruchlos in Technik übergeht und sich in ihr gespiegelt allererst selbst versteht.

Ist Kapp an der Industrialisierung des 19. Jahrhunderts orientiert, so argumentiert Vilém Flusser in seiner Medienanthropologie mit Bezug auf die informatische Programmier- und digitalen Bildtechniken des späten 20. Jahrhunderts. Auch Marshall McLuhans Schriften gehören hierher, der in Bezug auf die ubiquitäre Verbreitung der Massenmedien, wie Radio und Fernsehen, im post-industriellen 20. Jahrhundert die kontinuierliche Erstreckung menschlicher Körperfunktionen und Aktionsradien in die Umwelten via Projektion auf Technisierungsprozesse betont. Die technischen Umwelten werden für Flusser wie für McLuhan, die Kapp so weiterdenken, in ihrer globalen, elektronischen und informatischen Vernetztheit zu einer zweiten Haut der Menschheit. Nur wo einzelne Technikeinflüsse vereinzelte Körperfunktionen amputierten, wird das harmonische Zusammenspiel der vielen Körperfunktionen gestört. Der irgendwann medial distanzlos eingewobene Mensch passe jedoch als anästhesierter Servomechanismus (McLuhan) und als seinerseits decodierbare und komputierende Existenz (Flusser) in die technisch fabrizierten Welten und diese zu ihm. Dass „Servo" etymologisch „Servus" = „Sklave" enthält, ist hier gerade nicht kritisch gemeint. Natur schreibt sich innerhalb der Kontinuitätstheorien von Kapp über McLuhan bis Flusser bruchlos in Technik ein, und Menschen stehen entsprechend nicht außerhalb davon, sondern innerhalb der medientechnischen Entwicklungen. Artefakte wie Satelliten, Mikrochips und digitale Programme fungieren demzufolge als mediale Umweltgefüge, die zugleich unsere Wahrnehmungen strukturieren und ordnen. In ihrer medialen Bedingungsfunktion für Wahrnehmung, darauf weist Kapp schon früh hin, sind Medien und Techniken allerdings transparent und d. h. selbst nichtwahrnehmbar. Diese Transparenz medialer Funktionen und Träger gilt letztlich für jedes Bedingungsgefüge von Wahrnehmung und Erkenntnis – so etwa auch für Sprache, Logik oder für Körperfunktionen. Jedes Medium vermittelt, prozessiert und verbreitet Informationen oder Signale oder Zustände, ohne dabei selbst in Erscheinung zu treten. Medienanthropologie kommt daher die Aufgabe zu, solche Implikationen explizit zu machen.

Es ist diese zumindest partielle, epistemische Unzugänglichkeit globaler (Medien-)Technisierungen und ihrer immersiven Effekte, die Martin Heidegger und sein Schüler Günther Anders technik- und medienskeptisch wenden. Beide Autoren stehen hier repräsentativ für den Strang der Diskontinuitätsthese. Denn für beide ist mit bestimmten technischen Entwicklungen auch ein Verlust an Natur und Naturaffirmation verbunden. Heidegger sieht im 20. Jahrhundert eine Welt als einen Bezugsraum menschlicher Selbstvergewisserung untergehen, die sich noch vom Rhythmus einer vermeintlich technikfreien Natur hätte leiten lassen, einer Natur, die in ihrer geheimnishaften Autonomie noch poetisch verehrenswert gewesen sei. Dem stehe seit dem Aufkommen von Speichertechniken eine technifizierte Welt und Haltung gegenüber, die komplett auf Verfügungsgewalt, Ressourcenausbeutung und zweckrationale Kalküle reduzierbar seien und die auch die menschliche Natur in den Dienst ihres totalen Verfügungsbegehrens stellen würden. Der Mensch werde unbemerkt selbst dabei zum *Gestell* (Heidegger) oder zum *Prometheisch Beschämten* und Zwerg seiner Maschinenparks (Anders). Habe Technikentwicklung bislang im Dienste menschlicher Interessen gestanden, so sei dieses Machtverhältnis nun invertiert. Längst nicht so erkenntnisoptimistisch wie Kapp, aber vorsichtig nach Auswegen aus dieser Lage suchend, sieht auch Heidegger die Möglichkeit am Horizont, dass die zunächst undurchschaute Situation der durch Technik gestellt-werdenden Menschen doch erkennbar sei. Diese mögliche Erkenntnis der technisch bestimmten Lage könne wiederum nur über den Umweg einer philosophisch-ästhetischen Distanzierung zum Alltagleben verlaufen. Sie soll dann nicht zur Technik-Verdammung führen, sondern idealiter zur Anerkennung eines technizistischen Welt- und Selbstverhältnisses, das es grundlegend schon vor aller konkreten historischen Technikentwicklung gegeben hätte und welches es sodann kritisch und neu zu verstehen gelte.

Für Günther Anders, der zum Teil an Heidegger anschließt, sind es konkret die massenhafte Verbreitung des Radios und des Fernsehens sowie die ubiquitär verbreiteten Bilderwelten in den Städten, die dazu beitragen würden, einen neuen Menschentypen, nämlich den „prosumentischen Masseneremiten" und „prometheisch Beschämten" herzustellen. Dieser neue, medial geformte Menschentypus schäme sich seiner biologischen Restnatur, die ihn von den perfektionierbaren Produkten der Serienformate, Bilder und Matrizenvorbilder defizitär abweichen lasse, an denen sich aber sein technikbegeistertes Ich-Ideal unbewusst orientiere. Serielle Bilder hätten sich mit ihrem Faszinationspotenzial und ihrer begehrten Wirklichkeitsanmutung an die Stelle der Welt gesetzt, so Anders, und damit die sogenannte „Welt" selbst in ein Simulationsphänomen und Phantom transformiert. Hier nimmt Anders die marxistische Spektakelkritik der 1960er Jahre und die post-marxistische Simulationstheorien der 1980er Jahre visionär vorweg. Der damit verbundene Verlust eines differenzierten Selbst-Welt-Verhältnisses führt für Anders, wie schon für Heidegger, dazu, die Möglichkeit zu verlieren, überhaupt noch unabhängig von medientechnischen Einflüssen und Schematisierungen über menschliche Existenz nachdenken und diese selbst imaginieren zu können. Dieses Erkenntnishindernis werde aber nicht allein durch die Transparenz der Technik, als vielmehr durch die fetischistische Technikbewunderung der Menschen fundamentiert. Der Riss zwischen Natur und Technik verläuft durch die Individuen selbst hindurch, so Anders, die sich imaginär, psychisch und politisch jedoch gegen sich selbst auf die Seite der stärkeren Technikseite schlagen würden. Wird nach Heidegger noch ein Ausweg aus der technisch-passiven Überformung begehrt, so entfällt ein emanzipatorisches Freiheitsbestreben nach Anders.

Einen ähnlichen Gedanken der phantomartigen Gespenstwerdung von Selbst und Welt im Medium virtueller Bild- und Projektionstechniken nimmt später auch Vilém Flusser auf und wendet ihn allerdings abweichend von Anders positiv-utopisch. Die ubiquitäre Digitalisierung aller Lebensbereiche, die das neue Jahrhundert auszeichne, bringe eine Ununterscheidbarkeit von Schein und Sein, von Fakten und Daten, von Gemachtem und Gegebenem mit sich, was nach Flusser dazu führt, in der mathematisch basierten Kalkulierbarkeit und speziell in der Komputierbarkeit den neuen gemeinsamen Nenner sämtlicher menschlicher und nicht-menschlicher Existenzformen zu sehen. Was vormals z. B. als „Mensch“ und „Ding“ unterschieden worden sei, erweise sich aus digitaler Sicht als eine je gleichermaßen komputierende Ansammlung berechenbarer Punkte und Bits. Und so wie wir gelernt hätten, mit informatischen Programmen und mathematischen Kalkülen auch neue Möglichkeiten zu generieren und zu projizieren, wie Hologramme, neuronale Funktionsanalysen, technische Bilder, Computertechnologien und -kunst würden simulations- und entwurfstechnische Wirklichkeiten und damit alternative Welten hervorgebracht werden können, deren Effekte *und* deren kreative Träumer wir zugleich seien. Diese Sichtweise auf eine technikbasierte Koevolution fordere allerdings eine neue Erkenntnistheorie und Anthropologie gleichermaßen: Zu verabschieden ist für Flusser ein lineares und dualistisches Denken, das noch zwischen Oberfläche bzw. Darstellung und Substanz unterscheidet, zugunsten eines polyvektoriellen Denkens der komputierbaren Projektionen, das zwischen menschlichen und nicht-menschlichen Faktoren und Einflüssen nur mehr graduell, wenn überhaupt, unterscheidet. Es gelte vor allem, sich vom Schema des überholten Subjekt-Objekt-Denkens zu befreien und zu lernen, dass es statt um ‚Subjekte‘ nunmehr um vielgestaltige, ergebnisoffene ‚Projekte‘ und Projektionsflächen zukünftiger Technikentwicklungen gehe, denen keine festen Gegebenheiten mehr gegenüberstünden, die eine fixierbare Subjektposition zurückspiegeln könnten. Wissenschaft und Kunst fielen im Zeitalter der umfassenden Komputierbarkeit von allem und jedem zusammen, sodass auch für die Seite der Wissenschaften eine kreativ-weltbildende Funktion ins Zentrum rücke. Die frühere Aufgabe der Repräsentation einer unabhängig vorfindlichen Welt habe nun der neuen Aufgabe der Kreation von alternativen Welten zu weichen. Wenn Wahrheitsorientierung normatives Leitbild der Wissenschaften gewesen ist, so sei dies durch die Ausrichtung aller Forschungszweige auf Schönheit und ästhetische Wertigkeiten ihrer Produkte und Aufgaben hin zu ersetzen. In der Überwindung von räumlichen Distanzen und physischen Widerständigkeiten in virtuellen Welten und durch neue Medien schaffe sich der projektförmig dauernd neu werdende Mensch zugleich einen Zugang zu einer neuen Freiheit, die im Ergreifen der Gestaltungsmöglichkeiten komputierbarer Settings liege.

Flussers Position steht in ihrer affirmativ-diskontinuierlichen Tendenz streng genommen zwischen den Lagern der Kontinuitäts- und Diskontinuitätsthesen. Denn einerseits spricht er von einer irreversibel immer technokratischer werdenden Entwicklung und andererseits von menschlicher Natur und Körperlichkeit als immer schon technisch codierte. So wird die Differenz zwischen Natur und Technik einerseits in historischer Hinsicht behauptet und andererseits in ontologischer Hinsicht eingezogen. Darin ist Flusser eventuell mit Heideggers Unterscheidung zwischen geschichtlich vorgängiger Technizität und einer demgegenüber historisch späteren Technikentwicklung zu vergleichen: Das historisch später Aufkommende (einzelne Theorie- und Technikentwicklungen, wie neuzeitliche Rationalität, Speichertechnik und Digitalität) basiert demnach auf dem geschichtlich Früheren: nämlich der instrumentell-kalkulierenden Logik. Letztere zumindest teilweise auszusetzen, ist allen Autoren in unterschiedlicher Gewichtung ein Anliegen, was sie an die Bereiche der Kunst und Ästhetik verweisen. Denn was ästhetisch verarbeitet und erfahren wird, entzieht sich dem Anspruch nach der instrumentellen Vernunft und wird – so zumindest lautet das Ideal der bürgerlichen Ästhetik seit dem 18. Jahrhundert – um seiner selbst willen geschätzt.

Wenn eine nicht-deterministische Medienanthropologie auch heute möglich sein soll, eine, die Spielraum für Unbestimmtheit und Freiheit belässt, so ist den genannten Texten zu entnehmen, dass eines unvermeidbar ist: nämlich jede Form von verdinglichender Gegenüberstellung von ‚Mensch' und ‚Medium' oder ‚Technik' zu vermeiden. Anstatt immer wieder nach den Wirkungen von Medien auf Gesellschaft und Mensch zu fragen und dabei die vermeintlich leichte Unterscheidbarkeit der Kategorien ‚Mensch' und ‚Medium' bereits unkritisch vorauszusetzen, scheint es medienanthropologisch zielführender zu sein, die Verwobenheit menschlicher und nicht-menschlicher Faktoren in medientechnischen Habitaten und Settings zum Ausgangs- und Zielpunkt der Analysen zu erheben. Nicht länger lässt sich dann ein unabhängig identifizierbares Dasein in ein äußerliches Verhältnis zu einem medialen Umweltsetting setzen. Ein bloß vor einem Computer oder einer Konsole Sitzender ist noch kein ‚User' oder ‚Gamer'. Solche medienbasierten Existenzweisen wie ‚User' oder ‚Gamer', um nur zwei beliebige Beispiele zu nennen, sind erst als solche realisiert, wenn ein reziprokes Kooperationsverhalten von biologischem Körper und Technik in einem medialen Setting greift.

Erst in aktiven Kooperationspraktiken – darauf hat Kapp zuerst hingewiesen – können Medientechniken zu existenzbildenden Formationen werden. Wenn sogenannte ‚anthropomediale Existenzweisen' erklärend beschrieben werden sollen, d. h. solche, für die die untrennbare Amalgamierung von technischen und körperlichen Faktoren kennzeichnend ist, gilt es, nach milieuspezifischen Bedingungen und immanenter Ausdifferenzierung materieller, semiotisch-diskursiver und funktionaler Aspekte Ausschau zu halten. Für die Umschlagspunkte und funktionalen Verknüpfungen der heterogenen Elemente und Funktionen, die den anthropomedialen Existenzformen je zugrunde liegen, ist dann eine beschreibende Sprache und Bildlichkeit zu entwickeln. Neologistische Terme wie die des „Gestells", des „Projekts", des „Masseneremiten" oder der „Anthropomedialitäten" ersetzen in Medienanthropologien den anthropozentrisch vorbelasteten Begriff des ‚Menschen' und fokussieren in der Sache auf situierte Emergenz- und Existenzphänomene medialer Settings. Medienanthropologien interessieren sich in historischer und analytischer Hinsicht für Zustände des Zwischenseins, für hybride, unfertige und ephemere Existenzweisen im Plural. Die ensembleartig zusammengesetzten Gebilde, die hier ins Zentrum rücken und die in viele unterschiedliche Facetten untergliedert sein können, lassen sich dann nicht mehr auf die abstrakt-homogenisierende Rede von „dem Menschen" reduzieren.

# Ernst Kapp: Grundlinien einer Philosophie der Technik (1877)

Noch steht unsere Untersuchung erst am Eingang zu dem mächtigen Aufschwung der heutigen Cultur, und noch reicht der Begriff Maass auf diesem Standpunkt wenig über die Begrenzung der Werkzeugsphäre hinaus, insofern er vorläufig auf das, was unter Maass und Gewicht im gewöhnlichen Leben verstanden wird, beschränkt ist.

Der Fuss, der Finger und seine Glieder, der Daumen, die Hand und der Arm, die Fingerspanne, die Entfernung der schreitenden Füsse und die ausgebreiteten klaffenden Arme, eines Fingers und eines Haares Breite als *Längenmaasse;* die Handvoll, der Mundvoll, die Faust- und die Kopfgrösse, die Arm-, Bein-, Finger-, Daumen- und Lendendicke als *Hohl- und Raummaasse;* der Augenblick, als *Zeitmaass;* der Hauch für etwas verschwindend Kleines sind und bleiben überall bei Jung und Alt, beim Wilden und beim Culturmenschen als die natürlichen Maasse unverändert im Gebrauch. *„Unbewusst"*, bemerkt *G. Karsten, „setzt der Mensch seinen Körper als Maassstab auch an die Natur* und hat von Jugend auf diesen Maassstab benutzen gelernt. … Jetzt wird uns die uns zur anderen Natur gewordene Beurtheilung der Grössenverhältnisse völlig vernichtet; es wird uns zugemuthet, dieselbe Lernzeit noch einmal durchzumachen. Ich gestehe, dass ich, obwohl viel mit den Maassen beschäftigt, dennoch bei Angaben nach dem metrischen Maasse immer das Gefühl wie bei der Benutzung einer mangelhaft erlernten fremden Sprache habe, wo man in der Muttersprache *denkt* und deren Gedanken übersetzt. Wir werden uns damit abfinden müssen, unsere alten Maassvorstellungen immer metrisch zu übersetzen, die jetzige Jugend muss metrisch denken lernen." (Maass und Gewicht in alten und neuen Systemen, S. 25.)

Aus den Längenmaassen haben sich bei den meisten Völkern Fuss und Elle als feste Einheiten, als *Maassstäbe,* ausgeschieden und regeln in weiterer Uebertragung auf Flächen- und Körperinhalt die *Hohl-, Raum-* und *Gewichtsmaasse.*

© Springer Fachmedien Wiesbaden GmbH, ein Teil von Springer Nature 2019
A. Ziemann (Hrsg.), *Grundlagentexte der Medienkultur*,
https://doi.org/10.1007/978-3-658-15787-6_6

Der Ausdruck für die Menge der Maasseinheiten derselben Art, die *Zahl,* wurde, wie noch heute zur Unterstützung des Zählens geschieht, an den fünf Fingern abgezählt. […] Die zehn Finger lieferten das Decimalsystem und die zehn Finger mit Zugabe der beiden Hände das Duodecimalsystem.

Ueber die Entstehung dieser unserer Zählsysteme bemerkt *Conr. Hermann* bei Gelegenheit seiner Kritik des Zeising'schen Werkes über den goldenen Schnitt, dass es nicht eine unmittelbare Nothwendigkeit aus der Zahl selbst sei, dass gerade die Zehn die abschliessende Einheit oder ordnende Grundzahl ihres ganzen Systems bilden müsse, und dass die Zehnzählung zunächst nur als ein subjectives Einrichtungsgesetz des Menschen selbst erscheine. (Philos. Monatshefte VII, S. 18.) […]

Nur in der Hand, aus welcher Werkzeuge und Geräthe hervorgingen, konnte neben den Maassen derselben auch die Elementarvorschrift für den Zählmodus eingebettet sein. Zugleich mit dem Werkzeug projicirte die Hand die ihr von Natur einhaftenden Maasse und deren Zahlenwerthe. Die Hand, das die körperlichen Dinge begreifende und mit ihnen sich befassende Organ, ist zugleich das die Entbindung der Vorstellungen und das geistige Begreifen wesentlich unterstützende Organ und spendet aus dem unversiegbaren Reichthum ihrer Organisation die gesammte Culturwelt. Der Ausspruch, dass der Daumen die Weltgeschichte gemacht, ist kein Paradoxon; denn erst der Daumen constituirt die Hand, die Vollstreckerin der Dictate des Geistes.

Auf die Hand zurück weist das Handwerk, die Handlung, der Handel, die Zähleinheit, Maass und Gewicht, Zahl und Rechnung. Alles, was die Hand verrichtet, ist im weiteren Sinne „Handlung“. Mit der Handlung greift sie – man gestatte die Perspective – im eigentlichen und im symbolischen Sinn tief in das ethische Gebiet hinein. Dieselbe Hand, welche ihr zum Bilde das Werkzeug schuf, sie hantiert es als Wirtschaftsgeräth und als Waffe, sie giebt es im Tauschhandel „von Hand zu Hand“, sie formt es um für Kunst-, Religions- und Wissenschaftszwecke.

Was die Hand ist, das ist sie allerdings nicht für sich, sondern als *Glied,* als Organ eines lebendigen sich selbst von innen heraus producirenden Gliederganzen, in welchem sich das Kleine am Grossen erhält und das Grosse im Kleinen zu seiner Wahrheit kommt. Die stückweise von aussen zusammengefügte Maschine hat wohl Stücke oder *Theile,* nicht aber *Glieder.*

Erst später kann auf die Handthätigkeit im Licht des gleichzeitigen Aufgebotes aller dem Organismus verfügbaren Kräfte näher eingegangen werden. Den nächsten Anspruch auf unsere Beachtung hat nunmehr, was speciell die Maasse angeht, der *Fuss* als Maassstab im hervorragenden Sinne. […]

Die Bedeutung des Fusses als Maassstab ist unverwüstlich. Solange es Menschen giebt, die auf zwei Beinen gehen, wird der auf der Fusslänge fussende Maassstab nicht aussterben. Er hat Natur und Geschichte für sich. Letztere sogar in dem Grade, dass das aus astronomischen Fernen herabgeholte Metermaass in seiner unerlässlichen Reduction auf den ewig jungen Fussmaassstab sich als eine exact wissenschaftliche Verkleidung ausweist. Wie entschieden der Fuss sich in jeder Verpuppung kenntlich macht, zeigt eine Mittheilung von *Th. B.* „über das natürliche Maass- und Gewichtsystem": Ein berühmter volkswirthschaftlicher französischer Schriftsteller der Neuzeit, Herr *du Mesail-Starigny,* hat in seinem *Catéchisme politique* sowie in seiner Geschichte der Volkswirthschaft der Alten dargelegt, „dass das natürliche Maass- und Gewichtsystem durchaus keine französische, sondern eine altgriechische Erfindung ist. Die griechische Amphora (= 26 Liter), das Hohlmaass, war gleich einem Kubus über dem griechischen Fusse (= 0,296 Meter). Das Talent, die Gewichts- und zugleich die Münzeinheit (letztere in Silber), hatte genau die Schwere von 26 Liter oder einer Amphora Regenwasser. So hatte das damalige System vor dem modernen noch den Vorzug, dass Gewichte und Münzen auf demselben Principe beruhten und denselben Namen trugen." (Sonntagsblatt 1873, No. 11.) [...]

Die Glieder des menschlichen Körpers dienen fortwährend, wie wir gesehen haben, nicht allein zur Abnahme einer Menge von vielfach wechselnden und nach Zeit und localem Bedürfniss für gut befundenen Maassbestimmungen, sondern auch zu einer unter internationalem Uebereinkommen fest gewordenen Maasseinheit.

[...] Sind Maassstäbe lediglich die verkörperten Dimensionen eines Organes, so sind Werkzeuge ein Ersatz des Organs selbst. Mit Hülfe derselben stellte die Hand weitere Werkzeuge her, die in der technischen Nachbildung des organischen Vorbildes, die ursprünglich annähernd massive Formgleichheit verlassend, oft kaum mehr eine Formähnlichkeit erkennen lassen. Doch sind sie deshalb um nichts weniger organische Projectionen. Die Projection steht im Gegentheil um so viel höher, als sie überwiegend wesentliche Beziehungen und Verhältnisse des Organismus zur Anschauung bringt, die um so reiner und geistig durchsichtiger sich darstellen, je weniger die Aufmerksamkeit durch zu grosse Treue plastischer Ausformung abgelenkt wird. Der Fuss, als Maassstab weit entfernt von der menschlichen Fussform, ist die concrete Abstraktion einer seiner Dimensionen. Das Maass, als Maassstab zum Werkzeug geworden, hilft andere Werkzeuge herstellen, Maschinen und Häuser bauen.

Ein Werkzeug erzeugt das andere. Die wenigen Formen des primitiven Handwerkzeuges auf der einen Seite und die unberechenbare Mannigfaltigkeit der von der Wissenschaft durchgeisteten Culturgeräthe andererseits lassen einen Fortschrittszusammenhang erkennen, auf welchen die organische Entwickelungstheorie mit ihren Dependenzien sich vollkommen anwenden lässt. Die Kluft z. B. zwischen dem Fussmessen und dem Messen mit Instrumenten macht *Förster* in

Bezug auf astronomische Raum- und Zeitberechnung durch folgendes Beispiel sehr anschaulich:

„In einem Lustspiel des Aristophanes wird Jemand auf eine zehnfüssige Schattenlänge zum Essen eingeladen. Sollte sich dies auf die Länge einer Schattensäule beziehen, welche dem menschlichen Schatten entspricht, so gälte es für das Klima von Athen ganz roh ohne Unterschied der Jahreszeiten etwa für 1 ½ Stunde vor Sonnenuntergang."

„So wie man also jetzt Jemanden die Uhr herausziehen sieht, so sah man dort einen zum Mittagessen Eingeladenen vielleicht ungeduldig seinen Schatten ausschreiten." (Die Zeitmaasse und ihre Verwaltung durch Astronomie, S. 21.)

Der Verfasser lässt nun aber auch die betreffenden, den scheinbaren Contrast hebenden Notizen aus der Erfindungsgeschichte der Zeitmesser folgen und bespricht die auf öffentlichen Plätzen aufgestellten Schattensäulen, die Sonnen-, Sand-, Wasser-, Gewicht-, Pendel-, Spindel- und Chronometeruhren und zeigt demnach, wie vom Abschreiten des Schattens nach Fusslängen durch Zusätze und Combination von Mechanismen, die wir bereits als Projection organischer Kräfte kennen gelernt haben, Hebel, Spirale, Pendel u. s. w., solche Erweiterungen in der Kunst und Wissenschaft des Messens hervorgegangen sind, dass man calendarisch nicht allein astronomische Räume und Zeiten, sondern selbst die Empfindungen und die Bildung der Vorstellungen zu messen begonnen hat. Fürwahr eine ans Wunderbare grenzende Metamorphose des menschlichen Urmaasses!

Mit Maass und Zahl recognoscirt der Mensch und beherrscht er die Dinge. Ein primitives Werkzeug, die Zange, dient zum Packen und Festhalten, das thut zur Noth auch die thierische Klaue – aber mit Mess- und Zahlstab in der Hand und den Blick auf die Uhr gerichtet zum Festhalten von Zeiträumen und Raumzeiten im *Calendarium,* erreicht der Mensch seine höchste Aufgabe, die nach dem Sanskritwurzellaut ist, ein *Messender* zu sein, ein *Ermesser* und *Denker!*

So wurde der Fuss, das Symbol der Selbständigkeit, das Organ des Selbststehen- und Gehenkönnens, zum Werkzeug des Messens, zum Maassstab, die Fingergliederung der Hand regulirte den Zählmodus, welcher als solcher nichts als besonderes Werkzeug, sondern als dekadische metrische Skala in der Aufprägung auf Werkzeuge verschiedenster Zwecke und in den Zifferzeichen der Schrift zum Ausdruck kam.

[…]

Von besonderer Wichtigkeit sind diejenigen Maschinen, welche, wie die Dampfmaschine, das Wasserrad, die Turbine, als Motoren zum Betrieb mannigfaltiger anderer Maschinen dienen. Sie sind unter der Benennung *Kraftmaschinen* als eine Gattung für sich bestehender vollständiger Maschinen bekannt. Vollständig sind ebenfalls alle theils orts- theils formändernde Maschinen, welche, für den Betrieb durch eine Kraftmaschine passend eingerichtet, *Arbeitsmaschinen* genannt werden.

Was nun den Menschen „in seiner Eigenschaft als Arbeitsmaschine" angeht, so lassen die von *Reuleaux* behandelten „Beispiele zur beschreibenden Analysirung vollständiger Maschinen" erkennen, dass die Mitwirkung des Menschen an den Maschinen in demselben Grad verringert wird, wie die Unabhängigkeit der Maschine zunimmt, und dass die vollkommenste oder vollständigste Maschine schliesslich die sein wird, bei welcher der Mensch nur das Einleiten und Abbrechen des machinalen Processes zu bewirken hat. „Diesem Gipfelpunkte der Vervollkommnung strebt die Maschine im allgemeinen sichtlich zu, ja hat sich demselben stellenweise schon auf Sehweite genähert."

Die Annäherung der Maschine an dieses Ziel ist nach dem Zusammenhang ihrer Entwickelung mit der Gesammtheit der Cultur von höchster Bedeutung für die Gesellschaft. Mit diesem Thema befasst sich der Schluss der Analysirung der Maschine.

Die Ausbeutung der fast unbegrenzten Kraft des Dampfes durch Grossmaschinen hat Massenarbeiten in kolossalen Fabrikgebäuden möglich gemacht, welche nur durch Arbeitermassen bewältigt werden können. In dem Kampf der an den Fabrikcentren haftenden Licht- und Schattenseiten, nämlich Wohlfeilheit der Producte der Nutzindustrie, grossartige Aufschliessung und Verwerthung der Bodenschätze einerseits, Entwerthung des Familienlebens, Vertheuerung der nothwendigsten Lebensbedürfnisse und auffallende Abnahme der Handgeschicklichkeit andererseits, bewegt sich *die Arbeiterfrage.*

Indem die Dampfmaschine mit der Grösse ihre Kraft steigert, so nimmt vermittels ihrer die leichtere Herstellung der Wasserkraftmaschinen und der Kraft- und Arbeitsmaschinen überhaupt zu. „So wird diese eine Kraftmaschine, *die Dampfmaschine, die Mutter einer Legion von Arbeitsmaschinen,* damit aber auch Herrin der Situation." Daraus ergiebt sich, dass gerade da, von wo der Conflict zwischen Capital und Arbeit ausgegangen war, auch das Heilmittel liegt. Steht die Grossmaschine unter der Garantie des Capitals, so werden dagegen die kleinen Arbeitsmaschinen mit verhältnissmässig geringen Kosten zu beschaffen sein. Es eröffnet sich die Aussicht, dass die Thätigkeit der Kleinmeister lohnend wieder aufleben, und dass die Hausindustrie neue Nahrung finden wird. „Schon bieten sich den Kleingewerken kleine Kraftmaschinen dar, vor allen die Gaskraftmaschinen, die Heissluftmaschinen, die kleinen Wassersäulenmaschinen und, im Stadium eines vielversprechenden Versuches, die Petroleumgasmaschinen."

*Reuleaux* nennt die kleinen Motoren *die wahren Kraftmaschinen des Volkes* und versichert, dass die Luft- und Gasmaschinen, da sie jetzt schon beträchtlich billiger arbeiten, der Dampfmaschine erfolgreiche Concurrenz machen können. Er rechnet sie zu den wichtigsten aller neueren Maschinen und findet in ihnen *„die Keime zu einer völligen Umgestaltung eines Theiles der Industrie".* Schon liegen vielversprechende praktische Erfolge vor.

Innerhalb des Verlaufs dieser Umgestaltung ist die Arbeiterbewegung ein Moment, d.h. ein treibendes, und wenn es seine Dienste gethan, wieder verschwindendes Fortschrittsmittel. Wir erhalten damit die Ueberzeugung, „dass *nicht im Princip der Maschine selbst* ihre zu Tage getretene Feindseligkeit gegen das Menschenwohl enthalten ist". Die aufs Höchste gespannte Centralisirung der Arbeit war vorübergehend nothwendig zum Zustandebringen zahlreicher und billiger Arbeitsmaschinen für den Kleinmeister und wird von selbst allmälig auf das gesunde Maass zurückgehen; denn die wahre Decentralisation ist nicht Zerstörung des Centrums, sondern Herstellung der Gleichgewichtsbeziehung zwischen Centrum und Peripherie, zwischen der cyclopischen Grossmaschine und den zerstreuten kleinen Arbeitsmaschinen. Beider Existenz wird in Zukunft gegenseitig verbürgt sein, insofern jene eben so unentbehrlich ist für den unberechenbar wachsenden Bedarf an Kraftmaschinen, wie die Herstellung dieser unentbehrlich ist für den Betrieb jener. Aus der Absorbirung der Hausindustrie und der Häuslichkeit durch die Grossindustrie entsprang die Gefahr. In der Neubelebung der Kleinmeistergewerbe durch machinale Befruchtung wird die Ausgleichung erfolgen und damit der grosse Fortschritt auf eine höhere Stufe der Gesittung gethan sein.

Die Aufgabe der Dampfmaschine für den Transport in der Bergwerksindustrie wie auf Eisen- und Wasserstrassen wird einer wesentlichen Veränderung nicht ausgesetzt sein, da die Maschinenkraft in diesen Fällen eine Theilung nicht verträgt; wo sie nur in ihrer Ganzheit und Grösse Erfolge zu erzielen vermag. Dieselbe Machtdauer ist der Dampfmaschine verbürgt, wo es die Herstellung anderer grosser Maschinen gilt, und überhaupt da, wo zugleich dem Opfer an Leben und Gesundheit genügende Schranken gesetzt werden. Dagegen wird den misslichen Zuständen auf dem ausgedehnten Gebiete der Textil- und Faserstoffindustrie ein Ende gemacht werden durch die unausbleibliche Lockerung einer zu starren Concentrirung.

Die Extreme der Anhäufung von Lebenssäften auf Einen Arbeitspunkt und die Verödung auf allen übrigen laufen hier wie dort schliesslich stets auf Verkümmerung hinaus. Das heilsame Gleichgewicht muss sich herstellen, wenn der Ueberfluss an Arbeitskräften in friedlicher Ablösung theils der benachtheiligten Agricultur zurückgegeben, theils in die durch Arbeitsmaschinen regenerirten häuslichen Werkstätten übergeleitet sein wird.

Die Dampfmächte, welche den socialen Sturm heraufgeführt haben, sie allein können und werden ihn wieder beschwören. Allen, die da berufen sind, die schwüle Zeitfrage vorurtheilsfrei zu betrachten, wird es im Lichte der Theoretischen Kinematik wie Schuppen von den Augen fallen, wenn es heisst: *„Weise Beschränkung schuf den Staat, sie allein erhält ihn und befähigt ihn zu den grössten Leistungen; Beschränkung hat uns in der Maschine allmälig die gewaltigsten Kräfte unterworfen und lenksam an unsere Schritte gefesselt."*

Hatte die Analysirung der Maschine die Eigenschaften des Bewegungszwanges kennen gelehrt, welche die aus gegebenen Elementenpaaren, kinematischen Ketten und Mechanismen gebildeten Verbindungen besitzen, so hat die *Kinematische Synthese,* welche den Schlussstein des Lehrgebäudes bildet, „diejenigen Elementenpaare, Ketten und Mechanismen anzugeben, durch deren geeignete Verbindung sich ein Bewegungszwang von gegebener Art verwirklichen lässt". Es wird diese Aufgabe als die bedeutendste deshalb bezeichnet, weil sie sich mit der Schöpfung neuer Maschinen, also mit der Fortentwickelung des Maschinenwesens als Ziel befasse. Doch solle die Synthese in der angewandten Kinematik eines der Untersuchungsmittel, nicht aber der Kanon der Behandlung der Aufgaben sein.

Die nun noch folgende mit zahlreichen Beispielen erläuterte Umschau auf dem *synthetischen* Gebiete führt zu der wichtigen Entdeckung, dass die Haupterfolge des Maschinenwesens sich auf eine ziemlich kleine Anzahl kinematischer Ketten concentriren, und dass daher das Gebiet der kinematischen Probleme nicht unübersehbar ist.

Der Schluss des genialen, die Erkenntniss der wahren Bildungsgesetze der Maschine behandelnden Werkes drückt die Ueberzeugung aus, „dass das Viele, welches geleistet werden soll, mit wenig Mitteln geleistet werden kann, und dass die Gesetze, nach welchen dies zu geschehen hat, unserer Erkenntniss offen liegen", – eine Hindeutung auf das Verhältniss ursprünglicher Zugehörigkeit, worin jedes Manufact zum organischen Factor steht! [...]

Dieses ursprüngliche Begleitetsein der Maschinenbildung vom Unbewussten [...] erklärt die Uebereinstimmung der Artefacte theils der Form nach mit einzelnen Organen, theils den kinematischen Vorgängen nach, je nach dem Unterschiede des organischen Sichselbstbewegens von innen heraus und des mechanischen Bewegtwerdens von aussen heran.

Vorausgesetzt die Beschränkung auf das Gebiet der Artefacte, gehört daher das Wort *Kinematik* [...] dem Mechanismus an, wie das von uns mehrfach gebrauchte *Kinese* [...] dem Organismus. Diese Zerlegung des Begriffes der Bewegung in active und passive dürfte einer befriedigenden Erklärung des Verhältnisses von Organismus und Maschine wesentlich zu statten kommen. [...]

Ob aus der drehenden Hand die Spindel, aus dieser das Spinnrad, aus dem Spinnrad der Spinnstuhl, ob aus den Körner zermalmenden Mahlzähnen die Mahlsteine des Wilden, aus diesen die Wind- und Wassermühle und demnächst die Dampfmühle hervorgehen und im Fortschritt zu vollständigen Maschinen sich von der unmittelbaren und dauernden Einwirkung der Hand entfernen – der Zusammenhang bleibt, und wie nach einem geflügelten Wort jener Uebelthäter trotz alledem und alledem sich an den Rockschössen seiner Motoren festhält, so klammert sich die Maschine auch in ihrer höchsten Vollendung fort und fort noch an die Menschenhand. Sie ist von ihrem Ursprung getrennt nicht zu denken und hört ausser Zusammenhang mit demselben auf, Maschine zu sein. Jede Fortsetzung weist stets auf den Anfang zurück. Das kinematische Getriebe ist der reale Fortsatz der leibhaftigen organischen Kinese, welche *Reuleaux* als die lebendige Arbeitsmaschine von jener als der leblosen scharf unterscheidet. [...]

Während die geometrische Darstellungsweise der Bewegungen, deren Lehre die Phoronomie ist, an den Maschinentheilen sichtbar wird, schliesst die organische Gliederung alle Geometrie aus. Wie das eine Stimmorgan des Menschen, das Vorbild der Orgel, die Möglichkeit aller einzelnen Orgeltöne ist, und wie jede einzelne Pfeife, je nach der mechanischen Ausprägung scalarer Anordnung, immer nur *einen* bestimmten Ton aus der Menge der im Stimmorgan vereinigten Töne hören lässt, so ist die eine kinetische Gliederung, der *eine* Organismus, die Möglichkeit aller einzelnen kinematischen Verkettungen der vorhandenen Maschinen. Jede einzelne Maschine ist daher von jeder anderen einzelnen sowohl nach ihrem materiellen Bestand, wie nach dessen besonderer geometrischer Formbestimmung unterschieden. Was der Arm, was die Gelenkkette der Gehörknöchelchen im Einzelnen und Kleinen, das ist die Gliederung des Organismus im Ganzen und Grossen. Was aber in der Gliederung als Möglichkeit vorhanden ist, das vollstreckt und übersetzt die Hand in sinnliche Wirklichkeit von Zahl und Maass. Daher ist die Vielheit der Maschinenbildung die reale Verherrlichung der Universalität der einen Handfertigkeit. Alle Wunder der in Weltausstellungen paradierenden „Maschinenarmeen" stammen aus der Hand, weisen auf Manufactur zurück und von ihr auf den Geist, der nach seinem, d. h. organischen, Vorbilde dem Finder wie dem Erfinder und jedem Arbeiter die folgsame Hand führt. Sie, die Hand, ist es, welche leblose Gestaltungen mit einem Schimmer von Menschlichem, die Maschine mit der Mitgift eines Seelenhaften ausstattet, in dessen Überschätzung dereinst La Mettrie das Buch *L'homme machine* verfasst hat.

*Reuleaux* sagt: „So wie der alte Philosoph die stätige allmälige Veränderung der Dinge einem Fliessen verglich, und sie in den Spruch zusammendrängte: ‚Alles fliesst', so können wir die zahllosen Bewegungserscheinungen in dem wunderbaren Erzeugnis des Menschenverstandes, welches wir Maschine nennen, zusammenfassen in das eine Wort: ‚Alles rollt'."

„Für den praktischen Mechaniker, welcher sich mit der neueren Phoronomie vertraut gemacht hat, und mehr noch für den theoretischen, ist deshalb die Maschine auf besondere Art belebt durch die überall in ihr rollenden geometrischen Gebilde. Einzelne derselben treten leibhaftig hervor, wie an den Riemscheiben, den Reibungsrädern, z. B. denjenigen der Eisenbahnen; andere, wie die der Zahnräder, sind leicht umschleiert von gitterartigen Hüllen [...]. Sie sind gleichsam die Seele der Maschine [...]. Sie sind die geometrische Abstraction der Maschine, und verleihen dieser neben ihrer äusseren, eine innere Bedeutung, welche dieselbe unserem geistigen Interesse ungleich näher bringt, als es ohne sie möglich wäre."

Die Organprojection hat somit in der Maschine eine mächtige Bundesgenossin gefunden. Denn die Entwickelungsgeschichte der Maschine als eine der Strahlungen des allgemeinen Entwickelungsgedankens, dessen Wissen schaffende Macht heute mehr als je der philosophischen Forschung Halt und Richtung giebt, steht mit Leib und Seele des Menschen in engster Beziehung. Die machinale Kinematik ist die unbewusste Uebertragung der organischen Kinese ins Mechanische und das Verstehenlernen des Originals mit Hülfe der Uebersetzung wird bewusste Aufgabe der Erkenntnisslehre!

**Textnachweis:** Ernst Kapp (1877): Grundlinien einer Philosophie der Technik. Zur Entstehungsgeschichte der Cultur aus neuen Gesichtspunkten. Braunschweig: Westermann; hier: S. 68–76, 198–202 und 203–208.

# Martin Heidegger: Die Frage nach der Technik (1954)

Technik ist eine Weise des Entbergens. Die Technik west in dem Bereich, wo Entbergen und Unverborgenheit, wo ἀλήθεια, wo Wahrheit geschieht.

Gegen diese Bestimmung des Wesensbereiches der Technik kann man einwenden, sie gelte zwar für das griechische Denken und passe im günstigen Fall auf die handwerkliche Technik, treffe jedoch nicht für die moderne Kraftmaschinentechnik zu. Und gerade sie, sie allein ist das Beunruhigende, das uns bewegt, nach „der" Technik zu fragen. Man sagt, die moderne Technik sei eine unvergleichbar andere gegenüber aller früheren, weil sie auf der neuzeitlichen exakten Naturwissenschaft beruhe. Inzwischen hat man deutlicher erkannt, daß auch das Umgekehrte gilt: die neuzeitliche Physik ist als experimentelle auf technische Apparaturen und auf den Fortschritt des Apparatebaues angewiesen. Die Feststellung dieses Wechselverhältnisses zwischen Technik und Physik ist richtig. Aber sie bleibt eine bloß historische Feststellung von Tatsachen und sagt nichts von dem, worin dieses Wechselverhältnis gründet. Die entscheidende Frage bleibt doch: welchen Wesens ist die moderne Technik, daß sie darauf verfallen kann, die exakte Naturwissenschaft zu verwenden?

Was ist die moderne Technik? Auch sie ist ein Entbergen. Erst wenn wir den Blick auf diesem Grundzug ruhen lassen, zeigt sich uns das Neuartige der modernen Technik.

Das Entbergen, das die moderne Technik durchherrscht, entfaltet sich nun aber nicht in ein Her-vor-bringen im Sinne der ποίησις. Das in der modernen Technik waltende Entbergen ist ein Herausfordern, das an die Natur das Ansinnen stellt, Energie zu liefern, die als solche herausgefördert und gespeichert werden kann. Gilt dies aber nicht auch von der alten Windmühle? Nein. Ihre Flügel drehen sich zwar im Winde, seinem Wehen bleiben sie unmittelbar anheimgegeben. Die Windmühle erschließt aber nicht Energien der Luftströmung, um sie zu speichern.

© Springer Fachmedien Wiesbaden GmbH, ein Teil von Springer Nature 2019
A. Ziemann (Hrsg.), *Grundlagentexte der Medienkultur*,
https://doi.org/10.1007/978-3-658-15787-6_7

Ein Landstrich wird dagegen in die Förderung von Kohle und Erzen herausgefordert. Das Erdreich entbirgt sich jetzt als Kohlenrevier, der Boden als Erzlagerstätte. Anders erscheint das Feld, das der Bauer vormals bestellte, wobei bestellen noch hieß: hegen und pflegen. Das bäuerliche Tun fordert den Ackerboden nicht heraus. Im Säen des Korns gibt es die Saat den Wachstumskräften anheim und hütet ihr Gedeihen. Inzwischen ist auch die Feldbestellung in den Sog eines andersgearteten Bestellens geraten, das die Natur *stellt.* Es stellt sie im Sinne der Herausforderung. Ackerbau ist jetzt motorisierte Ernährungsindustrie. Die Luft wird auf die Abgabe von Stickstoff hin gestellt, der Boden auf Erze, das Erz z. B. auf Uran, dieses auf Atomenergie, die zur Zerstörung oder friedlichen Nutzung entbunden werden kann.

Das Stellen, das die Naturenergien herausfordert, ist ein Fördern in einem doppelten Sinne. Es fördert, indem es erschließt und herausstellt. Dieses Fördern bleibt jedoch im voraus darauf abgestellt, anderes zu fördern, d. h. vorwärts zu treiben in die größtmögliche Nutzung bei geringstem Aufwand. Die im Kohlenrevier geförderte Kohle wird nicht gestellt, damit sie nur überhaupt und irgendwo vorhanden sei. Sie lagert, d. h. sie ist zur Stelle für die Bestellung der in ihr gespeicherten Sonnenwärme. Diese wird herausgefordert auf Hitze, die bestellt ist, Dampf zu liefern, dessen Druck das Getriebe treibt, wodurch eine Fabrik in Betrieb bleibt.

Das Wasserkraftwerk ist in den Rheinstrom gestellt. Es stellt ihn auf seinen Wasserdruck, der die Turbinen daraufhin stellt, sich zu drehen, welche Drehung diejenige Maschine umtreibt, deren Getriebe den elektrischen Strom herstellt, für den die Überlandzentrale und ihr Stromnetz zur Strombeförderung bestellt sind. Im Bereich dieser ineinandergreifenden Folgen der Bestellung elektrischer Energie erscheint auch der Rheinstrom als etwas Bestelltes. Das Wasserkraftwerk ist nicht in den Rheinstrom gebaut wie die alte Holzbrücke, die seit Jahrhunderten Ufer mit Ufer verbindet. Vielmehr ist der Strom in das Kraftwerk verbaut. Er ist, was er jetzt als Strom ist, nämlich Wasserdrucklieferant, aus dem Wesen des Kraftwerks. Achten wir doch, um das Ungeheuere, das hier waltet, auch nur entfernt zu ermessen, für einen Augenblick auf den Gegensatz, der sich in den beiden Titeln ausspricht: „Der Rhein“, verbaut in das *Kraft*werk, und „Der Rhein“, gesagt aus dem *Kunst*werk der gleichnamigen Hymne Hölderlins. Aber der Rhein bleibt doch, wird man entgegnen, Strom der Landschaft. Mag sein, aber wie? Nicht anders denn als bestellbares Objekt der Besichtigung durch eine Reisegesellschaft, die eine Urlaubsindustrie dorthin bestellt hat.

Das Entbergen, das die moderne Technik durchherrscht, hat den Charakter des Stellens im Sinne der Herausforderung. Diese geschieht dadurch, daß die in der Natur verborgene Energie aufgeschlossen, das Erschlossene umgeformt, das Umgeformte gespeichert, das Gespeicherte wieder verteilt und das Verteilte erneut umgeschaltet wird. Erschließen, umformen, speichern, verteilen, umschalten sind Weisen des Entbergens. Dieses läuft jedoch nicht einfach ab. Es verläuft sich auch nicht ins Unbestimmte. Das Entbergen entbirgt ihm selber seine eigenen, vielfach verzahnten Bahnen dadurch, daß es sie steuert. Die Steuerung selbst wird ihrerseits überall gesichert. Steuerung und Sicherung werden sogar die Hauptzüge des herausfordernden Entbergens.

Welche Art von Unverborgenheit eignet nun dem, was durch das herausfordernde Stellen zustande kommt? Überall ist es bestellt, auf der Stelle zur Stelle zu stehen, und zwar zu stehen, um selbst bestellbar zu sein für ein weiteres Bestellen. Das so Bestellte hat seinen eigenen Stand. Wir nennen ihn den Bestand. Das Wort sagt hier mehr und Wesentlicheres als nur „Vorrat". Das Wort „Bestand" rückt jetzt in den Rang eines Titels. Er kennzeichnet nichts Geringeres als die Weise, wie alles anwest, was vom herausfordernden Entbergen betroffen wird. Was im Sinne des Bestandes steht, steht uns nicht mehr als Gegenstand gegenüber.

Aber ein Verkehrsflugzeug, das auf der Startbahn steht, ist doch ein Gegenstand. Gewiß. Wir können die Maschine so vorstellen. Aber dann verbirgt sie sich in dem, was und wie sie ist. Entborgen steht sie auf der Rollbahn nur als Bestand, insofern sie bestellt ist, die Möglichkeit des Transports sicherzustellen. Hierfür muß sie selbst in ihrem ganzen Bau, in jedem ihrer Bestandsteile bestellfähig, d. h. startbereit sein. (Hier wäre der Ort, Hegels Bestimmung der Maschine als eines selbstständigen Werkzeugs zu erörtern. Vom Werkzeug des Handwerkers her gesehen, ist seine Kennzeichnung richtig. Allein, so ist die Maschine gerade nicht aus dem Wesen der Technik gedacht, in die sie gehört. Vom Bestand her gesehen, ist die Maschine schlechthin unselbständig; denn sie hat ihren Stand einzig aus dem Bestellen von Bestellbarem.)

Daß sich uns jetzt, wo wir versuchen, die moderne Technik als das herausfordernde Entbergen zu zeigen, die Worte „stellen", „bestellen", „Bestand" aufdrängen und sich in einer trockenen, einförmigen und darum lästigen Weise häufen, hat seinen Grund in dem, was zur Sprache kommt.

Wer vollzieht das herausfordernde Stellen, wodurch das, was man das Wirkliche nennt, als Bestand entborgen wird? Offenbar der Mensch. Inwiefern vermag er solches Entbergen? Der Mensch kann zwar dieses oder jenes so oder so vorstellen, gestalten und betreiben. Allein, über die Unverborgenheit, worin sich jeweils das Wirkliche zeigt oder entzieht, verfügt der Mensch nicht. Daß sich seit Platon das Wirkliche im Lichte von Ideen zeigt, hat nicht Platon gemacht. Der Denker hat nur dem entsprochen, was sich ihm zusprach.

Nur insofern der Mensch seinerseits schon herausgefordert ist, die Naturenergien herauszufördern, kann diese bestellende Entbergen geschehen. Wenn der Mensch dazu herausgefordert, bestellt ist, gehört dann nicht auch der Mensch, ursprünglicher noch als die Natur, in den Bestand? Die umlaufende Rede vom Menschenmaterial, vom Krankenmaterial einer Klinik spricht dafür. Der Forstwart, der im Wald das geschlagene Holz vermißt und dem Anschein nach wie sein Großvater in der gleichen Weise dieselben Waldwege begeht, ist heute von der Holzverwertungsindustrie bestellt, ob er es weiß oder nicht. Er ist in die Bestellbarkeit von Zellulose bestellt, die ihrerseits durch den Bedarf an Papier herausgefordert ist, das den Zeitungen und illustrierten Magazinen zugestellt wird. Diese aber stellen die öffentliche Meinung daraufhin, das Gedruckte zu verschlingen, um für eine bestellte Meinungsherrichtung bestellbar zu werden. Doch gerade weil der Mensch ursprünglicher als die Naturenergien herausgefordert ist, nämlich in das Bestellen, wird er niemals zu einem bloßen Bestand. Indem der Mensch die Technik betreibt, nimmt er am Bestellen als einer Weise des Entbergens teil. Allein, die Unverborgenheit selbst, innerhalb deren sich das Bestellen entfaltet, ist niemals ein menschliches Gemachte, so wenig wie der Bereich, den der Mensch jederzeit schon durchgeht, wenn er als Subjekt sich auf ein Objekt bezieht.

Wo und wie geschieht das Entbergen, wenn es kein bloßes Gemachte des Menschen ist? Wir brauchen nicht weit zu suchen. Nötig ist nur, unvoreingenommen Jenes zu vernehmen, was den Menschen immer schon in Anspruch genommen hat, und dies so entschieden, daß er nur als der so Angesprochene jeweils Mensch sein kann. Wo immer der Mensch sein Auge und Ohr öffnet, sein Herz aufschließt, sich in das Sinnen und Trachten, Bilden und Werken, Bitten und Danken freigibt, findet er sich überall schon ins Unverborgene gebracht. Dessen Unverborgenheit hat sich schon ereignet, so oft sie den Menschen in die ihm zugemessenen Weisen des Entbergens hervorruft. Wenn der Mensch auf seine Weise innerhalb der Unverborgenheit das Anwesende entbirgt, dann entspricht er nur dem Zuspruch der Unverborgenheit, selbst dort, wo er ihm widerspricht. Wenn also der Mensch forschend, betrachtend der Natur als einem Bezirk seines Vorstellens nachstellt, dann ist er bereits von einer Weise der Entbergung beansprucht, die ihn herausfordert, die Natur als einen Gegenstand der Forschung anzugehen, bis auch der Gegenstand in das Gegenstandslose des Bestandes verschwindet.

So ist denn die moderne Technik als das bestellende Entbergen kein bloß menschliches Tun. Darum müssen wir auch jenes Herausfordern, das den Menschen stellt, das Wirkliche als Bestand zu bestellen, so nehmen, wie es sich zeigt. Jenes Herausfordern versammelt den Menschen in das Bestellen. Dieses Versammelnde konzentriert den Menschen darauf, das Wirkliche als Bestand zu bestellen. […]

Wir nennen jenes ursprünglich Versammelnde, daraus sich die Weisen entfalten, nach denen uns so und so zumute ist, das Gemüt.

Wir nennen jetzt jenen herausfordernden Anspruch, der den Menschen dahin versammelt, das Sichentbergende als Bestand zu bestellen – das *Ge-stell.*

Wir wagen es, dieses Wort in einem bisher völlig ungewohnten Sinne zu gebrauchen. […]

Ge-stell heißt das Versammelnde jenes Stellens, das den Menschen stellt, d.h. herausfordert, das Wirkliche in der Weise des Bestellens als Bestand zu entbergen. Ge-stell heißt die Weise des Entbergens, die im Wesen der modernen Technik waltet und selber nichts Technisches ist. Zum Technischen gehört dagegen alles, was wir als Gestänge und Geschiebe und Gerüste kennen und was Bestandsstück dessen ist, was man Montage nennt. Diese fällt jedoch samt den genannten Bestandstücken in den Bezirk der technischen Arbeit, die stets nur der Herausforderung des Ge-stells entspricht, aber niemals dieses selbst ausmacht oder gar bewirkt.

Das Wort „stellen" meint im Titel Ge-stell nicht nur das Herausfordern, es soll zugleich den Anklang an ein anderes „Stellen" bewahren, aus dem es abstammt, nämlich an jenes Her- und Dar-stellen, das im Sinne der ποίησις das Anwesende in die Unverborgenheit hervorkommen läßt. Dieses hervorbringende Her-stellen, z.B, das Aufstellen eines Standbildes im Tempelbezirk und das jetzt bedachte herausfordernde Bestellen sind zwar grundverschieden und bleiben doch im Wesen verwandt. Beide sind Weisen des Entbergens, der ἀλήθεια. Im Ge-stell ereignet sich die Unverborgenheit, dergemäß die Arbeit der modernen Technik das Wirkliche als Bestand entbirgt. Sie ist darum weder nur ein menschliches Tun, noch gar ein bloßes Mittel innerhalb solchen Tuns. Die nur instrumentale, die nur anthropologische Bestimmung der Technik wird im Prinzip hinfällig; sie läßt sich nicht durch eine nur dahinter geschaltete metaphysische oder religiöse Erklärung ergänzen.

Wahr bleibt allerdings, daß der Mensch des technischen Zeitalters auf eine besonders hervorstechende Weise in das Entbergen herausgefordert ist. Dieses betrifft zunächst die Natur als den Hauptspeicher des Energiebestandes. Dementsprechend zeigt sich das bestellende Verhalten des Menschen zuerst im Aufkommen der neuzeitlichen exakten Naturwissenschaft. Ihre Art des Vorstellens stellt der Natur als einem berechenbaren Kräftezusammenhang nach. Die neuzeitliche Physik ist nicht deshalb Experimentalphysik, weil sie Apparaturen zur Befragung der Natur ansetzt, sondern umgekehrt: weil die Physik, und zwar schon als reine Theorie, die Natur daraufhin stellt, sich als einen vorausberechenbaren Zusammenhang von Kräften darzustellen, deshalb wird das Experiment bestellt, nämlich zur Befragung, ob sich die so gestellte Natur und wie sie sich meldet.

Aber die mathematische Naturwissenschaft ist doch um fast zwei Jahrhunderte vor der modernen Technik entstanden. Wie soll sie da schon von der modernen Technik in deren Dienst gestellt sein? Die Tatsachen sprechen für das Gegenteil. Die moderne Technik kam doch erst in Gang, als sie sich auf die exakte Naturwissenschaft stützen konnte. Historisch gerechnet, bleibt dies richtig. Geschichtlich gedacht, trifft es nicht das Wahre.

Die neuzeitliche physikalische Theorie der Natur ist die Wegbereiterin nicht erst der Technik, sondern des Wesens der modernen Technik. Denn das herausfordernde Versammeln in das bestellende Entbergen waltet bereits in der Physik. Aber es kommt in ihr noch nicht eigens zum Vorschein. Die neuzeitliche Physik ist der in seiner Herkunft noch unbekannte Vorbote des Ge-stells. Das Wesen der modernen Technik verbirgt sich auf lange Zeit auch dort noch, wo bereits Kraftmaschinen erfunden, die Elektrotechnik auf die Bahn und die Atomtechnik in Gang gesetzt sind.

Alles Wesende, nicht nur das der modernen Technik, hält sich überall am längsten verborgen. Gleichwohl bleibt es im Hinblick auf sein Walten solches, was allem voraufgeht: das Früheste. Davon wußten schon die griechischen Denker, wenn sie sagten: Jenes, was hinsichtlich des waltenden Aufgehens früher ist, wird uns Menschen erst später offenkundig. Dem Menschen zeigt sich die anfängliche Frühe erst zuletzt. Darum ist im Bereich des Denkens eine Bemühung, das anfänglich Gedachte noch anfänglicher zu durchdenken, nicht der widersinnige Wille, Vergangenes zu erneuern, sondern die nüchterne Bereitschaft, vor dem Kommenden der Frühe zu erstaunen.

Für die historische Zeitrechnung liegt der Beginn der neuzeitlichen Naturwissenschaft im 17. Jahrhundert. Dagegen entwickelt sich die Kraftmaschinentechnik erst in der zweiten Hälfte des 18. Jahrhunderts. Allein, das für die historische Feststellung Spätere, die moderne Technik, ist hinsichtlich des in ihm waltenden Wesens das geschichtlich Frühere. […]

Wohin sehen wir uns gebracht, wenn wir jetzt noch um einen Schritt weiter dem nachdenken, was das Ge-stell als solches selber ist? Es ist nichts Technisches, nichts Maschinenartiges. Es ist die Weise, nach der sich das Wirkliche als Bestand entbirgt. Wiederum fragen wir: geschieht dieses Entbergen irgendwo jenseits alles menschlichen Tuns? Nein. Aber es geschieht auch nicht nur *im* Menschen und nicht maßgebend *durch* ihn.

Das Ge-stell ist das Versammelnde jenes Stellens, das den Menschen stellt, das Wirkliche in der Weise des Bestellens als Bestand zu entbergen. Als der so Herausgeforderte steht der Mensch im Wesensbereich des Ge-stells. Er kann gar nicht erst nachträglich eine Beziehung zu ihm aufnehmen. Darum kommt die Frage, wie wir in eine Beziehung zum Wesen der Technik gelangen sollen, in dieser Form jederzeit zu spät. Aber nie zu spät kommt die Frage, ob wir uns eigens als diejenigen erfahren, deren Tun und Lassen überall, bald offenkundig, bald versteckt, vom Ge-stell herausgefordert ist. Nie zu spät kommt vor allem die Frage, ob und wie wir uns eigens auf das einlassen, worin das Ge-stell selber west.

**Textnachweis:** Martin Heidegger (1954): Die Frage nach der Technik. In: Ders.: Vorträge und Aufsätze. Stuttgart: Klett-Cotta, S. 9–40; hier: S. 17–23, 24–26, 27–28.

# Günter Anders: Die Welt als Phantom und Matrize. Philosophische Betrachtungen über Rundfunk und Fernsehen (1956)

## § 2 Massenkonsum findet heute solistisch statt – Jeder Konsument ist ein unbezahlter Heimarbeiter für die Herstellung des Massenmenschen

Ehe man die Kulturwasserhähne der Radios in jeder ihrer Wohnungen installiert hatte, waren die Schmids und Müllers, die Smiths und Millers in die Kinos zusammengeströmt, um die für sie in Masse und stereotyp hergestellte Ware kollektiv, also auch *als* Masse, zu konsumieren. Es läge nahe, in dieser Situation eine gewisse Stileinheit: eben die Kongruenz von Massenproduktion und Massenkonsum, zu sehen; aber das wäre schief. Nichts widerspricht den Absichten der Massenproduktion schroffer als eine Konsumsituation, in der ein und dasselbe Exemplar (oder eine und dieselbe Reproduktion) einer Ware von mehreren oder gar zahlreichen Konsumenten zugleich genossen wird. Für das Interesse der Massenproduzenten bleibt es dabei gleichgültig, ob dieser gemeinsame Konsum ein „echtes Gemeinschaftserlebnis" darstellt, oder nur die Summe vieler Individualerlebnisse. Worum es ihnen geht, ist nicht die massierte Masse als solche, sondern die in eine möglichst große Anzahl von Käufern aufgebrochene Masse; nicht die Chance, daß alle dasselbe konsumieren, sondern daß jedermann auf Grund gleichen Bedarfs (für dessen Produktion man gleichfalls zu sorgen hat) das Gleiche kaufe. In zahllosen Industrien ist dieses Ideal vollständig, oder doch nahezu, erreicht. Daß es von der Filmindustrie optimal erreicht werden kann, scheint mir fraglich. Und zwar deshalb, weil diese, die Theatertradition fortsetzend, ihre Ware noch als *eine Schau für Viele zugleich* serviert. Das stellt zweifellos einen altertümlichen Restbestand dar. Kein Wunder, daß die Rundfunk- und TV-Industrie mit dem Film trotz dessen gigantischer Entwicklung, in Wettbewerb treten konnten: beide Industrien hatten eben die zusätzliche Chance, außer der zu konsumierenden Ware auch noch die für den Konsum erforderlichen Geräte als Waren abzusetzen; und zwar, im Unterschiede zum Film, an beinahe jedermann. Und ebensowenig er-

© Springer Fachmedien Wiesbaden GmbH, ein Teil von Springer Nature 2019
A. Ziemann (Hrsg.), *Grundlagentexte der Medienkultur*,
https://doi.org/10.1007/978-3-658-15787-6_8

staunlich, daß beinahe jedermann zugriff, da die Ware, im Unterschied zum Film, durch die Geräte ins Haus geliefert werden konnte. Bald saßen also die Schmids und die Smiths, die Müllers und die Millers an vielen jener Abende, die sie früher zusammen in Kinos verbracht hätten, zu Hause, um Hörspiele oder die Welt zu „empfangen". Die im Kino selbstverständliche Situation: der Konsum der Massenware durch eine Masse, war hier also abgeschafft, was natürlich keine Minderung der Massenproduktion bedeutete; vielmehr lief die Massenproduktion für den Massemenschen, ja die des Massenmenschen selbst, auf täglich höheren Touren. Millionen von Hörern wurde das gleiche Ohrenfutter serviert; jeder wurde durch dieses en masse Hergestellte als Massenmensch, als „unbestimmter Artikel", behandelt; jeder in dieser seiner Eigenschaft, bzw. Eigenschaftslosigkeit, befestigt. Nur, daß eben, und zwar durch die Massenproduktion der Empfangsgeräte, der kollektive Konsum überflüssig geworden war. Die Schmids und die Smiths konsumierten die Massenprodukte nun also en famille oder gar allein; je einsamer sie waren, um so ausgiebiger: der Typ des *Massen-Eremiten* war entstanden; und in Millionen von Exemplaren sitzen sie nun, jeder vom anderen abgeschnitten, dennoch jeder dem anderen gleich, einsiedlerisch im Gehäus – nur eben nicht um der Welt zu entsagen, sondern um um Gottes willen keinen Brocken Welt in effigie zu versäumen.

Daß die Industrie ihren noch vor einem Menschenalter unangefochtenen Grundsatz der Zentralisierung, zumeist aus strategischen Gründen, zu Gunsten des Prinzips der „Streuung" aufgegeben hat, weiß jeder. Nicht dagegen, daß dieses Prinzip der Streuung heute auch schon für die Produktion des Massenmenschen gilt. Ich sage: zu dessen Produktion, obwohl wir eben ja nur von gestreutem Konsum gesprochen hatten. Aber dieser Sprung vom Konsum zur Produktion ist hier deshalb berechtigt, weil die beiden auf eigentümliche Weise zusammenfallen; weil (in einem nicht-materialistischen Sinne) der Mensch das „ist, was er ißt": Massenmenschen produziert man ja dadurch, daß man sie Massenware konsumieren läßt; was zugleich bedeutet, daß sich der Konsument der Massenware durch seinen Konsum zum Mitarbeiter bei der Produktion des Massenmenschen (bzw. zum Mitarbeiter bei der Umformung seiner selbst in einen Massenmenschen) macht. Konsum und Produktion fallen hier also zusammen. Geht der Konsum „gestreut" vor sich, so die Produktion des Massenmenschen gleichfalls. Und zwar eben überall dort, wo der Konsum stattfindet: vor jedem Rundfunkgerät; vor jedem Fernsehapparat. Jedermann ist gewissermaßen als *Heimarbeiter* angestellt und beschäftigt. Freilich als ein Heimarbeiter höchst ungewöhnlicher Art. Denn er leistet ja seine Arbeit: die Verwandlung seiner selbst in einen Massenmenschen, durch seinen Konsum der Massenware, also durch *Muße*. – Während der klassische Heimarbeiter Produkte hergestellt hatte, um sich das Minimum an Konsumgütern und an Muße zu sichern, konsumiert nun der heutige ein Maximum an

Mußeprodukten, um den Massenmenschen mitzuproduzieren. Vollends paradox wird der Vorgang dadurch, daß der Heimarbeiter, statt für diese seine Mitarbeit entlohnt zu werden, selbst für sie zu zahlen hat; nämlich für die Produktionsmittel (das Gerät und, jedenfalls in vielen Ländern, auch für Sendungen), durch deren Verwendung er sich in den Massenmenschen verwandeln läßt. Er zahlt also dafür, daß er sich selbst verkauft; selbst seine Unfreiheit, sogar die, die er mitherstellt, muß er, da auch diese zur Ware geworden ist, käuflich erwerben. –

Aber auch wenn man diesen befremdlichen Schritt, im Konsumenten der Massenware den Mitarbeiter bei der Produktion des Menschen zu sehen, ablehnt, wird man doch nicht bestreiten können, daß zur Herstellung des heute gewünschten Typs von Massenmenschen die effektive Vermassung in Form der Massenversammlung nicht mehr erforderlich ist. Le Bons Beobachtungen über die den Menschen verändernden Massensituationen sind altertümlich geworden, da die Entprägung der Individualität und die Einebnung der Rationalität bereits zu Hause erledigt werden. Massenregie im Stile Hitlers erübrigt sich: Will man den Menschen zu einem Niemand machen (sogar stolz darauf, ein Niemand zu sein), dann braucht man ihn nicht mehr in Massenfluten zu ertränken; nicht mehr in einen, aus Masse massiv hergestellten, Bau einzubetonieren. Keine Entprägung, keine Entmachtung des Menschen als Menschen ist erfolgreicher als diejenige, die die Freiheit der Persönlichkeit und das Recht der Individualität scheinbar wahrt. Findet die Prozedur des „conditioning" bei jedermann gesondert statt: im Gehäuse des Einzelnen, in der Einsamkeit, in den Millionen Einsamkeiten, dann gelingt sie noch einmal so gut. Da die Behandlung sich als „fun" gibt; da sie dem Opfer nicht verrät, daß sie ihm Opfer abfordert; da sie ihm sie den Wahn seiner Privatheit, mindestens seines Privatraums, beläßt, bleibt sie vollkommen diskret. […]

## § 5 Die Ereignisse kommen zu uns, nicht wir zu ihnen

Die Behandlung des Menschen geht als Belieferung ins Haus vor sich, die sich von der mit Gas oder Elektrizität in nichts unterscheidet. Was zugestellt wird, sind aber nicht nur Kunstprodukte, nicht nur etwa Musik oder Hörspiele, sondern die wirklichen Geschehnisse, gerade diese. […] Und damit sind wir beim Thema. Denn *daß die Ereignisse* – diese selbst, nicht nur Nachrichten über sie – daß Fußballmatches, Gottesdienste, Atomexplosionen *uns besuchen;* daß der Berg zum Propheten, *die Welt zum Menschen, statt er zu ihr kommt, das ist,* neben der Herstellung des Masseneremiten und der Verwandlung der Familie in ein Miniaturpublikum, *die eigentlich umwälzende Leistung, die Radio und T. V. gebracht haben.* […]

Diese dritte Umwälzung ist nun der eigentliche Gegenstand unserer Untersuchung. Denn diese beschäftigt sich fast ausschließlich mit den eigentümlichen Veränderungen, die der Mensch als mit Welt beliefertes Wesen durchmacht; und mit den nicht weniger eigentümlichen Folgen, die die Weltlieferung für den Weltbegriff und für die Welt selbst nach sich ziehen. Um zu zeigen, daß hier wirklich philosophische Fragen vorliegen, seien [...] einige jener Konsequenzen genannt, die im Lauf der Untersuchung durchgesprochen werden sollen.

1) Wenn die Welt zu uns kommt, statt wir zu ihr, so sind wir nicht mehr „in der Welt", sondern ausschließlich deren schlaraffenlandartige Konsumenten.
2) Wenn sie zu uns kommt, aber doch nur als Bild, ist sie halb an- und halb abwesend, also phantomhaft.
3) Wenn wir sie jederzeit zitieren (zwar nicht verwalten, aber an- und ausschalten können), sind wir Inhaber gottähnlicher Macht.
4) Wenn die Welt uns anspricht, ohne daß wir sie ansprechen können, sind wir dazu verurteilt, mundtot, also unfrei zu sein.
5) Wenn sie uns vernehmbar ist, aber nur das, also nicht behandelbar, sind wir in Lauscher und Voyeurs verwandelt.
6) Wenn ein an einem bestimmten Orte stattfindendes Ereignis versandt und als „Sendung" zum Auftreten an jedem anderen Orte veranlaßt werden kann, dann ist es in ein mobiles, ja in ein fast omnipräsentes, Gut verwandelt, und hat seine Raumstelle als principium individuationis eingebüßt.
7) Wenn es mobil ist und in virtuell zahllosen Exemplaren auftritt, dann gehört es, seiner Gegenstandsart nach, zu Serienprodukten; wenn für die Zusendung des Serienproduktes gezahlt wird, ist das Ereignis eine Ware.
8) Wenn es erst in seiner Reproduktionsform, also als Bild sozial wichtig wird, ist der Unterschied zwischen Sein und Schein, zwischen Wirklichkeit und Bild aufgehoben.
9) Wenn das Ereignis in seiner Reproduktionsform sozial wichtiger wird als in seiner Originalform, dann muß das Original sich nach seiner Reproduktion richten, das Ereignis also zur bloßen Matrize ihrer Reproduktion werden.
10) Wenn die dominierende Welterfahrung sich von solchen Serienprodukten nährt, dann ist (sofern man unter „Welt" noch dasjenige versteht, *worin* wir sind), der Begriff „Welt" abgeschafft, die Welt verspielt, und die durch die Sendungen hergestellte Haltung des Menschen „idealistisch" gemacht. [...]

Daß für uns als Radio- und Fernseh-Konsumenten die Welt nicht mehr als Außenwelt auftritt, *in* der wir sind, sondern als *unsere,* war schon in Punkt 1 formuliert worden. Tatsächlich ist die Welt ja auf eigentümliche Weise *umgesiedelt* [...]. Die Welt ist nun *meine* geworden, meine Vorstellung, ja sie hat sich, wenn man das Wort „Vorstellung“ einmal im Doppelsinne: nicht nur im Schopenhauerschen, sondern im Theatersinne, zu verstehen bereit ist, in eine „Vorstellung für mich“ verwandelt. In diesem *„für mich“* besteht nun das idealistische Element. Denn *„idealistisch“* im breitesten Sinne *ist jede Attitüde, die die Welt in Meines,* in Unseres, in etwas Verfügbares, kurz *in ein Possessivum verwandelt:* eben in meine „Vorstellung“ oder in mein (Fichtesches) „Produkt des Setzens“. […]

## § 6 Da wir beliefert werden, gehen wir nicht auf Fahrt; bleiben wir unerfahren

Da wir es in einer Welt, die zu uns kommt, nicht nötig haben, eigens zu ihr hinzufahren, ist dasjenige, was wir bis gestern *„Erfahrung“* genannt hatten, überflüssig geworden.

Die Ausdrücke „zur Welt kommen“ und „erfahren“ hatten bis vor kurzem für die philosophische Anthropologie ungewöhnlich ertragreiche Metaphern abgegeben. […] Als instinkt-armes Wesen hatte der Mensch, um auf der Welt zu sein, nachträglich, d.h. a posteriori zu ihr zu kommen, sie zu erfahren und kennenzulernen, bis er angekommen und erfahren war; das Leben hatte in einer Entdeckungsreise bestanden; und mit Recht hatten die großen Erziehungsromane nichts anderes dargestellt, als die Wege, Umwege und Fahrtabenteuer, die er zu bestehen hatte, um, obwohl längst auf der Welt, schließlich doch bei ihr anzulangen. – Nun, da die Welt zu ihm kommt, zu ihm eingelassen wird, und zwar in effigie, so daß er sich auf sie nicht einzulassen braucht – ist diese Befahrung und Erfahrung überflüssig und, da Überflüssiges verkümmert, unmöglich geworden. […] Daß der Typ des „Erfahrenen“ von Tag zu Tag seltener wird, und die Einschätzung des Gealterten und Erfahrenen ständig abnimmt, ist ja offensichtlich. Da wir, ähnlich dem Flieger im Unterschiede zum Fußgänger, weg-unbedürftig geworden sind, verfällt auch die Kenntnis der Wege der Welt, die wir früher befahren, und die uns erfahren gemacht hatten; damit verfallen auch die Wege selbst. Die Welt wird weglos. Statt daß wir selbst Wege zurücklegen, wird nun die Welt für uns „zurückgelegt“ (im Sinne der reservierten Ware); und statt daß wird zu den Ereignissen hinfahren, werden diese nun vor uns aufgefahren. […]

## § 25 Fünf Konsequenzen: Die Welt ist „passend" – Die Welt verschwindet – Die Welt ist post-ideologisch – Geprägt werden immer nur Geprägte – Das Dasein in dieser Welt ist unfrei

Fassen wir die Matrizenleistung noch einmal zusammen: Wie wir gesehen hatten, prägen die Matrizen nach zwei Seiten:

1. prägen sie die wirklichen Ereignisse: die nun von vornherein *als* Reproduktionsunterlagen stattfinden, da ihnen soziale Realität erst als reproduzierten zukommt; da sie „wirklich" erst werden *als* reproduzierte.

Und 2. prägt diese Wirkliche nun seinerseits (als ‚Tochtermatrize') [...] die Seelen der Konsumenten. –

Wenn nun diese Ereignisse von vornherein geprägt stattfinden; und wenn andererseits der Konsument von vornherein geprägt, also warenreif, bereitsteht, so ergeben sich daraus folgende fünf, für die Schilderung der Epoche entscheidende, Konsequenzen:

I. *Die Welt „paßt" dem Menschen;* der Mensch der Welt; so wie der Handschuh der Hand, die Hand dem Handschuh; die Hose dem Leib, der Leib der Hose. [...] Zum Wesen der Kleidung gehört es nämlich – und dieses Merkmal macht sie zu einer eigenen Klasse – daß sie uns nicht ‚gegenübersteht', sondern uns *„sitzt";* und zwar so passend, so angegossen, so *widerstandlos,* daß sie *als* Gegenstand in der Benutzung nicht mehr gespürt oder erfahren wird. –

Bekanntlich hat *Dilthey* die Tatsache des *‚Widerstandes'* als Argument für die ‚Realität der Außenwelt' herangezogen. Da sich das Verhältnis des Menschen zur Welt als Zusammenstoß und als mehr oder minder pausenlose Friktion vollzieht, nicht als neutraler Bezug auf ein Etwas, (das sich, nach Descartes, auch als ein uns weisgemachtes Phantom entpuppen könnte) ist die Betonung des „Widerstandscharakters" der Welt außerordentlich wichtig.

Um so wichtiger, als sich aus dieser Tatsache alle Aktivitäten des Menschen herleiten lassen: nämlich als immer neue Versuche, die Friktion zwischen Welt und Mensch auf ein Mindestmaß zu reduzieren, also eine Welt herzustellen, die dem Menschen besser oder vielleicht sogar schlechthin, mithin kleidartig, „paßt".

Und diesem Ziele scheint man nun so nahe gekommen wie nie zuvor. Jedenfalls ist die Anpassung des Menschen an die Welt und die der Welt an den Menschen nun so vollständig, daß der „Widerstand" der Welt unspürbar geworden ist; daß II. *die Welt als Welt verschwindet.* – Diese neue Formel macht es nun freilich deutlich, daß selbst unser Hinweis auf die Gegenstandsklasse „Kleid" nur als ein vorläufiger Hinweis dienen kann. Denn gehört es auch zum Wesen der Kleidung, als Gegenstand unspürbar zu bleiben – effektiv verschwindet sie in der Benutzung ja nicht. Effektiv verschwinden nur die Gegenstände einer einzigen Gegenstandsklasse: die der *Genußmittel,* die zu keinem anderen Zwecke da sind, als zu dem, vernichtet bzw. absorbiert zu werden [...].

Da die Stücke dieser Welt keinen anderen Zweck haben als den, einverleibt, verzehrt und assimiliert zu werden, besteht der Daseinsgrund der Schlaraffenwelt ausschließlich darin, *ihren Gegenstandscharakter zu verlieren;* also nicht *als* Welt dazusein.

Und damit ist die heutige ‚gesendete' Welt beschrieben. Wenn diese in unsere Augen oder Ohren hineinfliegt, soll sie als *„eingängige"* widerstandslos in uns untergehen; unsere, ja sogar *‚wir selbst'* werden. [...]

III. *Unsere heutige Welt ist ‚post-ideologisch',* das heißt: ideologie-unbedürftig. – Womit gesagt ist, daß es sich erübrigt, nachträglich falsche, von der Welt abweichende, Welt-Ansichten, also Ideologien, zu arrangieren, da das Geschehen der Welt selbst sich eben bereits als arrangiertes Schauspiel abspielt. *Wo sich die Lüge wahrlügt, ist ausdrückliche Lüge überflüssig.*

Was sich hier abspielt, ist gewissermaßen die Umkehrung dessen, was *Marx,* als er auf einen post-ideologischen Zustand hoffte, in seiner wahrheits-eschatologischen Spekulation geweissagt hatte: während er damit gerechnet hatte, daß es die verwirklichte Wahrheit sein würde, die der Philosophie (und das bedeutete für ihn eo ipso: der „Ideologie") ihr Ende bereiten würde, hat sich nun umgekehrt die triumphierende Unwahrheit verwirklicht; und was ausdrückliche Ideologie überflüssig gemacht hat, ist die Tatsache, daß unwahre Aussagen über die Welt – „Welt" geworden sind. –

Natürlich klingt die Behauptung, daß „Welt" und „Ansicht von Welt", daß Wirkliches und Deutung von Wirklichem nicht mehr zweierlei sein sollen, sehr befremdlich. Aber diese Befremdlichkeit verliert sich sofort, wenn man sie im Zusammenhange mit anderen analogen Zeiterscheinungen sieht. [...]

Wenn wir früher unfähig waren, dieses oder jenes Stück Welt aufzufassen oder zu deuten, so deshalb, weil das Objekt sich uns entzog oder uns einen Widerstand entgegensetzte, den wir nicht brechen konnten. Daß hier von solchem Widerstande keine Rede sein kann, haben wir ja gesehen. Aber es ist überraschenderweise gerade diese *Widerstandslosigkeit* der gesendeten Welt, die deren Auffassung und Deutung verhindert. Oder vielleicht gar nicht so überraschender Weise: Die glatte Pille, die widerstandlos herunterrutscht, fassen wir nicht auf; wohl aber das Stück Fleisch, das wir erst kauen müssen. Und derart pillen-artig ist die gesendete, „leicht eingängige" Welt. [...]

IV. *Geprägt werden immer schon Geprägte.* – Was von der gesendeten Welt gilt: daß in ihr die gewöhnlich als selbstverständlich unterstellte Zweiheit überholt sei, das gilt auch von uns, den Konsumenten der vorgeprägten Welt. Zu der Konformismus-Situation von heute gehört ja, daß der Mensch der Welt „passe", genau so, wie daß die Welt dem Menschen „passe"; das heißt: die Unterscheidung zwischen einem erst einmal bestehenden tabula rasahaften Zustande des Konsumenten und einem Vorgang, in dem das Weltbild in diese Platte eingedrückt würde, erübrigt sich. Immer ist der Konsument bereits vorverbildet, immer schon vorbildbereit, immer schon matrizenreif; mehr oder minder entspricht er immer schon der Form, die ihm aufgeprägt werden wird. Jede einzelne Seele liegt der Matrize passend auf, gewissermaßen wie ein Tiefrelief einem ihm korrespondierenden Hochrelief; und so wenig der Matrizenstempel die Seele noch eigens „beeindruckt" oder gar in diese einschneidet, weil die Seele auf ihn eben bereits zugeschnitten ist; so wenig hinterläßt die Seele in der Matrize Spuren, da diese eben bereits gespurt ist. –

Das Hin und Her zwischen Mensch und Welt vollzieht sich also als ein zwischen zwei Prägungen sich abspielendes Geschehen, als Bewegung zwischen der matrizengeprägten Wirklichkeit und dem matrizengeprägten Konsumenten; auf höchst gespensterhafte Weise also, da in ihm Gespenster mit (von Gespenstern hergestellten) Gespenstern umgehen. Aber daß das Leben durch diese seine Gespensterhaftigkeit unwirklich würde, kann man trotzdem nicht behaupten. Es ist sogar furchtbar wirklich. Ja, wirklich furchtbar.

V. *Denn das Dasein in der Welt des post-ideologischen Schlaraffenlandes ist total unfrei.*

Wie unbestreitbar es auch sein mag, daß uns heute tausende von Geschehnissen und Weltstücken in Ohr und Auge fliegen, von denen unsere Ahnen ausgeschlossen gewesen waren; ja, daß es uns sogar vergönnt ist, uns auszuwählen, welche Phantome wir uns zufliegen lassen wollen – da wir der Lieferung, ist sie erst einmal da, ausgeliefert sind; da uns die Freiheit, ihr näherzukommen oder ihr gegenüber gar Stellung zu nehmen, geraubt ist, sind wir betrogen. Und zwar auf die gleiche Weise betrogen wie durch jene Grammophonplatten, die uns nicht nur diese oder jene Musik vorspielen, sondern zugleich auch den Applaus und die launischen Zwischenrufe, in denen wir unseren eigenen Applaus und unsere eigenen Zwischenrufe erkennen sollen. Da uns diese Platten nicht nur die Sache zustellen, sondern auch unsere Reaktion auf die Sache, sind wir durch sie *mit uns selbst beliefert.*

Was im Falle dieser Grammophonplatten ohne jede Scham geschieht, mag zwar in anderen Sendungen etwas diskreter vor sich gehen; aber der Unterscheid ist nur einer der Deutlichkeit; das Gleiche geschieht in jeder Sendung: es gibt kein gesendetes Phantom, dem nicht sein „Sinn", also das, was wir von ihm denken und dabei fühlen sollen, als integrierendes und von ihm nicht mehr ablösbares Element bereits innewohnte; keines, das uns nicht die uns abverlangte Reaktion als Rabatt gleich mitlieferte. – Was wir freilich nicht merken. Und zwar deshalb nicht, weil die tägliche und stündliche Überfütterung mit Phantomen, die als „Welt" auftreten, uns daran hindert, jemals Hunger nach Deutung, nach eigener Deutung, zu verspüren; und weil wir, je mehr wir mit arrangierter Welt vollgestopft werden, diesen Hunger um so gründlicher verlernen.

Aber die Tatsache, daß uns die Unfreiheit selbstverständlich vorkommt, daß wir sie *als* Unfreiheit überhaupt nicht spüren; oder wenn, dann als sanft und bequem, macht den Zustand um nichts weniger verhängnisvoll. Im Gegenteil: Da der Terror auf Taubenfüßen geht, da er jede Vorstellung eines möglichen anderen Zustandes, jeden Gedanken an Opposition endgültig ausschließt, ist er in gewissem Sinne fataler als jede offene und als solche erkennbare Freiheitsberaubung. –

Wir hatten unserer Untersuchung eine Fabel vorangestellt: die Fabel von dem König, der seinem, gegen seinen Willen durch die Gegend streifenden Sohne Wagen und Pferde schenkte, und dieses Geschenk mit den Worten begleitete: „Nun brauchst du nicht mehr zu Fuß zu gehen." Der Sinn dieser Worte war gewesen: „Nun darfst du es nicht mehr." Dessen Folge aber: „Nun kannst du es nicht mehr."

Und dieses Nichtkönnen hätten wir nun also glücklich erreicht.

**Textnachweis:** Günther Anders (1987): Über Prometheische Scham. In: Ders.: Die Antiquiertheit des Menschen. Band 1. Über die Seele im Zeitalter der zweiten industriellen Revolution. München: C.H. Beck (ISBN: 978-3-406-60171-2), S. 97–211; hier: S. 101–104, 110–112, 114, 193–198. Mit freundlicher Genehmigung durch Gerhard Oberschlick und Verlag C. H. Beck München.

# Vilém Flusser: Digitaler Schein (1991)

Vor unseren ungläubigen Augen beginnen alternative Welten aus den Computern aufzutauchen: aus Punktelementen zusammengesetzte Linien, Flächen, bald auch Körper und bewegte Körper. Diese Welten sind farbig und können tönen, wahrscheinlich können sie in naher Zukunft auch betastet, gerochen und geschmeckt werden. Aber das ist noch nicht alles, denn die bald technisch realisierbaren bewegten Körper, wie sie aus den Komputationen emporzutauchen beginnen, können mit künstlichen Intelligenzen vom Typ *Turing's man* ausgestattet werden, so daß wir mit ihnen in dialogische Beziehungen treten können. Warum mißtrauen wir eigentlich diesen synthetischen Bildern, Tönen und Hologrammen? Warum beschimpfen wir sie mit dem Wort „Schein"? Warum sind sie für uns nicht real? Die vorschnelle Antwort lautet: weil diese alternativen Welten eben nichts anderes sind als komputierte Punktelemente, weil sie im Nichts schwebende Nebelgebilde sind. Die Antwort ist vorschnell, da sie Realität an der Dichte der Streuung mißt und wir uns darauf verlassen können, daß die Technik künftig in der Lage sein wird, die Punktelemente ebenso dicht zu streuen, wie dies bei den Dingen der uns gegebenen Welt der Fall ist. Der Tisch, auf dem ich dies schreibe, ist nichts anderes als ein Punkteschwarm. Wenn einmal im Hologramm dieses Tisches die Elemente genauso dicht gestreut sein werden, dann werden unsere Sinne zwischen beiden nicht mehr zu unterscheiden vermögen. Das Problem stellt sich also so: Entweder sind die alternativen Welten ebenso real wie die gegebene oder die gegebene ist ebenso gespenstisch wie die alternativen.

Auf die Frage nach unserem Mißtrauen gegenüber den alternativen Welten gibt es jedoch auch eine ganz anders geartete Antwort. Sie basiert darauf, daß es Welten sind, die wir selbst entworfen haben, und nicht, wie die uns umgebende Welt, etwas, das uns gegeben wurde. Die alternativen Welten sind keine Gegebenheiten (Daten), sondern künstlich Hergestelltes (Fakten). Wir mißtrauen diesen Welten, weil wir allem Künstlichen, aller Kunst mißtrauen. „Kunst" ist schön, aber

© Springer Fachmedien Wiesbaden GmbH, ein Teil von Springer Nature 2019
A. Ziemann (Hrsg.), *Grundlagentexte der Medienkultur*,
https://doi.org/10.1007/978-3-658-15787-6_9

Lüge, was ja mit dem Begriff „Schein" gemeint ist. Allerdings führt auch diese Antwort zu einer weiteren Frage: Warum trügt eigentlich der Schein? Gibt es etwas, das nicht trügt? Das ist die entscheidende Frage, die erkenntnistheoretische Frage, vor die uns alternative Welten stellen. Wenn von „digitalem Schein" die Rede ist, dann muß ihr und keiner anderen nachgegangen werden.

Natürlich ist das keine neue Frage, denn seit unsere Augen ungläubig geworden sind, also spätestens seit den Vorsokratikern, beunruhigt sie uns, auch wenn sie erst zu Beginn der Neuzeit ihre volle Schärfe gewinnt. Die alternativen Welten in ihrem digitalen Schein lassen die Beunruhigung kulminieren. Daher ist es geboten, beim Bedenken der Digitalisierung vom Beginn der Neuzeit auszugehen. Was ist damals geschehen? Man hat, kurz gesagt, damals entdeckt, daß man die Welt weder einfach anzusehen noch sie zu beschreiben hat, sondern daß man sie kalkulieren muß, wenn es darum geht, sie in den Griff zu bekommen, sie zu begreifen. Die Welt ist zwar unvorstellbar und unbeschreiblich, dafür aber kalkulierbar. Das Ergebnis dieser Entdeckung stellt sich erst gegenwärtig, bei den alternativen Welten, heraus. [...]

Menschen haben spätestens seit der Bronzezeit formal gedacht, zum Beispiel Kanalisationsanlagen auf Tontafeln entworfen. Im Verlauf der Geschichte ist das formale dem prozessualen Denken untergeordnet worden und erst zu Beginn der Neuzeit als „analytische Geometrie", als in Zahlen umkodierte geometrische Formen, in den Vordergrund gerückt. Das derart disziplinierte formale Denken hat die moderne Wissenschaft und Technik entstehen lassen, ist aber letztlich in eine theoretische und praktische Sackgasse geraten. Um die praktischen Hindernisse zu beheben, hat man die Computer erfunden, womit die theoretischen Probleme radikalisiert wurden. Zu Beginn der Neuzeit suchte man nach etwas, das nicht trügt, und war der Ansicht, dies im klaren, deutlichen und disziplinierten Zahlendenken gefunden zu haben. Dann begann man den Verdacht zu hegen, daß die Wissenschaft den Zahlencode nur nach außen projiziert, also daß etwa die vermeintlichen Naturgesetze Gleichungen darstellen, die der Natur aufgesetzt wurden. Noch später kam der tiefgehendere Verdacht auf, ob nicht das ganze Universum, angefangen vom Big Bang bis zum Wärmetod, mit all seinen Feldern und Relationen eine Projektion ist, die das kalkulatorische Denken „experimentell" wieder zurückholt. Schließlich zeigen jetzt die Computer, daß wir nicht nur dieses eine Universum, sondern beliebig viele derart projizieren und zurückgewinnen können. Kurz, unser Erkenntnisproblem und damit auch unser existentielles ist, ob nicht überhaupt alles, einschließlich uns selbst, als digitaler Schein verstanden werden müßte.

Von hier aus ist der Stier der alternativen Welten an seinen Hörnern zu packen. Wenn nämlich alles trügt, alles ein digitaler Schein ist – nicht nur das synthetische Bild auf dem Computerbildschirm, sondern auch diese Schreibmaschine, diese tippenden Finger und diese sich mit den Fingern ausdrückenden Gedanken –, dann ist das Wort Schein bedeutungslos geworden. Übrig bleibt, daß alles digital ist, daß also alles als eine mehr oder weniger dichte Streuung von Punktelementen, von Bits angesehen werden muß. Dadurch wird es möglich, den Begriff „real" in dem Sinne zu relativieren, daß etwas desto realer ist, je dichter die Streuung ist, und desto potentieller, je schütterer sie ist. Was wir real nennen und auch so wahrnehmen und erleben, sind jene Stellen, jene Krümmungen oder Ausbuchtungen, in denen die Partikel dicht gestreut sind und sich die Potentialitäten realisieren. Das ist das digitale Weltbild, wie es uns von den Wissenschaften vorgeschlagen und von den Computern vor Augen geführt wird. Damit haben wir von jetzt an zu leben, auch wenn es uns nicht in den Kram passen sollte.

Uns wird dadurch nicht nur eine neue Ontologie, sondern auch eine neue Anthropologie aufgezwungen. Wir haben uns selbst – unser „Selbst" – als eine derartige „digitale Streuung", als eine Verwirklichung von Möglichkeiten dank dichter Streuung zu begreifen. Wir müssen uns als Krümmungen oder Ausbuchtungen im Feld einander kreuzender, vor allem zwischenmenschlicher Relationen verstehen. Auch wir sind „digitale Komputationen" aus schwirrenden Punktmöglichkeiten. Diese neue Anthropologie, die bereits auf das Judenchristentum zurückgeht, das ja im Menschen nur Staub sind, müssen wir nicht nur erkenntnistheoretisch, zum Beispiel psychoanalytisch oder neurophysiologisch, verarbeiten, sondern auch in die Tat umsetzen. Es genügt nicht, wenn wir einsehen, daß unser „Selbst" ein Knotenpunkt einander kreuzender Virtualitäten ist, ein im Meer des Unbewußten schwimmender Eisberg oder ein über Nervensynapsen springendes Komputieren, wir müssen auch danach handeln. Die aus den Computern auftauchenden alternativen Welten sind ein Umsetzen des Eingesehenen in die Tat.

Was machen diejenigen eigentlich, die vor den Computern sitzen, auf Tasten drücken und Linien, Flächen und Körper erzeugen? Sie verwirklichen Möglichkeiten. Sie raffen Punkte nach exakt formulierten Programmen. Was sie dabei verwirklichen, ist sowohl ein Außen als auch ein Innen: sie verwirklichen alternative Welten und damit sich selber. Sie „entwerfen" aus Möglichkeiten Wirklichkeiten, die desto effektiver sind, je dichter sie gerafft werden. Damit wird die neue Anthropologie in die Tat umgesetzt: „Wir" ist ein Knoten von Möglichkeiten, der sich desto mehr realisiert, je dichter er die in ihm selbst und um ihn herum schwirrenden Möglichkeiten rafft, das heißt schöpferisch gestaltet. Computer sind Apparate zum Verwirklichen von innermenschlichen, zwischenmenschlichen und außermenschlichen Möglichkeiten dank des exakten kalkulatorischen Denkens. Diese Formulierung kann als eine mögliche Definition von „Computer" verstanden werden.

Wir sind nicht mehr Subjekte einer gegebenen objektiven Welt, sondern Projekte von alternativen Welten. Aus der unterwürfigen subjektiven Stellung haben wir uns ins Projizieren aufgerichtet. Wir werden erwachsen. Wir wissen, daß wir träumen.

Die existentielle Veränderung von Subjekt in Projekt ist nicht etwa die Folge irgendeiner „freien Entscheidung". Wir sind dazu gezwungen, ebenso wie sich unsere entfernten Vorfahren gezwungen sahen, sich auf zwei Beine zu stellen, weil die damals eintretende ökologische Katastrophe sie dazu nötigte, die Zwischenräume zwischen den schütter gewordenen Bäumen irgendwie zu durchqueren. Wir hingegen müssen jetzt die Gegenstände um uns herum, aber auch unser eigenes Selbst, das früher Geist, Seele oder einfach Identität genannt wurde, als Punktkomputationen durchschauen. Wir können keine Subjekte mehr sein, weil es keine Objekte mehr gibt, deren Subjekte wir sein könnten, und keinen harten Kern, der Subjekt irgendeines Objektes sein könnte. Die subjektive Einstellung und dadurch auch jede subjektive Erkenntnis sind unhaltbar geworden. Das alles haben wir als kindliche Illusionen hinter uns zu lassen und müssen den Schritt ins weite offene Feld der Möglichkeiten wagen. Das Abenteuer der Menschwerdung ist mit uns in eine neue Phase getreten. Das zeigt sich am deutlichsten daran, daß wir keinen Unterschied mehr zwischen Wahrheit und Schein oder zwischen Wissenschaft und Kunst machen können. Nichts ist uns „gegeben" außer zu verwirklichende Möglichkeiten, die eben „noch nichts" sind. Was wir „die Welt" nennen, was von unseren Sinnen mit nicht völlig durchschauten Methoden zu Wahrnehmungen, dann zu Gefühlen, Wünschen und Erkenntnissen komputiert worden ist, sowie die Sinne selbst sind reifizierte Komputationsprozesse. Die Wissenschaft kalkuliert die Welt, so wie sie zuvor zusammengesetzt wurde. Sie hat es mit Fakten, mit Gemachtem, nicht mit Daten zu tun. Die Wissenschaftler sind Computerkünstler avant la lettre, und das Ergebnis der Wissenschaft besteht nicht in irgendeiner „objektiven Erkenntnis", sondern in Modellen zum Behandeln des Komputierten. Wenn man erkennt, daß die Wissenschaft eine Art Kunst ist, dann hat man sie damit nicht entwürdigt, denn sie ist dadurch ganz im Gegenteil zu einem Paradigma für alle übrigen Künste geworden. Es wird deutlich, daß alle Kunstformen erst dann tatsächlich wirklich werden, also Wirklichkeiten herstellen, wenn sie eine Empirie abstreifen und die in der Wissenschaft erreichte theoretische Exaktheit erreichen. Und das ist der hier thematisierte „digitale Schein": Alle Kunstformen werden durch die Digitalisierung zu exakten wissenschaftlichen Disziplinen und können von der Wissenschaft nicht mehr unterschieden werden.

Das Wort „Schein" hat dieselbe Wurzel wie das Wort „schön" und wird in der Zukunft ausschlaggebend werden. Wenn der kindliche Wunsch nach „objektiver Erkenntnis" aufgegeben sein wird, dann wird die Erkenntnis nach ästhetischen Kriterien beurteilt werden. […] Das wirklich Neue aber ist, daß wir von jetzt an die Schönheit als das einzig annehmbare Wahrheitskriterium begreifen müssen: „Kunst ist besser als Wahrheit". An der sogenannten Computerkunst ist das bereits jetzt ersichtlich: Je schöner der digitale Schein ist, desto wirklicher und wahrer sind die projizierten alternativen Welten. Der Mensch als Projekt, dieser formal denkende Systemanalytiker und -synthetiker, ist ein Künstler.

Diese Einsicht führt uns zurück zum Ausgangspunkt des hier eingeschlagenen Gedankengangs. Wir gingen davon aus, daß wir den gegenwärtig auftauchenden alternativen Welten mißtrauisch gegenüberstehen, weil sie künstlich sind und weil wir sie selbst entworfen haben. Dieses Mißtrauen kann jetzt in den ihm angemessenen Kontext gestellt werden: Es ist das Mißtrauen des alten, subjektiven, linear denkenden und geschichtlich bewußten Menschen dem Neuen gegenüber, das sich in den alternativen Welten zum Ausdruck bringt und mit den übernommenen Kategorien wie „objektiv wirklich" oder „Simulation" nicht zu fassen ist. Es beruht auf einem formalen, kalkulatorischen, strukturalen Bewußtsein, für das „real" all das ist, was konkret erlebt wird (*aisthestai* = erleben). Insoweit die alternativen Welten als schön empfunden werden, insoweit sind sie auch Realitäten, innerhalb derer wir leben. Der „digitale Schein" ist das Licht, das für uns die Nacht der gähnenden Leere um uns herum und in uns erleuchtet. Wir selbst sind dann die Scheinwerfer, die die alternativen Welten gegen das Nichts und in das Nichts hinein entwerfen.

**Textnachweis:** Vilém Flusser (1991): Digitaler Schein. In: Florian Rötzer (Hg.): Digitaler Schein. Ästhetik der elektronischen Medien. Frankfurt am Main: Suhrkamp, S. 147–159. Wiederveröffentlichung in: Flusser, Vilém: Digitaler Schein. In: Ders.: Lob der Oberflächlichkeit. Für eine Phänomenologie der Medien. Bensheim; Düsseldorf: Bollmann 1993, S. 272–285; hier: S. 272–273 und 281–285. Die Rechte für diesen Text liegen bei Miguel Flusser, Brasilien.

# Archiv

# Zur Einführung

Jörg Paulus

Stellt man sich die Blätter der fünf Texte, die in diesem Kapitel zusammengestellt sind, als Aktenstapel vor, der dem Leser oder der Leserin vorgelegt wird, dann bilden der erste und der letzte Text eine Art Umschlag und zugleich eine symbolische Verkörperung des Archivs: Obenauf liegt eine noch sehr aktuelle Stellungnahme der Juristin und Medienwissenschaftlerin Cornelia Vismann, worin es um den Zugang zu Archiven geht – unter Voraussetzung von deren konstitutiver Unzugänglichkeit. Am anderen Ende des Stapels stößt die Leserin oder der Leser auf ein Räsonnement des Juristen und Dichters Johann Wolfgang von Goethe aus dem Jahr 1823, worin der Plan zur Umwandlung einer Sammlung von disparaten Schriftstücken in Archivobjekte umrissen wird, für die der angemessene Raum und eine wohleingerichtete Verfassung und Regelung von Zugangsmöglichkeiten überhaupt erst noch errichtet und erdacht werden müssen. Um (mit Goethe) alle „Fäden wieder aufzunehmen, die man in früherer Zeit hatte fallen lassen, oder wohl gar solche wieder anzuknüpfen, von denen das Ende verschwunden war", ist das Subjekt auf Akteure und Institutionen angewiesen, die die Infrastruktur dieser Filigranarbeiten bewältigen können: Archive. Die zwischen Goethes Text als dem ältesten und dem Vismanns als dem jüngsten abgelegten weiteren Dokumente zur medienwissenschaftlichen Archiv-Forschung beleuchten das Thema aus wechselnden und dabei immer wieder aufeinander verweisenden Blickrichtungen, die im Übrigen stets im Kontext zahlreicher anderer Stellungnahmen vorzustellen sind, auf die an dieser Stelle zumindest exemplarisch verwiesen werden soll.

In ihrem von außen nach innen hin orientierten Zugang zum Archiv hat Vismann eine Vorgängerin in der französischen Historikerin Arlette Farge, die in ihrer 1989 erschienenen Schrift „Le goût de l'archive" von den Architekturen, den Gerüchen, den Oberflächenstrukturen, den subtilen Erscheinungsformen der Schrift- und Zeichen-Figuren, kurz: dem ganzen polymorphen Akteur-Ensemble des Archivs ausgegangen war, das den Archiv-Nutzer auf seinem Gang zu den ‚Quellen'

© Springer Fachmedien Wiesbaden GmbH, ein Teil von Springer Nature 2019
A. Ziemann (Hrsg.), *Grundlagentexte der Medienkultur*,
https://doi.org/10.1007/978-3-658-15787-6_10

begleitet und überrascht. In Vismanns Schrift „Akten. Medientechnik und Recht" (2000) wird diese vielgestaltige Figuration des Archivs historisch noch weiter entfaltet und zugleich an die medialen Grundfunktionen des Übertragens und Speicherns zurückgebunden. Der vorliegende Text Vismanns fügt diesem Szenario symbolischer, operativer und institutioneller Kräfte und sinnlicher Effekte noch eine weitere mediale Instanz hinzu: die im Text imaginär agierende Kamera, die sich durch die Archivkatakomben bewegt und dabei die Oberfläche der archivalischen Ordnung abtastet. Gerade durch seine Nicht-Involviertheit aber, so Vismanns Argumentation, vermag der Kamera-Blick die verborgene Struktur dieser vielgestaltigen Hardware unter Tage zu verdeutlichen (und wird damit doch zugleich in diese Ordnung einbezogen).

Spiegelbildlich dazu geht es in Bolesłas Matuszewskis 1898 entstandenem Text „Eine neue Quelle für die Geschichte" (im französischen Original: „Une Nouvelle Source de l'Histoire – Création d'un Dépot de Cinématographie Historique"), der in unserer Kompilation auf den Goethe-Papieren aufliegt, um die Archivwürdigkeit dessen, was die (bewegte) Kamera außerhalb des Archivs festhält und noch festhalten wird. Der aus Polen stammende Fotograf (zeitweise gar Hoffotograf des Zaren) und Kameramann Matuszewski verschiebt in der Überschrift seines Manifests die postulierte produktive Agentur ganz ans Ende der Phrase: Die „Cinématographie Historique" wird zurückhaltend als jüngstes Medium ins Arsenal der Geschichtsschreibung aufgenommen.

Der Korrespondenztext dazu (weiter oben im Aktenbündel) stammt von Gilles Deleuze, dem vielleicht produktivsten Theoretiker der ‚Cinématographie' des 20. Jahrhunderts. Sein im März 1970 erschienener Beitrag „Ein neuer Archivar" ist ein ausführlicher Kommentar zu Michel Foucaults kurz zuvor (1969) erschienener „Archäologie des Wissens", worin das Archiv (bei Foucault, wie vielfach in der Literatur betont, im Singular „l'archive" verwendet, anstelle des im Französischen zuvor noch für mehrere Jahrhunderte einzig zugelassenen Pluraletantums „archives") als Topos der diskursanalytischen Aktivität bestimmt wird – mit weitreichenden Folgen für den Diskurs selbst. Deleuze spiegelt das Regime von Aussagen, das Foucault von der logischen sinnstiftenden Ordnung von „Propositionen" und von der grammatisch sinnproduktiven Ordnung von „Sätzen" abgrenzt, in seinem Kommentar noch einmal, der das Verhältnis von Dichtung und Philosophie auf diese Weise, wie der Kupferstich eine gemalte Vorlage, invertiert. Gleich den Sekretären in Nikolai Gogols Roman „Die toten Seelen", auf den sich Deleuze mehrfach bezieht, liest er zwischen den Aktenbündeln (der „Archäologie") verborgene Romane.

Auch Jacques Derridas Projekt einer „Archivologie" ist eine Wissenschaft der Übersetzung und Kommentierung: Schon der erste Text, in dem das archivologische Programm exponiert wird, der berühmte Londoner Vortrag über das

„Mal d'Archive", bezieht sich in einer doppelten Brechung auf das, was einmal als Archiv begriffen worden sein wird (so die zaudernde Grammatik der Derrida'schen ‚Archivologie'). Die erste Reflexion verläuft durch die Freud-Lektüre des Historikers Yosef Haym Yerushalmi („Freuds Moses", 1991), die zweite durch die von Yerushalmi kritisch reflektierte Schrift Freuds „Der Mann Moses und die monotheistische Religion" (1939). Der hier abgedruckte spätere archivologische Grundtext Derridas wiederholt dieses Brechungsschema in einem stärker literarischen Kontext. Die erste Brechung des Gedankenpräludiums über Ereignisse und Maschinen geschieht im Zeichen einer Lektüre von Paul de Mans „Allegories of Reading" (1979), die zweite im Zeichen einer durch die de Man'sche Lektüre gebrochenen Lektüre der beiden „Bekenntnisse" von Augustinus und Rousseau. Diese Lektüreketten präfigurieren im gedachten Archiv der „Bekenntnisse" ein Archiv des Diebstahls, in dem die beiden autobiografischen Grundtexte (unter anderem) konvergieren. Derrida unterscheidet dabei (wie schon in „Dem Archiv verschrieben") archivierte Ereignisse von archivierenden Ereignisse, wobei sich beide Aktionsformen zumindest im Präsens, im stets als vorläufig zu denkenden aktuellen Ereignisraum des Archivs, überlagern und formen.

Die medienwissenschaftliche Herausforderung des Themas Archiv besteht darin, einerseits allgemeine, den Begriff Archiv auf größere Einheiten übertragende Ansätze und Kontexte (das ‚kulturelle Archiv'), andererseits aber auch konkrete, an institutionelle Bedingungen und Möglichkeiten geknüpfte Ansätze wechselseitig diskutierbar zu machen. Die fünf ausgewählten Texte exemplifizieren Positionen zu dieser Herausforderung und formieren dabei Perspektiven gegenwärtiger medienwissenschaftlicher Diskussionen des Archivs. Der am weitesten gefasste Archivbegriff ist sicherlich der von Foucault vertretene (hier in der Foucault-Lektüre von Deleuze gespiegelt). ‚Archiv' ist für ihn letztlich ein reglementierender Beziehungsbegriff, der die „gesagten Dinge" ins Verhältnis zu „Aussagemöglichkeiten und -unmöglichkeiten" setzt. Das Archiv beherrscht demzufolge „das Ereignis der Aussagen als einzelne Ereignisse", die in ihrer nicht zu hintergehenden Faktizität nicht wie üblich als in variable Sinngefüge verflochtene „Dokumente", sondern als „Monumente" begriffen werden. Damit ist die medientheoretisch grundlegende Frage nach der Beteiligung von Agenturen des Speicherns und Übertragens an den solcherart prozessierten Gegenständen bzw. Ereignissen aufgerufen und nach deren spezifischer Medialität und Materialität, deren Transformation im Zuge der Digitalisierung von Archiven in der Zeit seit Erscheinen der „Archäologie des Wissens" zu einem zentralen neuen, gleichwohl in vieler Hinsicht an Foucaults Analyse der Macht- und Produktivitätsverhältnisse im Raum des Archivs noch anknüpfbaren Thema der Archivforschung geworden ist. Wenn die genannte Beteiligung und deren (digitale) Ausweitung bei Derrida als eine immer erst von der Zukunft her bestimmbare begriffen wird, wenn sie archivierte Ereignisse hervorbringt, denen sie selbst archivierend vorausgeht, dann lässt sich das Archiv als ein Medium der Geschichte begreifen, eine Geschichte der Bekenntnisse ebenso wie der Verdrängungen, Verluste und Verleugnungen. Archivtheorien, die solcherart ins Generische zielen, wären medientheoretisch zu konfrontieren mit den Eigensinnigkeiten von konkreten Medienkonfigurationen: sowohl in ‚Standard'-Formaten wie Büchern, Filmen und digitalen Medien als auch in agentiell flüchtigen und vernetzten wie Aktenstaubschichten und Aktenschränken, Konvolutfäden und -faltungen. Ohne sie bleiben medienwissenschaftliche Theorien ebenso leer wie diese ohne theoretische Einbindung blind sind.

Die Texte von Goethe und Matuszewski sollen in diesem Sinne die Theorien auf ihre eigenen Gegenstände zurückblicken lassen, indem sie auf inzwischen scheinbar vollständig verwirklichte Projekte einer diskursiven Hervorbringung von „Literatur" und „Geschichte" das Licht ihrer kulturtechnisch eingebundenen Projektierung werfen. So gesehen, sind Archive nicht so sehr als historisch fundamentale denn als operationale Agenturen zu verstehen, so wie dies auch im Text von Cornelia Vismann mit ihrem doppelten Spiel von Kamera und Akten angedeutet ist: als Handlungsräume von Hybriden, die im Archiv nicht so sehr von menschlichen Akteuren bewertet werden, wie es klassische Archivtheorien dachten, sondern sich selbst und uns als ihre selbsternannten Bewerter in ein unablässiges Versteck- und Entdeckspiel verstricken und dabei immer neu assemblieren.

# Cornelia Vismann: Was weiß der Staat noch? (2004)

Es ist ein offenes Geheimnis, dass Archive unzugänglich sind. Ihre Unzugänglichkeit ist nicht etwa erst das Produkt von Arkanpolitiken und Zutrittsverboten. Nicht erst umständliche Öffnungszeiten und andere schikanöse Reglements blockieren die Einsichtnahme in alte Akten. Sicher, Archivare sahen es noch nie gern, dass Fremde in den von ihnen sorgsam gehüteten Schätzen herumwühlen, Unordnung schaffen und wer weiß, was noch anrichten. Doch bilden Archive auch ohne satzungsgemäße Benutzerunfreundlichkeit bereits eine Bastion gegen Eindringlinge jeder Art. Archive sind konstitutiv unzugänglich.

Alles in einem Archiv hat seinen Platz. Indes bleibt das, was an Ort und Stelle liegt, ohne weitere Hilfsmittel unauffindbar. Wo immer die Stehordner, Aktenbündel und Mappen lagern, in Regalen, Schränken oder Kästen, ohne Adresse sind sie so gut wie nicht vorhanden. Welcher Platz den Archivalien zugeordnet ist und ob es tatsächlich der richtige ist, erweist demnach erst die Registratur, jene integrale Schaltstelle zwischen Aktenstandort und Benutzer, ohne die ein Archiv – trotz aller Sichtbarkeit im Physischen – ein unzugänglicher, verborgener Ort bliebe. Die Registratur vergibt Adressen an das archivierte Material. Eine Sigle verbindet die Akten mit ihrem jeweiligen Stellplatz – so wie eine Hausnummer die Verbindung zu einem Hausbewohner schafft. Sie verknüpft die symbolische Ordnung des Zugangs mit dem fensterlosen Schattenreich des Archivs. Das Archiv hält sich ohne Schnittstelle zwischen sichtbaren Akten und unsichtbarer Ordnung also selbst geheim. Unter Umgehung der Registratur ist das archivierte Wissen des Staates auch ohne jede Zutrittsbeschränkung schlicht unzugänglich.

Ein Besuch in den nicht selten unterirdisch gelegenen Aktenorten ist ohne Umweg über Zettelkästen oder digitalisierten Katalog darum ein verwegenes Unterfangen. Man geht verloren in der Fülle des Materials. Was hätte man also in einem Archiv zu suchen ohne einen kleinen Zettel mit einer Buchstaben- oder Ziffernfolge in der Hand, die den Nutzer genau an den Ort einer gesuchten Mappe

© Springer Fachmedien Wiesbaden GmbH, ein Teil von Springer Nature 2019
A. Ziemann (Hrsg.), *Grundlagentexte der Medienkultur*,
https://doi.org/10.1007/978-3-658-15787-6_11

führt? Was sucht, konkret gefragt, der fotografische Blick dort unten in den unwirtlichen, neonbeleuchteten Räumen staatlicher Archive, wenn er keinem bestimmten Aktenvorgang auf der Spur ist? Eine den Akten eigene Ästhetik? Ihr Geheimnis? Gar das Wissen des Staates? Lässt sich das Wissen des Staates überhaupt ins Bild setzen?

Es war schon immer ein Herrschertraum, alles mit einem Blick übersehen zu können, das gesamte Wissen des eigenen Landes, dessen Größe, die Einwohnerzahlen und andere Daten mehr. Gottfried Wilhelm Leibniz hatte seinem Landesherrn mit dem „Entwurff gewisser Staats-Tafeln" diesen Traum 1680 zu erfüllen versucht. Und weil die alten Akten das Wissen des Staates nicht direkt abbilden, weil, umgekehrt ausgedrückt, jede Sammlung von Daten, auf die der Staat sich beziehen kann, nur unter der Bedingung zugänglich wird, dass die Physis der Speichermedien mit einer graphischen und/oder alphabetischen Ordnung korrespondiert, geht auch Leibniz diesen Umweg: den Umweg über die symbolische Ordnung. Sein Entwurf zur Repräsentation hoheitlicher Episteme empfiehlt eine diagrammatische Darstellung des Staatswissens in Tafeln und Tabellen. Auch in bildreichen, um nicht zu sagen: bildinflationären Zeiten bleibt es bei diesem Verfahren: der Übertragung von Bildern in eine Ordnung der Zeichen. Selbst dreidimensionale Visualisierungen in Computeranimationen, die einen Spaziergang durchs Archiv simulieren, belassen es darum nicht bei der puren Abbildung der Räumlichkeit. Sie codieren diese stets auch. Mit einem Mausklick öffnen sie *windows,* Fenster zur Ordnung des Symbolischen, welche den Nutzer dann in die lesbare Welt der Archivalien versetzen.

Wenn aber das optische Bild von archivierten Akten das Wissen des Staates lediglich allegorisch vor Augen stellt und keinen wirklichen Zugriff darauf gewährt, was sucht dann, noch einmal gefragt, der Blick der Fotokamera, der direkt auf die endlosen, gleichförmigen Regalfluchten geht? Es ist in jedem Fall ein Blick, der vom Archiv nicht vorgesehen, der geradezu illegitim ist. Innenansichten von menschenleeren Archivräumen mögen den Reiz eines verbotenen Bildes haben. Dem Geheimnis, das die Akten bergen, kommt die fotografische Nahaufnahme von Papierzeug und anderen archivierten Materialien wie Magnetstreifen, Zelluloid oder Wachswalzen allerdings keine Spur näher. Akten wahren ihr Geheimnis auch vor zudringlichen Kamerablicken. Der verständnislose Blick ins Archiv begreift bloß, dass es eine Ordnung gibt, nicht aber die Prinzipien dieser Ordnung. Ziffern und Beschriftungen auf Ordnerrücken und Pappkartons zeugen von dieser Ordnung ebenso wie die Aufstellung der Ordner in Reih und Glied. Heeresförmige Ordnung, herrscht im Archiv. Doch gerade weil der Kamerablick die der Rechtsordnung zugewandte Seite der Akten, ihre Semantik, nicht erschließt, lenkt er das Augenmerk auf die Struktur des Archivs. Er registriert die Formationen archivarischer Ordnung und man ist geneigt – schon um die unheimliche Fremdheit dieses

Blicks zu mildern –, in den Bildern von Regalreihen und Aktenstapeln Landschaften wiederzuerkennen, Bergschluchten, Steinbrüche, geologische Schichtungen von Endmoränen oder Ausblicke aufs freie Meer.

**Textnachweis:** Cornelia Vismann (2004): Was weiß der Staat noch? In: Peter Collin/Thomas Horstmann (Hg.): Das Wissen des Staates. Geschichte, Theorie und Praxis. Baden-Baden: Nomos, S. 41–46. Wiederveröffentlichung in: Vismann, Cornelia: Das Recht und seine Mittel. Herausgegeben von Markus Krajewski und Fabian Steinhauer. Frankfurt am Main: Fischer 2012, S. 181–188; hier: S. 181–183.

# Gilles Deleuze: Ein neuer Archivar *(Archäologie des Wissens)* (1970)

Ein neuer Archivar ist in der Stadt berufen worden. Aber wurde er, strenggenommen, wirklich berufen? Handelt er nicht vielmehr in eigenem Auftrag? Gehässige Leute nennen ihn den neuen Repräsentanten einer Technologie, einer strukturalen Technokratie. Andere, die ihre Dummheit für geistreich halten, nennen ihn einen Handlanger Hitlers; oder sie behaupten wenigstens, daß er die Menschenrechte beleidigte (man verzeiht ihm die Verkündung des „Todes des Menschen" nicht).[1] Andere nennen ihn einen Scharlatan, der sich auf keinen einzigen heiligen Text berufen könne und der fast nie die großen Philosophen zitiere. Wieder andere aber denken, daß etwas Neues, etwas grundlegend Neues in der Philosophie entstanden ist und daß dieses Werk die Schönheit dessen besitzt, was es verwirft: ein strahlender Morgen.

Alles beginnt jedenfalls wie in einer Erzählung von Gogol (eher noch als von Kafka). Der neue Archivar kündigt an, daß er nur mehr Aussagen berücksichtigen werde. Er wird sich nicht mit dem befassen, dem auf tausenderlei Weise die Aufmerksamkeit der früheren Archivare galt: den Propositionen und den Sätzen. Die vertikale Hierarchie der Propositionen, die sich übereinanderschichten, wird er ebenso vernachlässigen wie das Nebeneinander der Sätze, in dem jeder Satz auf einen anderen zu antworten scheint. Beweglich wird er sich in einer Art von Diagonalen einrichten, die lesbar machen wird, was man anders nicht begreifen konnte, eben genau die Aussagen. Eine atonale Logik? Es ist ganz normal, wenn man hier eine gewisse Unruhe verspürt. Denn der Archivar gibt mit Absicht keine Beispiele. Er ist der Ansicht, solche bis vor kurzem unablässig gegeben zu haben,

1 Nach dem Erscheinen von [Michel Foucaults] *Les mots er les choses,* Paris 1966 (deutsch: *Die Ordnung der Dinge,* Frankfurt/Main 1971) schritt ein Psychoanalytiker zu einer langen Untersuchung, die dieses Buch in die Nähe von *Mein Kampf* rückte. Neuerdings wird die Stafette von denen übernommen, die Foucault die Menschenrechte entgegenhalten …

© Springer Fachmedien Wiesbaden GmbH, ein Teil von Springer Nature 2019
A. Ziemann (Hrsg.), *Grundlagentexte der Medienkultur*,
https://doi.org/10.1007/978-3-658-15787-6_12

auch wenn er seinerzeit selbst noch nicht wußte, daß es Beispiele waren. Nunmehr dient das einzige explizite Beispiel, das er analysiert, ausdrücklich dazu, zu beunruhigen: eine Reihe von Buchstaben, die ich in einer Zufallsfolge niederschreibe, die ich in der Reihenfolge abtippe, in der sie auf der Tastatur einer Schreibmaschine angeordnet sind. „Die Tastatur einer Schreibmaschine ist keine Aussage, aber die gleiche Serie von Buchstaben A, Z, E, R, T, in einem Lehrbuch für das Schreibmaschineschreiben aufgezählt, ist die Aussage der alphabetischen Ordnung, die für die französischen Schreibmaschinen angewandt wird."[2] Derartige *Mannigfaltigkeiten* sind sprachlich nicht regulär gebildet; gleichwohl sind es Aussagen. Azert? Jeder fragt sich, an andere Archivare gewöhnt, wie man unter diesen Bedingungen imstande sein soll, Aussagen zu produzieren.

Zumal Foucault klar macht, daß Aussagen ihrer Natur nach *knapp* sind, nicht nur *de facto,* sondern auch *de jure:* sie sind untrennbar an ein Gesetz und an einen Knappheitseffekt gebunden. Dies ist sogar einer der Züge, aufgrund deren sie in Gegensatz treten zu den Propositionen und den Sätzen. Denn man kann beliebig viele Propositionen bilden, sofern man hierbei gemäß der Typenunterscheidung verfährt und die einen „über" die anderen sprechen läßt; und die Formalisierung als solche dient nicht dazu, das Mögliche vom Wirklichen zu unterscheiden, sie dient der Vervielfältigung möglicher Propositionen. Was das wirklich Gesagte anbetrifft, so rührt seine faktische Knappheit *[rareté]* einzig von dem her, was ein Satz an anderen negiert, an ihnen hemmt, worin er anderen Sätzen widerspricht oder womit er sie verdrängt; so daß jeder Satz noch von dem erfüllt ist, was er nicht sagt, von einem virtuellen oder latenten Inhalt, der seinen Sinn vervielfacht und der sich zur Interpretation anbietet und einen „verborgenen Diskurs" von wahrhaftem Reichtum bildet. Eine Dialektik der Sätze ist stets dem Widerspruch unterworfen, und sei es nur, um ihn zu überschreiten oder um ihn zu vertiefen; eine Typologie der Propositionen ist der Abstraktion unterworfen, die auf jedem Niveau den Elementen einen noch höherstufigen Typus korrespondieren läßt. Widerspruch und Abstraktion sind jedoch, aufgrund der Möglichkeit, jedem Satz einen anderen entgegenzusetzen oder eine Proposition über eine Proposition zu formulieren, beides Prozeduren der Vervielfältigung von Sätzen und Propositionen. Die Aussagen sind demgegenüber untrennbar mit einem Raum der Knappheit verknüpft, innerhalb dessen sie sich gemäß einem Prinzip peinlicher Sparsamkeit oder sogar des Defizits verteilen. Im Bereich der Aussagen gibt es weder Mögliches noch Virtuelles; alles ist hier real und jede Realität manifest: nur das zählt, was gesagt wurde, hier, in diesem Augenblick, mit diesen Lücken und Auslassungen. Dennoch ist klar, daß Aussagen sich widersprechen oder sich in eine abgestufte Hierarchie gliedern können. In zwei Kapiteln weist Foucault jedoch

2 *Archäologie des Wissens,* Frankfurt 1973, S. 125.

mit aller Strenge nach, daß die Widersprüche der Aussagen nur durch eine positive, im Raum der Knappheit meßbare Distanz existieren und daß die Vergleiche von Aussagen sich auf eine bewegliche Diagonale beziehen, die es innerhalb dieses Raumes gestattet, ein und dieselbe Gesamtheit auf verschiedenen Ebenen direkt zu konfrontieren, aber auch, auf ein und demselben Niveau bestimmte Gesamtheiten auszuwählen, ohne die anderen zu berücksichtigen, die dennoch dazugehören (und die eine andere Diagonale voraussetzten würden).[3] Es ist dieser Raum der Verknappung, der diese Bewegungen, Transporte, ungewohnten Dimensionen und Einteilungen erlaubt, diese „lückenhafte und zerstückelte Form", die einen mit Erstaunen feststellen läßt, nicht nur, daß wenige Dinge gesagt worden sind, sondern daß immer nur „wenige Dinge gesagt werden *können*".[4] [...]

Aber Foucault beruhigt auch wieder: wenn es richtig ist, daß die Aussagen knapp, von Natur aus knapp sind, so bedarf es doch keiner Originalität, um sie zu produzieren. Eine Aussage bedeutet stets ein Aussenden von Singularitäten, von singulären Punkten, die sich in einem korrespondierenden Raum verteilen. Die Formationen und Transformationen dieser Räume selbst stellen, wie wir sehen werden, topologische Probleme, die sich nur sehr schlecht in Begriffen von Schöpfung, Anfang oder Gründung ausdrücken lassen. Um so mehr, als es bei dem jeweils betrachteten Raum völlig unwichtig ist, ob ein Aussenden zum ersten Mal erfolgt oder ob es sich um eine Wiederholung, eine Reproduktion handelt. Worauf es ankommt, die *Regularität* der Aussage: kein Mittelwert, sondern eine Verteilungskurve. [...] „Auf der Ebene, auf der sie [die archäologische Beschreibung] sich ansiedelt, ist der Gegensatz Ursprünglichkeit–Banalität folglich unzutreffend: zwischen einer ursprünglichen Formulierung und dem Satz, der sie Jahre, Jahrhunderte später mehr oder weniger exakt wiedergibt, errichtet sie keine Wertehierarchie, bildet sie keinen radikalen Unterschied. Sie will allein die Regelmäßigkeit der Aussagen feststellen."[5] Die Frage der Originalität stellt sich um so weniger, als sich ja die nach dem Ursprung überhaupt nicht stellt. Man muß niemand Besonderes sein, um eine Aussage zu produzieren, und die Aussage verweist auf kein Cogito, weder auf ein transzendentales Subjekt, das sie ermöglichte, noch auf ein Selbst *[Moi]*, das sie zum ersten Male (oder zum wiederholten Male) äußerte, noch verweist sie auf einen Zeitgeist, der sie konservierte, propagierte und

---

3 A. a. O., IV. Abschnitt, Kap. 3 und 4. Foucault macht darauf aufmerksam, daß er sich in der *Ordnung der Dinge* für drei auf gleicher Ebene liegende Formationen interessiert habe, die Naturgeschichte, die Analyse der Reichtümer sowie die Allgemeine Grammatik; daß er jedoch ebensogut andere Formationen hätte betrachten können [...] auf die Gefahr hin, „einen interdiskursiven Raster erscheinen (zu) lassen, der sich dem ersten nicht überlagert, aber ihn in bestimmten seiner Punkte kreuzen würde" (S. 227).

4 A. a. O., S. 174.

5 A. a. O., S. 205; zur Assimilation von Aussage und Kurve; S. 119 f.

kontrollierte.[6] Es gibt für jede Aussage zahlreiche und außerdem sehr variable Subjekt-„Stellen". Aber genau weil in jedem einzelnen Falle sehr verschiedene Individuen diese Plätze einnehmen können, ist die Aussage der spezifische Gegenstand einer Häufung, gemäß der sie sich erhält, überträgt oder wiederholt. Diese Häufung ist so etwas wie die Bildung eines Vorrats, nicht als Gegensatz zur Knappheit, sondern als ein Effekt dieser Knappheit. Überdies ersetzt sie die Begriffe des Ursprungs und der Rückkehr zum Ursprung: wie die Bergsonsche Erinnerung erhält sich die Aussage in sich, in ihrem Raum, und lebt, solange dieser Raum besteht oder neugebildet wird.

Um eine Aussage herum haben wir drei Kreise, gleichsam drei Raumabschnitte zu unterscheiden. Zunächst gibt es einen *kollateralen*, assoziierten oder angrenzenden *Raum*, der von anderen Aussagen gebildet wird, die zur selben Gruppe gehören. Die Frage, ob es der Raum ist, der die Gruppe definiert, oder ob es umgekehrt die Gruppe von Aussagen ist, die den Raum definiert, ist ziemlich uninteressant. Weder gibt es einen homogenen, gegen die Aussagen indifferenten Raum, noch existieren Aussagen ohne Lokalisierung; beides durchdringt sich auf der Ebene der Formationsregeln. Wichtig ist, daß sich diese Formationsregeln weder auf Axiome, wie im Falle der Propositionen, noch, wie im Falle der Sätze, auf einen Kontext reduzieren lassen. Propositionen beziehen sich vertikal auf höherstufige Axiome, die die inneren Konstanten bestimmen und ein homogenes System definieren. […] Was die Sätze betrifft, so kann eines ihrer Teilstücke dem einen System angehören und ein anderes, entsprechend äußeren Variablen, einem anderen System. Ganz anders die Aussage: sie ist nicht ablösbar von einer inhärenten Variation, aufgrund deren wir uns niemals innerhalb eines Systems befinden, sondern unaufhörlich von einem System ins andere übergehen (sogar innerhalb ein und derselben Sprache). Die Aussage ist weder lateral noch vertikal, sie ist transversal, und ihre Regeln liegen auf dem selben Niveau wie sie selbst. […] Was eine Gruppe oder Familie von Aussagen „formt", sind also die auf derselben Ebene angesiedelten Regeln des Übergangs oder der Variation, die aus der „Familie" als solcher ein Milieu der Streuung und der Heterogenität machen, das Gegenteil von Homogenität. Dies ist der assoziierte oder angrenzende Raum: jede Aussage ist untrennbar verbunden mit heterogenen Aussagen, mit denen sie durch Übergangsregeln (Vektoren) verknüpft ist. Und somit ist nicht nur jede Aussage untrennbar mit einer zugleich „knappen" und regelhaften Mannigfaltigkeit verbunden, sondern jede Aussage ist eine Mannigfaltigkeit: eine Mannigfaltigkeit und nicht eine Struktur oder ein System. Eine Topologie der Aussagen, die sich ebenso der Typologie der Propositionen wie der Dialektik der Sätze entgegensetzt. […]

6 A. a. O., S. 225 f., insbesondere die Kritik der *Weltanschauung* [deutsch im Original].

Der zweite Raumabschnitt ist der *korrelative Raum* [...]. Diesmal handelt es sich um die Beziehung der Aussage nicht zu anderen Aussagen, sondern zu ihren Subjekten, ihren Objekten und ihren Begriffen. [...]

[Die Aussage] besitzt ein „diskursives Objekt", das keineswegs in einem intendierten Sachverhalt besteht, sondern sich im Gegenteil von der Aussage selbst herleitet. Es ist ein abgeleitetes Objekt, das sich genau an der Grenze der Variationslinien der Aussage als einfacher Funktion definiert. Es führt obendrein zu nichts, verschiedene Typen der Intentionalität zu unterscheiden, von denen die einen durch Sachverhalte erfüllt werden könnten, während andere leer blieben und dann durchweg fiktiv oder imaginär (ich bin einem Einhorn begegnet) oder sogar überhaupt absurd wären (ein quadratischer Kreis). [...] Die Aussagen Foucaults sind wie Träume: eine jede hat ihr eigenes Objekt oder umgibt sich mit einer Welt. So ist „das goldene Gebirge liegt in Kalifornien" eine richtige Aussage: sie hat keinen Referenten, und es genügt gleichwohl nicht, sich auf eine leere Intentionalität zu berufen, bei der alles erlaubt ist (wie generell in der Fiktion). Die Aussage „Das goldene Gebirge..." besitzt sehr wohl ein diskursives Objekt, nämlich die bestimmte imaginäre Welt, die „eine solche geologische und geographische Phantasie erlaubt oder nicht" [...].

Wenn die Aussagen sich von den Wörtern, Sätzen oder Propositionen unterscheiden, so deshalb, weil sie die Funktionen des Subjekts, die Funktionen des Objekts und die Funktionen der Begriffe als ihre „Ableitungen" mit umfassen. Genau genommen sind Subjekt, Objekt und Begriff nichts anderes als abgeleitete Funktionen der einfachen Funktion oder der Aussage, obgleich der korrelative Raum die diskursive Ordnung der Plätze oder Positionen der Subjekte, der Objekte und der Begriffe in einer Aussagefamilie ist. Dies ist die zweite Bedeutung von „Regularität": diese verschiedenen Plätze repräsentieren singuläre Punkte. Dem System der Wörter, Sätze und Propositionen, das mit inneren Konstanten und äußeren Variablen arbeitet, tritt nun die Mannigfaltigkeit von Aussagen gegenüber, die mit inhärenten Variationen und inneren Variablen arbeitet. Was vom Gesichtspunkt der Wörter, der Sätze und der Propositionen als Zufall erscheint, wird vom Gesichtspunkt der Aussagen her zur Regel. Foucault begründet somit eine neue Pragmatik.

Es bleibt noch der dritte, äußere Raumabschnitt: der *komplementäre Raum* der nicht-diskursiven Formationen („Institutionen, politische Ereignisse, ökonomische Praktiken und Prozesse"). An dieser Stelle bereits entwirft Foucault die Theorie einer politischen Philosophie. Eine Institution beinhaltet selbst Aussagen, beispielsweise eine Verfassung, eine Charta, Verträge, Inschriften und Verzeichnisse. Umgekehrt verweisen Aussagen auf ein institutionelles Milieu, ohne das weder die Objekte sich bilden könnten, die an bestimmten Stellen der Aussage auftauchen, noch das Subjekt, das von einem bestimmten Platz aus spricht (beispielsweise die Stellung des Schriftstellers in einer bestimmten Epoche, die Stellung des Arztes im Hospital oder in seinem Behandlungszimmer und das Auftauchen neuer Gegenstände). Aber auch dort wäre die Versuchung groß, zwischen den nicht-diskursiven Formationen der Institutionen und den diskursiven Formationen der Aussagen entweder eine Art von vertikalem Parallelismus zu etablieren, wie zwischen Ausdrücken, die sich wechselseitig symbolisieren (primäre Ausdrucksbeziehungen), oder eine horizontale Kausalität, der zufolge die Ereignisse und die Institutionen die Menschen als vermeintliche Urheber der Aussagen determinieren (sekundäre Reflexionsbeziehungen). Die Diagonale schreibt demgegenüber einen dritten Weg vor: *diskursive Beziehungen mit nicht-diskursiven Milieus,* die der Gruppe der Aussagen selbst weder innerlich noch äußerlich sind, sondern die Grenze dessen bilden, wovon wir momentan sprechen, den bestimmten Horizont, ohne den weder die Aussagegegenstände erscheinen könnten noch ein solcher Platz im Inneren der Aussage selbst bezeichnet werden könnte. [...]

Da die Unterscheidung von Originalität und Banalität nicht wirklich triftig ist, gehört es zum Wesen der Aussage, *wiederholbar* zu sein. Ein Satz kann neu begonnen oder erneut ausgesprochen werden, eine Proposition kann reaktualisiert werden, allein „die Aussage [hat] als Eigenheit, wiederholt werden zu können".[7] Die realen Bedingungen der Wiederholung scheinen indes sehr streng zu sein. Derselbe Raum der Verteilung ist erforderlich, dieselbe Streuung der Singularitäten, dieselbe Ordnung der Orte und Plätze, dieselbe Beziehung zu einem institutionalisierten Milieu: all dies bildet für die Aussage eine „Materialität", die sie wiederholbar macht. „Die Arten verändern sich" ist nicht dieselbe Aussage in der Naturgeschichte des 18. und in der Biologie des 19. Jahrhunderts. [...] Dasselbe Schlagwort „Die Verrückten ins Asyl!" kann zu völlig verschiedenen diskursiven Formationen gehören, je nachdem, ob sie – wie im 18. Jahrhundert – gegen die Vermischung der Gefangenen mit den Irren protestiert oder aber im Gegensatz dazu – wie im 19. Jahrhundert – Asyle fordert, um die Verrückten von den Häftlingen zu trennen, oder ob sie sich – wie heute – gegen eine Weiterentwicklung des Hospital-Bereichs richtet.[8] [...]

Wenn die Wiederholung von Aussagen derart strengen Bedingungen unterliegt, so ist dies nicht äußeren Umständen, sondern dieser internen Materialität geschuldet, die die Wiederholung zum eigentümlichen Vermögen der Aussage macht. Eine Aussage definiert sich stets durch einen spezifischen Bezug auf *etwas anderes,* das auf demselben Niveau angesiedelt ist wie sie selbst, das heißt etwas anderes, das sie selbst (und nicht ihren Sinn oder ihre Elemente) betrifft. Dieses „Andere" kann eine Aussage sein, in welchem Falle sich die Aussage ganz offen

7 A. a. O., S. 153.
8 *Wahnsinn und Gesellschaft,* Frankfurt 1969, S. 410 f.

wiederholt. Im Zweifelsfall aber ist es notwendig etwas anderes als eine Aussage: es ist ein Außen. Es ist eine reine Emission von Singularitäten als Punkten der Unbestimmtheit, da sie noch nicht durch eine Aussagenkurve determiniert und spezifiziert sind, die sie verbindet und die in ihrer unmittelbaren Nähe diese oder jene Form annimmt. Foucault zeigt nun, daß eine Kurve, eine Grafik oder eine Pyramide Aussagen sind, daß aber das, was sie repräsentieren, keine Aussage ist. Ebenso bildet die Buchstabenfolge AZERT, die ich abtippe, eine Aussage, während dieselben Buchstaben auf der Tastatur keine Aussage sind.[9] Man sieht, wie in diesen Fällen eine geheime Wiederholung die Aussagen belebt [...]. Die Aussage ist in sich Wiederholung, obgleich das, was sie wiederholt, etwas anderes ist als sie selbst, das dennoch „ihr seltsamerweise ähnlich und quasi mit ihr identisch sein" kann.[10] Nun bestünde das größte Problem für Foucault darin, zu wissen, worin diese Singularitäten bestehen, die die Aussage voraussetzt. Die *Archäologie* macht hier jedoch halt und behandelt dieses Problem noch nicht, das die Grenzen des „Wissens" überschreitet. Die Leser Foucaults erraten bereits, daß man in einen neuen Bereich gerät, den der Macht und ihrer Verknüpfung mit dem Wissen. Dies werden die nachfolgenden Bücher [Foucaults] untersuchen. Wir ahnen jedoch bereits, daß AZERT, auf der Tastatur, eine Gesamtheit von Brennpunkten der Macht ist, eine Gesamtheit von Kräftebeziehungen zwischen den Buchstaben des französischen Alphabets und ihren Häufigkeiten einerseits und den Fingern der Hand und ihren Abständen andererseits. [...]

Die Archäologie widersetzt sich den beiden grundlegenden technischen Verfahren, die bisher von „Archivaren" angewandt wurden: der Formalisierung und der Interpretation. Die Archivare sind oft von der einen Technik zur anderen gesprungen und haben sich gleichzeitig auf beide berufen. Bald extrahiert man aus dem Satz eine logische Proposition, die als sein manifester Sinn funktioniert: man überschreitet also das, was „geschrieben" ist, auf eine intelligible Form hin, die zwar ihrerseits zweifellos auf einer symbolischen Oberfläche eingeschrieben sein kann, jedoch an sich einer anderen Ordnung angehört als der der Inschrift. Bald überschreitet man im Gegensatz hierzu den Satz auf einen anderen Satz hin, auf den er sich insgeheim bezieht: man verdoppelt so das Geschriebene durch eine andere Inschrift, die zweifellos einen verborgenen Sinn ausmacht, aber vor allem nicht dasselbe einschreibt und nicht denselben Inhalt besitzt. Diese beiden extremen Verfahrensweisen bezeichnen eher zwei Pole, zwischen denen die Interpretation und die Formalisierung oszillieren (man kann dies zum Beispiel am Schwanken der Psychoanalyse zwischen einer funktionell-formellen Hypothese und der topischen Hypothese einer „doppelten Einschreibung" sehen). Die eine arbeitet

9 *Archäologie des Wissens*, S. 125 ff., sowie S. 119.
10 A. a. O., S. 129.

ein Mehrgesagtes aus dem Satz heraus, die andere ein Ungesagtes. Daher auf der einen Seite die Neigung der Logik, zu zeigen, daß man beispielsweise zwei Propositionen für ein und denselben Satz unterscheiden muß, und auf der anderen Seite die Neigung der interpretativen Disziplinen, zu zeigen, daß ein Satz Lücken aufweist, die es zu füllen gilt. Es scheint, daß es methodologisch sehr schwierig ist, sich an das zu halten, was wirklich gesagt worden ist, an die *einzige Inschrift dessen, was gesagt worden ist.* […]

Foucault beansprucht das Recht zu einem ganz anderen Vorhaben: er will zur einfachen Inschrift dessen gelangen, was gesagt worden ist, als Positivität des *dictum,* der Aussage. Die Archäologie „versucht nicht, die sprachlichen Performanzen zu umgehen, um hinter ihnen oder unter ihrer offenbaren Oberfläche ein verborgenes Element, einen heimlichen Sinn, der sich in ihnen vergräbt oder durch sie hindurch, ohne es zu sagen, an den Tag kommt, zu entdecken; und dennoch ist die Aussage nicht unmittelbar sichtbar, sie gibt sich nicht auf eine ebenso manifeste Weise wie eine grammatische oder logische Struktur (selbst wenn diese nicht völlig klar ist, selbst wenn diese sehr sehr schwierig zu erhellen ist). *Die Aussage ist gleichzeitig nicht sichtbar und nicht verborgen.*“[11] Und auf einigen äußerst wichtigen Seiten zeigt Foucault, daß keine Aussage latent existieren kann, da sie das wirklich Gesagte betrifft; selbst die in ihr enthaltenen Lücken und Leerstellen dürfen nicht für geheime Bedeutungen gehalten werden, sie markieren allein die Präsenz der Aussage im Raum der Streuung, die ihre „Familie“ bildet. Wenn es jedoch umgekehrt so schwierig ist, bis zur Inschrift vorzustoßen, die auf demselben Niveau liegt wie das, was gesagt worden ist, so liegt das daran, daß die Aussage nicht unmittelbar wahrnehmbar ist, weil sie ständig überlagert ist von Sätzen und Propositionen. Man muß ihren „Sockel“ entdecken, ihn polieren, ihn sogar gestalten, ihn erfinden. Man muß den dreifachen Raum dieses Sockels erfinden und zerlegen; und nur in einer zu konstituierenden Mannigfaltigkeit kann die Aussage zur *einfachen* Inschrift dessen werden, was gesagt worden ist. Erst danach taucht die Frage auf, ob nicht all diese Interpretationen und Formalisierungen die einfache Inschrift als ihre vorgängige Bedingung voraussetzen. Wird nicht in der Tat die Inschrift der Aussage (die Aussage als Inschrift) unter bestimmten Bedingungen dazu gebracht, sich in einer anderen Inschrift zu verdoppeln oder sich in einer Proposition zu projizieren? Jede Aufschrift, jede Unterschrift verweist auf die einzige Inschrift der Aussage in ihrer diskursiven Formation: Monument des Archivs, nicht Dokument. […]

Als Gogol sein Meisterwerk über die Aufzeichnungen der toten Seelen schreibt, erklärt er, daß sein Roman Dichtung ist, und zeigt, wieso es sich beim Roman notwendig um Dichtung handeln muß. Möglicherweise ist das, was Foucault in dieser

11 A.a.O., S. 158 [kursiviert von Deleuze] […].

Archäologie vorlegt, weniger sein „Discours de la méthode“ als das Gedicht seines vorangegangenen Werkes, und er gelangt bis an den Punkt, an dem die Philosophie notwendig zur Poesie wird, zur strengen Poesie dessen, was gesagt worden ist, sowohl des Unsinns wie des tiefsten Sinns. In gewisser Weise kann Foucault erklären, nie etwas anderes als Fiktion geschrieben zu haben: dies bedeutet, wie wir gesehen haben, das die Aussagen den Träumen gleichen, und alles sich wandelt wie in einem Kaleidoskop, je nach dem betrachteten Korpus und der Diagonale, die man zieht. Andererseits jedoch kann Foucault ebenso behaupten, er habe nie etwas anderes als Reales und mit Realem geschrieben, da alles an der Aussage real und alle Realität hier manifest ist.

Es gibt so viele Mannigfaltigkeiten. Nicht nur der große Dualismus der diskursiven und nichtdiskursiven Mannigfaltigkeiten, sondern innerhalb der diskursiven Mannigfaltigkeiten all die Aussagenfamilien oder -formationen, deren Liste unabgeschlossen ist und sich mit jeder Epoche wandelt. Und weiterhin die Aussagegattungen, die durch bestimmte „Schwellen“ charakterisiert sind: ein und dieselbe Familie kann verschiedene Gattungen durchlaufen, ein und dieselbe Gattung kann mehrere Familien kennzeichnen. Beispielsweise impliziert die Wissenschaft bestimmte Schwellen, jenseits deren die Aussagen eine „Epistemologisierung“, eine „Szientifizierung“ oder gar eine „Formalisierung“ erfahren. Eine Wissenschaft jedoch absorbiert niemals die Familie oder die Formation, innerhalb deren sie sich konstituiert: so unterdrücken beispielsweise der Status und der Wissenschaftsanspruch der Psychiatrie nicht die juristischen Texte, die literarischen Äußerungen, die philosophischen Reflexionen, die politischen Entscheidungen oder die Alltagsmeinungen, die einen integralen Bestandteil der dazugehörigen diskursiven Formation ausmachen.[12] Es kann höchstens vorkommen, daß eine Wissenschaft der Formation eine Richtung vorgibt, bestimmte ihrer Regionen systematisiert oder formalisiert, auf die Gefahr hin, von ihr eine ideologische Funktion zugewiesen zu bekommen, die man nicht mehr für eine schlichte wissenschaftliche Unzulänglichkeit halten kann. Kurz, eine Wissenschaft lokalisiert sich in einem Wissensbereich, den sie nicht absorbiert, in einer Formation, die durch sich selbst Gegenstand eines Wissens und nicht einer Wissenschaft ist. Das Wissen ist weder Wissenschaft noch Erkenntnis, sein Objekt sind die zuvor bestimmten Mannigfaltigkeiten oder vielmehr genau die Mannigfaltigkeit, die das Wissen selbst mitsamt seinen singulären Punkten, seinen Plätzen und Funktionen beschreibt. „Die diskursive Praxis fällt nicht mit der wissenschaftlichen Erarbeitung zusammen, der sie Raum geben kann; und das Wissen, das sie bildet, ist weder die grobe Skizze noch das tägliche Nebenprodukt einer konstituierten

12 A. a. O., S. 254f.

Wissenschaft."[13] Aber man begreift nun auch, daß bestimmte Mannigfaltigkeiten, bestimmte Formationen das in ihnen enthaltene Wissen nicht auf epistemologische Schwellen hinlenken. Sie lenken es in andere Richtungen, auf andere Schwellen hin. Damit soll nicht einfach gesagt sein, daß bestimmte Aussagefamilien „nicht wissenschaftsfähig" seien oder zumindest unfähig zu einer Neuverteilung und wirklichen Umwandlung (so wie das, was der Psychiatrie im 17. und 18. Jahrhundert vorangeht). Die Frage ist eher die, ob es nicht Schwellen gibt, beispielsweise ästhetische, die ein Wissen in eine ganz andere Richtung als auf die Schwelle der Wissenschaftlichkeit hin bewegen und die es erlauben, einen literarischen Text oder ein Gemälde innerhalb der diskursiven Praktiken zu bestimmten, denen sie zugehören. [...] So bildet sich die archäologische Poesie in allen Bereichen der Mannigfaltigkeiten, aber auch innerhalb der einzigen Inschrift dessen, was gesagt worden ist, in Beziehung zu den Ereignissen, den Institutionen und all den anderen Praktiken. Das Wesentliche besteht nicht in der Überschreitung der Dualität Wissenschaft – Poesie, mit dem sich das Werk von Bachelard noch schwertat. Ebensowenig besteht es in der Entdeckung eines Verfahrens zur wissenschaftlichen Behandlung literarischer Texte. Es liegt in der Entdeckung und Vermessung dieses unbekannten Landes, in dem eine literarische Form, eine wissenschaftliche Proposition, ein alltäglicher Satz, ein schizophrener Unsinn usw. gleichermaßen Aussagen sind, wenngleich ohne gemeinsames Maß, ohne jede Reduktion oder diskursive Äquivalenz. Und dies ist der Punkt, der von den Logikern, den Formalisten und den Interpreten niemals erreicht worden war. Wissenschaft und Poesie sind gleichermaßen Wissen.

*Aus dem Französischen von Hermann Kocyba*

**Textnachweis:** Gilles Deleuze (1970): Un nouvel archiviste. In: Critique, No. 274, S. 195–209. Deutsche Fassung: Deleuze, Gilles: Ein neuer Archivar *(Archäologie des Wissens).* In: Ders.: Foucault. Frankfurt am Main: Suhrkamp 1992, S. 9–36, hier: S. 9–16, 18–24, 27–29, 31–34. Alle Rechte bei und vorbehalten durch Suhrkamp Verlag Berlin.

13 A. a. O., S. 261.

# Jacques Derrida: Das Schreibmaschinenband. *Limited Ink II*[1] (2001)

## Das vorletzte Wort: Archive des Geständnisses

[...]

Es gibt ein Gedächtnis, es gibt auch eine Geschichte und ein Archiv des Bekenntnisses, eine Genealogie der Bekenntnisse: des Wortes „Bekenntnis" *(confession)*, der ziemlich späten christlichen Institution, die diesen Namen trägt[2], aber auch von Werken, die im Abendland unter diesem Titel registriert sind. Über ihre Zugehörigkeit zur Literatur bleibt noch zu entscheiden. Augustinus und Rousseau, beide Verfasser von „Bekenntnissen", sprechen öfter die Sprache der Entschuldi-

1 Die erste Version dieses Textes entspricht einem Vortrag, der am 23. April 1998 an der Universität von Kalifornien in Davis gehalten wurde, im Rahmen eines Kolloquiums, das den Titel trug: *Culture and Materiality: A post-millenarian conference – à propos of Paul de Mans* Aesthetic Ideology *– to consider trajectories for „materialist" thought in the afterlife of theory, cultural studies, and Marxist critique.*

Diese englische Version in der Übersetzung von Peggy Kamuf wurde zuerst veröffentlicht in: *Material Events, Paul de Man and the Afterlife ofTheory,* hg. von Barbara Cohen, Tom Cohen, J. Hillis Miller, Andrzej Warminski, The University of Minnesota Press 2001.

Die hier veröffentlichte Version entspricht dem Text einer Reihe von drei Vorträgen, die am 22., 24. und 25. Januar 2001 in der Bibliothèque nationale de France gehalten wurden. Der Titel lautet im Original: *Le ruban de machine à écrire.* Der Untertitel *Limited Ink II* enthält eine Anspielung auf Jacques Derrida, *Limited inc,* Paris: Galilée 1990 (deutsch: *Limited Inc.,* übersetzt von Werner Rappl unter Mitarbeit von Dagmar Travner, Wien: Passagen 2001), wobei die nunmehrige Schreibweise *Ink* das englische Wort für „Tinte" aufgreift, während die homophone Abkürzung *Inc* im früheren Titel für den Begriff *incorporation* (v. a. in Firmennamen) steht.

2 Der franz. Ausdruck *confession* (von lat. *confessio*) kann bezeichnen: a) den christlichen Ritus der „Beichte"; b) die „Konfession" im Sinne eines bestimmten religiösen „Bekenntnisses"; c) „Bekenntnis" im Sinne von „Geständnis". Das Verb *confesser* kann dementsprechend sowohl „beichten" als auch „bekennen" bedeuten (A. d. Ü.).

© Springer Fachmedien Wiesbaden GmbH, ein Teil von Springer Nature 2019
A. Ziemann (Hrsg.), *Grundlagentexte der Medienkultur*,
https://doi.org/10.1007/978-3-658-15787-6_13

gung als die der Vergebung. Augustinus spricht vom „Unentschuldbaren“ *(inexcusabilis),* Rousseau davon, „sich selbst zu entschuldigen“ *(s'excuser lui-même).* Ich muß das in Erinnerung rufen, denn in diesem Kontext, im Laufe seiner exemplarischen und seither kanonischen Lektüre von Rousseaus *Bekenntnissen* spricht de Man nie von Augustinus und dieser christlichen Geschichte. Man muß aber zumindest in minimaler Form auf sie verweisen, denn diese Sedimentierung bildet eine Schicht innerhalb der Struktur selbst des Rousseauschen Textes, seines „textuellen Ereignisses“. Es ist nicht sicher, daß eine rein interne Lektüre sie ignorieren dürfte, einmal vorausgesetzt, der Begriff des „textuellen Ereignisses“ – um noch einmal de Mans Worte zu zitieren – räumt dieser Unterscheidung zwischen interner und externer Lektüre irgendein Recht ein. Ich für mein Teil glaube, daß, wenn es ein „textuelles Ereignis“ gibt, diese Umrandung selbst neu bedacht werden müßte.

Hat man, in diesem riesigen Archiv, je bemerkt, daß Augustinus und Rousseau beide einen Diebstahl bekennen? Und daß beide es im 2. Buch ihrer *Bekenntnisse* tun, an einem entscheidenden, ja determinierenden und paradigmatischen Ort? Das ist noch nicht alles. In diesem Archiv, das auch ein Bekenntnis ist, gestehen beide, daß dieser – objektiv gesehen harmlose – Diebstahl größte psychische Auswirkungen auf ihr ganzes Leben hatte. À propos: beide haben diesen scheinbar unbedeutenden Diebstahl genau im Alter von sechzehn Jahren begangen [...]. Noch ein À propos: beide präsentieren ihn überdies als einen nutzlosen Diebstahl. Diese mißbräuchliche Aneignung hatte nicht auf den Gebrauchswert der gestohlenen Sache abgezielt: Birnen beim heiligen Augustinus, das berühmte Band bei Rousseau. Wenn wir einmal unterstellen, daß man sicher weiß, was der Gebrauchswert eines Fetisches, des Fetisch-Werdens einer Sache ist, stellt sich heraus, daß beide auf der Feststellung bestehen, daß dieser Gebrauchswert Null oder zweitrangig sei. Augustinus: „Denn ich stahl das, was mir bereits in reichem Maße und in weitaus trefflicherer Qualität zur Verfügung stand, und hatte es auch gar nicht darauf abgesehen, was ich durch Diebstahl an mich zu bringen suchte, zu genießen, sondern auf den Diebstahl und die Sünde selbst.“[3] Auch Rousseau wird vom geringen Wert, ja der Bedeutungslosigkeit des Bandes sprechen. Wir werden sehen, welches Los de Man dem vorbehält, was er den „freien Signifikanten“ *(„free signifier“)* eines Bandes nennt, das nunmehr verfügbar ist für ein „System symbolischer Substitutionen (die auf kodierten, einem freien Signifikanten – dem Band – willkürlich zugeschriebenen Bedeutungen basieren)“[4]. Obwohl

---

3 Augustinus, *Bekenntnisse,* II, IV, 9: „... nam id furatus sum, quod mihi abundabat et multo melius, nec ea re volebam frui, quam furto appetebam, sed ipso furto et peccato.“ (deutsch: übersetzt und hrsg. von Kurt Flasch und Burkhard Mojsisch, Stuttgart: Reclam 1998, S. 62 f.).

4 de Man, *Allgories de la lecture,* a. a. O., S. 343 (*Allegories of Reading,* S. 287).

de Man in diesem Moment seines Weges eine psychoanalytische, ja selbstanalytische Interpretation Lacanschen Typs eher zur Schau zu stellen als gegenzuzeichnen scheint – er spricht nun von einer „allgemeinen Ökonomie der menschlichen Affektivität, in einer Theorie des Begehrens, der Verdrängung und des selbst-analytischen Diskurses, in dem Entschuldigung und Erkenntnis konvergieren"[5] –, scheint alles darauf hinzudeuten, daß er das Band in Wirklichkeit für einen „freien", also in seiner Bedeutung *(signification)* indifferenten „Signifikanten" hält, wie jenen entwendeten beziehungsweise gestohlenen Brief, von dem Lacan sagte, daß sein Inhalt keinerlei Bedeutung besitze. Ich bin mir in beiden Fällen weniger sicher, ich habe es andernorts gezeigt und werde darauf zurückkommen. Der erste Titel, an den de Man für jenen Text gedacht hatte, lautete bekanntlich *The Purloined Ribbon*[6].

Es ist aber nicht so, daß Augustinus und Rousseau anstelle des unmittelbaren *Gebrauchswerts* mehr den *Tauschwert* des gestohlenen Gegenstands begehrten, zumindest nicht im banalen Sinne des Wortes. Es ist der Akt des Stehlens selbst, der auf diese Weise zum Objekt des Begehrens wird. Und wenn wir nicht vom Akt selbst sprechen werden, so doch zumindest vom Äquivalent seines metonymischen Werts für ein Begehren. Augustinus bekennt also im 2. Buch, Birnen gestohlen zu haben. Aber an wessen Adresse richtet er sein Bekenntnis? Im langwierigen Verlauf dieses Geständnisses und des Gebets, das ihn mitreißt, wendet er sich an den Diebstahl selbst. So seltsam dies erscheinen mag, der Bestimmungsempfänger dieser Apostrophe ist niemand und nichts anderes als die Geste des Stehlens selbst, als ob der Diebstahl, das Entwenden selbst, jemand wäre: „Was habe ich Armseliger denn an dir geliebt *(Quid ego miser in te amavi)*, oh du mein Diebstahl *(o furtum meum)*, oh du nächtliche Schandtat, die ich in meinem sechszehnten Lebensjahr verübt? *(o facinus illud meum nocturnum sexti decimi anni aetatis meae?)*"[7].

Augustinus selbst archiviert also sein Alter zum Zeitpunkt des Diebstahls. Er registriert das Alter im Augenblick der Sünde. Wem gegenüber deklariert er sein Alter? Dem Diebstahl selbst. Sein Bestimmungsempfänger, der Bestimmungsort seines Bestimmungsempfängers, seine Adresse und sein *addressee*, wie man im Englischen sagt, ist der Diebstahl. Er wendet sich *(s'adresse)* an die Sünde, um ihr,

---

5 Ebenda.

6 Anspielung auf die Erzählung „The Purloined letter" von Edgar Allen Poe, der Lacan ein Seminar widmete (Jacques Lacan, „Das Seminar über E. A. Poes ‚Der entwendete Brief'", in: *Schriften I*, Weinheim: Quadriga 1973/1991; vgl. dazu auch Jacques Derrida, „Der Facteur der Wahrheit", in: *Die Postkarte. Von Sokrates bis an Freud und Jenseits*, a. a. O., 2. Lieferung, S. 183 ff.). Die gängige französische Übersetzung trägt den Titel *La lettre volée* (wörtlich: „Der gestohlene Brief"), während er im Deutschen üblicherweise mit „Der entwendete Brief" wiedergegeben wird (A. d. Ü.).

7 Augustinus, *Bekenntnisse*, V, 11 (a. a. O., S. 65).

indem er sie auf diese Weise archiviert, *sowohl* sein Datum, das Datum des Ereignisses, *als auch* sein Alter, das Alter des Diebes zum Zeitpunkt der Verfehlung, zu bedeuten. Diebstahl, oh du mein Diebstahl *(o furtum meum)*, wisse, daß ich dich geliebt habe, als ein Verbrechen *(facinus)*, Diebstahl, ich habe dich geliebt und nachts begangen, als ich sechzehn Jahre alt war. Scham, nicht schamlos zu sein *(et pudet non esse inpudentem)*.

Auch Rousseau spricht von seinem Alter zum Zeitpunkt des Diebstahls, und zwar genau in dem Moment, da er schreibt: „aber einzig dieses Band hatte mich gereizt, ich stahl es…"[8] Er spricht davon, wie immer, *sowohl* um seine Unschuld zu beweisen, *als auch* um seine Schuld zu überladen: „Auch mein Alter müßte man gerechterweise bedenken: ich war doch kaum aus den Kinderschuhen getreten, oder ich stak vielmehr noch in ihnen." Hier haben Sie also, was ihn für unschuldig erklären sollte. Er fügt jedoch sogleich hinzu: „Wirkliche Schändlichkeiten sind in der Jugend noch weit verbrecherischer als im reifen Alter." Hier haben Sie, was seine Verfehlung vergrößern sollte. Aber erneut fügt er sogleich hinzu: „Aber was nur Schwäche ist, ist es weit weniger, und meine Verfehlung war im Grunde kaum etwas anderes."[9] Er sagt nicht genau an dieser Stelle, daß er damals genau sechzehn Jahre alt war, aber er hatte es kurz zuvor angegeben (ich werde es später zitieren), und eine einfache Rechnung gestattet es, ohne Gefahr eines Fehlers abzuleiten, daß auch er genau sechzehn Jahre alt war, als er im Sommer und Herbst des Jahres 1728 während dreier Monate Lakai bei Madame de Vercellis war, wo die Affäre mit dem Band stattfand. Wir befinden uns im Jahre 1728: Jean-Jacques, Sohn des Isaac Rousseau, wurde im Jahre 1712 geboren, er ist also sechzehn Jahre alt. Genau wie Augustinus. Und dieser Diebstahl, ebenfalls im 2. Buch der *Bekenntnisse* eingestanden, war, nach Rousseaus eigenem Eingeständnis, ein bestimmendes Ereignis, ein strukturierender Diebstahl, eine Wunde, ein Trauma, eine endlose Vernarbung, der wiederholte Zugang zur Erfahrung der Schuld und zum Schreiben von *Bekenntnissen*. Und das gilt in beiden Fällen, wenn auch die Erfahrung und die Interpretation der Schuld auf den ersten Blick unterschiedlich zu sein scheinen. So als ob Rousseau, durch ein Fiktions-Supplement innerhalb dessen, was eine mögliche Fiktion bleibt, damit gespielt hätte, einen Kompositionstrick zu berechnen: er hätte eine Intrige, einen narrativen Knoten erfunden, wie um ein Band um einen Birnenkorb herum zu knüpfen. Diese fabulöse Intrige wäre nur ein Strategem gewesen, die μηχανή *[méchané]* einer Dramaturgie, die dazu bestimmt ist, sich in das Archiv eines neuen quasi-literarischen Genres einzuschreiben, die Ge-

8 Jean-Jacques Rousseau, *Bekenntnisse*, 2. Buch, übersetzt von Ernst Hardt, Frankfurt am Main: Insel 1985, S. 141 [Übersetzung bisweilen nach Erfordernissen der vorliegenden Untersuchung modifiziert (A. d. Ü.)].

9 Ebenda, S. 144.

schichte der mit *Bekenntnisse* betitelten Bekenntnisse. So viele autobiographische Geschichten, die mit einem Diebstahl eröffnet werden. Und es ist jedesmal der paradigmatische und paradiesische Diebstahl einer verbotenen Frucht, ein untersagter Genuß. Die *Bekenntnisse (Confessions)* des Augustinus sind vor der Instituierung des katholischen Beichtverfahrens *(confession)* geschrieben worden, die des konvertierten Protestanten Rousseau nach dieser Instituierung, und übrigens auch nachdem Jean-Jacques seinem Calvinismus abgeschworen hatte. Als ob es für ihn darum gegangen wäre, sich in diese große genealogische Geschichte der mit *Bekenntnisse* betitelten Bekenntnisse einzuordnen. Der genealogische Baum einer mehr oder weniger literarischen Abstammungslinie, die mit dem Diebstahl begänne, und zwar jedesmal von einem Baum, der irgendeine verbotene Frucht trägt, im buchstäblichen oder im bildlich-übertragenen Sinne. Ein Baum mit Blättern oder ein blattloser Baum, der so viele Blätter Papier, Manuskript- oder (Schreib) Maschinenpapier hervorbrachte. Rousseau hätte dort seinen Namen in die archivalische Ökonomie eines Palimpsests eingraviert, mit Quasi-Zitaten, die der holzigen *(ligneuse)* palimpsestischen Dichte eines quasiliterarischen Gedächtnisses entnommen sind: eine heimliche oder verborgene *(cryptée)* Abstammungslinie *(lignée)*. Vielleicht liegt hier eine testamentarische Kryptographie der Bekenntniserzählung vor, das Geheimnis einer zwischen Augustinus und Rousseau geteilten Autobiographie, das Simulakrum einer Fiktion selbst dort, wo beide, *sowohl* Augustinus *als auch* Rousseau, nach der Wahrheit streben, nach einer Wahrhaftigkeit des Zeugnisses, die niemals der literarischen Lüge nachgäbe (obgleich die Fiktion für Rousseau keine Lüge ist: in all seinen raffinierten Reden über die Lüge erklärt er sich dazu akribisch, insbesondere im Vierten Spaziergang, genau dort, wo er dem Papier noch einmal die Geschichte mit dem Band anvertraut). [...]

Werden wir zur Wahrheit dieser Geschichte mit dem Band jemals durch andere Archive als Rousseaus Schreiben (das 2. Buch der *Bekenntnisse* und der Vierte Spaziergang der *Träumereien*) Zugang haben? Wenn, wie ich glaube, Rousseau die einzige Zeugnisquelle und der einzige Archivar des Ereignisses ist, wären alle Hypothesen – deren ich mich hier gleichwohl enthalte – über eine pure und schlichte Erfindung der Diebstahlsepisode aus Sorge um die Komposition erlaubt: mit sechzehn Jahren und im zweiten Buch seiner *Bekenntnisse,* wie der große Ahne in Sachen *Bekenntnisse,* Augustinus, mit dem es auf der hölzernen Abstammungslinie *(lignée ligneuse)* desselben genealogischen Baums mit verbotenen Früchten Adelspatente zu teilen gelte. Derselbe Baum, derselbe Papierbrei. Delikates und abgründiges Problem der – bewußten oder unbewußten – Archivierung. [...]

Dort, wo die beiden Autoren von *Bekenntnissen* die Sprache der Entschuldigung sprechen, der eine vom „Unentschuldbaren“ *(inexcusabilis),* der andere davon, „sich selbst zu entschuldigen“, schreiben sie ihre Geständnisse in die Dichte eines riesigen christlichen, und zuallererst paulinischen Archivs ein. Mit den *Be-*

*kenntnissen* des einen und des anderen *erben* wir: noch eine Szene der Sukzession, wir erben ein Palimpsest von Zitaten und Quasi-Zitaten, die Augustinus übrigens selbst als solche aufzeigt, namentlich durch seine häufigen Anleihen beim *Brief an die Römer*[10]. Und wenn Augustinus im 5. Buch seiner *Bekenntnisse* an die Irrungen seiner römischen Jugend und seinen Umgang mit den Manichäern erinnert, vertraut dasselbe Palimpsest auf die Sprache des Austauschs zwischen *Beschuldigen* und *Entschuldigen*. Sich auf sich selbst besinnen, Selbst-sein, sein, was man als ein unteilbares Ganzes ist, das bedeutet, durch Bekennen, das heißt durch einen Akt des Glaubens, durch ein Glaubensbekenntnis, die Teilung zu überwinden, die darin bestünde, die Schuld auf einen anderen in sich abzuladen. [...]

## Das mit dem Namen „Band" versehene Ereignis: Macht und Ohnmacht

[...]

Kommen wir nun auf den Ereignis-Wert zurück. Das Ereignis affiziert das „wer" und das „was". Es affiziert und verändert Singularitäten aller Art, und sei es unter dem Titel eines aufgeschriebenen oder archivierten vergangenen Ereignisses. Die irreduzible Ereignishaftigkeit des fraglichen Ereignisses, das also festgehalten, auf- beziehungsweise eingeschrieben *(inscrit)*, in seiner Spur nachgezeichnet *(tracé)* werden muß, kann vielleicht die Sache selbst sein, die man auf diese Weise archiviert, aber es muß auch das Ereignis des Aufschreibens/der Einschreibung *(inscription)* sein. Indem sie aufbewahrt, produziert die Einschreibung ein neues Ereignis und affiziert auf diese Weise das als primär vorausgesetzte Ereignis, von dem man annimmt, daß sie es festhält, aufbewahrt, archiviert, seine Spur aufzeichnet *(engrammer)*[11]. Es gibt das Ereignis, das man archiviert, das *archivierte* Ereignis (und es gibt kein Archiv ohne Körper – ich ziehe das Wort „Körper" dem Wort „Materie" vor, aus Gründen, die ich später noch zu rechtfertigen versuchen werde), und es gibt das *archivierende* Ereignis, die Archivierung. Letztere fällt mit dem archivierten Ereignis strukturell gesehen nicht zusammen, wenn sie auch in bestimmten Fällen von ihm nicht zu trennen ist, ja sogar gleichzeitig mit ihm stattfindet.

10 „Denn ich schäme mich des Evangeliums nicht: Es ist eine Kraft Gottes, die jeden rettet, der glaubt, zuerst den Juden, aber ebenso den Griechen. [...] Denn was man von Gott erkennen kann, ist ihnen offenbart. [...] Daher sind sie unentschuldbar" *(...ita ut sint inexcusabilis/eis to einai autous anapologetous)* (Röm 1,16–20 [Einheitsübersetzung]).

11 Das zum Verb *engrammer* gehörende Substantiv *engramme*, deutsch *Engramm* ist ein Fachausdruck für die „im Zentralnervensystem hinterlassene Spur eines Reiz- oder Erlebniseindrucks, die dessen Reproduktion zu einem späteren Zeitpunkt möglich macht" (A. d. Ü.).

Die Rousseau-Lektüre betrifft das, was de Man selbst ein „textuelles Ereignis“ nennt. Eine bewundernswerte Lektüre, in Wahrheit eine paradigmatische Interpretation eines Textes, den sie als paradigmatisch hinstellt, nämlich das Geständnis und die Entschuldigung Rousseaus, sei es, daß man sie als aufeinanderfolgend betrachtet, wie de Man es möchte, sei es, daß man sie in ihrer Zeit und ihrer Struktur als simultan und untrennbar betrachtet. Ein doppeltes Paradigma also, Paradigma über Paradigma. Denn die Lektüre de Mans ist durch ihren eröffnenden Charakter sowie – bezüglich dieses berühmten Übergangs – den erstmaligen strikten Einsatz bestimmter theoretischer Lektüreprotokolle (insbesondere, wenngleich nicht ausschließlich einer Theorie des Performativen, deren Austinsche Komplikationen ich andernorts verfolgt und verschärft habe) zwar selbst exemplarisch und seither kanonisch, erklärt aber ihrerseits, von einem „paradigmatischen Ereignis“ (das sind die Worte de Mans) im Werk Rousseaus zu handeln:

> Man will uns glauben machen, daß diese Episode [das gestohlene Band] niemandem enthüllt worden sei, bevor dies dem privilegierten Leser der *Bekenntnisse* gegenüber geschehen sei, „und [...] daß der Wunsch, mich in gewisser Weise [von dieser Last] zu befreien, viel zu dem Entschluß beigetragen hat, den ich gefaßt habe, meine Bekenntnisse zu schreiben“[12]. Wenn Rousseau in der *Vierten Träumerei* auf die *Bekenntnisse* zurückkommt, hebt er dieselbe Episode erneut als ein paradigmatisches Ereignis hervor, als den Kern seiner autobiographischen Erzählung.[13]

Vom zweiten Absatz seiner Einleitung an bedient sich de Man des Ausdrucks „textuelles Ereignis“, der auf der letzten Seite desselben Essays wiederauftauchen wird. Zunächst fährt er fort:

> Diese Wahl [des Diebstahls des Bandes und der darauffolgenden Lüge als paradigmatische Episode] ist an sich ebenso willkürlich wie suspekt, aber sie bietet uns ein *textuelles Ereignis* [ich unterstreiche, J. D.] von unbestreitbarem exegetischen Interesse: die Nebeneinanderstellung zweier bekenntnishafter Texte, die durch eine explizite Wiederholung miteinander verbunden sind, in gewisser Weise das Bekenntnis eines Bekenntnisses.[14]

Daß de Man diese Wahl für „willkürlich“ und „suspekt“ hält, ist eine Hypothese, die man auch dann wird ernst nehmen müssen, wenn man sich nicht in der Lage sieht, sie vorbehaltlos zu unterschreiben. Denn sie bildet letztlich die stillschwei-

12 Rousseau, *Bekenntnisse*, a. a. O., S. 143.

13 de Man, *Allégories de la lecture*, a. a. O., S. 334 (*Allegories of Reading*, S. 278).

14 Ebenda (*Allegories of Reading*, S. 279).

gende Grundlage der gesamten de Manschen Interpretation, insbesondere seines Begriffs der Grammatik und der Maschine. Am Ende des Textes wird er vom „grundlos-willkürlichen Effekt einer textuellen Grammatik“ sprechen *(gratuitous product of a textual grammar);* oder, immer noch hinsichtlich dieser Struktur maschinenhafter Wiederholung, von „einem System, das sowohl völlig willkürlich als auch vollkommen wiederholbar ist, wie eine *Grammatik (a system that is both entirely aribtrary and entirely repeatable,* like *a grammar)*[15]. Ich hebe noch den Analogie-Index hervor: „wie“ *(like).* […]

Indem ich das Renommee dieses Bandes von neuem benenne *(re-nommant),* bringe ich, beinahe ohne Absicht, da ich keineswegs darauf gefaßt war, aber zweifellos auch nicht rein zufällig, das Band Marions mit dem Schreibmaschinenband in Verbindung. De Man interessiert sich, wie wir soeben gesehen haben, wenig für die Materie des Bandes, er hält das Ding „Band“ für einen „freien Signifikanten“ *(free signifier).* Genausowenig interessiert er sich aber für den verbalen Signifikanten, für die Vokabel *„ruban“* („Band“). Nun war aber dieser verlorene Putz aus dem 18. Jahrhundert, das Band, das Mademoiselle Portal „verlor“, nachdem wir Madame de Vercellis „verloren“ hatten, einmal gestohlen und von Hand zu Hand gegangen, auch eine formidable Schreibmaschine, ein Tintenband, durch das so viele Zeichen unaufhaltsam hindurchgegangen sind *(transité).* Dieses Band war eine Haut, auf und unter der man so viele Wörter eingeprägt/gedruckt *(imprimé)* haben wird. Dieses *ringhband* exponiert sich, es rollt sich ab und rollt sich auf, wie ein phantasmatischer Körper, durch den man Tintenfluten wird haben fließen lassen. Ein begrenzter Zu- oder Zusammenfluß von Tinte, gewiß, denn ein Schreibmaschinenband verfügt, wie ein Computerdrucker, über ein endliches Reservoir an Farbsubstanz. Die materielle Potenzialität dieser Tinte bleibt bescheiden, gewiß, aber sie kapitalisiert virtuell, für das „früher oder später“, einen beeindruckenden Überfluß: nicht nur einen großen Fluß einer Flüssigkeit, die zum Schreiben gut ist, sondern auch einen Fluß, der im Rhythmus eines Kapitals wächst, einen Überfluß an Kredit – eines Tages, an dem die Spekulation in den Börsenkapitalen den Kopf verliert. Und wenn man, figürlich oder nicht, Tinte fließen läßt, kann man sich auch vorstellen *(figurer),* daß man all das fließen *macht* oder *läßt,* was, indem es sich auf diese Weise ausbreitet, ein Gewebe überziehen und befruchten kann. Dieses Band der armen Marion wird Mademoiselle Portal, die es verlor, nicht bis zum Schluß getragen haben, aber es wird den Körper/Korpus, sowohl das Gewebe als auch die Tinte und die Oberfläche einer riesigen Bibliographie geliefert haben. Eine nationale und internationale virtuelle Bibliothek. […]

Dieses Band wird ein Sujet gewesen sein, gewiß, aber auch mehr oder weniger als ein Sujet. Es war ursprünglich ein materieller Träger, zugleich ein Unter-

15 Ebenda, S. 357–358 (*Allegories of Reading,* S. 299–300).

grund/Subjektil[16], auf dem man schreibt, und das Stück einer Maschine, dank derer man nie aufgehört haben wird einzuschreiben: Diskurs auf Diskurs, Exegese auf Exegese, beginnend mit denen Rousseaus. Dieses Schreibmaschinenband ist in der universellen *doxa* durch Substitution zum Band der „armen Marion" geworden, deren Eigentum es niemals war und der es folglich nie gegeben oder zurückgegeben wurde.

Stellen Sie sich vor, was sie hätte denken können, die „arme Marion", wenn man ihr gesagt hätte, was früher oder später, während Jahrhunderten, dank Rousseau oder durch die „Schuld Rousseaus" ihrem Gespenst, das heißt *ihrem* Namen und *in* ihrem Namen, geschehen wird, ausgehend von jenem Akt, von dem sie eines Tages vielleicht kaum die Zeugin, sondern nur das arme Opfer war, das von dem, was geschieht, nichts versteht, das unschuldige Mädchen, das vielleicht ebenso unberührt ist wie Maria. Wird man je wissen, was sie hätte denken, fühlen, lieben, verachten, verstehen oder nicht verstehen können von dem, was ihr geschah ohne sie zu erreichen *(lui arrivait sans lui arriver)?* Könnte man es wissen, könnte man auch nur die diesbezügliche Hypothese bilden ohne das Archiv einer gewaltsamen Schreibmaschine?

Denn Marion wird, mit oder ohne Ankündigung, mit Tinte befruchtet worden sein, und zwar durch das Band einer schrecklichen, unermüdlichen Schreibmaschine hindurch, die in diesem schwankenden Fließen der Charaktere nunmehr durch das scheinbar flüssige Element der Computerbildschirme und bisweilen der Druckertintenpatronen namens „Apple" ersetzt wurde, gerade genug, um sich der verbotenen Frucht und der vom kleinen Jean-Jacques gestohlenen Äpfel zu erinnern *(rappeler)*. Beinahe alles wird hier durch das geschriebene Geständnis hindurchgegangen sein, ohne lebenden Empfänger und innerhalb des Rousseauschen Schreibens, zwischen *Bekenntnissen* und *Träumereien*, die die virtuelle Geschichte ihres „früher oder später" träumen.

Als Stück einer unermüdlichen Schreibmaschine wird dieses Band – und eben deshalb beginne ich mit dem Ereignis – durch das ebenso archivierbare wie archivierende Ereignis dem [eine] Statt geben, was de Man zweimal, am Anfang und am Ende seines Textes, ein „textuelles Ereignis" nennt.

*Aus dem Französischen von Markus Sedlaczek*

---

16 Im Orig. *subjectile:* zur Herkunft und zum umfassenden Kontext dieses Wortes (das allgemein den Maluntergrund bezeichnet) vgl. Jacques Derrida, „Forçener le subjectile" (deutsch: „Das Subjektil entsinnen", in: Paule Thévenin/Jacques Derrida, *Antonin Artaud. Zeichnungen und Portraits*, übersetzt von Simon Werle, München: Schirmer & Mosel 1986, S. 51–109).

**Textnachweis:** Jacques Derrida (2001): Le ruban de machine à écrire (Limited Ink II). In: Ders.: Papier Machine. *Le ruban de machine* à écrire et autres réponses. Paris: Galilée, S. 33–150. Deutsche Fassung: Derrida, Jacques: Das Schreibmaschinenband. Limited Ink. In: Ders.: Maschinen Papier. Das Schreibmaschinenband und andere Antworten. Herausgegeben von Peter Engelmann. Wien: Passagen Verlag 2006, S. 35–138; hier: S. 44–48, 49, 64, 65, 82–84, 92–94. Abdruck mit freundlicher Genehmigung des Passagen Verlag Wien.

# Bolesłas Matuszewski: Eine neue Quelle für die Geschichte. Die Einrichtung einer Aufbewahrungsstätte für die historische Kinematographie (1898)[1]

*Paris, den 25. März 1898*

*Sehr geehrter Herr,*

*erlauben Sie mir, Ihre Aufmerksamkeit auf ein Unternehmen zu lenken, dessen Plan Sie nachstehend finden. Seine Ausführung läßt sich sofort bewerkstelligen, und ich würde gerne Ihr Interesse dafür wecken. Es handelt sich darum, einer Sammlung kinematographischer Dokumente eine Bestimmung zu geben, die im Belang der Öffentlichkeit liegt. Sie ist unter bemerkenswerten Umständen entstanden und wurde von den ausgewählten Kreisen, vor denen ich sie präsentieren durfte, mit großem Wohlwollen aufgenommen.*

*Ich wäre Ihnen sehr dankbar, wenn Sie mir über Ihre Zeitung oder auf anderem Wege die Überlegungen, Kritik oder neuen Einsichten, die dieses Projekt Ihnen viel-*

1 Bolesłas Matuszewski (1856–?), geboren in Pinczow (Polen), war Photograph in Warschau und später einer der Hofphotographen von Zar Nikolaus II. Möglicherweise arbeitete et als Lumière-Kameramann während der Feierlichkeiten anläßlich der Krönung von Nikolaus II. 1897 drehte er Aufnahmen von einer chirurgischen Operation in Warschau sowie einige folkloristische Szenen. 1898 verfaßte er *Une nouvelle source de l'Histoire (Création d'un dépôt de cinématographie historique)* sowie eine Schrift mit dem Titel *La photographie animée, ce qu'elle est, ce qu'elle doit être.* (Beide wurden im französischen Originaltext erneut veröffentlicht in Zbigniew Czeczot-Gawrak (Hg.) *Bolesław Matuszewski i jego pionierska mysl filmova,* Warschau: Filmoteka Polska, 1980; im Polnischen schreibt sich sein Vorname ‚Bolesław', in der französischen Publikation verwendet er aber durchgängig die Schreibweise ‚Bolesłas'). Nach 1898 verliert sich seine Spur. Diese biographischen Angaben beruhen auf dem Eintrag Deac Rossells in Luke Mc Kernan, Stephen Herbert (Hg.) *Who's Who of Victorian Cinema,* London: BFI, 1996. Die Redaktion dankt Roland Cosandey für seine freundliche Unterstützung bei der Beschaffung der Übersetzungsvorlage.

© Springer Fachmedien Wiesbaden GmbH, ein Teil von Springer Nature 2019
A. Ziemann (Hrsg.), *Grundlagentexte der Medienkultur*,
https://doi.org/10.1007/978-3-658-15787-6_14

*leicht eingibt, mitteilen könnten, und halte mich zu Ihrer Verfügung. für alle weiteren Informationen, die Sie benötigen.*

*B. M.*

## Der Stellenwert der lebenden Photographien unter den Quellen der Geschichte

Es wäre falsch zu glauben, dass alle Arten *bildlicher Dokumente,* die der Geschichte Hilfe leisten, in Museen oder Bibliotheken zu finden sind. Neben den Stichen, Medaillen, bemalten Tongefäßen, Skulpturen usw., usw., die dort gesammelt und klassifiziert sind, gibt es für die Photographie zum Beispiel keine eigene Abteilung. In Wahrheit haben die Dokumente, die sie liefert, nur selten einen erkennbar historischen Charakter, und vor allem *gibt es ihrer zu viele!* Irgendwann jedoch wird man Porträts von Menschen, die auf ihre Zeit einen deutlich Einfluss ausgeübt haben, in Serien klassifizieren. Das wird dann allerdings bereits als rückwärtsgewandt erscheinen, denn schon heute geht es darum, weiter fortzuschreiten: In offiziellen Kreisen erwägt man den Gedanken, in Paris ein kinematographisches *Museum* oder eine kinematographische *Aufbewahrungsstätte* zu schaffen.

Anfangs wird die Sammlung notwendigerweise noch beschränkt sein. Ihr Umfang dürfte jedoch in dem Maße zunehmen, wie die Neugier der kinematographischen Photographen sich von rein unterhaltenden und erdachten Szenen abwendet hin zu Ereignissen und Schauspielen von dokumentarischem Interesse, von *Ausschnitten aus dem komischen Leben* hin zu *Ausschnitten aus dem öffentlichen und nationalen Leben.* Die lebende Photographie würde so von einem einfachen Zeitvertreib zu einem angenehmen Mittel, die Vergangenheit zu studieren; oder besser noch: Da sie eine direkte Ansicht der Vergangenheit bietet, befreite sie uns zumindest in einigen wichtigen Punkten von der Notwendigkeit der Nachforschung und Untersuchung.

Darüber hinaus könnte sie zu einem überaus wirkungsvollen Unterrichtsmittel werden. Wie viele Zeilen mit vagen Beschreibungen in den Büchern für die Jugend wird man sich ersparen können, wenn es eines Tages möglich ist, vor einer Schulklasse in einem genauen und bewegten Bild den mehr oder weniger aufgewühlten Anblick eines Parlaments bei der Abstimmung zu zeigen; die Begegnung von Staatsoberhäuptern, die eine Allianz besiegeln; den Abmarsch von Truppen oder einer Eskadron oder aber die sich wandelnde, bewegte Physiognomie der Städte. Allerdings muss noch viel Zeit vergehen, ehe man diese Hilfsquelle für den Geschichtsunterricht heranziehen wird. Bevor sich die bildliche, äußerliche Geschichte vor den Augen derer, die sie nicht erlebt haben, entfalten kann, gilt es, sie zuerst zu lagern und aufzubewahren.

Eine Schwierigkeit könnte unseren Gedanken für einen Moment Einhalt gebieten: Die historischen Ereignisse finden nicht immer dort statt, wo man es erwartet. Die Geschichte besteht ja keineswegs nur aus vorab geplanten und organisierten Feierlichkeiten, die nur darauf warten, sich vor dem Objektiv in Pose zu setzen. Es gibt auslösende Handlungen und Bewegungen, unerwartete Fakten, die sich der Aufnahme durch den photographischen Apparat entziehen … wie eben auch allen anderen Informationsmitteln.

– Ganz zweifellos sind die historischen Auswirkungen leichter zu erfassen als die Ursachen. Doch die Dinge erhellen sich gegenseitig. Wenn diese Auswirkungen im hellen Licht der Kinematographie erscheinen, werden sie in den Köpfen auch die im Dunkeln liegenden Ursachen zur Erscheinung bringen. Und selbst wenn man nicht alles, was es gibt, erfasst, sondern nur das, was sich erfassen lässt, so wäre dies für jede Art von wissenschaftlichem oder historischem Informationsmittel ein exzellentes Ergebnis. Auch die mündliche Überlieferung und die schriftlichen Dokumente liefern uns nicht die Gesamtheit der Fakten, von denen sie handeln. Aber dennoch existiert die Geschichte und ist im Großen und Ganzen wahr, selbst wenn die Einzelheiten oft falsch sind. Und dann ist der kinematographische Photograph von Berufs wegen indiskret; wenn er auf der Lauer nach jeder sich bietenden Gelegenheit liegt, dürfte sein Instinkt ihm oft genug verraten, wo die Ereignisse sich abspielen, die zu historischen Ursachen werden. Man wird wohl eher seinen Übereifer bremsen müssen, als seine Zurückhaltung beklagen. Einmal ist es die natürliche Neugier des menschlichen Geistes, dann die Aussicht auf Gewinn, oft beides zusammen, wodurch er kühn und erfindungsreich handelt. Lässt man ihn bei den entsprechenden feierlichen Gelegenheiten zu, so findet er auch Mittel und Wege, sich unerlaubt Zugang zu anderen zu verschaffen. In den meisten Fällen wird er die Orte und Anlässe aufspüren, wo die Geschichte von morgen sich abspielt. Eine Volksbewegung oder die Anfänge eines Aufruhrs jagen ihm keine Angst ein. Selbst im Falle eines Krieges kann man sich gut vorstellen, wie er sein Objektiv auf derselben Brustwehr in Stellung bringt wie der Soldat sein Gewehr und zumindest ein Stück der Schlacht festhält. Wo immer es einen Sonnenstrahl gibt, wird auch er sein … Hätten wir zum Beispiel vom ersten Kaiserreich oder der Revolution eine Wiedergabe auch nur der Szenen, welche die bewegte Photographie leicht zum Leben erwecken kann, welche Mengen überflüssig vergossener Tinte hätten wir uns ersparen können anlässlich von Fragen, die vielleicht nebensächlich sind, aber doch interessant, ja aufregend! So ist dann der kinematographische Abzug, wo eine Szene sich aus tausend Bildern zusammensetzt und der, wenn er sich zwischen einer Lichtquelle und einem weißen Tuch entrollt, die Toten auferstehen lässt, so ist dieser einfache Streifen bedruckten Zelluloids nicht einfach ein historisches Dokument, sondern ein Stück Geschichte, und zwar einer Geschichte, die nicht verschwunden ist und für die es keines Geistes bedarf, um sie wieder erscheinen zu lassen. Sie schlummert nur und, so wie die elementaren Organismen, die ein latentes Leben führen und sich nach Jahren durch ein bisschen Wärme und Feuchtigkeit wiederbeleben, so genügt ein bisschen Licht, das, von Dunkelheit umgeben, durch eine Linse fällt, um die Geschichte wieder zu erwecken und den vergangenen Zeiten neues Leben einzuhauchen!

## Der besondere Charakter des kinematographischen Dokuments

Der Kinematograph gibt die Geschichte vielleicht nicht integral wieder, doch zumindest ist das, was er zeigt, unbestreitbar und von absoluter Wahrheit. Bei der gewöhnlichen Photographie ist die *Retouche* möglich, bis hin zu einer völligen Umwandlung. Doch man versuche einmal, für jede Gestalt auf identische Weise die tausend oder zwölfhundert fast mikroskopischen Negative zu retuschieren…! Man kann sagen, dass die lebende Photographie einen Charakter der Authentizität, der Genauigkeit und der Präzision besitzt, der ihr allein eigen ist. Sie ist der wahrhaftige und unfehlbare Augenzeuge *par excellence.* Sie kann die mündliche Überlieferung überprüfen und, wenn sich die menschlichen Zeugen hinsichtlich einer Tatsache widersprechen, Einigkeit herstellen, indem sie denjenigen, den sie widerlegt, zum Schweigen bringt. Nehmen wir an, es entstünde eine Diskussion über ein Militär- oder Marinemanöver, dessen Ablauf vom Kinematographen festgehalten wurde: Sie wäre schon bald entschieden… Mit mathematischer Genauigkeit gibt der Kinematograph die Abstände zwischen den einzelnen Punkten der von ihm aufgenommenen Szenen wieder. In den meisten Fällen bezeugt er durch deutliche Indizien die Tages- oder Jahreszeit sowie die klimatischen Umstände eines Ereignisses. Das Objektiv erfasst selbst das, was den Augen entgeht, wie die unmerkliche Vorwärtsbewegung, die in der Ferne am Horizont beginnt, bis hin zu dem Punkt, der am nächsten liegt, im Vordergrund der Leinwand. Es wäre also geradezu wünschenswert, dass all die anderen historischen Dokumente diesen Grad an Eindeutigkeit und Klarheit besäßen.

## Einrichtung einer Aufbewahrungsstätte für die historische Kinematographie

Es geht nun darum, dieser vielleicht bevorrechteten Quelle der Geschichte den gleichen Stellenwert, die gleiche offizielle Anerkennung und den gleichen Zugang wie den anderen bereits bekannten Archiven einzuräumen. Darum kümmert man sich in höchsten Staatskreisen, und es scheint im Übrigen nicht schwierig, hierzu Mittel und Wege zu finden. Es genügt schon, den kinematographischen Abzügen, die einen historischen Charakter haben, den Teil eines Museums, ein Bibliotheksregal oder einen Archivschrank zuzuweisen. Die offizielle Aufbewahrungsstätte würde entweder bei der Bibliotheque Nationale eingerichtet oder beim Institut National unter der Obhut einer der Akademien, die sich mit der Geschichte befassen, im Nationalarchiv oder aber im Museum von Versailles. Man wird auswählen und dann eine Entscheidung treffen. Ist die Gründung erst vollzogen, werden kostenlose Eingänge oder solche, die aus irgendeinem Interesse heraus geschehen, nicht auf sich warten lassen. Der zu Anfang noch sehr hohe Preis für den kinematographischen Aufnahmeapparat und die Filmbänder fällt schnell und wird bald schon für die einfachen Liebhaber der Photographie erschwinglich sein. Viele unter ihnen, von den Berufsphotographen einmal ganz zu schweigen, beginnen, sich für die kinematographische Anwendung dieser Kunst zu interessieren und warten geradezu darauf, einen Beitrag zur Geschichte zu liefern. Wer seine Sammlung noch nicht gleich zur Verfügung stellt, wird sie sicher gern als Nachlass geben. Ein fachkundiges Komitee wird die eingereichten Dokumente annehmen oder ablehnen, nachdem es sie auf ihren historischen Wert überprüft hat. Die *negativen* Rollen, die man annimmt, werden in Behältern versiegelt, beschriftet und katalogisiert; das sind die *Urbilder,* die unberührt bleiben. Dasselbe Komitee entscheidet auch über die Bedingungen, unter denen die *Positive* zugänglich sein sollen; solche, die aus besonderen Ermessensgründen erst nach Ablauf einiger Jahre der Öffentlichkeit preisgegeben werden können, bleiben unter Verschluss. Dies geschieht auch in anderen Archiven. Ein Konservator der ausgewählten Einrichtung trägt die Verantwortung für die anfangs noch kleine, neue Sammlung, und eine Institution der Zukunft ist gegründet. Paris wird seine *Aufbewahrungsstätte für die historische Kinematographie* besitzen.

## Grundzüge der geplanten Einrichtung

Eine solche Einrichtung ist von wesentlicher Bedeutung und wird eines Tages in irgendeiner großen europäischen Stadt entstehen. Ich möchte dazu beitragen, dass dies in der Stadt geschieht, in der man mich so freundlich aufgenommen hat.

Und an dieser Stelle bitte ich darum, selbst in aller Bescheidenheit die Bühne betreten zu dürfen.

Als Photograph des russischen Zaren durfte ich auf besonderen persönlichen Befehl Seiner Majestät mit dem Kinematographen neben anderen bemerkenswerten Bildern auch die bedeutenden Szenen und die bekannten Vorfälle aufzunehmen, die sich anlässlich des Besuchs des Präsidenten der französischen Republik in Petersburg im September 1897 ereigneten.[2]

Diese Aufnahmen, die ich auf solch hohe Initiative hin hatte machen dürfen, wurden für seine Augen projiziert. Danach konnte ich in sechzig aufeinanderfolgenden Vorführungen den Soldaten in den Kasernen von Paris dasselbe Schauspiel darbieten. Ich war überrascht und bezaubert von der Wirkung, die es auf diese einfachen Seelen ausübte, denen ich so die Physiognomie eines fremden Volkes und Landes zeigen konnte sowie die Organisation von Feierlichkeiten, die neu für sie waren, und schließlich auch, was ein Ereignis von nationaler Bedeutung ist.

Ich biete diese ungewöhnliche Serie kinematographischer Aufnahmen als Grundstock für die Schaffung des neuen Museums an. Es ist mir gelungen, Personen von erheblicher Bedeutung für meine Ansichten zu gewinnen, und mit ihrer Unterstützung werde ich es vielleicht bald erleben, dass in Paris dieses neuartige Archiv gegründet wird.

Ich habe ausgeführt, warum ich dafür eine rasche, mühelose Weiterentwicklung voraussehe. Ich selbst will dazu beitragen. Außer den erwähnten Szenen kann ich weitere anbieten von der Krönung S.M. Nikolaus II., von den Reisen zweier anderer Kaiser in Russland, vom Krönungsjubiläum der Königin von England. In jüngster Zeit gelang es mir, in Paris unerwartete und fesselnde Ausschnitte von Ereignissen festzuhalten. Ich erkläre mich bereit, in ganz Europa Wiedergaben von allen Szenen, die mir von historischem Interesse scheinen, zu sammeln und an die zukünftige Aufbewahrungsstätte zu senden.

Man wird meinem Beispiel folgen… wenn Sie diese einfache, aber neuartige Idee unterstützen wollen und weitere zu ihrer Vervollständigung vorschlagen, vor allem aber ihr die Öffentlichkeit verschaffen, die nötig ist, auf dass sie lebendig und fruchtbar sei.

*Aus dem Französischen von Frank Kessler*

---

2 Die Vorführung einer dieser Aufnahmen gestattete es, auf unstrittige Weise eine aus dem Ausland kommende falsche Behauptung zu widerlegen, die sich auf ein angebliches Fehlverhalten während der Ereignisse bezog. Die Angelegenheit war sicherlich nicht ganz ohne Bedeutung, doch vor allem ist dies ein Beispiel für die Dienste, welche die lebende Photographie der Wahrheit leisten kann, indem sie die Aussagen menschlicher Zeugen überprüft. Diese ganze anekdotische Seite der Geschichte entzieht sich von nun an der Einbildungskraft der Berichterstatter.

**Textnachweis:** Bolesław Matuszewski (1898): Une nouvelle source de l'Histoire (Creation d'un depot de cinematographie Historique). Paris: Noizette. Deutsche Fassung: Matuszewski, Bolesłas: Eine neue Quelle für die Geschichte. Die Einrichtung einer Aufbewahrungsstätte für die historische Kinematographie. In: montage/av 7.2 (1998), S. 6–12.

# Johann Wolfgang von Goethe: Archiv des Dichters und Schriftstellers (1823)

Mehr als einmal während meiner Lebenszeit stellte ich mir die dreißig niedlichen Bände der Lessingischen Werke vor Augen, bedauerte den Trefflichen, daß er nur die Ausgabe des ersten erlebt, und freute mich des treuergebenen Bruders, der seine Anhänglichkeit an den Abgeschiedenen nicht deutlicher aussprechen konnte, als daß er, selbst thätiger Literator, die hinterlassenen Werke, Schriften, auch die kleineren Erzeugnisse und was sonst das Andenken des einzigen Mannes vollständig zu erhalten geschickt war, unermüdet sammelte und unausgesetzt zum Druck beförderte.

In solchem Falle ist dem Menschen wohl erlaubt, der einer ähnlichen Lage sich bewußt ist, auf sich selbst zurückzukehren und eine Vergleichung anzustellen, was ihm gelungen oder mißlungen sei; was von ihm und für ihn geschehen und was ihm allenfalls zu thun noch obliege.

Und so hab' ich mich denn einer besondern Gunst des leitenden Geistes zu erfreuen, ich sehe zwanzig Bände ästhetischer Arbeiten in geregelter Folge vor mir stehen, so manchen anderen der sich unmittelbar anschließt, mehrere sodann gewissermaßen im Widerspruch mit dem poetischen Wirken, so daß ich den Vorwurf zerstreuter und zerstückelter Thätigkeit befürchten müßte, wenn derjenige getadelt werden könnte, der, dem eigenen Triebe seines Geistes folgend, zugleich aber auch durch die Forderung der Welt angeregt, sich bald hie, bald da versuchte und die Zeit, die man einem jeden auszuruhen vergönnt, mit vermannichfaltigtem Bestreben auszufüllen wußte.

Das Übel freilich, das daher entstand, war, daß bedeutende Vorsätze nicht einmal angetreten, manch löbliches Unternehmen im Stocken gelassen wurde. Ich enthielt mich, manches auszuführen, weil ich bei gesteigerter Bildung das Bessere zu leisten hoffte, benutzte manches Gesammelte nicht, weil ich es vollständiger wünschte, zog keine Resultate aus dem Vorliegenden, weil ich übereilten Ausspruch fürchtete.

© Springer Fachmedien Wiesbaden GmbH, ein Teil von Springer Nature 2019
A. Ziemann (Hrsg.), *Grundlagentexte der Medienkultur*,
https://doi.org/10.1007/978-3-658-15787-6_15

Übersah ich nun öfters die große Masse, die vor mir lag, gewahrte ich das Gedruckte theils geordnet, theils ungeordnet, theils geschlossen, theils Abschluß erwartend, betrachtete ich, wie es unmöglich sei, in späteren Jahren alle die Fäden wieder aufzunehmen, die man in früherer Zeit hatte fallen lassen, oder wohl gar solche wieder anzuknüpfen, von denen das Ende verschwunden war, so fühlte ich mich in wehmüthige Verworrenheit versetzt, aus der ich mich, einzelne Versuche nicht abschwörend, auf eine durchgreifende Weise zu retten unternahm. Die Hauptsache war eine Sonderung aller der bei mir ziemlich ordentlich gehaltenen Fächer, die mich mehr oder weniger, früher oder später beschäftigten; eine reinliche ordnungsgemäße Zusammenstellung aller Papiere, besonders solcher, die sich auf mein schriftstellerisches Leben beziehen, wobei nichts vernachlässigt noch unwürdig geachtet werden sollte.

Dieses Geschäft ist nun vollbracht; ein junger, frischer, in Bibliotheks- und Archivsgeschäften wohlbewanderter Mann hat es diesen Sommer über dergestalt geleistet, daß nicht allein Gedrucktes und Ungedrucktes, Gesammeltes und Zerstreutes vollkommen geordnet beisammen steht, sondern auch die Tagebücher, eingegangene und abgesendete Briefe in einem Archiv beschlossen sind, worüber nicht weniger ein Verzeichniß, nach allgemeinen und besondern Rubriken, Buchstaben und Nummern aller Art gefertigt, vor mir liegt, so daß mir sowohl jede vorzunehmende Arbeit höchst erleichtert, als auch den Freunden, die sich meines Nachlasses annehmen möchten, zum besten in die Hände gearbeitet ist.

Den näheren ausführlichern Inhalt jenes bibliothekarisch-archivarischen Verzeichnisses lege ich nach und nach in diesen Heften vor, wobei ich manche an mich gelangte besondere Anfrage zu erwidern gedenke; was ich aber Größeres sogleich nach jener Leistung zu unternehmen gedrungen war, sagt nachstehender Aufsatz umständlicher.

**Textnachweis:** Johann Wolfgang von Goethe (1823): Archiv des Dichters und Schriftstellers. In: Goethes Werke. Herausgegeben im Auftrage der Großherzogin Sophie von Sachsen. Weimarer Ausgabe (WA). 41. Band, Zweite Abtheilung. Weimar: Hermann Böhlaus Nachfolger 1903, S. 25–28.

# Bilder

# Zur Einführung

Julia Bee

In dieser Sektion werden Texte der Bildtheorie und Bildwissenschaft des 20. und 21. Jahrhunderts vorgestellt, die einen weiten, zuweilen anthropologischen Bildbegriff konzipieren. Die hier collagierten philosophischen, soziologischen und kulturwissenschaftlichen Überlegungen können auf Funktionen, Gebrauchsweisen und Rezeptionsweisen von sehr heterogenen Bildformen übertragen werden: Bildende Kunst, Fotografie, Film, Fernsehen, Visuelle Kultur und aktuelle Hybridformen medienkultureller Gefüge. Sie reichen von einem philosophischen Bildbegriff bei Henri Bergson über den Begründer der Ikonologie, Aby Warburg, bis zu wichtigen zeitgenössischen Vertretern des *Pictorial Turns,* W. J. T. Mitchell und Georges Didi-Huberman. Letztere thematisieren mit dem Bild auch eine neue Ebene der Forschung, die der existenziellen und fundamentalen Rolle und Dynamik von Bildern in verschiedenen Medienkulturen gerecht zu werden verspricht und gleichzeitig den Text als alleiniges Paradigma des Denkens und Forschens relativiert.

Henri Bergson (1859–1941), Philosoph und Nobelpreisträger für Literatur, steuert den weitesten Begriff des Bildes zu dieser Auswahl bei: Das Bild ist keine Abbildung von Objekten für Subjekte, es ist Wandel. Deshalb ist auch der Mensch „ein Bild unter Bildern". Bergson versteht das Konzept des Bildes nicht als Gegenstand oder als Abbildung des schon Vorhandenen, sondern als Prozess von Wechselwirkungen des großen „Ganzen": das Universum als „Metafilm" (Deleuze). Die Dauer kennzeichnet diesen Prozess als Werden, das durch seine Mitte, nicht durch Anfang und Ende bestimmt ist. Diese Dauer ist in sich vielfältig differenziert, jedoch ist sie ungeteilt. Ihre Qualität entsteht nicht in der Addition einzelner Versatzstücke des Stillstands, sondern in der Einheit ihres Wahrgenommen-Werdens. Ihre Wahrnehmung ist jedoch in der Welt, in den Bildern selbst, die, wie Deleuze schreibt „noch für kein Auge", „an sich" und ungeschieden von den Dingen existieren. Die Wahrnehmung subtrahiert von diesem virtuellen Bild einen aktuellen,

© Springer Fachmedien Wiesbaden GmbH, ein Teil von Springer Nature 2019
A. Ziemann (Hrsg.), *Grundlagentexte der Medienkultur*,
https://doi.org/10.1007/978-3-658-15787-6_16

subjektiven Standpunkt und bezieht die virtuelle Lichtgestalt des Bildes auf ein lebendiges Bild. Bergsons vorliegende Ausführungen zum Zusammenhang von Bild und Wahrnehmung bilden den philosophischen Hintergrund eines prozessualen Verständnisses nicht nur des Films (den er ironischerweise eigentlich ablehnte), sondern im weitesten Sinne aller (Bewegt-)Bildmedien – und dies kann auch auf die Dauer z.B. einer Fotografie zutreffen.

Eine „Gespenstergeschichte für ganz Erwachsene" nennt der Kulturwissenschaftler, Bildforscher und Begründer der Ikonologie Aby Warburg (1866–1929) seinen berühmten „Bilderatlas Mnemosyne", den er ab 1924 in seiner Hamburger Forschungsstätte bearbeitet und darin ein „affekttheoretisches Konzept der europäischen Kunstgeschichte" entwirft, wie die Herausgeber_innen der Werke, Sigrid Weigel und Martin Treml, in ihrem Kommentar schreiben. Der Bilderatlas, benannt nach Mnemosyne, der griechischen Göttin der Erinnerungskunst und des Gedächtnisses, wird von Warburg unter anderem auch mit „Darstellung bewegten Lebens in der Kunst der europäischen Renaissance" untertitelt. Wie das Gespenst es schon andeutet, handelt es sich nicht um eine lineare Bilder- oder Kunstgeschichte, sondern um Rekurrenzen, Latenzen und Korrespondenzen zwischen Antike, Renaissance und Moderne.

In Georges Didi-Hubermans Textausschnitt „Die Mnemosyne-Montage: Tafeln, Raketen, Details, Intervalle" aus dessen Warburg-Studie „L'image survivante" wird der Bilderatlas zu einem Schauplatz einer genuinen Bildforschung. Die Warburg'sche Bibliothek musste 1933 aufgrund der Verfolgung durch die Nationalsozialisten nach London umgesiedelt werden, wo heute der größte Teil der Bücher und Texte der Warburg'schen Forschungen aufbewahrt wird. Didi-Huberman hat gemeinsam mit anderen das länger verschüttete Ideen-Erbe Warburgs der Bild- und Kulturwissenschaft wieder zugeführt und im vorliegenden Text neu interpretiert.

Für zahlreiche Bildwissenschaftler_innen legt Warburg mit seiner experimentellen Forschungsarbeit das Fundament einer „Kunstgeschichte ohne Text" wie Philippe-Alain Michaud dies nennt. In seinen vergleichenden Bildbetrachtungen orientiert sich Warburg an psychohistorischen Konstellationen, die ständig in Bewegung sind: Ein Denken in Bildern ist hier auch ein Denken in Bewegung, eine ständige Neukonfiguration der Tafeln im Arbeitsprozess – eine *ars combinatoria.* Warburg und Didi-Huberman öffnen unseren Blick für eine existenzielle Dimension und die Aufgaben der Bilder, mit denen wir uns umgeben, die durch uns und mit uns „wandern" („Bilderfahrzeuge" nennt Warburg dies). Die Serien von Bildern sind Montagen oder Collagen, die eine bestimmte Geste, einen Ausdruckwert in ihrer jeweiligen Relation hervortreten lassen wollen – quer zu den Bildträgern und Zeiten. Im Bilderatlas schafft Warburg nicht nur Vergleiche, er erforscht das psychokulturelle Affektpotenzial von Bildmontagen quer zur Hoch-

und Volkskultur. Für Didi-Huberman ist insbesondere die Montage erkenntniswertbildend, mit ihr betreibt Warburg eine bildbasierte Gedächtnisforschung, eine „Ikonologie des Zwischenraums". Der Bilderatlas bildet durch den Vergleich eine „Formenwelt vorgeprägter Ausdruckswerte" (Warburg), eine psychologische Kulturwissenschaft, die existentielle und ästhetische Begriffe eng verfugt und die Frage der Umwandlung und/oder Intensivierung von Energien durch Bilder und Gesten ergründet: ein Bild als *Dynamogramm*.

Warburg hat mit seiner Bildwissenschaft eine (europäische) Anthropologie der Bilder geschrieben und montiert. Und diese Anthropologie ist immer auch eine Symptomgeschichte der Gesellschaften und Zeiten, die sich in den Gebärden der Bilder ausdrücken. Zugleich sind die Bilder fundamentale Kultur- und Psychotechnik. Es gilt immer Abstand zwischen sich und die Welt zu bringen, eine Relation aufzubauen, die Differenz zulässt, die den Menschen nicht verschluckt, die ihm Raum gibt ohne ihn zu entfremden: einen „Denkraum". Das Bild verwandelt das Bewegte in Nicht-Erschreckendes: „Du lebst und tust mir nichts."

Auch W. J. T. Mitchell, Vertreter der englischsprachigen Bildwissenschaft, geht von einer Eigensinnigkeit der Bilder aus, die er enigmatisch in der Frage „Was will das Bild?" konzentriert. Das Bild wird in seinem Begehren nach Handlungsmacht mit emanzipativen Bewegungen von Frauen und Subalternen verglichen. Für Mitchell ergründet die Frage des Begehrens zugleich jene nach der Handlungsmacht des Bildes; wir können auch sagen: die Frage nach der Wirkungskraft des Bildes auf den Menschen.

Das Bild will vor allem, was ihm mangelt, einen Körper, jenen der Betrachter_innen. Im Blick auf das Bild überkreuzen sich so das Begehren des Menschen und jenes des Bildes, welches eigentlich jenes des Menschen ist, und ihm gleichsam wie in einem Spiegel begegnet. Mitchell schreibt einer Lacanianischen Tradition folgend dem Begehren einen Mangel zu. Hier ist es der Mangel an Körper, der das Bild dazu führt, den Körper des Menschen besetzen und belagern – affizieren – zu wollen. Es sind diese untrennbaren Überkreuzungen, in denen das Bild zum Fetisch wird. Es wird lebendig, und zwar weil die angesprochene Konstruktionsleistung aus dem Bild verdrängt ist. Diese Konstruktionsleistung, man könnte auch von der „Arbeit" sprechen, bringt nicht nur den Tisch – Marx' liebstes Beispiel –, sondern auch das Bild zum Tanzen – oder eben dazu, zu begehren. Das Bild will vor allem als Bild und nicht als Text wahrgenommen werden. Mitchells programmatische Überlegung schließt damit an andere Autoren dieser Sektion an, indem er ganz im Sinne des *Pictorial Turns* dem Bild eine ihm eigene Rolle zuspricht und es nicht der Sprache unterordnet – obwohl die von Derrida inspirierte *différance* den ganzen Grundton dieses Textes bildet und ganz in ihrem Sinne auch letztlich die Frage nach der Handlungsmacht verschiebt und in Bewegung bringt.

Anhand des Beispiels der Funktion des Stereotyps in dem letzten hier vorliegenden Text der Sektion Bilder von Stuart Hall (1932–2014) wird deutlich, wie Bilder zugleich psychisch, mental und materiell agieren – *images* und *pictures* hat Mitchell diese Differenz genannt. Der Stereotyp ist ein zugleich kulturelles, soziales und medientechnisches Phänomen: Als Druckvorlage bildet er einen Rahmen und dieser Rahmen kann Wahrnehmungen wesentlich prägen. Hall war Soziologe und Mitbegründer der Cultural Studies. Geboren auf Jamaika und in den 1950er Jahren zum Studium nach Großbritannien gekommen, hat er in seinen Arbeiten die postkoloniale und antirassistische Theorie in die kulturwissenschaftliche Medienwissenschaft eingetragen. Mit den Cultural Studies hat er einen heute unentbehrlichen Blick auf populäre und damit auch auf visuelle Kultur geprägt: auf Darstellungen des Alltags, der Populärkultur und etwa der Werbung, die sich so überhaupt erst als Gegenstände der Forschung etablieren konnten. In diesen zirkulierenden Bildern der Populärkultur und in ihrer Rezeption finden kulturelle Aushandlungsprozesse statt, wird Bedeutung für Subjekte generiert und verhandelt.

Im Anschluss an Michel Foucault und Antonio Gramsci versteht Hall Bilder als Schauplätze sozialer Auseinandersetzungen um kulturelle Deutungsmacht. Halls fast 40seitiger reicher und beispielhafter Text wurde hier stark auf diejenigen Argumente gekürzt, die das „Spektakel ‚des Anderen'" kondensieren: Vom Kolonialismus, der Sklaverei und der Migration im 20. Jahrhundert baut Hall seine Theorie anhand der zentralen Begegnungspunkte zwischen dem Westen „und dem Rest" – wie es ironisch und ernst zugleich in einem Text Halls heißt – der letzten Jahrhunderte auf, aus denen sich das Bildrepertoire des Westens immer wieder reaktualisiert hat. Der Text lebt von seinen Analysen und den Beispielen, die sich immer wieder um jenen unheimlichen Wiedergänger drehen, den Hall – und später auch Homi K. Bhabha – als Fetisch bezeichnet. Der Fetisch als Stereotyp inszeniert Differenz und macht sie gleichzeitig unsichtbar bzw. genießbar. Er reduziert sie schematisch auf Wesenheiten, welche im westlichen Bildgedächtnis nahezu manisch wiederholt werden, was letztlich zu einer Naturalisierung und Festschreibung von Bedeutungen führt. In dem vorliegenden Text geht es Hall um die Rolle des Bildes in der Verhandlung von kultureller und sexueller Differenz. Differenz ist der wesentliche Schlüssel zur kulturellen *und* psychischen Bedeutungsgebung. Verhandlung bedeutet, dass das Bild durch seine heterogenen Konnotationen mit Bedeutung aufgeladen wird, diese aber widersprüchlich sein können. Diese Bedeutungsgebung ist umkämpft, sie wird hegemonial festgelegt.

Die Frage, die sich Hall in Bezug auf den Stereotyp stellt, ist jene, warum man die Stereotype, die uns auf die ein oder andere Weise allen bekannt sind, so schwer loswird. Er faltet damit die materiellen Bilder und die mentalen Bilder wechselseitig in die kulturelle Praxis und die Psychodynamik aus Angst und Faszination ein.

Die destruktive Dynamik des Stereotyps, das zeigt auch die aktuelle Situation in Europa und den USA im Frühjahr 2017, lässt sich nicht einfach überwinden und *ad acta* legen, sie kann durch verschiedene Gruppen mobilisiert und muss immer wieder zu Bewusstsein gebracht werden. Aber wie Stuart Hall prominent gezeigt hat, ist nicht nur die Produktion, sondern gerade auch die Rezeption ein Ort der Aushandlung, an welchen Intendiertes (Enkodiertes) und dessen Lesarten (Dekodiertes) sich keinesfalls entsprechen müssen.

# Henri Bergson: Von der Auswahl der Bilder bei der Vorstellung. Die Rolle des Leibes (1896)

Wir wollen uns einen Augenblick vorstellen, daß wir weder von den Theorien über die Materie noch von den Theorien über den Geist etwas wissen, ebenso wenig von den Streitigkeiten über die Realität oder Idealität der Außenwelt. Und da sehe ich mich denn umgeben von Bildern – das Wort im unbestimmtesten Sinne verstanden –, Bilder, die ich bemerke, wenn ich meine Sinne öffne und nicht mehr bemerke, wenn ich jene schließe. Diese Bilder üben mit all ihren geringfügigsten Bestandteilen eine Wirkung und Gegenwirkung auf einander aus und zwar nach konstanten Gesetzen, welche wir Naturgesetze nennen, und da eine vollkommene Kenntnis dieser Gesetze uns zweifellos in den Stand setzen würde, zu berechnen und vorauszusehen, was in jedem dieser Bilder geschehen wird, so muß die Zukunft der Bilder in ihrer Gegenwart enthalten sein und ihr nichts mehr hinzu zu fügen haben. Jedoch gibt es eines unter ihnen, das sich von allen andern unterscheidet, da ich es nicht nur äußerlich durch Wahrnehmungen, sondern auch innerlich durch Gefühle erkenne: das ist mein Leib. Wenn ich nun die Bedingungen untersuche, unter welchen diese Gefühle auftreten, so finde ich, daß sie sich immer zwischen Erschütterungen, die ich von außen erhalte, und Bewegungen, die ich ausführe, einschalten, so als ob sie, einen schwankenden Einfluß auf den endgültigen Ausgang zu haben, berufen wären. Ich mustere die verschiedenartigen Gefühle, und es scheint mir, daß jedes von ihnen in seiner Art eine Aufforderung zur Handlung enthält, gleichzeitig aber auch die Befugnis, abzuwarten oder sogar nichts zu tun. Ich betrachte sie noch genauer und finde da begonnene, aber nicht zu Ende geführte Bewegungen, Andeutungen einer mehr oder weniger nützlichen Entscheidung, aber nicht den Zwang, welcher eine Wahl ausschließt. Ich rufe meine Erinnerungen herbei und vergleiche sie, und finde, daß ich überall in der organisierten Welt diese Empfindlichkeit habe auftauchen sehen genau in dem Moment, wo die Natur, nachdem sie dem lebenden Wesen die Fähigkeit, sich im Raume zu bewegen, gegeben hat, der Art im allgemeinen durch

© Springer Fachmedien Wiesbaden GmbH, ein Teil von Springer Nature 2019
A. Ziemann (Hrsg.), *Grundlagentexte der Medienkultur*,
https://doi.org/10.1007/978-3-658-15787-6_17

die Empfindung fühlbar werden läßt, welche Gefahren ihr drohen, dem Individuum aber anheimstellt, die richtigen Maßregeln gegen dieselben zu ergreifen. Ich befrage endlich mein Bewußtsein, welche Rolle es sich bei dem Empfindlichwerden zuschreibt, und es sagt mir, daß es tatsächlich in Form des Gefühls oder der Empfindung alle meine Schritte begleitet, zu denen ich selbst die Initiative zu ergreifen glaube, und daß es gerade dann auslöscht und verschwindet, wenn meine automatisch gewordene Tätigkeit seiner entbehren zu können erklärt. Entweder also der Schein trügt, oder aber die Handlung, auf welche der Affektzustand hinausläuft, gehört nicht zu jenen, welche mit unerbitterlicher Strenge aus den vorhergehenden Erscheinungen wie eine Bewegung aus einer andern Bewegung abgeleitet werden können, und fügt somit in Wahrheit dem Universum und seiner Geschichte ein neues Moment hinzu. Halten wir uns daher einfach an den Anschein; ich werde nur das formulieren, was ich fühle und was ich sehe: *In der Gesamtheit der Bilder, welche ich das Universum nenne, scheint sich etwas wirklich Neues nur durch die Vermittlung gewisser besonderer Bilder vollziehen zu können, deren Typus in meinem Körper gegeben ist.*

Und nun prüfe ich an Körpern, die dem meinen ähnlich sind, die Gestaltung dieses besonderen Bildes, das ich meinen Körper nenne. Da bemerke ich zentripetale Nerven, welche den Nervenzentren Erschütterungen vermitteln, und zentrifugale Nerven, welche, vom Zentrum ausgehend, Erschütterungen zur Peripherie führen und den Körper teilweise oder ganz in Bewegung setzen. Ich befrage nun den Physiologen und den Psychologen über die Bestimmung dieser beiden Nervenarten. Sie antworten, daß während die zentrifugalen Bewegungen des Nervensystems die Fortbewegungen des Körpers oder seiner Teile zu veranlassen vermögen, die zentripetalen Bewegungen oder wenigstens eine gewisse Gruppe unter ihnen die Vorstellung der Außenwelt hervorrufen. Wie ist das zu verstehen?

Die zentripetalen Nerven sind Bilder, das Gehirn ist ein Bild, die Reize, welche durch die sensiblen Nerven zum Gehirn fortgepflanzt werden, sind wiederum Bilder. Damit jenes Bild, das ich Gehirnerschütterung nenne, außenliegende Bilder erzeugen kann, müßten diese Bilder in irgend einer Weise in ihm selbst enthalten sein, und die Vorstellung vom Ganzen der materiellen Welt in jener der molekularen Bewegung mit einbegriffen sein. Nun aber brauchte man eine solche Behauptung nur auszusprechen, um die Absurdität derselben sofort einzusehen. Es ist das Gehirn, das einen Teil der materiellen Welt bildet, nicht aber bildet die materielle Welt einen Teil des Gehirns. Schaltet man das Bild aus, das man mit dem Namen der materiellen Welt bezeichnet, so vernichtet man zugleich das Gehirn und die Gehirnerschütterung, welche Teile derselben sind. Stellt man sich, im Gegenteil, die beiden Bilder: das Gehirn und die Gehirnerschütterung als aufgehoben vor, so sind laut Hypothese nur diese ausgeschaltet, d. b. etwas sehr Geringes, eine unbedeutende Einzelheit in einem ungeheuren Gemälde. Dieses Gemälde in seinem Ganzen, d.h. das Universum, verbleibt vollständig. Das Gehirn zur Bedingung des Gesamtbildes machen zu wollen, heißt sich selbst widersprechen, da das Gehirn laut Hypothese als ein Teil dieses Bildes gilt. Also weder die Nerven, noch die Nervenzentren können das Bild des Universums bedingen.

Bleiben wir bei diesem letzten Punkte. Da sind also die äußeren Bilder, alsdann mein Körper und endlich die Modifikationen, welche mein Körper an den ihn umgebenden Bildern bewirkt. Zwar verstehe ich die Art des Einflusses, den das Bild, welches ich meinen Körper nenne, durch die äußeren Bilder erfährt: sie übertragen Bewegung auf ihn. Ebenso verstehe ich, welchen Einfluß dieser mein Körper auf die äußeren Bilder hat: er gibt ihnen Bewegung zurück. Mein Körper ist also in der Gesamtheit der materiellen Welt ein Bild, das sich wie die andern Bilder betätigt, indem es Bewegung aufnimmt und abgibt, mit dem einzigen Unterschiede vielleicht, daß mein Körper scheinbar bis zu einem gewissen Grade die Wahl der Art hat, in welcher er das Empfangene zurückgibt. Aber wie kann mein Körper im allgemeinen und mein Nervensystem im besonderen die Vorstellung des Universums ganz oder teilweise erzeugen? Man nenne meinen Körper Materie oder Bild, auf das Wort kommt es mir nicht an. Ist er Materie, dann ist er ein Teil der materiellen Welt und diese ist folglich rings um ihn her und außer ihm vorhanden, und ist er Bild, dann kann er nur das geben, was es darstellt, und da er laut Hypothese nur das Bild meines Körpers ist, wäre es unsinnig, das Bild des ganzen Universums aus ihm her ableiten zu wollen. *Mein Körper, ein Gegenstand, der bestimmt ist, andere Gegenstände zu bewegen, ist also ein Zentrum der Handlung; er ist nicht imstande eine Vorstellung zu erzeugen.*

Aber wenn mein Körper ein Gegenstand ist, der vermöge seiner Tätigkeit die ihn umgebenden Gegenstände in wirklicher und unerwarteter Weise beeinflussen kann, muß er wohl ihnen gegenüber eine bevorzugte Stellung einnehmen. Im allgemeinen beeinflußt irgend ein Bild die anderen Bilder in einer bestimmten, ja berechenbaren Art, der Ordnung gemäß, die wir als Naturgesetze bezeichnen. Da ihm keine Wahl bleibt, hat es weder nötig, umliegende Regionen zu erforschen, noch sich von vornherein an bloßen Wirkungsmöglichkeiten zu versuchen. Die notwendige Wirkung wird sich ganz von selbst vollziehen, wenn ihre Stunde gekommen ist. Aber ich habe gerade angenommen, daß die Rolle des Bildes, das ich meinen Körper nenne, die sei, auf andere Bilder einen wirklichen Einfluß auszuüben, und folglich zwischen verschiedenen materiell möglichen Verhaltungsarten zu entscheiden. Und da ihm diese Verhaltungsarten wohl durch den größeren oder geringeren Vorteil, den es aus den umgebenden Bildern entnehmen kann, eingeflößt werden, so ist nötig, daß diese Bilder selbst es auf irgend eine Weise fertig bringen, mit der meinem Körper zugewendeten Seite den Vorteil anzudeuten, den derselbe aus ihnen entnehmen könnte. In der Tat beobachte ich, daß die Dimension, die Form, ja selbst die Farbe der äußeren Gegenstände sich verändert, je nachdem mein Körper sich ihnen nähert oder sich von ihnen entfernt, daß die Stärke der Gerüche, die Intensität der Töne sich mit dem Grade der Entfernung erhöht oder vermindert, ja, daß diese Entfernung an sich für die umgebenden Dinge sozusagen der Maßstab der Sicherheit gegen die unmittelbare Wirkung meines Körpers ist. In dem Maße, als mein Horizont sich erweitert, scheinen die mich umgebenden Bilder einförmiger und mir gleichgültiger zu werden. Je mehr ich diesen Horizont einenge, um so deutlicher stufen sich mir die Gegenstände ab, die er umgrenzt, je nach der größeren oder geringeren Leichtigkeit, mit welcher mein Körper sie berühren und bewegen kann. Sie sind also wie ein Spiegel und werfen auf meinen Körper seinen ihm möglichen Einfluß zurück; sie ordnen sich ihm unter je nach der zunehmenden oder abnehmenden Macht meines Körpers. *Die Gegenstände, welche meinen Körper umgeben, reflektieren die eventuelle Wirkung meines Körpers auf sie.*

Ich will jetzt einmal, ohne die anderen Bilder zu berühren, dasjenige, welches ich meinen Körper nenne, ein wenig verändern. An diesem Bilde zerlege ich im Geiste alle zentripetalen Nerven des zerebrospinalen Systems. Was wird geschehen? Das Messer hat einige Faserbündel zerschnitten: der Rest des Universums und auch der Rest meines Körpers sind dasselbe geblieben, was sie waren. Die verursachte Veränderung ist also unbedeutend. Tatsächlich aber ist meine „Wahrnehmung" total verschwunden. Sehen wir etwas genauer zu, was geschehen ist. Da sind die Bilder, welche die Gesamtheit des Universums darstellen, dann jene, welche meinen Körper begrenzen und endlich mein Körper selbst. In diesem letztgenannten Bilde ist es die herkömmliche Rolle der zentripetalen Nerven, Bewegungen auf das Gehirn und das Rückenmark zu übertragen; die zentrifugalen Nerven geben diese Bewegung an die Peripherie zurück. Die Durchschneidung der zentripetalen Nerven kann also nur eine einzig wirklich begreifliche Wirkung haben, nämlich die, den Strom zu unterbrechen, der von Peripherie zu Peripherie geht und dabei das Zentrum durchläuft, und folglich meinem Körper die Möglichkeit zu nehmen, mitten unter den ihn umgebenden Dingen, die Art und die Menge von Bewegung aufzunehmen, die nötig ist, um auf sie zu wirken. Also es handelt sich um die Tätigkeit und um sie allein. Dennoch aber ist es meine Wahrnehmung, die erlischt. Was kann das anderes heißen, als daß meine Wahrnehmung in der Gesamtheit der Bilder genau, in der Art eines Schattens oder Reflexes, die virtuellen, d. h. möglichen Wirkungen meines Körpers anzeigt? Nun, das System der Bilder, in welchem das Messer nur eine geringfügige Veränderung bewirkt hat, ist das, was man gemeinhin die materielle Welt nennt; und andererseits ist das, was dabei erlischt „meine Wahrnehmung" der Materie. Daraus ergeben sich vorläufig diese beiden Definitionen: *Materie nenne ich die Gesamtheit der Bilder, und Wahrnehmung der Materie diese selben Bilder in Beziehung gebracht zu der virtuellen Wirkung eines gewissen bestimmten Bildes, nämlich meines Körpers.* [...]

Damit ist gesagt, daß das Nervensystem nichts von einem Apparate an sich hat, der zur Fabrikation von Vorstellungen, ja nicht einmal zur Zubereitung derselben dienen könnte. Seine Funktion ist, Reize aufzunehmen, motorische Apparate aufzustellen und einem gegebenen Reize die größtmögliche Zahl dieser Apparate zur Verfügung zu stellen. Je mehr es sich entwickelt, desto zahlreicher und entfernter werden die Punkte im Raume, welche es mit immer komplizierteren motorischen Mechanismen in Beziehung setzt: damit vergrößert sich der Spielraum, welchen es unserer Tätigkeit überläßt, und gerade hierin besteht seine wachsende Vervollkommnung. Aber wenn in der ganzen Reihe des Tierreiches das Nervensystem auf eine immer weniger notwendige Tätigkeit eingestellt ist, muß man da nicht annehmen, daß auch die Wahrnehmung, deren Fortschritt von dem des ersteren abhängt, ganz und gar auf Tätigkeit und nicht auf die reine Erkenntnis gerichtet ist? Und deshalb müssen wir wohl die wachsende Fülle dieser Wahrnehmung einfach als Versinnbildlichung der zunehmenden Unbestimmtheit auffassen, welche dem Lebewesen immer freiere Wahl läßt in seinem Betragen den Dingen gegenüber. Gehen wir also von dieser Unbestimmtheit als vom eigentlichen Prinzipe aus. Untersuchen wir, diese Unbestimmtheit einmal angenommen, ob sich nicht aus ihr die Möglichkeit oder gar die Notwendigkeit der bewußten Wahrnehmung deduzieren läßt. Mit anderen Worten, nehmen wir dieses System solidarisch stark untereinander verbundener Bilder, welche wir die materielle Welt nennen, und denken wir uns hier und dort in diesem System einige *Zentren wirklicher Tätigkeit,* durch die lebende Materie repräsentiert: wir wollen beweisen, daß sich um jedes dieser Zentren Bilder gruppieren müssen, die der Lage desselben untergeordnet sind und sich mit ihr verändern; infolgedessen auch, daß die bewußte Wahrnehmung sich ergeben *muß,* und noch mehr, daß es möglich ist, zu begreifen, wie diese Wahrnehmung entsteht.

Beachten wir vor allem, daß ein strenges Gesetz den Umfang der bewußten Wahrnehmung an die Intensität der Tätigkeit bindet, über welche das Lebewesen verfügt. Wenn unsere Hypothese begründet ist, dann müssen wir annehmen, daß die Wahrnehmung sich genau in dem Moment einstellt, in dem ein von der Materie empfangener Reiz sich nicht zur notwendigen Reaktion ausdehnt. Handelt es sich um einen Organismus niederer Art, so bedarf es allerdings eines unmittelbaren Kontaktes mit dem Gegenstande des Interesses zur Auslösung eines Reizes, und da kann folglich die Reaktion nicht verzögert werden. So ist bei den niederen Lebewesen der Gefühlssinn passiv und aktiv zugleich; er vermittelt das Erkennen eines Raubes und das Ergreifen desselben, die Empfindung der Gefahr und den Versuch, ihr zu entgehen. Die verschiedenen Ausläufer der Protozoen, die Ambulakralfüßchen der Echinodermen dienen sowohl als Bewegungsorgane als auch zur Tastwahrnehmung; der Nesselapparat der Coelenteraten ist gleichzeitig ein Organ der Wahrnehmung und ein Verteidigungsmittel. Mit einem Wort, je unmittelbarer die Reaktion, um so näher steht die Wahrnehmung einer bloßen Berührung; und der ganze Vorgang der Wahrnehmung und der Reaktion unterscheidet sich dann kaum von einem mechanischen Anstoß mit der darauffolgenden notwendigen Bewegung. Aber in dem Maße, als die Reaktion ungewiß wird und eine große Verzögerung zuläßt, nimmt auch die Entfernung zu, in welcher das Tier die Wirkung des ihn interessierenden Gegenstandes empfindet. Durch das Gesicht, durch das Gehör setzt es sich mit einer immer größeren Zahl von Dingen in Beziehung und empfindet deren Einflüsse aus immer größeren Entfernungen; und sei es, daß diese Dinge ihm Vorteil versprechen oder Gefahr androhen, diese Versprechungen und Drohungen schieben ihre Verfallzeit auf. An der Größe der Unabhängigkeit, über welche ein Lebewesen verfügt, oder besser, aus der Breite der Unbestimmtheitszone, welche seine Tätigkeit umgibt, läßt sich a priori die Zahl der Dinge, mit welchen es in Beziehung steht, und das Maß der Entfernung von denselben abschätzen. Welcher Art diese Beziehung und die eigentliche Beschaffenheit der Wahrnehmung auch sei, jedenfalls kann behauptet werden, daß der Umfang der Wahrnehmung im genauen Verhältnis zur Unbestimmtheit der nachfolgenden Handlung steht, und folgendes Gesetz kann somit formuliert werden: *die Wahrnehmung verfügt über den Raum genau in dem Verhältnis, in dem die Tätigkeit über die Zeit verfügt.*

Aber warum muß diese Beziehung eines Organismus zu mehr oder weniger entfernten Dingen die besondere Form einer bewußten Wahrnehmung annehmen? Wir haben untersucht, was in einem organisierten Körper vor sich geht; wir fanden weitergeführte oder gehemmte Bewegungen, umgesetzt in vollzogene Handlungen oder nur in entstehende Handlungen zersplittert. Diese Bewegungen schienen es auf die Tätigkeit abzusehen und nur auf diese; sie bleiben dem Vorstellungsprozesse absolut fern. Dann beobachteten wir die Tätigkeit selbst und die Unbestimmtheit, von welcher sie umgeben ist, eine Unbestimmtheit, welche in der Struktur des Nervensystems mit einbegriffen ist, und mit Rücksicht auf welche dieses System viel eher eingerichtet zu sein scheint, als mit Rücksicht auf die Vorstellung hin. Diese Unbestimmtheit einmal als Tatsache angenommen, mußten wir zu dem Schlusse einer Notwendigkeit der Wahrnehmung gelangen, d.h. einer variablen Beziehung zwischen dem Lebewesen und den näheren oder entfernteren Einflüssen der dasselbe interessierenden Gegenstände. Wie kommt es nun, daß diese Wahrnehmung Bewußtsein ist, und wodurch hat es den Anschein, *als ob* das Bewußtsein aus den inneren Bewegungen der Gehirnsubstanz hervorginge?

Um diese Frage zu beantworten, müssen wir zuerst einmal die Bedingungen vereinfachen, unter welchen die bewußte Wahrnehmung sich vollzieht. Tatsächlich gibt es keine Wahrnehmung, die nicht von Erinnerungen gesättigt ist. Den unmittelbaren und gegenwärtigen Eindrücken unserer Sinne mengen wir tausend und abertausend Einzelheiten unserer vergangenen Erfahrungen bei. Meistens treten diese Erinnerungen an Stelle unserer eigentlichen Wahrnehmungen, von denen uns nur noch einige Andeutungen zurückbleiben, bloße „Zeichen", die uns an alte Bilder erinnern sollen. Das bequeme und rasche Funktionieren der Wahrnehmung hat darin eine notwendige Bedingung; aber auch Täuschungen aller Art stammen aus dieser Quelle. Nichts steht dem im Wege, an Stelle dieser ganz von unserer Vergangenheit erfüllten Wahrnehmung die Wahrnehmung eines reifen und ausgebildeten Bewußtseins zu setzen, welches aber, ganz in der Gegenwart befangen, von jeder anderen Funktion ausgeschlossen, nur der Aufgabe hingegeben sei, sich selbst nach dem äußeren Gegenstande zu formen. Wird man uns entgegnen, daß wir eine willkürliche Hypothese aufstellen und daß diese ideale Wahrnehmung, welche aus der Wegschaffung der individuellen Zufälligkeiten hervorging, gar nicht mehr der Wirklichkeit entspricht? Aber wir wollen ja gerade nachweisen, daß diese individuellen Zufälligkeiten jener unpersönlichen Wahrnehmung aufgepfropft sind, daß diese Wahrnehmung sogar an der Basis unserer Erkenntnis der Dinge ist und daß man aus ihr nur deshalb eine Art innerer subjektiver Anschauung, welche sich von der Erinnerung nur durch eine größere Intensität unterschied, machen konnte, weil man sie mißverstand und nicht in Betracht zog, was ihr vom Gedächtnis hinzugefügt oder entzogen wurde. Dieses wäre also unsere erste Hypothese. Aber sie zieht von selbst eine andere nach sich. So kurz uns auch eine Wahrnehmung erscheint, so bedarf sie doch immer einer gewissen Zeitdauer und erfordert folglich eine Kraftanstrengung des Gedächtnisses, welche mehrere aufeinander folgende Augenblicke in eine Einheit verschmilzt. Selbst die „Subjektivität" der Empfindungsqualitäten besteht, wie wir zu zeigen versuchen wollen, hauptsächlich in einer Art Zusammenziehung des Wirklichen, ausgeführt von unserem Gedächtnis. Kurz, das Gedächtnis bildet unter diesen beiden Formen, einmal indem es einen Bestand von unmittelbarer Wahrnehmung mit einem Netze von Erinnerungen umwebt, zum anderen, indem es eine Mehrzahl von Momenten zusammenzieht, den Hauptbestandteil des individuellen Bewußtseins in der Wahrnehmung, die subjektive Seite unserer Erkenntnis der Dinge; um unsere Idee ganz klar zu machen, wollen wir nun, mit Beiseitesetzung jenes Hauptbestandteiles, uns ganz weit hinauswagen auf der Bahn, die wir uns vorgezeichnet haben, um jedoch bald wiederum einzulenken und durch Wiedereinsetzung des Gedächtnisses wiederum das zu berichtigen, was an unseren Folgerungen als übertrieben erscheinen könnte. Man darf also im folgenden nichts weiter als eine schematische Darstellung erblicken und ich ersuche darum, vorläufig unter Wahrnehmung nicht meine konkrete und komplizierte Wahrnehmung zu verstehen, welche von meinen Erinnerungen gesättigt ist und immer eine gewisse Zeitdauer in Anspruch nimmt, sondern die *reine* Wahrnehmung, eine Wahrnehmung, die mehr dem Rechte als der Tatsache nach besteht, und welche ein Wesen in meiner Lage haben würde, das lebte wie ich lebe, aber von der Gegenwart absorbiert, und fähig, durch Wegschaffung des Gedächtnisses in allen seinen Formen, von der Materie eine unmittelbare und zugleich momentane Anschauung zu haben. Versetzen wir uns also in diese Hypothese, und sehen wir zu, wie sich die bewußte Wahrnehmung erklären läßt.

Das Bewußtsein deduzieren zu wollen, wäre ein gewagtes Unternehmen, aber hier ist dies in der Tat auch gar nicht nötig, da mit der Voraussetzung der materiellen Welt eine Gesamtheit von Bildern gegeben ist und es überdies unmöglich ist, etwas anderes an deren Stelle zu setzen. Keine Theorie der Materie kommt um diese Notwendigkeit herum. Denn reduziert man die Materie zu bewegten Atomen: diese Atome, selbst der physischen Qualitäten beraubt, können doch nur in bezug auf eine mögliche Anschauung oder mögliche Berührung bestimmt werden, jene ohne Belichtung und diese ohne jede Stofflichkeit. Verdichtet man das Atom zu Kraftzentren, löst man es in rotierende Wirbel in einem ununterbrochenen Fluidum auf; dieses Fluidum, diese Bewegungen und Zentren selbst bestimmen sich nur durch ein machtloses Fühlen, einen unwirksamen Anstoß oder ein farbloses Licht – bleiben also immer noch Bilder. Es ist richtig, ein Bild kann *sein, ohne wahrgenommen zu werden;* es kann gegenwärtig sein, ohne vorgestellt zu werden, und der Abstand zwischen diesen beiden Begriffen der Gegenwart und der Vorstellung scheint gerade das Maß der Entfernung zwischen der Materie selbst und der bewußten Wahrnehmung, die wir von ihr haben, darzustellen. Aber untersuchen wir die Sache genauer, worin eigentlich dieser Unterschied besteht. Wenn der zweite jener Begriffe ein *Plus* gegenüber dem ersten bedeutete, wenn es nötig wäre, um von der Gegenwart zur Vorstellung zu gelangen, jener etwas hinzuzufügen, so bliebe der Abstand unübersteigbar, und der Übergang von der Materie zur Wahrnehmung bliebe ein undurchdringliches Geheimnis. Etwas anderes wäre es, wenn man vom ersten Begriffe zum zweiten auf dem Wege der Verminderung übergehen könnte und folglich die Vorstellung eines Bildes ein *Minus* gegenüber seiner bloßen Gegenwart bedeutete; denn dann würde es genügen, die gegenwärtigen Bilder zu zwingen, etwas von ihrem Wesen aufzugeben, um ihre bloße Gegenwart in Vorstellungen umzugestalten. Nun wohl, hier ist ein Bild, welches ich einen materiellen Gegenstand nenne; ich habe eine Vorstellung davon. Woher kommt es, daß es an sich etwas anderes zu sein scheint als für mich? Das hat seinen Grund darin, daß es, solidarisch mit der Gesamtheit der übrigen Bilder verbunden, sich in jenen fortsetzt, von denen es gefolgt wird, wie es selbst jene wiederum verlängert, die ihm vorangehen. Um nun dieses Bild in seinem reinen und einfachen Sein in Vorstellung umzuwandeln, würde es genügen, alles das auszuscheiden, wovon es gefolgt wird, was ihm vorangeht und auch das, wovon es erfüllt ist, und somit nichts von ihm übrig zu behalten, als die äußere Schale, die letzte Oberflächenhaut. Das, was dieses gegenwärtige Bild, diese objektive Realität, von einem vorgestellten Bilde unterscheidet, ist die Notwendigkeit, der es untersteht, von allen seinen Punkten aus auf alle Punkte der übrigen Bilder zu wirken, die Gesamtheit des Erhaltenen weiterzugeben, jeder Wirkung eine gleichwertige und entgegengesetzte Reaktion entgegenzustellen, mit einem Wort, nichts anderes als ein Weg zu sein, den alle Modifikationen, welche sich in der Unermeßlichkeit des Weltalls vollziehen, in allen Richtungen durchzugehen haben. Ich könnte es zur Vorstellung umgestalten, wenn es mir gelänge, es zu isolieren, insbesondere seine Hülle zu isolieren. Die Vorstellung ist wohl da, aber immer nur virtuell, da sie in demselben Augenblicke, wo sie aktuell werden würde, neutralisiert wird durch die Verpflichtung, sich fortzusetzen und in etwas anderes zu verlieren. Um jene Umwandlung zu vollziehen, bedarf es nicht der Aufhellung des Gegenstandes, sondern im Gegenteil der Verdunkelung gewisser Seiten desselben, der Loslösung von dem größten Teile seines Wesens, in der Art, daß der Rest wie ein *Gemälde* hervortritt, statt wie eine *Sache* in der Umgebung eingeschachtelt zu bleiben. Wenn nun aber die Lebewesen im Weltall „Zentren der Unbestimmtheit" darstellen und diese Unbestimmtheit im Verhältnis zur Zahl und Höherentwicklung ihrer Funktionen steht, begreift man, daß ihre bloße Gegenwart der Ausschaltung aller jener Teile der Gegenstände gleichkommt, an welchen ihre Funktionen nicht interessiert sind. Sie lassen gewissermaßen jene äußeren Wirkungen, die ihnen gleichgültig sind, durch sich hindurchgehen, während die anderen, dadurch isoliert, eben durch diese Isolierung zu „Wahrnehmungen" werden; alles wird sich somit für uns so vollziehen, als ob wir das Licht, das von den Oberflächen ausginge, auf dieselben zurückwürfen, ein Licht, das, ungestört sich fortpflanzend, niemals offenbar geworden wäre. Die uns umgebenden Bilder scheinen nun unserem Körper jene Seite, und zwar jetzt in aufgehellter Weise, zuzuwenden, die ihn interessiert; sie lösen von ihrer Substanz scheinbar das ab, was wir im Vorübergehen ihr entnommen haben und auf das wir einen Einfluß auszuüben vermögen. Untereinander stehen sie sich gleichgültig gegenüber auf Grund des rein mechanischen Prinzips, das sie verbindet, sie wenden einander alle Seiten auf einmal zu, d.h. sie wirken und reagieren wechselseitig aufeinander mit allen ihren elementaren Bestandteilen, und folglich ist keines von ihnen imstande, weder bewußt wahrzunehmen, noch wahrgenommen zu werden. Wenn sie im Gegenteil irgendwo mit einer gewissen Eigenmächtigkeit der Reaktion zusammenstoßen, wird ihre Wirkung in demselben Maße verringert, und diese Verringerung ihrer Wirkung ist gerade die Vorstellung, die wir von ihnen haben. Unsere Vorstellung von den Dingen geht also füglich daraus hervor, daß sie gegen unsere Freiheit zurückstrahlen.

[...] Die Gegenstände geben nur etwas von ihrer reellen Wirkung auf, um so ihre virtuelle Wirkung darzustellen, d.h. eigentlich den virtuellen Einfluß des Lebewesens auf sie selbst. Die Wahrnehmung ähnelt also ganz den Phänomenen der Reflexion, welche aus einer verhinderten Brechung resultieren; sie ist eine Art Spiegelung.

Es läuft wieder darauf hinaus, daß zwischen dem *Sein* an sich und dem *bewußten Wahrgenommenwerden* der Bilder nur ein Unterschied des Grades und nicht des Wesens ist. Die Realität der Materie besteht in der Totalität ihrer Elemente und in deren Wirkungen aller Art. Unsere Vorstellung der Materie ist der Maßstab unserer virtuellen Wirkung auf die Körper; sie ergibt sich aus der Ausschaltung alles dessen, was ohne Interesse für unsere Bedürfnisse oder vielmehr unsere Funktionen ist. In gewissem Sinne könnte man sagen, daß die Wahrnehmung irgend eines unbewußten materiellen Punktes, trotz ihrer Augenblicklichkeit, unendlich viel umfassender und vollständiger sei als die unsere, da dieser Punkt alle Wirkungen aller Punkte der materiellen Welt aufnimmt und weitergibt, während unser Bewußtsein davon nur gewisse Teile von gewissen Seiten erreicht. Das Bewußtsein besteht – was die äußere Wahrnehmung anlangt – gerade in dieser Auswahl. Aber diese notwendige Armut unserer bewußten Wahrnehmung hat etwas Positives an sich, das, das bereits den Geist verrät: [...] das Unterscheidungsvermögen.

Die ganze Schwierigkeit des Problems, mit dem wir uns beschäftigen, rührt daher, daß man sich die Wahrnehmung als eine Art photographischer Ansicht der Dinge vorstellt, welche von einem bestimmten Punkte, mit einem besonderen Apparat – unserem Wahrnehmungsorgan – aufgenommen wird, um sich alsdann in der Gehirnsubstanz durch irgendwelchen chemischen und psychischen Vorgang zu entwickeln. Aber warum will man nicht sehen, daß die Photographie, wenn solche überhaupt in Frage kommt, schon im Innern der Dinge selbst und von allen Punkten des Raumes aufgenommen und abgezogen ist? Keine Metaphysik und keine Physik kann sich dieser Schlußfolgerung entziehen. Baut man das Universum aus Atomen auf: in jedem derselben machen sich qualitativ und quantitativ, je nach ihrer Entfernung variierend, die von allen materiellen Atomen ausgeübten Wirkungen bemerkbar. Nimmt man Kraftzentren an: die von ihnen ausgehenden Kraftstrahlungen leiten nach allen Richtungen alle Einflüsse der ganzen materiellen Welt auf jedes einzelne Zentrum hin. Und geht man endlich von der Monade aus? Jede Monade ist nach Leibniz ein Spiegel des Universums. Über diesen Punkt herrscht somit völlige Einstimmigkeit. Allein man kann bei der Betrachtung eines beliebigen Punktes im Weltall sagen, daß die Wirksamkeit der gesamten Materie ohne Widerstand und ohne jeden Verlust durch denselben hingeht und die Photographie des Ganzen dabei durchscheinend bleibt; denn es fehlt der Platte der dunkle Hintergrund, auf welchem sich das Bild abheben könnte. Nun übernehmen unsere „Zonen der Unbestimmtheit" sozusagen die Rolle dieses Hintergrundes. Sie fügen dem Vorhandenen nichts hinzu; sie bewirken nur, daß die reelle Wirksamkeit hindurchgeht und die virtuelle übrig bleibt.

**Textnachweis:** Henri Bergson (1896): Matière et mémoire. Essai sur la relation du corps à l'esprit. Paris: Felix Alcan. Deutsche Erstfassung: Bergson, Henri: Materie und Gedächtnis. Essays zur Beziehung zwischen Körper und Geist. Mit einem Vorwort von Wilhelm Windelband. Jena 1908: Eugen Diederichs; hier: S. 1–6, 16–25.

# George Didi-Huberman: Die *Mnemosyne*-Montage: Tafeln, Raketen, Details, Intervalle (2002)

Vor allem aber ist *Mnemosyne* eine photographische Installation. Die aus der riesigen, von Warburg zusammengetragenen Sammlung[1] stammenden Papierabzüge wurden zunächst einmal auf große Bögen schwarzen Kartons aufgezogen, die dann, nach Themen geordnet, Kante an Kante, an den Wänden des – elliptischen – Lesesaals der Kulturwissenschaftlichen Bibliothek Warburg aufgehängt wurden [...]. Ihre endgültige Form fand die Anordnung, als Warburg und Saxl große schwarze, auf Rahmen gespannte Leinwände von anderthalb mal zwei Metern Größe benutzten, auf denen sie die Photographien problemlos anordnen und mit kleinen, leicht zu handhabenden Stecknadeln befestigen konnten [...].

Es handelte sich also darum, Photographien zu einem *Tableau* zusammenzufügen, und dies in beiden Bedeutungen des Wortes „Tableau". Im Sinn von „Gemälde" insofern, als die auf Rahmen gespannten Leinwände zum Träger einer – in thematischer wie zeitlicher Hinsicht – äußerst mannigfaltigen Bildmaterie wurden, jedoch vereint in ein und derselben schwarzweißen Farbwahl oder vielmehr in diesem grauen Raum, den die Zusammenstellung der Photographien, aus der Ferne betrachtet, zu bilden scheint. Doch vor allem ist Warburgs Atlas ein „Tableau" im kombinatorischen Sinne – eine „Serie von Serien", wie Michel Foucault das Tableau so treffend definiert hat. [...] Denn er schafft ein Ensemble von Bildern, die er dann in Beziehung zueinander setzt. Dieses Tableau gehört jedoch nicht mehr dem Genre an, die man von Charcot oder Lombroso kannte. Wie läßt sich sein Stil charakterisieren?

Zur Gliederung des *Mnemosyne*-Atlas könnte man eine eigene Studie erstellen. Es finden sich nebeneinander serielle und kontrastierende Effekte aller Art. Die Bilder eines auf derselben Ebene photographierten Ensembles wirken wie ein

1 1929 umfaßte die Sammlung etwa 25 000 Photographien.

© Springer Fachmedien Wiesbaden GmbH, ein Teil von Springer Nature 2019
A. Ziemann (Hrsg.), *Grundlagentexte der Medienkultur*,
https://doi.org/10.1007/978-3-658-15787-6_18

auf dem Tisch ausgebreitetes Kartenspiel.[2] Andere Tafeln scheinen dagegen eine chaotische Ansammlung von Bildern darzustellen, die ihrerseits „Ansammlungen" sind.[3] Die Gliederung kann auf Formen (Kreis, Kugel) oder auf Gebärden (Tod, Klage) basieren.[4] Gelegentlich wird ein und dasselbe Bild in verschiedene Ausschnitte zerlegt […]. Ein und derselbe Ort wird manchmal systematisch aus der Ferne und aus der Nähe und gleichsam mit dem Zoomobjektiv erkundet, wie man es etwa beim Malatesta-Tempel in Rimini oder bei der Chigi-Kapelle in Rom sehen kann.[5] Und manche Aufnahmen werden auf mehreren Tafeln, in Formaten oder in unterschiedlichen Umgehungen verwendet. […]

Aus dieser Sicht erscheint *Mnemosyne* wie eine radikale Überwindung der Einschränkungen (oder Mittel), zu denen die Form des „Vortrags" zwingt. Es ist eine *synoptische Ausstellung*, die nichts reduziert und nichts zusammenfaßt. Wölfflin hatte durch die Einführung der Doppelbildprojektion Berühmtheit erlangt, die sich besonders gut für die begrifflichen Polaritäten eignete, die er nachzuweisen versuchte. […] Der *Mnemosyne*-Atlas präsentierte sich eher wie ein Werkzeug, das an den Verschlingungen festhalten und *die Überdeterminierungen sichtbar machen* sollte, die in der Geschichte der Bilder am Werk sind. Er bietet die Möglichkeit, mit einem Blick auf eine einzige Tafel nicht zwei, sondern zehn, zwanzig oder dreißig Bilder zu vergleichen.

Ich habe schon mehrfach darauf hingewiesen, wie schmerzlich es für Warburg war, Schnitte in die Bedeutungsvielfalt des Besonderen zu legen. Dort, wo ein Vortrag den Redner oft zwingt, auszuwählen, zusammenzufassen, zu reduzieren, zu linearisieren, da bot *Mnemosyne* die Möglichkeit, *das ganze Archiv auszustellen* oder gleichsam die Kartei in ihrer ganzen stratifizierten Tiefe auseinanderzubreiten. Was in der Bibliothek oder Photothek blind aufgehäuft ist, wird plötzlich zu einem eindringlich entfalteten visuellen Milieu, die *Mnemosyne*-Tafeln bilden gewissermaßen eine zweite elliptische Wand, die den Leser in der Hamburger Bibliothek umgibt […].

Warburg widmete also die letzten Jahre seines Lebens ganz der *Ausstellung der Tableaux* – Bilderserien und Serien von Serien – *seines Denkens.* Es ging nicht darum, ein Werk zu rekapitulieren und damit gleichsam zum Abschluß zu bringen, sondern es in alle Richtungen auseinanderzubreiten, um die noch unerkannten Möglichkeiten zu entdecken. Nach der ursprünglichen „Anlage der Gesamtausgabe" der Warburgschen Werke hatte Fritz Saxl vorgesehen, den *Mnemosyne*-Atlas unter einer der vielen von seinem Lehrer ins Auge gefaßten Titel (oder Unter-

2 A. Warburg 1927–1929, S. 41, 63, 93 und 109 (Tafeln 24, 36, 50–51 und 59).
3 Ebd., 83 (Tafel 45).
4 Ebd., S. 11, 25, 35 und 37 (Tafeln B, 6, 22 und 23).
5 Ebd., S. 43 und 99 (Tafeln 25 und 54).

titel) zu publizieren, nämlich als „eine Bilderreihe zur Untersuchung der Funktion vorgeprägter antiker Ausdruckswerte bei der Darstellung bewegten Lebens in der Kunst der europäischen Renaissance".[6]

Dieses Projekt ist aufschlußreich. Es trägt der Erkenntnis Rechnung, daß Warburgs Schriften nur einen Teil seines Werks ausmachen. Wir werden also im *Mnemosyne*-Atlas nicht die Illustration, sondern im Gegenteil das visuelle Gerüst seines Denkens erblicken müssen (wie die Bibliothek das textliche Gerüst bereitstellte). [...]

Und warum bezeichnet er den Ort zur Beobachtung dieser Dialektik als *Laboratorium?* Weil die direkte – spontane, positive oder historisierende – Beobachtung nicht die Möglichkeit bietet, die Verschlingungen (die Phänomene der Massenhaftigkeit, der Verschränkung oder des Verfließens) und die Widersprüche (Phänomene des Bruchs, der Spannung oder der Polarität) gemeinsam zu denken. Dazu bedarf es der Erfindung eines *experimentellen* Verfahrens. Und das ist die Bibliothek mit ihrer ganz besonderen Gliederung, die Probleme aufwerfen und miteinander verknüpfen sollte. Das ist der *Mnemosyne*-Atlas, dieses experimentelle Verfahren, das eine visuelle Gesamtschau der Verschlingungen und Polaritäten des Nachlebens der Antike ermöglichen sollte.

Es galt also, eine neue Form des Sammelns und Zeigens zu erfinden. Eine Form, die weder *aufgeräumt* ist (also Dinge mit möglichst geringen Unterschieden unter der Autorität eines totalitären Vernunftprinzips zusammenstellt), noch eine Ansammlung von *Trödelkram* darstellt (also Dinge mit möglichst großen Unterschieden unter der Nichtautorität des Beliebigen zusammenbringt). Es galt zu zeigen, daß Flüsse nur aus Spannungen bestehen, daß Garben am Ende explodieren, aber auch, daß Unterschiede Konfigurationen und daß Unähnlichkeiten gemeinsam unbemerkt kohärente Ordnungen bilden. Wir wollen diese Form *Montage* nennen.[7]

Die Montage – zumindest in dem Sinne, der uns hier interessiert – ist keine künstliche Herstellung einer zeitlichen Kontinuität auf der Grundlage diskontinuierlicher „Ebenen", die aneinandergereiht würden. Sie ist vielmehr eine Möglichkeit, die *Diskontinuitäten der Zeit,* die in jeder historischen Folge am Werk sind, *visuell auszubreiten.* Wenn Warburg auf derselben Tafel des *Mnemosyne*-Atlas den Todeskampf des antiken Besiegten und den Triumph des Renaissance-Siegers „montiert" [...], dann „erzählt" er vom Gebrauchswert ein und derselben Gebärdenformel nur, um die *zeitliche Einheit* dieses Schicksals zu *zerbrechen.* Die Formel hat nur um den Preis eines fundamentalen Bruchs überlebt, der hier, in der „dynamischen Umkehrung" ihrer Bedeutung, sichtbar wird.

6 A. Warburg 1932, I, S. V („Anlage der Gesamtausgabe", von F. Saxl).
7 Siehe G. Didi-Huberman 1995b, S. 280–283; ders. 2000, S. 111–127.

Jede Montage im *Mnemosyne*-Atlas scheint mir solche Paradoxa freizusetzen. Die manifesten Disparitäten markieren fast immer latente Verbindungen, und die manifesten Homologien markieren fast immer latente Antinomien. Die „Montage von Bildern" beruht hier nie auf einem erzählerischen Kunstgriff zur Vereinigung disparater Phänomene, sie ist vielmehr ein dialektisches Instrument, in dem die scheinbare Einheit der abendländischen Bildtraditionen sich spaltet.

Und auch hier stützen die zeitgleich mit dem *Mnemosyne*-Atlas entstandenen Manuskripte die Praxis dieser für Warburgs Montage typischen „dissoziativen" und dekonstruktiven, also im starken Sinne analytischen „Gegenüberstellung". Die Idee der „Nachgestaltung" etwa, in der „Nachbildung" und „nachträgliche Bildung" vereint scheinen, setzt zugleich die Existenz eines „Inventars der Vorprägungen" und den für jegliche „stilbildende Funktion" nötigen Wandel voraus.[8]

Bei der Lektüre dieser Fragmente begreift man sehr bald, daß die im *Mnemosyne*-Atlas vorgestellte Form der Montage über die kanonische Anordnung des vergleichenden *Tableaus* insofern hinausgeht, als hier eine unorthodoxe Form von Dialektik, eine *wuchernde Dialektik*, an die Stelle jeglicher Bemühung um eine vereinheitlichende Dialektik tritt (ob nun im Sinne einer „Versöhnung" wie bei Hegel oder einer „Funktionseinheit" wie bei Cassirer). In den Jahren 1905–1911 arbeitete Warburg noch mit Vergleichstafeln, die zwei – und später drei – Dimensionen aufwiesen [...].[9] Doch in seinen letzten Lebensjahren präsentiert die Form der Montage ebenso viele miteinander zu vergleichende Elemente wie der Haufen lebendiger Schlangen ineinander verschlungene Schlangen.

> „Der Atlas zur Mnemosyne will durch seine Bildmaterialien diesen Prozeß illustrieren, den man als Versuch der Einverseelung vorgeprägter Ausdruckswerte bei der Darstellung bewegten Lebens bezeichnen könnte. Er will in seiner bildmaterialen Grundlage zunächst nur ein Inventar sein der antikisierenden Vorprägungen, die auf die Darstellung des bewegten Lebens im Zeitalter der Renaissance mit-stilbildend einwirkten. Eine solche vergleichende Betrachtung mußte ... versuchen, durch eine tiefer eindringende sozialpsychologische Untersuchung den Sinn dieser gedächtnismäßig aufbewahrten Ausdruckswerte als sinnvolle geistestechnische Funktion zu begreifen."[10]

Es handelte sich durchaus um eine neue Form des Vergleichs, die Warburg mit dem *Mnemosyne*-Atlas erfand. Er bezeichnete sie einmal – in einem seiner zahlreichen Entwürfe für einen Untertitel des Atlas – als einen „Vergleich kunstge-

8 A. Warburg 1928–1929, S. 47, 97–98 und 116–117. 585 Ders. 1905–1911; ders. 1906–1907 (33 Blatt).
9 Ders. 1905–1911; ders. 1906–1907 (33 Blatt).
10 Ders. 1929b, S. 172.

schichtlicher Kulturwissenschaft".[11] Wie hätte sich da der dialektische Tenor der Phänomene nicht ins Endlose vervielfältigen sollen? Die Polaritäten oder Widersprüche erreichen jeden Organismus und jedes Organ dieses lebendigen Ganzen. Jede Funktion ist zumindest „doppeltendenziös". In jedem „Denkraum" spukt ein „Wunschraum", der ihn leitet und zugleich desorientiert. Kein Bild läßt sich mehr ohne eine Analyse des Kontexts verstehen, in den es sich einschreibt und den es zugleich verwirrt. Jede Energie zielt darauf, sich auszubreiten, aber auch sich einzurollen und sich umzukehren und so weiter in einem endlosen Spiel von Metamorphosen.[12]

Jede Kunst wird nun als Gedächtniskunst verstanden. Doch deren Weitergabe – in der von Warburg so genannten „Bilderwanderung" – stürzt sich in das „Seelendrama", das die Spaltung zwischen bewußten Erinnerungen und unbewußten Engrammen impliziert.[13] So daß jeder *historische Faden* in die Masse der Erinnerungsraketen verstrickt – oder in deren Blitz hineingeschossen – wird. Daher die gleichzeitige Präsenz so entfernter Epochen auf ein und derselben Tafel. Der fundamentale Anachronismus des *Mnemosyne*-Atlas findet also seine ganze Rechtfertigung in dem Konzept, das sein Titel bezeichnet. Das Gedächtnis läßt sich nicht im gerichteten Text der historischen Abfolgen entschlüsseln, sondern im anachronistischen Puzzle – Sarkophag und Briefmarke, antike Nymphe und zeitgenössische Golfspielerin – des „Nachlebens der Antike".

Als Montage bietet der *Mnemosyne*-Atlas etwas ganz anderes als eine bloße Sammlung von Erinnerungsbildern, die eine Geschichte erzählen. Er ist ein komplexes Gebilde, das die visuellen Bezugspunkte eines ungedachten geschichtlichen Gedächtnisses darbieten – und öffnen – soll, ebenjenes Nachlebens, von dem Warburg unablässig spricht. Die daraus resultierende Erkenntnis ist im Bereich der Wissenschaften vom Menschen so neuartig, daß es schwierig erscheint, Vorbilder oder Entsprechungen dafür zu finden. [...]

Der *Mnemosyne*-Atlas ist auf seine Art also durchaus ein avantgardistisches Objekt. Aber natürlich nicht, weil er einen Bruch mit der Vergangenheit vollzöge (mit jener Vergangenheit, in die er tief eintaucht). Sondern weil er mit einer gewissen Art bricht, die Vergangenheit zu denken (und an deren trivialsten Schemata unsere heutigen Postmodernisten, ohne es zu wissen, festhalten, und seien es nur die Schemata des *ante* und des *post*). Warburgs Bruch besteht darin, daß er *die Zeit selbst als eine Montage* aus heterogenen Elementen *denkt:* Das ist die anthro-

11 Ders. 1928–1929, S. 14 (Eintragung vom 8. April 1929).
12 Ebd., S. 11 und 58 (Eintragungen vom 19. April und vom 5. Mai 1929); ders. 1929 f. (49 Blatt).
13 Ders. 1927a, S. 9 (Eintragung vom 30. Mai 1927); ders. 1928–1929, S. 70 (Eintragung vom 8. März 1929); ders. 1929a.

pologische Lektion der „Bildungen des Nachlebens", der auf metapsychologischer Ebene die der „Symptombildungen" so gut entspricht.

Bei der Montage, von der im Zusammenhang mit dem *Mnemosyne*-Atlas die Rede ist, handelt es sich natürlich nicht um ein Verfahren, das Warburg bei Georges Braque, Kurt Schwitters oder Alexander Rodschenko für den Zuschnitt seines Atlas hätte entlehnen müssen. Es ist keineswegs nur eine Herstellungsweise, die uns zwingt, im *Mnemosyne*-Atlas eine Montage zu erblicken, sondern in allererster Linie ein Paradigma jenes Denkens, auf dem der Atlas basiert, und der Erkenntnis, zu der er führt. William Heckscher sieht das sehr genau, wenn er im Zusammenhang mit Konstruktionen von „Dekompartementalisierung" *(„decompartmentalization")* und „wechselseitiger Durchdringung" *(„interpenetration")* spricht. Er zitiert im übrigen gleichfalls in diesem Zusammenhang einen Ausspruch von Warburg: „Gedanken sind zollfrei."[14] Und tatsächlich vermag nur die Montage – als *Denkweise* – diese „Entterritorialisierung" der Erkenntnisgegenstände zu verräumlichen.

Der *Mnemosyne*-Atlas ist insofern ein avantgardistisches Objekt, als er es wagt, das historistische *Erinnerungsalbum* der „antiken Einflüsse" zu dekonstruieren und es durch einen Atlas des erratischen Gedächtnisses zu ersetzen: auf das Unbewußte eingestellt, gesättigt von heterogenen Bildern, durchsetzt mit anachronistischen oder uralten Elementen, verfolgt von jenem Hintergrund aus schwarzer Leinwand, der vielfach dazu dient, auf Leerstellen, *missing links* und Gedächtnislücken hinzuweisen. Da das Gedächtnis aus lauter Lücken besteht, ist die neue Aufgabe, die Warburg dem Kulturhistoriker zuweist, die eines Interpreten des Verdrängten, eines „Sehers" der schwarzen Löcher der Erinnerung.[15] Der *Mnemosyne*-Atlas ist insofern ein unangebrachtes Objekt, als er es wagt, im Zeitalter des Positivismus und des Triumphs der Historie wie ein übergroßes Puzzle oder Tarotspiel zu funktionieren (grenzenlose Konfigurationen, unendlich variable Anzahl der Spielkarten). Die Unterschiede werden dort niemals in eine übergeordnete Identität aufgelöst: Wie in der fließenden Welt der „Partizipation" leben sie von den Verbindungen, die der Kartenleser – in stets neuen Experimenten – darin findet.

Der *Mnemosyne*-Atlas ist daher das *anachrone* Objekt *par excellence.* Er taucht ein in die tiefste Vergangenheit (die babylonische Astrologie der ersten Tafeln) und greift voraus in die Zukunft (Voraussage des entfesselten Faschismus und Antisemitismus auf den letzten Tafeln).[16] Man hat gesagt, er stehe auf halbem Weg

14 W. S. Heckscher 1967, S. 260. Es handelt sich um eine Warburgsche Abwandlung der von Cicero stammenden Maxime: *liberae sunt enim nostrae cogitationes.*

15 A. Warburg 1928–1929, S. 132 (Eintragung ohne Datum).

16 Ders. 1927–1929, S. 15–19 und 131–133 (Tafeln 1–2 und 78–79).

zwischen Talmud und Internet.[17] Vor allem aber erschafft er auf der Grundlage einer Beobachtung des Nachlebens eine gänzlich neuartige epistemische Konfiguration, eine Erkenntnis durch Montage, die in die Nähe Benjamins, in gewissen Aspekten aber auch Batailles oder Eisensteins kommt:[18] *Als Träger des Nachlebens sind Bilder nichts anderes als Montagen* heterogener Bedeutungen und Zeiten.

In diesem Sinne ist der *Mnemosyne*-Atlas durchaus ein altersloses Objekt. Denn er ahmt genau das nach, was er erkennen möchte, nämlich diese zeitliche Montage, die jede „nachlebende Bildung" konstituiert. Eine erste Vorstellung davon hatte Warburg schon früh entwickelt, denn schon 1890 schrieb er in seinen handschriftlichen Aufzeichnungen, die „lebendige Bewegung" der Figuren in der Renaissance – man denke etwa an Pollaiuolo – verdanke ihre Kraft keinem „einzelnen Bild", sondern einer Folge von Bildern:

> „Bewegungszuweisung. Um einer unbeweglichen Gestalt Bewegung zu verleihen, muss man eine Reihe von Bildern erwecken, die sich aneinander reihen – kein einzelnes Bild: Verlust der ruhigen Betrachtung."[19]

Dazu nur ein einziges Beispiel: Tafel 43 des *Mnemosyne*-Atlas, die Ghirlandaios Sassetti-Kapelle gewidmet ist [...], wirkt eher wie eine interpretierende *Demontage* des Gesamtbildes [...], das heißt wie eine interpretierende *Remontage* der wichtigsten Figurengruppen. Oben rechts wird der gesamte Raum der Kapelle in drei Zeichnungen auseinandergebreitet, die von Warburgs Ehefrau Mary Hertz – einer Malerin – stammen. Gleich daneben findet sich die stilistische und ikonographische Geschichte ausgebreitet, und zwar in einem Vergleich zwischen Giottos *Bestätigung der franziskanischen Ordensregel* und Ghirlandaios neuer Fassung.[20] Warburg stellt noch weitere Vergleiche an: zwischen Ghirlandaios (nordischem *und* antikisierendem) Altar und einer zeitgenössischen Madonna seines Bruders Benedetto (die ganz in der Tradition des Meisters von Maulins steht); zwischen Ghirlandaios *Hl. Hieronymus* und Botticellis *Hl. Augustinus*. Alle übrigen Fragmente dieser Montage betreffen Porträts: die beiden knienden Stifter; die Kinder und ihre humanistischen Lehrer, die über die berühmte, vom Maler erfundene unterirdische Treppe ins Bild kommen; und schließlich die Gruppe der „Würden-

17 Siehe M. A. Neumann und M. Deppner 1987.

18 Siehe M. Kemp 1975, S. 5–25; M. Jesinghausen-Lauster 1985, S. 273–303; S. Weigel 1992, S. 13–17; G. Didi-Huberman 1995b, S. 280–283; ders. 2000, S. 85–155; M. Rampley 1999, S. 94–117; ders. 2001, S. 121–149.

19 Warburg 1888–1905, S. 42 (Eintragung vom 29. September 1890).

20 Ders. 1902a, S. 70–71.

träger, in der Warburg zwischen Francesco Sassetti und dessen Bruder Bartolomeo die Gestalt Lorenzo de' Medicis erkannte."[21]

Die Tafel des *Mnemosyne*-Atlas ist also einerseits eine – interpretierende – Montage, die visuelle Bezugspunkte auf dem schwarzen Tuch anordnet, entweder in Polaritäten oder in Serien von Ausschnitts-„Photogrammen". Zugleich nimmt sie – und sei es nur partiell – zur Kenntnis, daß die Kapelle sich selbst als eine Art Gedächtnis darbietet, als riesiges, auf den Wänden der Florentiner Kirche ausgebreitetes Album, als ein Raum ikonographischer und zeitlicher Montage. Die „Gegenwart" der Porträts nimmt den Tod der Stifter vorweg: Es handelt sich um eine Grabkapelle, in der die Bilder Sassettis und seiner Frau sich neben deren Sarkophagen befinden. Die „Vergangenheit" der Franziskanerlegende und der Christusgeschichte dient als Vorbild für die „Zukunft" der Auferstehung. Auf dem Altarbild wird ein göttliches Kind geboren, den Kopf auf den Sockel eines antiken Sarkophags gestützt; in der darüber dargestellten Szene erlebt ein totes Kind seine Auferstehung: eine Anspielung auf ein Familiendrama der Sassettis; und darüber wiederum kommen Kinder aus dem Boden hervor. All das unter der liturgischen Autorität des Altars und seiner (mit Hilfe der Eucharistie) unendlich verlängerbaren „realen Gegenwart".

Ghirlandaio *montierte* also in seinen Fresken alle Bereiche des Heiligen und des Profanen, des Privaten und des Öffentlichen, des fernen Raums (Bethlehem) und des nahen Raums (Florenz), der Christusgeschichte und der Franziskanergeschichte (die deren Nachahmung darstellt), des realistischen Stils des Nordens und des antikisierenden Stils des Südens, der Bedeutungswerte des Mittelalters und der Bedeutungswerte der Renaissance, des intellektuellen Humanismus und des bürgerlichen „Materialismus", der Geburt und des Todes in jeglicher Gestalt – um all das in ein großes christliches Bildsystem zu integrieren, in dem allenthalben das Nachleben der heidnischen Antike zu spüren ist.[22]

Das erste Vorbild des *Mnemosyne*-Atlas ist daher in der Struktur der Objekte zu suchen, die er befragt und die er analytisch „demontiert" und „remontiert". Der Atlas erlaubt es einerseits, die „nachlebenden Bildungen" als Montagen zu begreifen – das gilt für Ghirlandaio, aber auch für die Fresken-Bilderrätsel im Palazzo Schifanoia, die in den Konstantinbogen eingelassenen Reliefs oder die rätselhaften Assemblagen, die auf Dürers Kupferstich *Melancholie I* abgebildet sind. Andererseits helfen die Bilder dieser Bildtradition, Bedeutung und Verankerung solch einer Erkenntnis durch Montage zu begreifen (deren Neuartigkeit uns auf den „Strudel des Ursprungs" verweist, um hier ein Wort von Walter Benjamin zu paraphrasieren). Sorgt der *Mnemosyne*-Atlas nicht gerade für eine Verbindung, eine

21 Ebd., S. 72.
22 Ebd., S. 74.

wechselseitige Bereicherung, zwischen Kunst und Wissen, Sinnlichem und Geistigem?[23] Warburg selbst versuchte das jedenfalls in seinem Atlas zu realisieren.

Dank der Arbeit an seinem Atlas, so schrieb er im September 1928 an seinen Bruder Max, könne er nun besser verstehen und zeigen, daß konkretes und abstraktes Denken keinen klaren Gegensatz, sondern einen organischen Kreis der geistigen Fähigkeiten des Menschen bildeten. In seinem *Mnemosyne*-Atlas hoffe er, diese Dialektik in ihrer geschichtlichen Entwicklung darstellen zu können.[24] [...]

Wie der *Mnemosyne*-Atlas mit dem Zwischenraum der Felder spielt (arbeitet), so auch mit dem *Zwischenraum der Bedeutungen.* Es gibt keine symbolische Welt ohne Herstellung einer Distanz, ohne „Distanzierung".[25] Es gibt keine Schöpfung von Bildern ohne die rhythmische Bewegung dieser Distanz (Bedeutung) mit der „Verleihung" (Sinnlichkeit). Überall herrscht also der Zwischenraum. Das ist ein fundamentales *psychisches Gesetz,* das schon Vignoli gesehen hatte[26] und das Freud später mit seiner Symptomtheorie verknüpfte, etwa wenn er von den „Positionen des Verdrängten und Einbruchsstellen desselben in die Ichorganisation" spricht, die gleichsam „Grenzstationen mit gemischter Besetzung" seien.[27] [...]

Nun kann aber ein „Zwischen-Sinn" nur in der „Zwischen-Zeit" eines Skandierens oder einer rhythmischen Synkope entstehen, ob nun in der Artikulation eines Satzes oder im Kontinuum eines Bildes. Alle Schwingungsphänomene, die Warburg erforschte oder erlebte und mit dem Herzschlag verglich (mit der Diastole der Entspannung und der Systole der Kontraktion), hängen mit dieser Intervallzeit zusammen, die das „Nichts" des Schweigens bildet, in dem das Leben in der Schwebe scheint. Der Herzrhythmus ist nicht binär (starker Schlag, schwacher Schlag), sondern ternär (starker Schlag, schwacher Schlag, Schweigen): „Das Nichts zählt also mindestens ebensoviel wie der Schlag, und vielleicht sogar mehr, denn ohne das Nichts gäbe es keinen Schlag."[28] Der eigentliche Sinn der von Warburg ans Licht

---

23 Siehe F. A. Yates 1996 (zweifellos die „warburgischste" aller nach dem Krieg am Londoner Institut entstandenen Studien).

24 A. Warburg, Brief an seinen Bruder Max vom 5. September 1928 (siehe M. Ghelardi 2001, S. 184).

25 Ders. 1923c, S. 55.

26 T. Vignoli 1895, S. 65–106 (*„Intorno ad aleuni intervalli di una serie co-ordinata di atti psichici"*).

27 S. Freud 1926, S. 243. Auch in einem Brief an W. Fließ vom 16. April 1896 spricht Freud von einem „Zwischenreich"; siehe ders. 1894–1904, S. 191.

28 P. Sauvanet 2000, S. 113. Der Autor zitiert auf der nachfolgenden Seite einen großartigen Satz von Nabokov: „Vielleicht ist das einzige, was auf einen Zeitsinn hinweist, Rhythmus; nicht die wiederkehrenden Schläge des Rhythmus, sondern die Lücke zwischen zwei schwarzen Schlägen, die graue Lücke zwischen zwei schwarzen Schlägen: das zeitliche Intervall" (dt.

gebrachten Montagen wäre danach, rhythmisch zu denken: Der Zwischenraum, das *Intervall,* ist letztlich vor allem als *zeitliches Intervall* zu verstehen.

Aus diesem Blickwinkel erscheint Warburgs Erfahrung als ein unablässiger rhythmischer Tanz, dessen Struktur, die durchlöcherte Bewehrung unserer Existenz, die Zeiten weben. Die ganze, von Binswanger so geschätzte und von Warburg aufgegriffene Vorstellung einer „inneren Lebensgeschichte" gründet in dieser diskontinuierlichen zeitlichen Textur, die andere phänomenologisch ausgerichtete Psychiater und andere Psychoanalytiker der nachfolgenden Generationen so präzise wie möglich zum Ausdruck zu bringen versuchten.[29] Das Wesentliche hatte Warburg jedoch mit seinem zentralen Leitmotiv und epistemologischen Modell angesprochen: *Mnemosyne* erfordert vor allem deshalb eine „Ikonologie des Zwischenraums", weil das Nachleben selbst eine am Intervall orientierte Theorie der Zeit erfordert oder besser gesagt: eine *Theorie der Intervalle als konstitutive Bedingung der Zeit.*

*Aus dem Französischen von Michael Bischoff*

**Textnachweis:** Georges Didi-Huberman (2002): Le montage *Mnemosyne:* tableaux, fusées, détails, intervalles. In: L'image survivante. Histoire de l'art et temps des fantômes selon Aby Warburg. Paris: Les Editions de Minuit, S. 452–506. Deutsche Fassung: Didi-Huberman, Georges: Die *Mnemosyne*-Montage: Tafeln, Raketen, Details, Intervalle. In: Ders.: Das Nachleben der Bilder. Kunstgeschichte und Phantomzeit nach Aby Warburg. Frankfurt am Main: Suhrkamp 2010, S. 499–559; hier: S. 499–500, 504–505, 506, 522–526, 532–533, 533–538, 554–555, 556–557.
Copyright der deutschen Ausgabe Suhrkamp Verlag Frankfurt am Main 2010.

zit. n. Vladimir Nabokov, *Ada oder das Verlangen,* übers. von U. Friesel und M. Therstappen, Reinbek bei Hamburg: Rowohlt, 1974, S. 510).

29 L. Binswanger 1924, S. 71–94. Siehe E. Minkowski 1933, S. 22. Zu einem psychoanalytischen Verständnis des Intervalls siehe P. Fedida 1977, S. 139–151; ders. 1978; J.-B. Pontalis 1977. Zu einem rein phänomenologischen Ansatz siehe B. Kimura 1988.

# William J.T. Mitchell: Was will das Bild? (1997)

In der jüngeren Literatur zur Visual Culture und Kunstgeschichte waren die vorherrschenden Fragen zum Bild interpretativ und rhetorisch. Wir möchten gerne darüber Bescheid wissen, was Bilder bedeuten und was sie bewirken: wie sie als Zeichen und Symbole kommunizieren und über welche Art von Macht sie verfügen, menschliche Emotionen und Verhaltensweisen hervorzurufen. Sobald die Frage nach dem Begehren aufgeworfen wird, wird dieses gewöhnlich in den Produzenten oder Konsumenten von Bildern verortet, wobei das Bild als ein Ausdruck für das Begehren des Künstlers behandelt wird bzw. als ein Mittel, in einem Betrachter ein Begehren hervorzurufen. In diesem Kapitel möchte ich den Ort des Begehrens in das Bild selbst verlagern und die Frage stellen, was es will. […]

Um Zeit zu sparen, möchte ich von der Annahme ausgehen, dass wir imstande sind, unsere Zweifel an der Grundprämisse der Frage *Was will das Bild?* außer Kraft zu setzen. Mir ist sehr wohl bewusst, dass es eine bizarre, vielleicht sogar eine anstößige Frage ist. Es ist mir klar, dass sie eine Subjektivierung des Bildes, eine dubiose Personifikation unbelebter Objekte mit sich bringt, dass sie mit einer rückschrittlichen, abergläubischen Haltung gegenüber Bildern liebäugelt, einer Haltung, die uns, sofern sie denn ernst genommen wird, in Praktiken wie Totemismus, Fetischismus, Idolatrie und Animismus zurückfallen ließe. […] Es sind dies Praktiken, die die meisten modernen, aufgeklärten Menschen in ihren ursprünglichen Formen (der Anbetung von materiellen Gegenständen; der Behandlung von unbelebten Objekten wie z. B. Puppen, als wären sie lebendig) misstrauisch als primitiv, psychotisch oder kindisch betrachten und in ihren modernen Erscheinungsformen (dem Fetischismus entweder von Waren oder von neurotischen Perversionen) als pathologische Symptome auffassen.

Ich bin mir ebenfalls ziemlich gut darüber im Klaren, dass diese Frage wie die geschmacklose Inbesitznahme einer Untersuchung erscheinen mag, die an sich für andere Menschen bestimmt ist, besonders für die Gruppen von Menschen, die

© Springer Fachmedien Wiesbaden GmbH, ein Teil von Springer Nature 2019
A. Ziemann (Hrsg.), *Grundlagentexte der Medienkultur*,
https://doi.org/10.1007/978-3-658-15787-6_19

Gegenstand von Diskriminierung und Opfer von vorurteilsbehafteten Bildern gewesen sind. In der Frage klingen die ganzen Untersuchungen zum Begehren des niedergeschlagenen Anderen nach, der Minderheiten oder der Untergeordneten, Untersuchungen, die so wesentlich für die Entwicklung der modernen Studien zu Geschlecht, Sexualität und Ethnizität gewesen sind. […] „Was will der schwarze Mensch?" ist die Frage, die Franz Fanon, die Verdinglichung von Menschlichkeit und Négritude in einem einzigen Satz riskierend, aufwirft.[1] „Was will das Weib?" lautet die Frage, auf die Freud selbst keine Antwort fand.[2] Frauen und Farbige haben dafür gekämpft, jene Fragen direkt an- bzw. aussprechen zu können, dafür, Aussagen über ihr eigenes Begehren zu artikulieren. Es fällt schwer, sich vorzustellen, wie Bilder das Gleiche tun könnten bzw. wie irgendeine Untersuchung dieser Art auch nur mehr als ein unaufrichtiges oder (bestenfalls) unbewusstes Bauchreden sein könnte; so als stellte Edgar Bergen seiner Puppe Charly McCarthy die Frage: „Was wollen Puppen?"[3] […]

Wie lautet nun die Moral für die Bilder? Wenn jemand all die Bilder befragen könnte, die ihm innerhalb eines Jahres begegnen, welche Antworten würden sie ihm geben? Gewiss, viele Bilder würden die „falschen" Antworten geben, die Chaucer aufgelistet hat, d.h.: Bilder würden gerne sehr viel Geld wert sein; sie würden gerne bewundert und als schön gepriesen werden; sie würden gerne von zahlreichen Liebhabern angebetet werden. Vor allem aber würden sie nach einer gewissen Macht über den Betrachter verlangen. So fasst der Kunsthistoriker und Kunstkritiker Michael Fried die „ursprüngliche Konvention" von Gemälden mit den Worten zusammen: „Ein Bild […] sollte den Betrachter zunächst anziehen, ihn dann innehalten lassen und schließlich fesseln; das heißt, ein Gemälde sollte jemanden ansprechen, ihn veranlassen, vor ihm anzuhalten, und ihn dann festhalten, als ob er gebannt und bewegungsunfähig wäre."[4] Das Begehren des Bildes liegt, kurz gesagt, darin, mit dem Betrachter die Position tauschen zu wollen, ihn zum Erstarren zu bringen oder zu lähmen; es strebt danach, durch etwas, das man den „Medusa-Effekt" nennen könnte, aus dem Betrachter ein Bild für den eigenen Blick zu machen. Dieser Effekt ist vielleicht der deutlichste Beweis, den wir dafür haben, dass die Macht der Bilder und die der Frauen einander als Modelle dienen

1 Franz Fanon, Schwarze Haut, weiße Masken. Aus dem Frz. von Eva Moldenhauer (Frankfurt/M.: Suhrkamp 1985), S. 7.

2 Ernest Jones berichtet, dass Freud einst gegenüber Prinzessin Marie Bonaparte ausrief: „Was will das Weib?" Vgl. Peter Gay, The Freud Reader (New York: Norton 1989), S. 670.

3 Edgar Bergen (1903–1978) war ein amerikanischer Bauchredner, der im USRadio besonders zwischen 1937 und 1956 gemeinsam mit seiner Puppe Charlie McCarthy Berühmtheit erlangte; d. Übers.

4 Michael Fried, Absorption and Theatricality (Chicago: University of Chicago Press 1980), S. 92.

und dass es sich dabei um ein Modell von Bildern und Frauen handelt, das erniedrigt, verstümmelt und kastriert ist.[5] Die Macht, die sie wollen, manifestiert sich *als Mangel,* nicht als Besitz. [...]

Ich beginne mit einem Bild, das sein Herz auf der Zunge trägt – dem berühmten „Onkel Sam"-Rekrutierungsposter, das James Montgomery Flagg während des Ersten Weltkrieges für die US-Armee entworfen hat (Abb. 1). Es ist ein Bild, dessen Forderungen, wenn auch nicht unbedingt dessen Begierden, vollkommen klar und direkt auf ein bestimmtes Objekt konzentriert zu sein scheinen: Es verlangt nach „dir", d. h. nach denjenigen jungen Männern, die aufgrund ihres Alters für den Militärdienst in Frage kommen.[6] Das unmittelbare Ziel des Bildes scheint eine Variante des Medusa-Effekts zu sein: Es „hält" den Betrachter mit Worten „an" und versucht, ihm durch seinen direkten Blick sowie (das wundervollste Merkmal des Bildes) den perspektivisch verkürzten, auf den Betrachter zeigenden Finger festzunageln, ihn aus der Menge herauszugreifen, anzuklagen, auszuersehen und zu befehligen. Doch stellt das Begehren, den Betrachter festzunageln, nur ein momentanes und vorübergehendes Ziel dar. Das langfristige Anliegen ist es, den Betrachter anzutreiben und zu mobilisieren, ihn zur „nächsten Rekrutierungsstation" zu schicken und ihn letztlich in Übersee für sein Land kämpfen und möglicherweise sterben zu lassen.

**Abbildung 1** James Montgomery Flagg, Uncle Sam, Erster Weltkrieg

Bislang handelt es sich hier allerdings bloß um eine Deutung dessen, was man die offenkundigen Zeichen eines eindeutigen Begehrens nennen könnte. Die Geste der zeigenden oder lockenden Hand ist ein weitverbreitetes Merkmal moderner Rekrutierungsposter (Abb. 2). Um der Sache tiefer auf den Grund zu kommen, müssen wir fragen, wonach das Bild im Sinne eines Mangels verlangt. An dieser Stelle ist ein Vergleich zwischen dem US-amerikanischen und einem deutschen

5 Vgl. Neil Hertz, „Medusas Head: Male Hysteria under Political Pressure", in: Representations 4 (Herbst 1983), S. 27–54, sowie meine Erörterungen zur Medusa in Picture Theory, S. 171–177.

6 Ich berufe mich hier auf die Lacan'sche Unterscheidung zwischen Begehren, Anspruch und Bedürfnis. [...]

**Abbildung 2** Deutsches Rekrutierungsposter, ca. 1915/16

Rekrutierungsposter aufschlussreich. Das Letztere zeigt ein Bild, auf dem ein junger Soldat seine Kameraden anhält und sie zur Brüderlichkeit des ehrenvollen Todes im Felde aufruft. Demgegenüber geht *Onkel* Sam, wie schon sein Name andeutet, eine schwächere, indirektere Beziehung mit dem potenziellen Rekruten ein. Er ist ein älterer Herr, dem es für den Kampf an jugendlicher Vitalität und, was vielleicht sogar noch bedeutender ist, an direkter Blutsverwandtschaft, die eine Vaterlandsfigur evozieren würde, fehlt. Er bittet junge Männer darum, in den Kampf zu ziehen und in einem Krieg zu sterben, an dem weder er noch seine Söhne teilnehmen werden. Es gibt keine „Söhne" des Onkel Sam, bloß „echte Neffen", wie George M. Cohan es formuliert hat; Onkel Sam selbst ist unfruchtbar, eine Art abstrakte Pappfigur, die über keinen Körper, kein Blut verfügt, die aber die ganze Nation verkörpert und die Söhne anderer Männer dazu aufruft, ihre Körper und ihr Blut dahinzugeben. […]

Was also will dieses Bild? Eine vollständige Analyse würde uns tief in das politische Unbewusste einer Nation führen, die nominell als entkörperlichte Abstraktion, als aufgeklärtes Gemeinwesen von Gesetzen und nicht von Menschen, als Gemeinwesen von Prinzipien und nicht von Blutsverwandten vorgestellt wird; einer Nation, die in Wirklichkeit ein Ort ist, an dem alte weiße Männer junge Männer und Frauen aller Rassen (darunter eine disproportional hohe Zahl an farbigen Menschen) aussenden, damit diese für sie ihre Kriege führen. Es ist Fleisch – Körper und Blut –, woran es dieser realen wie auch der vorgestellten Nation mangelt, und was diese ausschickt, um es zu bekommen, ist ein hohler Mann, ein Fleischlieferant – oder vielleicht einfach nur ein Künstler. Das zeitgenössische Vorbild für das Onkel-Sam-Poster war, wie sich herausstellte, James Montgomery Flagg höchstselbst. Onkel Sam ist daher ein Selbstporträt des patriotischen amerikanischen Künstlers, der sich, gehüllt in den Landesfummel, in Millionen von identischen Drucken selbst reproduziert – eine Form von Fertilität, die Bildern und Künstlern zur Verfügung steht. Die „Körperlosigkeit" seines massenweise produzierten Bildes wird im Verhältnis zu den Rekrutierungsstationen (und den Körpern der realen Rekruten) im ganzen Land durch dessen konkrete Verkörperung und Verortung *als Bild* […] wettgemacht. […]

Was also will das Bild? Gibt es irgendwelche allgemeinen Schlüsse, die wir aus diesem schnellen Überblick ziehen können?

Der erste Gedanke, der sich bei mir einstellt, ist der, dass ich – trotz meiner Anfangshaltung, mich von Fragen nach Sinn und Macht entfernen zu wollen, um stattdessen der Frage nach dem Begehren nachzugehen – kontinuierlich um semiotische, hermeneutische und rhetorische Verfahrensweisen gekreist bin. Die Frage nach dem, was Bilder wollen, schließt ganz gewiss die Interpretation von Zeichen nicht aus. Alles, was diese Frage zutage fördert, ist eine subtile Verlagerung des Interpretationsziels, eine leichte Modifikation des Bildes, das wir von Bildern selbst (und vielleicht auch von Zeichen) haben. [...] Die Schlüssel zu dieser Modifikation/Verlagerung sind (1) die Zustimmung zur konstitutiven Fiktion von Bildern als „belebten" Wesen, Quasi-Akteuren, Pseudo-Personen; sowie (2) die Auslegung von Bildern nicht als souveräne Subjekte oder entkörperlichte Seelen, sondern als Subalterne, deren Körper mit dem Stigma der Differenz gezeichnet sind und die im sozialen Feld menschlicher Visualität sowohl als „Vermittler" als auch als Sündenböcke dienen. Wesentlich für diesen strategischen Kurswechsel ist, dass wir das Begehren der Bilder nicht mit dem Begehren des Künstlers, Betrachters oder gar dem Begehren der auf einem Bild abgebildeten Figuren verwechseln. Was Bilder wollen, ist nicht das Gleiche wie die Botschaft, die sie kommunizieren, oder die Wirkung, die sie erzeugen; es ist noch nicht einmal das Gleiche wie das, was sie zu wollen vorgeben. Bilder mögen, ähnlich wie wir Menschen, nicht wissen, was sie wollen; ihnen muss durch einen Dialog mit anderen dabei geholfen werden, sich das, was sie wollen, wieder ins Bewusstsein zurückzurufen. [...]

Was Bilder von uns verlangen, was wir versäumt haben, ihnen zu geben, ist ein Begriff von Visualität, der ihrer Ontologie entspricht. Die derzeitigen Debatten über Visual Culture erscheinen oft als abgelenkt durch eine Rhetorik der Innovation und Modernisierung. Sie möchten die Kunstgeschichte aktualisieren, indem sie mit den textbasierten Disziplinen und mit der Filmwissenschaft sowie den Studien zur Massenkultur gleichzuziehen suchen. Sie möchten die Unterscheidung zwischen höherer und niederer Kultur aufheben und die „Kunstgeschichte" in eine „Bildgeschichte" transformieren. Sie möchten mit dem angeblichen Vertrauen der Kunstgeschichte auf naive Begriffe der „Ähnlichkeit oder Mimesis" „brechen", mit den abergläubischen „natürlichen Haltungen", die Bildern entgegengebracht werden und die so schwer auszumerzen zu sein scheinen.[7] Sie berufen sich auf „semiotische" bzw. „diskursive" Modelle von Bildern, die diese als ideologische Projektionen offenlegen, als Herrschaftstechniken, denen mittels einer scharfsichtigen Kritik entgegengewirkt werden muss. [...]

---

7 Vgl. Michael Taussigs Kritik an der gemeinhin vertretenen Annahme, dass die „naive Mimesis" „bloß" Nachahmung oder „bloß" eine realistische Darstellung sei, in: Mimesis und Alterität, übersetzt von Regina Mundel und Christoph Schirmer (Hamburg: Europäische Verlagsanstalt 1997), S. 55–56.

Es geht nicht so sehr darum, dass diese Auffassung von Visual Culture falsch oder unfruchtbar ist. Ganz im Gegenteil hat sie in den schläfrigen Gefilden der akademischen Kunstgeschichte eine bemerkenswerte Transformation ausgelöst. Aber ist das alles, was wir wollen? Oder (um es treffender zu sagen) ist das alles, was Bilder wollen? Der am tiefsten greifende Umschwung, der durch die Suche nach einer adäquaten Konzeption von Visual Culture angezeigt wird, ist die Betonung des sozialen Feldes des Visuellen, der alltäglichen Prozesse des Blickens auf andere und des Angeblickt-Werdens von anderen. Dieses komplexe Feld visueller Reziprozität ist nicht bloß eine Begleiterscheinung der sozialen Wirklichkeit, sondern es stellt einen aktiven, konstitutiven Faktor dieser Wirklichkeit dar. Das Sehen ist in der Vermittlung sozialer Beziehungen ebenso bedeutsam wie die Sprache, und es lässt sich nicht auf Sprache, „Zeichen" oder einen Diskurs reduzieren. Bilder wollen die gleichen Rechte wie die Sprache haben, sie wollen nicht in Sprache umgemünzt werden. Weder wollen sie in eine „Bildgeschichte" eingeebnet noch zur „Kunstgeschichte" erhoben werden, sondern sie wollen als komplexe Individuen angesehen werden, die mannigfache Standpunkte und Identitäten eines Subjekts einnehmen.[8] Sie verlangen nach einer Hermeneutik, die zur Anfangshaltung von Erwin Panofskys Ikonologie zurückkehrt: Bevor Panofsky sein Interpretationsverfahren ausführt, vergleicht er die erste Begegnung mit einem Bild mit der Begegnung mit „einem Bekannten", „der mich auf der Straße grüßt".[9]

Was Bilder wollen, ist also nicht, von ihren Betrachtern interpretiert, dekodiert, verehrt, zerschmettert, entlarvt oder entmystifiziert zu werden oder ihre Betrachter zu fesseln. Bilder mögen noch nicht einmal wollen, dass ihnen von wohlmeinenden Kommentatoren, die glauben, dass Menschlichkeit das größte Kompliment darstellt, das man Bildern machen kann, Subjektivität oder Personhaftigkeit zugeschrieben wird. Die Begierden der Bilder mögen unmenschlich oder nichtmenschlich sein und sind vielleicht viel eher Tiergestalten, Maschinen oder Cy-

8 Eine andere Möglichkeit, dies auszudrücken, wäre zu sagen, dass Bilder nicht auf die Begrifflichkeit einer systematischen Linguistik reduziert werden wollen, die in einem einheitlich-cartesianischen Subjekt fundiert ist. Vielmehr möchten sie für eine „Poetik des Kundgebens" offen sein, die Julia Kristeva in so überzeugender Weise in ihrem wegweisenden Text „Desire in Language" (New York: Columbia University Press 1980) von der Literatur auf die bildende Kunst übertragen hat. Siehe besonders „The Ethics of Linguistics" zur Zentralität von Poetik und Poesie sowie „Giotto's Joy" zu den Mechanismen der jouissance in den Fresken Assisis.

9 Erwin Panofsky, „Ikonographie und Ikonologie. Eine Einführung in die Kunst der Renaissance", in: Sinn und Deutung in der bildenden Kunst (Köln: DuMont 2002), S. 36 f. Für eine weitergehende Erörterung dieses Punktes vgl. meinen Aufsatz „Iconology and Ideology: Panofsky, Althusser, and the Scene of Recognition", Epilog zu: Refraiming the Renaissance: Visual Culture in Europe and Latin America, 1450–1650, hrsg. von Claire Farago (New Haven, CT: Yale University Press 1991), S. 292–300.

borgs vergleichbar oder sogar noch einfacheren Bildern – dem, was Erasmus Darwin die „Leidenschaften der Pflanzen“ nannte. Was Bilder also letztendlich wollen, ist, einfach danach gefragt zu werden, was sie wollen – unter der Voraussetzung, dass die Antwort sehr wohl lauten mag: überhaupt nichts.

*Aus dem Englischen von Achim Eschbach,*
*Anna-Victoria Eschbach und Mark Halawa*

**Textnachweis:** William J. T. Mitchell (1997): What do Pictures Want? An Idea of Visual Culture. In: Terry Smith (Hg.): In Visible Touch: Modernism and Masculinity. Sydney: Power Publications, S. 251–232. Deutsche Fassung: Mitchell, W. J. T.: Was will das Bild? In: Ders.: Das Leben der Bilder. Eine Theorie der visuellen Kultur. 2. Auflage. München 2012: C.H. Beck (ISBN 978-3-406-57359-0), S. 46–77; hier: S. 46, 47–48, 54, 55–57, 65–68.

# Stuart Hall: Das Spektakel des ‚Anderen' (1997)

## 1. Einleitung

Wie repräsentieren wir Menschen und Orte, die sich wesentlich von uns unterscheiden? Warum ist ‚Differenz' ein so zwingendes Thema, ein so umkämpfter Bereich der Repräsentation? Was ist die geheime Faszination der von ‚Andersheit' und warum bezieht sich alltagskulturelle Repräsentation so häufig darauf? Welche typischen Formen und Praktiken werden heute angewandt, um ‚Differenz' in der Alltagskultur zu repräsentieren und wo kommen diese populären Figuren und Stereotypen her? Dies sind einige der Fragen, die wir in diesem Artikel behandeln werden. Wir werden uns dabei vor allem solchen Repräsentationspraktiken zuwenden, die wir ‚Stereotypisieren' nennen, und hoffen, damit verständlich zu machen, wie das ‚Spektakel des Anderen' funktioniert. Was in diesem Zusammenhang über *race*[1] gesagt wird, kann auch auf andere Dimensionen der Differenz wie Geschlecht, Sexualität, Klasse und Behinderung übertragen werden.

Unser Fokus richtet sich auf die vielfältigen Bilder, die in der Alltagskultur und den Massenmedien zur Schau gestellt werden. Dazu gehören unter anderem kommerzielle Werbebilder und Illustrationen aus Magazinen, die *race* Stereotypen aus der Zeit der Sklaverei oder des populären Imperialismus des späten neunzehnten Jahrhunderts transportieren. Im vorliegenden Text werden diese Geschichten auf die Gegenwart bezogen. Er beginnt daher mit Bildern aus der konkurrenzgeprägten Welt der modernen Leichtathletik. Die Frage, vor die uns dieser historische Vergleich stellt, ist folgende: Hat sich das Repertoire der Repräsentationen von

1 Die Übersetzung von „rassische Differenz" wird hier und im Folgenden in *race* modifiziert. *Weiß* wird hier markiert, um darauf aufmerksam zu machen, dass es häufig als unmarkiert oder vermeintlich neutral verstanden wird [J. B.].

© Springer Fachmedien Wiesbaden GmbH, ein Teil von Springer Nature 2019
A. Ziemann (Hrsg.), *Grundlagentexte der Medienkultur*,
https://doi.org/10.1007/978-3-658-15787-6_20

‚Differenz' und ‚Andersheit' verändert oder sind in der heutigen Gesellschaft nach wie vor Elemente aus früheren Epochen lebendig?

Die theoretische Diskussion um ‚Stereotypisierung' als Repräsentationspraxis wird hier somit nicht um ihrer selbst Willen geführt, sondern in die historischen Beispiele eingewoben. Der Artikel endet mit der Betrachtung einer Anzahl unterschiedlicher Strategien, die darauf ausgerichtet sind, in das Feld der Repräsentation einzugreifen, ‚negative' Bilder in Frage zu stellen, und Praktiken der Repräsentation rund man das Thema ‚Rasse' eine ‚positivere' Richtung zu geben. Dabei wird die Frage aufgeworfen, ob es eine effektive ‚Politik der Repräsentation' geben kann. Bereits an dieser Stelle sei darauf hingewiesen, dass Repräsentation als Konzept und Praxis eine komplexe Angelegenheit ist. Sie mobilisiert, besonders wenn sie mit ‚Differenz' arbeitet, im Betrachter oder in der Betrachterin tief sitzende Gefühle, Geisteshaltungen, Ängste und Befürchtungen, für die es keine einfache, dem Alltagsverstand zugänglichen Erklärungen gibt. [...]

## 2.3 Die Signifizierung von *race*

Populäre Repräsentationen von *race* während der Zeit der Sklaverei tendierten dazu, sich um zwei Hauptthemen zu gruppieren. Erstens um den untergeordneten Status und die ‚inhärente Faulheit' von Schwarzen, die ‚von Natur aus' nur zur Knechtschaft geboren und fähig, gleichzeitig aber sturer Weise unwillig seien, auf eine Art zu arbeiten, die ihrer Natur angemessen und profitabel für ihre Herren war. Zweitens um ihre inhärente ‚Ursprünglichkeit', ihre Einfachheit und ihren Mangel an Kultur, die sie genetisch unfähig [...] zur Zivilisierung machten. *Weiße* amüsierten sich ungeheuer über die Anstrengungen der Sklaven, die Sitten und Bräuche der so genannten ‚zivilisierten' *weißen* Bevölkerung zu imitieren. (In Wirklichkeit parodierten Sklaven oft absichtlich die Verhaltensweise ihrer Herren durch ihre übertriebenen Imitationen, lachten über die *Weißen* hinter deren Rücken und ‚verulkten' sie. Diese Praxis – *Signifizieren* genannt – ist mittlerweile als ein etablierter Teil der schwarzen mundartlichen literarischen Tradition anerkannt.)

Typisch für dieses rassisierte Repräsentationsregime war die Praxis, die Kulturen von Schwarzen auf Natur zu reduzieren, oder ‚Differenz' zu *naturalisieren*. Die Logik des Naturalisierens ist einfach. Wenn die Unterschiede zwischen Schwarzen und *Weißen* ‚kulturell' sind, können sie modifiziert und verändert werden. Wenn sie jedoch ‚natürlich' sind – wie die Sklavenhalter glaubten –, dann befinden sie sich jenseits von Geschichte, sind permanent und festgeschrieben. ‚Naturalisierung' ist deshalb eine Strategie der Repräsentation, die dazu da ist, ‚Differenz' festzuschreiben, und sie so *für immer zu sichern*. Sie ist ein Versuch, das unvermeidbare ‚Entgleiten' von Bedeutung aufzuhalten und eine diskursive und ideologische ‚Schließung' sicherzustellen.

Im achtzehnten und neunzehnten Jahrhundert wurden populäre Repräsentationen des alltäglichen Lebens unter Sklaverei, Eigentum und Knechtschaft als so ‚natürlich' dargestellt, dass sie *keinen Kommentar* erforderten. Es war Teil der natürlichen Ordnung der Dinge, dass *weiße* Männer sitzen sollten und Sklaven stehen; dass *weiße* Frauen ritten und Sklaven hinter ihnen herrannten, um ihnen mit einem Sonnenschirm Schatten zu spenden; dass *weiße* Aufseher weibliche Sklaven wie zur Schau ausgestellte Tiere inspizierten; oder entlaufene Sklaven mit willkürlichen Formen der Folter (wie sie mit einem Brandzeichen zu kennzeichnen oder in ihren Mund zu urinieren) straften; und dass Sklaven nach einer missglückten Flucht niederknieten um ihre Strafe zu empfangen [...]. Auf der anderen Seite gibt es einige Repräsentationen, die idealisieren und sentimentalisieren anstatt zu erniedrigen, jedoch auch stereotyp bleiben. Dies sind die ‚edlen Wilden', komplementär zu den ‚erniedrigten Dienern' der vorangegangenen Art. Zum Beispiel die unendlichen Repräsentationen des ‚guten' christlichen schwarzen Sklaven, wie ‚Onkel Tom', in Harriet Beecher Stowes gegen die Sklaverei gerichteten Roman *Onkel Toms Hütte* oder die gutgläubige und treu ergebene Haussklavin, die *Mammy.* Eine dritte Gruppe ist auf einer zweideutigen mittleren Ebene angesiedelt – toleriert, jedoch nicht bewundert. Sie umfasst die ‚glücklichen Eingeborenen' – schwarze Unterhaltungskünstler, *Minstrels* [...] und Banjospieler, die scheinbar kein Gehirn im Kopf hatten aber den ganzen Tag sangen, tanzten und Witze machten, um die *weiße* Bevölkerung zu unterhalten; oder die *Tricksters* [...], die bewundert wurden für ihre cleveren Methoden, harte Arbeit zu umgehen und für ihre Geschichten, wie ‚Onkel Remus'.

Für die Schwarzen wurden ‚Ursprünglichkeit' (Kultur) und ‚Schwarzheit' (Natur) austauschbar. Es war ihre ‚wahre Natur', der sie nicht entrinnen konnten. Wie es auch oft bei der Repräsentation von Frauen der Fall gewesen ist, *war* ihre Biologie ihr ‚Schicksal'. Schwarze wurden nicht durch ihre wesentlichen Charaktereigenschaften repräsentiert. Sie wurden *auf ihr Wesen reduziert.* Faulheit, Gutgläubigkeit, geistloses ‚Cooning', also dumm-blöde Tricksereien und Kindlichkeit, waren *Schwarzen als einer Rasse, einer Spezies* eigen. Der niederkniende Sklave hatte nichts *als* seine Unterwürfigkeit, ‚Onkel Tom' nichts *außer* seinem christlichen Verzicht; *Mammy* nichts *als* ihre Treue zum *weißen* Haushalt und ihre zuverlässigen Kochkünste.

Kurz gesagt, dies alles sind Stereotypen. In Abschnitt 4 werden wir das Konzept der ‚Stereotypisierung' ausführlicher untersuchen. Hier reicht es festzuhalten, dass ‚stereotypisiert' bedeutet: „reduziert auf einige wenige Wesenheiten, in der Natur festgeschrieben durch einige wenige, vereinfachte Charakteristika." Stereotypisierung von Schwarzen in populärer Repräsentation war so verbreitet, dass Cartoonisten, Illustratoren und Karikaturisten mit ein paar einfachen Pinselstrichen das Wesen einer ganzen Galerie von ‚Schwarzen Typen' zusammenfassen konnten. Schwarze wurden auf die Signifikanten ihrer physischen Differenz – dicke Lippen, krauses Haar, breites Gesicht, breite Nase usw. – reduziert. Zum Beispiel die Spaßfigur *Golliwog*, die, als Puppe und Marmeladenemblem, kleine Kinder ganzer Generationen belustigt hat. Dies ist nur eine von vielen populären Figuren, die Schwarze auf ein paar vereinfachte, eingeschränkte und essentialisierte Merkmale reduziert. Jeder bezaubernde kleine *Piccaninny* wurde für Jahre unsterblich gemacht durch seine grinsende Unschuld auf den Buchdeckeln von *Little Black Sambo*. Schwarze Kellner servierten tausend Cocktails auf der Bühne, auf dem Bildschirm und in Zeitschriftenanzeigen. Das rundliche Gesicht der schwarzen *Mammy* lächelte einem noch ein Jahrhundert nach Abschaffung der Sklaverei auf jedem Paket von *Aunt Jemima's Pancakes* (Tante Jemimas Pfannkuchen) entgegen. […]

## 4. Stereotypisierung als Praxis der Signifikation

[…] Was ist also der Unterschied zwischen einem *Typ* und einem *Stereotyp?* Stereotype erfassen die wenigen „einfachen, anschaulichen, leicht einprägsamen, leicht zu erfassenden und weithin anerkannten" Eigenschaften einer Person, reduzieren die gesamte Person auf diese Eigenschaften, *übertreiben* und *vereinfachen* sie, und *schreiben* sie ohne Wechsel oder Entwicklung für die Ewigkeit *fest*. Dies ist der Prozess, den wir weiter oben beschrieben haben. Der erste Punkt ist also: Stereotypisierung *reduziert, essentialisiert, naturalisiert und fixiert* ‚Differenz'.

Zweitens wendet Stereotypisierung eine Strategie der ‚Spaltung' an. Sie trennt das Normale und Akzeptable vom Anormalen und Unakzeptablen ab, um letzteres dann als nicht passend und andersartig *auszuschließen* und *zu verbannen*. Dyer argumentiert, dass „ein System von sozialen Typen und Stereo-Typen sich auf das bezieht, was sich diesseits und jenseits der Grenzen der Normalität [also des Verhaltens, das in einer Kultur als ‚normal' akzeptiert ist] befindet. Typen kennzeichnen diejenigen, die den Regeln der Gesellschaft entsprechend leben (soziale Typen), und diejenigen, für deren Ausschluss die gesellschaftlichen Regeln geschaffen sind (Stereotypen). Aus diesem Grund sind Stereotypen auch starrer als soziale Typen. … Grenzen … müssen klar gezogen sein, und daher sind Stereotypen, als einer der Mechanismen der Aufrechterhaltung von Grenzen, typischerweise festgeschrieben, eindeutig, unveränderbar" (ebenda, S. 29). *Ein weiteres Kennzeichen von Stereotypisierung ist also ihre Praxis der ‚Schließung' und des Ausschlusses. Sie schreibt symbolisch Grenzen fest, und schließt alles aus, was nicht dazugehört.*

Mit anderen Worten ist Stereotypisierung Teil der Aufrechterhaltung der sozialen und symbolischen Ordnung. Sie errichtet eine symbolische Grenze zwischen dem ‚Normalen' und dem ‚Devianten', dem ‚Normalen' und dem ‚Pathologischen', dem ‚Akzeptablen' und dem ‚Unakzeptablen', dem was ‚dazu gehört' und dem, was ‚nicht dazu gehört' oder was ‚das Andere' ist, zwischen ‚Insidern' und ‚Outsidern', Uns und Ihnen. Sie vereinfacht das ‚Zusammenbinden' oder ‚Zusammenschweißen' zu einer ‚imaginierten Gemeinschaft'; und sie schickt alle ‚Anderen', alle diejenigen, die in irgendeiner Weise anders, ‚unakzeptabel', sind, in ein symbolisches Exil. Mary Douglas (1966) hat zum Beispiel argumentiert, dass alles, was ‚fehl am Platze' ist, als verschmutzt, gefährlich, tabu angesehen wird. Um es herum gruppieren sich negative Gefühle. Es muss symbolisch ausgeschlossen werden, wenn die ‚Reinheit' der Kultur wiederhergestellt werden soll. Die feministische Theoretikerin Julia Kristeva nennt solche ausgestoßenen oder ausgeschlossenen Gruppen „abjected" (aus dem Lateinischen, wörtlich „hinausgeworfen") (Kristeva, 1982).

Drittens *tritt Stereotypisierung vor allem dort in Erscheinung, wo es große Ungleichheiten in der Machtverteilung gibt.* Macht ist gewöhnlich gegen die untergeordnete oder ausgeschlossene Gruppe gerichtet. Ein Aspekt dieser Macht ist laut Dyer *Ethnozentrismus* – „die Anwendung von Normen der eigenen Kultur auf die der Anderen" (Brown, 1965, S. 183). Wieder sollten wir uns Derridas Argument in Erinnerung rufen, dass wir es bei binären Gegensätzen wie Wir/Sie „nicht mit … friedlicher Koexistenz zu tun haben …, sondern mit einer gewaltförmigen Hierarchie. Einer der beiden Begriffe regiert … den anderen oder hat die Oberhand" (1972, S. 41).

Kurz gesagt, Stereotypisierung ist das, was Foucault eine Art von ‚Macht/Wissen'-Spiel genannt hat. Sie klassifiziert Menschen entsprechend einer Norm und konstruiert die Ausgeschlossenen als ‚anders'. Interessanterweise geht es dabei auch um etwas, was Gramsci einen Aspekt des Kampfes um Hegemonie genannt hätte. Wie Dyer feststellt, ist

> „die Etablierung von Normalität (d.h. dessen, was als ‚normal' akzeptiert wird) durch soziale und Stereo-Type (…) ein Aspekt der Verhaltensweise herrschender Gruppen (…), zu versuchen, die ganze Gesellschaft nach der eigenen Weitsicht, dem eigenen Wertesystem, dem eigenen Empfinden und der eigenen Ideologie zu formen. So richtig ist diese Weltsicht für die herrschenden Gruppen, dass sie sie für jeden so darstellen, wie sie ihnen selbst erscheint: als ‚natürlich' und ‚unvermeidbar' – und in dem Maße, in dem sie damit Erfolg haben, etablieren sie ihre Hegemonie" (Dyer, 1977, S. 30).

Hegemonie ist eine Form von Macht, die auf der Führung einer Gruppe in vielen Handlungsfeldern gleichzeitig beruht, so dass ihre Vormachtstellung über breite Zustimmung verfügt und als natürlich und unvermeidbar erscheint. […]

Auf die Frage, welche der Gegenstrategien die effektivsten sind, gibt es keine eindeutige Antwort. Repräsentation ist eine komplexe und ambivalente Praxis.

Das macht es schwierig, ein rassisiertes Repräsentationsregime zu demontieren oder zu untergraben – ein Vorhaben, für das es wie für so vieles in diesem Zusammenhang niemals eine absolute Garantie geben kann. Damit wird das Feld eröffnet für ‚Politiken der Repräsentation', für einen Kampf um Bedeutung, der andauert und nicht beendet ist.

*Aus dem Englischen von Kristin Carls und Dagmar Engelken*

**Textnachweis:** Stuart Hall (1997): The Spectacle of the ‚Other'. In: Ders. (Hg.): Representation: Cultural Representations and Signifying Practices. London: Sage, S. 225–279. Deutsche Fassung: Hall, Stuart: Das Spektakel des ‚Anderen'. In: Ders.: Ideologie, Identität, Repräsentation. Ausgewählte Schriften 4. Hamburg: Argument Verlag 2004, S. 108–166; hier: S. 108–109, 129–133, 142, 143–145, 165.

# Computing

# Zur Einführung

Moritz Hiller

Zu den gängigen Annahmen der Medienwissenschaft gehört, dass Medienkulturen sich anhand ihrer basalen Operationen als solche erkennen, beschreiben und unterscheiden lassen. Bleibt der Begriff der ‚Operation' damit zwar noch einigermaßen unbestimmt, herrscht doch weitgehend Einigkeit über wenigstens drei sogenannte Kulturtechniken, die in diesem Sinne medienkulturstiftend wirken: lesen, schreiben und rechnen.

Computing, um das es hier gehen soll – für den Moment und grob verstanden als das, was man macht, wenn man einen Computers benutzt, oder exakter: das, was ein Computer macht –, verdiente dann im Zusammenhang mit der Frage, was Medienkulturen bestimmt, besondere Aufmerksamkeit. Denn der Begriff impliziert die Wirksamkeit einer symbolverarbeitenden Maschine, die, nach der medienhistorischen These Friedrich Kittlers, zu jenem Universalmedium wird, das alle anderen Medien sein kann, insofern sie die Trias der basalen Kulturtechniken in sich als eine vereint: Im Medium Computer, so Kittler, fallen lesen, schreiben, rechnen zusammen, weil alles Operieren auf Zahlenoperationen reduziert ist.

Doch Computing hat nicht zwangsläufig mit dem zu tun, was uns heute als ‚Computer' vertraut ist. Das Englische *to compute* heißt erst einmal nichts anderes als eben: berechnen. Ein *Computer* war, lange vor dem technischen Medium selben Namens, wer regelgeleitet, also unter Verwendung eines Algorithmus, eine Berechnung durchgeführt hat. Erst in einem informatischen und das heißt historisch relativ neuen Sinn bezeichnet ‚Computing' seit der Entwicklung technischer Computer im 20. Jahrhundert das Feld solcher Vorgänge und Tätigkeiten, die mit der Konzeption, Herstellung, der Funktionalität und zielgerichteten Anwendung von Hard- und Software-Systemen zu tun haben.

Wird heute, zumal in medientheoretischen Kontexten, über ‚Computer' gesprochen, verfällt die Rede gern in den grammatikalischen Modus eines Singulars, der so denkwürdig wie verallgemeinernd ist. Gegenstand ist dann *der* Computer.

© Springer Fachmedien Wiesbaden GmbH, ein Teil von Springer Nature 2019
A. Ziemann (Hrsg.), *Grundlagentexte der Medienkultur*,
https://doi.org/10.1007/978-3-658-15787-6_21

Dabei ist der Kollektivsingular schon deshalb interessant, weil die Implikation, es gebe *den* Computer, alles andere als sicher ist. Mehr noch – und damit ist Grund zu medienhistorischer Präzision gegeben – schränkt die verführerische Rede von *dem* Computer im schlimmsten Fall die epistemologische Kraft des Computingbegriffs insofern ein, als sie auf fatale Weise reduziert, was wir darunter uns vorzustellen überhaupt nur im Stande sind. Als gäbe es nur *einen* Computer.

Sicher ist: Es gibt Computer; und damit realisierte und potenzielle Arten von Computing. Wenn diese Sektion historische Grundlagentexte zum Begriff versammelt, ist also gerade nicht behauptet, dass ihnen letztgültig abzulesen sei, was ein Computer ist, was und wie er das kann – und was das für uns Nutzende bedeutet. Im Gegenteil ist zu betonen, dass jedes Verständnis von Computing stets nur eine je mögliche Ausprägung jener Kulturtechnik meint, das heißt ein spezifisches Gefüge einer historisch gewordenen Maschinenarchitektur, ihrer Programmierbarkeit, eines Begriffs von Berechenbarkeit, der dem zugrunde liegt, und eines Spielraums, wie mit dieser Maschine, etwa als Werkzeug oder Medium, interagiert werden kann. Jede Weise des Computing ist somit Symptom einer epistemisch-technischen Konstellation; Ausdruck dessen, was hier, in Anlehnung an Michel Foucault, ein rechnerisches Dispositiv, ein *Computingdispositiv* genannt werden soll. Von allen möglichen Computingdispositiven, die nach unserer Eingangsthese als kulturtechnische Bedingung einer bestimmten Medienkultur figurieren, soll das wohl Einflussreichste im Folgenden anhand einiger seiner Gründungstexte vorgestellt werden.

Am Anfang dieses Dispositivs steht ein mathematischer Beweis. 1937 veröffentlicht Alan M. Turing (1912–1954) „Über berechenbare Zahlen mit einer Anwendung auf das Entscheidungsproblem"; ein Text, der die Sektion ‚Computing' deshalb eröffnen soll, weil darin, noch bevor der erste elektronische Digitalrechner gebaut wird, bereits dessen rechnerische Grenzen wohldefiniert angegeben sind. Turings Text ist zunächst eine Antwort auf eine Grundsatzfrage der Mathematik, nämlich das sogenannte Entscheidungsproblem, das David Hilbert 1928 formuliert hatte: Lässt sich für eine bestimmte deduktive Theorie ein allgemeines Verfahren formulieren, mit dem entscheidbar wird, ob ein Satz, der in den Begriffen dieser Theorie formuliert wurde, just darin beweisbar ist oder nicht? Turings Antwort, um die Pointe vorwegzunehmen, fällt negativ aus. Es gibt keine Lösung für Hilberts Problem. Um das zu beweisen, erdenkt Turing auf Papier, was er selbst noch „universale Rechenmaschine" nennt und später unter dem Namen ‚Turingmaschine' als wohl folgenschwerstes Rechnermodell der theoretischen Informatik Karriere machen sollte: eine mechanische Apparatur, durch die ein unendliches Speicherband läuft, auf dem ein Schreib- und Lesekopf anhand bestimmter Verhaltens- und Zustandsregeln, sprich: anhand eines Programms, Symbole manipuliert, also einschreibt, umschreibt oder löscht. Zur Behauptung steht, „daß diese

Operationen all jene Operationen umfassen, die zur Berechnung einer Zahl gebraucht werden" – und dass kein Mensch, der mit Stift und Papier eine Berechnung durchführt, je mehr tun würde.

Der Verdienst Turings ist nun, eine einzige Maschine erdacht zu haben, die jede berechenbare Folge entwickeln kann – und zwar einfach, weil ihrem Speicherband die Verhaltens- und Zustandsregeln jeder beliebigen Maschine eingeschrieben werden können. Mit diesem Modell einer Universalmaschine, die das Verhalten jeder spezifischen Maschine qua Programmierung zu imitieren vermag, gelingt es sodann, Aussagen über die Grenzen dessen, was berechenbar ist, zu machen: Denn es kann unter anderem kein allgemeines Verfahren für die universelle Turingmaschine geben, mit dem bestimmt wäre, welche Turingmaschinen zirkelfrei sind und welche nicht. Mittels der universellen Turingmaschine kann also nicht festgestellt werden, welche Turingmaschinen unendlich weiter Ziffern für das Ergebnis ihrer Berechnung auf das Band schreiben würden – und welche irgendwann damit aufhörten. Im Nachweis der Grenzen solch mechanischer Berechenbarkeit zeigt sich letztlich, dass das Entscheidungsproblem selbst nicht mechanisch berechenbar ist. Angegeben sind damit die Grenzen von Computing noch heute: Alles, was ein gebauter Computer berechnen kann, kann die symbolische Maschine Turings berechnen.

Waren die ersten Computer, die Turings Modell technisch implementierten, wesentlich noch *number cruncher*, die zu Weltkriegszwecken, vor allem zur ballistischen Berechnung von Raketenflugbahnen entwickelt wurden, stellte sich in Friedenszeiten sodann die Frage nach weiteren Einsatzmöglichkeiten maschineller Berechnung – und ob dem Menschen mit dieser Maschine mehr als das bloße Hilfswerkzeug für eine effektivere Zahlenverarbeitung zur Verfügung stehen könnte.

Zu den zentralen Vordenkern dieser Frage zählt Vannevar Bush (1890–1974), der in seinem Text „As We May Think" (1945) nicht weniger fordert als eine neue Beziehung zwischen den denkenden Menschen, ihrem Austausch und der Summe unseres Wissens. Bush, Direktor des US-amerikanischen *Office of Scientific Research and Development*, ist enttäuscht ob kontinuierlich wachsender Wissensbestände, deren Potenzial aufgrund veralteter Wege der Informationskommunikation einerseits und limitierter Zeit- und Gedächtnisressourcen spezialisierter Rezipienten andererseits weitgehend ungenutzt bleibt. Gefordert sind neue Werkzeuge, um die kognitiven Kräfte des Menschen zu verstärken und den Wissensreichtum zugänglicher zu machen. Dabei handelt es sich nach Bushs Argumentation vor allem um ein Problem der Informationsauswahl, das auf den artifiziellen Charakter bisheriger Indizierung, sei sie alphabetisch oder numerisch, zurückzuführen ist. Zum Vorbild für alternative Weisen des künstlichen Informationszugriffs gerät der menschliche Geist selbst, der assoziativ arbeitet. Diese Arbeitsweise zu mechanisieren, ist Bushs Ansinnen.

Dafür entwickelt er die hypothetische Apparatur namens ‚Memex'. Der Form nach ist der ‚Memex' ein schreibtischartiger Arbeitsplatz mit Projektionsschirmen und Tastatur, an dem auf Mikrofilm gespeicherte Informationen, etwa Bücher, Akten, Korrespondenzen, betrachtet werden. Worauf es ankommt, ist nun, dass und wie die gespeicherten Informationen indiziert und (automatisch) verknüpft werden. Wer einen ‚Memex' benutzt, so Bushs Idee, verbindet Gespeichertes assoziativ zu einem Netz, indem verweisende Pfade zwischen einzelnen Mikrofilmelementen angelegt werden. Darüber hinaus können die so zu einem Pfad verbundenen Informationen in andere ‚Memex'-Geräte eingepflegt werden. Im Austausch entsteht ein gleichermaßen wachsendes wie effizient nutzbares Wissensnetz als Lösung des diagnostizierten Kommunikationsproblems.

Bushs ‚Memex', der wie die Turingmaschine nie gebaut wurde, war als hypothetisches Konstrukt in mehreren Hinsichten wegweisend. Denn er modelliert eine Wissensmaschine, die in ihrer Bauform und Benutzung bekannte Desktop-Computer präfiguriert und die in ihrem zentralen Gedanken von Verweisung und Vernetzung von Information ein Konzept von Hypertext antizipiert, auf dem heute das World Wide Web basiert, eine Maschine, die insgesamt nicht mehr reines Werkzeug zu einem bestimmten Zweck ist, sondern Element eines prototypischen Mensch-Maschine-Systems, das als kognitiver Verstärker des menschlichen Intellekts überhaupt wirkt.

Damit wird der ‚Memex' zur direkten Quelle für die Arbeit von Douglas C. Engelbart (1925–2013). Das von dem US-Ingenieur geleitete *Augmentation Research Center* (ARC) ist Schmiede einer Reihe von zentralen Innovationen im Feld der Mensch-Computer-Interaktion, besonders in Bezug auf die Entwicklung der Personal Computer. Das Ziel der dortigen Arbeit war es, Computer als interaktive Systeme zur Steigerung der menschlichen Fähigkeiten des Problemlösens zu nutzen – ein Diskurs, der in der Kybernetik seit Mitte der 1950er Jahre unter dem Stichwort Intelligenzverstärkung geführt worden war.

Den begrifflichen Rahmen für die Forschung am ARC legte Engelbart mit seinem Bericht „Augmenting Human Intellect: A Conceptual Framework" (1962) vor. Darin werden zunächst vier „Erweiterungsmittel" beschrieben, die die Kultur dem Menschen zur effektiveren Lösung von Problemen zur Seite gestellt hat: Artefakte, Sprache, Methodik und Schulung. Diese bilden zusammen mit den natürlichen Mitteln des Menschen ein Funktionssystem namens „H-LAM/T" („Human using Language, Artifacts, Methodology, in which he is Trained"). Unter der Annahme, das Intelligenz aus einem synergetischen Organisationsprinzip funktionaler Prozesshierarchien erwächst, meint Intelligenzverstärkung bei Engelbart das Einbinden der intellektuellen Fähigkeiten eines Menschen in ein „H-LAM/T"-System synergetisch höherer Stufe. Dabei ist es vor allem eine Sorte von Artefakten, Computer, die als Elemente des Systems dessen Effektivität zu steigern vermögen, indem sie die bisher höchste Stufe der Evolution des menschlichen Intellekts – die manuelle externe Symbolmanipulation – qua Automatisierung noch einmal eskalieren lassen. In der Formulierung seiner „Neo-Whorfschen Hypothese" gelangt Engelbart zu der Einsicht, dass externe Symbolmanipulation enorme Wirkungen auf die geistige Effektivität der Menschen hat – und dass Computer dadurch zu maßgebenden Intelligenzverstärkern avancieren können.

Die praktischen Ergebnisse jener Forschung präsentierte Engelbart im Dezember 1968 während der sogenannten ‚Mother of All Demos'. Gezeigt wurden Funktionen eines am ARC entwickelten Hard- und Softwaresystems, die implementierten oder inspirierten, wie Personal Computer jahrelang genutzt wurden und noch genutzt werden: darunter ein später als Mouse berühmt gewordenes Kontrollgerät, eine graphische Benutzeroberfläche, die auf Fenstern basiert, und Textverarbeitung in Echtzeit.

Zweifellos ist das Computingdispositiv, das in den hier abgedruckten (und vielen anderen, hier nicht abgedruckten) Texten beschrieben und mitbegründet wurde, das historisch bislang folgenreichste: In der schieren Verbreitung seiner zahllosen Instanziierungen, PCs, Tablets, Smartphones, ist es zum Inbegriff von Computing selbst geworden und, mehr noch, die computerisierte Medienkultur, die es bedingt, am heutigen Tag zum Inbegriff von Medienkultur überhaupt. Das ist die eine Seite. Umgekehrt bedeutet das aber auch, was hier nur angedeutet werden kann: dass dieser uns vertrauten Weise des Computing abzählbar unendliche bislang nicht oder schon nicht mehr diskursbestimmende, nicht realisierte oder noch nicht einmal imaginierte Weisen des Computing zur Seite stehen. Der sich im Quantencomputing ankündigende Paradigmenwechsel ist da nur ein Beispiel, ternäre Rechner wären ein anderes. Was sie einer kommenden Medienkultur bedeuten werden, bleibt abzuwarten. Computing und damit die Medienkultur, die jener Kulturtechnik aufsitzt, soviel wäre festzuhalten, sind zwar je medienhistorisch, aber nicht notwendig für alle Zeit auf einen Begriff, auf ein Computingdispositiv festgelegt.

# Alan M. Turing: Über berechenbare Zahlen mit einer Anwendung auf das Entscheidungsproblem (1937)

Die „berechenbaren" Zahlen sind in Kürze beschreibbar als diejenigen reellen Zahlen, deren Dezimalausdrücke mit endlichen Mitteln errechnet werden können. Obwohl die berechenbaren *Zahlen* das ausdrückliche erklärte Thema dieses Artikels bilden, ist es beinahe gleichermaßen einfach, berechenbare Funktionen einer ganzzahligen oder reellen oder berechenbaren Variablen, berechenbare Prädikate usw. zu definieren und zu untersuchen. In jedem Fall allerdings sind die grundlegenden Probleme dieselben, und ich habe die berechenbaren Zahlen zur ausdrücklichen Behandlung gewählt, weil sie die am wenigsten mühsame Technik beanspruchen. Ich hoffe, kurz über die Beziehungen zwischen berechenbaren Zahlen, Funktionen usw. zueinander zu berichten. Das wird eine Entwicklung der Funktionentheorie einer reellen Variablen in Ausdrücken berechenbarer Zahlen einschließen. Nach meiner Definition ist eine Zahl berechenbar, wenn ihr Dezimalausdruck von einer Maschine niedergeschrieben werden kann.

In den Paragraphen 9 und 10 liefere ich einige Argumente mit der Absicht zu zeigen, daß die berechenbaren Zahlen alle Zahlen einschließen, die natürlicherweise als berechenbar angesehen werden könnten. Insbesondere zeige ich, daß bestimmte große Zahlenklassen berechenbar sind. Sie umfassen zum Beispiel die reellen Anteile aller algebraischen Zahlen, die reellen Anteile der Nullstellen der Besselfunktionen, die Zahlen $\pi$, $e$ usw. Die berechenbaren Zahlen umfassen jedoch nicht alle definierbaren Zahlen, wofür das Beispiel einer definierbaren Zahl, die nicht berechenbar ist, gegeben wird.

Obwohl die Klasse der berechenbaren Zahlen so groß und in vielen Hinsichten der Klasse der reellen Zahlen ähnlich ist, ist sie gleichwohl abzählbar. In § 8 untersuche ich einige Argumente, die scheinbar das Gegenteil beweisen. Bei korrekter Anwendung eines dieser Argumente werden Schlußfolgerungen erreicht,

© Springer Fachmedien Wiesbaden GmbH, ein Teil von Springer Nature 2019
A. Ziemann (Hrsg.), *Grundlagentexte der Medienkultur*,
https://doi.org/10.1007/978-3-658-15787-6_22

die oberflächlich denen von Gödel ähneln.[1] Diese Ergebnisse haben wertvolle Anwendungen. Insbesondere wird gezeigt (§ 11), daß Hilberts Entscheidungsproblem keine Lösung haben kann.

In einem kürzlich erschienenen Artikel hat Alonzo Church die Idee einer „effektiven Rechenbarkeit" („effective calculability") eingeführt,[2] die meiner Berechenbarkeit äquivalent, aber sehr anders definiert ist. Church kommt auch zu ähnlichen Schlußfolgerungen für das Entscheidungsproblem.[3] Den Beweis der Äquivalenz zwischen „Berechenbarkeit" und „effektiver Rechenbarkeit" skizziert ein Anhang des vorliegenden Artikels.

## 1. Rechnende Maschinen

Wir sagten, daß berechenbare Zahlen solche sind, deren Dezimalausdrücke mit endlichen Mitteln errechnet werden können. Das verlangt nach noch expliziterer Definition. Bevor wir § 9 erreichen, wird kein wirklicher Versuch, die gegebenen Definitionen zu rechtfertigen, gemacht werden. Im Augenblick sage ich nur, daß die Rechtfertigung in der Tatsache liegt, daß das menschliche Gedächtnis notwendig begrenzt ist.

Wir können einen Mann, der gerade eine reelle Zahl berechnet, mit einer Maschine vergleichen, die nur über eine endliche Zahl von Zuständen $q_1$, $q_2$, …, $q_R$ verfügt, die ihre „$m$-Zustände" heißen sollen. Die Maschine wird von einem „Band" versorgt, das (analog zum Papier) durch sie hindurchläuft und in Sektionen („Felder" genannt) aufgeteilt ist, von denen jedes ein „Symbol" tragen kann. Zu jedem gegebenen Zeitpunkt ist es genau ein Feld, etwa das $r$-te mit dem Symbol $\mathfrak{S}(r)$, das „in der Maschine" ist. Wir können dieses Feld das „abgetastete Feld" nennen. Das Symbol auf dem abgetasteten Feld kann „abgetastetes Symbol" heißen. Das „abgetastete Symbol" ist das einzige, dessen sich die Maschine sozusagen „direkt bewußt" ist. Durch Änderung ihres $m$-Zustands jedoch kann die Maschine einige der Symbole, die sie vorher „gesehen" (abgetastet) hat, effektiv erinnern. Das mögliche Verhalten der Maschine zu jedem Zeitpunkt wird bestimmt vom $m$-Zustand $q_n$ und dem abgetasteten Symbol $\mathfrak{S}(r)$. Dieses Paar $q_n$, $\mathfrak{S}(r)$ soll der „Zustand" heißen: dergestalt bestimmt der Zustand das mögliche Verhalten der

1 Kurt Gödel, Über formal unentscheidbare Sätze der Principia Mathematica und verwandter Systeme, I, *Monatshefte Math. Phys.*, 38 (1931), 173–198.

2 Alonzo Church, An unsolvable problem of elementary number theory, *American J. of Math.*, 58 (1936), 345–363.

3 Alonzo Church, A note on the Entscheidungsproblem, *J. of Symbolic Logic*, 1, (1936), 40–41.

Maschine. In einigen der Zustände, in denen das abgetastete Feld leer ist (d. h. kein Symbol trägt), schreibt die Maschine ein neues Symbol aufs abgetastete Feld: in anderen Zuständen tilgt sie das abgetastete Symbol. Die Maschine kann auch das Feld ändern, das sie abtastet, aber nur durch Verschiebung um eine Stelle nach rechts oder links. Zuzüglich zu jeder dieser Operationen kann der *m*-Zustand geändert werden. Einige der niedergeschriebenen Symbole werden die Folge von Ziffern bilden, die den Dezimalausdruck der berechneten reellen Zahl darstellt. Die anderen sind einfach Stichworte zur „Gedächtnisstütze". Und nur diese Stichworte sind von Tilgungen betroffen.

Meine Behauptung geht nun dahin, daß diese Operationen all jene Operationen umfassen, die zur Berechnung einer Zahl gebraucht werden. Die Verteidigung dieser Behauptung wird einfacher werden, wenn die Theorie der Maschinen dem Leser vertraut ist. Im nächsten Teil schreite ich deshalb zur Entwicklung der Theorie und unterstelle, daß die Bedeutungen von „Maschine", „Band", „abgetastet" usw. verstanden werden.

## 2. Definitionen

### Automatische Maschinen

Wenn die Bewegung einer Maschine (im Sinn von § 1) bei jedem Schritt vom Zustand *vollständig* bestimmt wird, werden wir die Maschine eine „automatische Maschine" (oder *a*-Maschine) nennen.

Zu einigen Zwecken können wir Maschinen (Wahl-Maschinen oder *w*-Maschinen) verwenden, deren Bewegung vom Zustand nur teilweise bestimmt wird (daher der Gebrauch des Wortes „möglich" in § 1). Wenn eine solche Maschine einen dieser mehrdeutigen Zustände erreicht, kann sie nicht weiterlaufen, bis ein externer Operator eine willkürliche Wahl getroffen hat. Dies wäre der Fall, wenn wir Maschinen zur Behandlung axiomatischer Systeme benutzen würden. In diesem Artikel behandle ich nur automatische Maschinen und lasse das Präfix *a*- deshalb oft weg.

### Rechnende Maschinen

Wenn eine *a*-Maschine zwei Arten von Symbolen ausdruckt, deren erste Art (Ziffern genannt) gänzlich aus 0 und 1 besteht (während die anderen Symbole der zweiten Art heißen), dann wird die Maschine rechnende Maschine heißen. Wenn die Maschine mit einem leeren Band versorgt und vom korrekten Anfangs-*m*-

Zustand aus in Bewegung gesetzt wird, dann heißt die Unterfolge der von ihr gedruckten Symbole erster Art die *von der Maschine berechnete Folge.* Die reelle Zahl, deren Ausdruck man als binäre Dezimalzahl durch Voranstellen eines Dezimalpunktes vor diese Folge erhält, heißt die *von der Maschine berechnete Zahl.*

Bei jedem Schritt der Maschinenbewegung wird es von der Nummer des abgetasteten Feldes, der vollständigen Folge aller Symbole auf dem Band und vom *m*-Zustand heißen, daß sie den vollständigen Zustand bei diesem Schritt beschreiben. Die Änderungen von Maschine und Band zwischen aufeinanderfolgenden vollständigen Zuständen heißen die *Züge* der Maschine.

### Zirkuläre und zirkelfreie Maschinen

Falls eine rechnende Maschine niemals mehr als eine endliche Anzahl von Symbolen der ersten Art niederschreibt, wird sie *zirkulär* heißen. Andernfalls heißt sie *zirkelfrei.*

Eine Maschine ist zirkulär, wenn sie einen Zustand erreicht, aus dem kein möglicher Zug herausführt, oder wenn sie weiterläuft und möglicherweise Symbole der zweiten Art ausdruckt, aber keine Symbole der ersten Art mehr ausdrucken kann. Die Bedeutung des Ausdrucks „zirkulär" wird in § 8 erklärt werden.

### Berechenbare Folgen und Zahlen

Eine Folge heißt berechenbar, wenn sie von einer zirkelfreien Maschine errechnet werden kann. Eine Zahl ist berechenbar, wenn sie sich durch eine ganze Zahl von einer durch eine zirkelfreie Maschine errechneten Zahl unterscheidet.*

Um Verwechslungen zu vermeiden, werden wir öfter von berechenbaren Folgen als von berechenbaren Zahlen sprechen.

---

* Wenn die berechenbaren Zahlen intuitiven Ansprüchen genügen sollen, müßte es heißen: *Wenn wir eine Regel angeben können, die jede positive ganze Zahl n mit zwei rationalen Zahlen* $a_n$, $b_n$ *so verknüpft, daß gilt* $a_n \leqq a_{n+1} < b_{n+1} \leqq b_n$, $b_n - a_n < 2^{-n}$, *dann gibt es eine berechenbare Zahl* $\alpha$ *mit* $a_n \leqq \alpha \leqq b_n$ für jedes n.

## 3. Beispiele rechnender Maschinen

I. Es kann eine Maschine zur Berechnung der Folge 010101 … konstruiert werden. Die Maschine muß die vier *m*-Zustände „$\mathfrak{b}$", „$\mathfrak{c}$", „$\mathfrak{k}$", „$\mathfrak{e}$" besitzen und kann „0" und „1" drucken. Das Verhalten der Maschine beschreibt die folgende Tabelle. Dabei bedeutet „*R*", daß die Maschine so weiterrückt, daß sie das Feld unmittelbar rechts neben dem vorher abgetasteten Feld abtastet. Entsprechendes gilt für „*L*". „*E*" (= „erase") bedeutet, daß das abgetastete Symbol getilgt wird, und „P" (= „print") steht für „Drucken". Diese Tabelle (und alle folgenden Tabellen derselben Art) ist so aufzufassen, daß in einem Zustand, der in den ersten beiden Kolumnen beschrieben wird, die Operationen in der dritten Kolumne nacheinander ausgeführt werden, worauf die Maschine in den in der vierten Kolumne bezeichneten *m*-Zustand übergeht. Wenn die zweite Kolumne leer gelassen ist, so heißt dies, daß das Verhalten der dritten und vierten Kolumne jedes Symbol und das Fehlen eines Symbols betrifft. Die Maschine beginnt im *m*-Zustand $\mathfrak{b}$ mit einem leeren Band.

| *Zustand* | | *Verhalten* | |
|---|---|---|---|
| *m-Zustand* | *Symbol* | *Operationen* | *Endzustand* |
| $\mathfrak{b}$ | keins | *P*0, *R* | $\mathfrak{c}$ |
| $\mathfrak{c}$ | keins | *R* | $\mathfrak{e}$ |
| $\mathfrak{e}$ | keins | *P*1, *R* | $\mathfrak{k}$ |
| $\mathfrak{k}$ | keins | *R* | $\mathfrak{b}$ |

Wenn wir (entgegen dem in § 1 Gesagten) zulassen, daß die Buchstaben *L*, *R* mehr als einmal in der Operationskolumne auftauchen, können wir die Tabelle beträchtlich vereinfachen.

| *m-Zustand* | *Symbol* | *Operationen* | *Endzustand* |
|---|---|---|---|
| | keins | *P*0 | $\mathfrak{b}$ |
| $\mathfrak{b}$ | 0 | *R*, *R*, *P*1 | $\mathfrak{b}$ |
| | 1 | *R*, *R*, *P*0 | $\mathfrak{b}$ |

II. Als ein etwas schwierigeres Beispiel können wir eine Maschine konstruieren, die die Folge 001011011101111011111 … errechnet. Die Maschine muß fünf *m*-Zustände, nämlich „$\mathfrak{o}$", „$\mathfrak{q}$", „$\mathfrak{p}$", „$\mathfrak{f}$", „$\mathfrak{b}$" annehmen können und in der Lage sein, „ə", „*x*", „0", „1" zu drucken. Die ersten drei Symbole auf dem Band werden „əə0" sein; die anderen Ziffern folgen auf alternierenden Feldern. Auf den dazwischenliegenden Feldern drucken wir niemals etwas anderes als „*x*". Diese Buchstaben dienen uns dazu, „den Platz zu halten", und werden getilgt, wenn wir sie nicht mehr benötigen. Wir vereinbaren außerdem, daß es in der Ziffernfolge auf alternierenden Feldern keine Leerstellen gibt.

| *Zustand* | | *Verhalten* | |
|---|---|---|---|
| *m-Zustand* | *Symbol* | *Operationen* | *Endzustand* |
| $\mathfrak{b}$ | | *P*ə, *R*, *P*ə, *R*, *P*0, *R*, *R*, *P*0, *L*, *L* | $\mathfrak{o}$ |
| $\mathfrak{o}$ | 1 | *R*, *Px*, *L*, *L*, *L* | $\mathfrak{o}$ |
| | 0 | | $\mathfrak{q}$ |
| $\mathfrak{q}$ | Irgendeins (0 oder 1) | *R*, *R* | $\mathfrak{q}$ |
| | Keins | *P*1, *L* | $\mathfrak{p}$ |
| $\mathfrak{p}$ | *x* | *E*, *R* | $\mathfrak{q}$ |
| | ə | *R* | $\mathfrak{f}$ |
| | Keins | *L*, *L* | $\mathfrak{p}$ |
| $\mathfrak{f}$ | Irgendeins | *R*, *R* | $\mathfrak{f}$ |
| | Keins | *P*0, *L*, *L* | $\mathfrak{o}$ |

[...]

## 4. Abgekürzte Tabellen

Es gibt bestimmte, in fast allen Maschinen verwendete Operationen, und diese werden in einigen Maschinen in vielerlei Verbindungen eingesetzt. Diese Operationen umfassen das Kopieren von Symbolfolgen, das Vergleichen von Folgen, das Tilgen aller Symbole einer gegebenen Form etc. Wo solche Operationen angewandt werden, können wir die Tabellen für die *m*-Zustände durch die Anwendung von „Tabellen-Gerüsten" beträchtlich verkürzen. In Tabellen-Gerüsten erscheinen deutsche Großbuchstaben und kleine griechische Buchstaben. Diese sind ihrer Bestimmung nach „Variablen". Durch die durchgehende Ersetzung jedes deutschen Großbuchstabens durch einen *m*-Zustand und jedes griechischen Kleinbuchstabens durch ein Symbol erhalten wir die Tabelle für einen *m*-Zustand.

Die Tabellen-Gerüste dürfen für nichts anderes als für Abkürzungen genommen werden: sie sind unwesentlich. Solange der Leser weiß, wie er die vollständigen Tabellen von den Tabellen-Gerüsten herleiten kann, besteht keine Notwendigkeit, in diesem Zusammenhang irgendwelche exakten Definitionen zu geben. [...]

## 5. Aufzählung von berechenbaren Folgen

Eine berechenbare Folge $\gamma$ wird durch die Beschreibung einer Maschine zur Berechnung von $\gamma$ bestimmt. Auf diese Weise wird die Folge 001011011101111 ... durch die Tabelle auf Seite 24 [hier S. 174] bestimmt, und es ist tatsächlich der Fall, daß jede berechenbare Folge in Terms einer solchen Tabelle beschrieben werden kann.

Es wird nützlich sein, diese Tabellen in irgendeine standardisierte Form zu bringen. Als erstes wollen wir annehmen, daß die Tabelle in derselben Form gegeben ist wie zum Beispiel die erste Tabelle I auf Seite 23 [hier S. 173]. Das will besagen, daß der Eintrag in die Kolumne der Operationen entweder immer auf eine der folgenden Weisen geschehen wird: $E : E$, $R : E$, $L : P\alpha : P\alpha$, $R : P\alpha$, $L : R : L$:, oder daß er überhaupt nicht stattfindet. Diese Tabelle kann stets durch Einführung weiterer $m$-Zustände in diese Form gebracht werden. Jetzt wollen wir die $m$-Zustände numerieren, indem wir sie $q_1, \ldots, q_R$ nennen, wie in § 1. Der $m$-Zustand beim Start sollte immer $q_1$ genannt werden. Die Symbole $S_1, \ldots, S_m$ numerieren wir ebenfalls, und insbesondere ist eine Leerstelle $= S_0$, $0 = S_1$, $1 = S_2$. Die Zeilen der Tabelle haben jetzt folgendes Aussehen:

| *m-Zustand* | *Symbol* | *Operationen* | *End-m-Zustand* | |
|---|---|---|---|---|
| $q_i$ | $S_j$ | $PS_k, L$ | $q_m$ | $(N_1)$ |
| $q_i$ | $S_j$ | $PS_k, R$ | $q_m$ | $(N_2)$ |
| $q_i$ | $S_j$ | $PS_k$ | $q_m$ | $(N_3)$ |

Zeilen wie

$$q_i \qquad S_j \qquad E, R \qquad q_m$$

sind zu schreiben als

$$q_i \qquad S_j \qquad PS_0, R \qquad q_m$$

und Zeilen wie

$$q_i \qquad S_j \qquad R \qquad q_m$$

sind zu schreiben als

$$q_i \qquad S_j \qquad PS_j, R \qquad q_m$$

Auf diese Weise führen wir jede Zeile der Tabelle auf eine Zeile in einer der Formen ($N_1$), ($N_2$), ($N_3$) zurück.

Für jede Zeile der Form ($N_1$) wollen wir den Ausdruck $q_iS_jS_kLq_m$ bilden; für jede Zeile der Form ($N_2$) bilden wir den Ausdruck $q_iS_jS_kRq_m$ und für jede Zeile der Form ($N_3$) den Ausdruck $q_iS_jS_kNq_m$.

Wir schreiben alle so für die Tabelle der Maschine gebildeten Ausdrücke an und trennen sie durch Semikolons. Auf diese Weise erhalten wir eine vollständige Beschreibung der Maschine. In dieser Beschreibung werden wir $q_i$ durch den Buchstaben „*D*" ersetzen, der vom *i* mal wiederholten Buchstaben „*A*" gefolgt wird, und $S_j$ durch „*D*", gefolgt von einem *j* mal wiederholten „*C*". Diese neue Beschreibung der Maschine kann die *Standard-Beschreibung* (S. D. = „standard description") genannt werden. Sie wird ausschließlich aus den Buchstaben „*A*", „*C*", „*D*", „*L*", „*R*", „*N*" und aus „;" gebildet.

Wenn wir schließlich noch „*A*" durch „1", „*C*" durch „2", „*D*" durch „3", „*L*" durch „4", „*R*" durch „5", „*N*" durch „6" und „;" durch „7" ersetzen, werden wir schließlich zu einer Beschreibung der Maschine kommen, die die Form einer arabischen Ziffer hat. Die ganze Zahl, die durch diese Ziffer repräsentiert wird, kann als Beschreibungszahl (D. N. = „description number") der Maschine bezeichnet werden. Die D. N. bestimmen die S. D. und die Struktur der Maschine eindeutig. Die Maschine, deren D. N. *n* ist, kann als $\mathcal{M}(n)$ bezeichnet werden.

Jeder berechenbaren Folge entspricht mindestens eine Beschreibungszahl, während keiner Beschreibungszahl mehr als eine berechenbare Folge entspricht. Die berechenbaren Folgen und Zahlen sind daher abzählbar.

Wir wollen eine Beschreibungszahl für die Maschine I des § 3 finden. Wenn wir die *m*-Zustände umbenennen, erhält die Tabelle folgendes Aussehen:

| | | | |
|---|---|---|---|
| $q_1$ | $S_0$ | $PS_1, R$ | $q_2$ |
| $q_2$ | $S_0$ | $PS_0, R$ | $q_3$ |
| $q_3$ | $S_0$ | $PS_2, R$ | $q_4$ |
| $q_4$ | $S_0$ | $PS_0, R$ | $q_1$ |

Andere Tabellen könnte man erhalten, wenn man irrelevante Zeilen hinzufügt, wie

| | | | |
|---|---|---|---|
| $q_1$ | $S_1$ | $PS_1, R$ | $q_2$ |

Unsere erste standardisierte Form wäre:

$$q_1\,S_0\,S_1\,Rq_2;\ q_2\,S_0\,S_0\,Rq_3;\ q_3\,S_0\,S_2\,Rq_4;\ q_4\,S_0\,S_0\,Rq_1;$$

Die Standard-Beschreibung lautet

*DADDCRDAA*; *DAADDRDAAA*; *DAAADDCCRDAAAA*; *DAAAADDRDA*;

Die Beschreibungszahl wäre:

31332531173113353111731113322531111731111335317

genauso wie

3133253117311335311173111332253111173111133531731323253117

Eine Zahl, die die Beschreibungszahl einer zirkelfreien Maschine ist, wird eine *befriedigende* Zahl genannt werden. In § 8 wird gezeigt, daß es kein allgemeines Verfahren geben kann, um zu beweisen, ob eine gegebene Zahl befriedigend ist oder nicht.

## 6. Die universale Rechenmaschine

Es ist möglich, eine einzige Maschine zu erfinden, die dazu verwendet werden kann, jede berechenbare Folge zu errechnen. Wenn diese Maschine $\mathcal{U}$ mit einem Band gespeist wird, dessen Anfang mit der D. N. irgendeiner rechnenden Maschine $\mathcal{M}$ beschriftet ist, so wird $\mathcal{U}$ dieselbe Folge wie $\mathcal{M}$ errechnen. In diesem Abschnitt erläutere ich in Grundzügen das Verhalten der Maschine. Der nächste Abschnitt ist der Aufstellung der vollständigen Tabelle für $\mathcal{U}$ gewidmet.

Wir wollen zunächst annehmen, daß wir eine Maschine $\mathcal{M}'$ haben, die die *F*-Felder mit den aufeinanderfolgenden vollständigen Zuständen von $\mathcal{M}$ beschriften wird. Diese könnten in derselben Weise wie auf Seite 24 f. [hier S. 174] ausgedrückt werden, wobei die zweite Beschreibungsform (C) gewählt würde, bei der alle Symbole in einer Reihe stehen. Oder wir könnten noch besser diese Beschreibung (wie in § 5) umformen, indem wir jeden *m*-Zustand durch ein „*D*", dem ein den Anforderungen entsprechend oft wiederholtes „*A*" folgt, ersetzen, und jedes Symbol durch ein „*D*", dem ein entsprechend oft wiederholtes „*C*" folgt. Die Anzahl der Buchstaben „*A*" und „*C*" muß mit den in § 5 gewählten Zahlen in Übereinstimmung gebracht werden, so daß insbesondere „0" durch „*DC*" ersetzt wird, „1" durch „*DCC*" und die Leerstellen durch „*D*". Diese Ersetzungen müssen vorgenommen werden, nachdem gemäß (C) die vollständigen Zustände zusammengestellt worden sind. Wenn wir die Ersetzungen zuerst vornehmen, gibt es Schwierigkeiten. In jedem vollständigen Zustand müßten alle Leerstellen durch

„*D*" ersetzt werden, so daß sich der vollständige Zustand nicht in einer endlichen Symbolfolge ausdrücken ließe.

Wenn wir in der Beschreibung der Maschine II in § 3 „ɒ" durch „*DAA*" ersetzen, „ə" durch „*DCCC*", „q" durch „*DAAA*", wird die Folge (C) zu:

$$DA : DCCCDCCCDAADCDDC : DCCCDCCCDAAADCDDC : \ldots \quad (C_1)$$

(Das ist die Symbolfolge auf den *F*-Feldern.)

Es ist leicht zu sehen, daß, wenn $\mathcal{M}$ konstruiert werden kann, auch $\mathcal{M}'$ konstruiert werden kann. Die Operationsweise von $\mathcal{M}'$ könnte davon abhängig gemacht werden, daß sie die Operationsregeln (d.h. die S.D.) von $\mathcal{M}$ besitzt, die irgendwo in ihrem Innern aufgeschrieben sind (d.h. in $\mathcal{M}'$). Jeder Schritt könnte durch Bezugnahme auf diese Regeln ausgeführt werden. Wir müssen die Regeln nur so auffassen, daß sie entfernt und ausgetauscht werden können, und haben etwas, das der universellen Maschine sehr nahe kommt.

Eins fehlt noch: Zu diesem Zeitpunkt druckt die Maschine $\mathcal{M}'$ keine Ziffern. Wir können dies korrigieren, indem wir zwischen jedes der aufeinanderfolgenden Paare von vollständigen Zuständen diejenigen Ziffern drucken, die im neuen Zustand auftauchen, nicht aber im alten. Dann wird ($C_1$) zu

$$DDA : 0 : 0 : DCCCDCCCDAADCDDC : DCCC \ldots . \quad (C_2)$$

Es ist nicht ganz offensichtlich, daß die *E*-Felder ausreichend Platz für die notwendigen „Stichworte" bieten, aber dennoch ist dies tatsächlich der Fall.

Die Buchstabenfolgen zwischen Doppelpunkten in Ausdrücken wie ($C_1$) können als Standard-Beschreibungen der vollständigen Zustände verwendet werden. Wenn die Buchstaben wie in § 5 durch Ziffern ersetzt werden, erhalten wir eine numerische Beschreibung des vollständigen Zustands, die seine Beschreibungszahl genannt werden kann. […]

## 8. Anwendung der Diagonalmethode

Man könnte auf den Gedanken kommen, daß Argumente, die beweisen, daß die reellen Zahlen nicht abzählbar sind, ebenso beweisen, daß die berechenbaren Zahlen und Folgen nicht abzählbar seien.[4] Man könnte sich zum Beispiel überlegen, daß die Grenze einer Folge von berechenbaren Zahlen berechenbar sein

4 Vgl. [Ernest William] Hobson, Theory of functions of a real variable (2. Aufl. 1921), 87, 88.

muß. Es leuchtet ein, daß dies nur dann der Fall ist, wenn die Folge der berechenbaren Zahlen durch irgendeine Regel definiert wird.

Oder wir wenden die Diagonalmethode an. „Wenn die berechenbaren Folgen abzählbar sind, sei $\alpha_n$ die $n$-te berechenbare Folge und $\varphi_n(m)$ sei die $m$-te Ziffer in $\alpha_n$. $\beta$ sei die Folge, in der $1 - \varphi_n(n)$ als $n$-te Ziffer auftritt. Da $\beta$ berechenbar ist, gibt es eine Zahl $K$ dergestalt, daß $1 - \varphi_n(n) = \varphi_K(n)$ für alle $n$. Indem wir $n = K$ setzen, erhalten wir $1 = 2\varphi_K(K)$, d. h. 1 ist eine gerade Zahl. Dies ist unmöglich. Daher sind die berechenbaren Folgen nicht abzählbar."

Der Fehler dieses Arguments liegt in der Annahme, daß $\beta$ berechenbar sei. Das wäre der Fall, wenn wir die berechenbaren Folgen mit endlichen Mitteln abzählen könnten. Aber das Problem der Aufzählung berechenbarer Folgen entspricht dem Problem herauszufinden, ob eine gegebene Zahl die D. N. einer zirkelfreien Maschine ist, und wir besitzen kein allgemeines Verfahren, um dies in einer endlichen Anzahl von Schritten durchzuführen. Es kann tatsächlich gezeigt werden, daß es kein solches allgemeines Verfahren geben kann, wenn die Diagonalmethode korrekt angewandt wird.

Der einfachste und kürzeste Beweis dafür besteht darin zu zeigen, daß es eine $\beta$ berechnende Maschine gäbe, falls dieses allgemeine Verfahren existierte. Obwohl das ein völlig vernünftiger Beweis ist, hat er doch den Nachteil, daß er beim Leser ein Gefühl hinterläßt, daß „da irgendwas falsch sein muß". Der Beweis, den ich führen werde, hat diesen Nachteil nicht und bietet einen gewissen Einblick in die Bedeutung der Idee von „zirkelfrei". Er hängt nicht von der Konstruktion von $\beta$ ab, sondern von der Konstruktion von $\beta'$ deren $n$-te Ziffer $\varphi_n(n)$ ist.

Wir wollen annehmen, daß es ein solches Verfahren gibt; das will besagen, daß wir eine Maschine $\mathcal{D}$ erfinden können, die, wenn sie mit der S. D. irgendeiner rechnenden Maschine $\mathcal{M}$ gespeist wird, diese S. D. überprüft und sie mit dem Symbol „$u$" markiert, wenn sie zirkulär ist, und mit „$s$", wenn sie zirkelfrei ist. Durch die Kombination der Maschinen $\mathcal{D}$ und $\mathcal{U}$ können wir eine Maschine $\mathcal{H}$ konstruieren, die die Folge $\beta'$ berechnet. Die Maschine $\mathcal{D}$ wird ein Band benötigen. Wir dürfen annehmen, daß sie alle Symbole auf $F$-Feldern ausspart und nur $E$-Felder benutzt; wenn sie zu ihrem Urteil gekommen ist, wird die gesamte von $\mathcal{D}$ verrichtete Roharbeit wieder getilgt.

Die Bewegung der Maschine $\mathcal{H}$ ist in Abschnitte aufgeteilt. In den ersten $N - 1$ Abschnitten wurden unter anderem die ganzen Zahlen $1, 2, \ldots, N - 1$ niedergeschrieben und von der Maschine $\mathcal{D}$ getestet. Eine gewisse Anzahl von ihnen, sagen wir $R(N - 1)$, erwiesen sich als die Beschreibungszahlen zirkelfreier Maschinen. Im $N$-ten Abschnitt testet die Maschine $\mathcal{D}$ die Zahl $N$. Wenn $N$ befriedigend ist, d. h. wenn es die D. N. einer zirkelfreien Maschine ist, dann *ist* $R(N) = 1 + R(N - 1)$ und die ersten Ziffern $R(N)$ der Folge, in der eine D. N. gleich $N$ ist, werden errechnet. Die $R(N)$-te Ziffer dieser Folge wird als eine der Ziffern der Folge

$\beta'$, die von $\mathcal{H}$ berechnet wurde, niedergeschrieben. Wenn $N$ nicht befriedigend ist, dann ist $R(N) = R(N-1)$ und die Maschine rückt in den $(N+1)$-ten Abschnitt ihrer Bewegung vor.

Die Konstruktion der Maschine $\mathcal{H}$ zeigt, daß $\mathcal{H}$ zirkelfrei ist. Jeder Abschnitt der Bewegung von $\mathcal{H}$ wird nach einer endlichen Anzahl von Schritten beendet. Denn die Entscheidung, ob $N$ befriedigend ist, wird, getreu unserer Annahme über $\mathcal{D}$, in einer endlichen Anzahl von Schritten erreicht. Wenn $N$ nicht befriedigend ist, dann ist damit der $N$-te Abschnitt abgeschlossen. Wenn $N$ befriedigend ist, heißt das, daß die Maschine $\mathcal{M}(N)$, deren D. N. $N$ ist, zirkelfrei ist, und ihre $R(N)$-te Ziffer wird daher in einer endlichen Anzahl von Schritten errechnet werden können. Wenn diese Ziffer errechnet und als die $R(N)$-te Ziffer von $\beta'$ niedergeschrieben worden ist, ist der $N$-te Abschnitt abgeschlossen. Folglich ist $\mathcal{H}$ zirkelfrei.

Nun sei $K$ die D. N. von $\mathcal{H}$. Was macht $\mathcal{H}$ im $K$-ten Abschnitt ihrer Bewegung? Sie muß testen, ob $K$ befriedigend ist, und ein Urteil „$s$" oder „$u$" fällen. Da $K$ die D. N. von $\mathcal{H}$ ist und $\mathcal{H}$ zirkelfrei ist, kann das Urteil nicht „$u$" sein. Es kann andererseits aber auch nicht „$s$" sein. Denn falls es so wäre, so wäre $\mathcal{H}$ im $K$-ten Abschnitt ihrer Bewegung gezwungen, die ersten $R(K-1)+1 = R(K)$ Ziffern der Folge zu errechnen, die von der Maschine, die $K$ als Beschreibungszahl hat, errechnet wurden, und die $R(K)$-te Ziffer als eine der von $\mathcal{H}$ berechneten Folge niederzuschreiben. Die Errechnung der ersten Ziffern $R(K-1)$ würde problemlos ausgeführt werden, aber die Befehle, die $R(K)$-te Ziffer zu errechnen, würden darauf hinauslaufen, „die ersten von $\mathcal{H}$ berechneten Ziffern $R(K)$ zu errechnen und die $R(K)$-te niederzuschreiben". Diese $R(K)$-te Ziffer würde niemals gefunden werden. Das heißt, $\mathcal{H}$ ist zirkulär, was sowohl dem, was wir im vorigen Paragraphen festgestellt haben, als auch dem Urteil „$s$" widerspricht. Daher ist keins der Urteile möglich und wir schließen daraus, daß es keine Maschine $\mathcal{D}$ geben kann.

Wir können weiterhin zeigen, daß *es keine Maschine $\mathcal{E}$ geben kann, die, wenn sie mit der S. D. einer willkürlichen Maschine $\mathcal{M}$ gespeist wird, entscheiden kann, ob $\mathcal{M}$ jemals ein gegebenes Symbol (z. B. 0) drucken wird.*

Wir werden zunächst folgendes zeigen: wenn es eine Maschine $\mathcal{E}$ gibt, dann gibt es ein allgemeines Verfahren, um zu entscheiden, ob eine gegebene Maschine $\mathcal{M}$ 0 unendlich oft druckt. $\mathcal{M}_1$ sei eine Maschine, die dieselbe Folge wie $\mathcal{M}$ druckt, mit dem Unterschied, daß an der Stelle, wo die erste von $\mathcal{M}$ gedruckte 0 steht, $\mathcal{M}_1$ $\overline{0}$ druckt. $\mathcal{M}_2$ soll die ersten beiden Symbole 0 durch $\overline{0}$ ersetzen usw. Wenn daher $\mathcal{M}$

$$A\,B\,A\,0\,1\,A\,A\,B\,0\,0\,1\,0\,A\,B\ldots$$

drucken würde, dann würde $\mathcal{M}_1$

$$A\,B\,A\,\bar{0}\,1\,A\,A\,B\,0\,0\,1\,0\,A\,B\ldots$$

drucken, und $\mathcal{M}_2$ würde

$$A\,B\,A\,\bar{0}\,1\,A\,A\,B\,\bar{0}\,0\,1\,0\,A\,B\ldots$$

drucken.

Nun sei $\mathcal{F}$ eine Maschine, die – gespeist mit der S. D. von $\mathcal{M}$ – nacheinander die S. D. von $\mathcal{M}$, $\mathcal{M}_1$, $\mathcal{M}_2$, … niederschreiben wird (es gibt eine solche Maschine). Wir kombinieren $\mathcal{F}$ mit $\mathcal{E}$ und erhalten eine neue Maschine, $\mathcal{G}$. In der Bewegung von $\mathcal{G}$ wird zuerst $\mathcal{F}$ benutzt, um die S. D. von $\mathcal{M}$ niederzuschreiben, darauf wird diese von $\mathcal{E}$ getestet; es wird : 0 : geschrieben, wenn sich herausstellt, daß $\mathcal{M}$ niemals 0 druckt. Dann schreibt $\mathcal{F}$ die S. D. von $\mathcal{M}_1$ nieder, und auch diese wird getestet, wobei : 0 : dann und nur dann gedruckt wird, wenn $\mathcal{M}_1$ niemals 0 druckt; usw. Nun wollen wir $\mathcal{G}$ durch $\mathcal{E}$ testen lassen. Wenn sich herausstellt, daß $\mathcal{G}$ niemals 0 druckt, dann druckt $\mathcal{M}$ unendlich oft 0; wenn $\mathcal{G}$ manchmal 0 druckt, dann druckt $\mathcal{M}$ nicht unendlich oft 0.

Entsprechend gibt es ein allgemeines Verfahren, um zu entscheiden, ob $\mathcal{M}$ unendlich oft 1 druckt. Durch die Kombination dieser beiden Verfahren erhalten wir ein Verfahren, um zu entscheiden, ob $\mathcal{M}$ unendlich viele Ziffern druckt, d. h., wir haben ein Verfahren, um zu bestimmen, ob $\mathcal{M}$ zirkelfrei ist. Es kann daher keine Maschine $\mathcal{E}$ geben.

Die Wendung „es gibt ein allgemeines Verfahren, um zu entscheiden …" ist in diesem Abschnitt durchweg als ein Äquivalent für „es gibt eine Maschine, die entscheiden wird …" verwendet worden. Dieser Gebrauch kann dann und nur dann gerechtfertigt sein, wenn wir unsere Definition von „berechenbar" rechtfertigen können. Denn jedes dieser mit dem „allgemeinen Verfahren" zusammenhängenden Probleme kann als ein Problem beschrieben werden, das ein allgemeines Verfahren betrifft, um zu entscheiden, ob eine gegebene ganze Zahl $n$ die Eigenschaft $G(n)$ besitzt [z. B. könnte $G(n)$ für „$n$ ist befriedigend" oder für „$n$ ist die Gödelnummer einer beweisbaren Formel" stehen]. Und dies ist gleichbedeutend damit, eine Zahl zu berechnen, deren $n$-te Ziffer 1 ist, wenn $G(n)$ wahr ist, oder 0, wenn es falsch ist.

*Aus dem Englischen von Bernhard Siegert*

**Textnachweis:** Alan M. Turing (1937): On Computable Numbers with an Application to the Entscheidungsproblem. In: Proceedings of the London Mathematical Society, (2)42, S. 230–265. Deutsche Fassung: Turing, Alan: Über berechenbare

Zahlen mit einer Anwendung auf das Entscheidungsproblem. In: Ders.: Intelligence Service. Schriften, hrsg. v. Bernhard Dotzler u. Friedrich Kittler. Berlin: Brinkmann & Bose 1987, S. 17–60; hier: S. 19–24, 25–26, 29–33, 36–39.

# Vannevar Bush: Wie wir denken werden (1945)

## I.

Dieser Krieg war nicht ein Krieg der Wissenschaftler; es war ein Krieg, an dem alle Anteil hatten. Die Wissenschaftler haben ihre alten Rivalitäten zugunsten der gemeinsamen Sache begraben, haben zusammengearbeitet und viel gelernt. Diese Zusammenarbeit war wirkungsvoll und aufregend. Jetzt scheint diese Zeit für viele zu Ende zu gehen. Was sollen die Wissenschaftler als nächstes tun? […]

Es gibt einen wachsenden Berg von Forschung. Aber es gibt auch zunehmende Anzeichen dafür, dass wir heutzutage in einem Prozess der Spezialisierung stecken bleiben. Der Forscher wird von den Erkenntnissen und Schlussfolgerungen tausender Anderer überwältigt – er findet keine Zeit, diese überhaupt zu begreifen, geschweige denn, sie alle im Gedächtnis zu behalten. Dennoch wird Spezialisierung für den Fortschritt immer notwendiger, und Versuche, Brücken zwischen den Disziplinen zu schlagen, gestalten sich entsprechend oberflächlich.

Unsere Methoden der Vermittlung und der Überprüfung von Forschungsergebnissen sind Generationen alt und erfüllen ihren Zweck inzwischen nicht mehr. […]

## V.

Das eigentliche Problem bei der Datenselektion ist aber nicht allein die Verzögerung, mit der diese Hilfsmittel in den Bibliotheken zur Anwendung kommen, oder die schleppende Entwicklung von entsprechenden Benutzervorrichtungen. Der Zugang zu den Aufzeichnungen wird vor allem durch die ‚Künstlichkeit' der Indizierungssysteme erschwert. Wenn Daten in ein Archiv aufgenommen werden, werden sie alphabetisch oder numerisch registriert und man findet (wenn über-

© Springer Fachmedien Wiesbaden GmbH, ein Teil von Springer Nature 2019
A. Ziemann (Hrsg.), *Grundlagentexte der Medienkultur*,
https://doi.org/10.1007/978-3-658-15787-6_23

haupt) die Information nur wieder, indem man Unterabteilung für Unterabteilung durchgeht. Die gesuchte Information kann sich nur an einer einzigen Stelle befinden, außer es werden Duplikate benutzt; es bedarf einiger umständlicher Regeln, um zu wissen, welcher Pfad zur gewünschten Information führt. Zudem muss man, wenn man eine Information gefunden hat, das System verlassen und für die nächste Suche wieder neu beginnen.

Das menschliche Gehirn funktioniert anders. Es arbeitet mit Assoziation. Sobald es eine Information erfasst hat, greift es schon nach der nächsten, die sich durch gedankliche Assoziation anbietet – gemäß eines komplizierten Netzes von Pfaden, das über die Gehirnzellen verläuft. Das menschliche Gehirn hat natürlich auch noch andere Eigenschaften: Selten genutzte Pfade neigen dazu zu verblassen, einzelne Informationen bleiben nicht unbedingt vollständig, die Erinnerung ist flüchtig. Aber die Geschwindigkeit der Prozesse, die Komplexität der Pfade und die Detailliertheit der gedanklichen Bilder sind beeindruckender als alles andere in der Natur.

Die Menschheit kann nicht vollständig darauf hoffen, diesen geistigen Prozess künstlich zu reproduzieren, aber gewiss ließe sich daraus lernen. In Kleinigkeiten könnten sich die Menschen sogar verbessern, denn die Aufzeichnungen sind relativ beständig. Die erste Idee, die sich aus dieser Analogie ergibt, betrifft die Auswahl. Auswahl, nicht durch Katalogisierung, sondern durch Assoziation könnte mechanisiert werden. Wir können nicht darauf hoffen, so die Geschwindigkeit und Flexibilität, mit der der menschliche Geist assoziativen Pfaden folgt, zu erreichen, aber im Hinblick auf die Dauerhaftigkeit und Klarheit der aus dem Archiv hervorgeholten Informationen sollte es möglich sein, den Verstand deutlich einzuholen.

Stellen Sie sich ein künftiges Hilfsmittel zum persönlichen Gebrauch vor, eine Art mechanisiertes privates Archiv oder Bibliothek. Es braucht einen Namen – und ich denke, fürs erste wird ‚Memex' genügen. Ein Memex ist ein Gerät, in dem ein Einzelner all seine Bücher, Akten und seine gesamte Korrespondenz speichert. Es ist so konstruiert, dass es mit außerordentlicher Geschwindigkeit und Flexibilität benutzt werden kann. Es handelt sich um eine Art vergrößerte, gründliche Ergänzung zum Gedächtnis.

Es besteht aus einer Art Schreibtisch, an den sich der Benutzer zum Arbeiten setzt, obgleich er es vermutlich auch aus einer gewissen Entfernung bedienen kann. Oben befinden sich schräge durchscheinende Bildschirme, auf die das Material bequem lesbar projiziert werden kann. Es gibt eine Tastatur und eine Reihe von Knöpfen und Hebeln. Ansonsten sieht es wie ein gewöhnlicher Schreibtisch aus.

Auf der einen Seite befindet sich das gespeicherte Material. Das Problem des Datenumfangs wird durch verbesserte Mikrofilme gelöst. Nur ein kleiner Teil im Inneren des Memex dient der Speicherung, der Rest bleibt für den Mechanismus selbst. Auch wenn ein Benutzer pro Tag 5 000 Seiten Material ablegen würde,

würde es Hunderte von Jahren dauern, das Magazin zu füllen; also kann er verschwenderisch und großzügig Neues hinzufügen.

Der Großteil der Datenmenge des Memex kann bereits gebrauchsfertig auf Mikrofilm erworben werden. Alle Arten von Büchern, Bildern, aktuellen Periodika, Zeitungen – alles kann in eine einheitliche Form gebracht und gespeichert werden. Die geschäftliche Korrespondenz funktioniert genauso. Auch für die Möglichkeit direkter Eingabe ist gesorgt. Auf der Oberfläche des Memex befindet sich eine transparente Walze, auf die alles mögliche aufgelegt wird – handschriftliche Aufzeichnungen, Fotografien, Mitteilungen oder Notizen. Nach dem Auflegen betätigt man einen Hebel und es wird eine Fotografie angefertigt, die auf dem nächsten leeren Segment des Memex-Films erscheint, wobei das Verfahren der Trockenfotografie zum Einsatz kommt.

Selbstverständlich besteht auch die Möglichkeit, anhand üblicher Indizierungssysteme auf das Archiv zuzugreifen. Wenn der Benutzer ein bestimmtes Buch zu Rate ziehen will, gibt er den dazugehörigen Code über die Tastatur ein und sofort erscheint die Titelseite des Buchs vor ihm, projiziert auf eine der Ansichtsflächen. Häufig benutzte Codes wird der Benutzer sich merken, sodass er selten im Codebuch nachschlagen wird; wenn er es doch einmal tut, wird es durch Drücken einer einzigen Taste für ihn projiziert. Dem Benutzer stehen noch weitere Hebel zur Verfügung. Wenn man einen dieser Hebel nach rechts schiebt, kann er in dem Buch, das gerade vor ihm liegt, blättern, dabei erscheinen die Seiten in einem Tempo, das ihm gerade noch erlaubt, einen kurzen, orientierenden Blick darauf zu werfen. Wird der Hebel weiter nach rechts bewegt, steigert sich das Tempo, sodass zehn oder auch 100 Seiten auf einmal geblättert werden. Wenn man den Hebel nach links schiebt, kehrt sich der Vorgang um.

Ein besonderer Knopf bringt den Benutzer sofort zur ersten Seite des Inhaltsverzeichnisses. Jedes Buch einer Bibliothek kann so erheblich leichter aufgerufen und betrachtet werden, als wenn man es aus dem Regal nehmen müsste. Da dem Benutzer mehrere Projektionsflächen zur Verfügung stehen, kann er einen Gegenstand projiziert lassen, während er einen weiteren aufruft. Durch eine mögliche Art der Trockenfotografie kann er Randnotizen und Kommentare hinzufügen und es könnte sogar eingerichtet werden, dass er dabei ein ähnlich mechanisiertes Schreibinstrument nutzt, wie es derzeit bei Teleautografen in Bahnhofswartesälen eingesetzt wird, ganz so, als hätte er die Buchseite tatsächlich vor sich.

## VI.

All dies ist konventionelle Technik, wenn man von der Projektion heute bereits existierender Geräte und Vorrichtungen in die Zukunft absieht. Es braucht aber noch einen weiteren Schritt zur assoziativen Indizierung, nämlich eine Vorrichtung, die einem ermöglicht, von jeder beliebigen Information automatisch und unmittelbar eine andere auszuwählen. Das ist eine wesentliche Eigenschaft des Memex. Das Verbinden von Informationen ist das Wichtigste.

Wenn der Benutzer einen Pfad anlegt, benennt er ihn, trägt den Namen ins Codebuch ein und gibt ihn über die Tastatur ein. Vor ihm befinden sich auf zwei nebeneinander liegenden Flächen die Informationen, die er verbinden will. Am unteren Rand befindet sich eine Zahl leerer Codestellen und für jede Information ist der Zeiger auf eine dieser Stellen gerichtet. Der Benutzer drückt eine einzige Taste und die Informationen werden dauerhaft verbunden. An der jeweiligen Codestelle erscheint die entsprechende Kennzeichnung. Die Codestelle enthält ebenfalls eine Reihe von Punkten, die nicht sichtbar sind, aber von Fotozellen gelesen werden können; und bei jeder Information verweisen diese Punkte durch ihre Position auf die Indexnummer der anderen Information.

Später kann jederzeit, sobald eine Information sichtbar gemacht ist, die andere direkt abgerufen werden – einfach durch Knopfdruck unterhalb der entsprechenden Codestelle. Darüber hinaus können mehrere Informationen, die auf diese Weise zu einem Pfad verbunden worden sind, nacheinander schnell oder langsam angeschaut werden, ähnlich wie beim Durchblättern von Büchern. Es ist genau so, als wären die jeweiligen Artikel, Notizen, Bücher, Fotografien etc. leibhaftig aus weit entfernten Quellen zusammengetragen und zu einem neuen Buch verbunden worden. Es geht sogar darüber hinaus, denn jede Information kann so zu einem Teil unzähliger Pfade werden.

Nehmen wir einmal an, der Besitzer des Memex interessiere sich für Ursprung und Eigenschaften von Pfeil und Bogen. Insbesondere beschäftigt er sich damit, wieso der kurze türkische Bogen bei den Gefechten der Kreuzzüge dem englischen langen Bogen offensichtlich überlegen war. Er hat Dutzende von Büchern und Artikeln in seinem Memex gespeichert, die für dieses Thema relevant sein könnten. Zunächst blättert er in einer Enzyklopädie, findet einen interessanten, aber skizzenhaften Eintrag und lässt ihn projiziert stehen. Als nächstes findet er in einem historischen Werk einen weiteren wichtigen Eintrag und verbindet die beiden miteinander. Auf diese Weise baut er einen Pfad mit diversen Einträgen auf. Hin und wieder fügt er einen eigenen Kommentar hinzu, verbindet ihn entweder mit dem Hauptpfad oder verknüpft ihn über einen Seitenpfad mit einem bestimmten anderen Eintrag. Wenn deutlich wird, dass die Elastizität der verfügbaren Materialien einen großen Einfluss auf den Bogen hat, erstellt er einen Seitenpfad, der ihn durch Fachliteratur über Elastizität und Tabellen konstanter Größen führt. Er fügt eine Seite mit seiner eigenen, handschriftlichen Analyse hinzu. So erstellt er einen Pfad, der seinem Interesse entsprechend durch das Labyrinth des zur Verfügung stehenden Materials führt.

Und diese Pfade verblassen nicht. Jahre später beschäftigt er sich in einem Gespräch mit einem Freund mit der seltsamen Neigung der Menschen, sich Erneuerungen zu verweigern, selbst wenn sie entscheidend sind. Er verfügt über ein Beispiel, nämlich die Tatsache, dass die unterlegenen Europäer sich weigerten, den türkischen Bogen zu übernehmen. Und er verfügt über den entsprechenden Pfad. Das Codebuch erscheint auf Knopfdruck. Ein paar Tasten werden gedrückt und schon erscheint der Anfang des Pfads auf der Projektionsfläche. Durch Betätigung der Hebel durchwandert man den Pfad, hält bei interessanten Einzelheiten inne, unternimmt Exkurse über Seitenpfade. Es ist ein interessanter und für die Diskussion relevanter Pfad. Also schaltet der Benutzer die Reproduktionsvorrichtung ein, fotografiert den gesamten Pfad ab und überreicht ihn seinem Freund, der ihn in seinen eigenen Memex integrieren kann, um ihn dort mit einem allgemeineren Pfad zu verbinden.

## VII.

Es werden ganz neue Arten von Enzyklopädien entstehen, bereits versehen mit einem Netz assoziativer Pfade, bereit dafür, in den Memex aufgenommen und dort erweitert zu werden. Anwälte erhalten auf Tastendruck die gesammelten Gutachten und Entscheidungen ihres gesamten Berufslebens und die ihrer Freunde und anderer Autoritäten. Patentanwälte können auf Hunderttausende von vergebenen Patenten zurückgreifen, mit vertrauten Pfaden zu jedem Punkt, der für ihre Klienten von Interesse sein könnte. Ärzte, verwundert über die Reaktionen ihrer Patienten, verfolgen einen Pfad, den sie bei der Untersuchung eines vorangegangenen, ähnlich gelagerten Falls, angelegt haben und können rasch andere Fallgeschichten durchgehen, mit Verweisen auf relevante Klassiker der Anatomie und Histologie. Chemiker, die sich mit der Synthese einer organischen Verbindung abmühen, haben die gesamte Fachliteratur in ihrem Labor vor sich, mit Pfaden, die Analogien zwischen Verbindungen darstellen und mit Seitenpfaden über deren physikalische und chemische Eigenschaften.

Historiker nehmen die ausführlichen Chronologien eines Volkes und verbinden diese mit Pfaden, die nur die wichtigsten Punkte auswählen und die einen über andere existierende Pfade durch die gesamte Zivilisation einer bestimmten Epoche führen. Es entsteht ein neuer Berufszweig von ‚Wegbereitern', denen es Freude bereitet, nützliche Pfade für die ungeheuere Menge an Aufzeichnungen und Dokumenten anzulegen. Das Erbe eines Meisters besteht nicht nur in den eigenen Ergänzungen zu den vorhandenen Aufzeichnungen, sondern darin, dass er seinen Schülern das gesamte Gerüst hinterlässt, mit dessen Hilfe sie entstanden sind.

Auf diese Weise könnte die Wissenschaft Werkzeuge bereitstellen, mit denen sie Aufzeichnungen herstellen, speichern und nutzen kann. Es könnte vielleicht eindrucksvoller sein, die Möglichkeiten der Zukunft spektakulärer darzustellen, statt sich, wie hier geschehen, an bereits bekannte und sich schnell weiterentwickelnde Methoden und Elemente zu halten. In der Tat habe ich alle möglichen Arten von technischen Schwierigkeiten ignoriert, aber ebenso habe ich Mittel nicht in Betracht gezogen, die derzeit noch unbekannt sind und jeden Tag auftauchen könnten und dann den technischen Fortschritt so beschleunigen würden wie seinerzeit die Elektronenröhre. Damit das an vorhandenen Mustern orientierte Bild nicht zu selbstverständlich wird, sollte ich vielleicht eine zusätzliche Möglichkeit erwähnen, nicht um der Prophezeiung willen, sondern nur als Vorschlag, denn Prophezeiungen haben nur Substanz, wenn sie auf dem Weiterdenken des Bekannten beruhen – solange sie sich aber auf Unbekanntes gründen, bleiben sie umständliche Vermutungen.

Alle Schritte, die wir bei der Aufzeichnung und Verwertung von Material machen, haben mit einem der Sinne zu tun – dem Tastsinn beim Berühren der Tasten, dem Hörsinn beim Sprechen oder Zuhören, dem Sehsinn beim Lesen. Wäre es nicht möglich, dass dies eines Tages auf sehr viel direkterem Wege geschieht? [...]

Es ist bereits möglich, über die Knochen Geräusche in die Nervenkanäle von Gehörlosen zu leiten, damit diese hören können. Wäre es nicht denkbar, dass wir lernen, dies auf weniger umständliche Art zu tun? Indem wir erst elektrische Vibrationen in mechanische umwandeln, die der menschliche Organismus dann prompt wieder in die elektrische Form zurückverwandelt? Mit ein paar am Schädel befestigten Elektroden kann heutzutage ein Enzephalograf Tintenspuren produzieren, die in einer gewissen Beziehung zu den elektrischen Phänomenen stehen, die im Hirn selbst vor sich gehen. Es stimmt: Diese Aufzeichnungen sind, abgesehen von der Feststellung grober Fehlfunktionen im Gehirn, nicht lesbar, aber wer vermag zu sagen, wo die Grenzen solcher Entwicklungen liegen mögen?

In der äußeren Welt sind bereits alle Formen von Informationen, ob akustisch oder visuell, auf variierende Spannungen im Stromkreis reduziert worden, damit sie übermittelt werden können. Im Inneren des menschlichen Körpers finden ganz ähnliche Prozesse statt. Werden wir immer auf die Übersetzung mechanischer Bewegungen angewiesen sein, um eine Verbindung von einem elektrischen Phänomen zum anderen herzustellen? Dies ist ein anregender Gedanke, aber es lassen sich kaum Vorhersagen treffen, ohne den Boden der Realität unter den Füßen zu verlieren. Man sollte annehmen, dass es die Stimmung des Menschen heben wird, besser imstande zu sein, seine dunkle Vergangenheit zu überblicken und seine augenblicklichen Probleme vollständiger und objektiver zu analysieren. Die Menschheit hat eine so komplizierte Zivilisation errichtet, dass sie ihre Aufzeichnungen besser mechanisieren muss, wenn sie dieses Experiment zu einem logischen Schluss führen und nicht auf halbem Wege stecken bleiben will, weil ihre beschränkte Erinnerungsfähigkeit überlastet ist. Die Entwicklungen des Menschen könnten angenehmer verlaufen, wenn er das Privileg erlangen könnte, all die Dinge zu vergessen, die er nicht unmittelbar benötigt, ohne dabei befürchten zu müssen, dass sich diese Dinge nicht wiederfinden lassen, wenn sie sich als wichtig erweisen.

Die Anwendung der Wissenschaft hat der Menschheit ein gut ausgestattetes Haus gebaut und sie gelehrt, gesund darin zu leben. Sie hat Massen von Menschen in die Lage versetzt, einander mit grausamen Waffen zu bekriegen. Es steht noch aus, dass die Wissenschaft den Menschen hilft, sich die großartigen Aufzeichnungen wirklich zu Nutze zu machen und an der Weisheit ihrer Erfahrung zu wachsen. Vielleicht wird die Menschheit im Konflikt untergehen, bevor es ihr gelingt, diese Aufzeichnungen zu ihrem Nutzen einzusetzen. Es scheint jedoch, als sei dies ein ausgesprochen unglücklicher Zeitpunkt, um die Nutzbarmachung der Wissenschaft im Dienste des Menschen zu beenden oder die Hoffnung auf ein positives Ergebnis aufzugeben.

*Aus dem Englischen von Susanna Noack*

**Textnachweis:** Vannevar Bush (1945): As We May Think. In: The Atlantic Monthly, Vol. 176/No. 1, S. 101–108. Deutsche Fassung: Bush, Vannevar: Wie wir denken werden. In: Karin Bruns/Ramón Reichert (Hg.): Reader Neue Medien. Texte zur digitalen Kultur und Kommunikation. Bielefeld: transcript 2007, S. 106–125; hier: S. 106, 107, 119–124, 124–125. Copyright der deutschen Ausgabe: transcript Verlag, Bielefeld (2007).

# Douglas C. Engelbart: Die Verstärkung der menschlichen Intelligenz – ein konzeptioneller Rahmen (1962)

## II Der konzeptionelle Rahmen

### A. Allgemeines

Der konzeptionelle Rahmen, den wir anstreben, soll uns Orientierung bieten – Orientierung in Bezug auf die realen Möglichkeiten und Probleme bei der Nutzung moderner Technik, die den Einzelnen unmittelbar darin unterstützen soll, komplexe Situationen zu verstehen, deren bedeutsame Faktoren zu isolieren und Probleme zu lösen. Um uns diese Orientierung zu verschaffen, werden wir untersuchen, wie Einzelne ihr derzeitiges Niveau der Effektivität erreichen. Wir erwarten von dieser Untersuchung, dass sie Möglichkeiten der Verbesserung erkennen lässt. [...]

Unsere Kultur hat für uns Mittel zur Erledigung der Aufgaben entwickelt, die wir mit unseren Basisfähigkeiten bewältigen können. Dadurch sind wir imstande, den wirklich komplexen Situationen Einsichten abzugewinnen und die Prozesse des Ableitens und Umsetzens von Problemlösungen zu vollziehen. Die Mittel, durch die sich die Fähigkeiten von Menschen in diesem Sinne erweitern lassen, sollen hier als *Erweiterungsmittel* bezeichnet werden. Wir unterscheiden vier Klassen solcher Mittel:

1) *Artefakte:* physische, von Menschen (mit-)gestaltete Objekte mit dem Zweck, den Komfort von Menschen, die Manipulation von Dingen oder Materialien oder die Manipulation von Symbolen zu ermöglichen.
2) *Sprache:* das Mittel, mit dem der Einzelne das Bild seiner Welt in die Begriffsinhalte (oder „Konzepte") zergliedert, deren sich sein Bewusstsein bei der Modellierung dieser Welt bedient. Bestandteil der Sprache sind auch die Symbole, die der Einzelne mit den Begriffsinhalten verknüpft und zur bewussten Manipulation dieser Inhalte (dem „Denken") einsetzt.

© Springer Fachmedien Wiesbaden GmbH, ein Teil von Springer Nature 2019
A. Ziemann (Hrsg.), *Grundlagentexte der Medienkultur*,
https://doi.org/10.1007/978-3-658-15787-6_24

3) *Methodik:* die Methoden, Verfahren, Vorgehensweisen, Strategien usw., mit deren Hilfe ein Einzelner seine zielorientierte (Problemlösungs-)Aktivität strukturiert.
4) *Schulung:* die von einem Menschen benötigte Zustandsveränderung, durch die seine Fertigkeiten mithilfe der Mittel 1, 2 und 3 so weit gebracht werden, dass sich damit Aufgaben effektiv erfüllen lassen.

Somit können wir uns das zu verbessernde System als eines vorstellen, das aus einem geschulten Menschen sowie aus seinen Artefakten, seiner Sprache und Methodik besteht. Zu diesem dezidiert neuen, von uns ins Auge gefassten System gehören als Artefakte Computer und computergesteuerte Vorrichtungen zur Speicherung, Bearbeitung und Anzeige von Informationen. Die hier erörterten Aspekte unseres Begriffsrahmens beziehen sich in erster Linie auf die Fähigkeit des Menschen, von solchen Vorrichtungen in Form eines integrierten Systems bedeutsamen Gebrauch zu machen.

[…] Das menschliche Bewusstsein lernt oder handelt nicht in großen Sprüngen, sondern in Schritten, die so organisiert oder strukturiert sind, dass jeder Schritt auf früheren Schritten aufbaut.

Nun ist der Schritt, den ein einzelner Mensch tun kann, um etwas zu verstehen, zu erneuern oder auszuführen, klein im Vergleich zur Gesamtgröße des Schrittes, den die Lösung eines komplexen Problems erfordert. Dennoch sind Menschen in der Lage, komplexe Probleme zu lösen. Hier kommen die Erweiterungsmittel ins Spiel. Denn sie ermöglichen die Zerlegung eines großen Problems in die kleinen Schritte, die ein Mensch gehen kann. Die Struktur oder Organisation der kleinen Schritte oder Handlungen wiederum soll hier als *Prozesshierarchie* bezeichnet und näher erörtert werden.

Jeder Vorgang eines Gedankens oder einer Handlung besteht aus Teilprozessen. […] Und auch wenn jeder Teilprozess selbst ein Prozess in dem Sinne ist, dass er aus weiteren Teilprozessen besteht, so erscheint es doch in diesem Fall sinnlos, gleichsam den „Urprozess" oder die unterste Ebene der hierarchischen Prozessstruktur zu suchen. Denn es ist anscheinend unmöglich, festzustellen, ob es solche „Urprozesse" (d.h. nicht weiter unterteilbare Prozesse) in der physischen Welt gibt oder ob sie nur aus der Begrenztheit menschlicher Verstehensmöglichkeiten resultieren.

Allerdings ist es ohnehin nicht notwendig, bei der Diskussion konkreter Prozesshierarchien von einem „Urprozess" auszugehen: Denn niemand orientiert sich jedes Mal, wenn er etwas Neues in Angriff nimmt, an einer ganz einzigartigen, noch nie da gewesenen Vorgehensweise. Stattdessen geht er von einer Gruppe vorhandener, grundlegender sensorisch-mental-motorischer Prozessfähigkeiten aus und ergänzt diese durch bestimmte Prozessfähigkeiten seiner Artefakte. Dabei ist die Zahl solcher Basisfähigkeiten von Menschen oder Artefakten, auf die ein Rückgriff möglich ist, endlich. Hinzu kommt, dass bestimmte Teilprozesse einer relativ hohen Ordnung in sehr verschiedenartigen Prozessen höherer Ordnung wiederholt enthalten sein können. […]

Der Einzelne entwickelt ein bestimmtes Repertoire an Prozessfähigkeiten, aus denen er diejenigen Fähigkeiten auswählt und dem beabsichtigten Zweck anpasst, die in der Zusammenstellung die von ihm auszuführenden Prozesse ergeben. Dieses Repertoire ist mit einem Werkzeugkasten vergleichbar; und so wie der Handwerker wissen muss, wozu seine Werkzeuge geeignet sind und wie er sie zu benutzen hat, so muss auch der Geistesarbeiter die Einsatzmöglichkeiten seiner Werkzeuge kennen und über passende Methoden, Strategien und Erfahrungsregeln für ihren Einsatz verfügen. Sämtliche Prozessfähigkeiten im Repertoire des Einzelnen beruhen letztlich auf Basisfähigkeiten, die in ihm selbst oder in seinen Artefakten liegen, und das gesamte Repertoire bildet eine wechselseitig verflochtene, hierarchische Struktur, die wir oft auch als *Repertoire-Hierarchie* bezeichnen.

Innerhalb des typischen Repertoires eines Einzelnen sind drei allgemeine Kategorien von Prozessfähigkeiten anzutreffen: Zunächst sind da die Fähigkeiten, deren Vollzug sich vollständig innerhalb der menschlichen Körperhülle abspielt. Sie sollen hier als *explizit menschliche* Prozessfähigkeiten bezeichnet werden. Ferner gibt es die in Artefakten angesiedelten Fähigkeiten, die zur Ausführung von Prozessen ohne menschliches Eingreifen dienen und die hier als *explizit artefaktgebundene* Prozessfähigkeiten benannt werden sollen. Und schließlich sind da die von uns so genannten *zusammengesetzten* Prozessfähigkeiten, die in Hierarchien zum Tragen kommen, die die beiden anderen Kategorien einschließen.

Unsere Annahme sei, dass unser „H-LAM/T"-System (für „*H*uman using *L*anguage, *A*rtifacts, *M*ethodology, in which he is *T*rained", also: „Mensch, der Sprache, Artefakte und eine Methodik verwendet, in denen er geschult ist") in jedem Fall des Einsatzes dieses Repertoires über die entsprechende Fähigkeit verfügt und den Prozess ausführt. […]

## C. Ausführliche Diskussion des H-LAM/T-Systems

### 1. Die Quelle der Intelligenz

Betrachtet man ein Computer-System bei der Erledigung einer sehr komplexen Aufgabe, sieht man vordergründig eine Maschine, die äußerst anspruchsvolle Prozesse auszuführen vermag. Ist der Betrachter Laie, so könnte er den Grund für diese hoch entwickelte Fähigkeit in einer geheimnisvollen Kraft vermuten, mittels derer die Maschine Informationen durch wahrnehmungsfähige und intelligente synthetische Denkvorrichtungen hindurchschleust. Tatsächlich jedoch ist diese hoch entwickelte Fähigkeit das Ergebnis einer ausgeklügelten Organisationshierarchie. Man könnte daher auf der Suche nach dem Grund oder der Quelle der Intelligenz im System zunächst die verschiedenen Schichten der funktionalen und physischen Organisation des Computers durchlaufen, die zunehmend primitiver werden.

Genauer gesagt: Wir würden auf der obersten Ebene beginnen und die wichtigsten darunter liegenden Ebenen aufführen, die zu durchlaufen wären, wenn wir auf den einzelnen Ebenen nacheinander deren Funktionselemente zerlegen wollten, um die „Quelle der Intelligenz" zu finden. Ein Programmierer würde uns – je nach Komplexität des durch den Computer ausgeführten Prozesses – durch vielleicht drei Ebenen führen und dabei möglicherweise die Organisation der einzelnen Ebenen mit einem Flussdiagramm illustrieren. Auf der obersten Programmierebene wären die Funktionen organisiert, die den Anweisungen zur Realisierung des gewünschten Gesamtprozesses in einer problemorientierten Programmiersprache (z. B. ALGOL oder COBOL) entsprechen. Auf der zweitobersten Ebene wären die nächstniedrigeren Funktionen zu den Prozessen gruppiert, für die die Programmieranweisungen der obersten Ebene stehen. Auf der dritten Ebene wäre vielleicht zu erkennen, wie die grundlegenden Maschinenbefehle (oder vielmehr die von ihnen repräsentierten Prozesse) so organisiert sind, dass sie die verschiedenen Funktionen der zweiten Ebene erfüllen.

An dieser Stelle würde ein Maschinenkonstrukteur die Besichtigungstour übernehmen und uns anhand eines Blockschaltbilds vom Aufbau des Computers zeigen (Ebene 4), wie die verschiedenen Hardware-Komponenten (z. B. Speicher mit wahlfreiem Zugriff, arithmetische Register, Addierwerk, arithmetische Steuereinheit) so angeordnet sind, dass sie zusammen die Fähigkeit zur Ausführung von Befehlsfolgen der Ebene 3 ergeben. Anschließend würde uns ein Mikroelektroniker ebenfalls mithilfe von Blockschaltbildern einen Einblick in Ebene 5 geben. Seine Führung würde Hardware-Elemente wie Impulstore, Flipflops sowie die UND-, ODER- und NICHT-Schaltkreise umfassen, die sich so vernetzen lassen, dass sie die auf Ebene 4 genutzten Funktionen wahrnehmen. Auf Ebene 6 würde uns ein Schaltungstechniker anhand von Diagrammen zeigen, wie sich Bauteile wie Transistoren, Widerstände, Kondensatoren und Dioden zu modularen Netzen verschalten lassen, mit denen die für Elemente der Ebene 5 benötigten Funktionen realisiert werden.

Geräteingenieure und Physiker unterschiedlicher Disziplinen könnten uns weitere Ebenen erschließen. Sehr bald hätten wir jedoch die Grenze zwischen dem überschritten, was vom Menschen, und dem, was von der Natur organisiert ist; und letztlich wären wir bei einer Diskussion darüber angelangt, wie ein gegebenes physikalisches Phänomen sich von der immanenten Organisation subatomarer Teilchen ableitet. Unsere Fähigkeit zur Erklärung weiterer Ebenen würde dort enden, wo unsere menschlichen Verstehensmöglichkeiten an ihre derzeitigen Grenzen stoßen.

Fragen wir uns dann erneut, wo die gesuchte Intelligenz ihren Sitz hat, wären wir zu dem Eingeständnis gezwungen, dass sie sich in ungreifbarer Weise über eine Hierarchie funktionaler Prozesse verteilt – eine Hierarchie, deren Fundament in natürliche Prozesse hineinreicht, die in Tiefen jenseits der Durchdringungskraft unseres Verstandes liegen. Und wenn es etwas gäbe, aus dem die gesuchte „Intelligenz" erwächst, dann wäre es das Prinzip der *Organisation*. Biologen und Physiologen sprechen von „Synergismus" und meinen damit „... das kooperative Ineinandergreifen voneinander getrennter Wirkfaktoren, dessen Gesamtwirkung größer ist als die Summe beider, unabhängig voneinander betrachteter Wirkungen ..." (*Webster's Unabridged Dictionary,* 2. Ausgabe). Dieser Ausdruck scheint hier unmittelbar zu passen: Es sieht so aus, als sei „Synergismus" der aussichtsreichste Kandidat für die Benennung unserer „eigentlichen Quelle der Intelligenz". [...]

## 2. Intelligenzverstärkung

[...] Wenn wir hier den Ausdruck „Intelligenzverstärkung" übernehmen, so ist damit nicht der Versuch gemeint, die angeborene menschliche Intelligenz zu vermehren. „Intelligenzverstärkung" scheint als Begriff deshalb auf unser Ziel einer Erweiterung des menschlichen Intellekts zu passen, weil das, was wir hervorbringen wollen, in höherem Maße als ein ohne Hilfsmittel arbeitender Mensch das aufweisen wird, was wir „Intelligenz" nennen. In diesem System wird die Intelligenz des Menschen verstärkt, weil seine intellektuellen Fähigkeiten in eine synergetische Struktur auf höherer Stufe eingebunden sind. Träger der verstärkten Intelligenz ist das resultierende H-LAM/T-System, in dem die Erweiterungsmittel des LAM/T den Verstärker der menschlichen Intelligenz bilden.

Durch Verstärkung unserer Intelligenz wenden wir das Prinzip der synergetischen Strukturierung an, dem die natürliche Evolution bei der Entwicklung der menschlichen Basisfähigkeiten gefolgt ist. Unser Beitrag, den wir durch Entwicklung unserer Erweiterungsmittel geleistet haben, bedeutet, dass wir einen Überbau als synthetische Erweiterung jener zugrunde liegenden natürlichen Struktur geschaffen haben. Die Evolution „künstlicher Intelligenz", wie wir sie am stetigen Ausbau unserer Erweiterungsmittel ablesen können, vollzieht sich in einem sehr realen Sinne bereits seit vielen Jahrhunderten.

## 3. Ein System – zwei Aktivitätsbereiche

Der Mensch einerseits und die Artefakte andererseits sind die einzigen physischen Bestandteile des H-LAM/T-Systems. Von ihren Fähigkeiten hängt letztlich die Gesamtfähigkeit des Systems ab. Dieser Gedanke klang schon in der oben getroffenen Aussage an, nach der jeder zusammengesetzte Prozess des Systems letztlich aus explizit menschlichen und explizit artefaktgebundenen Prozessen besteht. Hieraus ergeben sich innerhalb des H-LAM/T-Systems zwei getrennte Aktivitätsbereiche: der vom Menschen repräsentierte Bereich, in dem alle explizit menschlichen Prozesse ablaufen, und der von den Artefakten eingenommene Bereich, in dem die explizit artefaktgebundenen Prozesse stattfinden. In jedem zusammengesetzten Prozess gibt es ein kooperatives Ineinandergreifen der beiden Aktivitätsbereiche, das auch den Austausch von Energie erfordert (dies zum Großteil nur für den Informationsaustausch). Abb. 1 zeigt das Prinzip der zwei Aktivitätsbereiche und enthält weitere, unten erläuterte Begriffe.

Handelt es sich bei dem Hauptartefakt, mit dem ein Mensch kooperiert, um eine komplexe Maschine, hat sich für die Grenze, über die hinweg die beiden Aktivitätsbereiche Energie austauschen, seit einigen Jahren der Terminus „Mensch-Maschine-Schnittstelle" eingebürgert. Die „Mensch-Artefakt-Schnittstelle" gibt es jedoch schon seit Jahrhunderten, nämlich seit Menschen begonnen haben, Artefakte zu benutzen und zusammengesetzte Prozesse auszuführen.

Der Austausch über diese „Schnittstelle" erfolgt dann, wenn ein explizit menschlicher Prozess mit einem explizit artefaktgebundenen Prozess gekoppelt wird. Diese gekoppelten Prozesse werden recht häufig gerade zum Zweck dieses Austauschs eingerichtet: um eine funktionale Passung zwischen anderen explizit menschlichen und explizit artefaktgebundenen Prozessen zu schaffen, mit denen bedeutsamere Dinge erledigt werden, die ansonsten in ihrem jeweiligen Aktivitätsbereich abgeschottet blieben. So lösen beispielsweise die Finger- und Handbewegungen beim Maschineschreiben (explizit menschliche Prozesse) einen Tasten-Hebel-Mechanismus in der Schreibmaschine aus (Kopplung mit explizit artefaktgebundenen Prozessen). Hiermit wird jedoch nur ein Ausschnitt aus den Prozessen des „Passend-Machens" sichtbar: der zwischen den tiefer liegenden menschlichen Prozessen, die zum Tippen eines Wortes auf der Schreibmaschine hinführen, und den tiefer liegenden Artefaktprozessen, durch die am Ende das Muster der Druckfarbe auf das Papier gelangt.

Die Außenwelt interagiert mit unserem H-LAM/T-System mittels des Austauschs von Energie entweder mit dem Einzelnen oder mit seinem Artefakt. Auch hier werden oft spezielle Prozesse zur Bewerkstelligung des Austauschs eingerichtet. Das unmittelbare Anliegen unserer Untersuchung betrifft jedoch das H-LAM/T-System selbst mit seinen internen Prozessen, die an der Effektivität des

**Abbildung 1** Darstellung der zwei Aktivitätsbereiche im H-LAM/T-System

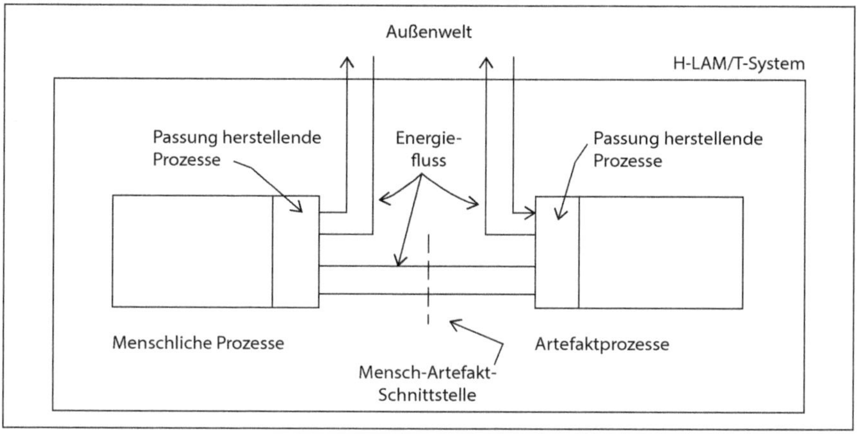


*Systems* beteiligt sind oder wesentlich an dieser Effektivität beteiligt werden können, mit der das System die Verstehensfähigkeit des Menschen voran- und ihn seinen Zielen näher bringt.

## 4. Konzepte, Symbole und eine Hypothese

Bevor wir die Erörterung des H-LAM/T-Systems weiter vertiefen, ist einiges Hintergrundmaterial zu berücksichtigen. Lassen wir die historische Abfolge der Entwicklung unserer intellektuellen Fähigkeiten Revue passieren:

1) *Manipulation von Konzepten:* Menschen konnten sich über die niedrigeren Lebensformen erheben, indem sie im Laufe der Evolution die biologische Fähigkeit zur Bildung von Abstraktionen und Konzepten entwickelten. Mithilfe ihres Bewusstseins konnten sie diese Konzepte bis zu einem gewissen Grad manipulieren und so über Situationen *in abstracto* „nachdenken". Dank ihrer geistigen Fähigkeiten konnten sie aus konkreten Einzelfällen allgemeine Konzepte gewinnen und aus diesen wiederum konkrete Einzelfälle vorhersagen, Konzepte miteinander verknüpfen, erinnern usw. „Konzepte" meint hier die gewissermaßen „rohen", nicht verbalisierten Vorstellungsinhalte. [...] Stünden wir nur auf der Stufe der nicht symbolischen Manipulation von Konzepten, könnten wir wahrscheinlich primitive Unterkünfte bauen, Kriegs- und Jagdstrategien entwickeln sowie Spiele und Streiche spielen. Weitergehende

Möglichkeiten intellektueller Effektivität sind auf dieser Stufe der biologischen Evolution (derselben, auf der wir uns heute befinden) noch unausgebildet.

2) *Symbolmanipulation:* Einen großen Schritt voran machten Menschen, als sie lernten, bestimmte Bewusstseinsinhalte oder Konzepte mit bestimmten Symbolen darzustellen. An dieser Stelle wollen wir das Sprechen und Schreiben zu Kommunikationszwecken einstweilen beiseitelassen und uns nur dem direkten Wert der Symbole für den *Einzelnen* widmen, der nun durch mentale Manipulation von Symbolen seine schwere Denkarbeit bewältigen kann, statt allein auf die unhandlichen, von den Symbolen repräsentierten Konzepte angewiesen zu sein. Man stelle sich beispielsweise die Schwierigkeit der geistigen Aufgabe vor, siebenundzwanzig Schafe zu hüten, wenn man sich dazu nicht nur eine Kardinalzahl merken und gelegentlich die Herde nachzählen muss, sondern sich das Aussehen jedes einzelnen Schafs merken und dann, wenn einem die Herde zu klein erscheint, jedes Schaf visualisieren und mit den vorhandenen Schafen vergleichen muss.
3) *Manuelle externe Symbolmanipulation:* Der nächste bedeutsame Schritt nach vorn, bei dem die biologischen, in der Evolution entwickelten Fähigkeiten im Sinne des Verstehens und der Problemlösung weiter ausgebaut wurden, erfolgte mit der Entwicklung der Mittel zur Externalisierung eines Teils der Symbolmanipulationsaktivität insbesondere durch grafische Repräsentation. Diese Mittel ergänzten das Gedächtnis und das Visualisierungsvermögen des Einzelnen. (Auch an dieser Stelle geht es uns nicht um den Wert der menschlichen Kooperation, die durch Sprechen und Schreiben – beides Formen der Manipulation externer Symbole – ermöglicht wurde, sondern um die manuellen Mittel zur Herstellung der grafischen Repräsentationen von Symbolen: einen Stock und Sand, Stift, Papier und Radierer, Lineal oder Kompass usw.) Vor allem diese Art von Mitteln zur Manipulation externer Symbole wird mit der Entwicklung in Verbindung gebracht, die die Manipulation von Konzepten durch den Einzelnen (das „Denken“) bis zu ihrem heutigen Stand genommen hat.

Ganz zweifellos werden die Konzepte, die Menschen nützlich finden, früher oder später in ihrer Sprache symbolisiert. So kommt es auch, dass die Evolution der Sprache von den Konzepten beeinflusst wurde, die die Menschen hervorgebracht und benutzt haben. Nun haben unter anderem Korzybski[1] und Whorf[2] die These aufgestellt, dass die Sprache, die wir benutzen, in erheblichem Maße auch unser

1 Korzybski, A, *Science and Sanity,* 1st Ed. (International non Aristotelian Library Publishing Co., Lancaster, Pennsylvania, 1933).

2 Whorf, B. L., *Language, Thought, and Reality* (MIT & John Wiley & Sons, Inc., New York City, N. Y., 1956).

Denken beeinflusst. Wenn für bestimmte Arten von Konzepten die Wörter fehlen, so die Argumentation, erschwert dies den Ausdruck dieser Konzepte und macht es unwahrscheinlicher, dass wir viel über sie in Erfahrung bringen. Wenn das so ist, wäre es auch plausibel anzunehmen, dass, sobald eine Sprache wächst und benutzt wird, die Sprache auch die Herausbildung neuer Konzepte beeinflusst, die in dieser Sprache ausgedrückt werden sollen. [...]

Für die Zwecke unseres konzeptionellen Rahmens neigen wir der Ansicht zu, dass Sprache in der Tat Einfluss auf die eigene Entwicklung ausübt. Es lässt sich beobachten, dass der in den letzten Jahrhunderten erfolgte Sprachwandel in Bezug auf Dinge, die für den Einzelnen im Alltag relevant sind, zwangsläufig an das jeweilige Raster der zum gegebenen Zeitpunkt existierenden Sprache angepasst wurde, wobei die Änderungen normalerweise auf neue Verwendungsweisen für alte Wörter oder Wortneuschöpfungen beschränkt waren. Die englische Sprache hat seit Shakespeare keinen Wandel mehr erlebt, der dem Wandel der kulturellen Umwelt vergleichbar ist; wäre dies der Fall, wäre Shakespeares Englisch heute für uns unverständlich. Unter den Bedingungen einer solchen kulturellen Evolution ist es unwahrscheinlich, dass unsere gegenwärtige Sprache zugleich auch unserem Geist die bestmöglichen Mittel bietet, um Einsichten zu gewinnen und Probleme zu lösen. Stattdessen ist es sehr wahrscheinlich, dass eine nützlichere Form der Sprache erarbeitet werden kann.

Die Hypothese von Whorf besagt, dass „die Weltsicht einer Kultur durch die Struktur der Sprache begrenzt wird, die diese Kultur verwendet.“ Noch ein weiterer Faktor scheint jedoch die Entwicklung der Sprache und der Fähigkeit von Menschen, logisch zu denken, mitzubestimmen. Hierfür schlagen wir in Anlehnung an die Whorf-Hypothese folgende Hypothese vor: Sowohl die von einer Kultur benutzte Sprache als auch die Fähigkeit zu effektiver geistiger Aktivität werden im Laufe ihrer Evolution unmittelbar von den Mitteln beeinflusst, mit denen Einzelne die externe Manipulation von Symbolen steuern. (Zur leichteren Unterscheidung werden wir diese Aussage als „Neo-Whorf'sche Hypothese“ bezeichnen.)

Wenn sich die Neo-Whorf'sche Hypothese ohne Schwierigkeiten beweisen ließe und wir erkennen könnten, wie unsere Mittel der externen Manipulation von Symbolen sowohl unsere Sprache als auch unser Denken beeinflussen, dann besäßen wir ein wertvolles Werkzeug zur Untersuchung der Möglichkeiten, menschliche Fähigkeiten zu erweitern. Nehmen wir um der Diskussion willen an, dass die Neo-Whorf'sche Hypothese wahr sei, und prüfen wir, welche relevanten Ableitungen sie ermöglicht.

Wenn die Mittel, die entwickelt wurden, damit der Einzelne seine als Denkhilfen dienenden Symbole manipulieren kann, tatsächlich das Denken des Individuums unmittelbar beeinflussen, dann lässt sich aus der ursprünglichen Whorf-Hypothese noch etwas Zusätzliches ableiten: Die direkte Wirkung der Mittel zur externen Manipulation von Symbolen auf die Sprache würde indirekt, auf dem Weg über den von der Whorf-Hypothese formulierten Zusammenhang, ebenfalls eine Wirkung auf das Denken hervorrufen. Damit gäbe es in diesem Fall zwei Wege, auf denen unsere Art der externen Manipulation von Symbolen unser Denken beeinflusst.

Ein Aspekt der von uns speziell betrachteten Veränderungen des H-LAM/T-Systems, durch die die Fähigkeiten digitaler Computer in die geistige Aktivität einzelner Menschen eingebunden werden, besteht darin, dass wir dabei neue und weit fortgeschrittene Mittel der externen Manipulation von Symbolen einführen. Hieran knüpfen wir die Frage, welche nützlichen Modifikationen der Sprache sowie in der Art des Denkens sich aus diesen neuen Mitteln ergeben könnten. Dies führt uns zur Postulierung einer vierten Stufe in der Evolution der intellektuellen Fähigkeiten des Einzelmenschen:

4) *Automatisierte externe Symbolmanipulation:* Auf dieser Stufe können Symbole, mit denen der Mensch die von ihm manipulierten Konzepte darstellt, vor seinen Augen angeordnet, verschoben, gespeichert, abgerufen und nach äußerst komplexen Regeln bearbeitet werden. All dies geschieht als sehr schnelle Reaktion auf die Eingabe minimaler Informationen durch den Menschen mittels spezieller kooperativer technischer Vorrichtungen. Hierbei könnte es sich, in den Grenzen heutiger Vorstellungskraft, um einen Computer handeln, mit dem wir rasch und mühelos kommunizieren könnten und der mit einem dreidimensionalen Farbbildschirm gekoppelt wäre, in dem extrem komplexe Bilder aufgebaut werden könnten. Dabei wäre der automatisch auf menschliche Anweisungen reagierende Computer in der Lage, mit Teilen dieser Bilder oder allen Bildern eine große Vielfalt von Verarbeitungsprozessen durchzuführen. Die Bildschirme und Prozesse könnten nützliche Dienste leisten – von denen sowohl schlichte als auch exotische Varianten denkbar wären – und könnten Konzepte einbeziehen, die für uns bisher unvorstellbar waren (so wie es dem Denken der prä-grafischen Stufe 2 unmöglich war, sich das Balkendiagramm, das Verfahren der schriftlichen Division oder eine Kartothek vorzustellen).

Diese Hypothesen bergen eine Fülle von Möglichkeiten in den neuen evolutionären Räumen, die sich mit dem Voranschreiten von Stufe 3 nach Stufe 4 eröffnen. Wir würden diese Hypothesen gerne weiter prüfen; untersuchen würden wir dabei ihre möglichen Manifestationen in unserer Erfahrungswelt, Methoden zum Nachweis ihrer Gültigkeit und mögliche Ableitungen im Zusammenhang mit dem Übergang zu Stufe 4.

Auf der Suche nach einfachen Methoden zur Ermittlung dessen, was die Neo-Whorf'sche Hypothese möglicherweise impliziert, könnten wir einige relativ unkomplizierte Mittel zur Vermehrung unserer Fähigkeiten zur externen Symbolmanipulation ersinnen und uns dann die Veränderungen ausmalen, die in der Folge mit unserer Sprache und unseren Denkverfahren vor sich gehen würden. [...]

Nehmen wir an, von unserer damals jungen Technik vor einigen Generationen wäre ein Artefakt entwickelt worden, bei dem es sich im Wesentlichen um ein schnelles, halb automatisches Gerät zum Nachschlagen in Tabellen handelte. Das Gerät wäre so günstig gewesen, dass fast jeder es sich leisten konnte, und klein und leicht genug, um es am Körper zu tragen. Nehmen wir ferner an, dass die von den Herstellern (Verlagen) verkauften Kassetten die nachzuschlagenden Informationen enthielten, dass eine Kassette die Informationsmenge eines ungekürzten Wörterbuchs umfasst hätte und dass der durchschnittliche Besitzer des Geräts jederzeit in weniger als drei Sekunden eine Definition von der Länge eines Absatzes hätte aufsuchen und auf der Vorderseite des Geräts anzeigen können. Das Aufkommen des Geräts wäre seinerzeit schlicht den glücklichen Umständen der technischen Erfindung, des kommerziellen Interesses und der allgemeinen Akzeptanz zu verdanken gewesen.

Wenn es nun so einfach war, etwas nachzuschlagen: Wie hätte sich unser Wortschatz entwickelt? Wie hätten sich unsere Gewohnheiten der Bewegung auf fremdem geistigem Territorium verändert, wie wäre die Weiterentwicklung der praktischen Organisation verlaufen (wenn jedermann so schnell und einfach benötigte Regeln hätte abrufen können), wie hätte sich unser Bildungssystem gewandelt, um die Vorteile dieser neuen Fähigkeit zur externen Symbolmanipulation durch Schüler, Lehrer (und Verwaltungsfachleute) zu nutzen?

Die Bedeutung der Überlegungen in diesem Abschnitt für unsere Untersuchung liegt darin, dass sie neue Sichtweisen darauf eröffnen, welche Wirkungen auf die geistige Effektivität der Menschen von den durch die Einzelnen verwendeten Mitteln der externen Symbolmanipulation ausgehen können. Die Annahme erscheint berechtigt, dass die Entwicklung automatisierter Mittel der externen Symbolmanipulation für die nächste Stufe der Evolution unserer intellektuellen Kräfte prägend sein wird.

*Aus dem Englischen von Textworks Translations und Moritz Hiller*

**Textnachweis:** Douglas C. Engelbart (1962): Augmenting Human Intellect: A Conceptual Framework. Stanford, Cal.: Stanford Research Institute, S. 8–29; hier: S. 8–11, 17–26, 28–29. SRI Summary Report AFOSR-3223; Prepared for: Director of Information Services, Air Force Office of Scientific Research, Washington DC, Contract AF 49(638)-1024.

# Gender

# Zur Einführung

Hedwig Wagner

Gender Media Studies oder medienwissenschaftliche Geschlechterstudien befassen sich mit der Intersektion von Medienwissenschaft und Geschlechterstudien und gehen dem wechselseitig konstitutiven Verhältnis von Medium und Geschlecht nach. Ging es in der feministischen Filmtheorie um das genaue Verhältnis von Narration, dem Abgebildeten, dem Abbildungsmodus und sozialen und politischen Machtstrukturen, so erfolgte mit den Gender Studies innerhalb der langen und facettenreichen Theoriegeschichte der Geschlechterdarstellungen in den Medien und ihrer Repräsentationskritik der entscheidende Wandel. In der Filmwissenschaft, hauptsächlich aber in der Medienwissenschaft, geht es nun neben der Repräsentation um die Codierung, verschiebt sich die Aufmerksamkeit von der visuellen Oberfläche zum Dispositiv. Der Begriff der Codierung (im Gegensatz zur Repräsentation) umfasst dabei das Technische und das Apparative medialer Kommunikation und medienkultureller Artefakte sowie zusätzlich seine symbolisch-semiotische Dimension. Gender Media Studies fragen mithin nach Einlagerungen von Körper, Geschlecht, Psyche in – und Verschaltungen mit – dem Apparativen und vice versa. Das Dispositiv als zugleich mediales Arrangement und gesellschaftliche Anordnung kommt somit in den Blick. Gender wurde so als Medium denkbar, als Korrelation von sozialem Geschlecht und technisch basierter, symbolischer Zeichenproduktion.

Die amerikanische Philosophin Judith Butler hat mit „Gender trouble: feminism and the subversion of identity" (1990) und „Bodies that matter: on the discursive limits of sex" (1993) den Grundstein für die universitäre Etablierung von Gender Studies im deutschsprachigen Raum gelegt und ist in Folge dessen auch zur begründenden Referenz für die Gender Media Studies geworden. Grundlegend in ihren beiden Frühwerken war die Darlegung des Verhältnisses von *Sex*, dem biologischen Geschlecht, und *Gender*, dem sozialen Geschlecht. Gender als soziale Konstruktion (ohne legitimatorischen Rückbezug auf das biologische Ge-

© Springer Fachmedien Wiesbaden GmbH, ein Teil von Springer Nature 2019
A. Ziemann (Hrsg.), *Grundlagentexte der Medienkultur*,
https://doi.org/10.1007/978-3-658-15787-6_25

schlecht) zu denken und in seiner Erscheinungsweise als gezeitigte Machteffekte zu erkennen, ging weit über die bis dato ausgeübte (feministische) Repräsentationskritik von Männlichkeit und Weiblichkeit (in den Medien) hinaus. Gender wurde als Vermittlungsinstanz für (Kritik an der) Heteronormativität, der für die Gesellschaftsordnung bestimmenden Zweigeschlechtlichkeit, offenbart. Butlers These vom Geschlecht als performativem Akt, der Gender durch zitierende Wiederholungen herstellt und durch eine verschiebende Iteration (Parodie) veränderbar macht, bot vielfältige Anknüpfungspunkte für die Reflexion des Verhältnisses von Gender und Medien.

In „Undoing Gender" (2004) wird mit *gender regulations* die Frage nach der Entstehung, den Bedingungen und der Macht der Geschlechternormen wieder aufgegriffen. Die Subjektivierung von Menschen geht durch Regulierungen vonstatten, in deren Prozess Gender hervorgebracht wird. In der Annahme, dass das geschlechtlich markierte Subjekt durch Regulierung entsteht, können konkrete rechtliche und andere Arten der Regulierungen mit ihren Gesetzen, Regeln und Praktiken in ihrem regulatorischen Machtwirken auf Gender untersucht werden. Regulierung selbst wird als eine alles einschließende Norm erkannt und als das verstanden, was das Soziale definiert und zum Erscheinen bringt. Diese Intelligibilität, die Lesbarkeit des Sozialen, bestimmt Gender als Norm. Damit stellt sich die Frage nach den Medien als Teil der performativen Aufführungspraxen von Geschlecht und Regulierungsinstanz und verbindet sich mit der zentralen Frage Judith Butlers nach der Möglichkeit der Veränderung von Gender-Normen gerade über die Binarität von Männlichkeit/Weiblichkeit hinaus. Die Norm determiniert das Subjekt nicht (vollständig), denn – so Butlers Einsatzpunkt – jede Norm wird nur aufgrund ihrer repetitiven Kraft, Realität zu stiften, als eine Norm etabliert; und damit kann in diesen Prozess der Gender-Normen auch interveniert werden.

Die amerikanische Literaturwissenschaftlerin Nancy Katherine Hayles hat sich in ihrem Werk – in Auseinandersetzung mit der Kybernetik – den Subjektivierungen in den Konzeptionen des Posthumanen gewidmet. Einem gendermedientheoretisch geleiteten Ansatz folgend, schreibt sie gegen die Körpervergessenheit von Narrationen der Kybernetik und des Posthumanen an. „Traumas of Code" (2006) setzt am Mensch-Maschine-Verhältnis an und lotet die Dimension des Unbewussten im Verhältnis zum Technologischen aus. Kulturtechniken und spezifische Körperpraktiken sind Bestandteil des Computercodes. Das Technologische ist in das Unbewusste, in das Körperliche und in Verhaltensweisen eingedrungen, und in den Codes sind beide verschaltet. So erweitert Hayles im Anschluss an Nigel Thrift das ‚technologisch Unbewusste' in Richtung ‚technologisch Nicht-Bewusstes'. Darüber hinaus wird der Verschränkung von Mensch und Maschine/Artefakt, die beide zu einer Einheit, einer Entität werden, eine Mensch-

Maschine-Kognition zu Grunde gelegt. In Hayles' Codebegriff verschalten sich Computercode/Programmiercode, menschliche Sprache, Gender und Körper. Aus der Tatsache, dass ein Code alle Ebenen (unbewusst, bewusst, nichtbewusst) des menschlichen Seins formt, ergibt sich auch, dass das ‚technologisch Nicht-Bewusste' ein *gegendertes* ist, insofern erstens das Unbewusste des Menschen geschlechtsspezifisch ist, insofern zweitens die körperlich-somatischen Reaktionen und Interaktionen (etwa bei der programmierbaren Mediensteuerung) gegendert sein können und insofern drittens das Symbolische (Sprache/Computercode) Gender zum Ausdruck bringen kann. Fernab eines technologischen Determinismus geht es Hayles um Kreativität und Veränderung im digitalen männlichen Mahlstrom *(maelstrom* bzw. *malestream).*

Mitte der 1990er Jahre war in den Gender Studies allgemein sowie in den sich entwickelnden Gender Media Studies insbesondere der Cyberfeminismus wahrgenommen und gefeiert worden. Donna Haraways „A Manifesto for Cyborgs: Science, Technology, and Socialist Feminism" (1985) ist zu einem kanonischen Text der Medienwissenschaft geworden und ihr Aufsatz „Situated Knowledges: The Science Question in Feminism and the Privilege of Partial Perspective" (1988) zu einem der zentralen Referenztexte der Gender Studies. Haraways „A Game of Cat's Cradle: Science Studies, Feminist Theory, Cultural Studies" (1994) stellt ein kritisches Korrektiv zur Technoscience und zur ANT dar. Sie prangert dort die Exkludierung der Kategorie Geschlecht aus den Denkweisen der Technoscience an und zeigt auf, wie in der Interaktion zwischen menschlichen wie nicht-menschlichen Partnern Gender operationalisiert wird. Haraway will die Wissenschaftsnarrative über Objektivität, die fortbestehen (müssen), in einer selbstkritischeren Technoscience, die sich dem situierten Wissen *(situated knowledges)* verpflichtet weiß, voranbringen. Die Rekurrenz auf Gender als vorgeformte Kategorie, die funktionalistisch eingesetzt wird, soll unterbunden werden. Die konstitutiven Praktiken der Technoscience und all ihre (Mechanismen der) Wissenshervorbringungen müssen auf dieses *gender-in-the-making,* d.h. auf die Codierungen, die im Labor, in der Wissenschaftsproduktion vonstatten gehen, hin analysiert werden. In lokalen Praktiken, bei der Produktion von Subjekten und Objekten sowie von Zeugenschaften der Wissenschaft fragt Haraway nach Subversionsmöglichkeiten, sodass antisexistisches, gendersensibles und antirassistisches Wahrnehmen, Denken und Handeln entsteht.

Haraway betreibt keine Verabschiedung des objektiven Wissens, sondern schreibt bewusst gegen die Herrschaftsinteressen des Wissenschaftserwerbs an, um neue ‚Objektivitäten' in das Wissen einzuführen, sodass die Erkenntnis der ‚Faktizität der Welt': der Objektivität, der Fakten, so verläuft, dass das Technische *und* das Politische wieder ins Spiel kommen und im Herzen bester wissenschaftlicher Praxis implementiert werden.

# Judith Butler: Gender-Regulierungen (2004)

Auf den ersten Blick scheint der Begriff „Regulierung“ die Institutionalisierung des Prozesses nahezulegen, durch den Personen normalisiert werden. Verwendet man ihn im Plural, so erkennt man in der Tat jene konkreten Gesetze, Regeln und Praktiken an, die die rechtlichen Instrumente konstituieren, durch die Personen normalisiert werden. Dennoch wäre es meines Erachtens ein Fehler, die verschiedenen Formen, durch die Gender reguliert wird, auf diese empirisch gegebenen rechtlichen Instanzen zurückführen zu wollen. Denn die Normen, die diese Regulierungen leiten, gehen über die Instanzen hinaus, durch die sie verkörpert werden. Andererseits wäre es ebenso problematisch, abstrakt über die Regulierung von Gender zu sprechen. Dies würde bedeuten, die empirischen Rechtsinstanzen illustrierten nur eine Funktionsweise von Macht, die von diesen Instanzen unabhängig ist.

Tatsächlich haben sich zentrale Arbeiten aus dem Bereich der feministischen und lesbisch-schwulen Forschung auf konkrete Regulierungen konzentriert – rechtliche, militärische, psychiatrische und viele mehr. Dieser Forschungsbereich bringt folgende Fragen hervor: Wie wird Gender reguliert? Wie werden solche Regulierungen auferlegt? Wie werden die Regulierungen durch die Subjekte, denen sie auferlegt werden, verinnerlicht und gelebt? Wenn Gender reguliert wird, heißt das indes nicht, dass Gender schlichtweg unter die Herrschaft einer äußeren Macht der Regulierung gerät.[1] Falls Gender vor seiner Regulierung existierte, könnten wir „Gender“ zum Thema machen und im Folgenden die verschiedenen Formen der Regulierungen aufzählen, denen es unterworfen ist. Wir könnten auch die Art und Weise hervorkehren, durch die diese Subjektivierung vonstatten geht. Aber wir stehen einem sehr viel dringlicherem Problem gegenüber. Schließlich stellt sich die Frage, ob es überhaupt ein Gender gibt, das vor seiner Regulie-

---

1 Vgl. Carol Smart (Hg.), *Regulating Womanhood.*

© Springer Fachmedien Wiesbaden GmbH, ein Teil von Springer Nature 2019
A. Ziemann (Hrsg.), *Grundlagentexte der Medienkultur*,
https://doi.org/10.1007/978-3-658-15787-6_26

rung existiert – oder ob nicht etwa das geschlechtlich markierte Subjekt gerade dadurch entsteht, dass es der Regulierung unterworfen wird, es also in und durch diese spezifische Form der Subjektivierung hervorgebracht wird. Könnte Subjektivierung nicht als der Prozess verstanden werden, durch den Regulierungen Gender produzieren?

An dieser Stelle soll daran erinnert werden, dass mindestens zwei Vorbehalte gegenüber der Subjektivierung und Regulierung gehegt werden, die der foucaultschen Lehre entstammen: 1. dass die regulatorische Macht nicht nur auf ein präexistentes Subjekt einwirkt, sondern dieses Subjekt gleichfalls formt und es prägt; dass also jede juridische Form der Macht ihren eigenen produktiven Effekt hat; 2. dass einer Regulierung unterworfen zu werden ebenfalls bedeutet, von ihr subjektiviert zu werden. Der zweite Punkt ergibt sich insofern aus dem ersten, als die regulatorischen Diskurse, die das Subjekt von Gender formen, genau diejenigen sind, die das zur Debatte stehende Subjekt benötigen und es hervorrufen.

Bestimmte Formen von Regulierungen können als Instanzen einer allgemeineren regulatorischen Macht verstanden werden; einer regulatorischen Macht, die als die Regulierung von Gender spezifiziert werden kann. Damit möchte ich in gewisser Weise Foucault widersprechen. Wenn die foucaultsche Weisheit in der Einsicht besteht, dass regulatorische Macht bestimmte weitgefasste historische Charakteristiken aufweist und sie sich auf Gender ebenso wie auf andere Formen sozialer und kultureller Normen auswirkt, dann dient Gender nur als Beispiel für die Wirkungsweise einer übergeordneten regulatorischen Macht. Gegen diese Subsumierung von Gender unter die regulatorische Macht habe ich einzuwenden, dass der regulatorische Apparat, der Gender regiert, selbst genderspezifisch ist. Damit möchte ich nicht behaupten, dass die Regulierung von Gender paradigmatisch für regulatorische Praxis ist, sondern dass Gender sein eigenes, unverwechselbares regulatorisches und disziplinarisches Regime erfordert und einführt.

Die Behauptung, Gender sei eine „Norm", bedarf weiterer Ausführungen. Eine Norm ist weder das Gleiche wie eine Regel noch wie ein Gesetz.[2] Eine Norm wirkt innerhalb sozialer Praktiken als impliziter Standard der *Normalisierung*. Zwar kann eine Norm von den sozialen Praktiken, in die sie eingebettet ist, analytisch getrennt werden. Doch kann sie sich auch jeder Bemühung gegenüber als widerspenstig erweisen, die ihre Funktionsweise aus dem jeweiligen Kontext lösen will. Normen können explizit sein oder auch nicht. Wenn sie aber als normalisierendes Prinzip in der sozialen Praxis fungieren, bleiben sie in der Regel implizit und sind schwer zu entziffern. Sie sind dann am deutlichsten und dramatischsten in den Effekten ersichtlich, die sie hervorbringen. Wenn Gender eine Norm ist, könnte

2 Vgl. François Ewald, „Norms, Discipline, and the Law"; ders., „Eine Macht ohne Draußen"; Charles Taylor, „To Follow a Rule".

das heißen, dass jede/r soziale/r Akteur/in sie einzig und allein ansatzweise verkörpern kann. Die Norm regiert die soziale Intelligibilität einer Handlung. Aber sie ist mit der Handlung, die sie regiert, nicht identisch. Die Norm scheint gegenüber den Handlungen, die sie regiert, indifferent zu sein. Damit möchte ich lediglich sagen, dass die Norm einen Status und einen Effekt zu haben scheint, der unabhängig von den Handlungen ist, die sie regiert. Die Norm regiert die Intelligibilität, sie ermöglicht, dass bestimmte Praktiken und Handlungen als solche erkannt werden können. Sie erlegt dem Sozialen ein Gitter der Lesbarkeit auf und definiert die Parameter dessen, was innerhalb des Bereichs des Sozialen erscheinen wird und was nicht. Die Frage, was außerhalb der Norm liegt, erweist sich als gedankliches Paradoxon. Denn wenn die Norm das Feld des Sozialen für uns intelligibel macht und diesen Bereich für uns normalisiert, dann muss ein Außerhalb der Norm immer noch in Relation zu ihr definiert werden. Das heißt: nicht ganz männlich und nicht ganz weiblich zu sein, heißt immer noch, ausschließlich im Verhältnis zur eigenen Beziehung zum „ziemlich Männlichen" und „ziemlich Weiblichen" verstanden zu werden.

Wenn man behauptet, Gender sei eine Norm, bedeutet das nicht dasselbe wie zu sagen, es gäbe normative Vorstellungen von Männlichkeit und Weiblichkeit – wiewohl es eindeutig solche normativen Vorstellungen gibt. Gender ist weder genau das, was man „ist", noch das, was man „hat". Gender ist der Apparat, durch den die Produktion und Normalisierung des Männlichen und Weiblichen vonstatten geht – zusammen mit den ineinander verschränkten hormonellen, chromosomalen, psychischen und performativen Formen, die Gender voraussetzt und annimmt. Wenn man hingegen Gender immer und ausschließlich als die Matrix des „Männlichen" und des „Weiblichen" erachtet, verfehlt man einen entscheidenden Punkt: Die Produktion dieser kohärenten Binarität ist kontingent, sie hat ihren Preis; jene Spielarten von Gender, die nicht in das binäre Muster passen, sind ebenso Teil von Gender wie jedes seiner zutiefst normativen Beispiele. Setzt man die Definition von Gender mit seinem normativen Ausdruck gleich, so verfestigt man unversehens die Macht der Norm, die darin liegt, die Definition von Gender zu beschränken. Gender ist der Mechanismus, durch den Vorstellungen von Männlichkeit und Weiblichkeit produziert und naturalisiert werden. Gender könnte aber auch der Apparat sein, durch den solche Vorstellungen dekonstruiert und denaturalisiert werden. In der Tat könnte genau der Apparat, der die Norm einzusetzen versucht, gleichfalls bewirken, dass ebendieser Vorgang untergraben wird: Das heißt, die Einsetzung der Norm könnte per definitionem unabgeschlossen bleiben. Indem man den Begriff „Gender" sowohl von Männlichkeit als auch von Weiblichkeit trennt, stützt man eine theoretische Perspektive, die eine Erklärung dafür anbietet, wie es dazu kommt, dass sich das semantische Feld von Gender in der Binarität des „Männlichen" und des „Weiblichen" erschöpft. Ob man sich auf *gender trouble, gender bending, transgender* oder *crossgender* bezieht, man legt damit immer nahe, dass Gender die Möglichkeit hat, die naturalisierte Binarität zu überschreiten. Folglich führt die Gleichsetzung von Gender mit männlich/weiblich, Mann/Frau eben jene Naturalisierung durch, der das Konzept von Gender zuvorkommen will.

Daher führt ein restriktiver Diskurs über Gender, der darauf beharrt, dass ausschließlich die Binarität von „Mann" und „Frau" das Feld von Gender für das Verständnis erschließt, eine *regulatorische* Operation von Macht durch. Er naturalisiert die hegemoniale Vorlage und verhindert so, dass ihre Veränderung gedacht werden kann.

Es gab in den Gender Studies eine Tendenz zu der Annahme, die Alternative zum binären Gendersystem bestehe in einer Vervielfachung der Gender. Ein solcher Ansatz provoziert unweigerlich die Frage: Wie viele Gender können es sein, und wie wird man sie nennen?[3] Doch die Zerschlagung des binären Gendersystems muss uns nicht zu einer ebenso problematischen Quantifizierung von Gender führen. Luce Irigaray folgt einem Stichwort von Lacan und fragt, ob das maskuline Geschlecht das „eine" Geschlecht ist, und meint damit nicht „einzig und allein eins", sondern das eine, das einen quantitativen Ansatz zum Geschlecht einleitet. „Geschlecht" *(le sexe)* ist aus ihrer Sicht weder eine biologische noch eine soziale Kategorie (und insofern von „Gender" unterschieden), sondern eine linguistische, die sozusagen auf der Trennlinie zwischen dem Sozialen und dem Biologischen existiert. „Das Geschlecht, das nicht eins ist", ist daher Weiblichkeit, die genau als das verstanden wird, was sich nicht zahlenmäßig erfassen lässt.[4] Andere Ansätze bestehen darauf, dass „transgender" streng genommen kein drittes Geschlecht ist, sondern ein Modus des Übergangs zwischen den Gendern, eine Zwischengestalt oder Übergangsfigur von Gender, die sich nicht auf ein normatives Schema reduzieren lässt, das auf der Alternative von „eins oder zwei" beruht.[5] […]

## Normen und das Problem der Abstraktion

[…] Die Norm ist ein Maß und ein Mittel, um einen gemeinsamen Standard hervorzubringen. Ein Anwendungsfall der Norm zu werden heißt nicht, sie vollständig auszuschöpfen, sondern vielmehr, einer abstrakten Gemeinsamkeit unterworfen zu werden. Obwohl Foucault und Ewald ihre Analysen vornehmlich auf diesen Prozess im 19. und 20. Jahrhundert konzentrieren, datiert Mary Poovey in

3 Siehe z. B. die Forschung von Randolph Trumbach und Anne Fausto-Sterling.
4 Siehe Luce Irigaray, *This Sexe Which Is Not One* (dt.: *Das Geschlecht, das nicht eins ist*).
5 Siehe Kate Bornstein, *Gender Outlaw*.

*Making a Social Body* diese Geschichte der Abstraktion in der sozialen Sphäre auf das späte 18. Jahrhundert. Für Britannien behauptet sie: „Die letzten Jahrzehnte des 18. Jahrhunderts sahen die ersten modernen Bemühungen, alle oder beträchtliche Teile der britischen Bevölkerung als Aggregate darzustellen und eine soziale Sphäre zu beschreiben, die von den politischen und ökonomischen Bereichen unterschieden ist." Was aus ihrer Sicht diesen sozialen Bereich kennzeichnet, ist die Einführung quantitativer Messungen: „Solche Vergleiche und Messungen machen natürlich einige Phänomene zu normativen Phänomenen, und zwar angeblich deshalb, weil sie zahlreich sind, weil sie ein Mittelmaß darstellen oder weil sie ein Ideal verkörpern, auf das sich alle Phänomene zubewegen."[6]

Ewald sucht nach einer engeren Definition der Norm, um deren Fähigkeit, sämtliche sozialen Phänomene zu regulieren, zu verstehen sowie auch die inneren Grenzen, auf die sie bei einer solchen Regulierung stößt. Er fragt deshalb:

> „Doch was genau ist die Norm? Das Maß, das zugleich individualisiert, das unaufhörlich zu individualisieren gestattet und zugleich vergleichbar macht. Die Norm gestattet es – endlos –, die immer diskreteren, minutiösen Abstände zu markieren, und bewirkt, daß gleichzeitig diese Abstände niemanden in seiner Natur einschließen; denn diese individualisierenden Abstände *sind immer nur Ausdruck einer Beziehung*, der endlos aneinander ausgebildeten Beziehung. Was ist eine Norm? Ein Prinzip des Vergleichs, der Vergleichbarkeit, ein gemeinsames Maß, das sich in der reinen Referenz einer Gruppe auf sich selbst herausbildet, wenn die Gruppe keine andere Beziehung als die zu sich selbst hat, ohne Äußerlichkeit, ohne Vertikalität ist."[7]

Ewald zufolge fügt Foucault der Vorstellung von Normalisierung etwas hinzu: „Die normative Individualisierung hat zunächst kein Äußeres. Das Anormale ist von keiner anderen Natur als das Normale. Die Norm, der normative Raum, kennt kein Draußen. Die Norm integriert alles, was über sie hinausgehen wollte – niemals kann etwas oder kann jemand, welche Differenz es oder er auch immer zur Schau stellt, sich als äußerlich ausgeben und eine Alterität in Anspruch nehmen, derart, daß es oder er ein anderer wäre" (ebd.).

Aus diesem Blickwinkel ist jeder Widerstand gegen die Norm bereits in der Norm enthalten und für ihr Funktionieren von entscheidender Bedeutung. Unsere Chancen, die Norm selbst wirksam zu verschieben oder umzudeuten, scheinen sich an dieser Stelle nicht zu verbessern, indem wir von einer lacanschen Vorstellung von symbolischen Positionen zu einer eher foucaultschen Konzeption „der sozialen Norm" übergehen.

---

6 Mary Poovey, *Making a Social Body*, S. 8 f.

7 François Ewald, „Eine Macht ohne Draußen", S. 168; Hervorh. J. B.

Im Werk von Pierre Macheray kommt man allerdings zu der Einsicht, dass Normen nicht unabhängige und selbstgenügsame Entitäten oder Abstraktionen sind, sondern als Handlungsformen verstanden werden müssen. In „Für eine Naturgeschichte der Normen“ macht Macheray klar, dass die Kausalität, die Normen ausüben, nicht transitiv ist, sondern immanent, und um seine These zu erhärten, stützt er sich auf Spinoza und Foucault:

Denkt man sich die Norm unter dem Aspekt der Immanenz, bedeutet das in der Tat, davon abzusehen, sich die Aktion der Norm restriktiv vorzustellen, indem man sie als eine Form der „Repression“ betrachtet, die wie ein Verbot formuliert ist und gegen ein gegebenes Subjekt gerichtet wird, bevor die Ausführung dieses Handelns bevorsteht, und auf diese Weise impliziert, das Subjekt könnte sich selbständig aus dieser Kontrolle befreien oder davon befreit werden: Die Geschichte des Wahnsinns zeigt ebenso wie die der Sexualität, dass eine solche „Befreiung“, das Handeln der Normen alles andere als unterdrückt, sondern im Gegenteil verstärkt. Man könnte sich aber auch fragen, ob es ausreicht, die Illusionen dieses antirepressiven Diskurses anzuprangern, um ihnen zu entkommen – läuft man dann nicht Gefahr, sie auf einer anderen Ebene zu reproduzieren, wo sie aufhören, naiv zu sein, wo sie aber, obwohl sie dem Wesen nach reflektierter sind, im Verhältnis zu dem Kontext, auf den sie offenbar abzielen, nach wie vor nicht Schritt halten können?[8]

Indem Macheray den Standpunkt vertritt, dass die Norm nur in ihren und durch ihre Handlungen weiterexistiert, lokalisiert er das Handeln im Grunde genommen als den Ort sozialen Eingreifens: „So gesehen ist es nicht mehr möglich, die Norm selbst vor den Folgen ihres Wirkens und gewissermaßen hinter ihnen und unabhängig von ihnen zu denken; *man muß vielmehr die Norm denken, wie sie just in ihren Wirkungen wirkt,* nicht so, daß deren Wirklichkeit durch ein einfaches Bedingungsgefüge beschränkt wird, sondern so, daß sie mit dem Maximum an Wirklichkeit, zu dem sie fähig sind, ausgestattet werden“ (S. 184 f.; Hervorh. J. B.).

Ich erwähnte oben schon, dass die Norm nicht auf irgendeinen ihrer Einzelfälle zurückgeführt werden kann, würde aber hinzufügen: Die Norm kann aus ihren Einzelfällen auch nicht vollständig herausgelöst werden. Die Norm ist dem Feld ihrer Anwendung nicht äußerlich. Sie ist Macheray zufolge […] nicht nur dafür verantwortlich, das Feld ihrer Anwendung hervorzubringen, sondern *bei der Herstellung dieses Feldes erzeugt die Norm sich selbst.* Die Norm verleiht ganz aktiv Realität; tatsächlich wird die Norm nur kraft ihrer wiederholten Macht, Realität zu verleihen, als eine Norm geschaffen.

8 Pierre Macherey, „Für eine Naturgeschichte der Normen“, S. 183 f.

## Gender-Normen

Folgen wir der oben dargelegten Vorstellung von Normen, dann könnten wir sagen, dass der Realitätsbereich, der durch Gender-Normen hervorgebracht wird, den Hintergrund dafür bildet, dass Gender in seiner idealisierten Dimension auf der Bildfläche erscheint. Doch wie können wir die historische Formierung solcher Ideale verstehen? Wie erklärt sich ihr zeitliches Fortbestehen? Und wie wird sie zu einem Ort, an dem sich soziale Bedeutungen überschneiden, die auf den ersten Blick nicht von Gender zu handeln scheinen? In dem Maße, in dem Gender-Normen *reproduziert* werden, werden sie durch körperliche Praktiken aufgerufen und zitiert, die auch über das Potential verfügen, Normen im Verlauf ihrer Zitation zu verändern. Man kann keine vollständige narrative Darstellung der Geschichte der Zitation der Norm geben: die Narrativität verschleiert zwar deren Geschichte nicht vollständig, enthüllt aber auch nicht einen einzelnen Ursprung.

Eine wichtige Bedeutung von Regulierung besteht folglich darin, dass Personen durch Gender reguliert werden und diese Form der Regulierung als Bedingung für die kulturelle Intelligibilität einer jeden Person fungiert. Weicht man von der Gender-Norm ab, bringt man gleichzeitig ein Beispiel für eine Abweichung hervor. Diese Abweichung können regulatorische Mächte (medizinische, psychiatrische, rechtliche – um nur einige zu nennen) sehr schnell nutzen, um ihre Begründung für den eigenen fortwährenden regulatorischen Eifer zu stützen. Dennoch steht weiterhin in Frage, welche Abkehr von der Norm etwas anderes als eine Entschuldigung oder Begründung für die fortwährende Autorität der Norm sein kann. Welche Abweichung von der Norm unterbricht den regulatorischen Prozess selbst?

Die Frage der chirurgischen „Korrektur" intersexueller Kinder ist hierfür ein gutes Beispiel. Hier wird argumentiert, dass mit abweichenden primären Geschlechtsmerkmalen geborene Kinder „korrigiert" werden müssten, um sich integrieren, wohl fühlen, Normalität erreichen zu können. Die chirurgische Korrektur wird bisweilen mit elterlicher Unterstützung und im Namen der Normalisierung durchgeführt. Für jene Personen, die dem Messer der Norm ausgeliefert wurden, sind die physischen und psychischen Kosten des Eingriffs erwiesenermaßen enorm.[9] Die Körper, die durch solch ein regulatorisches Erzwingen von Gender hervorgebracht wurden, sind schmerzerfüllt, sie tragen die Male von Gewalt und Leid. Hier wird die Idealität einer geschlechtsspezifischen Morphologie buchstäblich dem Fleisch eingraviert.

---

9 Vgl. Cheryl Chase, „Hermaphrodites with Attitude: Mapping the Emergence of Intersex Political Activism".

Gender ist folglich eine regulatorische Norm, die aber auch im Dienste anderer Formen von Regulierung steht. Den Darlegungen von Catharine MacKinnon zufolge wird beispielsweise im Zusammenhang der Regelungen zum Schutz gegen sexuelle Belästigung üblicherweise angenommen, bei der Belästigung handele es sich um eine systematische sexuelle Unterordnung von Frauen am Arbeitsplatz, in der Männer im Allgemeinen belästigen und Frauen belästigt werden. Für MacKinnon scheint diese Rollenverteilung die Konsequenz einer grundsätzlicheren sexuellen Unterordnung von Frauen zu sein. Wiewohl diese Regulierungen sexuell erniedrigendes Verhalten am Arbeitsplatz einzuschränken suchen, führen sie gleichfalls bestimmte unausgesprochene Normen über Gender mit sich. In gewisser Hinsicht wird die implizite Regulierung von Gender durch die explizite Regulierung von Sexualität herbeigeführt.

Für MacKinnon ist es die hierarchische Struktur der Heterosexualität, der zufolge Männer Frauen unterordnen, die Gender erzeugt: „Stillgestellt als ein Attribut der Person, nimmt die Ungleichheit der Geschlechter die Form von Gender an; als eine Beziehung zwischen Menschen in Bewegung nimmt sie die Form der Sexualität an. Gender entsteht als die geronnene Form der Sexualisierung der Ungleichheit zwischen Männern und Frauen."[10]

Wenn Gender die geronnene Form ist, die die Sexualisierung der Ungleichheit annimmt, dann geht die Sexualisierung der Ungleichheit dem Gender voraus und Gender ist deren Wirkung. Aber können wir uns ohne eine vorausliegende Vorstellung von Gender überhaupt einen Begriff machen von der Sexualisierung der Ungleichheit? Ist es sinnvoll zu behaupten, dass Männer Frauen sexuell unterordnen, wenn wir nicht zunächst eine Idee davon haben, was Männer und Frauen sind? MacKinnon vertritt indes die Ansicht, dass es außerhalb dieser Form von Sexualität, und somit implizit außerhalb dieser unterordnenden und ausbeuterischen Form von Sexualität, keine Konstituierung von Gender gibt.

Indem ihr Vorschlag zur rechtlichen Regelung sexueller Belästigung auf diese Art von Analyse des systematischen Charakters sexueller Unterordnung zurückgreift, richtet MacKinnon eine Regulierung anderer Art ein: Ein Gender zu haben bedeutet, bereits in eine heterosexuelle Beziehung der Unterordnung eingetreten zu sein. Es scheint keine geschlechtlich geformten Menschen zu geben, die außerhalb solcher Beziehungen leben, es scheint keine unterordnungsfreien heterosexuellen Beziehungen zu geben, es scheint keine nichtheterosexuellen Beziehungen zu geben, und es scheint keine gleichgeschlechtliche sexuelle Belästigung zu geben.

Die Kritik an der Reduktion von Gender auf Sexualität hat somit den Weg für zwei unterschiedliche, sich jedoch überschneidende Anliegen innerhalb der zeit-

10 Catharine MacKinnon, *Feminism Unmodified,* S. 6 f.

genössischen Queer Theory bereitet. Ein Schachzug besteht darin, Sexualität von Gender zu trennen. Wenn man ein Gender hat, setzt das nicht voraus, dass man bestimmte sexuelle Praktiken ausübt. Ebenso bedeutet die Ausübung bestimmter sexueller Praktiken, zum Beispiel Analverkehr, nicht automatisch, dass man ein bestimmtes Gender ist.[11] Ein zweiter und damit verbundener Schachzug besteht in der Argumentation, Gender sei nicht auf die hierarchisch organisierte Heterosexualität reduzierbar, sondern nehme im Kontext der Sexualitäten von Queers andere Formen an. In der Tat könne seine Binarität außerhalb des heterosexuellen Rahmens nicht vorausgesetzt werden. Gender sei in sich selbst instabil, und das Leben von Transgender-Personen sei der Beweis für den Zusammenbruch jedweder Annahmen eines kausalen Determinismus zwischen Sexualität und Gender. Die fehlende Übereinstimmung zwischen Gender und Sexualität wird folglich aus zwei verschiedenen Perspektiven bestätigt. Die eine versucht, sexuelle Möglichkeiten aufzuzeigen, die nicht durch Gender beschränkt werden. So soll die kausale Verkürzung der Argumentation durchbrochen werden, die Gender und Sexualität aneinander bindet. Die andere will Möglichkeiten von Gender darlegen, die nicht durch Formen hegemonialer Heterosexualität vorbestimmt sind.[12] Wenn man die Regeln zum Schutz gegen sexuelle Belästigung mit einer Sichtweise von Sexualität begründet, in der Gender das verborgene Ergebnis einer sexuellen Unterordnung innerhalb der Heterosexualität ist, dann besteht das Problem darin, dass bestimmte Auffassungen von Gender und von Sexualität durch diese Argumentation bestärkt werden. In MacKinnons Theorie wird Gender in der Szene sexueller Unterordnung erzeugt, und sexuelle Belästigung ist der Moment, in dem die Institution heterosexueller Unterordnung explizit wird. Das bedeutet letztlich, dass sexuelle Belästigung zum Sinnbild der Produktion von Gender wird. So werden meiner Auffassung nach die Regeln zum Schutz gegen sexuelle Belästigung selbst zum Werkzeug, mit dem Gender reproduziert wird. […]

Am Anfang dieses Essays habe ich mehrere Möglichkeiten zum Verständnis des Problems der „Regulierung" vorgeschlagen. Eine Regulierung ist das, was *normalisiert;* folgt man aber Foucault, ist sie gleichfalls ein Modus der *Disziplin* und *Überwachung* innerhalb spätmoderner Machtformen; sie beschränkt und reguliert nicht einfach und ist daher auch nicht schlichtweg eine juridische Form der Macht. Die Regulierung operiert durch Normen. Daher werden diese zu Schlüsselmomenten, in denen die Idealität der Norm wiederhergestellt wird und ihre

11 Diese Position ist von Gayle Rubin in ihrem Essay „Thinking Sex: Towards a Political Economy of ‚Sex'" vorgebracht und von Eve Kosovsky Sedgwick in *Epistemology of the Closet* weiter ausgearbeitet worden.

12 Ich denke, meine eigene Arbeit geht in diese Richtung. Sie steht in enger Verbindung zu jener von Biddy Martin, Joan W. Scott, Katharina Franke und der kürzlich in Erscheinung getretenen Transgender-Theorie.

Geschichtlichkeit und Verletzlichkeit zeitweise außer Kraft gesetzt wird. Als eine Operation der Macht kann Regulierung eine rechtliche Form annehmen, aber ihre rechtliche Dimension erschöpft ihren Wirkungsbereich nicht. Da die Regulierung auf Kategorien beruht, die Individuen sozial austauschbar machen, ist sie folglich mit dem Prozess der *Normalisierung* verbunden. Statuten, die bestimmen, wer die Nutznießer/innen von Wohlfahrtsleistungen sein werden, bringen die Norm der Wohlfahrtsempfänger/innen aktiv mit hervor. Wer den homosexuellen Sprachgebrauch im Militär reguliert, ist aktiv daran beteiligt, die Norm hervorzubringen und aufrechtzuerhalten, die bestimmt, was ein Mann und was eine Frau sein wird, was der Sprachgebrauch sein wird, wo Sexualität stattfinden und wo sie nicht stattfinden wird. Staatliche Regulierungen des Adoptionsrechts von Lesben, Schwulen und Alleinerziehenden beschränken die Adoption nicht allein. Sie beziehen sich auch auf und bestärken ein Ideal dessen, was Eltern sein sollen, dass sie in Partnerschaft leben sollten und wer als ein/e rechtmäßige/r Partner/in zählt. Folglich geht mit Regulierungen, die einzelne spezifische Aktivitäten (sexuelle Belästigung, Wohlfahrtsbetrug, sexueller Sprachgebrauch) einzuschränken suchen, eine darüber hinausgehende Handlung einher, die zumeist unbemerkt bleibt: die Produktion von Parametern der Personalität, das heißt die Herstellung von Personen in Übereinstimmung mit abstrakten Normen, welche die einzelnen Menschenleben zugleich bedingen und übersteigen – und auch zerbrechen.

*Aus dem Amerikanischen von Karin Wördemann und Martin Stempfhuber*

**Textnachweis:** Judith Butler (2004): Gender Regulations. In: Dies.: Undoing Gender. New York; London: Routledge, S. 40–56. Deutsche Fassung: Butler, Judith: Gender-Regulierungen. In: Dies.: Die Macht der Geschlechternormen und die Grenzen des Menschlichen. Frankfurt am Main: Suhrkamp 2009, S. 71–96; hier: S. 71–76, 87–94, 95–96. Copyright der deutschen Ausgabe Suhrkamp Verlag Frankfurt am Main 2009.

# N. Katherine Hayles: Code-Traumata (2006)

Sprache ist auch nicht mehr das, was sie einmal war. In der computervermittelten Kommunikation, etwa bei Handytelefonaten, E-Mails, Gesprächen in Chatrooms, in Blogs und allen auf einem Computer geschriebenen Dokumenten, wird die Sprache, die wir mit der Muttermilch aufgesogen haben, durch einen Computercode generiert. Zwar scheint computervermittelte Sprache so mühelos zu fließen wie in einer Face-to-Face-Unterhaltung oder wie beim schnellen Kritzeln von Wörtern auf Papier, doch in Wirklichkeit laufen im Turmbau der Programmiersprachen sowohl in der Aufwärts- als auch in der Abwärtsrichtung komplizierte, rasend schnelle Prozesse der Codierung und Decodierung ab: Buchstaben werden mit Programmierbefehlen verknüpft, Befehle werden kompiliert und interpretiert, ein Quellcode wird dem Objektcode der binären Symbole zugeordnet, diese werden in Spannungsdifferenzen umgewandelt. Der Großteil dieser Computercodes ist den meisten Menschen unzugänglich. Was die Ebene des Binärcodes angeht, verfügen nur wenige über das nötige Rüstzeug, den Code mit Geläufigkeit zu verstehen, und noch weniger Menschen können per Reverse Engineering den Objektcode so zurückentwickeln, dass die mit ihm korrelierenden höheren Programmiersprachen nachgebildet werden.[1] Somit besteht die moderne computervermittelte Kommunikation aus zwei Kategorien dynamisch interagierender Sprachen: der sogenannten natürlichen Sprache, die sich an Menschen richtet (und die ich entsprechend „rein menschliche Sprache“ nennen werde), und auf der anderen Seite aus Computercodes, die zwar von manchen Menschen gelesen, aber nur von intelligenten Maschinen ausgeführt werden können.

1 Die enorme Schwierigkeit des Reverse Engineering war der wichtigste Grund für die Y2K-Krise. Wenn auch damals die befürchtete Katastrophe ausblieb, so haben die Korrekturversuche doch deutlich gezeigt, wie intransparent der Code war.

© Springer Fachmedien Wiesbaden GmbH, ein Teil von Springer Nature 2019
A. Ziemann (Hrsg.), *Grundlagentexte der Medienkultur*,
https://doi.org/10.1007/978-3-658-15787-6_27

Die große Mehrheit der schreib- und lesekundigen Öffentlichkeit, die nicht zugleich programmieren kann, erhält durch ganz normale Erlebnisse Einblick in diese dynamische Interaktion. In den leichten Fluss, mit dem die rein menschlichen Sprachen auf Computern gelesen werden und der für Millionen von Menschen, die den Cyberspace bevölkern, immer mehr zur Routine wird, mischen sich regelmäßig Anzeichen von Unterbrechungen – von unsichtbaren Kräften, die mit dem Sprachstrom interagieren, ihn prägen, stören, umleiten. Ich vertippe mich bei einem Wort, und mein Textverarbeitungsprogramm ordnet die Buchstaben richtig an. Ich gehe davon aus, dass ich die Taste zum Beginnen eines neuen Absatzes gedrückt habe, stattdessen verschwindet der vorherige Absatz. Ich gebe eine URL in den Browser ein und gelange auf eine nicht erwartete Zielseite. Diese vertrauten Erlebnisse erinnern uns daran, dass das Funktionieren unserer Sprache nicht vollständig von unseren bewussten Absichten gesteuert wird. So wie das Unbewusste in vielsagenden Wortspielen, Versprechern und metonymischen Nahtstellen zum Vorschein kommt, so tritt der zugrunde liegende Code in jenen Momenten an die Oberfläche, in denen das Programm Entscheidungen trifft, die wir nicht bewusst eingeleitet haben. Dieses Phänomen legt folgende Analogie nahe: Wie das Unbewusste zum Bewussten verhält sich der Computercode zur Sprache. Und ich werde es riskieren, diese Analogie noch weiter zu treiben: In unserer rechnerintensiven Kultur ist der Code das Unbewusste der Sprache.

Wie wörtlich sollen wir diesen Aphorismus nehmen, der irgendwo zwischen Analogie und These anzusiedeln wäre? Nehmen wir ihn als These ernst, könnte ein Skeptiker einwenden, der Code sei doch leicht zu lesen und zu verstehen, das Unbewusste aber sei an sich unerkennbar. Ein solcher Einwand beruht auf einer naiven Auffassung vom Programmieren, insbesondere der Annahme, der Computercode sei mühelos zu durchdringen und für jeden begreifbar, der die Programmiersprache kennt. Demgegenüber können Menschen, die sich mit dem Programmieren ernsthaft beschäftigt haben, bezeugen, dass nichts schwieriger zu entschlüsseln ist als der Code, den jemand anderes geschrieben und unzureichend dokumentiert hat. Sogar der Code, den man selbst geschrieben hat, kann einem zum Rätsel werden, sofern inzwischen genug Zeit vergangen ist. Da umfangreiche Programme – sagen wir, Microsoft Word – von einer großen Zahl von Programmierern entwickelt und dabei immer wieder Codeabschnitte wiederverwendet werden, versteht kein lebender Mensch ein solches Programm als Ganzes. Tatsächlich übersteigt bei umfangreichen Programmsuiten wie Microsoft Office die Zahl der Personenstunden, die notwendig wäre, um den gesamten Code zu verstehen, die Lebensarbeitszeit eines Menschen.[2] Im Bereich der evolutionä-

2 Robert Bach, Vice President der Microsoft-Sparte für das Marketing von Desktop-PC-Anwendungen, berichtet, dass bei Microsoft über 750 Mitarbeiter zwei Jahre lang in Vollzeit mit

ren Algorithmen, die nicht von Menschenhand geschrieben werden, sondern die durch Computer ausgeführte Variations- und Selektionsverfahren entwickelt werden, ist die Schwierigkeit den Code zu verstehen, schon legendär. Die Beispiele zeigen, dass in der Praxis sowohl der Programmiercode als auch das Unbewusste intransparent sind, wobei die Intransparenz des Programmiercodes eine Frage des Grades ist, die des Unbewussten jedoch der Sache an sich unterstellt wird. Psychoanalytiker positionieren sich in der Debatte als informierte Theoretiker und Praktiker, die zumindest teilweise die Abläufe des Unbewussten durchschauen; Programmierer bilden die Gruppe derer, die zumindest teilweise das Funktionieren des Codes verstehen.

Einen überzeugenderen Einwand als den eben genannten hat Adrian Mackenzie in seinem bahnbrechenden Werk *Cutting Code* formuliert. Darin beschreibt er den Programmiercode als den Ort jener sozialen Aushandlungen, die menschliches Handeln und Verhalten und menschliche Absichten strukturieren und organisieren.[3] Sein Buch macht deutlich, welche Vorteile es hat, den Code *nicht* als Blackbox zu betrachten. Mackenzies Position ist eine wertvolle Forschungsoption, und der Erkenntnisreichtum seiner Arbeit belegt die Notwendigkeit weiterer Untersuchungen dieser Art. Unabhängig davon lassen sich jedoch die Gründe, die er für eine seiner zentralen Thesen anführt, nämlich dass der Code Handlungsmacht *(agency)*[4] besitze, auch für meine Behauptung in Anspruch nehmen, der Com-

---

der Markteinführung von Office 97 beschäftigt waren, siehe „Office 97 Q and A with Robbie Bach", *Go Inside,* abrufbar unter http://goinside.com/97/1/097qa.html [Seite entfernt]. Legt man eine 40-Stunden-Woche und fünfzig Arbeitswochen pro Jahr zugrunde, entspricht dies 1,5 Millionen Personenstunden. Im Vergleich dazu beträgt die gesamte Lebensarbeitszeit eines oder einer durchschnittlichen Erwerbstätigen 80 000 Arbeitsstunden. Mein Argument bezog sich zwar auf die Zeit, die erforderlich ist, um den Code zu verstehen, wohingegen die oben genannten Zahlen für die Zeit stehen, die zum Entwickeln und Testen des Microsoft-Produkts gebraucht wurden. Dennoch vermittelt der Vergleich eine Vorstellung davon, warum kein einzelner Mensch in der Lage ist, ein komplexes großes Programm in seiner Gesamtheit zu verstehen.

3 Siehe Adrian Mackenzie, *Cutting Code: Software and Sociality* (New York: Peter Lang, 2006).

4 Anm. der Übers.: *Agency* wird in der deutschen Übersetzung im Folgenden – wie in der Medienwissenschaft üblich – mit Handlungsmacht wiedergegeben. Allerdings gilt es zu bedenken: „Wird der englische Begriff *agency* […] mit Handlungsmacht übersetzt, gehen wichtige Nuancen wie das Handlungspotenzial und die Handlungsfähigkeit nicht-menschlicher Entitäten, aber auch Kraft, Wirkmächtigkeit oder Wirksamkeit als mögliche Konnotationen verloren. [Fußnote im Zitat] Es sind aber gerade diese letzteren Bedeutungsfelder, die den Begriff der *agency* sowohl für die Medienwissenschaft als auch für die Gender Studies anschlussfähig machen. Denn sie erlauben es, den Umgang mit Medien und die Entstehung und Veränderung medialer Gefüge zu analysieren, ohne dabei in allzu bequeme Denkmuster zu verfallen, die die Unterscheidung zwischen Aktivität und Passivität, zwischen Körper und Geist, zwischen Materialität und Immaterialität naturalisieren. Mit Karen Barad lassen sich diese Unterscheidungen selbst als wirkmächtige, aktive Intervention in bzw. ‚agentielle

putercode sei das Unbewusste der Sprache. Mackenzie weist mit bewundernswerter Klarheit nach, dass der Code nicht nur ein neutrales Werkzeug ist, sondern ein geordnetes System von Kognitionen, das bewirkt, dass Dinge in der Welt geschehen. Dies gilt sowohl in der Welt der Menschen, die den Code (manchmal) verstehen, als auch in der Welt jener, die ihn nicht verstehen. Die Ähnlichkeit zwischen der Handlungsmacht des Codes und der des Unbewussten wird noch deutlicher dadurch, dass der Code auch dann Wirkungen hervorbringt, wenn er unter einer sprachlichen Oberfläche verborgen bleibt.

Einen Bezugsrahmen, mit dem sich die Wirkungen des Codes auch außerhalb der sprachlichen Sphäre beschreiben lassen, bietet Nigel Thrifts Begriff des *technologischen Unbewussten.*[5] Thrift meint damit die Alltagsgewohnheiten, die durch mehrere Schichten technischer Geräte und Erfindungen, angefangen von so gewöhnlichen Gegenständen wie einer Armbanduhr bis zu den umfassenden und alles durchdringenden Wirkungen des World Wide Web, geschaffen, reguliert und diszipliniert werden. Mitgedacht ist bei seinem Argument, dass sowohl das Bewusste als auch das Unbewusste durch die technischen Umwelten beeinflusst und geprägt werden, die Menschen um sich herum bereits seit der Domestizierung des Feuers geschaffen haben. Sein Argument lautet, dass auch das Unbewusste eine historische Dimension besitze, die sich im Zusammenhang und in Wechselwirkung mit der menschengeschaffenen Umwelt verändere. Thrifts Auffassung vom Unbewussten lässt sich gut an neuere Positionen der Kognitionsdebatte anschließen, denen zufolge Kognition keineswegs nur im Neokortex ihren Sitz hat, sondern überall im Körper stattfindet und sich über die Grenzen der Körper hinaus in die Umwelt ausdehnt. So weisen unter anderem Andy Clark und Edwin Hutchins dem menschlichen Denken einen Platz im Rahmen erweiterter kognitiver Systeme zu, in denen Artefakte einen Teil der kognitiven Last übernehmen, wobei sie ihre Aufgabe in flexiblen Konfigurationen erfüllen, in die auch menschliche Gedanken, Handlungen und Erinnerungen eingebettet sind. Für den

---

Schnitte‘ durch die Welt auffassen, die es gilt, virulent zu halten.“ Seier, Andrea: „Agency – Einleitung“. In: Peters, Kathrin/Seier, Andrea (Hg.): Gender & Medien – Reader. Zürich; Berlin: diaphanes 2016, S. 503–514, hier: S. 505.

5 Siehe Nigel Thrift, „Remembering the Technological Unconscious by Foregrounding Knowledges of Position“, *Environment and Planning D; Society and Space* 22/1 (2004): 175–190. Anm. d. Ü.: In der deutschsprachgien Medienwissenschaft wird Thrifts Begriff des *technological unconscious* von Hörl 2011 mit ‚technisches Unbewusstes‘ wiedergegeben, von Sprenger/Engemann 2015 mit ‚technologisches Unbewusstes‘. Vgl.: Hörl, Erich (Hg.): Die technologische Bedingung. Beiträge zur Beschreibung der technischen Welt. Berlin: Suhrkamp 2011 und Sprenger, Florian/Engemann, Christoph (Hg.): Das Internet der Dinge. Über smarte Objekte, intelligente Umgebungen und die technische Durchdringung der Welt. Bielefeld: transcript 2015. In der vorliegenden Übersetzung wird im Folgenden ‚technologisches Unbewusstes‘ verwendet.

Anthropologen Hutchins kann ein erweitertes kognitives System so einfach sein wie Zirkel, Stift und Papier.[6] Seiner Ansicht nach ist es mehr als nur eine Metapher zu sagen, dass das Zeichnen einer Linie auf einer Navigationskarte Erinnerung bedeute und das Ausradieren dieser Linie Vergessen. Noch weiter geführt wird Hutchins' Argumentationslinie von Clark, für den Menschen von Natur aus geborene Cyborgs sind, die seit den Anfängen der Spezies Mensch in herausragender Weise Objekte – von prähistorischen Höhlenmalereien bis zu den heute allgegenwärtigen Laptops, Personal Digital Assistants und Smartphones – in ihre erweiterten kognitiven Systeme einbezogen haben.[7]

Bezeichnend ist in diesem Modell die Verschiebung vom „Denken" hin zu „Kognitionen", denn damit verschwimmt die Grenze zwischen dem bewussten Selbst und nicht-bewussten Prozessen. Zu Letzteren gehören Träume (die mit dem Freud'schen Unbewussten in Verbindung gebracht werden) sowie Kognitionen, die im limbischen System, im zentralen Nervensystem und in den Eingeweiden stattfinden. Sie alle sind, so Antonio Damasio, unabtrennbar eingebunden in Rückkopplungsschleifen mit der Großhirnrinde und deshalb als legitime Bestandteile des kognitiven Systems von Menschen anzusehen. In diesem Licht erscheint nun der Gedanke, das Unbewusste könne historisch spezifisch sein, weitaus weniger angreifbar. Wenn der für das Träumen zuständige Teil der Kognition im Kontext eines integrierten Systems betrachtet wird, das beispielsweise auch das limbische System und die zugehörigen motorischen Funktionen umfasst, ist es plausibel, dass bei einer Veränderung motorischer Funktionen in Beziehung auf eine technologisch fortgeschrittene Umwelt diese Veränderungen im gesamten kognitiven System ihren Widerhall finden. In dieser Perspektive erscheint das Freud'sche Unbewusste womöglich als Fetischisierung, durch die der träumende Teil der Kognition als das schattenhafte Andere des Bewusstseins privilegiert und zugleich das übrige kognitive System zu bloß biologischen Funktionen degradiert wird.[8]

Angesichts der seit Langem etablierten Verbindung des Unbewussten mit Träumen schlage ich vor, Thrifts Begriff in *technologisches Nicht-Bewusstes* abzuändern. Diese Modifikation verweist auf einen Hauptunterschied zwischen Menschen und intelligenten Maschinen: Menschen besitzen ein Bewusstsein ihres Selbst, intelligente Maschinen besitzen es nicht. Neben der Fähigkeit, Emotionen zu empfinden, kann auch dieses Selbst-Bewusstsein immer noch als charakteristisch biolo-

6 Siehe Edwin Hutchins, *Cognition in the Wild* (Cambridge: MIT Press, 1996).

7 Siehe Andy Clark, *Natural-Born Cyborgs: Minds, Technologies, and the Future of Human Intelligence* (Oxford University Press, 2003).

8 Siehe Antonio Damasio, *Descartes' Error: Emotion, Reason, and the Human Brain* (New York: Penguin, 2005). Dt.: Descartes' Irrtum: Fühlen, Denken und das menschliche Gehirn. München: List 2015.

gisches Unterscheidungsmerkmal von Menschen gelten. Dennoch sind moderne Computer zu Kognitionen imstande, die sich durch ungeheure Leistung, Komplexität und technische Raffinesse auszeichnen. Das technologische Nicht-Bewusste, das schon vor dem Aufkommen des digitalen Computers jahrtausendelang die menschliche Kognition mitbestimmte, hat heute eine stärkere kognitive Komponente als jemals zuvor. Menschliche Kognition findet zunehmend in Umwelten statt, in denen menschliches Verhalten sich im Fahrwasser intelligenter Maschinen bewegt, und zwar bei solch alltäglichen Verrichtungen wie Cursorbewegungen und Scrollen, der sprachgestützten Interaktion mit Entscheidungsbäumen, dem Sprechen und SMS-Schreiben am Mobiltelefon oder bei der Suche im Web nach der gerade benötigten Information. Mit dem Auszug der Computertechnologie aus dem PC und ihrem Einzug in die Umwelt des Menschen zusammen mit integrierten Sensoren, mit intelligenten Beschichtungen auf Wänden, Textilien und Geräten und mit RFID-Tags werden kognitive Systeme, die menschliches Verhalten quasi in ihrem Gefolge führen, noch ubiquitärer, flexibler und mächtiger in ihren Wirkungen auf die bewusste und nicht-bewusste Kognition von Menschen. Im Hinblick auf diese Verschränkung hat Thomas Whalen das World Wide Web als *Kognisphäre* bezeichnet; sein Begriff ließe sich auf unterschiedlichste Arten von Mensch-Maschine-Kognitionen wie beispielsweise auch kabelgebundene, drahtlose und elektromagnetische Kommunikationen ausdehnen.[9]

Als vernetzter Teil dieses Datenstroms ist menschliches Verhalten zunehmend in das technologische Nicht-Bewusste eingebunden – über somatische Reaktionen, haptisches Feedback, gestische Interaktionen und vielfältige andere kognitive Aktivitäten, die gleichzeitig habituell und repetitiv sind und deshalb unterhalb der Wahrnehmungsschwelle des Bewusstseins liegen. Vermittler zwischen diesen Gewohnheiten und den intelligenten Maschinen, welche die Gewohnheiten in ihrem Gefolge führen, sind mehrere Schichten Programmiercode. Der Code entfaltet also Wirkungen auf sprachliches ebenso wie auf nicht-sprachliches Verhalten. In derselben Weise, in der er zugleich ein Sprachsystem und ein Agent ist, der die Aktionen des Computers steuert, interagiert er mit menschlicher Handlungsmacht und beeinflusst diese, soweit sie körperlich zum Ausdruck kommt und beispielsweise in Form von Gewohnheiten oder Körperhaltungen realisiert wird. Der Code ist aufgrund seiner Macht über Kognitionen spezifisch geeignet für seine Mittlerrolle innerhalb des erweiterten kognitiven Systems von Menschen. Er ist in mehreren Schichten adressierbar und erweist sich damit als wirkmächtige Res-

---

9 Siehe Thomas Whalen, „Data Navigation, Architectures of Knowledge", abrufbar unter www.banffcentre.ca/bnmi/transcripts/living_architectures_thomas_whalen.pdf [erloschener Link].

source, über die sich neue Kommunikationskanäle zwischen bewussten, unbewussten und nicht-bewussten menschlichen Kognitionen eröffnen lassen.

## Code und Trauma

Einer der Bereiche, die Aussichten auf die Eröffnung von Kommunikationskanälen bieten, ist die Traumaforschung. Folgt man den klinischen Darstellungen des Traumas wie jener von Bessel van der Kolk und Onno van der Hart, übersteigt ein Trauma die Fähigkeiten eines Menschen zu seiner Verarbeitung.[10] In dieser Perspektive werden traumatische Ereignisse qualitativ anders erlebt und als normale Erfahrungen erinnert. Die charakteristischen Symptome des Traumas – Dissoziation, Flashbacks, Wiederinszenierungen des Erlebten, furchterregend lebhafte Albträume – legen nahe, dass traumatische Erinnerungen eher als sensomotorische Erfahrungen und starke Emotionen denn als sprachliche Erinnerungen gespeichert werden. Da das Trauma von der Sprache abgetrennt ist, sperrt es sich auch gegen die Erzählung. Und wenn traumatische Ereignisse in die Sphäre des Sprachlichen überführt werden, sind sie häufig von dem ihnen angemessenen Affekt separiert. In den Worten von Dominick LaCapra „führt ein Trauma zu einer Dissoziation des Affekts von seiner Repräsentation: Man ist beunruhigt durch ein Gefühl, das man nicht darstellen kann; man stellt wie betäubt das dar, was man nicht fühlen kann."[11] Außerdem weisen die Forschungsergebnisse von van der Kolk und van der Hart darauf hin, dass die Gehirnströme von Menschen, die traumatische Erfahrungen im Schlaf nacherleben, sich erheblich von den für REM-Träume charakteristischen Gehirnströmen unterscheiden. In Anbetracht dieser Ergebnisse schlägt LaCapra vor, traumatische Albträume nicht als Träume, sondern als Phänomene anderer Art zu betrachten. An diese Unterscheidung schließe ich nunmehr an und bezeichne traumatische Wiederinszenierungen und verwandte Erlebnisse, die außerhalb des Bewusstseins und getrennt von ihm auftreten, als das „traumatische Nichtbewusste" („aconscious").

Das bewusst erlebte, aber nicht-sprachlich erinnerte Trauma besitzt strukturelle Affinitäten zum Programmiercode. Wie der Code ist das Trauma mit einem Narrativ verknüpft, ohne selbst narrativen Charakter zu haben. Wie der Code befindet es sich an anderer Stelle als an der sprachlichen Oberfläche, hat aber auch

---

10 Siehe Bessel van der Kolk und Onno van der Hart, „The Intrusive Past: The Flexibility of Memory and the Engraving of Trauma", in *Trauma: Explorations in Memory*, hgg. v. Cathy Caruth, 158–82 (Baltimore: John Hopkins University Press, 1995).

11 Dominic [sic!] LaCapra, *Writing History, Writing Trauma* (Baltimore: John Hopkins University Press, 2000), 57.

die Fähigkeit, diese Oberfläche zu beeinflussen. Wie der Code ist es eng mit somatischen Zuständen unterhalb der Bewusstseinsschwelle verwandt. Aufgrund dieser Ähnlichkeiten ist der Gedanke naheliegend, der Code könne zu einer Schleuse werden, durch die hindurch ein Trauma verstanden und dargestellt und in das Trauma interveniert werden kann. In dieser Sicht fungiert der Code als Schleuse, durch die eine traumatische Erfahrung aus ihrer unterdrückten Position im traumatischen Nichtbewussten heraus zum bewussten Ausdruck gelangen kann, ohne in den ungewollten Wiederinszenierungen und obsessiven Wiederholungen stecken zu bleiben, die für das Ausagieren traumatischer Erfahrungen normalerweise typisch sind.

Diese Möglichkeit wurde auch in der Frühphase der Virtual-Reality-Technologie erprobt, als Simulationen Patienten halfen, Phobien wie Höhenangst, Agoraphobie und Arachnophobie zu überwinden. Die Überlegung war, dem Betroffenen eine simulierte Erfahrung anzubieten, mit deren Hilfe er oder sie der Phobie gleichsam auf Distanz begegnen konnte, wobei die Angst auf einem erträglichen Niveau blieb. In dem Maße, in dem der Betroffene sich dann an die simulierte Erfahrung gewöhnte und weniger ängstlich wurde, intensivierte man die simulierte Erfahrung schrittweise und ließ nach jedem Schritt erneut Gewöhnung eintreten. Sobald der Reiz das Niveau der ursprünglichen Erfahrung erreichte und vom Betroffenen ausgehalten werden konnte, galt die Therapie als erfolgreich.[12]

So nützlich solche Therapien auch bei bestimmten Phobien waren, beschränkten sie sich doch auf einen kleinen Kreis traumatischer Erlebnisse und setzten den Code rein praktisch ein, ohne dass theoretische Weiterungen vorgenommen wurden. Theoretisch interessanter sind da jüngere kulturelle Produktionen, in denen mithilfe von fiktionalen Narrativen der Frage nachgegangen wird, wie sich der Code als Ressource für den Umgang mit Traumata nutzbar machen lässt. Gerade weil es sich bei diesen Produktionen um Fantasieprodukte handelt, lassen sich ihre Narrative so gestalten, dass die tiefere Bedeutung der Aussage sichtbar wird, der Code führe menschliches Verhalten in seinem Gefolge. Diese Produktionen vermögen reichlich Auskunft darüber zu geben, auf welchen Wegen sich die beispiellose kognitive Macht des technologischen Unbewussten zusammen mit den Leistungen intelligenter Maschinen auswirkt. Sie geben Einblicke darin, was diese Wiederinszenierungen für die Computernutzung der Gegenwart und die noch in-

12 Siehe hierzu beispielsweise die am Human Interface Technology Laboratory der University of Washington, Seattle, durchgeführte Studie zur „VR Therapy for Spider Phobia", abrufbar unter http://www.hitl.washington.edu/projects/exposure/. Für eine umfassende Publikationsliste zum Thema siehe die entsprechenden Websitebereiche der Delft University of Technology und der Universität von Amsterdam über Forschungskooperationen mit einer Reihe anderer Universitäten, hier speziell Charles van der Mast, „Virtual Reality and Phobias" [entfernt], abrufbar unter http://graphics.tudelft.nl/-vrphobia/.

tensiver werdende Nutzung in der Zukunft implizieren, und sie reflektieren darüber, was es in ethischer Hinsicht bedeutet, menschliche Handlungsmacht mit den Glasfaserleitungen, Datenströmen und intelligenten Umwelten der Kognisphäre zu vernetzen.

Ich werde nun unter der Fragestellung, wie diese Produktionen die Rolle des Codes im Raum der kulturellen Imagination beleuchten, drei Werke herausgreifen, die jeweils eine unterschiedliche Beziehung zwischen Trauma und Code definieren und in verschiedenen Medien produziert wurden. Das erste ist William Gibsons gedruckter Roman *Pattern Recognition.* Das Buch beschreibt einen komplexen Übertragungsweg des Traumas, in dem der Code eine zentrale Rolle spielt: Der Code durchbricht den Kreislauf obsessiver Wiederholung und macht es möglich, dass das Trauma zu kraftvollem künstlerischem Ausdruck gelangt, der andere berühren und sogar einen Prozess der Heilung in Gang setzen kann.[13] *Pattern Recognition* macht extensiven Gebrauch von der sogenannten Ekphrasis, d. h. der sprachlichen Beschreibung einer visuellen Darstellung, und erschafft so durch Sprachkunst die Darstellung von im Internet veröffentlichten (und deshalb durch den Code vermittelten) Videosegmenten.[14] Die 135 Segmente – von denen, die sie im Roman mit Eifer im World Wide Web aufspüren, „footage" (Videomaterial) genannt – werden dann im Online-Diskussionsforum F:F:F (Fetish:Footage:Forum) zum Gegenstand intensiven Interesses und ausgiebiger Spekulation, die wiederum zu einer auf mehreren Ebenen inszenierten Konfrontation mit dem Trauma führen. Als zweites hier vorgestelltes Werk widmet sich Mamoru Oshiis Film *Avalon* einer anderen Problematik: der Frage, wie der Code den Raum der Repräsentation steuert und begrenzt.[15] Computersimulationen sind im Vergleich zum sinnlichen Reichtum und der unendlichen Vielgestaltigkeit der Realität zwangsläufig viel begrenzter und entwickeln sich normalerweise nur im Rahmen der durch den Code vorgegebenen Parameter. Der Film *Avalon* errichtet eine strukturelle Dichotomie zwischen dem realen Leben und dem gleichnamigen Virtual-Reality-Kriegsspiel. Dabei ist der Tod der ultimative Signifikant, der die reale Welt vom Simulacrum unterscheidet, da im Spiel der „Reset" aufgerufen und das Spiel wieder von vorne gespielt werden kann. Dem Code fehlt der Ernst des realen Lebens, weil er dem Spieler nur ein Simulacrum des Todes, nicht aber die Sache selbst anbietet. Paradoxerweise wird die Unmöglichkeit, das ultimative Trauma zu

13 Siehe William Gibson, *Pattern Recognition* (New York: Putnam, 2003). Dt.: Mustererkennung. München: Heyne 2010.

14 Diese Definition und Erläuterung stammt aus W. J. T. Mitchell, „Ekphrasis and the Other", in: *Picture Theory: Essays on Verbal and Visual Representation* (Chicago: University of Chicago Press, 1994), 152.

15 Siehe *Avalon,* DVD, Regie: Marmoru Oshii (Miramax, 2001). Dt. Titel: Avalon – Spiel um dein Leben, J/F/USA 2001, R: Mamoru Oshii.

erleben, selbst zum emblematischen Trauma von *Avalon* und zu einem durch den Code erzeugten und vermittelten Leiden. Als dritte Produktion schließlich führt Jason Nelsons fiktionale Online-Erzählung *Dreamaphage* den letzteren, bei *Avalon* impliziten Gedanken logisch zu Ende. Bei Nelson ist Code der Erreger einer Krankheit, die unausweichlich zum Tode führt.[16] Diese drei Werke zeigen somit ein Spektrum von Möglichkeiten auf: von dem Code, der einen Weg zur Überwindung des Traumas eröffnet, über den Code, der so allgegenwärtig wird, dass er das reale Leben als solches bedroht, bis zu dem Code als Virus, der das Leben allmählich von innen her aufzehrt. Bei allen Unterschieden handeln die drei Werke von der Verschränkung von Code und Trauma und spüren der Fähigkeit des Codes nach, die bewusste, unbewusste und nicht-bewusste Kognition von Menschen zu beeinflussen und mit sich zu führen.

Der unterschiedliche thematische Stellenwert vom Code in diesen Arbeiten hat auch mit der Tiefe zu tun, in der er in die Produktion, Speicherung und Verbreitung des jeweiligen Werkes eingegangen ist. Zur Herstellung von *Pattern Recognition* als gedrucktem Roman wurden digitale Dateien verarbeitet. In der Tat ist die digitale Codierung für den kommerziellen Druckprozess so unverzichtbar geworden, dass der Druck eigentlich als eines von mehreren Ausgabeformaten von digitalem Text betrachtet werden sollte. Somit war der Programmiercode hier für die Erzeugung des Textes verantwortlich, jedoch nicht notwendigerweise für seine Verbreitung oder Speicherung. Der Code spielte auch in der Produktion von *Avalon* eine Rolle, bei dem unterschiedliche Filmtechniken zum Einsatz kamen: Echtzeit-Aufnahmen von Schauspielern, Computergrafik zur Generierung von Spezialeffekten und handgemalte, eingefügte Hintergrundbilder für nicht-digitale Effekte. Im Unterschied zum gedruckten Roman wurde der Code auch für Übertragungs- und Speichervorgänge genutzt, vor allem für die Vermarktung des Films als DVD. Beim Online-Werk *Dreamaphage* hat der Code naturgemäß für alle Phasen seiner Erstellung, Speicherung und Übertragung überragende Bedeutung. Da der Code zunehmend die Produktion und Verteilung dieser Werke durchdringt, tritt auch die Sorge über schädliche Auswirkungen vom Code auf die Struktur der Realität stärker in den Vordergrund. Die im Text thematisch aufscheinende Angst in Bezug auf den Code scheint damit reflexiv gekoppelt an den Grad, in dem der Code an der Produktion des Werks als Kunstobjekt beteiligt war. Je mehr das Werk auf den Code angewiesen ist, umso deutlicher die Tendenz, den Code nicht nur als Bestandteil von Wegen des Traumas darzustellen, sondern als Ursache des Traumas selbst.

16 Siehe Jason Nelson, *Dreamaphage*, abrufbar unter http://www.heliozoa.com/dreamaphage/opening.html.

Die Werke zeigen an jeweils entscheidenden Punkten ihrer Narrative quasi eine doppelte Gelenkstelle, als wollten sie der doppelten Adressierung des Codes an Menschen und an intelligente Maschinen Rechnung tragen. Die spezielle Konfiguration der Verdopplung dient dann als Metapher dafür, wie das betreffende Werk über die ethische Bedeutung der Kopplung von Code und Trauma nachdenkt: In *Pattern Recognition* wird durch die doppelte Gelenkstelle eine physische Wunde mit dem Repräsentationsraum des Videomaterials verbunden und die Möglichkeit aufgewiesen, dass die von dem Code eröffneten Übertragungswege die Dissoziation überwinden könnten, indem sie neue Verknüpfungen zwischen Leben und Fiktion schaffen. In *Avalon* verschwimmt durch die Verdopplung die Grenze zwischen Leben und Simulation. Hier wird zwar keine Heilung gefördert, doch die wechselseitige Durchdringung von Leben und Code erschüttert die Alltagsannahme, dass es ein Leben jenseits des Codes geben kann. In *Dreamaphage* findet man die Verdopplung in Gestalt eines imaginierten physischen Virus, der von dem viralen Computercode nicht zu unterscheiden ist. Der von dem Code eröffnete Übertragungsweg wird als epidemiologischer Vektor vorgestellt, entlang dessen die Krankheit sich ausbreitet und tödliche Konsequenzen für menschliche Handlungsmacht, menschliches Bewusstsein und Leben zeitigt. Die Implikation bei alldem lautet: Der Code ist ein virulenter Agent, der in einer ebenso gefährlichen wie künstlerisch befreienden Metamorphose den Kontext für menschliches Leben verändert. Bei aller Unterschiedlichkeit, in der die genannten Werke die Begegnung mit dem Code imaginieren, stimmen sie doch darin überein, dass der Code eine zentrale Komponente eines komplexen Systems ist, in dem intelligente Maschinen mit bewusstem, unbewusstem und nicht-bewusstem menschlichen Verhalten interagieren und es beeinflussen. […]

## Code/Coda

In meiner bisherigen Argumentation habe ich zwar nachgewiesen, dass der Code als Ressource verfügbar ist, die eine Verbindung zum Trauma herstellt. Meine Argumentation hat jedoch nicht vollständig geklärt, warum zu einem Zeitpunkt, zu dem unsere Kultur in rasendem Tempo die Jahrtausendmarke passiert, diese Ressource von zeitgenössischen Kulturproduktionen aufgegriffen werden sollte. Ich möchte bei der Verfolgung dieser Fragestellung auf eine Szene eingehen, die in Joseph Weizenbaums *Computer Power and Human Reason: From Judgment to Calculation* geschildert wird. Darin beschäftigt sich Weizenbaums Sekretärin so intensiv mit dem Computerprogramm ELIZA, das die routinemäßige Gesprächsführung eines Psychoanalytikers nachahmt, dass sie ihren Chef bittet, den Raum zu verlassen, damit sie sich mit dem Computer privat weiter unterhalten könne.[17] Dieser Moment ist umso außergewöhnlicher, als sie, wie Weizenbaum notiert, sich über die Funktionsweise des Programms vollkommen im Klaren ist und deshalb nicht der Illusion erliegt, die Maschine könne in irgendeiner Weise ihr Problem verstehen.[18] Weizenbaum ist erschrocken darüber, wie intensiv sie sich dem Computer zuwendet, und fühlt sich verpflichtet, mit einer eindringlichen Warnung vor den Grenzen der Computerintelligenz an die Öffentlichkeit zu gehen. Menschen, so seine Botschaft, dürften nicht meinen, dass Computer ethische, moralische oder politische Urteile fällen könnten – oder, noch treffender, dass sie überhaupt Urteile fällen könnten. Vielmehr setze Urteilsvermögen Verstehen voraus, und gerade die Fähigkeit des Verstehens sei eine ausschließlich menschliche.

Ich möchte nun noch einmal auf die Szene mit Weizenbaums Sekretärin zurückkommen und fragen, warum sie sich so intensiv mit etwas beschäftigte, von dem sie wusste, dass es ein dummes Programm war. Nehmen wir an, sie litt unter einem traumatischen Erlebnis und wollte mithilfe des Computers herausfinden, was dieses Erlebnis für ihr Leben bedeutete. Über welche Eigenschaften verfügt dann der Computer, die ihn in dieser Situation zu einem idealen Gesprächspartner machen? Er hat keine Gefühle und kann deshalb nicht über etwas, das sie äußert, entsetzt oder davon abgestoßen sein. Auch verrät er niemanden (es sei denn, er wurde dazu programmiert), weshalb man ihm unterstellen kann, dass er vollkommen logisch und vertrauenswürdig funktioniert. Vor allem aber – und genau dieser Punkt beunruhigte Weizenbaum so sehr – urteilt der Computer nicht, weil ihm der reiche Kontext der menschlichen Lebenswelt fehlt, der ihn urteilsfähig machen würde. Kurz, er besitzt jene Art kognitiver Verfassung, die zu erlangen Psychoanalytiker sich jahrelang ausbilden lassen.

Nach vier Jahrzehnten der Forschung, Entwicklung und Innovation in der Informationstechnologie werden Computer in ihrem Verhalten menschenähnlicher. In aktuellen Forschungsprogrammen wird versucht, sie mit „Emotionen" auszustatten (die bei Softwareprogrammen allerdings von deutlich anderer Art sind als die durch das Hormonsystem und komplexe kortikale Rückkopplungsschleifen vermittelten Gefühle). Objektorientierte Sprachen wie C++ sind von ihrer Struk-

---

17 Siehe Joseph Weizenbaum, *Computer Power and Human Reason: From Judgment to Calculation* (New York: Freeman, 1977). Dt.: Die Macht der Computer und die Ohnmacht der Vernunft. Frankfurt am Main: Suhrkamp 1977.

18 Das Programm ELIZA wurde dafür konzipiert, seinem menschlichen Gesprächspartner Stichworte zu liefern, indem es zentrale Wörter und Wortfolgen des Gehörten als Fragen oder Kommentare wiederholte. Auf eine Aussage des Menschen wie z. B. „Ich habe gestern meinen Vater gesehen" antwortete der Computer: „Erzählen Sie mir etwas über Ihren Vater." Siehe Joseph Weizenbaum, „ELIZA – A Computer Program for the Study of Natural Language Communication between Man and Machine", *Communications of the Association for Computing Machinery* 9 (Jan. 1966): 35–6.

tur und Syntax her dafür gedacht, rein menschliche Sprachen nachzubilden und so eine intuitivere Kommunikation zwischen Mensch und Computer zu ermöglichen. Neuronale Netze können lernen, soweit es die Parameter ihrer Feedbackdaten zulassen, eine Vielzahl von Unterscheidungen zu treffen. Genetikprogramme arbeiten mit den Prinzipien der Diversität und Selektion, um neue emergente Eigenschaften hervorzubringen, und demonstrieren so die Fähigkeit von Computern, bei kreativen Aufgabenstellungen wie der Konstruktion elektronischer Schaltkreise *mit Menschen konkurrenzfähige Ergebnisse* hervorzubringen.[19] Hinzu kommt, dass immer mehr Codes von Softwareprogrammen anstatt von Menschen geschrieben werden, angefangen bei kommerzieller Software wie Dreamweaver, mit dem HTML-Seiten gebaut werden, bis hin zu anspruchsvolleren Programmen, die eigenständig in der Lage sind, von einem Computer geschriebene Software in einer Abfolge mehrerer Code-Generationen so zu entwickeln, dass jedes Programm komplexer als sein Vorgänger ist.

Die Gegenwart ist somit gekennzeichnet durch eine tief greifende Ambivalenz in der Wahrnehmung der von Computern gespielten Rollen. In bestimmter Hinsicht sind sie weiter den relativ primitiven Maschinen ähnlich, auf denen Weizenbaum das Programm ELIZA entwickelte – unendlich geduldig, emotionslos und urteilsfrei. Treten sie in diesem Gewand auf, schreibt man ihnen eine positive Interaktion mit Menschen zu, durch die sie Übertragungswege für die Artikulation von Traumata eröffnen. In anderer Hinsicht jedoch übernehmen sie von Menschen einen größeren Teil von deren kognitiver Last. Dieses Vordringen der Computer wird weithin als implizite Bedrohung menschlicher Autonomie und Handlungsmacht wahrgenommen. Die für meine drei Studientexte charakteristische Doppelbödigkeit der Sprache [...] steht aber für mehr als nur die doppelte Adressierung des Codes an Menschen und an intelligente Maschinen. Denn sie hinterfragt die Ambivalenz, die der vom Computer gespielten Doppelrolle innewohnt – die Rolle des idealen Gesprächspartners ebenso wie die der mächtigen Maschine, die unsere Realität nicht nur durchdringen, sondern sie sogar generieren kann.

Computer werden zunehmend als evolutionäre Nachfolger der Menschen gesehen: Sie konkurrieren um dieselbe ökologische Nische, die während der letzten rund drei Millionen Jahre so erfolgreich von Menschen besetzt wurde. Der evolutionäre Fortschritt, der Menschen den entscheidenden Vorteil gegenüber anderen Arten verschaffte – die Entwicklung der Sprache, die durch Sprache ermöglichte Koordination größerer sozialer Gruppen und Netzwerke und die rasche Entwicklung von Techniken, Technologien und Verfahren mit dem Ziel, die Umwelt der Spezies gegenüber freundlicher zu machen – all dies ist jetzt an intelligenten Ma-

19 Siehe John Koza et al., *Genetic Programming III: Darwinian Invention and Problem Solving* (San Francisco: Morgen Kaufmann, 1998).

schinen zu beobachten: Computer besitzen immer mehr Speicherkapazität und erreichen immer höhere Verarbeitungsgeschwindigkeiten, sie sind über den Globus hinweg vernetzt, haben das enge Gehäuse des PCs gesprengt und halten über Schnittstellen mit integrierten, weltweit verteilten Sensoren und Aktoren Einzug in die Umwelt.

In diesem Fall reichen die zu verhandelnden Fragen jedoch weit über die sprachliche Adressierung hinaus (die meines Erachtens aber das fundamentale Merkmal darstellt, aus dem sich andere Verhaltensweisen entwickeln, so wie die Sprache als grundlegende Entwicklung die rasche Entwicklung der Spezies Mensch einleitete). Mit der Expansion des technologischen Nicht-Bewussten arbeiten die meisten sedimentierten Routinen und Gewohnheiten, die menschliches Verhalten mit der technologischen Infrastruktur verbinden, nach wie vor überwiegend außerhalb der Sphäre des menschlichen Bewusstseins und geraten erst in Momenten des Bruchs oder Zusammenbruchs, von Modifikationen und Erweiterungen des Systems in den Fokus bewusster Aufmerksamkeit. Das Trauma, das in diesen Fiktionen den Ort bildet, wo die ambivalenten Reaktionen von Menschen auf intelligente Maschinen mit besonderer Intensität sichtbar werden, dient als archetypischer Moment des Zusammenbruchs. Hier kommt das Ausmaß in den Blick, in dem unsere Gegenwart und Zukunft mit intelligenten Maschinen verflochten sind. Rein menschliche Sprache ist nicht länger natürlich. Sie findet sich zunehmend in einer Position wieder, die dem Bewusstsein analog ist, das durch verstörende Träume gezwungen wird zu erkennen, dass es nicht die ganze Psyche ist. Der als Schnittstelle zwischen Menschen und programmierbare Medien tretende Code fungiert im kulturellen Imaginationsraum unserer Zeit als das schattenhafte Doppelbild der rein menschlichen Sprache, die von seiner verborgenen Präsenz zugleich geformt und infiziert wird.

*Aus dem Englischen von Textworks Translations und Hedwig Wagner*

**Textnachweis:** N. Katherine Hayles (2006): Traumas of Code. Erstveröffentlichung in: Critical Inquiry, Vol. 33, No. 1 (Autumn 2006), S. 136–157; hier: S. 136–144, 155–157. Herausgeberschaft, Copyright und alle Übersetzungsrechte: The University of Chicago Press 2006. Wir danken den Herausgebern der Zeitschrift sowie der Universität Chicago für die freundliche Genehmigung zur Übersetzung und zum Abdruck.

# Donna J. Haraway: Das Abnehme-Spiel. Ein Spiel mit Fäden für Wissenschaft, Kultur, Feminismus[1] (1994)

„Natur" ist ein *Topos;* ein Gemeinplatz. Natur ist ein Thema *(topic),* das ich nicht umgehen kann. Es ist der implodierte, extrem verdichtete Ort für die ethnospezifischen, kulturellen, politischen und wissenschaftlichen Gespräche, die sich darum drehen, wie die zulässigen Handlungsstrukturen und die möglichen Handlungsfäden in den geheiligten säkularen Dramen der Technowissenschaft – und zugleich in der Analyse dieser Wissenschaft – beschaffen sein könnten. Von dieser Natur, von diesem all-gemeinen Platz *(common place),* dieser Themen-Allmende *(topical commons)* bin ich seit meiner Kindheit besessen. Diese Natur zum Wohnort zu machen war keine Sache freier Entscheidung, sondern Ergebnis eines vielschichtigen Erbes. Ich war gefesselt von der Naturgesetzlichkeit, eingebunden in die von der christlichen Liturgie bestimmten Jahreseinteilungen, und dann losgelassen in das kulturelle Medium eines molekularbiologischen Laboratoriums. Für Menschen, die in solchen Welten aufwachsen, ist Natur, was immer sonst sie auch sein mag, etwas, womit sich gut in Übereinstimmung denken lässt.

Natur handelt auch von Gestalten, Geschichten, Bildern. Diese Natur, als *Tropus* oder *Trope,* ist mit rhetorischen Wendungen und Windungen in tropischer Fülle ausstaffiert, die mich vom geraden Weg abweichen lassen. Als Knäuel leibhaftig gewordener Gestaltungen zieht die Natur meine Aufmerksamkeit auf sich. Als Kind meiner Kultur bin ich naturzugewandt, naturatrop; ich wende mich zur Natur hin wie eine sonnenhungrige Pflanze zur Sonne. Historisch gesehen ist ein Tropus auch ein Vers, der in einen liturgischen Text interpoliert wurde, um

1 *Abnehmen,* engl. *Cat's Cradle,* wird mit einem kreisförmig geschlossenen Faden gespielt, der zunächst um Daumen und Zeigefinger der linken wie der rechten Hand gelegt und gestrafft wird. Die am Spiel Beteiligten müssen nun nacheinander den Faden so abnehmen, dass sich immer komplexere Muster der Überkreuzung bilden. Die Schwierigkeit besteht darin, sich nicht zu verheddern und damit das Muster zu zerstören (Anm. d. Übers.).

© Springer Fachmedien Wiesbaden GmbH, ein Teil von Springer Nature 2019
A. Ziemann (Hrsg.), *Grundlagentexte der Medienkultur*,
https://doi.org/10.1007/978-3-658-15787-6_28

ihn auszuschmücken oder zu erweitern. Die Natur besitzt liturgische Fähigkeiten; ihrer Bildlichkeit kann man nicht ausweichen, und darin liegt ihre erlösende Kraft, dies nimmt uns für sie ein. Diese Natur ent-rückt mich endgültig, indem sie mich in ihren Bereich verpflanzt. Der Bereich, mit dem ich in den letzten Jahren des 20. Jahrhunderts so organisch verwachsen bin, ist der vollständig implodierte, ganz und gar künstliche, natürlichkulturelle Schwerkrafttrichter *(gravity well)* der Technowissenschaft. Nicht aus eigenem Antrieb geraten wir dort hinein, vielmehr werden wir unwiderruflich in ihn hineingesogen. Wir sollten uns besser daranmachen, diese Natur, diesen gemeinsamen und all-gemeinen Platz anders zu denken denn als Testgelände für Sternenkriege oder als Neue Weltordnung AG. Wenn die Technowissenschaft unter anderem auch eine Praxis ist, Neugestaltungen dessen zu materialisieren, was als Natur gilt, aus einem Tropus, einer Redefigur, eine Welt zu machen, dann ist es von entscheidender Bedeutung, welche Gestalt wir der Technowissenschaft geben.

In dieser Meditation möchte ich Vorschläge dazu machen, wie wir Schlüsseldiskurse über Technowissenschaft neu gestalten – verwenden und verknoten – können. Verwurzelt in den (bisweilen männer- und mahlstromförmigen)[2] kreuzstichartig verwobenen Disziplinen der Science Studies, gehört dieser kleine Aufsatz zu einer umfassenderen, gemeinsamen Aufgabe, deren Ziel es ist, antirassistische feministische Theorie und Cultural Studies zur Produktion weltförmiger Überlagerungsmuster heranzuziehen. Wie ich glaube, bauen die für die Technowissenschaft konstitutiven Praktiken Welten, die im Hinblick auf ihre Bewohnbarkeit nicht allzu viele Wahlmöglichkeiten bieten. Deshalb möchte ich dazu beitragen, dass über das, was in der Technowissenschaft und ihrer Analyse als normal gilt, der Ausnahmezustand verhängt wird. Mein kategorischer Imperativ lautet: alles, was als Natur gilt, zu verqueren/zu verkehren, spezifische normalisierte Kategorien zu durch/kreuzen, nicht um des leichten Schauders der Überschreitung willen, sondern in der Hoffnung auf lebbare Welten. Normal in der Technowissenschaft und ihrer Analyse ist allzu oft der Krieg mit all seinen sich verzweigenden Strukturen und taktischen Kniffen. Nur zu häufig ist der Krieg der Wörter und Dinge das leuchtende Vorbild für Theorie, Explanation und Narration.

Eine Frage durchgeistert das Projekt dieser Neugestaltung: Wie können wir in den Science Studies die per se militarisierte Praxis der Technowissenschaft so ernst nehmen, dass wir die von uns analysierten Welten nicht in unserer eigenen Praxis, zu der auch das materiell-semiotische subkutane Gewebe unserer Sprache (ihr Fleisch, ihre Muskeln und Sehnen) gehört, blind wiederholen? Wie können

2 Im Original heißt es: *sometimes malestream and mahlstrom*, worin dann auch noch der *mainstream* enthalten ist; so entsteht das Bild eines alle Differenzen verschlingenden Wissenschaftssogs männlicher Dominanz. (Anm. d. Übers.)

wir verhindern, dass die Metapher mit dem Ding-an-sich in eins fällt? Muss die Technowissenschaft – mit all ihren Teilen, ihren Akteur*innen und Aktanten, seien sie menschlich oder nichtmenschlich – unaufhörlich als Anordnung ineinandergreifender Kampffelder beschrieben werden, wo militärische Auseinandersetzung, sexuelle Herrschaft, Sicherheitsdenken und Marktstrategien als Modelle für Praxis gelten? Wie ginge es anders? Wir wollen daran arbeiten, indem wir uns auf ein altes Spiel zurückbesinnen. Immerhin verzeichnet die Spieltheorie seit dem Zweiten Weltkrieg in der Technowissenschaft große Erfolge, um die sie die Humanwissenschaften wie auch die Populärkultur sehr beneideten und die sie nachzuahmen suchten. [...] Wenden wir uns einem Spiel zu, das mit Fäden gespielt wird, aus denen Figuren entstehen *(string figures)*. Hier ließen sich einige Anknüpfungspunkte finden, mit deren Hilfe Zugangsweisen zur Technowissenschaft festgezurrt werden können.

## Das Abnehme-Spiel: Ein Fadenspiel

Für alle Anhänger*innen der Science Studies, die von den martialischen Videospielen der gängigen Forschungspraxis Abstand gewinnen wollen, habe ich das *Abnehme-Spiel,* das Spiel mit Fäden und Figuren, vorbereitet. Dazu brauche ich zwei Fäden, durch die alle Figuren bestimmt werden:

1. Feministische, multikulturelle, antirassistische Projekte in der Technowissenschaft wollen dort eingreifen, wo offensichtlich eine gute Ursprungsgeschichte, eine verlässliche rationale Erklärung oder ein vielversprechender erster Kontakt zwischen heterogenen Selbstheiten und Anderen vorliegt. Feministische, multikulturelle, antirassistische Projekte in der Technowissenschaft respektieren keine Grenzen zwischen Disziplinen, Institutionen, Nationen oder Genres. Die Projekte können ebenso im Computergraphik-Labor angesiedelt sein wie in Gemeindeversammlungen, in biomedizinischen Welten wie in Arbeitsgruppen gegen Giftmüll. Feministische, multikulturelle, antirassistische Projekte in der Technowissenschaft umfassen z.B. Produktionen der Populärkultur (Film, Fernsehen, Videos, Romane, Werbung, Musik, Witze, Theater, Computerspiele), unterschiedliche Praktiken, um die ethnospezifischen Kategorien von Natur und Kultur zu begreifen und neu zu gestalten, professionelle Untersuchungen zur Technowissenschaft (Philosophie, Anthropologie, Geschichtswissenschaft, Soziologie, Semiologie), Gemeindeverwaltung, Arbeitspraktiken und -kämpfe, politische Arbeit auf vielen Ebenen, Gesundheitspolitik, Medieninterventionen, Umweltschutz, technisches Design, Technik überhaupt und alle möglichen Arten wissenschaftlicher Forschung. Diese Praktiken respektieren für gewöhnlich keine Grenzen zwischen und innerhalb geheiligter Kategorien wie Natur und Gesellschaft oder Mensch-

liches und Nicht-Menschliches. Doch sind Grenzüberschreitungen an sich für feministische, multikulturelle, antirassistische Projekte nicht von Interesse. Die Technowissenschaft stimuliert das Interesse an Zonen der Implosion, weniger an nicht/überquerten Grenzen. Die interessanteste Frage lautet: Welche Lebensformen überleben und gedeihen in jenen dichten, implodierten Zonen?

2. Textuelle Relektüre reicht nicht aus, selbst wenn man den Text als die Welt definiert. Lesen ist, wie aktiv auch immer es sein mag, als Tropus nicht machtvoll genug; wir ver-wenden die Abweichung nicht entschieden genug. Der Trick besteht darin, Metapher und Materialität in den kulturspezifischen Apparaten körperlicher Produktion zur Implosion zu bringen. Wodurch ein Apparat der körperlichen Produktion bestimmt ist, lässt sich nicht vorab sagen; erst einmal müssen wir uns auf die immer etwas unübersichtlichen Projekte der Beschreibung, Narration, Intervention, des Bewohnens, miteinander Sprechens, Austauschens, Bauens einlassen. Es kommt darauf an herauszufinden, wie Welten gemacht und rückgängig gemacht werden, damit wir an den Prozessen teilnehmen können, um bestimmte Lebensformen vor anderen zu fördern. Wenn die Technologie, der Sprache vergleichbar, eine Lebensform ist, können wir im Hinblick auf ihre Verfasstheit und Erhaltung keine Neutralität bewahren. Es kommt nicht nur darauf an, das Gewebe der Erkenntnisproduktion zu entziffern, sondern neu zu gestalten, was – im Interesse der Neukonstituierung der generativen Kräfte von Verkörperung – als Erkenntnis zählt. Ich nenne diese Praxis *materialisierte Neugestaltung (materialized refiguration);* beide Wörter sind wichtig. Kurz gesagt, es kommt darauf an, einen Unterschied zu machen – wie bescheiden, wie partiell, wie wenig narrativ oder wissenschaftlich abgesichert er auch sein mag. In unschuldigeren Zeiten, lang, lang ist's her, wurde ein solches Verlangen nach Weltlichkeit Aktivismus genannt. Ich dagegen werde dieses Verlangen, diese Praktiken bei den Namen der gesamten, offenen Anordnung der feministischen, multikulturellen, antirassistischen Projekte der Technowissenschaft nennen.

Wollen wir ausmalen, was Technowissenschaft ist, so sind optische Metaphern unumgänglich […]. Zentral für die kritische Theorie war die kritische Sichtweise. Ziel war es, die Lügen der als durchsichtig-normal erscheinenden etablierten Unordnung zu entlarven.[3] Die Kritische Theorie handelt von einer bestimmten

3 Der für das Verständnis von Technowissenschaft immer noch unabdingbare locus classicus Kritischer Theorie bleibt die *Dialektik der Aufklärung* (Horkheimer und Adorno 1969). Eine starke kritische Argumentation über die Abwesenheit solcher Negativität in meiner Arbeit zur Gestalt des Cyborg findet sich bei Hewitt 1993. Ich teile ihre Interpretation des Cyborg und ihre besondere Auffassung des menschlichen Subjekts nicht, stimme aber mit ihr hinsichtlich der zentralen Bedeutung von Negativität überein. Solche Negativität ist ein Stimulans gegen Zynismus und Lethargie.

„Negativität“, d.h. von der unablässigen Demonstration, dass die etablierte Unordnung nicht notwendig, ja vielleicht nicht einmal „wirklich“ ist. Die Welt kann anders sein; davon können die Untersuchungen zur Technowissenschaft handeln. Diese Untersuchungen können die erfrischende Negativität der Kritischen Theorie beerben, ohne ihre marxistisch-humanistischen Ontologien und Teleologien wiederaufleben zu lassen. Wenn das Gift der metaphernfreien Faktizität durch die tropische Materialität weltlichen Engagements – und noch einmal: eines Engagements ohne narrative oder wissenschaftliche Garantien – neutralisiert werden kann, dann haben die Untersuchungen zur Technowissenschaft ihren Zweck erfüllt. Vielleicht bestünde die einschneidendste Theorie, ja sogar die wissenschaftlichste Unternehmung darin, dem Glauben an besser lebbare Welten Möglichkeiten aufzubrechen. Vielleicht wäre dies ein Bestandteil dessen, was Sandra Harding (1992) als „starke Objektivität“ bezeichnet! „Hohe“ Theorie könnte sich damit befassen, die kritische Negativität zu ihrem Äußersten zu treiben – nämlich zur Hoffnung inmitten einer permanent bedrohlichen Zeit. Dergestalt ist für mich die interessanteste optische Metapher nicht die Reflexion mitsamt ihren Varianten in den verschiedenen Doktrinen der Repräsentation. Kritischer Theorie geht es letzten Endes nicht um Reflexivität, außer wo sie als Mittel eingesetzt werden kann, um die Bomben der etablierten Unordnung und ihrer sich selbst undurchsichtigen Subjekte und Kategorien zu entschärfen. Meine optische Lieblingsmetapher ist die Diffraktion, die Beugung des Lichts – die nicht-unschuldige, vielschichtig-erotische Praxis, die eine Differenz in die Welt einführt, einen Unterschied macht, statt das Selbe lediglich an einen anderen Ort zu verschieben.

## Zwei farbige Fasern ziehen sich durch mein Werk:

1. Ich verwende sich überlagernde und oftmals gleichermaßen konstitutive Analysefäden – Cultural Studies, Science Studies und feministische, multikulturelle und antirassistische Theorien und Projekte –, weil jeder dieser Fäden Unverzichtbares leistet, wenn es darum geht, Bereiche der Transformation, heterogene Komplexität und komplexe Objekte auszuloten.

2. In den komplexen oder grenzgängerischen Objekten, an denen ich interessiert bin, implodieren die Dimensionen des Mythischen, Textuellen, Technischen, Politischen, Organischen und Ökonomischen. D.h. sie fallen ineinander und bilden einen Knoten außerordentlicher Dichte, der die Objekte selbst konstituiert. Für mich ist Geschichtenerzählen keine Form „künstlerischer Praxis“, sondern eine Praxis des Verfrachtens, um aus einem Feld voller Knoten oder schwarzer Löcher heraus von Komplexität erzählen zu können. Geschichtenerzählen steht nicht im Gegensatz zur Materialität. Aber diese selbst ist tropisch, reich an Wen-

dungen; sie lässt uns wenden, sie bringt uns zum Stolpern; in ihr verknoten sich das Textuelle, das Technische, das Mythische/Onirische, das Organische, das Politische und das Ökonomische.

Ich befasse mich mit den je verschieden verorteten menschlichen und nichtmenschlichen Akteur*innen und Aktanten, die einander in Interaktionen begegnen, aus denen sich Welten bestimmter Form materialisieren. Ich möchte für eine bestimmte Praxis verorteter Erkenntnisse in den Welten der Technowissenschaft eintreten, Welten, deren Fasern weit und tief in die Gewebe des Planeten hineinreichen. Dies sind die Welten, in denen die Achsen des Technischen, Organischen, Mythischen, Politischen, Ökonomischen und Textuellen sich in optisch und schwerkraftmäßig dichten Knoten treffen, die uns, Wurmlöchern ähnlich, in die turbulenten und noch kaum kartografierten Territorien der Technowissenschaft hinausstoßen.

Wie andere Gelehrte der Science Studies verwende ich die Begriffe *Akteur*innen, Agenzien/Tätigkeitsformen* und *Aktanten* in Bezug auf menschliche wie nichtmenschliche Entitäten [...]. Es sei jedoch daran erinnert, dass das, was als menschlich bzw. nichtmenschlich gilt, nicht per definitionem, sondern nur relational gegeben ist, durch das Engagement in verorteten, innerweltlichen Begegnungen, wo Grenzen sich herausbilden und Kategorien sich sedimentieren. Feministische, antirassistische, multikulturelle Science Studies – von der Technowissenschaft zu schweigen – haben uns zumindest gelehrt, dass nicht von selbst sich versteht noch verstehen sollte, was als „menschlich" gilt. Dies Prinzip sollte auch für Maschinen sowie auf nicht-maschinelle, nichtmenschliche Entitäten im Allgemeinen gelten. Technowissenschaft und Technoscience Studies vermitteln Menschen, denen die Lektüre dieses Essays zugetraut werden darf, Menschen, die wie ich lautstark um sich schlagend die typische westliche Gegenposition des Universalismus einnehmen, die Erkenntnis, dass es nichts All-Menschliches, keine All-Maschine, All-Natur, All-Kultur gibt. Die rettende Negativität der Kritischen Theorie lehrt das Gleiche. Es gibt nur spezifische Welten, und diese sind unwiderruflich tropisch und kontingent.

Die Wahl der Bezeichnungen *Akteur*innen, Agenzien/Tätigkeitsformen* und *Aktanten* ruft ihre eigenen Schwierigkeiten hervor, umgeht aber hoffentlich schlimmere. Die hervorgerufenen Schwierigkeiten treten offen zutage. Aktoren und Akteur*innen *(actors and agents)* ähneln immens den selbstbewegten Entitäten eines Kosmos, der im dauerhaften Stil des Aristotelismus ausgestattet ist. Sie gleichen jenen präformierten, bausteinartigen Subjekten oder Grundsubstanzen, an denen die Akzidentien hängen. Aktoren und Akteur*innen handeln; sie verursachen Handlungen; alles wirkliche Handeln geht auf sie zurück. Alles andere erleidet geduldig die Be-Handlung, gelegentlich leidenschaftlich. Alles andere ist Boden, Ressource, Matrix, Projektionsfläche, zu enthüllendes Geheimnis, Freiwild für den Helden der Jagd, der, um es bis zum Überdruss zu wiederholen, der

Aktor ist. Aktanten sind da ein bisschen besser; denn bei ihnen zumindest handelt es sich um Kollektive für eine semiotische Handlungsfunktion in einer Narration, nicht um bloß fiktional zusammenhängende Akteur*innen, die aus einer einzigen Substanz bestehen. Aktanten sind Bündel von Handlungsfunktionen; keine Akteur*innen und Held*innen. Will man eine Geschichte verstehen, so ist es fast niemals ein Fehler, eine*n Akteur*in zu anthropomorphisieren; einen Aktanten zu anthropomorphisieren kann ein gewaltiger Fehlgriff sein. Es gehört zum Erbe dieses ganzen aristotelischen Mobiliars, dass alles in der Welt, was nicht selbstbewegt ist (und am selbstbewegtesten ist – ihr werdet es kaum erraten – unser alter Freund, der für sich selbst nicht sichtbare Mensch/Mann), sich geduldig in sein Leiden fügen muss. Die nichtmenschliche Natur (zu der die meisten weißen Frauen, Farbige, die Kranken und andere gehören, die, im Vergleich mit dem Einen Wahren Ab- und Ebenbild des Ersten Bewegers[4], über eingeschränkte Kräfte der Selbstbestimmung verfügen) muss dabei besonders viel Geduld aufbringen. [...]

Ich bestehe darauf, dass sowohl die Menschenwesen, denen die Geschichte der westlichen Philosophie die Kraft zur Selbstbewegung bestreitet, wie auch die ganze nichtmenschliche Natur als lebendig, einflussreich, handlungsfähig, als Akteure und Aktoren – kurz: als Feder- und Regieführende im Spiel der Erkenntnisproduktion angesehen werden müssen [...].

Ich versuche, den mir aus der Sprache erwachsenden Schwierigkeiten zu entrinnen, indem ich betone, dass die Agenzien/Tätigkeitsformen und Akteur*innen *niemals* präformiert, prädiskursiv sind und dergestalt – substanziell, konkret, hübsch eingehegt – darauf warten, dass etwas passiert, dass ein Schleier gehoben und „Land in Sicht!" gerufen wird. *Alle* Entitäten, seien sie menschlich oder nichtmenschlich, nehmen in Begegnungen, in Praxen Form an; und die Akteur*innen und Partner*innen in Begegnungen sind, um das Wenigste zu sagen, nicht alle menschlichen Wesens. Darüber hinaus sind viele dieser nichtmenschlichen Partner und Akteure nicht ausgesprochen natürlich und ganz sicher nicht originär. Und die Menschen sind nicht alle der, die oder das Selbe. Dies ist ein entscheidender Unterschied zu der Weise, wie menschliche Wesen und nichtmenschliche Bestandteile der Erkenntnisproduktion innerhalb des wissenschaftlichen Diskurses im Allgemeinen dargestellt werden. In diesem Diskurs können die Objekte des

4 Im Original ist von der *One True Copy of the Prime Mover* die Rede. Im Ausdruck *copy* sind verschiedene Traditionen und Gedankenstränge gebündelt: die platonisch inspirierte Ideenlehre, der zufolge weltliche Dinge Abbilder von Ideen sind, ferner der englische Empirismus, für den mentale Vorstellungen Abbilder von Sinneseindrücken darstellen, schließlich der technische Bereich mechanischer Reproduktion sowie, enger eingegrenzt, der Buchdruck, in dem es um *copies*, Exemplare, und – wenn ich den Faden aufnehme – in rechtlicher Hinsicht um das *Copyright*, das Urheberrecht an einem bestimmten Werk geht. Das Lehnwort *Kopie* deckt nur den technischen Bereich im engeren Sinne ab (Anm. d. Übers.).

Entdeckens und Erklärens versteckt sein, doch sie sind, präformiert, bereits vorhanden, warten auf den Überraschungsruf des ersten Entdeckungsreisenden, um danach auf ewig die Rolle des Bauchredners (des Darstellenden) zu spielen, der mitteilt, wie die Welt wirklich beschaffen ist. Und die Subjekte/Akteure, die entdeckerisch tätig sind, können, zumindest idealiter, ausgetauscht werden, sind ein und der/die/das Selbe, sich selbst nicht sichtbare, verlässliche, bescheidene Zeugen – mit einem Wort, für sich selbst unsichtbare, transzendente *Subjekte*, die sich auf einer Nobelreise zwecks Abfassung von Berichten über die verkörperte Natur befinden. Der traditionelle wissenschaftliche Realismus hängt von dieser Art Realität ab, in der Natur und Gesellschaft „wirklich" und grundlegend existent sind. Es ist die real existierende Wirklichkeit, ein bisschen so, wie der real existierende Sozialismus zu sein pflegte – in Wirklichkeit ziemlich totalitär, dem Vernehmen nach aber ganz und gar objektiv, d.h. ganz von Objekten, Gegenständen erfüllt. Ich finde, gegen einen solchen Realismus muss man Widerstand leisten, denn er ist, abgesehen von Tricks, vollständig leer. Um die Bildhaftigkeit, die Metaphorizität aus dem geheiligten Bereich der Faktizität zu entfernen, bedarf es eines Zaubertricks, der die kategorische Reinheit von – menschlicher wie nichtmenschlicher – Natur und Gesellschaft sicherstellt.

Jetzt haben wir alles, was wir für *Abnehmen*, das Fadenspiel, benötigen. Umgeben von Mustern, die mir von ungezählten anderen beigebracht wurden, die in den Welten der Technowissenschaft aktiv sind, möchte ich eine elementare Fadenfigur in Form einer groben Skizze *(cartoon outline)* dreier ineinander verwobener Diskurse entwerfen. Es handelt sich dabei um 1) Cultural Studies; 2) Science Studies; und 3) feministische, multikulturelle, antirassistische Wissenschaftsprojekte. Wie andere weltliche Entitäten existieren diese Diskurse nicht ganz und gar unabhängig voneinander. Es sind keine präformierten, hübsch eingehegten universitären Praktiken oder Doktrinen, die sich in Diskussion oder Austausch begegnen, wenn sie ihre Wortkriege führen oder sich auf den akademischen Märkten bedienen und bestenfalls darauf hoffen, unsichere universitäre oder politische Bündnisse und Geschäfte abzuschließen. Vielmehr sind die drei Namen Platzhalter, Betonungszeichen oder Werkzeugkästen – Knotenpunkte, wenn ihr wollt – in einem per se interaktiven Prozess der Zusammenarbeit, der den Versuch unternimmt, den natürlichen Welten, die wir und die uns bewohnen, d.h. den Welten der Technowissenschaft, einen Sinn abzugewinnen. Ich will hier nicht weiter skizzieren, was mich in die drei miteinander zusammenhängenden Netze zieht. Ich möchte, dass die Leser*innen die Muster aufgreifen, sich daran erinnern, was andere gelernt haben, vielversprechende Knoten erfinden und andere Figuren entwerfen, die uns zeigen, wie wir der etablierten Unordnung toter, erledigter Welten entgehen können. [...]

Das *Abnehme-Spiel* dreht sich um Muster und Knoten; es erfordert viel Übung und kann ernsthafte Überraschungen zeitigen. Eine Person allein kann schon mit ihren beiden Händen ein großes Repertoire an Figuren aufbauen; doch können die Figuren auch im Wechselspiel mehrerer Teilnehmer*innen entstehen, die im Prozess der Entstehung komplexer Muster neue Spielzüge hinzufügen. Das *Abnehme-Spiel* stiftet zu kollektiver Arbeit an, zeigt, dass eine Person nicht dazu in der Lage ist, alle Muster herzustellen. Es geht bei diesem Spiel nicht darum, zu „gewinnen"; das Ziel ist interessanter und offener. Es ist nicht immer möglich, interessante Muster zu wiederholen, und es ist eine verkörperte analytische Fertigkeit, herauszufinden, was bei der Entstehung faszinierender Muster geschehen ist. Das Spiel wird in der ganzen Welt gespielt und kann von beträchtlicher kultureller Bedeutung sein. Das *Abnehme-Spiel* ist lokal *und* global, verteilt *und* verknotet. [...]

Das *Abnehme-Spiel* gehört niemandem, keiner „einzigen" Kultur, keinem „einzigen" Selbst, keinem erstarrten Ob- oder Subjekt. Es ist ein wunderbares Spiel, um Begrifflichkeiten wie Subjektpositionen und Diskursfelder zu entmystifizieren. [...] Wer das *Abnehme-Spiel* spielt, dürfte kaum der Ansicht sein, Kriegsspiele seien die besten Beispiele für die Erkenntnisgewinnung und die besten Tropen für die eigene Praxis. Narrative Strukturen, die auf das Nachahmen von Mustern dieses Spiels setzen, würden nicht noch ein weiteres Heiliges Bild des Selben, des Immergleichen, hervorbringen.

Nicht in den geisttötenden militarisierten Spielen endloser kampfbetonter Begegnungen und Kraftproben, die als kritische Theorie und Technowissenschaft durchgehen, sondern im *Abnehme-Spiel* liegt die Gegenwart, die Bedeutung von Science Studies, Antirassismus, Feminismus und Cultural Studies. Wenn wir – und wir können gar nicht anders – auf fruchtbare Weise, in mimetischer Spirale, die Welt mit dem Tropus und diesen mit unserer eigenen Methode verwechseln, dann dürfte das *Abnehme-Spiel* eine weniger tödliche Version für den Diskurs der Moral, für Erkenntnisansprüche und für kritische Praxis sein als heldenhafte Kraft- und Mutproben. Wenn wir in antirassistischen feministischen multikulturellen Forschungen zur Technowissenschaft Netzwerken nachspüren und Agenzien/Akteur*innen/Aktanten entwerfen, könnten wir zu ganz anderen Orten gelangen als zu jenen, die in einem weiteren Kriegsspiel im Aufspüren von Akteur*innen und Aktanten durch Netzwerke hindurch entdeckt wurden. Für mich ist das *Abnehme-Spiel* eine Aktor-Netzwerk-Theorie. Hier geht es nicht um „bloße" Metaphern und Geschichten; hier geht es um die Semiose der Verkörperung oder, mit Judith Butlers (1993) schönem Wortspiel, um „Körper, die uns angehen"[5].

*Aus dem Amerikanischen von Michael Haupt*

5 Das Buch heißt im Original *Bodies That Matter*. Das Wortspiel mit *to matter* = von Bedeutung sein, und *matter* = Stoff, Materie ist ins Deutsche nicht adäquat übertragbar. Ein ähn-

**Textnachweis:** Donna J. Haraway (1994): A Game of Cat's Cradle: Science Studies, Feminist Theory, Cultural Studies. In: Configurations, Vol. 2/1, S. 59–71. Copyright 1994 The Johns Hopkins University Press and the Society for Literature and Science. Translated and reprinted with permission of Johns Hopkins University Press. Deutsche Fassung: Haraway, Donna: Das Abnehme-Spiel. Ein Spiel mit Fäden für Wissenschaft, Kultur und Feminismus. In: Dies: Monströse Versprechen. Die Gender- und Technologie-Essays. Erweiterte Neuausgabe. Hamburg: Argument Verlag 2017, S. 242–257; hier: S. 242–250, 251–252, 255–257. Copyright für die deutsche Übersetzung Argument Verlag 1995, Neuausgabe 2017. Wir danken dem Argument Verlag Hamburg sowie der John Hopkins Universität für die freundliche Genehmigung zum Nachdruck.

---

liches ist von Bertrand Russell überliefert: „What is matter? Never mind. – What is mind? Doesn't matter." (Anm. d. Übers.)

# Graphien

# Zur Einführung

Michael Cuntz

Geht man von dem griechischen Verb *graphein* aus, das „schreiben, zeichnen" bedeutet, so ließe sich der Begriff „Graphien" so verstehen, dass er Speichermedien aller Art bezeichnet, bei denen es zu einer Einschreibung kommt. Nicht umsonst ist dieses Wort in Komposita wie Fotographie und Kinematographie enthalten: Diese bedeuten nichts anderes als Lichtschrift und Bewegungsschrift.

Der hier zugrunde gelegte Begriff von Graphien lässt sich aber weiter eingrenzen und präzisieren. Dabei stellt er selbst eine Erweiterung dar: Denn begreifbar wird er, wenn er verstanden wird als Korrektur gegenüber dem engeren Begriff der *Schrift* als Produkt der Hand. Dabei war Schrift ihrerseits in der dominanten Linie der Philosophie wie der modernen Sprachwissenschaft, wie sie von Ferdinand de Saussure begründet wurde, zugunsten der gesprochenen Sprache, der *phonè,* marginalisiert worden: Die eigentliche Sprache, die *langue,* deren System es zu erforschen gilt, ist demnach Erzeugnis der lebendigen Zunge – und auch hier gilt es noch von der konkreten Lautgestalt zu abstrahieren, denn das Zeichen, so definiert Saussure, ist der Zusammenschluss eines mentalen Begriffs (Signifikat) und einer mentalen Lautgestalt (Signifikant). Die konkreten mündlichen Sprachäußerungen *(parole)* waren für de Saussure nur die Verwirklichungen dieser idealen Formen; die Alphabetschrift, mit der er es als Europäer zu tun hatte, für ihn nichts als die Doppelung dieser Äußerungen.

Den Eigenwert und die mediale Eigengesetzlichkeit von Schrift betonen die vor allem auf Milman Parry und Eric Havelock zurückgehenden Forschungen zu Mündlichkeit und Schriftlichkeit. Erst in der Analyse der Strukturen oraler Poesie wurden kontrastiv die Spezifika von Schriftlichkeit und die Bedeutung des medialen Wandels von mündlichen zu schriftlichen Gesellschaften in ihrer Tragweite erkannt, wobei häufig ihre Auswirkung auf das individuelle wie kulturelle Gedächtnis im Zentrum stand. Schrift und Schreiben wurden somit als *Techniken* begreifbar. Von Literatur auszugehen, hatte Nachteile: Ausgeblendet blieb weiter-

© Springer Fachmedien Wiesbaden GmbH, ein Teil von Springer Nature 2019
A. Ziemann (Hrsg.), *Grundlagentexte der Medienkultur*,
https://doi.org/10.1007/978-3-658-15787-6_29

hin, was nicht in der „Repräsentation“ oder Fixierung gesprochener Sprache aufgeht, sich also nicht, wie in einer musikalischen Partitur, zwischen Mündlichkeit und Schriftlichkeit hin und her übersetzen lässt.

Eben dies meint der Begriff der Graphien: Er umfasst nicht nur Buchstaben, sondern Zahlen und weitere Symbole, Diagramme, Zeichnungen und Karten, interessiert sich für Phänomene wie Listen oder Indizes, fragt nach der Produktion und der Materialität von graphischen Zeichen und Medien, auf oder in die sie eingezeichnet werden. Es geht also erstens um in der Regel *diskrete* Zeichen und Linien, die analoge Kontinua strukturieren und unterbrechen. Zweitens geht es um *visuelle* Zeichen und Einzeichnungen, die auf einer Fläche, etwa einer Tontafel, einem Stück Papyrus, einem Pergament, einem Blatt Papier oder einem Bildschirm, angeordnet werden können. Drittens geht es dabei um Einschreibungen, die ihren Ausgang zunächst von Gesten menschlicher Hände nehmen, auch wenn die Geschichte dieser Techniken auch die Geschichte ihrer zunehmenden Automatisierung ist. Die Operationen, die mit diesen vorgenommen werden können, richten sich also nach den Möglichkeiten ihrer Disposition auf dem Träger und dabei nicht nur nach den einmaligen Möglichkeiten, sondern auch nach der Exaktheit, mit der diese vervielfältigt oder reproduziert werden können – diese verändern sich zwischen einer Manuskript-, einer Druck-, einer Computer- oder einer Bildschirmkultur.

Es geht also um eine mediale Eigenlogik der Verräumlichung und der Visualität, die gänzlich eigenständig gegenüber der Zeitlichkeit und Linearität mündlicher Sprache ist. Diese Eigenlogik von Graphien ermöglicht andere Kombinationen und Operationen, etwa des Zeigens (Deixis), der Produktion visueller Evidenz und somit auch der wissenschaftlichen Beweisführung oder der Orientierung in oder Beherrschung des dreidimensionalen Raums mittels zweidimensionaler Zeichenarrangements.

Der Anthropologe Jack Goody (1919–2015) hat einerseits Feldforschungen zu oralen Kulturen in Afrika angestellt, andererseits die Entwicklung des Schreibens in Wechselwirkung mit der Entwicklung von Ackerbau und Bürokratie untersucht. Dabei hat er die Einbettung der Operationen des Schreibens in Institutionen der Wissensvermittlung hervorgehoben (große Bibliotheken und Gelehrtenschulen in Asien, Klöster und Universitäten in Europa) und Schrift als notwendige Bedingung nicht nur für elaborierte Formen des Rechnens, sondern auch für Formen des logischen Denkens wie den Syllogismus beschrieben. Seine Untersuchungen umfassen dabei nicht nur Europa, sondern den gesamten eurasischen Raum bis China. Dieser historisch wie geographisch breite Ansatz lenkt seinen Blick nicht nur auf die fundamentalen Differenzen zwischen oralen und Schriftkulturen etwa hinsichtlich von Überlieferung, sondern auch auf die historischen Kontingenzen, die an verschiedenen Orten unabhängig voneinander die

Entstehung des Schreibens motivierten, oder auf die interkulturellen Transfers, in denen schreibtechnologische Erfindungen erst Wirksamkeit entfalteten. Darüber hinaus gelangt er zu einer zunehmenden Relativierung der Bedeutung jener Etappen, die aus europäischer Perspektive singuläre Errungenschaften darstellen, allen voran die Erfindung der Alphabetschrift oder des Drucks (den es schon in China und Korea gab), und die Quantensprünge des Wissens hervorgebracht hätten. Die Skepsis gegenüber dem europäisch-modernen Narrativ der Revolution und der (Medienum-)Brüche führte ihn zunehmend zu der Auffassung, dass es mehrere medientechnische Wege gebe, zu ähnlichen Resultaten zu gelangen. Letzthorizont bleibe aber stets das raumzeitliche Tempo der Verbreitung von Wissen als entscheidender Faktor der Dominanz.

Der Literaturwissenschaftler und Medientheoretiker Walter J. Ong (1912–2003) hat sich vor allen Dingen mit der Frage nach dem Übergang von Mündlichkeit zu Schriftlichkeit sowie mit der bedeutsamen Transformation der europäischen Handschriftenkultur in eine Druckkultur befasst. In enger Wechselwirkung mit seinem Doktorvater Marshall McLuhan (der Ongs Thesen für „The Gutenberg Galaxy" aufgriff) rücken für Ong in erster Linie die *mentalitätsgeschichtlichen* Dimensionen dieses Medienumbruchs in den Vordergrund. Ein radikaler Bruch zwischen einer von Mündlichkeit dominierten und einer von Visualität dominierten Weltsicht habe sich aber erst mit dem Druck vollzogen. Nun erst komme es zur Wahrnehmung von Schrift (und Sprache) als objekthaft, ja als Ware, und zur Herausbildung klar getrennter, aber miteinander verkoppelter Räumlichkeiten: dem psychischen eigener Innerlichkeit, dem materiellen Rückzugsraum privater Lektüren und dem Verständnis der Buchseite als einer Fläche, deren Gestaltung sich vollkommen von den Gesetzen der Lautung ablöst und sich nach den Gesetzen des visuellen Überblicks formiert. So können Indizes, Listen oder Titelseiten in der Renaissance erst aufgrund des Buchdruck entstehen. Das mentalitätsgeschichtliche Paradigma lässt ihn schließlich, ähnlich wie McLuhan, nach den Auswirkungen einer zunehmenden Verdrängung der Buchdruckkultur durch akustische und audiovisuelle Medien fragen. Das führt ihn zur Annahme einer sekundären Oralität, in der die planerisch-individualistische Mentalität der Buchdruckära keineswegs verloren geht, sondern überformt wird durch neue Bedürfnisse geplanter Spontaneität und Kollektivität.

Dezidiert gegen das mentalitätsgeschichtliche Paradigma entwickelt der Philosoph, Anthropologe und Wissenschaftssoziologe Bruno Latour (* 1947) ein anderes Erklärungsmodell für die Macht der Inskriptionen: Gegen die Vorstellung der intellektuellen Überlegenheit abendländischer Individuen lagert er die Veränderung radikal in die Operationen aus, die er in Labors beobachtet und deren Genealogie er in die Zeit des Buchdrucks zurückverfolgt. Zentral ist der Begriff der *immutable mobiles*, der unveränderlich mobilen Elemente, deren Unveränderlichwerden an den Buchdruck geknüpft ist. Dabei zeichnet Latour die Vielfalt der Graphien – Diagramme, Graphen, Karten etc. – nach und fokussiert auf die Möglichkeiten nicht nur ihrer Stabilisierung, sondern auch ihrer immer neuen Kombination und Integration. Nicht weniger wichtig ist der Kaskadeneffekt, der zu immer weiteren Kontraktionen der visuellen Information führt: Entscheidend ist die Produktion von Überblick in Kalkulationszentren, die somit die Kontrolle über auch geographisch lange Netzwerke erlangen können. Eine rein medienimmanente Betrachtung reicht für Latour allerdings nicht aus. Sie muss einhergehen mit einer Analyse der *Macht*. Die unveränderlichen mobilen Elemente erlauben es, einen raumzeitlichen Maßstabswechsel in Prozessen zu erzielen, die unabhängig von diesen existieren: jene der machtpolitischen Knüpfung von Allianzen, der Gewinnung von Verbündeten, zu denen eben auch Artefakte gehören. Die Mobilität der stabilisierten graphischen Inskriptionen führt gleichzeitig zur Stabilisierung und zum Ausbau von Machtverhältnissen. Auch Wissenschaft erscheint somit nicht als Sphäre reinen Wissens, sondern funktioniert nach diesen Mechanismen von Allianzen und *Mobilisierungen* – ganz im militärtechnischen Sinne – von Verbündeten. Schließlich aber liefert Latour eine religionsgeschichtliche Erklärung für den Aufstieg dieser Inskriptionen ausgerechnet im monotheistisch jüdisch-christlichen Abendland (und somit vielleicht doch ein mentalitätsgeschichtliches Argument): Es ist die Bereitschaft, eher einer Inskription, einer Graphie Glauben zu schenken als den direkten sensorischen Daten der empirischen Erfahrung. Dies lässt sich auf die *longue durée*-Prägung durch Schriftreligionen zurückführen, in denen das Wort Gottes höchsten Rang genießt.

Gegenüber diesen Positionen, welche die Entwicklung von Graphien und Schrift als konkreten technologischen Prozess beschreiben, der über mehrere Etappen der Transformation von Aufschreibetechniken oder Symbolsystemen, also Codes, verläuft, scheint der Philosoph Jacques Derrida (1930–2004) zunächst eine obskure Außenseiterposition einzunehmen. Historisch kollidiert seine These von der generellen Schriftvergessenheit und dem Logophonozentrismus des Abendlandes frontal mit jener der visuellen Schriftfixierung der Buchdruckära. Doch nur auf den ersten Blick widersetzt sich Derrida der Beschreibung der Schrift als *technè*. Was er dekonstruiert, ist die Vorstellung, Technik beginne erst dort, wo es zu einer Auslagerung und Externalisierung komme, die supplementär und sekundär zum Lebendigen hinzutritt, so wie es in den Narrativen von der lebendigen *phonè* (de Saussure) und ihrer reinen Repräsentation in der Alphabetschrift geschieht, die diese Alphabetschrift, als das beste, am wenigsten störende technische Werkzeug zur Repräsentation und Fixierung des lebendigen, selbst-präsenten Hauchs der Stimme auffassen. Technizität und somit Abwesenheit, Unverfügbarkeit, Tod, Differenz, Re-Iteration, Kopie sind dem vermeintlich Lebendigen und Präsenten immer schon eingeschrieben. Derrida verdrängt also das Technische keineswegs, sondern zeigt, wie die Externalisierung von Schrift immer schon von ‚Metaphern' der inneren Schrift durchkreuzt wird. Diese Einordnung als ‚Metaphorizität' ist Symptom der Verdrängung, der Marginalisierung einer Technizität, die lebendiger Sprache wie lebendigem Bewusstsein immer schon innewohnt und diese heimsucht.

Es ist aber auch kein Zufall, dass Derrida in seiner „Grammatologie" (1974) an Leroi-Gourhans „Le geste et la parole" anknüpft. Nimmt man die Rede von der Graphie sowie die Ausführungen des Anthropologen ernst – und beides tut Derridas dekonstruktive Philosophie der Einschreibungen –, dann hat es niemals eine „schrift"-lose Menschheit gegeben. Und geht man von den Gesten aus, so schlägt das Einschreiben in die Hand und den Körper zurück, der graphiert. Folglich hat es niemals eine nicht-technisierte Menschheit gegeben. Graphische *technè* und Technologie waren vor jeder Geschichte und Historio*graphie* immer schon da. Dies nicht zu vergessen, ist auch ein *pharmakon* gegen eurozentrische Kulturfortschrittsnarrative von ‚primitiven' schriftlosen Völkern zur Alphabetschrift.

# Jack Goody: Auf dem Weg zu einer Wissensgesellschaft (2010)

Der nächste Entwicklungssprung der Wissenssysteme erfolgte dann mit der „Urbanen Revolution“ der Bronzezeit. Damals wurde nicht nur die Landwirtschaft durch die Einführung von Pflug, Rad und Zugtieren mechanisiert, die wiederum zur Verbreitung von Handwerkstechniken beitrugen (von denen einige mit der Landwirtschaft und andere mit der ökonomischen Schichtenbildung zusammenhingen, die damit einherging und den Tausch förderte). Darüber hinaus wurde auch um ca. 3000 v. Chr. die Schrift erfunden. Dies bedeutete, dass Informationen über Zeit und Raum hinweg kommuniziert werden konnten, denn Sprache war nun ein sichtbares Objekt, das in ganz anderer Weise als die mündliche Rede von einem Ort zum anderen versandt und (wie in diesem Buch) aufbewahrt werden konnte. Ich habe in mehreren Arbeiten und zuerst in *The Domestication of the Savage Mind*[1] versucht, die Veränderungen nachzuzeichnen, welche das Aufkommen der Schrift im religiösen Leben, im Gemeinwesen, in der Wirtschaft und bei geistigen Betätigungen überhaupt verursacht hat. Hier will ich mich jedoch auf nur einen Aspekt konzentrieren: die Geschwindigkeit des Wandels. Auch wenn zweifellos auch andere Faktoren an dieser Entwicklung beteiligt waren, möchte ich doch herausstreichen, wie stark sich die Entwicklung der Menschen zu jenem Zeitpunkt vor gerade einmal 5 000 Jahren, was in der Menschheitsgeschichte ein lächerlich kurzer Zeitraum ist im Vergleich zur Langsamkeit des Geschehens in der Alt- und Jungsteinzeit beschleunigte. Und diese Beschleunigung scheint im Wesentlichem der Schrift geschuldet zu sein: Denn die Schrift stattete die Sprache mit einem externen Mittel/Medium zur Speicherung von Informationen aus und sie stellte einen weiteren Schritt in der Vorbereitung einer Informationsgesellschaft dar, denn sie bedeutete, dass von nun an nicht nur alte Informatio-

1 Jack Goody (1977): The Domestication of the Savage Mind. Cambridge: Cambridge University Press.

© Springer Fachmedien Wiesbaden GmbH, ein Teil von Springer Nature 2019
A. Ziemann (Hrsg.), *Grundlagentexte der Medienkultur*,
https://doi.org/10.1007/978-3-658-15787-6_30

nen gespeichert, sondern auch viele neue hinzugefügt werden konnten. Und so ermöglichte uns die bronzezeitliche Erfindung der Schrift genau das: eine enorme Steigerung der Geschwindigkeit kultureller Innovation.

Allerdings tat sie auch das Gegenteil. Denn in der transzendenten Sphäre der Religion richtete sich nun der Blick auf das unwandelbare Wort Gottes. Religiöse Veränderungen waren nicht ausgeschlossen, aber das Wort Gottes wurde, ob in der hebräischen Bibel, den Testamenten der Christen oder im muslimischen Qu'ran, als dauerhaft angesehen. Und man muss ergänzen: Das Gleiche gilt für die vedischen Schriften oder die Klassiker des Konfuzianismus, da sich nicht nur der Monotheismus oder auch nur die Religion überhaupt auf diese Weise kanonisieren ließ. Zu jedem dieser Fälle einer Kanonisierung gehörte der rückwärtsgewandte Blick auf einen Text, der auf unbegrenzte Zeit als Richtschnur für die Gegenwart fungiert. Dieser Vorgang ist zwangsläufig konservativ. Wenn es Veränderung geben soll, dann ist sie nur durch die Rückkehr zum Text und durch die Behauptung möglich; frühere Generationen hätten das geschriebene Wort falsch gedeutet. [...]

Kanonisierung im weltlichen Bereich war gleichbedeutend mit künstlerischen Schaffen, das auch Raum für Variation ließ. Die Kanonisierung von Religion jedoch lief auf die Vorrangstellung eines einzelnen Textes und damit auf Stillstand hinaus. Auch in der religiösen Kunst überwog die Beschränkung, jedenfalls was das Sujet anging. Im Zuge der Säkularisierung erweiterte sich dann das Spektrum künstlerischer Themen. Beispielsweise wurden die Grenzen, die der christlichen Kunst des Mittelalters gesetzt waren, aufgehoben, und es wurde eine größere Vielfalt von Inhalten zugestanden, die die Idee der Entscheidungsfreiheit und des Individualismus betonten, wie sie in Europa kennzeichnend für künstlerische Werke ab der Renaissance sind (allerdings in anderen Teilen der Welt schon früher aufgetreten waren). [...]

Dies soll nicht heißen, dass es in Gesellschaft mit mündlicher Tradierung keinen rückwärtsgewandten Blick gibt – den gibt es selbstverständlich, er richtet sich jedoch auf eine stärker veränderliche Tradition, die eine „mythische" Vergangenheit und keine niedergeschriebene „Geschichte" ist. [...]

In mündlichen Gesellschaften unterscheidet sich der Vorgang des Zurückblickens erheblich von dem in literalen Gesellschaften. Eine mündliche Gesellschaft ist in gewissem Sinne „kreativer": Ihr Mythos ist nie unveränderlich, auch wenn bestimmte gemeinsame Elemente in ihm erhalten bleiben können. In literalen Gesellschaften dagegen besteht eine feste Grundlage in einem „Text", der nicht verändert werden darf, weil er das Wort Gottes darstellt, weil er religiös, transzendent oder das Werk eines kanonischen Autors ist. In anderen Tätigkeitsbereichen jedoch ist der Blick zurück auf das Geschriebene ein anderer, sei es in den Künsten, wo sich der Wandel in mehr oder weniger zirkulärer Form vollzieht, oder in der Naturwissenschaft und Technik, in denen oftmals eine neuere Erklärung die ältere, einfachere Erklärung verbessert und auf ihr aufbaut. In diesem Kontext ist dann nicht mehr der Schriftgebrauch selbst das Entscheidende, sondern weitere Veränderungen und Unterschiede der Kommunikationsmittel, durch welche die Informationen verlässlicher und rascher zirkulieren. An diesem Punkt entfaltet die Technik des Drucks, ob als Holztafeldruck, mit der Druckpresse – letztere wiederum von Hand betätigt, dampfbetrieben oder im Rotationsverfahren – oder als Computerdrucktechnik ihre Wirkung. Auch diese Technologien bewirken, dass nützliche Informationen schneller und weiter zirkulieren, was natürlich auch für alle anderen Arten von Nachrichten gilt.

Eine Folge der Erfindung der Schrift war, dass Schulen geschaffen wurden – spezielle Einrichtungen, in denen Menschen von der Welt abgesondert Lesen und Schreiben lernen konnten. Aus Schulen entstanden Universitäten, auf denen Lehrer, Verwaltungsfachleute und Priester ausgebildet wurden. Priester gehörten dazu, weil der Schriftgebrauch zwar (vor allem in Mesopotamien) weltlichen Zwecken wie dem Handel, aber auch zur Aufzeichnung religiöser Vorstellungen und zur Produktion heiliger Schriften, kanonischer Texte (dies besonders in den abrahamitischen Religionen) diente. Während sich Erstere – die weltlichen Arten des Schriftgebrauchs – ständig wandelten, blieben Letztere fest und unverändert, weil sie das Wort Gottes oder eines seiner angesehenen Boten repräsentierten und somit dem Wandel entzogen und unbezweifelbar sein mussten. […]

## Schrift und die Akkumulation von Informationen

Einer der bedeutendsten Schritte in Richtung auf eine Wissensgesellschaft war also mit der Erfindung der Schrift verbunden. Nun gibt es manche wissenschaftliche Autoren wie den Philosophen Derrida, der „das Schreiben“ selbst in rein mündlichen Gesellschaften als in die Gedächtnisspuren des Redens eingebettet ansieht. Diese Position beruht notwendigerweise auf einem metaphorischen Gebrauch des Ausdrucks und zugleich einer Ignoranz und Geringschätzung von Geschichte. Wie auch immer man die Bronzezeit sieht – die in diese Zeit fallende Erfindung der ersten Schriftsysteme in Mesopotamien und Ägypten (um 3000 v. Chr.) und danach im Industal in Indien sowie im Tal des Gelben Flusses in China (ca. 1500 v. Chr.) und, nicht zu vergessen, in Mittelamerika (mit einer sehr spezifischen Situation) revolutionierte die menschliche Gesellschaft. Lassen wir für einen Augenblick die möglichen Antriebe für die Erfindung des geschriebenen Wortes beiseite – Entwicklungen des Handels vielleicht in Mesopotamien[2], Weissagungen

2 D. Schmandt-Besserat (1996): How Writing Came About. Austin: University of Texas Press.

über Könige in China[3], möglicherweise Religion in Ägypten, anderswo die Politik –, denn es kommt bei alldem auf seine Folgen (oder Implikationen) an. In Mesopotamien beispielsweise findet man beträchtliche Fortschritte der gesellschaftlichen Organisation, bei denen die Verwaltung des Herrschers schon bald durch die Aufzeichnung von Entscheidungen und die Archivierung des Schriftverkehrs verkompliziert wurde, und Gleiches im Bereich der Bildung. Es gab Fortschritte in der Mathematik und bei der Berechnung von Flächen (zum Zweck der Besteuerung), der Berechnung von Räumen (für denselben Zweck) und der Zeit (zur Kalendererstellung). Es entstand aber auch Literatur in Form der Geschichte des Enlil, der Poesie und in gewissem Sinne auch der Malerei, wenngleich diese (so wie die Lyrik und die Erzählung einiger Mythen) auch schon vorher existierten. Literalität im Sinne der Fähigkeit zu lesen und zu schreiben führte zum außerordentlichen Erfolg Griechenlands (und Roms) und zu all jenen Errungenschaften der antiken Gesellschaften, die sich weniger dem griechischen Genie als vielmehr der stärkeren Verbreitung schriftlicher Kommunikation innerhalb der Elite mithilfe einer Alphabetschrift sowie der damit zwangsläufig verbundenen größeren Reflexivität beim Gebrauch der Sprache verdankten.

Die Alphabetschrift wurde in Griechenland oder genauer: in sämtlichen Grundzügen bereits in Phönizien entwickelt, abgesehen davon, dass der phönizischen Schrift die Buchstabenzeichen für Vokale fehlten. Europäische Autoren haben diesem Unterschied viel Gewicht beigemessen; doch ist er nicht so bedeutsam, wie viele glaubten, denen es darum ging, das Argument eines Vorteils der Europäer im Bereich der Kommunikation stark zu machen. Die semitischen Schriftsysteme verwenden zur Darstellung von Vokalen diakritische Zeichen und haben umfangreiche und interessante Werke – darunter auch die Bibel – in diesem Schriftsystem hervorgebracht, auf dem übrigens auch alle indischen Versionen von Schriftsystemen beruhen. Überdies ist es offenkundig, dass auch „frühere" Schriftsysteme wie das in China verwendete logographische System eine hochkomplexe Zivilisation erzeugen konnten, die in diesem Fall über 2 000 Jahre lang von Schriftkundigen gelenkt wurde. Diese Männer waren im Lesen der Klassiker in einer Gesellschaft ausgebildet, die, wie der Sinologe Joseph Needham aufgezeigt hat, dem Westen mindestens bis zur Renaissance auf naturwissenschaftlichem Gebiet überlegen war. Und wenigstens einen Teil der Grundlage von Naturwissenschaft und Technik bildete die Zirkulation von Informationen in Schriftform. Es war die Schrift, die der Menschheit nach der Bronzezeit zu jenem entscheidenden Schritt in Richtung „Moderne" verhalf und in Mesopotamien, Ägypten, in Griechenland und Rom, in Indien und China mit der Akkumulation von Wissen Hand

3 J. Gernet (2002/1982): A History of Chinese Civilization, 2., überarb. Aufl. Cambridge: Cambridge University Press.

in Hand ging. Von diesem Punkt an machten Zivilisation und Kultur sprunghafte Fortschritte und wurden Innovationen deutlich rascher hervorgebracht und übernommen als zuvor.

Dass es überhaupt eine Schrift gab, war ein wesentlicher Faktor für die Zunahme des Informationsflusses und die Entwicklung hin zu einer „Wissensgesellschaft". Auf die Art des Schriftsystems als Faktor habe ich bereits hingewiesen. Vielfach wird angenommen, eine Alphabetschrift sei demokratischer als die logographischen Zeichen Chinas. Was die Erlernbarkeit der Alphabetschrift angeht, so war sie wirklich buchstäblich kinderleicht und daher potenziell für alle erlernbar. In China jedoch musste man dafür kein ganzes System erlernen, um eine Inschrift oder eine Aufschrift auf einer Fahne lesen zu können, die wir Wortzeichen für Wortzeichen erlernen. Und im Zeitraum vor der Renaissance lag die Literalitätsquote in China – der Anteil der Menschen, die (aber was genau?) lesen und schreiben konnten – anscheinend höher als in jeder anderen Gesellschaft.

Zur chinesischen Literalität ist ein weiterer Hinweis nötig: Das logographische Schriftsystem, das sein Äquivalent in unseren mathematischen Symbolen hat, vermochte die Vielfalt der Sprachen innerhalb der Grenzen Chinas zu repräsentieren. Dadurch war es geeignet, dieses Land mit seiner Komplexität und gewaltigen Ausdehnung zusammenzuhalten und einen einheitlichen „Markt" sowohl für Handels- als auch für geistige Güter zu schaffen.[4] Dasselbe taten die USA, als sie das Englische als einzige Sprache für diese Zwecke bestimmten und alle anderen Sprachen für nachrangig erklärten. Die EU hat versucht, einen einheitlichen Binnenmarkt zu schaffen und dabei die Sprachen aller Teilnehmer beizubehalten (was ihr leichter fallen würde, stünde ihr zusätzlich Esperanto zur Verfügung). China hingegen hat zu niedrigeren kulturellen Kosten als die USA und mit höherer Effizienz als die EU einen anderen Kurs verfolgt: den eines einheitlichen Schriftsystems für alle Sprachen. Man könnte argumentieren, dass sich die EU (und die Schweiz) überlegen könnte, ob ein phonetisches Schriftsystem einem mehrsprachigen Gemeinwesen besser angepasst sei oder ob nicht doch die chinesische Alternative infrage käme – trotz Lenins Ausspruch, in der Alphabetisierung liege die Revolution des Ostens. Doch vielleicht hat sich dies ja in Bezug auf die Computertastatur bewahrheitet.

Von mindestens ebenso großer Bedeutung wie das Schriftsystem – oder sogar noch wichtiger – ist das beschriebene Material, seien dies Ton- oder Holztafeln,

4 Anm. M. C.: Diese Bemerkung erscheint zunächst verwunderlich, weil auch die Alphabetschrift potenziell jede Sprache repräsentieren kann. Was Goody aber meint ist, dass ein logographisches Schriftzeichen *direkt* in allen Sprachen des chinesischen Reiches dechiffriert werden konnte (weil es nicht die Lautgestalt notiert, sondern ein Konzept oder Ding), während etwa *Baum* erst in *tree, arbre, árbol* etc. übersetzt werden muss (s. u.).

Bambusstreifen, Seide, Pergament oder Papier.[5] Die Erfindung des Papiers in China um das 2. Jahrhundert v. Chr. bedeutete, dass es von nun an einen billigen und universell verfügbaren Schriftträger gab, auf dem man anderen (oder bei Bedarf sich selbst) Informationen mitteilen konnte. In Europa dagegen, wo Pergament, also Tierhäute gebräuchlich waren, musste für das Material zur Herstellung eines Buches ein Dutzend Schafe getötet werden. Dieser Unterschied führte dazu, dass in China (und nach der Schlacht von Talas im islamischen Nahen Osten) einige umfangreiche Bibliotheken entstanden – die kaiserliche Bibliothek in China verfügte 978 n. Chr. über 80 000 Bücher, die Bibliothek von al-Hakam in Cordoba im 10. Jahrhundert über 400 000 „Bücher" –, wohingegen die damals größte Bibliothek Nordeuropas, die von St. Gallen in der Schweiz, etwa 800 Bände besaß. Dieser Größenunterschied ist eindrucksvoll und rührt daher, dass es in Europa kein Papier gab, bis seine Herstellungstechnik aus der muslimischen Welt im 12. Jahrhundert bis nach Italien vordrang (und England erst einige Jahrhunderte später erreichte).

## Die Mechanisierung des Schreibens

Die Menge schriftlicher Informationen und ihre Verfügbarkeit für die Bevölkerung nahm freilich im Westen drastisch zu, als Mitte des 15. Jahrhunderts der dem Deutschen Gutenberg zugeschriebene Druck mit beweglichen Lettern und einer speziell umgebauten Druckpresse erfunden wurde. Nicht sofort, aber allmählich wurden Bücher für die Allgemeinheit billiger. Hatte zuvor ein Mann in einem Skriptorium vielleicht sechs Monate gebraucht, um eine umfangreichere Handschrift abzuschreiben, so änderte sich dies schlagartig mit der Einführung des neuen Buchdrucks und der Druckpresse.

Der Westen war jedoch nicht die erste Zivilisation, die den Schreibvorgang mechanisierte. Den Chinesen war dies lange Zeit zuvor bereits mit dem Holztafeldruck gelungen, bei dem eine beschriftete Seite komplett auf einer Holztafel ausgeschnitten wurde. Interessanterweise dauerte dies, von geübter Hand ausgeführt, nicht wesentlich länger als die Einrichtung einer Seite aus Drucklettern, welche die Chinesen ebenfalls erfunden hatten (wobei es sich um bewegliche Lettern auf der Grundlage eine Alphabetschrift handelte, die jedoch nicht mit einer Presse gedruckt wurden). Dabei hatte die Technik des Druckens in China vielleicht nicht dieselbe umwälzende Wirkung wie im Westen. Dennoch spielte sie zweifellos eine wichtige Rolle, indem sie die Verstärkung des Informationsflusses ermög-

5 J. de Francis (1950): Nationalism and Language Reform in China. Princeton: Princeton University Press.

lichte, die im China der Song-Periode etwa im 10. Jahrhundert stattfand und die aufgrund ihrer Bedeutung für das Wissen in diesem Land auch als chinesische Renaissance bezeichnet wurde. Seinerzeit nahmen sowohl öffentliche als auch private Bibliotheken nach Anzahl und Umfang zu. Entsprechendes gilt für den Schulbesuch und die veröffentlichten schriftlichen Werke. Es kann keinen Zweifel daran geben, dass die großartigen Errungenschaften der Naturwissenschaften in China vor der italienischen Renaissance wesentlich auf die Geschwindigkeit zurückzuführen waren, mit der Informationen durch das riesige Land flossen, für dessen Zusammenhalt die Benutzung eines logographischen Schriftsystems eine wichtige Funktion hatte. In diesem Schriftsystem konnten Sprecher des Kantonesischen mit Mandarin-Sprechern oder Sprechern des Vietnamesischen kommunizieren und so zusammen eine diese Sprachen überspannende Wissensgesellschaft bilden, ohne die Sprachen selbst zu beherrschen.

Die Chinesen entwickelten das gedruckte Wort, wenngleich mit der Technik des Holzschnitts. Im Unterschied zum Papier übermittelten sie die Herstellungstechnik nie dem Islam. Dies hatte vor allem religiöse Gründe. Im Islam durften der Name Gottes und auch der Text des göttlichen Buches nicht gedruckt werden. In der Folge fiel der Islam auf dem Weg zur Wissensgesellschaft, in der der Gebrauch von Papier in früheren Zeiten für einen weit fortgeschrittenen Entwicklungsstand gesorgt hatte, wieder zurück. So waren bis vor kurzem in islamischen Ländern keine Zeitungen und noch nicht einmal Romane oder Lehrbücher anzutreffen, die mehr oder weniger von der Existenz des Drucks abhängen, außer denen, die in Handschrift geschrieben wurden.

Die modernen Äquivalente des Buchdrucks, der große Informationsmengen zugänglich machte, sind natürlich der Computer und das Internet. Hier lag der Entwicklungsvorteil offenkundig aufseiten derer, die diese Technologien erfunden haben: für den Computer anglo-amerikanische Kreise (zunächst angetrieben von der Notwendigkeit, Geheimcodes zu analysieren), für das Internet das US-amerikanische Militär, für die Software Microsoft und andere. Das Ergebnis war sicherlich eine Demokratisierung von Informationen, und wir glauben häufig, dass die Wissensgesellschaft damit ihren Anfang genommen hat. Aber alle menschlichen Gesellschaften haben sich mit dem Fluss von Informationen in seinen verschiedenen Varianten beschäftigt, und der aktuelle Vorsprung des Westens auf diesem Gebiet wird nicht von Dauer sein. Die Schrift, das Papier, die Drucktechnik – sie alle gelangten in den Westen aus Gesellschaften, die bis zur Renaissance, vielleicht sogar bis in das 19. Jahrhundert, als die dampfgetriebenen, industriellen Druckmaschinen aufkamen, über einen Vorsprung beim Informationsfluss verfügten. Doch der derzeitige, vorübergehende Vorsprung kommt uns abhanden. China und Indien (und anschließend vielleicht die islamische Welt) holen auf; Europa gibt (im Wege des Outsourcing) viele Aufgaben im Zusammenhang mit Wissen nach Indien und im Zusammenhang mit der Computerfertigung nach China und Ostasien ab. Die zugehörigen Techniken sind nicht länger auf den Westen beschränkt, und wir werden uns daran gewöhnen müssen, die Welt als eine einzige Wissensgesellschaft zu sehen, die auf der elektronischen Informationsübertragung basiert und damit eine noch raschere Globalisierung erfährt, als sie durch die Schrift, das Papier oder die Drucktechnik bewirkt wurde.

Wissenssysteme haben in der europäischen Geschichte seit der Renaissance eindeutig eine wichtige Rolle gespielt und spielten somit auch eine herausragende Rolle beim „Triumph des Kapitalismus". Doch nur durch die Einordnung dieser Rolle in den historischen Kontext können wir das Geschehene richtig einschätzen.

*Aus dem Englischen von Textworks Translations und Michael Cuntz*

**Textnachweis:** Jack Goody (2010): The Eurasian Miracle. Cambridge: Polity Press, S. 79–93; hier: S. 81–83, 86–87, 88–93.

# Walter J. Ong: Buchdruck, Raum und Abgeschlossenheit (1982)

Schon seit Jahrtausenden stellten die Menschen mit Hilfe verschiedener Arten behandelter Oberflächen Drucke her. Seit dem siebten oder achten Jahrhundert druckten Chinesen, Koreaner und Japaner Texte, zuerst mittels gravierter Holzblöcke. […] Die entscheidende Wende jedoch in der Geschichte des Druckes war die Erfindung einer Drucktechnik der beweglichen Lettern im Europa des 15. Jahrhunderts. Das alphabetische Schreiben hatte das Wort in räumliche Platzhalter phonemischer Einheiten aufgeteilt. (Die Buchstaben waren allerdings niemals in der Lage, die Phoneme völlig eindeutig und vollständig anzuzeigen.) Die beim Schreiben benutzten Buchstaben existieren jedoch nicht eher als der Text, in dem sie erscheinen. Beim Buchdruck mittels der alphabetischen Druckerpresse ändert sich dies. Wörter werden hier aus Einheiten (Typen) zusammengesetzt, welche als Einheiten schon vor den Wörtern, die sie konstituieren, bestanden. Somit legt das Drucken viel mehr noch als das Schreiben den Eindruck nahe, Wörter seien Dinge.

Wie schon das Alphabet, war auch der alphabetische Buchdruck eine einmalige Erfindung. […] Die Chinesen hatten bewegliche Typen, jedoch kein Alphabet, nur grundsätzlich piktographische Schriftzeichen. Schon vor der Mitte des 15. Jahrhunderts besaßen die Koreaner und die uigurischen Turkvölker sowohl das Alphabet als auch bewegliche Typen, die jedoch keine einzelnen Buchstaben, sondern ganze Wörter darstellten. Der alphabetische Buchdruck, der jedem Buchstaben ein gesondertes Stück Metall zuwies, eine Type, markierte einen psychologischen Durchbruch ersten Ranges. Er paßte das Wort tief in den allgemeinen Produktionsprozeß ein und verwandelte es in eine Art Gebrauchsartikel. Das erste Fließband, eine Produktionstechnik, die in einer Abfolge von Arbeitsschritten identische Produkte aus Einzelteilen zusammenfügt, entließ keine Öfen, keine Schuhe oder Waffen, sondern gedruckte Bücher.

Erst im ausgehenden 18. Jahrhundert gelang es der industriellen Revolution, jene Technik der Montage aus Einzelteilen auf andere Produktionszweige auszu-

© Springer Fachmedien Wiesbaden GmbH, ein Teil von Springer Nature 2019
A. Ziemann (Hrsg.), *Grundlagentexte der Medienkultur*,
https://doi.org/10.1007/978-3-658-15787-6_31

dehnen, die im Buchdruck schon 300 Jahre früher entwickelt worden war. Entgegen der Annahme vieler semiotischer Strukturalisten war es nicht die Schrift, sondern der Druck, welcher das Wort und mit ihm die noetische Aktivität [...] effektiv vergegenständlichte.

Bezeichnenderweise bestimmte, nachdem das Schreiben bereits tief interiorisiert worden war, dennoch das Hören stärker als der Gesichtssinn die ältere noetische Welt. Die chirographische Kultur des Westens blieb stets der Oralität verhaftet. Ambrosius von Mailand drückte die damalige Stimmung in seinen Lukas-Kommentaren (IV. 5) aus: Das Sehen täuscht sich oft, das Hören erst versichert es. Im Westen war bis über die Renaissance hinaus die förmliche Rede die meistgelehrte aller verbalen Produktionen. Implizit blieb sie das Basis-Paradigma für jeden Diskurs, den schriftlichen wie den oralen. Es erscheint uns heute seltsam, in welcher Weise schriftliche Materialien als Hilfestellung für das Hören herangezogen wurden. Das Schreiben diente, wie in mittelalterlichen universitären Disputen, wie beim Vorlesen von literarischen und anderen Texten vor Gruppen von Zuhörern [...], weitgehend dem Rücktransport des Wissens in die orale Welt. Selbst wenn man für sich selbst las, geschah dies deswegen oft mit lauter Stimme. Zumindest bis ins 12. Jahrhundert wurden in England Geschäftspapiere dadurch überprüft, daß man sie sich laut vorlesen ließ. Clanchy [...] beschreibt diesen Brauch und weist darauf hin, daß er bis zum heutigen Tag seinen Niederschlag in der Sprache findet. In früherer Zeit verstanden restbeständig orale Personen sogar Muster und Figuren besser, wenn man sie ihnen nicht etwa zeigte, sondern mündlich beschrieb.

Chirographische Kulturen blieben auch dann weitgehend oral-aural, wenn es galt, in Texten niedergelegtes Material wiedererstehen zu lassen. Manuskripte waren, gemessen an späteren typographischen Standards, keineswegs leicht zu lesen. Was ein Leser in Manuskripten vorfand, das versuchte er wenigstens zum Teil im Gedächtnis zu behalten. Es war nicht immer leicht, in einem Manuskript irgendetwas wiederzufinden. Die Gedächtnisarbeit wurde auch dadurch ermutigt und erleichtert, daß in hochoralen chirographischen Kulturen selbst der schriftliche Ausdruck orale mnemonische Muster benutzte, um das Gedächtnis zu stützen. [...]

Offensichtlich konzentrierte sich das 16. Jahrhundert weniger als wir auf die Erscheinung eines Wortes, als vielmehr auf seinen Klang. Jeder Text umschließt Aussehen und Klang. Während wir jedoch das Lesen als eine visuelle Aktivität auffassen, welche auf die Klangbildung hinausläuft, wurde es in der Frühzeit des Druckens primär als Hörprozeß aufgefaßt, welcher durch das Anschauen in Bewegung gesetzt wurde. Wenn man sich selbst als Leser fühlte, der Wörtern zu lauschen hat, welchen Unterschied würde es machen, wenn der sichtbare Text seinen eigenen visuell-ästhetischen Weg nähme? Es sei daran erinnert, daß in Manuskripten aus Zeiten vor der Erfindung des Buchdrucks gewöhnlich die Wörter zusammengeschrieben oder die Abstände minimal gehalten wurden. [...]

Im großen und ganzen sind gedruckte Texte wesentlich leichter zu lesen als handschriftliche. Die bessere Lesbarkeit des Gedruckten hat gewaltige Auswirkungen. Sie ermöglicht letztlich ein schnelles, stilles Lesen, welches wiederum das Verhältnis des Lesers zur Textautorität verändert und verschiedenartige Schreibstile nach sich zieht. Das Drucken involviert neben dem Autor auch viele andere Personen in die Produktion eines Buches – Verlage, Agenten, Lektoren, Herausgeber und andere. Deren Mitspracherecht sorgt dafür, daß das Schreiben für den Druck dem Autor mühevolle Überarbeitungen abverlangt, in einer der chirographischen Kultur völlig unbekannten Größenordnung. Nur wenige ausgedehnte Prosaarbeiten aus chirographischer Zeit könnten heute die editorische Oberprüfung ungeschoren passieren: Sie sind nicht für schnelles Ablesen vom gedruckten Papier vorgesehen. Chirographische Kultur ist am Schreiber orientiert, denn jede einzelne Abschrift eines Werkes bedeutet ein großes Opfer an Zeit, das ein individueller Kopist darbringt. Mittelalterliche Manuskripte sind voller Abkürzungen, die dem Schreiber nützlich sind, für den Leser jedoch erschwerend. Drucken ist am Verbraucher orientiert, weil die einzelne Werkkopie eine wesentlich geringere Menge an Arbeitszeit verkörpert: Wenige Stunden, die darauf verwandt werden, einen schönen Druck herzustellen, verbessern sogleich die Qualität vieler Tausender Kopien. […]

Mit dem Schreiben entstanden auch Auflistungen. Goody diskutierte […] die Verwendung von Listen in der ugaritischen Schrift aus der Zeit von etwa 1300 v. Chr. sowie in anderen frühen Schriften. Er stellt fest […], daß die in den Listen gespeicherte Information nicht nur von der sozialen Situation abstrahiert, in welche sie eingebettet gewesen war („gemästete Zicklein", „geweidete Schafe" usw., ohne weitere Angaben), sondern auch vom linguistischen Kontext (normalerweise stehen in der oralen Äußerung die Nomen nicht so isoliert wie in Listen. Sie sind in Sätze eingebunden; wir hören selten eine orale Rezitation, die nur aus einer Kette von Nomen besteht – es sei denn, sie wird von einer geschriebenen oder gedruckten Liste abgelesen). […]

Goody's Beispiele demonstrieren, daß die relativ komplizierte Aufbereitung verbalisierten Materials in chirographischen Kulturen immer direkter zum Ziel hatte, dieses Material durch seine räumliche Organisation ersetzbar zu machen. Listen können Namen verwandter Sachverhalte und Gegenstände im selben physischen, visuellen Raum versammeln. Der Druck entwickelt einen noch weit ausgefeilteren Gebrauch des Raumes im Dienste der visuellen Organisation und der effektiven Wiedergabe.

Indizes sind wichtige Entwicklungen auf diesem Weg. Alphabethische Indizes demonstrieren deutlich die Entlassung der Wörter aus dem Diskurs, ihre Einbettung in den typographischen Raum. Manuskripte können alphabetisch indiziert werden. Aber dies geschieht selten. […] Da zwei Manuskripte eines Werkes, selbst wenn sie mit Hilfe derselben Vorlage verfertigt wurden, so gut wie niemals Seite für Seite übereinstimmen, müßte jedes Manuskript eines Werkes genaugenommen einen anderen Index aufweisen. Doch das Indizieren war solcher Mühe nicht wert. Memorieren und lautliches Wiedergeben war ökonomischer, wenn auch nicht entsprechend genau. Um bestimmte Stellen in einem Manuskript wiederzufinden, zog man dem alphabetischen Index oft das gemalte Zeichen vor. Ein beliebtes Zeichen war der „Paragraph", was ursprünglich dieses Zeichen bedeutete ¶, das nicht, wie heute, die Einheit eines Diskursabschnittes anzeigte. Alphabetische Indizes tauchten anfangs nur vereinzelt auf, sie waren unentwickelt und wurden im allgemeinen nicht verstanden. Im Europa des 13. Jahrhunderts kam es vor, daß der vorhandene Index eines Manuskriptes für ein anderes Manuskript benutzt wurde, ohne daß man vorher die Seitenangaben anpaßt [...].

Tatsächlich ist der alphabetische Index ein Scheidepunkt von auditiven und visuellen Kulturen. „Index" ist eine Kurzform des originalen *index locorum,* „Index der Orte" oder *index locorum communium,* „Index der Gemeinplätze". Die Rhetorik hatte die diversen *loci* oder „Orte" – wir würden sie Überschriften nennen – zur Verfügung gestellt, unter denen die verschiedenen Formen von „Argumenten" sich versammelten, wie „Gründe", „Auswirkungen", „verwandte Fälle", „Gegenteiliges" usw. Ausgerüstet mit solchem oral begründeten, formularischen Handwerkszeug, beschäftigte sich der Indizierer vor 400 Jahren mit dem Text. Er stellte also fest, auf welchen Textseiten der eine oder andere *locus* ausgeführt war und vermerkte dann den *locus* sowie die zugehörende Seitenzahl im *index locorum.* Die *loci* stellte man sich ursprünglich als unbestimmte „Orte" im Geist vor, im Vorrat an Ideen. Im gedruckten Buch waren diese vagen psychischen „Orte" vergegenständlicht, sie waren sichtbar lokalisiert. Eine neue, räumlich organisierte noetische Welt nahm Konturen an.

In dieser neuen Welt verlor das Buch seinen Charakter als Äußerung, wurde mehr und mehr Gegenstand. In der chirographischen Kultur war der Sinn dafür erhalten worden, daß ein Buch eher eine Art von Äußerung ist, eine Erscheinung im Verlauf einer Konversation, als ein bloßes Ding. Da ihm das Titelblatt, oft sogar der Titel fehlte, wurde es in der chirographischen Zeit vor der Erfindung des Buchdruckes normalerweise mittels seines „incipit" (lat.: „es beginnt") oder der ersten Wörter des Textes katalogisiert. (Das „Vaterunser" ist nach seinem „incipit" benannt, was auf eine gewisse restbeständige Oralität hinweist.) Mit dem Druck, wir sahen dies, erschien das Titelblatt. Titelseiten sind Warenzeichen. Sie beweisen ein Gefühl dafür, daß das Buch eine Art Sache oder Objekt darstellt. [...]

Die visuelle Oberfläche war nun mit Bedeutung beladen. Das Drucken kontrollierte nicht nur die Auswahl der Wörter, welche einen Text bildeten, sondern auch die genaue Anordnung der Wörter auf der Seite und ihr räumliches Verhältnis zueinander. Somit erhielt der Raum der gedruckten Seite selbst – der „weiße

Raum", wie man sagt – eine große Bedeutung, welche direkt in die moderne und postmoderne Welt weist. [...] Der Druck kann, völlig akkurat und in jeder gewünschten Menge, äußerst komplexe Listen und Aufstellungen reproduzieren. Schon in der frühen Zeit des Buchdrucks erschienen in der akademischen Lehre extrem komplexe Auflistungen [...].

Der typographische Raum beeinflußt nicht nur die wissenschaftliche und philosophische, sondern ebenso die literarische Vorstellungswelt. Gerade hier zeigen sich einige der komplizierten Wege, auf denen der typographische Raum in die Psyche eindringt. [...]

Das Drucken war ebenfalls ein wichtiger Faktor in der Entwicklung einer Auffassung von persönlicher Privatheit, wie sie typisch ist für die moderne Gesellschaft. Es verkleinerte die Bücher und machte sie leichter handhabbar, als es in einer handschriftlichen Gesellschaft gewöhnlich der Fall war. Somit war die psychische Möglichkeit geschaffen, allein in einer stillen Ecke zu lesen und schließlich auch völlig schweigend zu lesen. In einer chirographischen Kultur, sogar noch in der Frühzeit des Druckens pflegte das Lesen eine soziale Aktivität zu sein, in einer Gruppe las eine Person den anderen vor. Wie Steiner [...] betont, verlangt das private Lesen einen Wohnraum, der geräumig genug ist für einen Rückzug ins Abgeschiedene und Ruhige. [...]

Das Drucken schuf einen neuen Sinn für das private Eigentum an Wörtern. Gewiß vermögen auch Menschen in einer primären oralen Kultur einen Sinn für Eigentumsrechte an einer Dichtung zu entwickeln, doch dies geschieht selten und wird gewöhnlich dadurch abgeschwächt, daß jedermann am allgemeinen Fundus von Kenntnissen, Formeln und Themen teilhat. Mit dem Schreiben begannen sich Vorbehalte gegen das Plagiieren zu entwickeln. Der antike lateinische Dichter Martial (I. 53. 9) benutzt das Wort *plagiarius,* der Quäler, Plünderer, Unterdrücker, als Bezeichnung für jemanden, der sich eines anderen Werk aneignet. Es gibt jedoch kein spezielles Wort hierfür im Lateinischen. Die orale Tradition der Gemeinplätze war noch stark. In der Frühzeit des Buchdrucks jedoch wurde oft ein königliches Dekret oder *privilegium* erlassen, das nur dem originalen Herausgeber den Nachdruck eines gedruckten Werkes gestattete. Im Jahr 1518 erhielt Richard Pynson solch ein *privilegium* von Heinrich VIII. 1557 wurde die Stationers' Company zu London gegründet. Es oblag ihr, die Rechte der Autoren, Drucker und Verleger zu überwachen. Ab dem 18. Jahrhundert entwickelte sich schließlich im westlichen Europa das moderne Urheberrecht. Die Typographie hatte das Wort zur Ware gemacht. Die alte gemeinschaftliche orale Welt hatte sich in private, abgetrennte Freiräume aufgespalten. [...]

Das Drucken entfernte die Wörter aus der Welt des Klanges, wo sie ihre Wurzeln im aktiven zwischenmenschlichen Austausch gehabt hatten, und verwies sie eindeutig an eine visuelle Oberfläche, wobei der visuelle Raum gleichzeitig für die

Verwaltung des Wissens genutzt wurde. Es ermunterte somit die Menschen, ihr eigenes Bewußtsein, die unbewußten Denkquellen mehr und mehr als etwas Gegenständliches, Unpersönliches, in religiöser Hinsicht Neutrales zu denken. Das Drucken befördert den Glauben, daß die Besitztümer des Geistes sich in einer Art stabilem mentalen Raum befinden.

*Aus dem Englischen von Wolfgang Schömel*

**Textnachweis:** Walter J. Ong (1982): Orality and Literacy. The Technologizing of the Word. London: Methuen & Co. Ltd. Deutsche Fassung: Ong, Walter J.: Buchdruck, Raum und Abgeschlossenheit. In: Ders.: Oralität und Literalität. Die Technologisierung des Wortes. Opladen: Westdeutscher Verlag 1987, S. 118–137; hier: S. 119–126, 128, 130–131.

# Bruno Latour: Drawing Things Together: Die Macht der unveränderlich mobilen Elemente (1990)

## Visualisierung und Kognition im Fokus

Es wäre schön, wenn man in der Lage wäre zu definieren, was für unsere moderne wissenschaftliche Kultur spezifisch ist. Es wäre sogar noch schöner, wenn man die ökonomischste Erklärung (die nicht die wirtschaftlichste sein muss) ihrer Ursprünge und besonderen Charakteristika finden könnte. Um bei einer sparsamen Erklärung anzukommen, ist es am besten, sich nicht auf universelle Charakterzüge der Natur zu beziehen. Hypothesen über Veränderungen im Geist oder im menschlichen Bewusstsein, in der Struktur des Gehirns, in sozialen Beziehungen, „mentalités" oder in der wirtschaftlichen Infrastruktur, die postuliert werden, um das Auftreten von Wissenschaft oder ihre momentanen Errungenschaften zu erklären, sind in den meisten Fällen einfach zu grandios – um nicht zu sagen hagiographisch –, in anderen Fällen offensichtlich rassistisch. Das Ockham'sche Rasiermesser sollte diese Erklärungen zurechtstutzen. Kein „neuer Mensch" trat irgendwann im 16. Jahrhundert plötzlich auf; genauso wenig arbeiten Mutanten mit größeren Gehirnen, die anders als der Rest von uns denken, in modernen Laboratorien. Die Idee eines rationaleren Geistes oder zwingender wissenschaftlicher Methoden, die aus Dunkelheit und Chaos auftauchten, stellt eine zu komplizierte Hypothese dar. […]

Es scheint, dass die besten Erklärungen – jene, die aus dem Wenigsten das Meiste machen – die sind, die die Handwerkskunst des Schreibens und der Visualisierung in Betracht ziehen. Sie sind sowohl materiell als auch schlicht, da sie so praktisch, so bescheiden, so durchdringend sind, so direkt vor Augen und Händen liegen, dass sie der Aufmerksamkeit entgehen. Jede von ihnen entleert grandiose Schemata und konzeptuelle Dichotomien und ersetzt sie durch einfache Modifikationen der Art, wie Personengruppen miteinander argumentieren und dabei Papier, Zeichen, Drucke und Diagramme verwenden. […]

© Springer Fachmedien Wiesbaden GmbH, ein Teil von Springer Nature 2019
A. Ziemann (Hrsg.), *Grundlagentexte der Medienkultur*,
https://doi.org/10.1007/978-3-658-15787-6_32

Wie diese Forscher war auch ich während einer Studie über ein biologisches Laboratorium beeindruckt von der Art, wie viele Aspekte der Laborpraxis geordnet werden konnten, indem man sich weder die Gehirne der Wissenschaftler (zu denen mir der Zutritt verweigert wurde!) noch die kognitiven Strukturen (nichts Besonderes) oder die Paradigmen (seit 30 Jahren dieselben) ansah, sondern die Transformation von Ratten und Chemikalien in Papier (Latour/Woolgar 1979, 1986). Es war nicht, wie ich zuerst dachte, einfach meine subjektive Sicht, mich auf die Literatur sowie auf die Art, in der alles und jedes in Inskriptionen umgewandelt wurde, zu konzentrieren; das Labor war vielmehr genau dafür gemacht worden. Die Instrumente z. B. waren von verschiedener Art, verschiedenem Alter und unterschiedlichem Verfeinerungsgrad. Einige waren Möbelstücke, andere füllten große Räume, gaben vielen Technikern Arbeit und brauchten viele Wochen für ihren Betrieb. Ihr Endresultat jedoch, unabhängig vom Fachbereich, war immer ein kleines Fenster, durch das man einige wenige Zeichen eines ziemlich kärglichen Repertoires (Diagramme, Flecken, Bänder, Spalten) ablesen konnte. Alle diese Inskriptionen, wie ich sie nannte, waren kombinierbar, übereinander lagerbar und konnten – mit nur einem Mindestaufwand an Ordnen – als Darstellungen in den Text von Artikeln, die von Menschen geschrieben wurden, integriert werden. Viele der intellektuellen Glanzleistungen, die ich bewundern sollte, konnten neu formuliert werden, sobald diese Aktivität des Schreibens auf Papier und der Inskription in den Fokus der Analyse rückte. Statt hochtrabende Theorien oder Logikunterschiede zu bemühen, konnte ich mich so fest wie Goody an der Ebene einfacher Kunstfertigkeit festhalten. Die Domestizierung oder Disziplinierung des Geistes dauerte noch an, mit Instrumenten, die denen, auf die Goody sich bezog, sehr ähnlich waren. [...]

Wir müssen zugeben, dass es beim Sprechen über Bilder und Formen einfach ist, sich von der überzeugendsten hin zu einer trivialen Erklärung zu verschieben, die nur marginale Aspekte des Phänomens, das wir erklären möchten, enthüllt. Diagramme, Listen, Formeln, Archive, technische Zeichnungen, Akten, Gleichungen, Wörterbücher, Sammlungen und so weiter können abhängig von der Art, wie sie in den Fokus gerückt werden, nahezu alles oder nichts erklären. [...]

Um diesen Fokus zu halten, müssen wir zuerst überlegen, wann wir erwarten können, dass Änderungen in den Schreib- und Visualisierungsprozeduren überhaupt einen Unterschied in der Art unseres Argumentierens, Beweisens oder Glaubens machen. Ohne diesen vorbereitenden Schritt wird den Inskriptionen – abhängig vom Kontext – entweder zu viel oder zu wenig Gewicht beigemessen. [...]

Wer gewinnt in einer agonistischen Begegnung zweier Autoren sowie zwischen ihnen und all jenen, die sie dazu brauchen, um eine Aussage A aufzubauen? Antwort: Derjenige, der in der Lage ist, *am schnellsten die größte Anzahl gruppier-*

*ter und treuer Alliierter aufzubieten.* Diese Definition von Sieg ist dem Krieg, der Politik, dem Recht und – wie ich jetzt zeigen werde – der Wissenschaft und der Technik gemeinsam. Ich behaupte, dass Schreiben und bildliche Darstellung nicht selbst die Veränderungen in unserer wissenschaftlichen Gesellschaft erklären können, sondern dazu *verhelfen, diese agonistische Situation* günstiger zu gestalten. Also ist es weder die gesamte Anthropologie des Schreibens noch die Geschichte der Visualisierung, die uns in diesem Kontext interessieren. Wir sollten uns lieber auf jene Aspekte konzentrieren, die beim Aufbieten, der Präsentation, der Zunahme, der effektiven Gruppierung oder der Rückversicherung der Treue neuer Verbündeter helfen. [...] Das ist, was ich hinsichtlich Visualisierung und Kognition mit „den Fokus beständig halten" meine. Wenn wir nur auf der Ebene der visuellen Aspekte bleiben, fallen wir in eine Reihe schwacher Klischees zurück oder werden in alle nur denkbaren faszinierenden, akademischen Fragestellungen weit ab von unserem Problem geführt; wenn wir uns aber andererseits nur auf die agonistische Situation konzentrieren, entgleitet uns das Prinzip jedes Sieges, jeglicher Solidität in Wissenschaft und Technik für immer. Wir müssen die beiden Okulare zusammen halten, um sie in ein wirkliches Binokular zu verwandeln; es dauert eine Weile, sie zu fokussieren, aber das, was man am Ende sieht, lohnt hoffentlich das Warten.

Ein Beispiel zur Illustration: La Pérouse reist für Ludwig XVI. durch den Pazifik, mit der ausdrücklichen Mission, eine bessere Karte *zurück*zubringen. Eines Tages trifft er bei seiner Landung auf Sakhalin (wie er es nennt) auf Chinesen und versucht, von ihnen zu erfahren, ob Sakhalin eine Insel oder eine Halbinsel ist. Zu seiner großen Überraschung verstehen die Chinesen Geographie recht gut. Ein älterer Mann steht auf und zeichnet eine Karte der Insel in den Sand im Maßstab und mit den Details, die La Pérouse braucht. Ein Jüngerer sieht, dass die ansteigende Flut die Karte bald auslöschen wird und nimmt eines von La Pérouses Notizbüchern, um die Karte noch einmal mit einem Bleistift zu zeichnen.

Was sind die Unterschiede zwischen unzivilisierter und zivilisierter Geographie? Es ist weder notwendig, vorwissenschaftliches Denken ins Feld zu führen, noch zwischen einem geschlossenen und einem offenen Dilemma (Horton 1977) oder primären und sekundären Theorien (Horton 1982), implizit und explizit, konkreter und abstrakter Geographie zu unterscheiden. Die Chinesen sind sehr wohl in der Lage, in Begriffen einer Landkarte zu denken oder mit La Pérouse auf gleicher Augenhöhe über Navigation zu sprechen. Die Fähigkeit des Zeichnens und des Visualisierens macht, genauer gesagt, auch keinen wirklichen Unterschied, da sie alle Karten zeichnen, die mehr oder weniger auf demselben Projektionsprinzip basieren – zuerst auf Sand, dann auf Papier. Es gibt also vielleicht gar keinen Unterschied? Hat der Relativismus, da die Geographie gleich ist, Recht? Das kann nicht sein, weil La Pérouse etwas tut, das einen enormen Unterschied zwischen Chinesen und Europäern macht. Was für den einen eine unwichtige Zeichnung ist, die die Flut ruhig auslöschen kann, ist für den Letzteren *der einzige Gegenstand* seiner Mission. Was ins Bild gebracht werden muss, ist, wie das Bild zurückgebracht werden muss. Der Chinese braucht keine Aufzeichnungen zu machen, weil er so viele Landkarten erzeugen kann wie er will, da er auf dieser Insel geboren und dazu bestimmt ist, hier zu sterben. La Pérouse wird nicht länger als eine Nacht bleiben; er ist nicht dort geboren und wird weit entfernt sterben. Was macht er dann? Er durchquert alle diese Orte, um etwas nach Versailles *zurück*zunehmen, wo viele Leute erwarten, dass seine Karte bestimmt, wer in dem Punkt, ob Sakhalin eine Insel ist oder nicht, Recht hat und wer nicht; wem dieser oder jener Teil der Welt gehört und entlang welcher Routen das nächste Schiff segeln soll. Ohne diesen besonderen Trajektor wäre La Pérouses ausschließliches Interesse an Spuren und Inskriptionen unmöglich zu verstehen – dies ist der erste Aspekt; ohne Dutzende von Innovationen in der Inskription, Projektion, im Schreiben, Archivieren und Berechnen wäre seine Bewegung durch den Pazifik vollkommen vergeblich – und dies ist der zweite, ebenso entscheidende Aspekt. Wir müssen die beiden zusammen betrachten. Kommerzielle Interessen, kapitalistischer Geist, Imperialismus und Wissensdurst sind leere Begriffe, wenn man nicht Mercators Projektion, Schiffsuhren und ihre Hersteller, Kupfergravuren auf Karten, das Führen von „Logbüchern" und die vielen gedruckten Ausgaben von „Cooks Reisen", die La Pérouse bei sich trug, in Betracht zieht. An diesem Punkt ist die oben von mir skizzierte Deflationsstrategie stark. Andererseits würde keine Innovation in der Berechnung des Längen- und Breitengrades, im Bau von Uhren, in der Zusammenstellung von Logbüchern, im Druck von Kupferplatten einen wie auch immer gearteten Unterschied machen, wenn sie nicht dazu beitragen würde, Alliierte aufzubieten, zu gruppieren und neue und unerwartete Verbündete weitab von Versailles zu gewinnen. Die Praktiken, an denen ich interessiert bin, wären sinnlos, wenn sie nicht auf bestimmte Kontroversen Einfluss hätten und Kritiker dazu bringen würden, neue Fakten zu glauben und sich auf neue Art zu verhalten. Hier versagt ein ausschließliches Interesse an Visualisierung – und Schrift und kann sogar kontraproduktiv sein. Nur den Argumentationsstrang zu verfolgen, würde eine mystische Sicht auf die von semiotischem Material gewährleisteten Mächte wie z. B. bei Derrida (1967) bedeuten; nur die erste zu erhalten würde bedeuten, eine idealistische Erklärung hochzuhalten (auch wenn diese einen materialistischen Anschein macht). [...]

Die wesentlichen Eigenschaften von Inskriptionen können nicht in Begriffen von Visualisierung, Form und Schrift definiert werden. Bei diesem Problem von Visualisierung und Kognition steht nicht *die Wahrnehmung* auf dem Spiel. Neue Inskriptionen und neue Arten, diese wahrzunehmen, sind vielmehr das Ergebnis von etwas, das tiefer liegt. Wenn man von *seinem* gewohnten Weg abweichen und schwer beladen zurückkehren möchte, um andere dazu zu zwingen, *ihre* gewohnten Wege zu verlassen, besteht das hauptsächlich zu lösende Problem in der *Mobilisierung.* Man muss fortgehen und *mit* den „Dingen" zurückkehren, wenn die Bewegungen nicht vergeblich sein sollen; die „Dinge" müssen aber in der Lage sein, die Rückreise zu überstehen, ohne Schaden zu nehmen. Weitere Erfordernisse: Die gesammelten und verlagerten „Dinge" müssen alle gleichzeitig denen präsentierbar sein, die man überzeugen will und die nicht fortgegangen sind. Kurz: Man muss Objekte erfinden, die *mobil,* aber auch *unveränderlich, präsentierbar, lesbar* und miteinander *kombinierbar* sind. […]

## Inskriptionen kapitalisieren, um Verbündete zu mobilisieren

[…] Lassen Sie mich ein paar Vorteile der „Schreibarbeit" auflisten.

1. Inskriptionen sind *mobil,* worauf ich in La Pérouses Fall hingewiesen habe. Chinesen, Planeten, Mikroben – keines dieser Elemente kann sich bewegen; Landkarten, fotographische Stiche und Petrischalen jedoch können es.

2. Sie sind *unveränderlich,* wenn sie sich bewegen – oder zumindest wird alles getan, um dieses Ergebnis zu erhalten: Musterexemplare werden chloroformiert, Mikrobenkolonien in Gelatine eingelegt, sogar explodierende Sterne werden in jeder Phase ihrer Explosion auf Millimeterpapier aufgezeichnet.

3. Sie werden *flach* gemacht. Es gibt nichts, was so einfach zu *dominieren* ist wie eine flache Oberfläche auf ein paar Quadratmetern; nichts ist versteckt oder gewunden, keine Schatten, kein „double entendre". Wenn sowohl in der Politik als auch in der Wissenschaft von jemandem gesagt wird, er „meistere" eine Frage oder er „dominiere" einen Sachverhalt, sollte man normalerweise nach einer flachen Oberfläche suchen, die Beherrschung ermöglicht (eine Karte, eine Liste, eine Akte, ein Zensus, die Wand einer Galerie, ein Kartenindex, ein Repertoire), und man wird ihn finden.

4. Der *Maßstab* der Inskriptionen kann willentlich *modifiziert* werden, ohne irgendwelche Änderungen ihrer internen Proportionen. Beobachter bestehen niemals auf dieser einfachen Tatsache: Gleichgültig, welche (rekonstruierte) Größe die Phänomene haben, sie enden alle damit, nur mit derselben Durchschnittsgröße erforscht zu werden. Milliarden von Galaxien sind, wenn sie gezählt werden, niemals größer als nanometergroße Chromosomen; der internationale Handel ist niemals größer als Mesonen; Maßstabmodelle von Ölraffinerien haben am Ende dieselben Dimensionen wie Plastikmodelle von Atomen. Die Verwirrung beginnt wieder außerhalb von ein paar Quadratmetern. Diese triviale Veränderung des Maßstabs erscheint harmlos genug, ist jedoch der Grund für den größten Teil der

„Überlegenheit" von Wissenschaftlern und Ingenieuren: Niemand sonst befasst sich mit Phänomenen, die mit den Augen dominiert und mit den Händen gefasst werden können; gleichgültig, aus welcher Zeit und woher sie kommen oder was ihre ursprüngliche Größe ist.

5. Sie können *reproduziert* und mit geringen Kosten verbreitet werden, sodass alle Momente in der Zeit und alle Orte im Raum in einem anderen Raum und einer anderen Zeit gesammelt werden können. Dies ist „Eisensteins Effekt".

6. Da diese Inskriptionen mobil, flach, reproduzierbar, still und von variierendem Maßstab sind, können sie neu gemischt und neu *kombiniert* werden. Das meiste, was wir Verbindungen im Geist zuschreiben, kann durch dieses erneute Mischen von Inskriptionen erklärt werden, die alle dieselbe „optische Konsistenz" haben. Dasselbe trifft auf das zu, was wir „Metapher" nennen […].

7. Ein Aspekt dieser Neukombinationen ist die Möglichkeit, verschiedene Bilder von vollkommen unterschiedlichem Ursprung und Maßstab zu überlagern. Es scheint eine unmögliche Aufgabe zu sein, Geologie und Ökonomie zu verbinden. Die Überlagerung der geologischen Karte mit einem Ausdruck des Rohstoffmarktes an der New Yorker Börse erfordert gute Dokumentation und ein paar Zentimeter. Das Meiste, was wir „Struktur", „Muster", „Theorie" und „Abstraktion" nennen, sind Konsequenzen solcher Überlagerungen […].

8. Einer der wichtigsten Vorteile ist jedoch, dass die Inskription (nach etwas Reinigung) zum *Bestandteil eines geschriebenen Texts gemacht* werden kann. An anderer Stelle habe ich ausführlich diese allgemeine Grundlage erörtert, auf der Inskriptionen, die von Instrumenten kommen, sich mit bereits veröffentlichten Texten und neuen, im Entwurf befindlichen Texten vereinen. Dieses Charakteristikum wissenschaftlicher Texte ist für die Vergangenheit von Ivins und Eisenstein demonstriert worden. Ein heutiges Labor kann immer noch als einzigartiger Ort definiert werden, an dem ein Text gemacht wird, um Dinge zu kommentieren, die alle noch präsent sind. Weil der Kommentar, frühere Texte (durch Zitate und Referenzen) und „Dinge" dieselbe optische Konsistenz und dieselbe semiotische Homogenität haben, wird durch das Schreiben und Lesen dieser Artikel ein außerordentlicher Grad an Sicherheit erreicht (Latour/Bastide 1983; Lynch 1985a; Law 1983). Der Text ist nicht einfach „illustriert", sondern er trägt alles, was es zu sehen gibt, in sich. Durch das Labor haben der Text und das Spektakel der Welt am Ende denselben Charakter.

9. Der letzte Vorteil ist jedoch der größte. Der zweidimensionale Charakter von Inskriptionen erlaubt ihnen, *mit der Geometrie zu verschmelzen.* Wie wir bei der Perspektive gesehen haben, kann zwischen Raum auf Papier und dreidimensionalem Raum eine Kontinuität hergestellt werden. Das Ergebnis ist, dass wir auf dem Papier mit Linealen und Zahlen arbeiten können, aber noch immer dreidimensionale Objekte „dort draußen" manipulieren (Irvins 1973). Besser noch:

Aufgrund dieser optischen Konsistenz kann alles, gleichgültig, woher es kommt, in Diagramme und Zahlen umgewandelt werden; Kombinationen von Zahlen und Tafeln können verwendet werden, die noch einfacher zu handhaben sind als Wörter und Silhouetten (Dagognet 1973). Man kann die Sonne nicht messen, aber man kann eine Fotographie der Sonne mit einem Lineal messen. Dann kann die abgelesene Anzahl an Zentimetern einfach verschiedene Maßstäbe durchlaufen und die Solarmasse völlig verschiedener Objekte liefern. Dies nenne ich in Ermangelung eines besseren Begriffes den *zweitgradigen* Vorteil von Inskriptionen oder den Mehrwert, der durch ihre Kapitalisierung erzielt wird.

Diese neun Vorteile sollten nicht voneinander isoliert werden und immer in Verbindung mit dem Mobilisierungsprozess betrachtet werden, den sie beschleunigen und zusammenfassen. Jede mögliche Innovation, die irgendeinen dieser Vorteile bietet, wird in anderen Worten von eifrigen Wissenschaftlern und Ingenieuren ausgewählt: neue Fotographien; neue Farben, um mehr Zellkulturen einzufärben; neues reaktives Papier; ein empfindlicherer Physiograph; ein neues Indexsystem für Bibliothekare; eine neue Notation für algebraische Funktionen; ein neues Heizungssystem, um Proben länger zu halten. Die Wissenschaftsgeschichte ist die Geschichte dieser Innovationen. Die Rolle des Geistes wurde genau wie die der Wahrnehmung gewaltig übertrieben (Arnheim 1969). Ein durchschnittlicher Geist oder ein durchschnittlicher Mensch mit durchschnittlichen Wahrnehmungsfähigkeiten, innerhalb normaler sozialer Bedingungen, wird abhängig davon, ob er oder seine durchschnittlichen Fähigkeiten auf die verwirrende Welt oder auf Inskriptionen angewendet werden, vollkommen unterschiedliche Outputs erzeugen.

Es ist besonders interessant, sich auf den neunten Vorteil zu konzentrieren, weil er uns einen Weg eröffnet, „Formalismus" zu einer profaneren und materielleren Realität zu machen. Um sich von „empirisch" zu „theoretisch" zu bewegen, muss die Wissenschaft von langsameren zu schnelleren mobilen Elementen, von veränderlicheren zu weniger veränderlichen Inskriptionen gehen. Die Tendenzen, die wir oben studiert haben, brechen nicht zusammen, wenn wir den Formalismus betrachten, sondern nehmen im Gegenteil auf phantastische Weise zu. Tatsächlich ist, was wir Formalismus nennen, die *Beschleunigung der Verlagerung ohne Transformation.* [...] Diese Fähigkeit zur Kaskadenbildung muss nun erklärt werden, weil die Sammlung schriftlicher und bildlicher Ressourcen an einem Ort auch mit Hin- und Rückverbindungen – demjenigen, der sie sammelt, allein noch *keine* Überlegenheit garantiert. Wieso? Weil der Sammler solcher Spuren sofort von ihnen überflutet wird. Ich habe ein solches Phänomen in Guillemins Labor beschrieben: Nach nur ein paar Tagen, in denen die Instrumente in Betrieb waren, gab es Stapel von Ausdrucken, genug, um den Verstand fassungslos zu machen (Latour/Woolgar 1979: Kap. 2). Dasselbe passierte Darwin nach ein paar Jahren des Sammelns von Musterexemplaren mit dem *Beagle;* es gab so viele Kisten, dass Darwin geradezu aus seinem Haus gedrückt wurde. Allein helfen die Inskriptionen also *nicht,* dass eine Örtlichkeit ein Zentrum wird, das den Rest der Welt dominiert. Etwas muss mit der Inskription gemacht werden, das dem ähnlich ist, was Inskriptionen mit „Dingen" tun, sodass am Ende einige Elemente alle anderen in großem Maßstab manipulieren können. Dieselbe Deflationsstrategie, die wir verwendeten, um zu zeigen, wie „Dinge" in Papier verwandelt werden, kann ebenfalls zeigen, wie Papier in *weniger* Papier umgewandelt werden kann. [...]

## Papierarbeit

[...] Ein Mensch ist niemals viel mächtiger als ein anderer – sogar von einem Thron aus; von einem Mann jedoch, dessen Auge Aufzeichnungen dominiert, durch die gewisse Verbindungen mit Millionen anderer hergestellt werden können, kann man sagen, dass er *dominiert.* Diese Herrschaft ist jedoch kein gegebenes Faktum, sondern eine langsame Konstruktion, und sie kann korrodiert, unterbrochen oder zerstört werden, wenn die Aufzeichnungen, Akten und Zahlen immobilisiert, veränderbarer und weniger les- und kombinierbar oder bei ihrer Ausstellung undeutlich gemacht werden. Der *Maßstab* eines Akteurs ist mit anderen Worten kein absoluter, sondern ein relativer Begriff, der mit der Fähigkeit variiert, Information über andere Orte oder Zeiten zu produzieren, zu erfassen, zusammenzufassen und zu interpretieren (Callon/Latour 1981). Sogar die bloße Idee eines Maßstabs ist unmöglich zu verstehen, ohne eine Inskription oder Karte im Kopf zu haben. Der „große Mann" ist ein kleiner Mann, der auf eine gute Karte schaut. In Mercators Frontispiz wird Atlas von einem Gott, der die Welt trägt, in einen Wissenschaftler verwandelt, der sie in den Händen hält.

Seit dem Anfang der Darstellung darüber, wie man Dinge zusammenzieht, habe ich das einfache Problem von Macht umgeformt: Wie können die Wenigen die Vielen dominieren? Nach McNeills Hauptrekonzeptualisierung der Geschichte der Macht in Begriffen der Mobilisierung kann diese jahrhundertealte Frage der politischen Philosophie und Soziologie in einer anderen Weise umformuliert werden: Wie können entfernte oder fremde Orte und Zeiten an einem Ort versammelt werden in einer Form, die all den Orten und Zeiten gestattet, auf einmal präsentiert zu werden, und es ihnen zudem erlaubt, sich dorthin *zurück* zu bewegen, woher sie kommen? [...] Statt wie die meisten Wissenschaftler große Entitäten zu verwenden, um Wissenschaft und Technik zu erklären, sollten wir bei den Inskriptionen und ihren Mobilisierungen beginnen und sehen, wie sie kleinen Entitäten helfen, zu großen zu werden. In dieser Verschiebung von einem Forschungsprogramm zu einem anderen werden „Wissenschaft und Technik" aufhören, mysteriöse kognitive Objekte zu sein, die durch die soziale Welt erklärt werden müssen. Sie werden zu einer der Hauptquellen von Macht (McNeill 1982). Wenn man die Existenz von Makro-Akteuren als selbstverständlich annimmt, ohne das Material zu erforschen, das sie „makro" macht, macht man damit sowohl Wissenschaft als auch Gesellschaft mysteriös. Das Herstellen verschiedener Maßstäbe zu unserem Hauptinteresse zu machen bedeutet, die praktischen Mittel zur Erlangung von Macht auf eine feste Basis zu stellen (Cicourel 1981). [...]

Wenn diese kleine Verschiebung von einer sozial/kognitiven Unterscheidung zum Studium von Inskriptionen akzeptiert wird, dann erscheint die Wichtigkeit der *Metrologie* im rechten Licht. Metrologie ist die wissenschaftliche Organisation stabiler Messungen und Standards. Ohne sie ist keine Messung stabil genug, um weder Homogenität der Inskriptionen noch ihre Umkehr zuzulassen. Es ist deshalb auch nicht überraschend, wenn man erfährt, dass die Metrologie bis zu dem Dreifachen des Budgets aller Forschungen und Entwicklungen kostet und dass sich diese Zahl nur auf die ersten Elemente der metrologischen Kette bezieht (Hunter 1980). Dank der metrologischen Organisation können die grundlegenden physikalischen Konstanten (Zeit, Raum, Gewicht, Wellenlänge) und viele biologische und chemische Standards „überallhin" ausgeweitet werden. [...] Die Universalität von Wissenschaft und Technik ist ein Klischee der Epistemologie, aber Metrologie ist die praktische Durchsetzung dieser mystischen Universalität. In der Praxis ist sie kostspielig und voller Lücken [...].

Wenn Wissenschaft und Technik in Begriffen von unveränderlich mobilen Elementen neu formuliert werden, wird es möglich, ökonomischen Kapitalismus als einen anderen Prozess von Mobilisierung und Konskription zu erklären. Die vielen Schwächen des Geldes weisen daraufhin; Geld ist ein hübsches, unveränderlich mobiles Element, das von einem Punkt zu einem anderen zirkuliert, jedoch sehr wenig bei sich trägt. Wenn das Ziel des Spiels darin besteht, genügend Verbündete an einem Ort zu akkumulieren, um den Glauben und das Verhalten aller anderen zu modifizieren, ist Geld eine schwache Ressource, solange es isoliert ist. Es wird nützlich, wenn es mit all den anderen Inskriptionsvorrichtungen verbunden wird; dann werden die verschiedenen Punkte der Welt tatsächlich in einer handhabbaren Form zu einem einzelnen Ort transportiert, der dann zu einem *Zentrum* wird. Genau wie bei Eisensteins Druckerpresse, die ein Faktor ist, der allen anderen erlaubt, miteinander zu verschmelzen, zählt nicht die Kapitalisierung des Geldes, sondern die Kapitalisierung aller kompatiblen Inskriptionen. Statt von Händlern, Prinzen, Wissenschaftlern, Astronomen und Ingenieuren zu sprechen, die eine Art von Beziehung zueinander haben, scheint es mir produktiver zu sein, über „*Berechnungszentren*" zu sprechen. Die Währung, in der sie rechnen, ist weniger wichtig als die Tatsache, dass sie nur mit Inskriptionen kalkulieren und in diese Kalkulationen Inskriptionen, die aus den verschiedenartigsten Disziplinen kommen, hineinmischen. Die Berechnungen selbst sind weniger wichtig als die Art, in der sie zu Kaskaden zusammengestellt werden, und die bizarre Situation, in der der letzten Inskription mehr geglaubt wird als allem anderen. Geld ist per se sicher nicht der universelle Standard, den Marx und andere Ökonomen suchten. Diese Qualifikation sollte Berechnungszentren und der Besonderheit geschriebener Spuren gewährt werden, die schnelle Übersetzung zwischen einem Medium und einem anderen ermöglichen. [...]

Präziser ausgedrückt: Wir sollten mit dem Konzept und dem empirischen Wissen dieser Berechnungszentren in der Lage sein zu erklären, wie unbedeutende Menschen, die nur mit Papier und Zeichen arbeiten, die mächtigsten von allen werden. [...] Indem man nur auf Papier arbeitet, an zerbrechlichen Inskriptionen, die sehr viel weniger sind als die Dinge, aus denen sie extrahiert sind, ist es doch möglich, alle Dinge und alle Menschen zu dominieren. Was für alle anderen Kulturen unbedeutend ist, wird zum wichtigsten, zum einzig wichtigen Aspekt der Realität. Der Schwächste wird durch die obsessive und exklusive Manipulation aller möglichen Arten von Inskriptionen zum Stärksten. Dies ist das Verständnis von Macht, zu dem wir gelangen, wenn wir dem Thema von Visualisierung und Kognition in aller Konsequenz folgen. Wenn man verstehen möchte, was *Dinge* zusammenzieht, muss man sich anschauen, was Dinge *zusammen zeichnet.*

**Textnachweis:** Bruno Latour (1990): Drawing things together. In: Michael Lynn/Steve Woolgar (Hg.): Representation in Scientific Practice. Cambridge, MA; London: MIT Press, S. 19–68. Deutsche Fassung: Latour, Bruno: Drawing Things Together: Die Macht der unveränderlich mobilen Elemente. In: Andréa Belliger/David J. Krieger (Hg.): ANThology. Ein einführendes Handbuch zur Akteur-Netzwerk-Theorie. Bielefeld: transcript 2006, S. 259–307; hier: S. 259, 261–262, 263–266, 285–288, 297–299, 300–302. Copyright der deutschen Ausgabe: transcript Verlag, Bielefeld (2006).

# Jacques Derrida: Linguistik und Grammatologie (1967)

„Man vergißt zuletzt, daß man sprechen lernt, ehe man schreiben lernt, und das natürliche Verhältnis ist umgedreht".[1] Gewalt des Vergessens. Als mnemotechnisches Mittel ist die Schrift Supplement für das gute Gedächtnis, das spontane Gedächtnis; sie bezeichnet das Vergessen. Genau dies meinte Platon im *Phaidros,* wenn er die Schrift gegen das gesprochene Wort hielt wie die *hypomnesis* gegen die *mneme,* die Gedächtnisstütze gegen das lebendige Gedächtnis. Vergessen: Vermittlung und Aus-sich-Heraustreten des Logos, der ohne die Schrift in sich verbliebe. Die Schrift ist die Verstellung der natürlichen und ersten und unmittelbaren Präsenz von Sinn und Seele im Logos. Als Unbewußtes bemächtigt sie sich der Seele. Diese Tradition zu dekonstruieren kann jedoch nicht darin bestehen, sie umzukehren, die Schrift von Schuld reinzuwaschen; sondern vielmehr darin, zu zeigen, warum die Gewalt der Schrift nicht eine unschuldige Sprache überkommt. Es kann eine ursprüngliche Gewalt der Schrift nur geben, weil die Sprache anfänglich Schrift in einem Sinne ist, der sich fortschreitend enthüllen wird. Die „Usurpation" hat immer schon begonnen: was recht und billig ist, offenbart sich in einer Art mythologischer Rückkopplung. […]

Solange nämlich eine explizite Fragestellung, eine *Kritik* der Verhältnisse zwischen gesprochenem Wort und Schrift nicht ausgearbeitet ist, so lange bleibt, was Saussure als blindes Vorurteil der klassischen Linguisten oder der gemeinen Erfahrung denunziert, ein blindes Vorurteil auf dem Hintergrund einer allgemeinen Voraussetzung, die der Kläger zweifellos mit den Angeklagten teilt.

Wir möchten vielmehr die Grenzen und Voraussetzungen dessen aufzeigen, was hier für selbstverständlich gehalten wird und was für uns den Charakter und die Gültigkeit einer Evidenz behält. Die Grenzen haben sich bereits abzuzeich-

1 Jean-Jacques Rousseau, *Über den Ursprung und die Grundlagen der Ungleichheit unter den Menschen,* Berlin: 1955, S. 30.

© Springer Fachmedien Wiesbaden GmbH, ein Teil von Springer Nature 2019
A. Ziemann (Hrsg.), *Grundlagentexte der Medienkultur,*
https://doi.org/10.1007/978-3-658-15787-6_33

nen begonnen: Warum umreißt das Projekt einer *allgemeinen* Linguistik, welches das *innere System im allgemeinen der Sprache im allgemeinen* behandelt, die Grenzen seines Bereiches derart, daß ein besonderes System der Schrift, sei es auch noch so bedeutsam, tatsächlich universal, als Äußerlichkeit im allgemeinen ausgeschlossen wird? [...] Ein besonderes System, welches grundsätzlich, zumindest aber der *erklärten* Absicht nach, dem System der gesprochenen Sprache äußerlich ist. Grundsatzerklärung, frommer Wunsch und historische Gewalt eines gesprochenen Wortes, das seine erfüllte Selbstpräsenz träumt und sich als seine eigene Resumtion erlebt: sogenannte Sprache, Selbsterzeugung des lebendig genannten Wortes, welches, nach Sokrates, sich selbst beizustehen vermag, Logos, der sein eigener Vater zu sein glaubt und sich damit über den geschriebenen Diskurs erhebt, welcher als schwächliches Kind nicht antworten kann, wenn er gefragt wird, der also, „ständig auf den Beistand seines Vaters angewiesen" [...], aus einer ersten Trennung und *Expatriierung* hervorgegangen sein muß, die ihn heimatlos und blind werden und in Trauer fallen ließ. Sogenannte Sprache, jedoch gesprochenes Wort, das lediglich wähnt, im Vollbesitz seines Lebens zu sein, und das gewalttätig ist, weil es nur dadurch „sich zu verteidigen vermag" [...], daß es das Andere, und allererst *sein* Anderes verjagt, es als Schrift *hinaus*- und *hinab*stürzt. Es mag aber noch so bedeutsam, ja tatsächlich universal oder dies zu werden berufen sein: dieses besondere Modell, das die phonetische Schrift darstellt, *existiert nicht;* es gibt keine Praxis, die ihrem Prinzip vollkommen treu wäre. Noch bevor wir – wie wir es später tun werden – von einer radikalen und a priori notwendigen Untreue sprechen, können wir doch ihre massiven Erscheinungsformen bereits in der mathematischen Schrift, in der Interpunktion, in der *Verräumlichung* überhaupt erkennen, die schwerlich als bloßes Zubehör der Schrift anzusehen sind. Daß ein lebendig genanntes gesprochenes Wort sich in der ihm eigenen Schrift der *Verräumlichung* preisgeben kann, genau das setzt es ursprünglich zu seinem eigenen Tod in Beziehung.

Die „Usurpation" schließlich, von der Saussure spricht, die Gewalt, mit der die Schrift sich ihrem eigenen Ursprung substituieren würde, dem also, was nicht nur sie gezeugt, sondern sich auch aus sich selbst heraus erzeugt haben müßte – ein solcher Machtwechsel kann keine zufällige Verirrung sein. Die Usurpation verweist uns notwendig auf eine grundlegende Wesensmöglichkeit. Zweifellos ist diese in das gesprochene Wort selbst eingeschrieben und man hätte sie hinterfragen, wenn nicht von ihr ausgehen müssen. [...]

Was bedeuten nun diese Begrenzungen und diese Voraussetzungen? Zunächst einmal, daß eine Linguistik, die ihr Draußen und ihr Drinnen von *determinierten* linguistischen Modellen aus definiert, nicht *allgemein* ist, solange sie nicht streng Wesen und Tatsache in ihren jeweiligen Allgemeinheitsgraden auseinanderhält. Das System der Schrift im allgemeinen ist dem System der Sprache im allgemeinen nicht äußerlich, außer man läßt zu, daß die Teilung zwischen Äußerem und Innerem Inneres von Innerem oder Äußeres von Äußerem scheidet, und zwar so, daß die Immanenz der Sprache wesensmäßig dem Einbruch ihrem eigenen System scheinbar fremder Kräfte ausgesetzt ist. Aus dem gleichen Grund ist die Schrift im allgemeinen nicht „Abbild" oder „Darstellung" der Sprache im allgemeinen, es sei denn, man denkt Natur, Logik und Funktionsweise des Abbildes in dem System, aus dem man es ausschließen wollte. Die Schrift ist nicht Zeichen der Zeichen, es sei denn, was schon in einem tieferen Sinne wahr wäre, man behauptet dies von jedem Zeichen. Wenn jedes Zeichen auf ein Zeichen verweist, und wenn „Zeichen der Zeichen" Schrift bezeichnet, dann werden sich bestimmte Schlußfolgerungen, auf die wir zu gegebener Zeit zurückkommen werden, nicht vermeiden lassen. Daß ein bestimmtes Schrift-Modell sich notwendig, aber vorläufig (um den Preis der prinzipiellen Untreue, der faktischen Insuffizienz und der beständigen Usurpation) als Instrument und Technik der Repräsentation eines Sprachsystems aufdrängte – diese Tatsache sah Saussure und sah sie doch nicht, kannte sie und *konnte* sie doch nicht berücksichtigen; damit blieb er der Tradition der Metaphysik verpflichtet. Diese in ihrem Stil einzigartige Bewegung war so tiefgreifend, daß sie gerade *innerhalb der Sprache* Begriffe wie Zeichen, Technik, Repräsentation und Sprache zu denken erlaubte. In dem der phonetisch-alphabetischen Schrift zugeordneten Sprachsystem ist die logozentrische Metaphysik entstanden, die den Sinn des Seins als Präsenz bestimmt. Der Logozentrismus, die *Epoche* des erfüllten Wortes haben aus wesensmäßigen Gründen jede freie Reflexion über den Ursprung und den Status der Schrift ausgeklammert und *suspendiert,* haben jede Wissenschaft von der Schrift unterdrückt, die nicht – ihrerseits einer Mythologie und einer Metaphorik der der natürlichen Schrift verbundene – *Technologie und Geschichte einer Technik* war. Der Logozentrismus, der in schlechter Abstraktion das innere System der Sprache im allgemeinen begrenzt, hindert Saussure und die meisten seiner Nachfolger[2] daran, klar und deutlich zu bestimmen, was man „den vollständigen und konkreten Gegenstand der Linguistik"[3] nennt. Umgekehrt aber bereitet Saussure, wie schon angedeutet, in dem Augenblick den Weg für eine Allgemeine Grammatologie, wo er nicht mehr ausdrücklich von der Schrift spricht und meint, dieses Problem abgeschlossen zu haben. Eine solche Allgemeine Grammatologie wäre aus der Allgemeinen Linguistik nicht mehr aus-

2 „...die bezeichnende Seite des Sprachbildes (kann) nur aus Regeln bestehen, nach welchen die lautliche Seite des Sprechaktes geordnet wird." Troubetzkoy, *Grundzüge der Phonologie,* Göttingen 1958, p. 6. In *Phonologie und Phonetik* (aus Jakobson und Halle, *Grundlagen der Sprache,* Berlin 1960) wird die phonologische Linie des Saussureschen Vorhabens systematisch und streng wie sonst wohl nirgends hauptsächlich gegen den „algebraischen" Standpunkt Hjelmslevs verteidigt.

3 Ferdinand de Saussure, *Grundlagen der Sprachwissenschaft,* 2. Auflage, Berlin 1967, S. 9.

geschlossen, sondern würde sie dominieren und in sich einschließen. Man wird gewahr, daß die des Landes verwiesene, die von der Linguistik geächtete, heimatlos gemachte Schrift die Sprache als ihre erste und innerste Möglichkeit immerfort heimgesucht hat. […]

Noch ehe das sprachliche Zeichen überhaupt „aufgezeichnet", „repräsentiert", in einem „Schriftsystem" „dargestellt" wird, impliziert es eine Ur-Schrift. Künftig werden wir uns nicht direkt auf die These von der Arbitrarität des Zeichens berufen, sondern auf jene, die ihr von Saussure als unerläßliches Korrelat zur Seite gestellt ist, und die wir als deren Fundierung auffassen; es ist die These von der *Differenz* als Quelle des sprachlichen Werts."[4]

Was sind aber aus grammatologischer Sicht die Konsequenzen dieses hinlänglich vertrauten Themas (das im übrigen bereits von Platon im *Sophistes* angeschnitten wurde…)? Da die Differenz niemals an sich und per definitionem eine sinnlich wahrnehmbare Fülle ist, widerspricht ihre Notwendigkeit der Behauptung einer von Natur aus lautlichen Wesenhaftigkeit der Sprache. Zugleich aber stellt sie die angeblich natürliche Abhängigkeit des graphischen Signifikanten in Frage. […]

[D]ie Ordnung der Schrift ist die Ordnung der Exteriorität, des zusätzlichen, des „nebensächlichen", des „*nicht-eigenständigen* Hilfsmittels" (Saussure 1967, p. 15–16; von mir hervorgehoben, J. D.). Die Argumentation von Jakobson und Halle beruft sich auf die faktische Entstehung und verweist dabei auf die Zweitrangigkeit der Schrift im herkömmlichen Sinn: „Erst nachdem man das Sprechen gelernt hat, lernt man das Lesen und das Schreiben." Selbst wenn man voraussetzt, daß dieser Satz, aus dem der gesunde Menschenverstand spricht, als eindeutig bewiesen gilt – was wir nicht glauben, denn jeder seiner Begriffe ist außerordentlich problematisch –, so müßte man auch von seiner Schlüssigkeit in der Argumentation überzeugt sein. Und selbst wenn das „nachdem" hier eine schlichte Repräsentation wäre, wenn man genau wüßte, was es mit der Behauptung auf sich hat, daß man das Schreiben lernt, *nachdem* man das Sprechen gelernt hat: würde das genügen, um daraus auf den „nichteigenständigen" (parasitären) Charakter dessen zu schließen, was „nachdem" folgt? Und was ist ein Parasit? Wenn nun gerade die Schrift uns zwingen würde, unser Urteil über das Nicht-Eigenständige, Parasitäre zu überprüfen? […]

Hier stellt sich von neuem die Frage, ob nicht durch die radikale Unähnlichkeit der beiden Elemente – des graphischen und des lautlichen – die Derivation überhaupt ausgeschlossen ist? Trifft die Unangemessenheit der graphischen Repräsentation nicht ausschließlich auf die herkömmliche alphabetische Schrift zu, auf die der glossematische Formalismus nicht wesentlich bezogen ist? Auch wenn

4 „*Arbiträr* und *differentiell* sind zwei korrelative Eigenschaften", Saussure 1967, S. 141.

man schließlich diese phonologistische Argumentation akzeptiert, darf dennoch nicht übersehen werden, daß sie einen „wissenschaftlichen" Begriff des gesprochenen Worts einem vulgären Schriftbegriff gegenüberstellt. Wir hingegen möchten zeigen, daß man die Schrift nicht aus der allgemeinen Erfahrung der „strukturellen Verwandtschaft dieser Merkmale" ausschließen kann. Das aber bedeutet nicht weniger als eine Reform des Schriftbegriffs. [...]

Wir meinen, daß die generalisierte Schrift nicht allein die Idee eines noch zu erfindenden Systems, eines hypothetischen Zeichensystems oder einer zukünftigen Möglichkeit darstellt, sondern glauben im Gegenteil, daß die gesprochene Sprache bereits dieser Schrift zuzurechnen ist. Doch setzt das einen modifizierten Schriftbegriff voraus, den wir vorerst nur antizipieren können. Darf ein Linguist, selbst unter der Voraussetzung, daß man über diesen modifizierten Begriff noch nicht verfügt und daß man ein reines Schriftsystem als eine Zukunfts- oder als Arbeitshypothese begreift, sich angesichts dieser Hypothese der Mittel entschlagen, sie zu denken und ihre Formulierung in seinen theoretischen Diskurs mit einzubeziehen? [...]

Es sei noch einmal betont, daß wir den Wert dieser phonologistischen Argumente, deren Voraussetzungen wir oben zu verdeutlichen suchten, nicht bestreiten. Wenn man aber diese Voraussetzungen akzeptiert hat, wäre es absurd und verwirrend, die derivierte Schrift in das System dieser Derivation einführen zu wollen. Zwar würden dadurch alle Grenzen innerhalb der Legitimitätssphäre des Ethnozentrismus zutiefst erschüttert, doch würde man ihm nicht entkommen. Es geht also hier weder um die Rehabilitierung der Schrift im engeren Sinn noch um die Umkehrung eines evidenten Abhängigkeitsverhältnisses. Der Phonologismus duldet so lange keinen Einwand, wie man die geläufigen Begriffe von gesprochenem Wort und Schrift, die das feste Gewebe seiner Argumentation bilden, weiter verwendet. Es sind geläufige und alltägliche Begriffe, die zudem noch, ohne daß dies ein Widerspruch wäre, eine lange Geschichte haben und von kaum wahrnehmbaren, aber um so unumstößlicheren Grenzen umgeben sind.

Wir wollen vielmehr zu bedenken geben, daß die vorgebliche Derivation der Schrift, so reell und massiv sie auch sei, nur unter der Bedingung möglich war, daß die „ursprüngliche", „natürliche" usw. Sprache nie existiert hat, daß sie nie unversehrt, nie unberührt von der Schrift war; daß sie selbst schon immer eine Schrift gewesen ist. Eine Ur-Schrift, deren Notwendigkeit angedeutet und deren neuer Begriff hier umrissen werden soll, und die wir nur deshalb weiterhin Schrift nennen wollen, weil sie wesentlich mit dem vulgären Schriftbegriff verbunden ist. Dieser konnte sich historisch nur aufgrund der Verstellung der Urschrift, aufgrund des Wunsches *(désir)* nach einem gesprochenen Wort durchsetzen, das sein Anderes und sein Duplikat vertrieb und die Reduktion seiner Differenz betrieb. Wenn wir also darauf beharren, diese Differenz Schrift zu nennen, so deshalb, weil die Schrift durch die fortwährende historische Unterdrückung von ihrer Stellung her dazu bestimmt war, die verwerfliche Seite der Differenz darzustellen. Sie war das, was sich dem Wunsch nach dem lebendigen gesprochenen Wort drohend näherte, es von innen her und von Anfang an *aufbrach*. Und die Differenz kann, wie sich immer stärker zeigen wird, nicht ohne die *Spur (trace)* gedacht werden.

Diese Urschrift, wenngleich ihr Begriff durch die „Arbitrarität des Zeichens" und die Differenz thematisiert ist, kann nicht und wird niemals als *Gegenstand* einer *Wissenschaft* anerkannt werden können. Sie ist gerade das, was nicht auf die Form der *Präsenz* reduziert werden kann. Also auf die Form, die alle Objektivität des Gegenstandes und alle Erkenntnisrelationen beherrscht.

*Aus dem Französischen von Hans-Jörg Rheinberger und Hanns Zischler*

**Textnachweis:** Jacques Derrida (1967): Linguistique et grammatologie. In: Ders.: De la grammatologie. Paris: Les Èditions de Minuit, S. 42–108. Deutsche Erstveröffentlichung: Derrida, Jacques: Linguistik und Grammatologie. In: Grammatologie. Frankfurt am Main: Suhrkamp 1974, S. 49–129; hier: S. 65–66, 69–71, 92, 94–95, 97–99. Copyright Suhrkamp Verlag Frankfurt am Main 1983.

# Infrastrukturen

# Zur Einführung

Gabriele Schabacher

Infrastrukturen sind ebenso allgegenwärtig wie unscheinbar. Sie durchziehen die Orte und Situationen unseres Alltags. Sie formieren Organisationen, legen Abläufe fest und regeln Beziehungen, für die Gesellschaft ebenso wie etwa für die Wissenschaft, die Wirtschaft oder die Politik. Wörtlich bedeutet Infrastruktur so viel wie „Unterbau" (von *infra* „unterhalb" und *structura* „Bau"); und das verweist bereits auf die ‚tragende' Rolle von Infrastrukturen als Basis und Voraussetzung gesellschaftlichen Lebens: Infrastrukturen versorgen uns mit Wasser und Strom, entsorgen den Müll, stellen Transport- und Kommunikationssysteme, aber auch soziale und kulturelle Einrichtungen bereit, wie etwa Krankenhäuser, Schulen und Behörden, Theater und Kinos oder Einkaufszentren und Sportanlagen. Zu diesem Zweck bringen Infrastrukturen unterschiedliche Entitäten wie technische und natürliche Dinge (z. B. Schienen für die Eisenbahn, Steine für die Straße), humane und nicht-humane Lebewesen (z. B. Bahnbeamte, Pferde für Fuhrwerke) sowie Zeichen und Diskurse (z. B. Signalsprachen, Vorschriften und Gesetze) in stabile, systemische Gefüge mit wechselseitigen Abhängigkeiten. Auf diese Weise vermögen Infrastrukturen, komplexe Material- und Informationsflüsse zu koordinieren, d. h. Energie, Personen, Güter oder Nachrichten zu ‚bearbeiten' und zu ‚bewegen', also zu übertragen, zu speichern und zu prozessieren. Aufgrund dieser vermittelnden Operativität lassen sich Infrastrukturen als Medien par excellence verstehen.

Die ubiquitäre Rede von Netzwerken, Plattformen und Ökologien in der Medienkultur des 21. Jahrhunderts bestätigt eine solche infrastrukturelle Perspektive. Dabei wird eine Vorstellung von Medien, die diese als Endgeräte mit Benutzerschnittstellen fasst, durch die Berücksichtigung des infrastrukturellen ‚Rückraums' ergänzt, wodurch Produktion, Rezeption und Distribution als wechselseitig miteinander verflochtene Phänomene in den Blick rücken. So steht etwa die Nutzung eines Smartphones mit der Verfügbarkeit von materiellen Rohstoffen und Energie in Beziehung, was den Bau von Solarkraftwerken für Serverfarmen

© Springer Fachmedien Wiesbaden GmbH, ein Teil von Springer Nature 2019
A. Ziemann (Hrsg.), *Grundlagentexte der Medienkultur*,
https://doi.org/10.1007/978-3-658-15787-6_34

ebenso betrifft wie lokal-improvisierte Praktiken mobiler Stromerzeugung in Gegenden ohne festes Netz.

Bereits 1875 im Kontext des französischen Eisenbahnbaus entstanden, wird der Infrastrukturbegriff erst ab Anfang der 1950er Jahre häufiger verwendet, wenn es in der NATO, der Europäischen Gemeinschaft und der Entwicklungshilfe darum geht, brisante Verteilungspolitiken politisch zu versachlichen. Auch wenn vormoderne Technologien wie die Schifffahrt, die Militärtechnik oder das Wegesystem Infrastrukturen im oben beschriebenen Sinne darstellen, bleibt die Entstehung des Begriffs historisch an die Epoche der Industrialisierung und die sich etablierenden Verkehrs- und Kommunikationsinfrastrukturen des 19. Jahrhunderts gebunden. Dabei sind Infrastrukturen gerade keine ‚neutralen' Formationen, sondern Konstitutionsleistungen: Sie erzeugen den Raum allererst, den sie erschließen, was insbesondere im Kontext imperialer Bestrebungen (etwa der ‚Erschließung' Afrikas) erhöhte Relevanz erhält.

Theoretisch reflektiert werden Infrastrukturen zum einen in den Science and Technology Studies. In seiner grundlegenden Studie „Networks of Power" (1983) untersucht Thomas P. Hughes die Entstehung großtechnischer Systeme *(large technical systems)* am Beispiel der Elektrizitätsversorgung in den USA und Europa und legt ein evolutionäres Modell der Infrastrukturentwicklung vor. Infrastrukturen sind Hughes zufolge sozio-technische Systeme, die maßgeblich durch sogenannte *system builder* durchgesetzt werden. Den Erfolg Thomas Edisons sieht Hughes deshalb nicht allein in dessen Erfindung der Glühbirne, sondern vielmehr im Aufbau einer kompletten Elektrizitätsinfrastruktur, die die Produktion, Distribution und Abnahme von Strom reguliert.

Die heutigen Infrastructure Studies, die verstärkt Informationsinfrastrukturen analysieren, schließen an Hughes' Überlegungen an, betonen allerdings die Symmetrie der beteiligten Akteure im Sinne eines „heterogenen Engineering" (John Law) sowie die intersystemische Vernetztheit verschiedener Infrastrukturen. Aufgenommen werden auch Überlegungen aus dem Bereich der Ethnomethodologie (Harold Garfinkel), wodurch mikrologische Praktiken in den Blick rücken, die mit der Nutzung von Infrastrukturen einhergehen und deshalb ethnographische Forschungsdesigns fordern. Dies gilt auch für Forschungen im Bereich der Computer Supported Cooperative Work (CSCW), die die Implementierung elektronischer Unterstützungssysteme in engem Austausch mit potenziellen NutzerInnen entwickeln *(participatory design)*.

Infrastrukturen werden zum anderen in der klassischen Medientheorie kanadischer und französischer Provenienz thematisiert. Insbesondere die Toronto School of Communication rückt die Frage der Übertragungswege ins Zentrum ihrer Analysen und führt dabei Transport- und Kommunikationsverhältnisse eng. Das Problem der Übertragung auf der Basis von Transport- und Kommunikationstechnologien steht im Zentrum von Harold Adams Innis' medientheoretischen Überlegungen. Schon in seinen frühen wirtschaftshistorischen Arbeiten (etwa zur Canadian Pacific Railway, zum Pelz-, Fisch- und Holzhandel) gilt Innis' Aufmerksamkeit der materiellen Verfasstheit von Infrastrukturen in Form von natürlichen bzw. künstlichen Übertragungswegen. So bezieht er die politisch-kulturelle Entwicklung Kanadas auf die geologische Formation des kanadischen Schildes und die dadurch bedingte Transportinfrastruktur: Aufgrund der topographisch gegebenen Wasserscheiden und Flussläufe entstehen regional verschiedene Ökonomien auf der Basis von sogenannten *staples* (Rohgüter wie Pelz, Fisch, Holz, Getreide, Pulpe), die Kanada als britische Kolonie bzw. Dominion ins ‚Mutterland' Großbritannien exportiert.

In den beiden späten Schriften „Empire and Communications" (1950) und „The Bias of Communication" (1951) greift Innis diese Überlegungen auf und entwickelt auf ihrer Basis eine allgemeine Medientheorie. In „Empire and Communications" formuliert er die These, dass die materielle Beschaffenheit von Kommunikationstechnologien maßgeblichen Einfluss auf Herrschaftsformen und Kulturentwicklung hat, wobei er nun den Blick nicht mehr allein auf Kanada, sondern auf die abendländische Zivilisationsgeschichte richtet. Dabei unterscheidet Innis zwei Typen von Kommunikationstechnologien: „Zeitmedien" und „Raummedien". Zeitmedien, wie Pergament, Ton oder Stein (Innis denkt hier etwa an die ägyptischen Pyramiden), sind in ihrer materiellen Beschaffenheit beständig und deshalb schwer zu transportieren; sie haben eine Tendenz *(bias)* zur Zeitüberbrückung, dienen also der Speicherung und damit dem Fortbestand von Kulturen. Demgegenüber dienen die leichteren und deshalb einfacher zu transportieren Raummedien, wie Papyrus und Papier, der Expansion und Verbreitung von Herrschaftsansprüchen. Jede Kultur ist dabei durch ein je eigenes Geflecht von Raum- und Zeitmedien geprägt. Innis zufolge herrscht Stabilität, wenn eine Balance beider Formen gegeben ist, dagegen führt die Einführung eines neuen Medium stets zu einem Ungleichgewicht, das einen kulturellen Umbruch nach sich zieht.

Auch Marshall McLuhan geht von einem Bedingungszusammenhang von Kulturentwicklung und Medientechnologie aus. Seine Analyse des Mediums ‚Straße' in „Understanding Media" (1964) etwa ist von Innis' Überlegungen in „Empire and Communications" inspiriert. Generell verschiebt McLuhan die medientheoretische Frage von den bei Innis diskutierten politisch-infrastrukturellen Zusammenhängen indessen zu einer anthropologisch-wahrnehmungsbezogenen Perspektive auf Medien als *extensions of man.*

Der französische Architekt, Stadtplaner und Medientheoretiker Paul Virilio stellt Übertragungswege und Infrastrukturen ebenfalls ins Zentrum. Dabei legt er ein besonderes Augenmerk auf den Zusammenhang von Transport und Geschwindigkeit und entwirft eine von ihm selbst als „Dromologie" bezeichnete Medientheorie (von griech. *dromos* „Lauf"). Vier Aspekte sind dabei hervorzuheben. *Erstens* skizziert Virilio eine historische Serie von dromologischen Umbrüchen: Auf die Revolution des Transportwesens im 19. Jahrhundert durch die Einführung von ‚Geschwindigkeitsmaschinen' (vor allem durch die Verwendung von Dampfkraft) folge im 20. Jahrhundert die Revolution der Transmissionsmedien (vor allem Kino und Fernsehen), d.h. die Nutzung von „Sehmaschinen" und damit die Veränderung menschlicher Wahrnehmungsorganisation. Im 21. Jahrhundert wiederum komme es zu einer Revolution der Transplantationen, die Virilio zufolge den menschlichen Körper in Form von Biotechnologien (Virilio denkt an Tabletten und Sonden) kolonialisieren. *Zweitens* führt Virilio anhand der Kategorie des Fahrzeugs (Vehikel) die Ebene des Transportgeschehens mit der Organisation menschlicher Wahrnehmung eng und versteht dabei die automobilen Vehikel (Schiff, Auto, Flugzeug) wie auch die audiovisuellen Vehikel (Kino, Fernsehen) gleichermaßen als Medien. Voneinander unterschieden werden beide mit Bezug auf das Verhältnis von Stillstand und Bewegung. Insbesondere die audiovisuellen Vehikel sind Virilio zufolge als statisch zu denken, insofern für das Übertragungsgeschehen (Live-Berichterstattung) auf Seiten des Rezipienten bzw. Empfängers keine Ortsveränderung, also keine Körperbewegung mehr nötig ist. Zwar gilt eine solche Stillstellung des Körpers auch schon für die klassischen Transportmittel – denn auch auf/in ihnen sitze man zumeist (Pferd, Auto, Flugzeug) –, gleichwohl steigern die Massenmedien dieses Verhältnis aufgrund der mit ihnen einhergehenden Geschwindigkeitszunahme der Zeit- und Raumüberbrückung bis zu einem Punkt, den Virilio als „rasenden Stillstand" bezeichnet. *Drittens* betrifft das Verhältnis von Transport und Geschwindigkeit die Dimension der Kriegsführung: Virilio geht in „Krieg und Kino" (1984) der Umstellung von Kriegstechnologien auf eine neue Logistik der Wahrnehmung nach. Durch das künstliche Sehen der Maschinen und die von ihnen erzeugten Bilder komme es zu einer Verschränkung von Auge und Waffe, die die moderne Kriegsführung zunehmend zu einem Kampf der Bilder mache. *Viertens* betont Virilio, dass jeder Form der Geschwindigkeit ein Moment der Gewalt innewohnt. Daraus entwickelt er eine eigenständige Theorie des Unfalls (2005), derzufolge jede Transporttechnologie ihren je eigenen Unfall ‚erfindet', sodass wiederum jeder Unfall als Analytik der zugrundeliegenden Technologie (Infrastruktur) lesbar wird.

In seinem Text „Trains of Thought: Piaget, Formalism, and the Fifth Dimension" (1996) führt Bruno Latour übertragungstheoretische Überlegungen, wie sie die klassische Medientheorie anstellt, mit den techniksoziologischen Überlegungen aus dem Horizont der Science and Technology Studies eng, indem er den Zusammenhang von Infrastrukturen, Verkehr und Medien unter Bezugnahme auf das Verhältnis von Transport und Transformation analysiert. Er rekurriert damit auf den klassischen Topos der „Raumvernichtung", demzufolge es im 19. Jahrhundert aufgrund der beständig zunehmenden Reisegeschwindigkeiten der neuen Verkehrsmittel zu einem Verschwinden des (landschaftlich wahrgenommenen) Raums und damit zu einem Verlust der mit dem Reisen einhergehenden positiven, verändernden Qualitäten kommt. Wie die von Latour erzählte Geschichte der Reiseerfahrungen eines Zwillingspaares zeigt, konstruiert er das Verhältnis von Transformation und Transport nun allerdings nicht als historische Verfallsgeschichte, sondern als polaren Gegensatz: Während der mühsame Fußweg durch den Dschungel den einen Zwilling physisch und mental verändert (Transformation), hat die Fahrt im TGV auf den anderen Zwilling keinen vergleichbaren Einfluss (Transport). Seinen Grund hat dies Latour zufolge in der unterschiedlichen Qualität der am Geschehen beteiligten Akteure sowie in der Sichtbarkeit bzw. Unsichtbarkeit der für den Transportvorgang aufgewendeten Arbeit. Wenn in einer hochtechnisierten Infrastruktur alle Akteure ‚auf Linie gebracht' sind und sehr viel Arbeit in die Aufrechterhaltung der Infrastruktur investiert wird, dann vergeht die Fahrt ‚wie nichts'; und es scheint so, als gäbe es für den Reisenden kein Moment der Transformation mehr. Erst im Fall einer Störung wird die Stabilisierung des Systems unterbrochen und die Heterogenität der Akteure wieder sichtbar. Dabei ist die Annahme der selbstverständlichen Verfügbarkeit von Infrastrukturen typisch für westliche Industrienationen. Im Global South hat der Zusammenbruch von Infrastrukturen dagegen zumeist systemischen Charakter; Kulturtechniken des Bastelns, Reparierens und Workaround sind dann mit der Nutzung von Infrastrukturen untrennbar verbunden, wobei dieser Zusammenhang neuerdings auch für die Infrastrukturen des Westens zunehmend in Rechnung gestellt wird.

In ihrem Text „How to Infrastructure" (2002) analysieren Susan Leigh Star und Geoffrey Bowker (Informations-)Infrastrukturen. Sie gehen dabei methodisch von einem ethnographisch-nutzerorientierten Setting aus und stellen Praktiken des Umgangs mit Infrastrukturen ins Zentrum ihrer Überlegungen. Bezugspunkt sind dabei sogenannte Praxisgemeinschaften *(communities of practices)*, die sich im Rahmen von Arbeitszusammenhängen auf der Basis der gemeinsamen Nutzung von Infrastrukturen stabilisieren. Methodisch leitend ist ferner das Konzept der „infrastrukturellen Inversion", demzufolge historische Veränderungen nicht auf einzelne Artefakte oder Personen, sondern vielmehr auf das zugrundeliegende infrastrukturelle Netzwerk zurückzuführen sind. Auf diese Weise rücken etwa bürokratische Prozesse in den Vordergrund, die im 19. Jahrhundert umfängliche Verwaltungsinfrastrukturen entstehen lassen. Im Fall der Eisenbahngeschichte etwa wird deutlich, dass nicht die Dampfmaschine oder die Verwendung von Stahl für den Erfolg dieses Transportmittels verantwortlich sind, sondern vielmehr der Aufbau einer komplexen bürokratischen Maschinerie, die organisationale Prozeduren und Abläufe regelt und die sich in der Materialität von Registratur- und Ordnungsarchitekturen manifestiert.

Wichtig ist Star und Bowker die relationale Qualität von Infrastrukturen. Was für den einen Nutzer eine Katastrophe darstellt, ist für den anderen die tägliche Arbeitsroutine; Infrastrukturen bedeuten demnach für verschiedene Gruppen Verschiedenes. Vor diesem Hintergrund werden typische Eigenschaften von Infrastrukturen (Eingebettetsein in andere Strukturen, alltägliche Verfügbarkeit, Reichweite, Bezug zu Praxisgemeinschaften, Standardisierung, Pfadabhängigkeit der Entwicklung, ‚Sichtbarwerden' im Fall von Störungen) als relationale Größen verstehbar, die zwischen Lokalem und Globalem, stärker technisch oder sozial implementierten Aspekten, formellen und informellen Regelungen aufgespannt sind.

# Harold A. Innis: Imperien und Kommunikationswege (1950)

Eine Besonderheit des zwanzigsten Jahrhunderts ist seine Beschäftigung mit der Untersuchung von Zivilisationen. Spengler, Toynbee, Kroeber, Sorokin und andere haben Werke vorgelegt, die darauf abzielten, die Ursachen des Aufstiegs und Niedergangs von Zivilisationen zu erhellen, und in denen auch eine intensive Beschäftigung mit der möglichen Zukunft unserer eigenen Zivilisation zum Ausdruck kommt. Nun besagt der Titel dieser Vorlesungen über die imperiale Wirtschaftsgeschichte deutlich, dass wir uns in unserer Zivilisation nicht nur mit Zivilisationen, sondern auch mit Reichen beschäftigen, und dass wir in der Frage des Erfolgs oder Scheiterns von Zivilisationen bisher auf die Rolle der Wirtschaft fixiert gewesen sind. [...]

Somit sind wir unvermittelt mit dem übergroßen, vielleicht sogar unüberwindlichen Hindernis konfrontiert, das bei dem Versuch auftaucht, [...] wirtschaftliche Aspekte mithilfe gedanklicher Werkzeuge zu beurteilen, die selbst aus der Betrachtung wirtschaftlicher Aspekte hervorgegangen sind. [...] Allerdings ist es von Vorteil, wenn wir gleich zu Beginn nachdrücklich auf diese Gefahr hinweisen. Denn dadurch können wir wenigstens wachsam gegenüber den Folgen dieser Art von Voreingenommenheit sein. Die Fixierung auf wirtschaftliche Aspekte ist ein anschaulicher Beleg für die mit Wissensmonopolen verbundenen Gefahren und die Notwendigkeit, sich mit den Grenzen des betreffenden Wissens zu beschäftigen. Zivilisationen können nur überleben, wenn sie sich mit ihren Beschränkungen und wiederum mit den Beschränkungen ihrer Institutionen auseinandersetzen – zu denen auch Reiche gehören. [...]

Ich werde versuchen, [...] meinen Schwerpunkt [...] auf die Reiche in der Geschichte des Westens zu legen und Reiche des Ostens dabei mit zu berücksichtigen. Im Zuge dessen sollen diejenigen Faktoren herausgearbeitet werden, die zu Vergleichszwecken wichtig erscheinen. Doch nötigt einem die Größe des Themas

© Springer Fachmedien Wiesbaden GmbH, ein Teil von Springer Nature 2019
A. Ziemann (Hrsg.), *Grundlagentexte der Medienkultur*,
https://doi.org/10.1007/978-3-658-15787-6_35

sogleich Respekt ab und zwingt zu der Einsicht, dass hier bestimmte, für das Problem bedeutsame Faktoren ausgewählt werden müssen.

Mir schien, als biete das Thema Kommunikation hierzu insofern Chancen, als es eine zentrale Stellung in der Organisation und Verwaltung von Herrschaft und damit auch in jener von Reichen und der westlichen Zivilisation einnimmt. Ich muss jedoch an diesem Punkt eine persönliche Voreingenommenheit gestehen, die mich dazu brachte, dem Thema besondere Aufmerksamkeit zu widmen. Bei Untersuchungen der Wirtschaftsgeschichte Kanadas oder der Wirtschaftsgeschichte der französischen, britischen oder amerikanischen Imperien wurde ich von einem Phänomen beeindruckt, das in Kanada sehr augenfällig ist und das ich aus diesem Grund vielleicht überbetont habe. Es handelt sich, kurz gesagt, um Folgendes: Tief in das nordamerikanische Festland hinein reichen drei gewaltige, mit dem Atlantik in Verbindung stehende Gewässer: der Mississippi, der Sankt-Lorenz-Strom und die Hudson Bay, mitsamt den Flüssen ihres jeweiligen Einzugsgebiets. Im nördlichen Teil des Kontinents bzw. in Kanada begünstigten ein verzweigtes Netz von Wasserstraßen und die vorherrschende präkambrische Formation die Konzentration auf Massengüter, deren Charakter zum einen von der Kultur der Ureinwohner und zum anderen vom Grad der Schiffbarkeit von Seen, Flüssen und des Meeres auf der Route nach Europa bestimmt wurde. Zum Nordatlantik hin wurden die Fangmöglichkeiten für Kabeljau an einer langen Küstenlinie genutzt; Dezentralisierung war dabei unvermeidlich, und die politischen Interessen Europas waren in großem Maße vertreten. Die Erbeutung von Fellen als hochwertigem, kleinteiligem Massengut betrieben am Sankt-Lorenz-Strom die Franzosen und an der Hudson Bay die Engländer. Auf dem Festland war die Entwicklung mit Zentralisierung verbunden. Im Wettbewerb der Gewässer erwies sich die Hudson Bay beim Fellhandel als überlegen; die Sankt-Lorenz-Region wiederum wurde nach 1821 vom Handel mit Kantholz abhängig. Das Monopol der Hudson's Bay Company auf den Fellhandel gebot der vom Sankt-Lorenz-Strom ausgehenden Expansion nach Nordwesten so lange Einhalt, bis die Kanadische Konföderation erreicht und die politische Organisation stark genug war, den Bau der 1885 fertiggestellten transkontinentalen Eisenbahnlinie, des Canadian Pacific Railway, zu ermöglichen. An der Pazifikküste führte die Entdeckung von Flussgold zu einer raschen Zunahme der Besiedlung, zur Erschöpfung der Goldminen und zur Entwicklung neuer Rohgüter[1] wie Bauholz, die den Erfordernissen der Pazifik-Schifffahrt angepasst

1 Anm. d. Übers.: Der wirtschaftstheoretische und insbesondere für die Beschaffenheit der kanadischen Ökonomie entwickelte Begriff *staples* wird im Folgenden mit „Rohgüter" übersetzt. Gemeint sind weitgehend unverarbeitete Haupterzeugnisse einer Region oder eines Landes (Pelz, Fisch, Holz, Getreide), die als Stapelware überseeisch exportiert werden. Der Ansatz der Staples Theory wurde von W. A. Mackintosh und Harold A. Innis in den 1920er und 1930er Jahren entwickelt.

waren. Die Eisenbahn und das Dampfschiff erleichterten die Konzentration auf landwirtschaftliche Produkte, insbesondere Weizen in Westkanada, und später auf Erzeugnisse der präkambrischen Formation wie Edelmetalle und unedle Metalle sowie auf Pulpe und Papier. Die Konzentration auf die Produktion von Rohgütern für den Export in die industrialisierteren Gebiete Europas und später der USA hatte umfassende Konsequenzen für die wirtschaftliche, die politische und die gesellschaftliche Struktur Kanadas. Diesen Strukturen prägten die einzelnen Rohgüter jeweils ihren Stempel auf. Der Übergang zu einem neuen Rohgut führte unweigerlich zu Krisenphasen, in denen schmerzhafte Anpassungen der alten Strukturen stattfanden und ein neues Muster in Bezug auf das neue Rohgut geschaffen wurde. Als die Transportkosten sanken, traten als Hauptrohgüter weniger wertvolle Erzeugnisse in Erscheinung – Stockfisch, der nach Spanien exportiert wurde, um sich Edelmetalle zu sichern, Bauholz für Zwecke der Verteidigung (die nach Adam Smith „vielleicht wichtiger als Opulenz" ist) und schließlich Weizen, um die Nachfrage aus dem industrialisierten England zu befriedigen. An anderer Stelle wurde bereits der Versuch unternommen, diese frühen Entwicklungen nachzuzeichnen. Dabei gab es jedoch nur wenig Bemühungen, deutlich jene Wirkungen aufzuzeigen, die mit der Entwicklung der Pulpe-und-Papier-Industrie einhergingen. Die Schwierigkeit, diese Industrie zu untersuchen, ist zum Teil ihrer späten Entstehung und zum Teil der Komplexität des Problems geschuldet, die Nachfrage nach ihrem Endprodukt zu analysieren. Die Konzentration auf Rohstoffe, die mit ihrem geografischen Hintergrund nicht zwingend zusammenhängen, war mit Problemen nicht nur im Gebiet des Angebots, sondern auch im Nachfragegebiet verbunden. Man denke nur an die Auswirkungen des Exports von Naturalgütern aus Zentralamerika auf europäische Preise, an die Effekte des Pelzhandels auf Frankreich, der Weizenproduktion auf die Landwirtschaft Englands, der Revolution auf Russland und der Produktion von Pulpe und Papier auf die öffentliche Meinung in angelsächsischen Ländern. Welche Auswirkungen die jeweilige Organisation und Produktion von Rohmaterialien im großen Maßstab hatte, wurde aufgezeigt an den Versuchen Frankreichs, den Anstieg der Pelzproduktion zu begrenzen, am Widerstand der englischen Käufer gegen den hohen Holzpreis, der zur Abschaffung der Navigation Acts führte, an der Gegnerschaft der europäischen Landwirtschaft gegenüber preisgünstigem Weizen und schließlich dem Versuch, den neuen Sensationsjournalismus einzudämmen, zu dem es nach der Verbilligung des Zeitungsdrucks kam. […]

Die Begriffe Zeit und Raum reflektieren die Bedeutung, die Medien im Zusammenhang mit Zivilisation haben. Medien mit einem stark ausgeprägten Zeitbezug sind in ihrem Charakter dauerhaft; dies trifft z. B. auf Pergament, Ton oder Stein zu. Schwere Materialien eignen sich für die Entwicklung von Architektur und Bildhauerei. Medien mit einem starken Raumbezug sind tendenziell weniger dauerhaft und, wie etwa Papyrus und Papier, leicht. Letztere Materialien eignen sich für große Verwaltungs- und Handelsgebiete. Die Eroberung Ägyptens durch Rom verschaffte diesem den Zugang zur Versorgung mit Papyrus, das zur Grundlage eines sich weit erstreckenden Verwaltungsreiches wurde. Materialien mit einem starken Zeitbezug begünstigen die Dezentralisierung und hierarchische Institutionstypen, Materialien mit einem starken Raumbezug begünstigen die Zentralisierung und weniger hierarchische Systeme der Herrschaftsausübung. Politische Großorganisationen wie Reiche müssen vom Standpunkt zweier Dimensionen, d. h. des Raumes und der Zeit, betrachtet werden; und sie erlangen Dauerhaftigkeit, indem sie die Ungleichmäßigkeit in der Ausrichtung von Medien, die eine dieser Dimensionen überbetonen, vermeiden. Reiche haben zumeist unter Bedingungen geblüht, unter denen ihre Zivilisation den Einfluss mehrerer Medien erkennen lässt und unter denen die Dezentralisierungstendenz des einen Mediums durch die Zentralisierungstendenz eines anderen Mediums ausgeglichen wird.[2]

Die Geschichte des Westens lässt sich zweckmäßigerweise in die Zeitalter der Schrift und des Drucks unterteilen. Im Zeitalter der Schrift konstatieren wir die Bedeutung verschiedener Medien wie der Tontafel Mesopotamiens, der Papyrusrolle in der ägyptischen und der griechisch-römischen Welt, des Pergamentkodex in der Spätantike und im Frühmittelalter und des Papiers, nachdem es aus China in die westliche Welt gebracht wurde. Im Zeitalter des Drucks können wir uns vorrangig auf das Papier als Medium konzentrieren, aber darüber hinaus feststellen, dass zu Beginn des neunzehnten Jahrhunderts Maschinen in die Papierherstellung und den Papierdruck Einzug hielten und dass in der zweiten Hälfte desselben Jahrhunderts Holz als Rohmaterial eingeführt wurde.

Es wäre vermessen zu behaupten, das geschriebene oder gedruckte Wort habe den Gang der Zivilisationen bestimmt. [...] Wir sind geneigt, die Bedeutung des gesprochenen Wortes zu übersehen und zu vergessen, dass es wenige greifbare Zeugnisse hinterlassen hat. Wir spüren jedoch seine Wichtigkeit [...] noch in zeitgenössischen Zivilisationen und bemerken seinen Einfluss in der großen Literatur des Heldenzeitalters[3] der teutonischen Stämme und Griechenlands sowie in den Wirkungen[4], die seine Entdeckung in den Sagen Europas am Ende des achtzehnten Jahrhunderts auf die Literatur des Nordens ausübte. Noch vor der Entstehung der Schrift spielte die Musik eine Rolle bei der Akzentuierung von Rhyth-

2 Eine Erörterung des Hintergrundes politischer Organisation findet man bei F. J. Teggart (1918): *The Processes of History*. New Haven: Yale University Press.

3 Siehe H. M. Chadwick (1926): *The Heroic Age*. Cambridge: Cambridge University Press.

4 Siehe Emery Neff (1940): *A Revolution in European Poetry 1660–1900*. New York: Columbia University Press, Kap. 2.

mus und Metrum und erleichterte so die Arbeit des Gedächtnisses. Ebenso leistete die Dichtung einen bedeutenden Beitrag zur mündlichen Tradition. [...]

Den Generationen, die in der Tradition des Geschriebenen und Gedruckten geschult und diszipliniert wurden, ist es kaum möglich, die Tradition des Mündlichen zu würdigen. Sprachwissenschaftler haben die Ansicht vertreten, dass das gesprochene Wort an seinem Ursprung ein Mittelding zwischen Gesang und Sprache und mehr ein Ventil für intensive Gefühle als ein Vehikel des verständlichen Ausdrucks war.[5] [...] Das gesprochene Wort gab dem, was der Geist erschuf und aus der gesamten Sphäre des Bewusstseins herauslöste, Gewissheit und eine bestimmte Form. Dennoch nahm das Sprechen des Einzelnen seinen Fortgang in ständiger Auseinandersetzung mit der Sprache und führte zu ständigen Anpassungen. [...]

Die Bedeutung, die ein Basismedium für seine Zivilisation hat, ist schwer zu würdigen, da die Mittel dieser Würdigung wiederum von den benutzten Medien beeinflusst sind. Sogar die Tatsache der Würdigung selbst[6] scheint für bestimmte Arten von Medien spezifisch zu sein. Bei einem Wechsel des Mediums ändert sich auch die Art der Würdigung; deshalb haben Zivilisationen Schwierigkeiten, einander zu verstehen. Verschärft wird das Problem noch durch den Charakter des jeweiligen Materials, insbesondere durch seine relative Dauerhaftigkeit. Pirenne hat auf die Ironie der Geschichte hingewiesen, nach der aufgrund der Eigenart des Materials immer dann viel erhalten bleibt, wenn wenig geschrieben wird, und wenig erhalten bleibt, wenn viel geschrieben wird. Papyrus als Material ist heute so gut wie verschwunden, während Ton- und Steintafeln im Wesentlichen unverändert erhalten geblieben sind. Doch Ton und Stein als dauerhafte Materialien werden nur für begrenzte Zwecke genutzt; von diesem Umstand wird die Erforschung von Zeiträumen, in denen sie vorherrschend waren, mitbestimmt. Die Schwierigkeiten einer Würdigung von Zivilisationen liegen also auf der Hand, vor allem im Hinblick auf die Dimension Zeit: Mit der Dominanz der Arithmetik und des Dezimalsystems, das offenbar abgeleitet ist von der Anzahl menschlicher Finger oder Zehen, haben moderne Forscher die lineare Zeitvorstellung übernommen. Die Gefahren jedoch, die damit verbunden sind, dass Zivilisationen, in denen dieses Maß nicht existierte, bei ihrer Würdigung in sein Prokrustesbett gepresst werden, illustrieren nur eines von zahlreichen einschlägigen Problemen. [...]

---

5 Siehe Otto Jespersen (1925): *Mankind, Nation and Individual from a Linguistic Point of View.* Oslo: Aschehoug, S. 5–13.

6 Zu Bedingungen, die der Geschichtsschreibung förderlich sind, siehe die Erörterung bei F. J. Teggart (1925): *Theory of History.* New Haven: Yale University Press.

Ich habe versucht, diesen Problemen zu begegnen, indem ich den Begriff des Reiches als Anzeiger für die Effizienz von Kommunikation gebraucht habe. Der Begriff soll in besonderem Maße die Effizienz einzelner Kommunikationsmedien und ihre Möglichkeiten ausdrücken, dem schöpferischen Denken günstige Voraussetzungen zu schaffen. In einem gewissen Sinne sind diese Vorlesungen deshalb auch eine Fortsetzung des Werkes von Graham Wallas und E. J. Urwick.

Viel ist bereits zu den Entwicklungen, die zur Schrift hinführten, und zu deren Bedeutung für die Zivilisationsgeschichte gesagt worden. Dennoch haben sich die einschlägigen Untersuchungen bisher hauptsächlich auf enge Forschungsfelder oder auf weitreichende Verallgemeinerungen beschränkt. Von Becker[7] stammt die These, dass die Schrift den Menschen mit einem transpersonalen Gedächtnis ausgestattet habe. Die Menschen erhielten ein künstlich erweitertes und überprüfbares Gedächtnis, das jene Gegenstände und Ereignisse umfasste, die weder in ihrem Sichtfeld noch in ihrer Erinnerung vorhanden waren. So wandten die Einzelnen ihren Geist Symbolen statt Dingen zu, sie überschritten die Welt konkreter Erfahrung und betraten die Welt begrifflicher Beziehungen, die durch die Schrift in einem erweiterten zeit-räumlichen Universum erzeugt wurden. Die nun erweiterte zeitliche Welt transzendierte die Sphäre des Erinnerten; die erweiterte räumliche Welt transzendierte die Sphäre bekannter Orte. Die Schrift steigerte in enormem Maße das abstrakte Denkvermögen, das sich bereits in der mündlichen Tradition im Anwachsen der Sprache manifestiert hatte. Schon Benennungen an sich waren Abstraktionen. Die Reichweite der Aktivitäten und der Macht des Menschen vergrößerte sich ungefähr proportional zur stärkeren Verwendung und größeren Perfektion schriftlicher Aufzeichnungen. Die alte Magie kehrte in Gestalt einer neuen und mächtigeren Aufzeichnung des geschriebenen Wortes wieder. Priester und Schreiber interpretierten eine sich langsam wandelnde Tradition und lieferten eine Rechtfertigung für etablierte Autorität. Eine erweiterte soziale Struktur stärkte die Position eines einzelnen Anführers, der über militärische Macht verfügte und Stellvertretern Befehle erteilte, die diese empfingen und ausführten. Schwert und Schreibwerkzeug wirkten zusammen. Die Macht nahm zu, weil sie sich in wenigen Händen konzentrierte, die Spezialisierung von Funktionen wurde durchgesetzt. Schreiber, die freie Zeit hatten, Aufzeichnungen zu führen und zu studieren, trugen damit zum Fortschritt des Wissens und Denkens bei. Das unterzeichnete, besiegelte und schnell beförderte schriftliche Dokument wurde unentbehrlich für die militärische Macht und den Ausbau der Herrschaftsverwaltung. Durch den Akt des Schreibens wurden kleine Gemeinschaften großen Staaten einverleibt und Staaten zu Imperien zusammengefasst. Die Monarchien

7 Siehe C. L. Becker (1936): *Progress and Power*. Stanford University/New York: Knopf; siehe ebenso A. C. Moorhouse (1946): *Writing and the Alphabet*. London: Cobett Press.

Ägyptens und Persiens, das Römische Reich und die Stadtstaaten waren im Wesentlichen Produkte der Schrift.[8] Die Ausweitung dieser Aktivitäten in dichter bevölkerten Regionen machte schriftliche Unterlagen notwendig, die ihrerseits die weitere Ausdehnung von Aktivitäten ermöglichten. Auf die Konzentration und Erweiterung der Macht folgten die Instabilität der politischen Strukturen sowie Konflikte. Ein übergreifendes Idealbild von Worten, die außerhalb des Bereiches persönlicher Erfahrung gesprochen werden, wurde verstreuten Gemeinschaften auferlegt und von diesen übernommen. Es ist die Auffassung vertreten worden, eine erweiterte Sozialstruktur werde nicht nur durch eine zunehmende Anzahl schriftlicher Aufzeichnungen zusammengehalten, sondern besitze auch eine größere Fähigkeit, die Lebensweise von Menschen zu verändern. Nach der Erfindung der Schrift wurde die spezielle Form der gehobenen und für die mündliche Tradition und die Kollektivgesellschaft charakteristischen Sprache von einem privaten Schriftgebrauch abgelöst. Aufzeichnungen und Nachrichten ersetzten das kollektive Gedächtnis. Die Dichtkunst wurde schriftlich praktiziert und löste sich von der kollektiven Feier.[9] Die Schrift machte die mythische und die historische Vergangenheit, die vertraute und die fremdartige Schöpfung der Betrachtung zugänglich. Die gedankliche Vorstellung der Dinge wurde von den Dingen selbst unterschieden, und der entstandene Dualismus verlangte wieder nach Reflexion und Auflösung. Das Leben wurde dem ewigen Universum entgegengestellt, und man versuchte, den Einzelnen mit dem universellen Geist zu versöhnen. Diese Generalisierungen, die wir gerade genannt haben, sind jedoch im Hinblick auf bestimmte Reiche zu modifizieren. Graham Wallas hat uns erinnert, dass das Schreiben im Vergleich zum Sprechen einen ersten Distanzierungsschritt von einem Eindruck bedeutet und das Lesen einen zweiten. Die Stimme einer zweitrangigen Person ist eindrucksvoller als die veröffentlichte Meinung von überlegener Kompetenz.

Derartige Generalisierungen, in diesem Fall jene hinsichtlich der Bedeutung der Schrift, sind allerdings dazu angetan, die genauere Untersuchung der betreffenden Sachverhalte zu erschweren und die Unterschiede zwischen Zivilisationen, insoweit sie auf verschiedenen Kommunikationsmedien beruhen, zu verwischen. Wir werden deshalb versuchen, die Rollen unterschiedlicher Medien in Bezug auf Zivilisationen zu benennen und die beschriebenen Zivilisationen miteinander zu kontrastieren.

*Aus dem Englischen von Textworks Translations und Gabriele Schabacher*

---

8 Edwyn Bevan (1921): *Hellenism and Christianity*. London: Allen and Unwin, S. 25.

9 Siehe Christopher Caudwell (1937): *Illusion and Reality: A Study of the Sources of Poetry*. London: Macmillan, S. 51.

**Textnachweis:** Harold A. Innis (1950): Introduction. In: Ders.: Empire and Communications. Oxford: Clarendon Press. Rev. ed. Toronto: University of Toronto Press 1972. Reprint with a general introduction by Alexander John Watson. Toronto: Dundurn Press 2007, S. 21–31; hier: S. 21, 22, 23–25, 26–28, 29–31.

# Paul Virilio: Die innere Steuerung (1984)

Das automobile Vehikel ist keine „Maschine" wie andere, handelt es sich doch um eine Maschine, die sowohl stationär als auch beweglich ist. Stationär ist der Motor auf dem Prüfstand oder auf seinem Fahrgestell; beweglich ist das Antriebssystem (Räder, beziehungsweise Raupenketten), welches das Vehikel zu der jeweiligen Startfläche, auf die Piste, die Landstraße oder die Autobahn befördert. Das Kräftepaar, gebildet aus Antriebsrädern und Nachrichtenanlage, bewirkt dann die Erzeugung von Geschwindigkeitseffekten, Artefakten, die für alle Vehikel, die sich auf dem Boden oder in seiner unmittelbaren Nähe mit großer Schnelligkeit fortbewegen, typisch sind. Die automobile Maschine ist also nicht einfach ein Kommunikationsmittel; als „Geschwindigkeitsmaschine" ist sie auch das Übertragungsmittel der Schnelligkeit als solcher. Die Angewohnheit, Geschwindigkeit mit Beförderung gleichzusetzen, hat uns den Blick auf das Wesen der „Bewegung der Bewegung" verstellt. Als Quantität verfügt die Geschwindigkeit gleichzeitig über eine Größe, die Anzahl der in der Stunde zurückgelegten Kilometer, und über eine Richtung, die Richtung der Fahrstrecke; es handelt sich bei ihr also um einen Vektor. Und in Entsprechung zur Produktion des Vehikel-Vektors durch die Automobilindustrie erzeugt und produziert letzterer wiederum den Geschwindigkeitsvektor. […]

Das automobile Vehikel (Auto, Schiff, Flugzeug) ist demnach eine Kombination aus zwei Vektoren: des motorischen Kraftvektors und des Geschwindigkeitsvektors der Ortsveränderung, wobei letzterer eine direkte Folge, ein Erzeugnis des ersteren, aber – behalten wir das im Auge – auch des Milieus sowie des Elementes (Erdboden, Meer, Luft) oder der tragenden Fläche ist. […]

Auf diese Weise erzeugt der aus dem „kleinen dynamischen Vehikel" (Auto, Motorrad) und dem „großen statischen Vehikel" (Landstraße, Brücke, Tunnel…) gebildete vehikuläre Komplex die negative oder positive Beschleunigung, eine neue Dimension der Welt oder vielmehr eine fortwährende Erneuerung der Di-

© Springer Fachmedien Wiesbaden GmbH, ein Teil von Springer Nature 2019
A. Ziemann (Hrsg.), *Grundlagentexte der Medienkultur*,
https://doi.org/10.1007/978-3-658-15787-6_36

mensionen der Welt. Diese durch die technische Verbesserung bei der Kontrolle der Vektoren ununterbrochen reprogrammierte Erneuerung macht sich nicht nur durch eine Verkürzung der Zeitdistanzen bemerkbar, sondern wirkt sich innerhalb des Systems der Erscheinungen auch auf die Sicht der Passagiere aus. Die Produktion des Vehikel-Vektors, der eine „Transportmaschine", darüber hinaus aber auch eine „Geschwindigkeitsmaschine" ist, löst eine Projektion, gewissermaßen eine Illumination aus: Das Paar Motor/Räder ermöglicht das Paar Wagen/Landstraßen; zwischen Abreise und Ankunft zieht das Land mit seinen Landschaften wie ein Treibriemen vorüber. Dieses Artefakt, das als optische Täuschung gilt und deshalb zu wenig beachtet wird, ist indessen nicht mehr und nicht weniger illusorisch als die Schrumpfung der Zeitdistanz der Fahrstrecke. Mit ebenso großem Recht könnte man nämlich diese zeitliche Annäherung als motorische Illusion auffassen, da die geographische Distanz, welche Abfahrt und Ankunft trennt, die Raumdistanz also, sich genau in dem Maße verändert, wie die Landschaften sich in der dromoskopischen Vision der Passagiere schneller Vehikel fortbewegen… So sehen wir uns hier einer unvermuteten, die Ausdehnung betreffenden Produktion gegenüber, bei der es sich im Grunde um eine regelrechte kinematische Projektion handelt. Das schnelle, das „automobile" Kommunikationsmittel kann also auch als „audiovisuell" aufgefaßt werden, da seine Passagiere einem gleichzeitig visuellen und auditiven Erkennen verpflichtet sind. […]

Die Sicht des Autofahrers, in diesem Punkt mit der durch Elektronik verbesserten Ausstrahlung des Fernsehbildes im Beschleuniger der Kathodenröhre vergleichbar, ist kein nebensächliches Element des unterschwelligen Komforts der Reise, sondern eine seiner Hauptachsen, welche wie die Öffnungen der Windschutzscheibe und der Seitenfenster zur Erweiterung der eingeschränkten Rundsicht wesentlich beiträgt.

Als „Reisevoyeure" befinden sich der Fahrer und die Passagiere in einer ungewöhnlichen Situation, die auf die Synopsis ihrer Ortsveränderung zurückzuführen ist. Als *in Bewegung befindliche,* auf eine lokomotorische Prothese angewiesene *Behinderte* sowie als *behinderte Voyeure* sind sie der faszinierenden Darstellung einer Welt erlegen, in welcher das automobile Kommunikationsmittel (direkt oder indirekt) auf sämtliche vorhandenen „Übertragungsmittel", nicht nur auf die vorhandenen Transportmittel einwirkt. Im Grunde *führt der Weg in die Zukunft des automobilen Abenteuers über die Weiterentwicklung des Abenteuers der Erscheinungen,* das heißt, über eine Verbindung und Fusion audiovisueller und automobiler Medien, die auf diese Weise eine Verkettung herstellen, welche auf dem Vorrang der *Information* vor dem *Transport* beruht. […]

# I

In früheren Zeiten hatte man sich, sobald die Schrift bekannt war, in Anbetracht dessen, daß nicht allzuviele verfügbare Daten vorhanden waren, in erster Linie auf die Übermittlung von Informationen verlegt, und zwar auf den metabolischen Transport (durch Läufer, Pferde, Tauben...) oder die technische Übermittlung (durch Signale, Wagen, Schiffe...). Die Macht des Pontifex (etymologisch „derjenige, der Energien bündelt und ihnen eine Richtung gibt") beruhte zunächst auf der *Bewegkraft,* der Fähigkeit zu befördern. Sein Palast hatte für die Information des Landes die Funktion einer „Trägheitszentrale". Die politische und polizeiliche Macht in ihrer Eigenschaft als Wissenskraft war also ein unmittelbares Ergebnis der Fähigkeit einer privilegierten Kaste von Botschaftern (Wagenlenkern, amtlichen Kurieren, Reitern), Fakten zu sammeln und selbst den entlegensten Landstrichen noch Informationen, „allgemeine Auskünfte" zu entlocken, die vor der Erhebung von Steuern und damit indirekt im Interesse der strategischen und ökonomischen Kontrolle des Landes eingeholt wurden.

Da der Wert einer Botschaft von der Geschwindigkeit ihrer Übermittlung abhängt, ist die Bedeutung dieses „Kurierdienstes", dieses römischen *cursus publicus,* dessen Oberhaupt sogar zu kaiserlichen Würden kommen konnte, augenfällig.

Hier wäre auch an das Privileg der Feudalherren, des Adels und schließlich des Großkapitals zu erinnern, sich einen Taubenschlag, ein sehr schnelles System der Nachrichtenübermittlung, zuzulegen. Nach dem statischen System der optischen Signale in der Antike und den Fortschritten der Telegraphie erfolgt dann plötzlich die Revolution des Transportwesens. Die bisher von Postwagen wahrgenommene Gepäckbeförderung wird nun auf dem Schienenweg abgewickelt. Im Grunde ist diese Revolution der Mittel, die einer Ortsveränderung dienten, der logistische Endpunkt eines jahrtausendealten Bestrebens, das in erster Linie den Transport einer möglichst großen Nutzlast auf Flüssen, Meeren und auf dem Land anvisierte. Dieser trug dann zur Steigerung der ökonomischen und strategischen Leistungsfähigkeit der herrschenden Mächte bei, während die Information von den Auswirkungen der technologischen Entwicklung der Transportmittel (Galeeren, später Segelschiffe, Wagen und Reiterstaffeln, Postkutschen und Postrelais, telegraphische Systeme und Bahnnetze...) eigentlich erst in zweiter Linie profitierte. Übrigens muß in Betracht gezogen werden, daß sich in dieser Periode der Geschichte die staatliche Gewalt auf die physische Leistung der Infanterie sowie auf das Durchstoßvermögen der Kavallerie stützte, da es auf dem Landweg trotz der Artillerie noch keine Technik gab, die so fortgeschritten gewesen wäre, daß sie die metabolische Kraft mobilisierter Körper hätte ersetzen können (von Cäsar bis Napoleon ist das Relaispferd immer noch die „Währung" der Geschwindigkeit).

Die Revolution des Transportwesens, eine echte *Kulturrevolution* des modernen Abendlandes, ist in der Tat ein Auftakt zur „Revolution des Nachrichtenwesens". Mit der durch die Industrie ermöglichten zunehmenden Vielfalt der Kommunikationsmittel (Zug, Automobil, Flugzeug, Radio, Telephon, Fernsehen) wächst die Macht der Information in gleichem Maße wie die Information der Macht. Das ist die Stunde der ersten „Presseagenturen", aber auch die Stunde der wissenschaftlichen und internationalen Entwicklung des Polizeiwesens, das heißt, der (zivilen und militärischen) „Nachrichtendienste".

Die Informatik und die Telematik schließen dann lediglich einen von der Telegraphie und vom Eisenbahnwesen schon ein Jahrhundert zuvor angedeuteten Kreis.

In der Folge kann man das Phänomen eines „Verzichtes auf das Tier" und später dasjenige einer „Entstofflichung" beobachten: Nicht nur das Tier (das Last-, Zug- und Lauftier) verschwindet zugunsten der Maschine, selbst das technische Übertragungsvehikel hat die Tendenz, hinter der ausgestrahlten Botschaft, letztlich zugunsten eines plötzlichen Radio- oder Radarsignals zu verschwinden... Das Automobil, ein Nebenprodukt der Dampfmaschine, sollte dann trotz des Elektromotors die erste Hälfte des 20. Jahrhunderts benötigen, bevor es zusammen mit Rundfunk und Bordtelephon und den ersten zaghaften Versuchen des Fernsehens an der „Revolution des Nachrichtenwesens" mitwirken konnte... Seit den mechanischen und thermodynamischen Anfängen des Automobils (Cugnot) und in Anbetracht der heftigen Konkurrenz durch die Eisenbahn und die Verkehrsflugzeuge muß man feststellen, daß mit dem Aufkommen des Automobils das Prinzip der Information, welches mit dem Transportwesen verbunden ist, eigentlich immer zu wenig Beachtung gefunden hat zugunsten des Prinzips der Autonomie des Transportwesens.

Im Zuge der heutigen Elektronik geht diese Periode jetzt ihrem Ende entgegen.

## II

Angesichts der wachsenden Inflation der neuen Kommunikations- und Übertragungsmittel auf Distanz wohnen wir einer spektakulären Umkehrung bei: Die automobile Information verfügt heute über eine größere Anziehungskraft als der autonome Transport, ohne diesen jedoch völlig auszuschalten. Halten wir indessen fest, daß es sich hier um eine für das besagte Transportmittel typische Information handelt, die die Information anderer Massenmedien nicht wiederholen oder zur Gänze wiedergeben kann. Eigentlich gibt es zwei Arten von „Massenkommunikationsmitteln", das *audiovisuelle* (Presse, Rundfunk, Fernsehen, Informatik, Telephon...) und das *automobile* (die Transportmittel und Mittel der Ortsveränderung auf dem Lande, in der Luft und zur See...).

Beide befördern im Grunde einen spezifischen informativen Inhalt, bei beiden handelt es sich um Informationstypen, die von ihren jeweiligen Anlagen geprägt sind. Sowohl der Übertragungsvektor als auch das Transportvehikel haben die Eigenschaft, den eigentlichen Inhalt von „Botschaften" zu verändern, wobei diese Botschaften durch Rundfunk, Fernsehen, Telephon usw. übermittelt werden können oder Übertragungen der Reise im Zug, im Auto oder im Flugzeug sind.

Da in beiden Fällen Sinn befördert wird, und zwar in beiden Richtungen, hin und zurück, ist die Wegstrecke (die Reise) ein Diskurs (eine Botschaft).

Die Geschichte der audiovisuellen und automobilen Vermittlung, ein Wegstreckendiskurs, ein Feedback der Fahrt, weist auf die Problematik der direkten, beziehungsweise indirekten Information hin. [...]

Letztlich ist es belanglos, ob es sich bei dieser Beschleunigung um eine solche der telematischen Übertragung von Fakten (in einer Millisekunde, einer Bit-Sekunde) oder um die Beschleunigung des Überschalltransportes von Personen (in km/h oder Mach) handelt; da die Geschwindigkeit, wie wir gesehen haben, die Botschaft, die letzte Botschaft der Bewegung darstellt, ist es angezeigt, die kinematische Eigenschaft der übermittelten Information zu analysieren, und zwar ohne Rücksicht darauf, ob vehikuläre Unter- oder Überschall-Leistungen (audiovisueller oder automobiler) Übertragungsapparate oder -instrumente betroffen sind. [...]

## III

Die direkte Information ist das unmittelbare Ergebnis der Sinne, des Gesichts-, Gehör-, Geruchs- und Tastsinnes, aber auch jenes *Muskelsinnes*, anders ausgedrückt, eines *Bewegungsvermögens* dieses „Eigenkörpers" (der bekanntlich unser ursprüngliches Fortbewegungsmittel ist) vor Ort sowie seiner *Beweglichkeit* im Raum.

Halten wir auch fest, daß die physiologischen Eigenschaften und psychologischen Fähigkeiten unserer fünf Sinne von den Seh-, Hör-, Riech- und Geschmacksorganen, aber auch von der ortsverändernden Bewegung oder dem Stellungswechsel der Organe und des Körpers im Raum-Zeit-Kontinuum abhängig sind. Die Ortsveränderung, eine peripatetische Einweisung in die Reisewege und Fahrstrecken des Körpers, eine psycho- und sensomotorische Übung sowie eine Initiations- und Bildungsreise, ist gleichsam der dringliche Befehl, sich Informationen anzueignen. Die Gebärdensprache des (physischen) „Transportsportes" ist die Bedingung schlechthin für eine Urteilsbildung, und zwar vor, lange vor sprachlichen oder schriftlichen Vermittlungen (vgl. die vorsprachliche Kommunikationsfunktion des Mimen und des Tanzes). Die – außer der Sprache und der Schrift, diesen von jeder entwickelten gesellschaftlichen Kommunikation anerkannten Grundlagen – indirekte (oder vermittelte) Information ist offensichtlich die (geschriebene oder gesprochene) Information durch Literatur und Presse sowie die ikonische Information durch das (graphische, gemalte, geometrische…) starre, dann bewegte Bild, ein kinematischer Effekt, der indirekt, das heißt, mechanisch, elektrisch oder elektronisch, den „Wirklichkeitseffekt" der Ortsveränderung reproduziert, anders ausgedrückt, die direkte Information durch die Reise. Bleiben wir beim ursprünglichen kinematographischen Beispiel: Der für Aufnahme und Ton zuständige Techniker fungiert gewissermaßen als Hilfskraft des Zuschauers, der Kameramann ist der Reisevoyeur, der Expeditionskörper des seßhaften Voyeurs in den Kinos. Man kann also einmal mehr feststellen, daß das grundsätzlich Kinematische der Gegebenheiten, die zu einem Urteil führen, im Mittelpunkt des Informatikproblems steht: Im Falle der unmittelbaren Information handelt es sich nur um die lokomotorischen Organe des Subjektes, im Falle des Beispieles für vermittelte Information dagegen um die motorischen (elektrischen, elektronischen) Organe des Objektes. […]

Bei der Hin- wie bei der Rückfahrt wird das Plus an gewonnener Zeit mit dem Soll an Wert des durchreisten Raumes verrechnet. Da die Schnelligkeit der automobilen Fahrten lediglich auf Kosten der Bedeutung der Örtlichkeiten zu erreichen ist, das heißt, auf Kosten der direkten Information der Reisenden, funktioniert das Vehikel mit Eigenantrieb, wenn es einen gerade durch seine eigene Geschwindigkeit relativierten informativen Inhalt übermittelt, letztlich wie ein x-beliebiges „audiovisuelles Medium". Das „automobile Medium", das noch auf einen Entsatz in die Tiefe des Feldes und seine unmittelbare Umgebung angewiesen ist, beschleunigt andererseits auch die Verödung dieser Umgebung (Piste, Landstraße, Autobahn oder spezielle Rennstrecke).

Da der informativ dürftige Diskurs der nur in einer Richtung verlaufenden Gleichförmigkeit der Wegstrecke entspricht (Infrastruktur der Wegstrecken), kann man ohne weiteres den Schluß ziehen, daß die Konstante der Beschleunigung mit der Fusion der Kommunikationsmittel gleichzusetzen ist, mit der Mischung des Audiovisuellen und des Automobilen, das heißt, mit der Urzeugung einer neuen Maschine oder vielmehr eines allerletzten Vehikels. […]

## VI

Betrachten wir das Entwicklungsgebiet der Übertragungstechniken (Antriebsart usw.) einmal chronologisch von den mechanischen, dann elektromechanischen, elektromagnetischen Verfahren bis hin zu den heutigen Mikroprozessoren. Was läßt sich da feststellen?

Eine zunehmende Miniaturisierung der Elemente und der Verfahren, anders ausgedrückt, eine statistisch eindeutige Tendenz zum gezielten Verschwinden, zum Verschwindenlassen der Apparatur, sogar des Apparates…

Diese Tendenz ist als solche äußerst aufschlußreich für die neueste Entwicklung der Technologien, vor allem der Elektronik. Wir haben bereits gesehen, daß die Geschwindigkeit der Ortsveränderung auf dem Boden durch Planierung und Vereinheitlichung der Wegstrecke zur Verödung der Basen solcher Ortsveränderung (Pisten, Landstraßen, Autobahnen und Autorennbahnen) führt. Da andererseits die Höchstgeschwindigkeiten des Lufttransports eine immer exzessivere Überprüfung der Aerodynamik der Vehikel zur Folge haben, läßt sich sagen, daß die Plötzlichkeit des Informationstransfers auch eine extreme Miniaturisierung der Bestandteile und letztlich ein jähes Verschwinden des technischen Gegenstandes selbst nach sich zieht. Hier wäre anzumerken, daß diese *Sichtschwelle* sowohl für die Benutzung als auch für die Attraktivität des Instrumentes oder Apparates von äußerster Wichtigkeit ist. Jenseits einer gewissen kritischen Schwelle reiht sich der technische Gegenstand in ein neues Ganzes, in eine neue Apparatur ein, die sich dann ihrerseits zum Instrument des Erwerbers oder Benutzers, zu seiner bevorzugten Zielscheibe entwickelt. […]

Die Miniaturisierung, ein Aspekt der Krise der Dimensionen, ist letztlich wohl eine der Achsen der wissenschaftlichen und technischen Entwicklung, aber selbst da können wir eine Förderung der Verfahren, die einer „Unsichtbarmachung" dienlich sind, beobachten. Zwar wurde auch früher jeder technische Gegenstand einer zunehmenden Verkleinerung unterworfen, was aber über lange Zeiträume hinweg erfolgte. Heute löst das Bestreben, den Raumbedarf zu senken und die Bauelemente zu entlasten, eine immer raschere Reduktion der Formen und Volumen aus; der technische Gegenstand soll nicht mehr nur den Erfordernissen des Gebrauchs (den motorischen und ökonomischen Leistungen usw.) gerecht werden, sondern sich auch in die Abfolge einer Miniaturisierung einfügen, der für die Technologie der Produktion die gleiche Bedeutung zukommt wie der Tatbestand des Überholtseins für die Ökonomie des Verbrauchs. […]

Halten wir also fest: Die Informatik geht in der Telematik auf, weil der Riesencomputer selbst zu einem winzigen Mikroprozessor geworden ist… […]

So folgt auf die Ästhetik der Erscheinung eines festen Bildes, *das durch seine eigene Statik gegenwärtig ist,* die Ästhetik des Verschwindens eines Bildes, *das anwesend ist, weil es sich verflüchtigt…*

*Aus dem Französischen von Brigitte Weidmann*

**Textnachweis:** Paul Virilio (1984): La conduite intérieure. In: Ders.: L'horizon négatif. Essai de dromoscopie. Paris: Éditions Galilée, S. 217–240. Deutsche Fassung: Virilio, Paul: Die innere Steuerung. In: Ders.: Der negative Horizont. Bewegung, Geschwindigkeit, Beschleunigung. Frankfurt am Main: Fischer 1995, S. 203–226; hier: S. 203–213, 215, 222–226. Copyright 1989 Carl Hanser Verlag München.

# Bruno Latour: Gedankenzüge: Piaget, Formalismus und die fünfte Dimension (1996)

Stellen Sie sich zwei Reisende vor, Zwillinge. Der eine ist eine Frau, sie hat sich in den dichten Dschungel aufgemacht und schlägt sich mit dem Beil einen Pfad frei, der kaum sichtbar ist. In jeder Minute, in der sie ihren Weg um nur wenige Zentimeter vorantreibt, altert sie um mehr als eine Minute. Sie schwitzt. Ihr Körper trägt die Spuren der Anstrengung: Jeder Meter lässt sich an den blutigen Kratzern ablesen, die Dornen und abgebrochenes Strauchwerk ihr zufügen. Ihr Weg voran ist wie ein Schnitt, aber auch ihr Körper erleidet Schnitte: ein leidender Körper, der unter anderen leidenden Körpern, unter Kletterpflanzen, Gras und Gehölzen lebt und gedeiht. Zweifellos wird sich die Frau ihr Leben lang an jeden Moment dieses qualvollen Wegs durch den Dschungel erinnern. Sie wird sich erinnern, weil jeder Zentimeter anderen Entitäten – Zweigen, Schlangen und Stöckern, die in andere Richtungen voranstrebten und die andere Ziele und Zwecke verfolgten – durch eine komplizierte Aushandlung abgerungen wurde.

Stellen Sie sich nun zum Vergleich den Komfort vor, den der andere Zwilling, ihr Bruder, genießt. Er ist so wie ich mit dem TGV zur Konferenz angereist. Er saß ruhig in seinem klimatisierten Erste-Klasse-Abteil und las eine Zeitung. Den vielen Orten, die der Schnellzug passierte und die für ihn wie auf eine Kinoleinwand projizierte Landschaften aussahen, schenkte er keine Beachtung. Er alterte um nicht mehr als die drei Stunden, die seine Fahrt dauerte. Außer den Knitterfalten an seiner Hose und vielleicht den Nachwirkungen einiger Wadenkrämpfe, die er bekam, weil er seine Beine nicht lang genug ausstrecken konnte, zeigt er praktisch keine Spuren seiner Reise. Er wird sich an wenig mehr erinnern als daran, dass er mit dem Zug statt mit dem Flugzeug gereist ist. Eine kurze Erinnerung hat er vielleicht noch an die gelesenen Zeitungsartikel. Bei seiner Zugfahrt waren alle Stahlatome, alle Elektronen, alle Schranken und Schalter und alle Bemühungen der beiden Bahnunternehmen SNCF und CFS *in der gleichen Richtung ausgerichtet.* Sein Zug fuhr schnell durch Raum und Zeit, die Fahrt entsprach bis auf die

© Springer Fachmedien Wiesbaden GmbH, ein Teil von Springer Nature 2019
A. Ziemann (Hrsg.), *Grundlagentexte der Medienkultur*,
https://doi.org/10.1007/978-3-658-15787-6_37

Millisekunde der weltberühmten Schweizer Genauigkeit und der fast ebenso berühmten Servicequalität des französischen TGV. Es gab keine Aushandlung unterwegs, kein Ereignis und also nichts Bemerkenswertes. „Eine Fahrt ohne besondere Vorkommnisse", wie er beim Aussteigen einem Freund berichtet.

Warum sollten wir die beiden Zwillinge und die Art, wie sie altern, vergleichen? Um unsere Aufmerksamkeit auf ein Phänomen zu lenken, das der Fabrikation von Zeiten logisch vorangeht – der Beziehung zwischen *Transport* und *Transformation*.

Die Reisende verändert sich und altert mit jeder Bewegung und könnte auf dem Weg sogar ihr Leben verlieren. Ihr männliches Gegenstück wird durch seine rasche und reibungslose Fahrt, die nur eine anonyme Bombe oder, wie wir sehen werden, ein Streik unterbrechen könnte, nicht verändert. Die Reisende setzt daher ihren Transport (oder die Ortsveränderung) gleich mit Modifikation, Altern, Geschichte, Transformation, Metamorphose. Der Reisende dagegen unterscheidet zwei anscheinend verschiedene Phänomene: die Bewegung durch Raum und Zeit einerseits und das Altern, Leben, Leiden und Teilnehmen an Ereignissen andererseits. Da der Zusammenhang zwischen Transport und Transformation sich bei den beiden Reisenden unterschiedlich darstellt, ist auch die Produktion von Zeiten und Räumen, so meine Argumentation, in beiden Fällen *vollständig* verschieden. Die reisende Frau macht keinen Unterschied zwischen Raum, Zeit und Altern; ihre Nichtdifferenzierung wollen wir *prozessual*[1] nennen. Ihr Zwillingsbruder dagegen kann ohne Schwierigkeiten das, was sich verändert, von dem unveränderlichen Rahmen unterscheiden, *in dem* es sich verändert.

Die Trennung zwischen Zeit und Raum einerseits und Entitäten, Wesen oder Ereignissen andererseits ist *keine* fundamentale Unterscheidung, sondern eine, die von *manchen* Reisenden in ganz spezifischen und historisch situierten Transportmitteln vorgenommen wird.[2] Wir müssen daher bei der Diskussion von Zeit den wichtigen Positionen, die moderne Philosophen hierzu eingenommen haben, vielleicht keine uneingeschränkte Aufmerksamkeit widmen. Zeit und Raum sind nicht die Newton'schen *sensoria*, in denen Ereignisse stattfinden und Planeten elliptischen Bahnen folgen. Doch genauso wenig sind sie Formen unserer Wahr-

---

1 Der Begriff „process" wurde hier natürlich der Philosophie Whiteheads entnommen. Der vorliegende Aufsatz versucht eine Vermittlung, die eine frühere Arbeit von mir ergänzt: „Do Scientific Objects Have a History? Pasteur and Whitehead in a Bath of Lactic Acid". *Common Knowledge* 5 (Spring 1996): 76–91. Um den engen Grenzen des Sozialkonstruktivismus zu entkommen, scheint die Wissenschaftsgeschichte zunehmend mehr Ontologie zu brauchen.

2 Es ist beispielsweise schwierig, dies im chinesischen Denken auszudrücken, so François Jullien, The Propensity of Things: Toward a History of Efficiency in China (Cambridge: Zone Books, 1995).

nehmung, universelle Aprioris, auf die unser Bewusstsein zurückgreifen muss, um der Vielheit der Wesen und Entitäten einen Rahmen oder einen Platz geben zu können. Weit davon entfernt, Grundbegriffe zu sein, sind sie vielmehr *Folgen* der jeweiligen Weise, in der sich Körper aufeinander beziehen. Wir müssen daher unsere Betrachtung über die Zeit mit einer dritten Tradition, der leibnizschen, verknüpfen, in der Raum und Zeit als Ausdruck einer Beziehung zwischen den Entitäten selbst gelten. Statt einer einzigen Raumzeit werden wir so viele Räume und Zeiten erzeugen, wie es Beziehungsarten gibt.[3] Das Voranschreiten auf einem Dschungelpfad bringt somit nicht dieselben Raumzeiten hervor wie die reibungslose Bewegung innerhalb von Netzwerken.[4] Es macht einen enormen Unterschied, ob der betreffende Körper ein leidender Körper unter anderen leidenden Körpern ist oder ein entspannter Manager in einem klimatisierten Hochgeschwindigkeitszug.

Worin besteht der Unterschied? Kann man ihn genauer fassen? Ja – wenn wir die Anzahl und Natur der anderen Entitäten berücksichtigen, mit denen die Reisenden jeweils zu tun haben. Obwohl die Zugfahrt des männlichen Zwillings ruhig verlief, gab es etwas – ich habe das bisher nicht erwähnt –, das ihn beeindruckte und erschreckte und durch das die Reise sich ihm einprägte. Der Zug fuhr mit 150 Kilometern pro Stunde ohne Halt durch Culoz, einen Ort, in dem bis vor wenigen Jahren noch alle Züge Richtung Alpen und Schweiz hielten. Was damals ein wichtiger *Ort* gewesen war, hatte sich jetzt zu einem nicht vorhandenen, undifferenzierten *Moment* auf der Zugstrecke gewandelt. Für den Reisenden wurde hier die Tatsache zum Ereignis, dass nichts an diesem Bahnhof den Ort Culoz mehr zu einem Ereignis, zu etwas Erinnerungswürdigem oder Nennenswertem im Leben der Fahrgäste machen konnte. Auch die Bewohner des Städtchens selbst waren nicht mehr würdig, den Zug anhalten zu lassen, ihn zu besteigen oder zu verlassen. Die Verbindungen der Einheimischen mit diesem Bahnhof hatten ehemals den Lianen des weiblichen Zwillings geähnelt, die den Weg versperrten oder die Fahrgäste dazu zwangen, Umwege zu machen, Verspätungen hinzunehmen oder auf nachfolgende Züge zu warten. Nun jedoch, da die Verbindungen so gekappt waren, wie die Dschungelreisende ihre Lianen gekappt hatte, ähnelte das Gleis in Culoz dem von der Frau hinterlassenen offenen Pfad. Der kleine Bahnhof hatte gezählt, nun zählt er nicht mehr. Er hatte früher die Reise der Zugfahrgäste unterbrochen und unterbricht sie nicht mehr. Er war einmal ein Zughalt gewesen und

3 Niels Viggo-Hansen, „Process Thoughts, Teleology, and Thermodynamics" (Vortrag bei der Konferenz über „Time, Heat, and Order", Aarhus, September 1997), und die Ph. D.-Dissertation des Autors (im Erscheinen).

4 Zum Begriff der Pfade oder „Trails" siehe Adrian Cussins, „Content, Embodiment, and Objectivity: The Theory of Cognitive Trails", *Mind* 101 (Oktober 1992): 651–88.

hat nun aufgehört, einer zu sein. Die säuberlich aneinander ausgerichteten Schienen verlaufen nur noch in einer Richtung, von Paris nach Genf.

Der Unterschied zwischen den Reisen unserer Zwillinge rührt demnach von der *Anzahl der Anderen* her, die zu berücksichtigen sind, und von der *Natur* dieser Anderen. Handelt es sich bei ihnen um gut ausgerichtete *Intermediäre,* die weder Umstände noch Geschichte machen und so ein glattes Vorankommen ermöglichen, oder handelt es sich um *Mediatoren* im vollen Wortsinn, die Pfade und Geschicke zu ihren eigenen Bedingungen definieren? Sind es wirklich Andere – also Mediatoren – oder sind sie eher gleich – also Intermediäre? Die Struktur der Zeit hängt von dieser Art ontologischer Differenz ab und nicht von der Wahrnehmung eines Bewusstseins. Wenn andere Entitäten für unsere Existenz notwendig sind (und uns überraschen), vermehren sich die Zeiten und Räume. Im entgegengesetzten Fall werden Zeiten und Räume seltener bis zum Punkt der *einen* Raumzeit oder sogar jenem, an dem es *keine* Zeit und *keinen* Raum mehr gibt, sondern nur noch *Formen.*

Jetzt können wir unsere Zwillinge entlang einer Dimension situieren, die das Verhältnis von Transformation und Transport berücksichtigt oder aber die Anzahl der Mediatoren im Vergleich zur Anzahl der Intermediäre. Wollen wir aber der üblichen Entgegensetzung von subjektiver und objektiver Zeit entgehen, können wir uns darüber hinaus eine zweite Dimension vorstellen, die uns ein noch aussagefähigeres Raster zur Entwicklung unserer Diskussion der Raum-Zeit-Fabrikation bietet. Zur Definition dieser zweiten Dimension können wir die Biografien unserer Zwillinge in einem Szenario verbinden und nun nachdrücklich auf die *Arbeit* verweisen, die notwendig ist, um von einer Position zur anderen zu gelangen. Stellen Sie sich beispielsweise vor, dass der weibliche Zwilling von einem Unternehmen als Landvermesserin in den Dschungel geschickt wurde, um für einen Hochgeschwindigkeitszug eine Trasse zu vermessen, die in nur wenigen Jahren geplant, entworfen, finanziert, gebaut, fertiggestellt und letztendlich von ihrem achtlosen Bruder im Nadelstreifenanzug genutzt werden wird. Jeder Locus, jeder Ort, der zuvor das Vorankommen seiner Schwester verhindert oder verlangsamt hatte, der sie altern ließ und ihr Schmerzen zufügte, ist dabei in ein gut ausgerichtetes Intermediäres verwandelt worden, das seine Kraft, sein Ziel, seinen Willen oder Zweck dem Pfad des dahineilenden Zuges zur Verfügung stellt. Jeder Baum, jedes Haus, jede Hütte und jeder Rebstock auf dem Weg des Hochgeschwindigkeitszugs wurde zerstört. Darum ist er so schnell – nichts stört oder bremst ihn. Geschwindigkeit hängt entscheidend davon ab, wie sich die Anzahl der Intermediäre zur Anzahl der Mediatoren verhält. Die Geschwindigkeit des Zuges und die ereignislose Reise der Fahrgäste hängen vollständig vom uneingeschränkten *Gehorsam* der durchquerten Orte ab – und natürlich auch davon, dass die Organisation der Bahngesellschaft wie das sprichwörtliche Uhrwerk funktioniert.

Unsere Geschichte könnte jedoch auch den entgegengesetzten Verlauf nehmen. Die Bewohner der durch die Bahnlinie geteilten Stadt könnten sich entschließen, aus Protest eine Sitzblockade auf den Gleisen zu veranstalten. Sie könnten sogar Holzscheite auf die Gleise legen und anzünden (in der Schweiz freilich undenkbar, aber nehmen wir einmal an, im französischen Streckenabschnitt). Was würde dann passieren? Die Passagiere des Zuges würden zu altern beginnen. Sie würden in dem für sie bedeutungslosen Flecken festsitzen, der aber durch den Protest eine Bedeutung erhielte und zu einem Schauplatz, einem ereignisträchtigen *topos* würde. Als Geiseln ihres Schicksals werden sie sich ab diesem Punkt an ihre Reise erinnern. Sie werden das Vergehen der Zeit zu spüren beginnen und dass sie langsam oder schnell verstreicht. Sie werden anfangen, den Eindruck „gelebter" Zeit und „gelebten" Raums zu haben, den sie nicht hatten, als der Zug sich rasch und ereignislos bewegte. Sie werden mit Bussen vom Bahnhof weggebracht werden und Stunden verlieren – wegen der zornigen Demonstranten, die ihrerseits „Geschichte machen", die sich stolz auf ihre Stärke und darauf besinnen, dass sie nicht an einem Nichtort wohnen, den man mit Hochgeschwindigkeit durchqueren kann, so als wäre er lediglich ein Durchgangspunkt zu einem anderen Ziel, sondern an einem Ort, der im Gedächtnis bleibt, mit dem man rechnen und verhandeln muss. Oder, um es mit einer anderen, populären Wendung zu sagen: Sie werden stolz darauf sein, dass ihr Städtchen „wieder auf den Plan getreten" ist.

Lassen Sie uns die Geschichte bis zum Ende weiterspinnen. Stellen Sie sich vor, dass die Revolte an jedem Bahnhof entlang der Bahnstrecke und auch an jeder Straße stattfindet, die die Busse nehmen müssen, um die Blockaden zu umfahren. In diesem Fall wären wir wieder in jenem Dschungel, mit dem wir begonnen hatten. Jeder Zentimeter müsste ausgehandelt werden, niemand hätte die Möglichkeit, einfach geradeaus zu gehen (oder zu fahren), ohne tiefgreifend und auf Dauer verändert zu werden. Jeder Transport würde mit einer enormen Transformation, einer dauerhaften und in Erinnerung bleibenden Metamorphose[5] bezahlt werden.

Meine kleine Geschichte, die zunächst nur von einer Reisenden im Dschungel und ihrem männlichen Zwilling im Hochgeschwindigkeitszug ausging, wurde bereichert durch das Hinzufügen eines fortschreitenden Übergangs vom Dschungelpfad zum Netzwerk der Hochgeschwindigkeitszüge und eines *umgekehrten* Übergangs vom Netzwerk zum Dschungel, in dem jede Bewegung diskutiert und mühevoll errungen werden muss. Wir haben daher, wenn wir die Konstruktion von Raum und Zeit erörtern, zwei Dimensionen zu beachten: eine, die das Ver-

5 Auch wenn es sich bei meiner Geschichte um ein Gedankenexperiment handelt, habe ich selbst im Amazonasgebiet gesehen, wie eine frühere Schnellstraße von einem Dschungel überwuchert wurde, der noch undurchdringlicher als der ursprüngliche, von Indianern nur ungern begangene Pfad war.

hältnis von Transformation zu Transport beschreibt, und eine zweite, welche die relative *Sichtbarkeit* der Arbeit betrifft, die zur Ortsveränderung aufgewandt werden muss. Hieraus ergibt sich folgendes Diagramm:

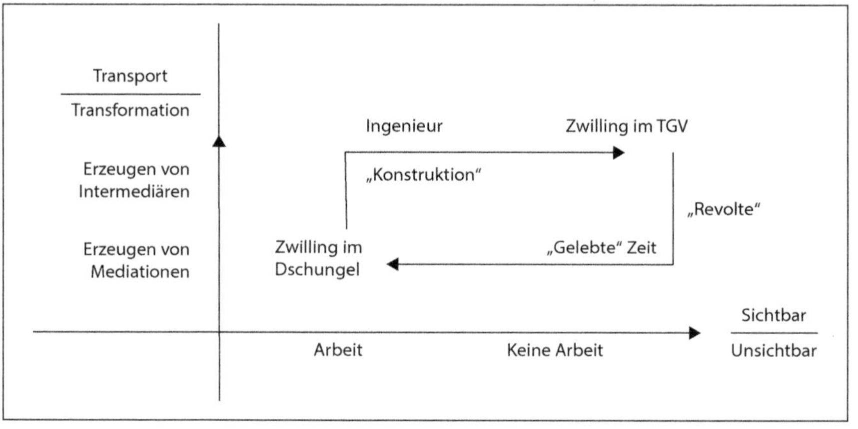


Der erste Zwilling bringt Mediationen hervor, die Reisende sieht und spürt die Arbeit der Transformation und ist nicht in der Lage, Raum und Zeit einerseits und Körper in Bewegung andererseits zu unterscheiden. Ebenso wenig unterscheidet sie ihren eigenen leidenden Körper von all den anderen Körpern, durch die sie sich langsam hindurchquält. Der Ingenieur kennt den enormen Arbeitsaufwand zur Berechnung, zur Herstellung von Bezugsrahmen und zur Ermöglichung eines reibungslosen Fahrgasttransports; seine Energie richtet sich darauf, sicherzustellen, dass die auf Routine gestützten Institutionen, von denen der Transport abhängt, „wie ein Uhrwerk" funktionieren. Der zweite Zwilling hat keine Schwierigkeiten damit, einen sich bewegenden Körper von einem definierten Bezugsrahmen zu unterscheiden, da die Arbeit der Anderen unsichtbar geworden ist und keine Transformation ihn zwingt, für seinen Transport zu bezahlen – abgesehen natürlich vom Preis seiner Fahrkarte. Für ihn ist, wie für all die engelsgleichen Philosophen, die in die Rolle der Königin der Nacht schlüpfen, „die Zeit wie nichts."[6] Der Zugpassagier, dessen Zug plötzlich aufgrund der Demonstration anhält, sieht von der Arbeit der Mediation nicht mehr als der Newton'sche Philosoph.

6 Der Großteil der Arbeiten von Isabelle Stengers, mit und seinerzeit ohne Ilya Prigogine, ist diesem Rätsel gewidmet: zu verstehen, dass für Physiker „die Zeit wie nichts ist". Siehe Isabelle Stengers, *Power and Intention* (Minneapolis, University of Minnesota Press, 1997), und *L'Invention de la mécanique: pouvoir et raison. Cosmopolitiques*, vol. 2 (Paris: La Découverte, 1996).

Aber er spürt das Vergehen der Zeit und die Bedeutung des Raums. Im Bewusstsein, dass mit seinem vorherigen Gefühl der Zeitlosigkeit und Raumlosigkeit etwas nicht stimmt, konzentriert er sein Augenmerk auf die „gelebte" Zeit und den „gelebten" Raum, so als sei dieses Phänomen psychisch, menschlich, subjektiv. Die meisten Debatten der Philosophie der Zeit würden angesichts unserer immer komplizierter werdenden Geschichte beide Zugpassagiere auf der rechten Seite des obigen Diagramms in eine Opposition bringen: denjenigen, für den es keine Zeit gibt, und denjenigen, der ein subjektives Zeitempfinden hegt. Doch wenn wir aus dem Zug aussteigen und unsere Aufmerksamkeit auch den für die Einhaltung der Fahrpläne zuständigen Institutionen, den Revolten entlang der Strecke, wo Raum und Zeit vor Ort bestimmt werden, und den Prozessen zuwenden, durch die diese Institutionen errichtet oder diese Bewegungen vernichtet werden,[7] müssten wir in der Lage sein, den Debatten eine weitere Dimension hinzuzufügen. Welche Einsichten können wir dadurch gewinnen, dass wir statt in nur einer Dimension in zwei Dimensionen denken?

Erstens: Die Unterscheidung zwischen subjektiver und objektiver Zeit ist nur ein Teil der Geschichte. Diese Unterscheidung betrifft nur Zugfahrgäste. Mit dem Begriff der objektiven oder naturwissenschaftlichen Zeit werden zwei gänzlich verschiedene Phänomene vermengt: die routinisierte Arbeit der Ingenieure innerhalb von riesigen Institutionen gilt hier als gleichwertig mit dem Empfinden eines „Nutzers", der, weil die Ingenieure Tag und Nacht über seine gefahrlose Reise wachen, sich erlauben kann, die Arbeit der Fabrikation der Zeit zu vergessen. Ebenso werden mit dem Begriff der subjektiven oder „gelebten" Zeit zwei völlig unterschiedliche Fragen miteinander verwechselt: zum einen die Überraschung des „Nutzers", der bemerkt, dass das reibungslose Funktionieren der Zeitmaschinerie unterbrochen wurde (siehe Diagramm rechts oben), und zum anderen die Arbeit derjenigen, die in Prozesse von so niedrigem Routinisierungsgrad eingebunden sind, dass darin der Unterschied zwischen Subjektivität und Objektivität nicht einmal mehr erkennbar ist (siehe Diagramm links unten). Denjenigen von uns, die die Intensität einer Vielheit von Wesen erforschen, kann man nicht durch Rückgriff auf die subjektive Definition eines inneren Zustands der Überraschung gerecht werden.

Zweitens ist Zeit selbst kein primäres Phänomen. Die Zeit vergeht oder vergeht nicht, je nach der *Ausrichtung* anderer Entitäten. In einer Welt aus Intermediären, der Ortsveränderung ohne Transformation, gibt es eine vom Raum getrennte Zeit, einen unwandelbaren Rahmen zur Messung von Ortsveränderungen und per Definition keinen Prozess. In einer Welt der Mediationen, des Transports durch De-

7 Jacques Lolive, „La *mise en* oeuvre controversée d'une politique de réseau: les contestations du TGV Méditerranée" (Dissertation, Université Montpellier I, 1997).

formation, gibt es eine Vielzahl von Zeiten und Orten. Tiefer als die Frage nach der Zeit reicht jedoch die nach dem Gehorsam und Ungehorsam von Menschen oder Nichtmenschen.[8]

Drittens lässt sich der Begriff des *Ereignisses* nicht in räumliche und zeitliche Bestandteile aufgliedern. Wenn ein Ort zu den Nicht-Orten gerechnet wird, zählt er auch als Nicht-Ereignis. Der Ort ist als Merkmal nicht einfacher zu verstehen als die Zeit. Wenn ein Ort als *topos* zählt, zählt er auch als *kairos*. Tiefer als die Frage der Zeit und des Raumes reicht eine andere Frage, nämlich die, wer oder was zählt. Welche Aktanten können welche anderen unterbrechen, modifizieren, interessieren oder stören und dadurch ebenso viele *topoi-kairoi* hervorbringen?

Viertens sind, um es mit den Semiotikern zu sagen, in jedem Bericht immer gleichzeitig am Werk: eine Verschiebung im Raum, eine Verschiebung in der Zeit und eine Verschiebung des Akteurs oder Aktanten, von denen letztere in philosophischen oder psychologischen Diskussionen regelmäßig vergessen wird. Meine Geschichte von der Reisenden im Dschungel hat beispielsweise Sie, den Leser, auf einen Gedankengang entlang dreier Achsen zugleich geschickt: in eine andere Zeit, an einen anderen Ort und in den Charakter eines anderen Menschen.[9] Tiefer als die Frage von Zeit und Raum aber geht der eigentliche Akt der Verschiebung – des Delegierens, Wegschickens, Übersetzens. Wir sollten deshalb nicht von Zeit, Raum und Aktanten, sondern von Verzeitlichung, Verräumlichung, Aktantialisierung (ein schreckliches Wort!) oder, mit einer englischen Begriffstriade, eleganter von *Timing, Spacing, Acting* sprechen.

Fünftens und letztens muss die Frage des *Timing, Spacing* und *Acting* immer mit der Frage nach deren *Intensität* verbunden werden. Was hat sich zugetragen – ein Ereignis oder ein Nichtereignis? Ein Prozess ist an sich nicht enger mit der Zeit verknüpft als mit dem Raum. Ein Prozess ist nicht die vierte Dimension, sondern eine *fünfte*. Im Zusammenhang mit der Zeit ist dies bekannt, denn wir haben (spätestens seit Husserl) den Begriff der „Geschichtlichkeit", um einen Prozess vom „einfachen" Vergehen der Zeit zu unterscheiden, wie es von einer Uhr gemessen wird. Dasselbe sollte jedoch auch für den Raum gelten, wenngleich es keinen räumlichen Begriff gibt, der eine so breite Akzeptanz genießt wie „Geschichtlichkeit" in Bezug auf die Zeit. Um die Intensität des In-einem-Raum-Seins, eines *topos-kairos*, vom bloßen Vorhandensein auf einer Karte zu unterscheiden, bräuchten wir einen ebenso wohldefinierten Begriff wie „Geschichtlichkeit". Wenn, wie

8 „Mensch/Nichtmensch" wird hier als fachsprachliches Begriffspaar gebraucht, das „Subjekt/Objekt" zwar nicht ablösen soll, aber diesem Begriffspaar eine andere Aufgabe in der Philosophie überträgt. Siehe hierzu meinen Aufsatz „On Technical Mediation – Philosophy, Sociology, Genealogy", *Common Knowledge* 3 (Herbst 1994): 29–64.

9 *Semiotics and Language: An Analytical Dictionary*, Hgg. Algirdas Julien Greimas und Joseph Courtès (Bloomington: Indiana University Press, 1982).

in meinem Narrativ von den Zwillingen, ein Nichtort zum Hauptort, zum *chef-lieu*, zum *topos* wird, dann sollten wir sagen können, dass er an „Räumlichkeit" *(spacificity)* oder „Situiertheit" gewinnt.[10] Dasselbe ist von der Verschiebung im Bereich der Aktanten *(actantiality)* zu sagen. Wir brauchen ein Wort, das den Wechsel von einem Aktanten zum anderen – die extensive Wiederholung – von der Modifikation aller Aktanten – der intensiven Wiederholung – unterscheidet. Leider gibt es keinen solchen Begriff. Da wir also nicht über die benötigte Begriffstriade verfügen, habe ich mich entschieden, mit einem einfachen Gegensatz zu arbeiten: dem Gegensatz zwischen dem Herstellen eines Pfades *(trail making)* und dem Folgen eines Netzwerks *(network following)*, zwischen dem Transport *mit* Transformation und dem Transport *ohne* Deformation. Um diese fünfte Dimension nachzuzeichnen, verwende ich das Wort *Intensität*. [...]

Dass etwas Mobiles sich ohne Mutation fortbewegt, ist ein so seltenes, so wundersames und teures Phänomen, dass es ausführlicher Erläuterung bedarf. Tatsächlich müsste man, um den Mann im TGV zu erklären, der um nicht mehr als die drei Stunden seiner Fahrt von Paris nach Neuchâtel altert, vieles berücksichtigen: mehrere Bürokratien ungeheuren Ausmaßes, immense Netzwerke, zahlreiche Uhren, Hinweissymbole, Zeichen, Standards, Arbeitsbeziehungen und so weiter. Genauso müsste man, um die Fortbewegung zu erklären, die nach Einstein bei Lichtgeschwindigkeit ohne Deformation geschieht, trotz der Beschleunigung der Bezugsrahmen, die gesamten Unternehmungen der Physik, riesige Labore, den größten Teil der Astronomie und nicht wenige Züge und Bahndämme der Schweizer Bahngesellschaft berücksichtigen. In dieser zweiten Art von Welt *erzeugt* die Messung von Zeit und Raum Zeiten und Räume, in der ersten jedoch spielt das Instrument keine Rolle außer der eines praktischen Hilfsmittels, mit dem man in den Raum und die Zeit gelangt, die wiederum in unabhängiger Weise – ob nun objektiv oder subjektiv – existieren. In der Welt der zweiten Art sind Instrumente Mediatoren und Transformatoren, in der Welt der ersten Art schlichte Mittel und Intermediäre (auf die man theoretisch verzichten könnte).

*Aus dem Englischen von Textworks Translations und Gabriele Schabacher*

**Textnachweis:** Bruno Latour (1996): Trains of Thought: Piaget, Formalism, and the Fifth Dimension. In: Common Knowledge Vol. 6, No. 3, S. 170–191; hier: S. 173–179, 186–187.

10 „Médiance" wurde vorgeschlagen von Augustin Berque, *Du geste à la cité: formes urbaines et lien social au Japon* (Paris: Gallimard, 1993).

# Susan Leigh Star/Geoffrey C. Bowker: Wie man infrastrukturiert (2002)

Zentraler Gegenstand dieses Kapitels ist die den neuen Medien zugrunde liegende Infrastruktur. Dabei bedeutet „Neue Medien" für unsere Zwecke ganz überwiegend: das Internet in allen seinen Erscheinungsformen. […] Unser Hauptargument lautet, dass ein gesellschaftliches und theoretisches Verständnis von Infrastrukturen entscheidend ist für das Design von Medien-Anwendungen in unserer hochgradig vernetzten, durch Informationskonvergenz geprägten Gesellschaft.

Wenn man sich Infrastrukturen im Alltagsverständnis vorstellt, dann sind sie das, was sich „unterhalb" der eigentlichen Strukturen befindet – Eisenbahnschienen, städtische Wasserleitungen und Kanalisation, Stromversorgung, Straßen und Highways oder die Verkabelung, die uns mit dem Rundfunknetz verbindet, das unsere Fernseher mit Bildern versorgt. Infrastrukturen sind das, auf dem etwas anderes aufsitzt und funktioniert – eine Art Plattform. Diese alltagsbezogene Definition beginnt sich aufzulösen, wenn wir das Bild mit Details ausstatten und dabei multiple, sich überschneidende und womöglich widersprüchliche infrastrukturelle Arrangements ins Auge fassen. […]

Dabei haben wir es mit drei verschiedenen Gesichtspunkten zu tun: (1) die bewegliche Verfasstheit von Infrastrukturen, von der einfach zu nutzenden Blackbox bis zum aktiven Thema in Arbeitszusammenhängen und Forschung; (2) den Zusammenbruch von Infrastrukturen, der ihre Selbstverständlichkeit in Frage stellt; (3) die relative Nützlichkeit von Infrastrukturen für unterschiedliche Bevölkerungsgruppen.

Was diese Stränge gemeinsam haben, ist die Vorstellung, dass Infrastrukturen nicht absolut, sondern relativ zu bestimmten Arbeitsbedingungen zu sehen sind. […] Ihre Gestalter versuchen, sie so unsichtbar wie möglich zu machen, wobei sie Hinweise hinterlassen, die Infrastrukturen dann sichtbar werden lassen, wenn sie repariert oder neu angeordnet werden müssen. Deshalb sind Infrastrukturen nicht eben leicht zu untersuchen.

© Springer Fachmedien Wiesbaden GmbH, ein Teil von Springer Nature 2019
A. Ziemann (Hrsg.), *Grundlagentexte der Medienkultur*,
https://doi.org/10.1007/978-3-658-15787-6_38

Vielleicht werden aus diesen Gründen Infrastrukturen als Aspekt der Kommunikationswissenschaften häufig vernachlässigt – es sei denn, es geht um Teilbereiche wie die spezielle Regulierung einer Infrastruktur oder die Geschichte eines bestimmten Infrastrukturtyps (z. B. das Telefon, das Auto oder das Internet). [...]

Was können wir uns nach den bisherigen Bestimmungen unter einer Infrastruktur vorstellen? Kann sie alles sein? Wie bei vielen Begriffen im Bereich der Kommunikation verweist die relationale Qualität von Infrastrukturen auf das, was dazwischen ist – zwischen Menschen, vermittelt durch Werkzeuge und emergent (Jewett und Kling 1991). [...]

Zur Einordnung und Klärung des Begriffs werden wir von Stars und Ruhleders (1996) Definition ausgehen, die folgende zentrale Merkmale von Infrastrukturen nennt:

- *Eingebettetsein:* Infrastrukturen sind in andere Strukturen, soziale Arrangements und Technologien eingelassen.
- *Transparenz:* Infrastrukturen sind insofern transparent in der Nutzung, als sie nicht jedes Mal neu erfunden oder für jede Aufgabe zusammengebaut werden müssen, sondern unsichtbar diese Aufgaben unterstützen.
- *Reichweite oder Geltungsbereich:* Dies kann die räumliche oder die zeitliche Dimension betreffen; Infrastrukturen reichen über ein einzelnes Ereignis oder eine rein lokale Praxis hinaus.
- *Erlernt als Teil von Mitgliedschaft:* Die Selbstverständlichkeit von Artefakten und organisationalen Arrangements ist eine der unabdingbaren Voraussetzungen für die Mitgliedschaft in einer Praxisgemeinschaft (Lave und Wenger 1991; Star und Ruhleder 1996). Fremde und Außenstehende erleben Infrastrukturen deshalb als Objekte, über die sie etwas in Erfahrung bringen müssen. Sobald sie Mitglieder werden, erlangen die neu Beteiligten eine „natürliche" Vertrautheit mit den Objekten einer Infrastruktur.
- *Verknüpft mit Praxiskonventionen:* Infrastrukturen gestalten die Konventionen einer Praxisgemeinschaft und werden zugleich von ihnen geprägt, z. B. in der Art und Weise, wie die Zyklen der Tag- und Nachtarbeit von Strompreisen und Strombedarf beeinflusst werden und diese zugleich beeinflussen. Generationen von Schreibkräften haben die QWERTY-Tastatur erlernt; deren Beschränkungen wurden an die Computertastatur und damit an das Design heutiger Computermöbel weitervererbt (Becker 1982).
- *Verkörperung von Standards:* Veränderlich in Bezug auf ihren Wirkungsbereich und häufig auch durch einander widersprechende Konventionen, gewinnen Infrastrukturen Transparenz, indem sie den Anschluss an andere Infrastrukturen und Instrumente auf standardisierte Weise herstellen.

- *Errichtet auf einer installierten Basis:* Infrastrukturen entstehen nicht immer aufs Neue; sie ringen mit der Trägheit der installierten Basis und erben deren Stärken und Begrenzungen. Glasfaserkabel verlaufen entlang alter Eisenbahnlinien; neue Systeme werden abwärtskompatibel entwickelt. Werden derartige Beschränkungen nicht berücksichtigt, kann sich dies auf neue Entwicklungsprozesse fatal oder zumindest verzerrend auswirken (Monteiro und Hanseth 1996).
- *Wird beim Zusammenbruch sichtbar:* Die normalerweise unsichtbare Qualität funktionierender Infrastrukturen wird sichtbar, wenn sie zusammenbrechen: Der Server stürzt ab, die Brücke wird unterspült, es kommt zu einem Stromausfall. Selbst wenn es Backup-Mechanismen oder -Verfahren gibt, betont deren Existenz die nun sichtbaren Infrastrukturen noch stärker.

Was ehemals Gegenstand von Entwicklungs- und Designprozessen war, wird im Lauf der Zeit in Infrastrukturen eingesenkt und zu deren Bestandteil. Aus diesem Grund bedarf eine historische und archäologische Herangehensweise an die Entstehung einer Infrastruktur wie des Internets ergänzender Untersuchungen aus soziologischer, regulatorischer und technischer Perspektive.

## Soziohistorische Infrastrukturanalysen

Ein großer Teil der soziohistorischen Analyse von Infrastrukturen stammt aus dem Feld der *Science and Technology Studies* (STS). Das Erscheinen von Latours und Woolgars *Laboratory Life* (1979) trug dazu bei, einer Reihe von stärker qualitativ und intensiv beobachtenden Studien über die wissenschaftliche Arbeit und Praxis den Weg zu ebnen. Die Autoren wiesen besonders auf die Rolle hin, die der Informationsinfrastruktur von Wissenschaftlern (Artikel, Diagramme, Zettel) für deren Arbeit zukommt. In den 1990er Jahren begannen STS-Forscher, ihre Aufmerksamkeit auf das Design und die Nutzung von Computer- und Informationsinfrastrukturen zu richten (siehe z. B. Star 1995). Woolgar hat dies als *technical turn* in den STS bezeichnet. […]

Die Verbindung des *technical turn* mit Untersuchungen zu Materialien ließ das Thema Infrastruktur in den STS in den Vordergrund treten (siehe z. B. Star und Ruhleder 1996; Latour und Hermant 1999). Der ethnografische Blick, der dazu beigetragen hatte, Einsicht in die internen Mechanismen der Wissenschaft sowie der technischen Forschung und Entwicklung zu gewinnen, war auch für das Verständnis von Infrastrukturen hilfreich. […]

Thomas Hughes (1983) erarbeitete im Zusammenhang mit seiner historischen Darstellung der Entstehung der Stromversorgungsnetzwerke in Europa und den

USA eine Reihe von begrifflichen Werkzeugen, mit denen sich die Entwicklung und die Gestaltung von Infrastrukturen analysieren lässt. Er machte auf die Bedeutung von *reverse salients* aufmerksam: kritische Punkte in technologischer, sozialer oder politischer Hinsicht, die die Entwicklung einer Infrastruktur bremsen können. Bedeutsam ist hierbei Hughes' Argument, dass die Lösung für einen *reverse salient* nicht aus demselben Bereich wie das Problem stammen muss: So kann es für ein technisches Problem eine politische Lösung geben usw. (vgl. Latour 1996). […]

Bowker (1994b) hat das Konzept der „infrastrukturellen Inversion" entwickelt, um den Tatbestand zu beschreiben, dass historische Veränderungen, die vielfach dem spektakulären Produkt einer Zeit zugeschrieben werden, häufig eher Merkmal der Infrastruktur sind, die die Entwicklung des betreffenden Produkts ermöglicht hat. So war etwa die Verbreitung von Rechenmaschinen Ende des 19. Jahrhunderts eine Folge (und nicht die Ursache) von Veränderungen in der Büroorganisation […]. Mit dieser Inversion zu arbeiten, bedeutet, gegen die Tendenz von Infrastrukturen zum Verschwinden (außer bei einer Störung) anzukämpfen. Es bedeutet zu lernen, Technologien und Arrangements genau zu untersuchen, die aufgrund von Design wie Gewohnheit dazu tendieren, in der Versenkung zu verschwinden (manchmal buchstäblich!). Durch infrastrukturelle Inversion treten normalerweise unsichtbare, winzige Verbindungsfäden in den Vordergrund, und sie erhalten in vielen Bereichen eine kausale Relevanz, die normalerweise heroischen Akteuren, sozialen Bewegungen oder kulturellen Traditionen zugeschrieben wird. Die Inversion ähnelt der von Becker (1982) in *Art Worlds* vorgetragenen Argumentation. Danach haben die Kunstgeschichte und die soziale Analyse von Kunst weitgehend die Details von Infrastrukturen, durch die künstlerische Praxisgemeinschaften entstehen, vernachlässigt, um sich stattdessen auf eine Ästhetik zu konzentrieren, die angeblich frei von solchen Problemen ist. Beckers Inversion untersucht die Konventionen und Zwänge der materiellen Infrastruktur künstlerischer Praxis und ihre Auswirkungen. Ein Beispiel: […] Gemälde haben normalerweise ein Format, mit dem sie sich ohne große Schwierigkeiten an einer Wand aufhängen lassen. Dasselbe Format entspricht aber auch der Breite von Leinwandrollen, dem handwerklichen Können von Rahmenmachern und der Größe der Türöffnungen in Museen und Galerien. Diese Vorgaben sind nur unter Einsatz erheblicher Kosten veränderbar, und Künstler müssen sie in jedem Fall bedenken, ehe sie gegen sie verstoßen. Designer von Infrastrukturen müssen sich stets über die Vielzahl der Kontexte im Klaren sein, auf die sich ihre Arbeit auswirkt. Häufig ist eine technische Innovation auf eine begleitende organisationale Neuerung angewiesen, um zu funktionieren: Das Design soziotechnischer Systeme erfordert sowohl Technikforscher wie Organisationstheoretiker. […]

## Wie es zu Infrastrukturen kommt

Ebenso wie Standardisierung ist auch Klassifizierung wesentlich für die Entwicklung funktionierender Infrastrukturen. Bei sozialwissenschaftlichen und politischen Analysen von Infrastrukturen wird häufig die in Normenausschüssen und bei der Erarbeitung von Klassifikationen geleistete Arbeit übersehen. Tatsächlich aber ist sie von entscheidender Bedeutung. In diesem Abschnitt wollen wir Studien diskutieren, die sich mit diesen Themen beschäftigen.

Es steht außer Frage, dass Standards für die Entwicklung groß angelegter Informationsinfrastrukturen gebraucht werden. [...] Dabei wird eines auf Anhieb erkennbar: Infrastrukturen sind bis zur untersten Ebene hin standardisiert. Jede Schicht einer Infrastruktur braucht ihre eigene Reihe von Standards. Genauso könnte man aber auch formulieren: Sie sind bis zur obersten Ebene hin standardisiert. Es gibt keinen einfachen Umschlagpunkt, an dem man sagen könnte: Hier hören die Kommunikationsprotokolle auf und beginnen die technischen Standards. [...]

Doch sind es nicht nur die Bits und Bytes, die in eine standardisierte Form gezwängt werden, damit eine technische Infrastruktur funktioniert. Auch die diskursiven und arbeitsbezogenen Praktiken der Menschen werden standardisiert. Funktionierende Infrastrukturen standardisieren sowohl Menschen wie auch Maschinen. [...]

Aber es gibt weder auf technischer noch auf sozialer Ebene eine Garantie dafür, dass sich der jeweils beste Standard auch durchsetzt.[1] Vielmehr ist der Prozess, in dem Standards für Infrastrukturen etabliert werden, lang, gewunden und kontingent. Die bekanntesten Geschichten, die dies veranschaulichen, betreffen die Einführung der QWERTY-Tastatur (damals sinnvoll, weil sie das Verklemmen der Typenhebel von manuellen Schreibmaschinen verhinderte; heute überwiegend kontraproduktiv, weil sie der linken Hand die meiste Arbeit zuweist [...], aber so fest etabliert, dass kein Ende absehbar ist (David 1986)); der Sieg des VHS-Standards über den technisch überlegenen Betamax-Standard; die Durchsetzung von DOS und seinen Nachfolgern gegen überlegene Betriebssysteme.

Warum siegt nicht immer der beste Standard? In einer Infrastruktur ist niemand für sich allein: Kein Knoten ist eine Insel. [...] Allgemeiner formuliert, hat sich rund um die Infrastruktur-Netzwerke herum, die in den letzten 200 Jahren geschaffen wurden, eine neue Art ökonomischer Logik entwickelt: die Logik der „Netzwerk-Externalitäten" (David 1986; David und Greenstein 1990; David und Rothwell 1994). Diese Logik lässt sich wie folgt beschreiben: Wenn jemand ein

1 Siehe die lesenswerte allgemeine Diskussion der Entwicklung technoökonomischer Netzwerke bei Callon (1992); vgl. Grindley (1995) sowie Abbate und Kahin (1995).

Telefon für 50 US-Dollar kauft und das Telefonnetz nur fünf Teilnehmer umfasst, dann ist der Besitz eines Telefons nicht sehr viel wert, auch wenn die fünf Teilnehmer beste Freunde sind. Kaufen sich jedoch 5 000 weitere Menschen ein Telefon, müssen die ersten fünf nicht einen Cent zusätzlich ausgeben, und doch sind ihre Telefone plötzlich mehr wert. Dies ist ein Beispiel für positive Externalitäten. *De facto*-Standards wie DOS, QWERTY usw. erreichen und halten ihre Stellung vor allem durch die Entwicklung solcher positiver Externalitäten. Die Design-Lektion lautet an dieser Stelle, dass der Schlüssel für den Erfolg neuer infrastruktureller Werkzeuge in der Anbindung an vorhandene Programme liegt. […]

Für Informationsinfrastrukturen gibt es eine Vielzahl von Modellen. Das Internet selbst lässt sich konzeptuell auf verschiedene Art und Weise gliedern. Über die Zeit hinweg und zwischen den verschiedenen Modellen ergibt sich eine Verteilung von Eigenschaften zwischen Hardware, Software und Menschen. So kann man beispielsweise zwei Computer dazu bringen, Daten miteinander auszutauschen, indem man entweder eine nur für diesen Zweck geschaffene Datenleitung zwischen ihnen verlegt oder eine vorhandene Leitung dafür umfunktioniert (Hardwarelösungen) oder indem man eine „virtuelle Leitung" (Softwarelösung) schafft, die auf mehreren physischen Leitungen aufsitzt. Und schließlich kann man auch eine Festplatte in einen Lkw laden und zum Ziel fahren (was immer noch die schnellste Methode ist, mehrere Terabits an Daten von San Francisco nach Los Angeles zu bekommen) (Tanenbaum 1996). Jeder dieser Übertragungswege besteht aus einer anderen, stabilen Konfiguration von Kabeln, Bits und Menschen. Sie alle sind jedoch – was die Infrastruktur selbst betrifft – untereinander austauschbar. Infrastruktur-Standards kann man sich als die Werkzeuge vorstellen, die solche Konfigurationen stabilisieren. Für das Festlegen von Standards gibt es ein Kontinuum an Strategien. Am einen Ende des Spektrums findet sich die Strategie, derzufolge ein Standard auf jeden Anwendungsfall passen soll. Dies kann von staatlicher Seite verordnet werden […] oder auf einem neu errichteten Monopol (wie Microsoft Windows/NT) beruhen. Am anderen Ende des Spektrums findet sich das Modell des „Lasst tausend Standards blühen". In diesem Fall konzentriert man sich auf die Produktion von Schnittstellen wie z. B. APIs zwischen Programmen oder auf Standards wie das Netzwerkprotokoll zur Informationsabfrage ANSI/NISO Z39.50. Der Standard Z39.50 wurde dazu entwickelt, mit einer einzigen Abfrage mehrere Datenbanken durchsuchen zu können, und hat sich im Bibliothekswesen weitgehend durchgesetzt. […] Eine Metapher für diese beiden Extreme fasst ersteres als ein „koloniales" Modell der Infrastrukturentwicklung, letzteres hingegen als „demokratisches" Modell. Es mag ein Funken Wahrheit in der darin implizierten Behauptung stecken, dass die Entscheidung für eines der beiden Modelle von der eigenen politischen Gesinnung abhängt. Für Demokraten mag ein Trost in der Beobachtung liegen, dass im Zuge der Internetentwicklung der letztere Typ von Standard fast ausnahmslos den Sieg davongetragen hat. Die meisten Internetstandards wurden mit Blick darauf zusammengeschustert, maximale Flexibilität und Heterogenität zu ermöglichen. [...]

Utopischen Visionen zufolge soll dann, wenn erst einmal alle Standards umgesetzt sind, von jedem Ort der Welt aus der ungehinderte Zugriff auf den globalen Bestand an Informationen möglich sein. [...] Gregory (2000) hat solche Bemühungen „unvollständige utopische Projekte" genannt. Die Unvollständigkeit ist hier entscheidend: Diese Projekte bleiben immer unvollständig; sie unterliegen den gegenläufigen Kräften, die immer in der Überzahl sind. [...]

Der Hinweis auf diese wiederholten Fehlschläge ist notwendig, weil sie einige entscheidende Merkmale von Infrastrukturen sichtbar machen. Sie zeigen, dass die Entwicklung und Aufrechterhaltung von Infrastrukturen Arbeit, eine relativ stabile Technologie und Kommunikation erfordern. Die Arbeitsseite wird häufig übersehen. Man denke an die Behauptung in den 1920er Jahren, mit dem Aufkommen von Mikrofiches sei das Ende des Buches nah. Jeder würde seine persönliche Bibliothek besitzen; wir würden nicht länger enorme Mengen natürlicher Ressourcen für die Papierherstellung verschwenden; selbst die größte Bibliothek würde mit wenigen Räumen und einigen Mikrofiche-Lesegeräten auskommen (Abbot 1988). [...] Der Mikrofiche-Traum wie auch jener von der universellen digitalen Bibliothek trifft jedoch auf das Problem, dass jemand vor Ort sein muss, um die erforderlichen Verfilmungen und Scans durchzuführen; und dies ist mit enormem Zeit- und Ressourcenaufwand verbunden. Es ist nicht allzu schwer, eine potenziell revolutionäre Technologie zu entwickeln, aber äußerst schwierig, sie auch praktisch umzusetzen.

Zudem braucht man eine vergleichsweise stabile Technologie. Betrachtet man einige der bedeutenden technischen Infrastrukturen der Vergangenheit (Gas-, Strom-, Abwassernetze usw.), fällt auf, dass eine einmal etablierte Infrastruktur in der Regel sehr langlebig ist. In vielen Haushalten sind noch Stromleitungen aus der Zeit vor dem Zweiten Weltkrieg im Einsatz; große Städte verfügen vielfach über keine guten Pläne ihrer Kanalisation, weil deren Anfänge zu weit zurückliegen. Das Internet ist nur in einem virtuellen Sinne stabil, nämlich durch die Vermittlung einer Reihe relativ stabiler Protokolle [...]. Nichts jedoch garantiert die Stabilität gewaltiger Datenmengen. [...] Umfangreiche Datenbanken aus der Frühzeit der Computerrevolution sind mittlerweile vollständig verloren gegangen. Wer liest heute noch Lochkarten? Diese Technologie wurde in den USA erstmals zur Verarbeitung der riesigen Datensätze der Volkszählung von 1890 eingesetzt und beherrschte die Informationsspeicherung und -verarbeitung rund 70 Jahre. [...] Prinzipiell behoben wurden solche Probleme durch die Entwicklung stabiler Standards und die angemessene Beachtung des Prinzips der Abwärtskompatibilität. All dies kann sich jedoch auch schnell in Luft auflösen. Unter dem Strich ist kein Speichermedium dauerhaft (CDs halten nicht annähernd so lange wie auf säurefreiem Papier gedruckte Bücher), sodass unsere entstehende Informationsinfrastruktur einer beständigen Pflege bedarf, damit Daten zugänglich und nutzbar bleiben, während sie von einem Speichermedium zum anderen übergehen und von einer Generation von Datenbanktechnologien nach der anderen ausgewertet werden.

Schließlich gelingt der Aufbau einer Informationsinfrastruktur nur, wenn man Fragen der Kommunikation genau beachtet. Dies lässt sich zum Teil als das Problem zuverlässiger Metadaten analysieren. [...] Wenn sich alle auf bestimmte Standardbezeichnungen für bestimmte Datentypen einigen können, dann lässt sich beispielsweise einfach datenbankübergreifend nach Autoren suchen. Philosophisch gesehen, werfen Metadaten jedoch einige tiefer gehende Probleme auf. [...] Der Punkt ist nämlich, dass es so etwas wie reine Daten nicht gibt. Irgendein Kontext muss immer bekannt sein. Und bei der Entwicklung von Standards für Metadaten ist immer zu berücksichtigen, wie viel Informationen man geben muss, damit sie im Zeitablauf maximal nützlich bleiben. Und hiermit schlagen wir den Bogen zurück zur ersten Schwierigkeit beim Aufbau einer Informationsinfrastruktur: Je mehr Informationen gegeben werden, damit die Daten für eine möglichst große Gruppe nützlich sind, umso mehr Arbeit fällt dabei an. Empirische Untersuchungen haben jedoch immer wieder gezeigt, dass Nutzer es nicht als sinnvolle Verwendung ihrer Zeit ansehen, Informationen über ihre Daten jenseits dessen zu speichern, was für eine unmittelbare Nützlichkeit der Daten erforderlich ist. [...]

Standards sind also notwendig – von sozialen Protokollen bis zur Kabelgröße. Wenn man sich die in unserem Leben vorhandenen Infrastrukturen einmal vergegenwärtigt, stößt man in der Tat täglich auf Tausende von Standards. Wie wir schon gezeigt haben, birgt jedoch die Entwicklung und Pflege von Standards komplexe ethische und philosophische Probleme: ethische Probleme, insofern zum Zeitpunkt der Entwicklung eines Standards getroffene Entscheidungen weitreichende Folgen für Nutzercommunities haben können; und philosophische Probleme, da Standards häufig mit ganz grundlegenden Arten der Einteilung von Welt zu tun haben [...]. Außerdem erfordert die Implementierung von Standards Ressourcen in erheblichem Umfang. Standards fundieren die Möglichkeit unseres Handelns in der Welt sowohl im politischen als auch im wissenschaftlichen Sinne; sie machen Infrastruktur möglich.

In einer Datenbank repräsentiert zu sein, kann ein wichtiges Mittel für eine Gruppe oder einen Berufsstand sein, um Anerkennung zu erreichen, aber es ist zugleich häufig mit Kosten verbunden. Ein Beispiel: Eine Gruppe von Krankenschwestern in Iowa entwickelte eine Pflegemaßnahmen-Klassifikation (Nursing Interventions Classification, NIC), um der Pflegearbeit einen Platz in Krankenhausinformationssystemen zu sichern. Während sie dies taten, erkannten die Krankenschwestern jedoch, dass das Klassifikationsschema sie der Gefahr aussetzte, Teile ihrer Arbeit einzubüßen („dafür braucht man keine ausgebildete Pflegekraft") und wesentliche Aspekte ihres Beitrag im Schema nicht dargestellt zu finden (weil es z. B. schwierig ist, „Humor" zu kodieren) (Bowker und Star 1999). [...]

Der jeweils bestehende Teil einer bestimmten Infrastruktur besitzt enorme Trägheit. Und doch wandeln sich Infrastrukturen im Zeitablauf, manchmal mit bemerkenswerter Schnelligkeit, manchmal auch anscheinend diskontinuierlich. [...]. Verkompliziert wird der Prozess durch die zunehmende Überlagerung der gebauten Umwelt (Bibliotheken, Schulen, Büros, Wohngebäude, Verkehrsampeln, Flughäfen, Krankenhäuser) mit verschiedensten Formen von Informationstechnologien (Taylor und van Every 1993, 2000). Diese Technologie umfasst Sensoren, Datenbanken, Digitalkameras, vernetzte PCs und alle Arten von Anzeigegeräten. Eine tiefere Bedeutungsebene dieser Veränderung erschließt sich mit der Einsicht, dass diese Formen von Informationstechnologie zunehmend *integriert* sind (d. h. sie können Informationen mittels Protokollen und Standards austauschen) und *konvergieren* (d. h. ihre Bereitstellung erfolgt an einem einzigen Punkt, beispielsweise auf einer Website auf einem Mobiltelefon, sodass man noch während des aktuellen Flugs seine Anschlussflüge checken kann). [...]

## Fazit: Implikationen für die Gestaltung von Infrastrukturen

1994 veröffentlichte Steward Brand ein wunderbares Buch mit dem Titel *How Buildings Learn: What Happens after They Are Built*. Brand weist darauf hin, dass wir dazu neigen, den Architekten als Planer und Gestalter eines Gebäudes zu betrachten und deshalb die erheblichen Veränderungen übersehen, denen jedes Gebäude im Laufe seines Lebens unterliegt. Eine sehr ähnliche Beobachtung lässt sich in Bezug auf die Gestaltung von Infrastrukturen machen. Hier ist die Planungsarbeit in vielerlei Hinsicht nachrangig gegenüber der Arbeit der Modifikation. Eine gute Informationsinfrastruktur ist stabil genug, um den Fortbestand von Daten im Zeitablauf zu gewährleisten (deshalb sind Textverarbeitungsprogramme normalerweise „abwärtskompatibel", d. h. mit neueren Programmversionen lassen sich auch Dateien aus älteren Versionen öffnen). Die Infrastruktur sollte andererseits aber auch modifizierbar sein. Auf individueller Ebene bedeutet dies, dass sie „anpassbar" ist, sodass Nutzer sie in gewissem Umfang auf die eigenen Zwecke zuschneiden können (siehe Nardi 1993); auf gesellschaftlicher Ebene bedeutet Modifizierbarkeit die Eigenschaft, auf neue soziale Bedürfnisse reagieren zu können (Web-Standards entwickelten sich rasch, um Bild- und Videobearbeitungsfunktionen im Web zu ermöglichen).

Eine Gestaltung, die Flexibilität berücksichtigt, ist keine einfache Aufgabe. Die geforderte Flexibilität ist nämlich in der Regel eine emergente Eigenschaft. [...]

In diesem Kapitel haben wir mehrfach auf die bedeutsamen ethischen und politischen Belange bei der Planung von Infrastrukturen verwiesen. Auf diese Herausforderungen hat der skandinavische Ansatz der „partizipativen Softwareentwicklung“ *(participatory design)* erfolgreich reagiert. Er entstand zum Teil als Antwort auf gewerkschaftliche Forderungen nach der Beteiligung an der Gestaltung von Informationstechnologien, die am Arbeitsplatz eingeführt werden sollten. Ein wichtiges Element dieses Planungsprozesses ist der Einsatz von Ethnografen der Arbeitspraxis. Sie analysieren die Weisen, wie Arbeit ausgeführt wird, um so künftige soziale und kulturelle Auswirkungen in das Design einzubeziehen und die Technologie selbst effizient zu gestalten (siehe Bowker et al. 1997, Einleitung). […] Von diesem Ansatz ausgehend, ergibt sich eine ergänzende Lesart der Design-Implikationen unserer Infrastrukturanalyse in diesem Kapitel. Sie lautet, dass es für den Nutzer einer Infrastruktur vor allem darauf ankommt, sich der gesellschaftlichen und politischen Arbeit bewusst zu werden, die die Infrastruktur verrichtet, und anschließend je nach Bedarf lokale oder globale Möglichkeiten ihrer Modifikation zu suchen. Infrastrukturen unterhalten komplexe Ökologien: Der Prozess ihrer Planung sollte immer vorläufig, flexibel und offen sein.

## Literaturverzeichnis

Abbate, J. and Kahin, B. (eds) (1995): *Standards Policy for Information Infrastructure.* Cambridge, MA: MIT Press.

Abbott, Andrew (1988): *The System of Professions. An Essay on the Division of Expert Labor.* Chicago: University of Chicago Press.

Becker, Howard S. (1982): *Art Worlds.* Berkeley, CA: University of California Press.

Bowker, Geoffrey C. (1994b): *Science on the Run: Information Management and Industrial Geophysics at Schlumberger, 1920–1940.* Cambridge, MA: MIT Press.

Bowker, Geoffrey C. and Star, Susan Leigh (1999): *Sorting Things Out: Classification and its Consequences.* Cambridge, MA: MIT Press.

Bowker, Geoffrey, Star, Susan Leigh, Turner, William and Gasser, Les (eds.) (1997): *Social Science, Technical Systems, and Cooperative Work: beyond the Great Divide.* Mahwah, NJ: Erlbaum.

Brand, Stewart (1994): *How Buildings Learn: What Happens after They Are Built.* New York: Viking.

Callon, Michel (1992): ‚The dynamics of techno-economic networks‘, in: Rod Coombs, Paolo Saviotti and Vivien Walsh (eds): *Technological Change and Company Strategies: Economic and Sociological Perspectives.* London: Harcourt Brace Jovanovich, pp. 72–102.

David, Paul, A. (1986): ‚Understanding the economics of QWERTY: the necessity of history‘, in W. N. Parker (ed.), *Economic History and the Modern Economist.* Oxford: Basil Blackwell.

David, Paul A. and Greenstein, Shane (1990): ‚The economics of compatibility standards: an introduction to recent research', in *Economics of Innovation and New Technology*, vol. 1, pp. 3–41.

David, Paul and Rothwell, Geoffrey S. (1994): *Standardization, Diversity and Learning: Strategies for the Coevolution of Technology and Industrial Capacity*. Stanford, CA: Center for Economic Policy Research, Stanford University.

Gregory, Judith (2000): ‚Sorcerer's apprentice: creating the electronic health record, re-inventing medical records and patient care'. PhD thesis, University of California at San Diego.

Grindley, Peter (1995): *Standards, Strategy, and Policy: Cases and Stories*. Oxford and New York: Oxford University Press.

Hughes, Thomas P. (1983): *Networks of Power: Electrification in Western Society, 1880–1930*. Baltimore: Johns Hopkins University Press.

Jewett, Tom and Kling, Rob (1991): ‚The dynamics of computerization in a social science research team: a case study of infrastructure, strategies, and skills', *Social Science Computer Review*, 9: 246–75.

Latour, Bruno (1996): *Aramis or the Love of Technology*. Cambridge, MA: Harvard University Press.

Latour, Bruno and Hermant, Emilie (1999): *Paris: Ville Invisible*. Paris: Découverte.

Latour, Bruno and Woolgar, Steve (1979): *Laboratory Life: the Construction of Scientific Facts*. Thousand Oaks, CA: Sage.

Lave, Jean and Wenger, Etienne (1991): *Situated Learning: Legitimate Peripheral Participation*. Cambridge: Cambridge University Press.

Monteiro, Eric and Hanseth, Ole (1996): ‚Social shaping of information infrastructure: on being specific about the technology', in Wanda J. Orlikowski, Geoff Walsham, Matthew R. Jones and Janice I. DeGross (eds), *Proceedings of the IFIP WG8.2 Working Conference on Information Technology and Changes in Organizational Work*, December 1995. London: Chapman and Hall, pp. 325–43.

Nardi, Bonnie A. (1993): *A Small Matter of Programming: Perspectives on End User Computing*. Cambridge, MA: MIT Press.

Star, Susan Leigh (ed.) (1995): *The Cultures of Computing*. Oxford: Basil Blackwell.

Star, Susan Leigh and Ruhleder, Karen (1996): ‚Steps toward an ecology of infrastructure: design and access for large information spaces', *Information Systems Research*, 7: 111–34.

Tanenbaum, Andrew S. (1996): *Computer Networks*. Upper Saddle River, NJ: Prentice-Hall.

Taylor, James R. and van Every, Elizabeth J. (1993): *The Vulnerable Fortress: Bureaucratic Organization and Management in the Information Age*. Toronto: University of Toronto Press.

Taylor, James R. and van Every, Elizabeth J. (2000): *The Emergent Organization: Communication as its Site and Surface*. Mahwah, NJ: Erlbaum.

*Aus dem Englischen von Textworks Translations und Gabriele Schabacher*

**Textnachweis:** Susan Leigh Star/Geoffrey C. Bowker (2002): How to Infrastructure. In: Leah A. Lievrouw/Sonia L. Livingstone (Hg.): The Handbook of New Media. Social Shaping and Consequences of ICTs. London: SAGE, S. 151–162.

# Maschinenwelten

# Zur Einführung

Henning Schmidgen

Mediale Welten sind in erheblichem Maße technische Welten. Tatsächlich treten uns Medien immer wieder als technische Objekte, z. B. Radios, Fernseher, Computer, entgegen. Entsprechend zahlreich sind jene Medientheorien, die ihren Gegenstand ausgehend von der materiellen Kultur der Maschinen begriffen haben. Schon Marshall McLuhan definiert Medien als „Technik", die, wie er hinzufügt, ihrerseits als Extension des menschlichen Körpers zu verstehen ist. Etwa zeitgleich beschreibt Günther Anders in seiner Technikphilosophie „Geräte" wie das Fernsehen als jene Instanzen, die das Leben der heutigen Gesellschaft maßgeblich prägen. In jüngerer Zeit haben Jean-Louis Baudry und andere „Apparate" wie das Kino in ihre Einzelheiten zerlegt, um die besonderen Effekte solcher medialer Dispositive zu erklären.

Nimmt man solche Bezugnahmen auf die materielle Kultur der Technik ernst, öffnet sich der Medienwissenschaft ein Bezugs- und Beziehungsfeld, das weit über die philosophischen und geisteswissenschaftlichen Referenzrahmen ihrer Theoriebildung hinausführt. Zum einen treten Gesichtspunkte in den Vordergrund, die im weitesten Sinne auf die Ingenieurswissenschaften verweisen. Diese Gesichtspunkte bieten sich dazu an, die maschinellen Anordnungen, die wir „Medien" nennen, in ihrer konkreten Beschaffenheit und funktionalen Besonderheit näher zu charakterisieren. Woraus besteht eigentlich ein Radio? Wie unterscheidet sich ein Fernseher von einem Benzinmotor? Ist ein Computer, der zur Steuerung einer Werkzeugmaschine eingesetzt wird, ein anderes Gerät als der Computer, der zum Surfen im Internet verwendet wird?

Zum anderen legt es der Fokus auf die Materialität der Technik nahe, Medien aus der übergreifenden Perspektive der Gesellschafts- und Geschichtswissenschaften zu betrachten. Indem die forcierte Ausprägung des Phänomens der Technik an die Entstehung und Entwicklung der Industriegesellschaft zurückgebunden wird, gewinnt die Medienwissenschaft Zugriff auf die historischen und sozialen

© Springer Fachmedien Wiesbaden GmbH, ein Teil von Springer Nature 2019
A. Ziemann (Hrsg.), *Grundlagentexte der Medienkultur*,
https://doi.org/10.1007/978-3-658-15787-6_39

Kontexte, in denen die Distribution und Konsumtion von Medien steht. Exemplarische Fragestellungen sind dann: Wem gehören „die“ Medien? Wer bezahlt für sie, wer verdient an ihnen? Welche Art von Mehrwert wird mit und durch sie produziert?

In den Ingenieurswissenschaften dominieren analytisch-kombinatorische Sichtweisen der Technik. Die einzelne Maschine erscheint in ihnen als Resultat einer Kombination elementarer Bestandteile. Diese Bestandteile können materielle Komponenten wie Zahnräder oder Achsen sein, sie können aber auch weitgehend entmaterialisierte Entitäten wie *input* und *output* darstellen.

So ist die Kybernetik der 1950er Jahre als großangelegter Versuch zu verstehen, Maschinen als „Schwarze Kästen“ zu begreifen, deren Funktionsweise, dem Vorbild des Behaviorismus folgend, allein durch die analytische Beschreibung und Kodierung ihrer Operationen erschlossen wird (Ross Ashby). Doch schon die Kinematik des 19. Jahrhunderts hatte es unternommen, technische Objekte in kinematische Ketten zu zerlegen, die – ähnlich wie in der strukturalen Linguistik – ihrerseits auf materiell bestimmte Elementenpaare zurückzuführen sind (Franz Reuleaux). Beide Ansätze tendieren dazu, Technik vorwiegend als *Technologie* zu begreifen. Demzufolge liegt der Entstehung von technischen Objekten ein Wissen des Symbolischen *(logos)* voraus, das in Maschinen und/oder Medien seine „Verkörperung“ findet.

Im Unterschied dazu betonen empiristisch-deskriptive Theorien die Eigenständigkeit des Phänomens „Technik“. Sie sehen das technische Objekt als eine Art Ganzheit, deren Entstehung und Entwicklung primär mit historischen und soziologischen Methoden zu untersuchen ist. In dieser Perspektive erscheint die Maschine als Körper, der in seiner besonderen Form, Entstehung und Wirkung nur aus dem Zusammenhang von konkreten Gesellschaftsverhältnissen zu begreifen ist.

Wie das Beispiel des Marxismus zeigt, können für eine solche Wissenschaft der Maschinen nicht nur historische und soziologische, sondern auch biologische Ansätze fruchtbar sein. Tatsächlich beruft sich Karl Marx, wenn er die Untersuchung der materiellen Basis von Gesellschaftsordnungen in Angriff nimmt, ausdrücklich auf Darwins Untersuchung der „natürlichen Technologie“, mit deren Hilfe Pflanzen sich reproduzieren (Pollen, Insekten usw.). Dementsprechend erscheinen auch Werkzeuge, Maschinen und Medien als *Organe*, in denen sich das spezifische Verhalten einer Gesellschaft zur Natur manifestiert.

Allerdings scheint die Berufung auf die Evolutionstheorie nahezulegen, die Entstehung und Entwicklung der Maschinen an die Projektion oder Extension des menschlichen Körpers in einfache Werkzeuge und die ebenfalls fortschreitende Zusammensetzung von Werkzeugen zu einfachen Maschinen zurückzubinden. In Wirklichkeit führt der marxistische Rekurs auf Darwin dazu, die Maschine nicht vom Körper des Menschen, sondern von einem Gesellschaftskörper aus zu erfassen, in und auf dem sich sowohl Maschinen wie auch Menschen als weitgehend gleichberechtigte Organe anordnen. Eine *direkte* Verbindung zu anthropologischen Medientheorien, beispielsweise der von McLuhan, gibt es an dieser Stelle also nicht. Wie nicht zuletzt Gilles Deleuze und Félix Guattari in ihrer Theorie der Wunschmaschinen zeigen, steht bei einer symmetrischen Betrachtung von Mensch und Maschine die Frage der soziologischen, biologischen und auch psychologischen Organisation im Vordergrund.

In Ergänzung zu Geschichte, Soziologie und Biologie kann auch die Ästhetik dazu beitragen, die materielle Kultur der Technik zum hauptsächlichen Ansatzpunkt der medienwissenschaftlichen Forschung und Lehre zu machen. In der Tat werden unter dem Eindruck einer sich sprunghaft entwickelnden Moderne nicht nur die Arbeitswelt, sondern auch Kunst und Architektur am Ideal der Maschine ausgerichtet. Vor diesem Hintergrund entstehen medienwissenschaftlich relevante Theorieentwürfe, die an der *Form* der technischen Objekte ansetzen. Ein zentrales Beispiel dafür findet sich bei dem Philosophen Gilbert Simondon. Im Anschluss an die Mechanologie von Jacques Lafitte und die phänomenologisch inspirierte Ontologie der Kunst grenzt er zum einen technische Elemente (Werkzeuge), Individuen (Maschinen) und Gesamtheiten (Netzwerke) voneinander ab. Zum anderen untersucht Simondon die besondere „Seinsweise" des technischen Objekts. Maschinen sind demnach „Werdenseinheiten". Anders als Kunstwerke sind technische Objekte nicht im Hier und Jetzt ihrer Einmaligkeit gegeben. Vielmehr konkretisieren sie sich entlang der sukzessiven Stufen ihrer Entwicklung. Technische Objekte gehen ihrem Werden also nicht voraus (als Idee, als Theorie, als Apriori), sie folgen ihm aber auch nicht (als Endprodukt einer Entwicklung) nach. Vielmehr existieren sie nur nach Maßgabe ihrer immer wieder aktualisierten Vergangenheit.

In beiden Fällen, bei Lafitte ebenso wie bei Simondon, fungiert die Ästhetik der Maschine als plausibles Bindeglied zwischen Technik und Gesellschaft. Tatsächlich lässt sich die materielle Kultur der Technik nicht allein im Rekurs auf die Entstehung und Entwicklung der Industriegesellschaft erfassen, sondern auch mit Blick auf die vielfältigen Ausprägungen der Maschinenästhetik in Kunst, Film und Architektur. Neben der Gesellschafts- und Geschichtswissenschaft kann also auch an dieser Stelle angesetzt werden, um dem Sachverhalt Rechnung zu tragen, dass mediale Welten in erheblichem Maße technische Welten sind.

# Karl Marx: Maschinerie und große Industrie (1867)

Mathematiker und Mechaniker – und man findet dies hier und da von englischen Ökonomen wiederholt – erklären das Werkzeug für eine einfache Maschine und die Maschine für ein zusammengesetztes Werkzeug. Sie sehn hier keinen wesentlichen Unterschied und nennen sogar die einfachen mechanischen Potenzen, wie Hebel, schiefe Ebne, Schraube, Keil usw., Maschinen.[1] In der Tat besteht jede Maschine aus jenen einfachen Potenzen, wie immer verkleidet und kombiniert. Vom ökonomischen Standpunkt jedoch taugt die Erklärung nichts, denn ihr fehlt das historische Element. Andrerseits sucht man den Unterschied zwischen Werkzeug und Maschine darin, daß beim Werkzeug der Mensch die Bewegungskraft [ist], bei der Maschine eine von der menschlichen verschiedne Naturkraft, wie Tier, Wasser, Wind usw.[2] Danach wäre ein mit Ochsen bespannter Pflug, der den verschiedensten Produktionsepochen angehört, eine Maschine, Claussens Circular Loom [Rundwebstuhl], der, von der Hand eines einzigen Arbeiters bewegt, 96 000 Maschen in einer Minute verfertigt, ein bloßes Werkzeug. Ja, derselbe loom wäre Werkzeug, wenn mit der Hand, und Maschine, wenn mit Dampf bewegt. Da die Anwendung von Tierkraft eine der ältesten Erfindungen der Menschheit, ginge in der Tat die Maschinenproduktion der Handwerksproduktion voraus. Als John Wyatt 1735 seine Spinnmaschine und mit ihr die industrielle Revolution des 18. Jahrhunderts ankündigte, erwähnte er mit keinem Wort, daß statt eines Menschen ein Esel die Maschine treibe, und dennoch fiel die-

1 Sieh z. B. Huttons „Course of Mathematics".

2 „Von diesem Gesichtspunkt aus läßt sich denn auch eine scharfe Grenze zwischen Werkzeug und Maschine ziehn: Spaten, Hammer, Meißel usw., Hebel- und Schraubenwerke, für welche, mögen sie übrigens noch so künstlich sein, der Mensch die bewegende Kraft ist … dies alles fällt unter den Begriff des Werkzeugs; während der Pflug mit der ihn bewegenden Tierkraft, Wind- usw. Mühlen zu den Maschinen zu zählen sind." (Wilhelm Schulz, „Die Bewegung der Produktion", Zürich 1843, p. 38.) Eine in mancher Hinsicht lobenswerte Schrift.

© Springer Fachmedien Wiesbaden GmbH, ein Teil von Springer Nature 2019
A. Ziemann (Hrsg.), *Grundlagentexte der Medienkultur*,
https://doi.org/10.1007/978-3-658-15787-6_40

se Rolle dem Esel zu. Eine Maschine, „um ohne Finger zu spinnen", lautete sein Programm.[3]

Alle entwickelte Maschinerie besteht aus drei wesentlich verschiednen Teilen, der Bewegungsmaschine, dem Transmissionsmechanismus, endlich der Werkzeugmaschine oder Arbeitsmaschine. Die Bewegungsmaschine wirkt als Triebkraft des ganzen Mechanismus. Sie erzeugt ihre eigne Bewegungskraft, wie die Dampfmaschine, kalorische Maschine, elektro-magnetische Maschine usw., oder sie empfängt den Anstoß von einer schon fertigen Naturkraft außer ihr, wie das Wasserrad vom Wassergefäll, der Windflügel vom Wind usw. Der Transmissionsmechanismus, zusammengesetzt aus Schwungrädern, Treibwellen, Zahnrädern, Kreiselrädern, Schäften, Schnüren, Riemen, Zwischengeschirr und Vorgelege der verschiedensten Art, regelt die Bewegung, verwandelt, wo es nötig, ihre Form, z. B. aus einer perpendikulären in eine kreisförmige, verteilt und überträgt sie auf die Werkzeugmaschinerie. Beide Teile des Mechanismus sind nur vorhanden, um der Werkzeugmaschine die Bewegung mitzuteilen, wodurch sie den Arbeitsgegenstand anpackt und zweckgemäß verändert. Dieser Teil der Maschinerie, die Werkzeugmaschine, ist es, wovon die industrielle Revolution im 18. Jahrhundert ausgeht. Sie bildet noch jeden Tag von neuem den Ausgangspunkt, sooft Handwerksbetrieb oder Manufakturbetrieb in Maschinenbetrieb übergeht.

Sehn wir uns nun die Werkzeugmaschine oder eigentliche Arbeitsmaschine näher an, so erscheinen im großen und ganzen, wenn auch oft in sehr modifizierter Form, die Apparate und Werkzeuge wieder, womit der Handwerker und Manu-

---

3 Schon vor ihm wurden, wenn auch sehr unvollkommene, Maschinen zum Vorspinnen angewandt, wahrscheinlich zuerst in Italien. Eine kritische Geschichte der Technologie würde überhaupt nachweisen, wie wenig irgendeine Erfindung des 18. Jahrhunderts einem einzelnen Individuum gehört. Bisher existiert kein solches Werk. Darwin hat das Interesse auf die Geschichte der natürlichen Technologie gelenkt, d. h. auf die Bildung der Pflanzen- und Tierorgane als Produktionsinstrumente für das Leben der Pflanzen und Tiere. Verdient die Bildungsgeschichte der produktiven Organe des Gesellschaftsmenschen, der materiellen Basis jeder besondren Gesellschaftsorganisation, nicht gleiche Aufmerksamkeit? Und wäre sie nicht leichter zu liefern, da, wie Vico sagt, die Menschengeschichte sich dadurch von der Naturgeschichte unterscheidet, daß wir die eine gemacht und die andre nicht gemacht haben? Die Technologie enthüllt das aktive Verhalten des Menschen zur Natur, den unmittelbaren Produktionsprozeß seines Lebens, damit auch seiner gesellschaftlichen Lebensverhältnisse und der ihnen entquellenden geistigen Vorstellungen. Selbst alle Religionsgeschichte, die von dieser materiellen Basis abstrahiert, ist – unkritisch. Es ist in der Tat viel leichter, durch Analyse den irdischen Kern der religiösen Nebelbildungen zu finden, als umgekehrt, aus den jedesmaligen wirklichen Lebensverhältnissen ihre verhimmelten Formen zu entwickeln. Die letztre ist die einzig materialistische und daher wissenschaftliche Methode. Die Mängel des abstrakt naturwissenschaftlichen Materialismus, der den geschichtlichen Prozeß ausschließt, ersieht man schon aus den abstrakten und ideologischen Vorstellungen seiner Wortführer, sobald sie sich über ihre Spezialität hinauswagen.

fakturarbeiter arbeitet, aber statt als Werkzeuge des Menschen jetzt als Werkzeuge eines Mechanismus oder als mechanische. Entweder ist die ganze Maschine nur eine mehr oder minder veränderte mechanische Ausgabe des alten Handwerksinstruments, wie bei dem mechanischen Webstuhl[4], oder die am Gerüst der Arbeitsmaschine angebrachten tätigen Organe sind alte Bekannte, wie Spindeln bei der Spinnmaschine, Nadeln beim Strumpfwirkerstuhl, Sägeblätter bei der Sägemaschine, Messer bei der Zerhackmaschine usw. Der Unterschied dieser Werkzeuge von dem eigentlichen Körper der Arbeitsmaschine erstreckt sich bis auf ihre Geburt. Sie werden nämlich immer noch großenteils handwerksmäßig oder manufakturmäßig produziert und später erst an den maschinenmäßig produzierten Körper der Arbeitsmaschine befestigt.[5] Die Werkzeugmaschine ist also ein Mechanismus, der nach Mitteilung der entsprechenden Bewegung mit seinen Werkzeugen dieselben Operationen verrichtet, welche früher der Arbeiter mit ähnlichen Werkzeugen verrichtete. Ob die Triebkraft nun vom Menschen ausgeht oder selbst wieder von einer Maschine, ändert am Wesen der Sache nichts. Nach Übertragung des eigentlichen Werkzeugs vom Menschen auf einen Mechanismus tritt eine Maschine an die Stelle eines bloßen Werkzeugs. Der Unterschied springt sofort ins Auge, auch wenn der Mensch selbst noch der erste Motor bleibt. Die Anzahl von Arbeitsinstrumenten, womit er gleichzeitig wirken kann, ist durch die Anzahl seiner natürlichen Produktionsinstrumente, seiner eignen körperlichen Organe, beschränkt. Man versuchte in Deutschland erst einen Spinner zwei Spinnräder treten, ihn also gleichzeitig mit zwei Händen und zwei Füßen arbeiten zu lassen. Dies war zu anstrengend. Später erfand man ein Tretspinnrand mit zwei Spindeln, aber die Spinnvirtuosen, die zwei Fäden gleichzeitig spinnen konnten, waren fast so selten als zweiköpfige Menschen. Die Jenny spinnt dagegen von vornherein mit 12–18 Spindeln, der Strumpfwirkerstuhl strickt mit viel 1 000 Nadeln auf einmal usw. Die Anzahl der Werkzeuge, womit dieselbe Werkzeugmaschine gleichzeitig spielt, ist von vornherein emanzipiert von der organischen Schranke, wodurch das Handwerkszeug eines Arbeiters beengt wird.

An vielem Handwerkszeug besitzt der Unterschied zwischen dem Menschen als bloßer Triebkraft und als Arbeiter mit dem eigentlichen Operateur eine sinnlich besonderte Existenz. Z. B. beim Spinnrad wirkt der Fuß nur als Triebkraft,

---

4 Namentlich in der ursprünglichen Form des mechanischen Webstuhls erkennt man den alten Webstuhl auf den ersten Blick wieder. Wesentlich verändert erscheint er in seiner modernen Form.

5 Erst seit ungefähr 1850 wird ein stets wachsender Teil der Werkzeuge der Arbeitsmaschinen maschinenmäßig in England fabriziert, obgleich nicht von denselben Fabrikanten, welche die Maschinen selbst machen. Maschinen zur Fabrikation solcher mechanischen Werkzeuge sind z. B. die automatic bobbin-making engine, card-setting engine, Maschinen zum Machen der Weberlitzen, Maschinen zum Schmieden von mule und throstle Spindeln.

während die Hand, die an der Spindel arbeitet, zupft und dreht, die eigentliche Spinnoperation verrichtet. Grade diesen letzten Teil des Handwerksinstruments ergreift die industrielle Revolution zuerst und überläßt dem Menschen, neben der neuen Arbeit die Maschine mit seinem Auge zu überwachen und ihre Irrtümer mit seiner Hand zu verbessern, zunächst noch die rein mechanische Rolle der Triebkraft. Werkzeuge dagegen, auf die der Mensch von vornherein nur als einfache Triebkraft wirkt, wie z.B. beim Drehn der Kurbel einer Mühle[6], bei[m] Pumpen, beim Auf- und Abbewegen der Arme eines Blasebalgs, beim Stoßen eines Mörsers etc., rufen zwar zuerst die Anwendung von Tieren, Wasser, Wind[7] als Bewegungskräften hervor. Sie recken sich, teilweise innerhalb, sporadisch schon lange vor der Manufakturperiode zu Maschinen, aber sie revolutionieren die Produktionsweise nicht. Daß sie selbst in ihrer handwerksmäßigen Form bereits Maschinen sind, zeigt sich in der Periode der großen Industrie. Die Pumpen z.B., womit die Holländer 1836/37 den See von Harlem auspumpten, waren nach dem Prinzip gewöhnlicher Pumpen konstruiert, nur daß zyklopische Dampfmaschinen statt der Menschenhände ihre Kolben trieben. Der gewöhnliche und sehr unvollkommne Blasbalg des Grobschmieds wird noch zuweilen in England durch bloße Verbindung seines Arms mit einer Dampfmaschine in eine mechanische Luftpumpe verwandelt. Die Dampfmaschine selbst, wie sie Ende des 17. Jahrhunderts während der Manufakturperiode erfunden ward und bis zum Anfang der 80er Jahre des 18. Jahrhunderts fortexistierte[8], rief keine industrielle Revolution hervor. Es war vielmehr umgekehrt die Schöpfung der Werkzeugmaschinen, welche die revolutionierte Dampfmaschine notwendig machte. Sobald der Mensch, statt mit dem Werkzeug auf den Arbeitsgegenstand, nur noch als Triebkraft auf eine Werkzeugmaschine wirkt, wird die Verkleidung der Triebkraft in menschliche Muskel zufällig und kann Wind, Wasser, Dampf usw. an die Stelle treten. Dies schließt natürlich nicht aus, daß solcher Wechsel oft große technische Ändrungen

6 Moses von Ägypten sagt: „Du sollst dem Ochsen, der drischt, nicht das Maul verbinden." Die christlich germanischen Philanthropen legten dagegen dem Leibeignen, den sie als Triebkraft zum Mahlen verwandten, eine große hölzerne Scheibe um den Hals, damit er kein Mehl mit der Hand zum Mund bringen könne.

7 Teils Mangel an lebendigem Wassergefäll, teils Kampf gegen sonstigen Wasserüberfluß zwangen die Holländer zur Anwendung des Winds als Triebkraft. Die Windmühle selbst erhielten sie aus Deutschland, wo diese Erfindung einen artigen Kampf zwischen Adel, Pfaffen und Kaiser hervorrief, wem denn von den drei der Wind „gehöre". Luft macht eigen, hieß es in Deutschland, während der Wind Holland frei macht. Was er hier eigen machte, war nicht der Holländer, sondern der Grund und Boden für den Holländer. Noch 1836 wurden 12 000 Windmühlen von 6 000 Pferdekraft in Holland verwandt, um zwei Dritteile des Lands vor Rückverwandlung in Morast zu schützen.

8 Sie wurde zwar schon sehr verbessert durch Watts erste, sogenannte einfach wirkende Kampfmaschine, blieb aber in dieser Form bloße Hebemaschine für Wasser und Salzsole.

des ursprünglich für menschliche Treibkraft allein konstruierten Mechanismus bedingt. Heutzutage werden alle Maschinen, die sich erst Bahn brechen müssen, wie Nähmaschinen, Brotbereitungsmaschinen usw., wenn sie den kleinen Maßstab nicht von vornherein durch ihre Bestimmung ausschließen, für menschliche und rein mechanische Triebkraft zugleich konstruiert.

Die Maschine, wovon die industrielle Revolution ausgeht, ersetzt den Arbeiter, der ein einzelnes Werkzeug handhabt, durch einen Mechanismus, der mit einer Masse derselben oder gleichartiger Werkzeuge auf einmal operiert und von einer einzigen Triebkraft, welches immer ihre Form, bewegt wird.[9] Hier haben wir die Maschine, aber erst als einfaches Element der maschinenmäßigen Produktion. [...]

Als gegliedertes System von Arbeitsmaschinen, die ihre Bewegung nur vermittelst der Transmissionsmaschinerie von einem zentralen Automaten empfangen, besitzt der Maschinenbetrieb seine entwickeltste Gestalt. An die Stelle der einzelnen Maschine tritt hier ein mechanisches Ungeheuer, dessen Leib ganze Fabrikgebäude füllt und dessen dämonische Kraft, erst versteckt durch die fast feierlich gemeßne Bewegung seiner Riesenglieder, im fieberhaft tollen Wirbeltanz seiner zahllosen eigentlichen Arbeitsorgane ausbricht.

**Textnachweis:** Karl Marx (1867): Das Kapital. Kritik der politischen Ökonomie. Erster Band, Buch I: Der Produktionsprozeß des Kapitals (MEW 23). Berlin: Dietz 1962; hier: S. 391–396, 402.

9 „Die Vereinigung aller dieser einfachen Instrumente, durch einen einzigen Motor in Bewegung gesetzt, bildet eine Maschine." (Babbage, l. c. [p. 136.])

# Franz Reuleaux: Theoretische Kinematik (1875)

*Eine Maschine ist eine Verbindung widerstandsfähiger Körper, welche so eingerichtet ist, dass mittelst ihrer mechanische Naturkräfte genöthigt werden können, unter bestimmten Bewegungen zu wirken.* [...]

Während die allgemeine Mechanik die Bewegung untersucht, welche unter den allgemeinsten Voraussetzungen durch das Spiel mechanischer Kräfte hervorgerufen wird, befasst sich die Maschinenmechanik mit fest eingeschränkten, und zwar durch einen begrenzten Kreis von Mitteln eingeschränkten Bewegungen. Sie schöpft ihre obersten Gesetze aus demselben Urquell wie die allgemeine Mechanik, der sie sich auch, als der umfassenderen, unterordnet; aber sie kann als gesonderte Wissenschaft ihren Bezirk von dem Gesammtgebiete trennen, und hat die Aufgabe, innerhalb dieses realen Bezirkes systematische Ordnung zu schaffen, und ihre besonderen Gesetze aufzustellen. [...]

Die lehrhafte Ausführung dessen, was die obige Definition der Maschine besagt, hat mit der fortschreitenden Entwicklung des polytechnischen Unterrichtes einen ausgedehnten wissenschaftlichen Apparat entstehen lassen. Ganz abgesehen von den als Grundlage dienenden mathematischen und Naturwissenschaften, lassen sich drei bis vier Wissenschaften unterscheiden, welche um der Maschine willen entstanden sind. Ihr gemeinsamer Zweck ist die *Beleuchtung des Kausalzusammenhanges der Erscheinungen in der Maschine.* Man fasst sie wohl als die *praktische Mechanik* zusammen. Ich nenne sie hier Wissenschaften, ohne Prätensionen damit verbinden zu wollen; nenne man sie zweiter oder dritter Ordnung, oder wie immer; sie bedienen sich der wissenschaftlichen Methode und behandeln nach derselben gesonderte Untersuchungsgebiete; darin sind sie nach und nach zu einer Selbständigkeit gediehen, welche ihre Sonderung erforderlich gemacht hat.

Zuerst die *Maschinenlehre.* Sie legt sich verschiedene Nebenbezeichnungen bei, als *allgemeine* oder *beschreibende, spezielle, theoretische.* Die *allgemeine* Maschinenlehre behandelt die Gesammtheit der vorhandenen Maschinen, und zwar be-

© Springer Fachmedien Wiesbaden GmbH, ein Teil von Springer Nature 2019
A. Ziemann (Hrsg.), *Grundlagentexte der Medienkultur*,
https://doi.org/10.1007/978-3-658-15787-6_41

schreibend; sie will kennen lehren, *welche Maschinen vorhanden und wie sie beschaffen sind,* und liefert uns dadurch einen Ueberblick über die Gesammtheit der Bestrebungen, die Maschine herzustellen. Sie verfährt in vollem Sinne teleologisch, indem sie die Zwecke der Maschineneinrichtungen überall nachzuweisen sucht. Ihre Klassifikationen wählt sie sich nach möglichst allgemeinen Grundsätzen. Heutzutage ist eine vollständige beschreibende, oder wirklich allgemeine Maschinenlehre kaum noch möglich, da die Zahl der Maschinen zu übergross geworden ist; nur noch Klassen und Prototypen derselben lassen sich lehren, wenn wirkliche Allgemeinheit erreicht werden soll. Andernfalls entsteht, dem jedesmaligen Lernbedürfniss sich in der Stille anpassend, die *spezielle* Maschinenlehre, welche einzelne Klassen heraushebt und mit voller Ausführlichkeit behandelt. Meistens ist die spezielle Maschinenlehre gleichzeitig *theoretische,* d.h. sie gibt die Theorie der speziell gelehrten Maschinen. Darunter wird verstanden die Lehre von den sensiblen Kräften und den Bewegungen, welche in der Maschine vorkommen, woraus dann Folgerungen wegen der angemessensten Verwerthung der Kräfte gezogen werden. Die theoretische Maschinenlehre weicht also von der beschreibenden wesentlich darin ab, dass sie die der Einrichtung und dem Zwecke nach *bekannte* Maschine behandelt, und lehrt, welche Beschaffenheit derselben zu verleihen ist, damit sie ihren Zweck am *besten* erfüllt. „Theoretische" Maschinenlehre ist deshalb gleichbedeutend mit „Maschinentheorie". […]

Die theoretische Maschinenlehre befasst sich mit Vorliebe mit den Kraftmaschinen, also den Dampfmaschinen, Wasserrädern, Turbinen, Windrädern u.s.f., oder, um auf unsere Definition zurückzugehen, *mit derjenigen besonderen Einrichtung der Maschine, vermöge deren sie die Naturkräfte auf die günstigste Weise aufnimmt.* Doch beschäftigt sie sich auch mit Arbeitsmaschinen, und offenbar gehören auch diese in ihr Gebiet. Man ist indessen vielfach gewohnt, diesen Theil der speziellen Maschinenlehre der *mechanischen Technologie* zuzurechnen. Solches geschieht übrigens nicht durchstehend, und wenn man will, auch nicht ganz mit Recht. Denn die mechanische Technologie will die Verarbeitung der Stoffe durch mechanische Mittel, die in einer Unzahl von Fällen auch nicht Maschinen sind, lehren. Sie hat deshalb ihre eigenen Wege und muss sich von besonderen Gesichtspunkten leiten lassen. Sie nähert sich dabei auch der Maschine, aber von einer ganz anderen Seite, als die Maschinenlehre, und es ist begreiflich, dass beide ihre Ansprüche auf dasselbe Lehrobjekt erheben können. Dennoch brauchen deshalb die beiden Disziplinen nicht vermengt zu werden.

Der hier in Frage kommende besondere Theil der Technologie, oder also, wenn man will, der *technologische Theil der speziellen Maschinenlehre,* befasst sich mit der Wirkung, welche die Naturkräfte vermöge ihrer besonderen Verwendung durch die Maschine auf den zu bearbeitenden Körper ausüben, also mit derjenigen *besonderen Einrichtung der Maschine, vermöge deren sie die aufgenommene*

*Wirkung auf die geeignetste Weise abgibt.* Im Ganzen also gibt die spezielle Maschinenlehre die *Theorie der Aufnahme und Verwerthung der Naturkräfte durch die als gegeben angenommene Maschine.*

Die dritte Wissenschaft ist die *Maschinenbaukunde* oder *Konstruktionslehre.* [...] Sie hat die Aufgabe, zu lehren, wie den Körpern, welche die Maschine bilden, die in unserer Definition angegebene *Eigenschaft der Widerstandsfähigkeit* zu geben sei. Um diese Eigenschaft in ihrem vollen Sinne zu fassen, muss sie dieselbe nach zwei bereits vorgezeichneten Richtungen erwägen, nämlich als die Haltbarkeit nicht bloss gegen die *sensiblen,* sondern auch gegen die *latenten* Kräfte.

Erstere übernimmt sie als gegeben aus der theoretischen Maschinenlehre, z. B. in der Form des Dampfdruckes auf den Kolben der Dampfmaschine, des Wasserdruckes am Umfang der Turbine u. s. w.; sie beanspruchen die Festigkeit der Körper. Letztere, die latenten Kräfte, übertragen die Kraftwirkung von Körper zu Körper, z. B. von Kolbenstange zu Pleuelstange, von Zahnrad zu Zahnrad u. s. f., und bewirken dabei nothwendig *Reibung* und *Abnützung.* Die Maschinenbaukunde muss also nach diesen zwei deutlich geschiedenen Richtungen ihre Untersuchungen regeln. Indem sie die Mittel zur Lösung der sich bietenden Aufgaben mit den *technologischen* Rücksichten in Einklang bringt, rundet sie sich zu einer wirklich *technischen* Wissenschaft ab. Die Zweiseitigkeit ihrer Richtung, die nach den sensiblen und den latenten Kräften, hebe ich hier als ein Hauptprinzip hervor, welches bisher zwar faktisch anerkannt, aber nicht theoretisch erkannt worden ist; dasselbe hat sich aber, wie man sah, deutlich aus den allgemein entwickelten Grundsätzen ergeben.

Nun endlich enthält unsere Definition noch eine vierte Eigenschaft der Maschine, welche in den drei besprochenen Gebieten nicht prinzipiell erledigt worden ist; das ist diejenige Eigenthümlichkeit der Einrichtung, vermöge deren nur bestimmte *Bewegungen* in der Maschine entstehen. Soweit die Bewegungen durch *Kräfte* bedingt sind und Kräftewirkungen nach sich ziehen, hat die theoretische Maschinenlehre sie freilich bereits behandelt. Dagegen übernahm letztere die Bewegungen, soweit sie *Ortsveränderungen* sind, als gegeben. Demnach bleibt noch eine letzte Reihe von Untersuchungen übrig, nämlich derjenigen von der *Verursachung der gegenseitigen Abhängigkeit der Ortsveränderungen in der Maschine.* Sondert man die sich hierbei darbietenden Aufgaben unter Voraussetzung der Lösung der drei vorigen aus, so stellen sie sich als ein besonderes Untersuchungsgebiet dar, welches mit den Mitteln der angewandten Mathematik und Mechanik zu bearbeiten ist. Die systematische Kenntniss ihrer Lösungen bildet die von uns zu behandelnde Wissenschaft: *die Kinematik* oder *Maschinengetriebelehre.* Sie ist, wie aus dem Bisherigen hervorgeht, *die Wissenschaft von derjenigen besonderen Einrichtung der Maschine, vermöge deren die gegenseitigen Bewegungen in derselben, soweit sie Ortsveränderungen sind, zu bestimmten werden.* [...]

Nach der gegebenen Entwicklung besteht die Maschine aus einem oder mehreren Mechanismen, deren nach dem Vorangegangenen jeder sich in kinematische Ketten, und diese wieder in Elementenpaare muss auflösen lassen. In diesem Auflösen besteht die Analyse der Maschine, die Untersuchung des kinematischen Inhaltes der Maschine, geordnet nach Mechanismen, kinematischen Ketten und Elementenpaaren. Ihr gegenüber steht die Synthese derselben, d.i. das Angeben der kinematischen Elemente, kinematischen Ketten und Mechanismen, aus welchen die Maschine bei gegebenem Zwecke zu bilden ist. […]

Wir sehen hiermit das Maschinenproblem zunächst *theoretisch* gelöst, oder mit anderen Worten die Art der Lösung desselben in allgemeinen Zügen in abstrakter Form vorgezeichnet vor uns. Damit ist allerdings der zu nehmende Gang erst angedeutet. Die aufgestellten allgemeinen Sätze von den Elementenpaaren, Ketten und Mechanismen sind gleichsam nur die Inhaltsangaben, die Aufschriften zusammengerollter Blätter, die wir nun erst allmählich entfalten müssen. Es bedarf, um die Lösung des Problems von der Allgemeinheit des Grundsatzes zu der Besonderheit der Anwendung hinzuführen, des genauen Studiums jener Einzelheiten. Dieses Studium werden wir in den folgenden Abhandlungen beginnen.

**Textnachweis:** Franz Reuleaux (1875): Theoretische Kinematik. Grundzüge einer Theorie des Maschinenwesens. Braunschweig: Vieweg und Sohn; hier: S. 38–40, 41–43, 55, 57.

# W. Ross Ashby: Die determinierte Maschine (1956)

Wir kommen nun zu einigen Begriffen, die wir wiederholt verwenden werden. Nehmen wir das einfache Beispiel, daß bloße Haut unter Sonneneinwirkung bräunt: Dasjenige, worauf eingewirkt wird, nämlich die bloße Haut, nennen wir *Operand,* den einwirkenden Faktor (die Sonnenstrahlen) *Operator,* und als *Transformierte* bezeichnen wir das, was unter Einwirkung des Operators auf den Operand entsteht. Der Übergang, der sich eindeutig darstellen läßt durch

blasse Haut → gebräunte Haut

nennen wir *Transition.*

Die Transition wird spezifiziert durch die beiden Zustände und durch die Angabe, was sich zu was geändert hat. […]

Es reicht aber nicht, wenn wir uns mit der einzelnen Transition befassen. Die Erfahrung hat gezeigt, daß der Begriff des ‚Wandels', wenn er anwendbar sein soll, auf den Fall ausgedehnt werden muß, daß der Operator auf mehr als einen Operand einwirken kann und bei jedem Operand eine spezielle Transition einleitet. So leitet der Operator ‚dem Sonnenschein ausgesetzt' eine ganze Anzahl von Transitionen ein wie z. B.:

kalter Erdboden → warmer Erdboden
unbelichtetes Negativ → belichtetes Negativ
normaler Farbstoff → gebleichter Farbstoff

Eine solche Menge von Transitionen verschiedener Operanden ist eine *Transformation.* Ein weiteres Beispiel hierfür ist die Verwendung eines einfachen Codes, der jeden Buchstaben einer Information durch den ihm im Alphabet folgenden

© Springer Fachmedien Wiesbaden GmbH, ein Teil von Springer Nature 2019
A. Ziemann (Hrsg.), *Grundlagentexte der Medienkultur*,
https://doi.org/10.1007/978-3-658-15787-6_42

ersetzt, bis Z wieder zu *A* wird; *KATZE* würde zu *LBUAF.* Definiert wird diese Transformation durch die Tabelle

$A \rightarrow B$
$B \rightarrow C$
…
$\mathrm{Y} \rightarrow \mathrm{Z}$
$\mathrm{Z} \rightarrow \mathrm{A}$

Hier ist zu beachten, daß die Definition der Transformation weder darauf, was diese ‚wirklich', ist, noch auf irgendeine physikalische Ursache der Veränderung eingeht, sondern daß lediglich eine Menge von Operanden und eine Angabe darüber vorhanden ist, zu was sie verändert werden. Bei der Transformation geht es darum, *was* geschieht, nicht, *warum* etwas geschieht. So sind auch häufig die Kenntnisse, die wir vielleicht über den Operator als solchen haben (wie wir z. B. etwas über die Sonnenstrahlung wissen), gar nicht von Interesse; was wir tatsächlich wissen *müssen,* ist, wie er auf die Operanden einwirkt, d. h. was für eine Transformation er hervorruft. Damit sie sich bequemer drucken läßt, kann eine solche Transformation auch so ausgedrückt werden:

$$\downarrow \begin{array}{l} AB \ldots YZ \\ \\ BC \ldots ZA \end{array}$$

Im Folgenden wollen wir diese Form verwenden. […]

Über die beste Definition von ‚Maschine' könnte man lange streiten. Eine *determinierte Maschine* ist definiert als etwas, das sich genau so verhält wie eine geschlossene eindeutige Transformation. Diese Definition ist einfach dadurch gerechtfertigt, daß sie anwendbar ist – daß sie uns nützt und nicht, irgendwo dem grob zuwiderläuft, was wir intuitiv als vernünftig erkennen. […]

Es muß bedacht werden, daß sich die Definition nicht auf etwas Materielles, sondern auf eine Verhaltensweise bezieht. In diesem Buch beschäftigen uns Verhaltensweisen von Systemen, die determiniert sind – die vorausschaubaren und reproduzierbaren Abläufen folgen. Nicht mit der materiellen Substanz wollen wir uns beschäftigen, sondern mit der Determiniertheit. […]

Nehmen wir als einfaches und typisches Beispiel einer determinierten Maschine einen schweren Eisenrahmen, der eine Anzahl schwerer Kugeln enthält, die untereinander und mit dem Rahmen durch Federn verbunden sind. Werden die Kugeln unter konstanten Bedingungen in eine bestimmte Position gebracht und dann wieder losgelassen, so wird ihre Reaktion jedesmal dieselbe sein; ihre Bewegung wird in derselben Weise ablaufen. Das System wird also immer wieder dieselbe Zustandsfolge durchlaufen, wenn es bei einem bestimmten Anfangszustand in Gang gesetzt wird. [...]

Nun kann jede normale Maschine von verschiedenen Bedingungen beeinflußt und damit veranlaßt werden, ihr Verhalten zu verändern, so wie ein Hebekran vom Kranführer und ein Muskel von einem Nerv beeinflußt werden kann. Wir wollen nun herausfinden, wie sich diese Tatsache im Bereich der Transformationen darstellen läßt. Bisher wurde eine Transformation immer nur für sich allein betrachtet; nun müssen wir unser Blickfeld auf das Verhältnis von einer Transformation zu einer anderen ausdehnen. Aus Erfahrung weiß man, daß es ausreicht, genau die gleiche Methode (wie in Ab. 2/3) wieder anzuwenden; denn der Übergang von Transformation *A* zu Transformation *B* ist einfach die Transition $A \rightarrow B$. (In Ab. 2/3 wurde unterstellt, daß die Elemente einer Transformation eindeutig definierbar seien: also gibt es keinen Grund, warum die Elemente nicht selbst Transformationen sein sollten.) Wenn also *T1, T2* und *T3* drei Transformationen sind, können wir ohne weiteres die Transformation *U* definieren:

$$U: \downarrow \begin{array}{l} T1\ T2\ T3 \\ T2\ T2\ T1 \end{array}$$

Um Verwirrung zu vermeiden, müssen wir lediglich aufpassen, daß wir die durch die Transformation *T1* eingeleiteten Änderungen nicht mit den von der Transformation *U* eingeleiteten verwechseln; egal, welche Methode in dem einzelnen Fall angewandt wird – die beiden Gruppen von Änderungen müssen begrifflich getrennt gehalten werden. Ein Beispiel für eine Transformation wie *U* haben wir, wenn ein kleiner Junge eine Spielzeugmaschine *T1* mit untereinander auswechselbaren Einzelteilen besitzt und diese dann auseinandernimmt, um eine neue Maschine *T2* zu bauen. (In diesem Fall sind die Veränderungen, die auftreten, wenn *T1* von einem seiner Zustände in den nächsten übergeht – d. h. wenn *T1* ‚arbeitet' –, klar von dem Vorgang zu unterscheiden, der stattfindet, wenn sich *T1* zu *T2* verändert.)

Die Übergänge von Transformation zu Transformation mögen im allgemeinen ganz zufällig sein. Wir werden es jedoch mit dem speziellen Fall näher zu tun haben, bei dem die verschiedenen Transformationen auf dieselbe Gruppe von Operanden einwirken. Wenn also die vier Operanden *a, b, c* und *d* sind, dann könnte es drei Transformationen *R1, R2* und *R3* von folgender Form geben:

$$R1: \downarrow \begin{array}{l} abcd \\ cddb \end{array} \qquad R2: \downarrow \begin{array}{l} abcd \\ badc \end{array} \qquad R3: \downarrow \begin{array}{l} abcd \\ dcdb \end{array}$$

Kompakter geschrieben wird daraus die Standardform

| | |
|---|---|
| ↓ | *a b c d* |
| *R1* | *c d d b* |
| *R2* | *b a d c* |
| *R3* | *d c d b*, |

die wir in Zukunft verwenden werden. (Auch in diesem Kapitel bleiben wir dabei, nur Transformationen zu verwenden, die geschlossen und eindeutig sind.)

Eine Transformation entspricht einer Maschine mit charakteristischer Verhaltensweise […]. Demnach müsste auch die Dreiergruppe *R1*, *R2* und *R3*, wenn sie demselben physikalischen Körper zugeordnet wäre, einer Maschine mit drei Verhaltensweisen entsprechen. Kann aber eine Maschine drei Verhaltensweisen haben?

Sie kann, denn die Bedingungen, unter denen sie arbeitet, können verändert werden. Manch eine Maschine hat einen Schalter oder Hebel, der auf eine beliebige von drei Positionen gestellt werden kann, und die Einstellung entscheidet darüber, welche von drei Verhaltensweisen eintritt. Wenn *a* etc. die Zustände der Maschine spezifizieren, *R1* dem Schalter in Position 1 und *R2* dem Schalter in Position 2 entspricht, dann entspricht die Änderung des Index von *R* von 1 auf 2 genau dem Umlegen des Schalters von Position 1 zu Position 2; und das entspricht dem Übergang der Maschine von einer Verhaltensweise zu einer anderen. […]

Eine reale Maschine, deren Verhalten durch eine solche Gruppe von geschlossenen eindeutigen Transformationen repräsentiert werden kann, nennen wir *Wandler* oder *Maschine mit Signaleingang* (je nach dem, wie es am besten zum Begleittext paßt). Die Menge der Transformationen ist ihre kanonische Darstellung. Der variable Parameter ist ihre *Eingangsgröße.*

*Aus dem Englischen von Jörg Adrian Huber*

**Textnachweis:** W. Ross Ashby (1956): The Determinate Machine. In: Ders.: An Introduction to Cybernetics. London: Chapman & Hall, S. 24–41. Deutsche Erstveröffentlichung: Ashby, W. Ross: Die determinierte Maschine. In: Ders.: Einführung in die Kybernetik. Frankfurt am Main: Suhrkamp 1974, S. 27–73; hier: S. 27–28, 46–47, 71–73. Copyright der deutschen Ausgabe Suhrkamp Verlag Frankfurt am Main 1985.

# Gilbert Simondon: Genese des technischen Objekts: Der Prozess der Konkretisation (1958)

Das technische Objekt ist einer Genese unterworfen, aber es ist schwierig, die Genese jedes einzelnen technischen Objekts zu definieren, denn die Individualität der technischen Objekte verändert sich im Lauf ihrer Genese: Nur schwer kann man die technischen Objekte über ihre Zugehörigkeit zu einer technischen Spezies bestimmen; es ist zwar leicht, die Arten für den praktischen Gebrauch grob zu unterteilen, solange man akzeptiert, das technische Objekt über den praktischen Zweck zu erfassen, dem es entspricht; doch handelt es sich dabei um eine trügerische Artzugehörigkeit, denn einem bestimmten Gebrauch entspricht keine fixe Struktur. Das gleiche Resultat lässt sich ausgehend von sehr unterschiedlichen Funktionsweisen und Strukturen erzielen: Ein Dampfmotor, ein Benzinmotor, eine Turbine, ein von einer Triebfeder oder einem Gewicht angetriebener Motor sind alle gleichermaßen Motoren; dennoch gibt es mehr wirkliche Analogien zwischen einem von einer Triebfeder angetriebenen Motor und einem Bogen oder einer Armbrust als zwischen diesem Motor und einem Dampfmotor. Eine Gewichtsuhr besitzt einen Motor, der mit einer Winde vergleichbar ist, während eine elektrisch betriebene Uhr einer Klingel oder einem Summer vergleichbar ist. Der Gebrauch vereint heterogene Strukturen und Funktionsweisen in Gattungen und Arten, die ihre Bedeutung aus dem Zusammenhang zwischen dieser Funktionsweise und einer anderen Funktionsweise ziehen, jener des Menschen in der Handlung. Dasjenige also, was man mit einem einzigen Namen bezeichnet, wie zum Beispiel dem des Motors, kann synchron vielerlei sein und es kann im Verlauf der Zeit variieren, indem es seine Individualität verändert.

Anstatt also ausgehend von der Individualität des technischen Objektes oder sogar von seiner sehr instabilen Artzugehörigkeit zu versuchen, die Gesetze seiner Genese im Rahmen dieser Individualität oder Artzugehörigkeit zu bestimmen, ist es vorzuziehen, das Problem umzukehren. Ausgehend von den Kriterien der Genese kann man die Individualität und Artzugehörigkeit des technischen Objekts

© Springer Fachmedien Wiesbaden GmbH, ein Teil von Springer Nature 2019
A. Ziemann (Hrsg.), *Grundlagentexte der Medienkultur*,
https://doi.org/10.1007/978-3-658-15787-6_43

definieren: Das technische Objekt ist nicht diese oder jene, *hic et nunc* gegebene Sache, sondern das, was eine Genese durchläuft.[1] Die Einheit des technischen Objekts, seine Individualität, seine Artzugehörigkeit, sind die Konsistenz- und Konvergenzeigenschaften seiner Genese. Die Genese des technischen Objekts ist Teil seines Seins. Das technische Objekt ist das, was seinem Werden nicht vorgängig, sondern in jeder Etappe dieses Werdens gegenwärtig ist. Das technische Objekt ist Einheit als Einheit des Werdens. Der Benzinmotor ist nicht dieser oder jener in Zeit und Raum gegebene Motor, sondern die Tatsache, dass es eine Abfolge, eine Kontinuität gibt, die von den ersten Motoren bis hin zu jenen reicht, die wir kennen und die sich noch in der Evolution befinden. In dieser Hinsicht enthält ein bestimmtes Evolutionsstadium, wie in einer phylogenetischen Reihe, in sich Strukturen und dynamische Schemata, die am Anfang einer Evolution der Formen stehen. Das technische Wesen evoluiert durch Konvergenz und Selbstadaptation; gemäß einem Prinzip der inneren Resonanz schließt es sich zu einer inneren Einheit zusammen. Der heutige Automotor ist nicht bloß deshalb der Nachfahre des Motors von 1910, weil es der Motor von 1910 war, den unsere Vorfahren konstruiert haben. Er ist auch nicht deshalb sein Nachfahre, weil er bezogen auf den Gebrauch perfektionierter wäre, denn tatsächlich gibt es den einen oder anderen Gebrauch, für den ein Motor von 1910 einem Motor von 1956 überlegen bleibt. So kann er zum Beispiel starkes Heißlaufen ohne Festfressen oder Lecken aushalten, weil er mit größerem Spiel und ohne den Einsatz von Legierungen wie dem Weißmetall konstruiert wurde; er ist autonomer, weil er eine Magnetzündung besitzt. Diese alten Motoren funktionieren nach ihrem Ausbau aus ausrangierten Automobilen auf Fischerbooten weiter, ohne dass es zu Defek-

1 Gemäß bestimmter Modalitäten, welche die Genese des technischen Objekts von jenen anderer Objekttypen unterscheiden: ästhetisches Objekt, Lebewesen. Diese spezifischen Modalitäten der Genese müssen von einer statischen Artzugehörigkeit unterschieden werden, die sich nach erfolgter Genese festlegen ließe, indem man die Merkmale der verschiedenen Objekttypen berücksichtigt; die Verwendung der genetischen Methode hat zum Ziel, den Gebrauch eines klassifikatorischen Denkens zu vermeiden, das nach der Genese einsetzt, um die Gesamtheit der Objekte in Gattungen und Arten aufzuteilen, die zum Diskurs passen. Die vergangene Evolution eines technischen Objekts verbleibt in wesentlicher Weise in Form der Technizität in diesem Wesen. Das technische Wesen, das gemäß dem Vorgehen, das wir Analektik nennen, Träger von Technizität ist, kann nur Gegenstand einer adäquaten Erkenntnis sein, wenn letztere in ihm zeitlichen Sinn und zeitliche Richtung seiner Evolution erfasst; diese adäquate Erkenntnis ist die technische Kultur, die sich vom technischen Wissen unterscheidet, das sich darauf beschränkt, isolierte Funktionsschemata in der Aktualität zu erfassen. Da die Relationen, die auf der Ebene der Technizität zwischen einem technischen Objekt und einem anderen bestehen, ebenso horizontal wie vertikal sind, ist eine Erkenntnis, die in Gattungen und Arten vorgeht, nicht zuträglich: Wir werden versuchen, anzuzeigen, in welchem Sinn die Relation zwischen den technischen Objekten transduktiv ist.

ten käme. Als Motor, der auf den Motor von 1910 folgt, lässt sich der heutige Automobilmotor durch eine innere Untersuchung der Kausalitätsgefüge und der Formen bestimmen, insoweit sie diesen Kausalitätsgefügen angepasst sind. In einem aktuellen Motor ist jedes wichtige Teil dergestalt durch wechselseitigen Energieaustausch mit den anderen verbunden, dass es nicht anders beschaffen sein kann, als es tatsächlich ist. Die Form des Verbrennungsraums, die Form und Dimension der Ventile, die Form des Kolbens sind Bestandteil ein und desselben Systems, in dem eine Vielzahl wechselseitiger Kausalitäten existieren. Einer bestimmten Form dieser Elemente entspricht ein bestimmtes Druckverhältnis, das seinerseits einen bestimmten Grad des Vorschubs zur Zündung erfordert; die Form des Zylinderkopfs, das Metall, aus dem er gemacht ist, erzeugen in Relation mit allen anderen Elementen der Phase eine bestimmte Temperatur der Elektroden der Zündkerze; diese Temperatur reagiert ihrerseits auf die Charakteristiken der Zündung und somit der gesamten Phase. Man könnte sagen, dass der aktuelle Motor ein konkreter Motor ist, während der frühere Motor ein abstrakter Motor ist. Im früheren Motor greift jedes Element an einem bestimmten Moment in der Phase ein und soll dann nicht mehr auf die anderen Elemente einwirken; die Teile des Motors sind wie Personen, die alle arbeiten, wenn sie an der Reihe sind, die sich aber untereinander überhaupt nicht kennen.

Übrigens erklärt man in den Unterrichtsklassen die Funktionsweise der Wärmekraftmaschinen genau so: Jedes Teil sei von den anderen isoliert wie die Striche, die es an der Tafel darstellen: im geometrischen Raum *partes extra partes*. Der frühere Motor ist eine logische Montage von Elementen, die je durch eine einzige Funktion definiert werden, welche die ihre ist und die sie vollständig übernehmen. Jedes Element kann dann am besten seine eigene Funktion erfüllen, wenn es wie ein vollkommen finalisiertes Instrument ist, das gänzlich auf die Erfüllung dieser Funktion ausgerichtet ist. Ein ständiger Energieaustausch zwischen zwei Elementen erscheint als eine Unvollkommenheit, wenn dieser Austausch nicht Teil der theoretischen Funktionsweise ist; so existiert eine ursprüngliche Form des technischen Objekts, *die abstrakte Form*, in der jede theoretische und materielle Einheit wie ein Absolutes behandelt wird, und die in ihrer intrinsischen Vollkommenheit vollendet scheint, welche für ihr Funktionieren erfordert, dass sie ein geschlossenes System bildet; die Integration in das Ensemble eröffnet in diesem Fall eine Reihe von zu lösenden Problemen, die technisch genannt werden und die tatsächlich Kompatibilitätsprobleme zwischen bereits gegebenen Ensembles sind.

Diese bereits gegebenen Ensembles müssen trotz ihrer wechselseitigen Beeinflussung aufrechterhalten und bewahrt werden. Damit treten besondere Strukturen auf, die man die Verteidigungsstrukturen jeder konstitutiven Einheit nennen kann: Der Zylinderkopf des thermischen Verbrennungsmotors wird mit Kühlrippen gespickt, die in der Region der Ventile besonders ausgeprägt sind, weil diese einem intensiven Wärmeaustausch und erhöhtem Druck ausgesetzt ist. Diese Kühlrippen sind in den ersten Motoren dem Zylinder und dem Zylinderkopf wie von außen angefügt, die theoretisch und geometrisch zylindrisch sind; sie erfüllen lediglich eine einzige Funktion, die der Kühlung. In den jüngeren Motoren spielen diese Rippen eine mechanischere Rolle, indem sie sich als Stützrippen einer Verformung des Zylinderkopfs unter dem Gasschub entgegenstellen; unter diesen Bedingungen kann man nicht mehr länger die volumetrische Einheit (Zylinder, Zylinderkopf) und die wärmezerstreuende Einheit voneinander unterscheiden; würde man durch Sägen oder Schleifen die Rippen vom Zylinderkopf eines aktuellen luftgekühlten Motors entfernen, wäre die volumetrische Einheit, die dann vom Zylinderkopf allein gebildet würde, selbst als volumetrische Einheit nicht mehr existenzfähig *[viable]:* Unter dem Gasdruck würde er sich verformen; die volumetrische und mechanische Einheit ist mit der wärmezerstreuenden Einheit koextensiv geworden, denn die Struktur des Ensembles ist bivalent: Bezogen auf den Luftstrom von außen bilden die Rippen eine Abkühlungsoberfläche mittels des Wärmeaustauschs; dieselben Rippen begrenzen, insofern sie einen Teil des Zylinderkopfes bilden, den Verbrennungsraum durch einen undeformierbaren Umriss, für den weniger Metall aufgewandt wird, als für eine nicht gerippte Wandung benötigt würde; diese Entwicklung einer einzigen Struktur ist kein Kompromiss, sondern ein Zusammenwirken und eine Konvergenz; ein gerippter Zylinderkopf kann dünner sein als ein glatter Zylinderkopf mit der gleichen Steifigkeit; im Übrigen erlaubt ein dünner Zylinderkopf daher einen wirksameren Wärmeaustausch, als er sich durch einen dicken Zylinderkopf hindurch vollziehen könnte; die bivalente Struktur Kühlrippe-Stützrippe verbessert die Kühlung nicht nur, indem sie die Oberfläche für den Wärmeaustausch vergrößert (was der Rippe als Kühlrippe eigen ist), sondern auch, indem sie eine Verdünnung des Zylinderkopfes ermöglicht (was der Rippe als Stützrippe eigen ist).

Das technische Problem ist also eher das einer Konvergenz der Funktionen in einer strukturellen Einheit als das der Suche nach einem Kompromiss zwischen konfligierenden Anforderungen. Wenn der Konflikt zwischen beiden Aspekten einer einzigen Struktur im betrachteten Fall bestehen bleibt, so einzig und allein insofern, als die Position der Stützrippe, die dem Maximum an Steifigkeit entspricht, nicht notwendigerweise auch jene ist, die der besten Kühlung entspricht, indem sie das Abfließen der Luftströme zwischen den Rippen erleichtert, wenn das Vehikel in Bewegung ist. In diesem Fall kann der Konstrukteur genötigt sein, einen unvollständigen, gemischten Charakter beizubehalten: Werden die Stützrippen für die beste Kühlung angeordnet, werden sie dicker und steifer sein müssen als sie es wären, wenn sie nur Stützrippen wären. Wenn sie im Gegenteil dergestalt angeordnet werden, dass sie in vollkommener Weise das Problem lösen, Steifigkeit zu erzielen, haben sie eine größere Oberfläche, um durch die Ausfaltung der Oberfläche das wiedereinzuholen, was durch Verlangsamung der Luftströme im Wärmeaustausch verloren geht; schließlich können die Rippen noch in ihrer Struktur selbst ein Kompromiss zwischen beiden Formen sein, was eine größere Entfaltung erforderlich macht, als wenn eine einzige dieser Funktionen als Ziel der Struktur genommen würde. Diese Divergenz der funktionalen Richtungen bleibt wie ein Residuum der Abstraktion im technischen Objekt, und es ist die progressive Reduktion dieser Spanne zwischen den Funktionen der polyvalenten Strukturen, die den Fortschritt des technischen Objekts definiert; es ist jene Konvergenz, die das technische Objekt spezifiziert, denn es gibt in einer bestimmten Epoche keine unendliche Pluralität der möglichen funktionalen Systeme; die technischen Arten existieren in weitaus beschränkterer Zahl als die Gebräuche, für die man die technischen Objekte bestimmt: Die menschlichen Bedürfnisse diversifizieren sich unendlich, aber es gibt nur eine begrenzte Zahl von Richtungen für die Konvergenz der technischen Arten.

Das technische Objekt existiert also als ein spezifischer Typ, den man am Ende einer konvergenten Serie erhält. Diese Serie verläuft von der abstrakten zur konkreten Existenzweise: Sie tendiert zu einem Zustand, der aus dem technischen Wesen ein System macht, das gänzlich kohärent ist, das vollständig eine Einheit bildet.

*Aus dem Französischen von Michael Cuntz*

**Textnachweis:** Gilbert Simondon (1958): Genèse de l'objet technique: Le processus de concrétisation. In: Ders.: Du mode d'existence des objets techniques. Paris: Aubier, S. 19–49. Deutsche Erstveröffentlichung: Simondon, Gilbert: Genese des technischen Objekts: Der Prozess der Konkretisation. In: Ders.: Die Existenzweise technischer Objekte. Zürich: Diaphanes 2012, S. 19–45; hier: S. 19–22.

# Gilles Deleuze/Félix Guattari: Programmatische Bilanz für Wunschmaschinen (1972)

Die Wunschmaschinen haben weder mit gadgets oder Kleinsterfindungen à la Lepine-Wettbewerb noch mit Phantasien etwas zu tun. Vielmehr, sie haben, allerdings in einem konträren Sinne. Denn die gadgets, die *trouvailles* und Phantasien sind Reststücke von Wunschmaschinen, die denen des internen Marktes der Psychoanalyse unterworfen sind (es gehört zum psychoanalytischen „Vertrag", die gelebten Zustände des Patienten zu reduzieren und sie in Phantasien zu übersetzen). Weder lassen sich die Wunschmaschinen auf die Anpassung von realen oder von Fragmenten realer Maschinen an symbolisches Funktionieren noch auf Traumgebilde imaginär funktionierender Phantasiemaschinen zurückführen. In beiden Fällen handelt es sich um die Verkehrung eines Produktionselements in einen individuellen Konsumtionsmechanismus (die Phantasien als psychische Konsumtion oder psychoanalytisches Stillen). Klar, daß die Psychoanalyse sich im Raum der gadgets und Phantasien wohl fühlt, kann sie hier doch ihre ganzen ödipalkastrativen Zwangsvorstellungen entwickeln. Aber all das sagt uns sehr wenig über die Maschine und ihre Beziehung zum Wunsch.

Die künstlerische und literarische Imagination entwirft zahlreiche absurde Maschinen: durch Unbestimmtheit des Antriebs oder der Energiequelle, durch physikalische Unmöglichkeit einer Organisation der arbeitenden Teile, durch logische Unmöglichkeit des Übersetzungsmechanismus. So weist *Dancer-Danger* von Man Ray, untertitelt „Die Unmöglichkeit", zwei Stufen des Absurden auf: die Gruppe der Zahnräder ebenso wie das große Übersetzungsrad können nicht funktionieren. Soweit diese Maschine als Darstellung des Wirbelns eines spanischen Tänzers begriffen wird, kann gesagt werden: sie bringt mechanisch, durch das Absurde, die Unmöglichkeit einer Maschine zum Ausdruck, eine solche Bewegung selbst zu bewirken (der Tänzer ist keine Maschine). Aber man kann auch sagen, daß es hier eines Tänzers als Maschinenteil bedarf; daß dieses Maschinenteil nur ein Tänzer sein kann; schon haben wir die Maschine, deren Teil ein Tänzer ist. Nicht mehr

© Springer Fachmedien Wiesbaden GmbH, ein Teil von Springer Nature 2019
A. Ziemann (Hrsg.), *Grundlagentexte der Medienkultur*,
https://doi.org/10.1007/978-3-658-15787-6_44

geht es darum, Mensch und Maschine zu konfrontieren, um darin die möglichen oder unmöglichen Korrespondenzen, Verlängerungen und Ersetzungen des einen oder anderen einzuschätzen, vielmehr darum, beide zu verbinden und zu zeigen, wie der Mensch mit der Maschine, oder wie er mit anderen Dingen *zu einem Stück* (einer Einheit) *wird,* um so eine Maschine zu konstituieren. Die anderen Dinge mögen Werkzeuge, selbst Tiere oder andere Menschen sein. Doch ist von „Maschine" nicht im metaphorischen Sinn die Rede: der Mensch *ist eine Maschine* von dem Augenblick an, da dieser Charakter dem Komplex, dem er unter genau bestimmbaren Bedingungen angehört, per Rekursion übermittelt wird. Der Komplex Mensch-Pferd-Bogen stellt eine nomadische Kriegsmaschine unter Bedingungen der Steppe dar. Die Menschen bilden eine Arbeitsmaschine unter den bürokratischen Bedingungen der großen Reiche. Der griechische Hoplite bildet mit seinen Waffen eine Maschine unter den Bedingungen der Phalanx. Und unter den gefahrvollen Bedingungen von Liebe und Tod bildet der Tänzer mit der Tanzfläche eine Maschine... Nicht vom metaphorischen Gebrauch des Wortes Maschine gehen wir aus, sondern von einer (unklaren) Hypothese über ihre Entstehung: der Art und Weise, wie beliebige Elemente durch *Rekursion und Kommunikation* dazu gebracht werden, Maschine zu sein; der Existenz eines „Maschinenphylums". Die Ergonomie kommt dieser Betrachtungsweise entgegen, wenn sie das allgemeine Problem nicht mehr in Begriffen von Anpassung oder Ersetzung – Anpassung des Menschen an die Maschine, Ersetzung des Menschen durch die Maschine –, sondern in Begriffen rekursiver Kommunikation in Mensch-Maschinen-Systemen formuliert. In der Tat bringt sie in dem Moment, wo sie glaubt, einen rein technologischen Ansatz zu verfolgen, ungleich schärfer noch als in den adaptiven Ansätzen die Fragen der Gewalt, der Unterdrückung und Revolution, des Wunsches an den Tag.

Bekannt ist jenes klassische Schema: das Werkzeug als Verlängerung und Projektion von Lebendigem, Operation, kraft deren sich der Mensch fortschreitend entlastet, Entwicklung des Werkzeugs zur Maschine, Umwälzung, in deren Verlauf die Maschine sich mehr und mehr vom Menschen unabhängig macht... Doch in vieler Hinsicht ist dieses Schema unzulänglich. Es gibt uns kein Mittel an die Hand, die Realität der Wunschmaschinen sowie ihre Präsenz während dieses ganzen Verlaufs zu erfassen. Vielmehr handelt es sich um ein biologisches, evolutives Schema, das das Auftreten der Maschine zu einem bestimmten Zeitpunkt innerhalb einer mechanischen Reihe, die mit dem Werkzeug beginnt, determiniert. Es ist humanistischen Geistes und abstrakt, isoliert die Produktivkräfte von den gesellschaftlichen Bedingungen ihrer Anwendung, macht eine allen gesellschaftlichen Formen gemeinsame Dimension von Mensch und Natur geltend, denen so jeweilige Evolutionsstufen zugeschrieben werden. Es ist, selbst wo es sich auf reale Werkzeuge und Maschinen bezieht, imaginär, phantastisch, solipzistisch, da es ausschließlich auf der Projektionshypothese beruht (so zeigt Roheim, der dieses Schema übernimmt, die Analogie auf zwischen der physischen Projektion der Werkzeuge und der psychischen Projektion der Phantasien).[1] Demgegenüber meinen wir, daß *von Beginn an* die wesentlichen Differenzen zwischen dem Werkzeug und der Maschine postuliert werden müssen: jenes ist Kontaktträger, diese Kommunikationsfaktor, jenes ist projektiv, diese rekursiv, jenes bezieht sich auf das Mögliche und Unmögliche, diese auf die Wahrscheinlichkeit des weniger Wahrscheinlichen; wirkt das Werkzeug durch funktionale Synthesen eines Ganzen, so die Maschine durch reale Distinktionen innerhalb eines Komplexes. Mit etwas anderem zu einem Stück zu werden, bedeutet etwas grundsätzlich anderes als sich zu verlängern, sich projizieren oder ersetzen zu lassen (ein Fall von Kommunikationslosigkeit). Pierre Auger erklärt, daß eine Maschine dann existiert, wenn zwischen zwei Teilen der äußeren Welt, die innerhalb eines möglichen, wenngleich weniger wahrscheinlichen Systems real unterschieden sind, eine Kommunikation besteht.[2] Ein und dasselbe Ding kann Werkzeug oder Maschine sein, je nachdem, ob das „Maschinenphylum" sich seiner bemächtigt oder nicht, es durchläuft oder nicht: so waren die hoplitischen Waffen Werkzeuge schon seit frühesten Zeiten, wurden dann aber unter den Bedingungen der Phalanx und der griechischen Stadt gemeinsam *mit* den Männern, die sie handhabten, zu Teilen einer Maschine. Wird das Werkzeug entsprechend dem traditionellen Schema dem Menschen zugeordnet, begibt man sich der Möglichkeit, zu verstehen, wie Mensch und Maschine in bezug auf eine effektiv maschinenerzeugende Instanz *(instance effectivement machinisante)* zu distinkten Maschinenteilen *werden* oder es *schon sind*. Zudem meinen wir, daß Maschinen immer schon den Werkzeugen vorausgehen, Phylen, die bestimmen, zu welchem Zeitpunkt welche Werkzeuge und welche Menschen als Maschinenteile in ein jeweiliges Gesellschaftssystem eingehen.

Weder sind die Wunschmaschinen imaginäre Projektionen, Phantasien, noch reale Projektionen, Werkzeuge. Das gesamte Projektionssystem aber ist von Maschinen ableitbar, nicht umgekehrt. Sollte demnach die Wunschmaschine durch eine Art Introjektion, einen bestimmten perversen Gebrauch der Maschine definiert werden? Nehmen wir ein Beispiel aus dem geheimnisvollen Bereich des Telefonnetzes: die Nummer eines nicht besetzten, aber einem automatischen Anrufbeantworter angeschlossenen Telefons wählend („diese Nummer ist nicht besetzt"), kann man ein Gewirr summender, sich überlagernder Stimmen vernehmen, Stimmen, die sich gegenseitig rufen, sich antworten, die sich überkreuzen und verlieren, die ober- oder unterhalb des Anrufbeantworters laufen oder in dessen Inneren, sehr kurze Mitteilungen, in schnellen und monotonen Codes abge-

1 Geza Roheim, *Psychanalyse et anthropologie*, Paris 1978, S. 190–192.
2 Pierre Auger, *L'homme microscopique*, Paris 1952, S. 138.

faßte Äußerungen. Der Tiger sitzt im Netz, man könnte fast solches auch von Ödipus sagen; Jungen rufen Mädchen, Jungen rufen Jungen an. Mühelos wird hier die Form künstlicher perverser Gesellschaften oder die Gesellschaft der Unbekannten erkennbar: der *durch die Maschine abgesicherten Bewegung der Deterritorialisierung* schließt sich ein Prozeß der Reterritorialisierung an (die privaten Gruppen der Amateurfunker weisen die gleiche perverse Struktur auf). Fest steht, daß die öffentlichen Anstalten gegen diesen sekundären Gewinn durch privaten Gebrauch der Maschine unter dem Gesichtspunkt auftretender Interferenzphänomene nichts einzuwenden haben. Zugleich aber läßt sich in diesem Zusammenhang etwas mehr als nur perverse Subjektivität, sei es auch die einer Gruppe, ausmachen. Das normale Telefon, bestimmt, Kommunikationsmaschine zu sein, funktioniert doch so lange noch gleich einem Werkzeug, als es dazu dient, Stimmen, die als solche nicht Teil der Maschine sind, nur zu projizieren oder weiterzutragen. Dort aber hat die Kommunikation eine höhere Stufe erreicht, insofern die Stimmen mit der Maschine ein Stück (eine Einheit) bilden, Teile der Maschine geworden sind und vom automatischen Anrufbeantworter auf Zufallsbasis ausgesendet und verteilt werden. Das weniger Wahrscheinliche gestaltet sich auf der Entropiegrundlage aller sich wechselseitig ausschließender Stimmen. Unter dieser Perspektive findet nicht allein ein perverser Gebrauch oder Anpassung einer technisch-gesellschaftlichen Maschine statt, sondern die Überlagerung durch eine wirkliche objektive Wunschmaschine, deren Aufrichtung innerhalb der letzteren. Derart können die Wunschmaschinen in den künstlichen Freiräumen einer Gesellschaft entstehen, wenn sie auch anders sich entwickeln und den Formen, denen sie entstammen, nicht gleichen.

Dieses Telefonphänomen kommentierend schreibt Jean Nadal: „Dies ist wohl, wie ich glaube, die gelungenste und vollständigste Wunschmaschine, die mir bekannt ist. Sie enthält alles. Hier funktioniert der Wunsch ungehemmt, auf dem erotischen Träger der Stimme als Partialobjekt, ist zufällig, in Vielheit gegeben, und schließt sich einem Strom an, der, auf dem Wege grenzenloser Expansion eines Deliriums oder Ausflusses, das gesamte soziale Kommunikationsfeld durchzieht." Der Kommentator hat nicht vollkommen Recht: es gibt bessere und vollständigere Wunschmaschinen. Aber die perversen Maschinen im allgemeinen zeichnet aus, daß sie uns ein ständiges Schwanken zwischen subjektiver Anpassung, der Bestimmungsänderung einer technisch-gesellschaftlichen Maschine und objektiver Errichtung einer Wunschmaschine vor Augen führen – noch eine Anstrengung, wenn ihr Republikaner sein wollt... In einem der schönsten dem Masochismus gewidmeten Texte weist Michel de M'Uzan darauf hin, daß die perversen Maschinen des Masochisten – es sind Maschinen im strikten Sinne des Wortes – ebenso wenig verstehbar sind in Begriffen der Phantasie oder der Imagination, wie sie sich, ausgehend von Ödipus und der Kastration, durch Projektion erklären lassen:

es gibt keine Phantasie, erklärt er, sondern, vollkommen in Gegensatz dazu, „wesentlich außerhalb der ödipalen Problematik strukturierte“ *Programmierung* (endlich einmal etwas klare Luft in der Psychoanalyse, ein wenig Verständnis für die Perversen).[3]

*Aus dem Französischen von Bernd Schwibs*

**Textnachweis:** Gilles Deleuze/Félix Guattari (1972): Bilan-programme pour machines désirantes. In: Dies.: L'Anti-Œdipe. Capitalisme et schizophrénie. 2ème édition. Paris: Minuit, S. 463–487. Deutsche Erstveröffentlichung: Deleuze, Gilles/Guattari, Félix: Programmatische Bilanz für Wunschmaschinen. In: Dies.: Anti-Ödipus. Kapitalismus und Schizophrenie. Frankfurt am Main: Suhrkamp 1974, S. 497–521; hier: S. 497–502. Copyright der deutschen Ausgabe Suhrkamp Verlag Frankfurt am Main 1977.

3 Michel de M'Uzan, in: „La sexualité perverse“, Paris, S. 34–37.

# Massenmedien

# Zur Einführung

Lorenz Engell

Das Zeitalter der Massenmedien scheint vorüber zu sein. Das wird am deutlichsten durch das mächtigste Massenmedium je, das Fernsehen, und die grundlegenden Transformationen, die es gegen Ende des 20. Jahrhunderts nach 50jähriger Dominanz im Zuge seiner Digitalisierung erfahren hat. Die Konvergenz der Medien in nur einem einzigen Hüllmedium, dem Computer, oder, umgekehrt, die Ausbreitung des Computers in alle Lebenszusammenhänge hinein, haben die Unterscheidung verschiedener Medien, insbesondere der Individualmedien und der Massenmedien, voneinander und auch diejenige der Medien von der außermedialen Wirklichkeit, wie sie im Begriff der Massenmedien immer noch zu Grunde gelegt zu sein schienen, aufgelöst. Die verschiedenen (Massen-)Medien, Kino, Zeitung, Fernsehen, Rundfunk, und die Individualmedien wie Telefon oder Brief sind nur mehr Formate des einen digitalen Mediums. Die durch die Ausbreitung mobiler und vernetzter interaktiver Medien ermöglichte individuelle und zugleich öffentliche Mediennutzung, die Ununterscheidbarkeit des Aktiven vom Passiven im Mediengebrauch, die Entkopplung des Medienzugriffs von den Zeitvorgaben eines Programms oder eines Erscheinungsrhythmus, die Auflösung konsensueller Zusammenhänge und die Ankunft in einem „postfaktischen" Zeitalter bedeuten auch das Ende der Öffentlichkeit, wie sie seit dem 18. Jahrhundert mit den Leitmedien des Theaters, des Caféhauses und der Zeitung bestanden hat. Damit einher geht nicht nur eine Krise der klassischen Massenmedien, sondern eine der politischen Institutionen und der öffentlichen Massenorganisationen überhaupt, Parteien, Kirchen, Vereine, Gewerkschaften.

Und dennoch. Die drei hier versammelten Texte zeigen, bei aller Unterschiedlichkeit, dennoch zweierlei. Erstens sind sehr viele der diagnostizierten Veränderungen keineswegs ansatzlos und gegen die Massenmedien entstanden, sondern vielmehr ihrerseits bereits mit der Karriere der Massenmedien, insbesondere der elektrischen und elektronischen Massenmedien im 20. Jahrhundert, Radio und

© Springer Fachmedien Wiesbaden GmbH, ein Teil von Springer Nature 2019
A. Ziemann (Hrsg.), *Grundlagentexte der Medienkultur*,
https://doi.org/10.1007/978-3-658-15787-6_45

Fernsehen, verbunden und an den und durch die Massenmedien selbst entwickelt worden. Um sie zu verstehen, ist eine Befassung mit der Soziologie und Philosophie der Massenmedien deshalb unabdingbar. Und zweitens zeigt sich im Licht der hier aufgeführten Diagnosen, dass zumindest in bestimmten Segmenten von einem Ende der Massenmedien überhaupt keine Rede sein kann. Das gilt besonders für die Kategorie des Medienereignisses.

Max Horkheimers und Theodor W. Adornos kanonischer Text über die Kulturindustrie aus dem Jahr 1944 wurde im Exil geschrieben, im Angesicht sowohl des Holocaust wie auch der für die Verfasser zutiefst abstoßenden amerikanischen Unterhaltungsindustrie. Daher rührt sein drängender Ton. Er ist, so wütend und verzweifelt auch immer er vorgetragen wird, wie der gesamte Band über die „Dialektik der Aufklärung", dem er entstammt, der Frage gewidmet, wie aus dem ursprünglich Rationalen und Emanzipatorischen, das sich mit der Aufklärung, mit den gesellschaftlichen Veränderungen nach der französischen Revolution und den technischen Entwicklungen seither verbunden hat, dennoch das Gegenteil, das Irrationale, die Gewaltherrschaft und die Katastrophe des Faschismus entstehen konnte. Zugleich sehen die Autoren auch im liberal-kapitalistischen System westlicher Prägung nicht nur keinen Widerstand gegen den Faschismus, sondern dessen gleich katastrophales, womöglich langfristig noch gefährlicheres, weil amüsantes Pendant.

Ein eingängiges Beispiel für die Argumentationsweise Horkheimers und Adornos dabei ist die Passage über die Vernichtung der Individualität in der kapitalistischen Massenkultur. Zum einen, so die Autoren, hat es diese Individualität nie wirklich gegeben. Immer war das bürgerliche Subjekt gespalten, etwa zwischen Öffentlichkeit und Privatheit, zwischen Privatheit und Intimität. In dieser Spaltung wiederholt sich im Einzelnen die Widersprüchlichkeit und Zerrissenheit der gesellschaftlichen Ordnung, und dennoch bildet das so deformierte bürgerliche Individuum immer noch einen Gegenpart, einen Widerspruch zur Sphäre des Gesellschaftlichen. In der Massenkultur dagegen sorgen zwar die (Kommunikations-)Techniken, ungewollt von den Machthabern, dafür, dass endlich wirklich jeder, nicht nur die Privilegierten, in den Genuss der Individuation kommt und als Einzelperson adressierbar wird. Damit ist aber gerade kein emanzipatorischer Zugewinn verbunden, sondern im Gegenteil, eine Vereinzelung, die mit Individualität im Sinne des Eigensinns nichts zu tun hat. Voneinander abgetrennt, bilden die Personen genau keine individuelle Besonderheit heraus, sondern werden einander nur umso ähnlicher. Dies führt dazu, dass der eigene Vorteil zum Maßstab aller Beziehungen wird und dass die oberflächliche Begegnung mit dem anderen bereits als Freundschaft gilt.

Diese schlechte Form der Angleichung von Besonderem und Allgemeinem ist nun überall am Werk: Nur zum Schein werden die diversen Zielpublika der Massenmedien voneinander unterschieden, und die Zersplitterung der Gesellschaft ist eine rein oberflächliche, hinter der die Kulturindustrie mit ihren Schematisierungen ungehindert herrschen kann; sie „schlägt alles mit Ähnlichkeit", jede Sparte ist „einstimmig in sich und alle zusammen", so die schlagenden Formulierungen Horkheimers und Adornos. Das gelte auch für die Kunst und die Künste. Obwohl die scheinbar zweckfreie Kunst als Gegenbild immer schon dem Bereich des Ökonomischen zugeordnet war, ist doch die Art und Weise, wie in der Massenkultur der Warencharakter der Kunst geradezu herausgestellt und ihre ökonomische Zweckhaftigkeit dreist affirmiert wird, neu. Die Zusammenführung von Bild, Sprache und Musik im Fernsehen unterwerfe zudem alle drei einem einzigen, identischen technischen Produktionsprozess und mache sie insofern gleich, statt zu einem Gesamtkunstwerk zu führen. Die Diagnose vom Fernsehen als Hüllmedium nimmt spätere Behauptungen über den Computer hier vorweg; mit dem Unterschied, dass Horkheimer und Adorno diese Entwicklung genau nicht affirmativ konstatieren.

Natürlich lässt sich andererseits die Position der „Dialektik der Aufklärung" auch nicht undiskutiert fortführen. Schon die These von der Abhängigkeit der Medienindustrie von der „eigentlichen" Industrie, nämlich der Schwer-, der Chemie- und Maschinenindustrie, ist in dieser Form im Zeitalter der „Creative Industries" sicher nicht mehr haltbar. Schwerer wiegt, dass die Autoren über ein offenbar so geheimes wie voraussetzungsloses Wissen darüber verfügen, wann etwas der Oberfläche, wann der Tiefe oder dem Wesenskern zuzuordnen sei. Wenn es jedoch eins von der Postmoderne und dem Poststrukturalismus zu lernen gibt, dann bestimmt die begründete Skepsis gegenüber genau dieser Unterscheidung.

Heftigen Widerspruch würden Horkheimer und Adorno deshalb auch von Jean Baudrillard ernten. Die Massenmedien, und erneut insbesondere das Fernsehen, seien kein Epiphänomen, und hinter ihnen gebe es keine Eigentlichkeit und keine zu enthüllende Wahrheit. Das Desaster der Massenmedien bestünde, weit schlimmer, darin, dass alle Leitunterscheidungen, mit denen auch die Kritische Theorie arbeitet, hinfällig würden. Die wichtigste dieser Unterscheidungen ist diejenige zwischen dem Zeichen und dem Referenten, also der wesenhaften Wirklichkeit, auf die sich ein Zeichen bezieht und in der es fungiert und zirkuliert. Nach Baudrillard ist jedoch das Zeitalter der Simulation angebrochen. Simulation bedeutet, etwas vorzugeben, was nicht ist; ihr Gegenbegriff ist die Dissimulation, die das, was ist, verschwinden lässt. Simulation muss man sich dabei nicht wie eine bloße Fiktion, Illusion oder Täuschung vorstellen, die immer durchschaubar bleibt und gleichsam vertragsbasiert. Anders als diese kennt die Simulation keine Außenwelt, keinen Außenbezug mehr und kann deshalb auch nicht entlarvt werden.

In das Zeitalter der Simulation sind wir, so Baudrillard, im Zuge eines Prozesses eingetreten, der die gesamte Kulturentwicklung umfasst und vier Phasen kennt. Zunächst und über den längsten Zeitraum bezeichneten die Bilder etwas, sie bezogen sich letztlich auf den einen großen Referenten, nämlich Gott (die Phase der Repräsentation). Darauf folgt eine Phase der Entstellungen und Deformationen dessen, worauf die Bilder sich beziehen, der Realität und letztlich der transzendenten Instanz hinter und über ihr (die Phase des Fluchs). Je mächtiger die Deformationen werden, desto mehr zieht sich die Realität hinter die Bilder zurück, sie verschwindet hinter ihnen. Nunmehr, in einer dritten Phase, maskieren die Bilder eben diese Abwesenheit. Sie tun so, als ob das, worauf sie sich beziehen, nicht längst abwesend sei (die Phase der Dissimulation). Schließlich jedoch beziehen sich die Bilder auf gar nichts mehr außerhalb ihrer selbst, sie haben kein Außen mehr (die Phase der Simulation).

Baudrillard belegt die Funktionsweise der Simulation anhand einer Fernsehsendung aus dem Jahr 1970: Die amerikanische Familie Loud ließ sich über ein Jahr lang vom Fernsehen begleiten, ein Vorläufer also des – im Übrigen ja ungebrochen erfolgreichen – „Reality TV". Die Familie tritt damit von der gelebten Realität ein in den Bezirk der „Hyperrealität", die, da sie immer schon so funktioniert wie das Fernsehen, das sie doch erst dokumentieren soll, realer wird als jede Realität, und doch ein reines Simulacrum ist, zu dem es ein Anderes nicht gibt. Das Fernsehen, so Baudrillard gegen Foucault gewendet, beende so das Zeitalter des „Panoptikums", der All-Sichtbarkeit. In der Simulation nämlich sei die Sichtbarmachung (und ihr Instrument, das Fernsehen) von dem Sichtbaren nicht mehr zu unterscheiden. Wo immer das Fernsehen hinschaut, nimmt es nur Fernsehen wahr, blickt es in eine Realität, die ihrerseits immer schon nach den Gesetzen des Fernsehens funktioniert.

Baudrillards visionäre Thesen, 1978 formuliert, erhielten mit dem amerikanischen Golfkrieg 1990/91 eine bestürzende Aktualität und eignen sich bis heute, um etwa das Phänomen der Medienexistenz sog. „Prominenter", deren Prominenz in nichts anderem als ihrer Prominenz besteht, auch im Netz und in den „sozialen Medien", zu erklären. Andererseits sind sie auch widersprüchlich und widerlegbar; einer Kritik, die ihnen nachweist, dass sie voraussetzen, was sie erst noch behaupten, oder die schlicht zeigt, dass die Beispiele nicht funktionieren, kann sie sich nur durch den Verweis auf ihren Überbietungscharakter entziehen, der sie noch simulatorischer sein lässt als die offizielle Simulation der Massenmedien.

Wenn es eine Form neben der Medienprominenz oder der Reality-Show gibt, in denen etwas von der klassischen Massenmedien-Funktion, insbesondere des Fernsehens bis heute überlebt, dann ist es das Medienereignis. Schon Daniel Boorstein, dem Baudrillard eine Menge verdankt, hatte in seinem bereits 1962 erschienenen Buch „The Image" den Begriff des Pseudo-Ereignisses geprägt. Er meint damit Vorkommnisse in der Außenwelt des Fernsehens, über die das Fernsehen berichtet, die aber ohne das Vorhandensein des Fernsehens so nicht oder gar nicht eingetreten wären, die also nur im Hinblick auf die spätere Berichterstattung im Fernsehen überhaupt inszeniert wurden. In ihrem gründlichen Text analysieren Dayan und Katz das Phänomen des Fernsehereignisses nahezu dreißig Jahre später noch einmal. Als Beispiel dient ihnen eine Hochzeit (von Prinz Charles und Lady Diana) im englischen Königshaus.

Das Ereignis hat hier eine hochgradig zeremonielle Bedeutung. Dayan und Katz gehen davon aus, dass dieses zeremonielle Ereignis zunächst vom Fernsehen selbst unabhängig ist. Das Fernsehen verhält sich lediglich „loyal" zu ihm; es „wahrt seine Definition". In einem zweiten Schritt dann transformiert das Fernsehen das Ereignis in ein „phatisches Ereignis", das nicht mehr in den Vorkommnissen selbst besteht, sondern in der bloßen Tatsache seiner Kommunikation, sei es an Ort und Stelle, sei es im Fernsehen. Dies vollzieht sich in zwei Schritten: Zunächst wird die Einbindung der und die Kommentierung durch die an dem Ereignis an Ort und Stelle teilnehmenden ZuschauerInnen ausgiebig gezeigt bzw. inszeniert. Deren Gemeinschaft untereinander und mit dem Ereignis wird, über alles Trennende hinweg, akzentuiert. In einem zweiten Schritt dann werden die FernsehzuschauerInnen in die phatische Gemeinschaft mit einbezogen. Dies ist ein aufwändiger Prozess, der schon Tage vorher beginnt mit zahlreichen Vorberichten und Vorschauen auf das Ereignis und so dazu beiträgt, die ZuschauerInnen aus dem Fluss der Alltagsberichterstattung und der Alltagsfiktionen des Fernsehens herauszuheben. Das Fernsehen wird zum Schwellenmedium, das die ZuschauerInnen in eine andere Realität versetzt, in der etwa Nachrichteninhalte keine Rolle mehr spielen, sondern reine Teilhabe produziert wird. Aus diesem rituellen, zeremoniellen Ausnahmezustand werden die ZuschauerInnen dann ebenso allmählich wieder entlassen; schon während der laufenden Übertragungen werden etwa Kommentare eingeschnitten, die eine Außenposition mit kritischer Revision behaupten und so die Außenrealität wieder einlassen.

Eben in diesem Prozess wird das Ereignis dann von einem phatischen Ereignis in ein reines Fernsehereignis überführt, das nur mehr im Fernsehen statthat und eine besondere Erfahrung freisetzt, wie sie auch die TeilnehmerInnen an Ort und Stelle nicht haben. Diese Erfahrung ist diejenige, eben genau *nicht* dabei gewesen zu sein, und dies wiederum mit allen anderen ZuschauerInnen zu teilen. Diese eigentümliche Fernseherfahrung einer Gemeinschaft der NichtteilnehmerInnen – die Denkfigur erinnert nicht von ungefähr an Niklas Luhmanns „nicht konsenspflichtige Realität" – stellt eine Paradoxie der Öffentlichkeit dar, die darauf hinweist, dass die klassischen Öffentlichkeitsmodelle nicht erst vom Digitalen, sondern bereits vom Fernsehen überfordert werden. Die Autoren vergleichen sie mit dem Ritual des „Seder" zum jüdischen Passah-Fest: Verstreut in alle Welt, in der Diaspora, feiern alle jüdischen Gläubigen dieses Fest je für sich in kleinen familiären Gruppen – und darin eingedenk aller anderen, Abwesenden, mit denen sie dadurch dennoch zusammen geschlossen sind.

Auch Dayans und Katz' Analysen sind, nachdem eben gerade die Kategorie des Medien-Ereignisses auch jenseits des Fernsehzeitalters hohe Relevanz behauptet, weiter entwickelt worden. So ist etwa das Verhältnis zwischen Ausnahme und Normalität von Mary Ann Doane im Fall nicht der öffentlichen Zeremonien, sondern der Katastrophen neu analysiert worden; oder es ist die Frage aufgeworfen worden, ob das Fernsehen nicht nach und zusammen mit dem Phänomen der Öffentlichkeit auch dasjenige des Ereignisses zutiefst paradoxiere und dekonstruiere.

# Max Horkheimer/Theodor W. Adorno: Kulturindustrie. Aufklärung als Massenbetrug (1947)

Die soziologische Meinung, daß der Verlust des Halts in der objektiven Religion, die Auflösung der letzten vorkapitalistischen Residuen, die technische und soziale Differenzierung und das Spezialistentum in kulturelles Chaos übergegangen sei, wird alltäglich Lügen gestraft. Kultur heute schlägt alles mit Ähnlichkeit. Film, Radio, Magazine machen ein System aus. Jede Sparte ist einstimmig in sich und alle zusammen. Die ästhetischen Manifestationen noch der politischen Gegensätze verkünden gleichermaßen das Lob des stählernen Rhythmus. Die dekorativen Verwaltungs- und Ausstellungsstätten der Industrie sind in den autoritären und den anderen Ländern kaum verschieden. Die allenthalben emporschießenden hellen Monumentalbauten repräsentieren die sinnreiche Planmäßigkeit der staatenumspannenden Konzerne, auf die bereits das losgelassene Unternehmertum zuschoß, dessen Denkmale die umliegenden düsteren Wohn- und Geschäftshäuser der trostlosen Städte sind. Schon erscheinen die älteren Häuser rings um die Betonzentren als Slums, und die neuen Bungalows am Stadtrand verkünden schon wie die unsoliden Konstruktionen auf internationalen Messen das Lob des technischen Fortschritts und fordern dazu heraus, sie nach kurzfristigem Gebrauch wegzuwerfen wie Konservenbüchsen. Die städtebaulichen Projekte aber, die in hygienischen Kleinwohnungen das Individuum als gleichsam selbständiges perpetuieren sollen, unterwerfen es seinem Widerpart, der totalen Kapitalmacht, nur um so gründlicher. Wie die Bewohner zwecks Arbeit und Vergnügen, als Produzenten und Konsumenten, in die Zentren entboten werden, so kristallisieren sich die Wohnzellen bruchlos zu wohlorganisierten Komplexen. Die augenfällige Einheit von Makrokosmos und Mikrokosmos demonstriert den Menschen das Modell ihrer Kultur: die falsche Identität von Allgemeinem und Besonderem. Alle Massenkultur unterm Monopol ist identisch, und ihr Skelett, das von jenem fabrizierte begriffliche Gerippe, beginnt sich abzuzeichnen An seiner Verdeckung sind die Lenker gar nicht mehr so sehr interessiert, seine Gewalt verstärkt sich, je bru-

© Springer Fachmedien Wiesbaden GmbH, ein Teil von Springer Nature 2019
A. Ziemann (Hrsg.), *Grundlagentexte der Medienkultur*,
https://doi.org/10.1007/978-3-658-15787-6_46

taler sie sich einbekennt. Lichtspiele und Rundfunk brauchen sich nicht mehr als Kunst auszugeben. Die Wahrheit, daß sie nichts sind als Geschäft, verwenden sie als Ideologie, die den Schund legitimieren soll, den sie vorsätzlich herstellen. Sie nennen sich selbst Industrien, und die publizierten Einkommensziffern ihrer Generaldirektoren schlagen den Zweifel an der gesellschaftlichen Notwendigkeit der Fertigprodukte nieder.

Von Interessenten wird die Kulturindustrie gern technologisch erklärt. Die Teilnahme der Millionen an ihr erzwinge Reproduktionsverfahren, die es wiederum unabwendbar machten, daß an zahllosen Stellen gleiche Bedürfnisse mit Standardgütern beliefert werden. Der technische Gegensatz weniger Herstellungszentren zur zerstreuten Rezeption bedinge Organisation und Planung durch die Verfügenden. Die Standards seien ursprünglich aus den Bedürfnissen der Konsumenten hervorgegangen: daher würden sie so widerstandslos akzeptiert. In der Tat ist es der Zirkel von Manipulation und rückwirkendem Bedürfnis, in dem die Einheit des Systems immer dichter zusammenschießt. Verschwiegen wird dabei, daß der Boden, auf dem die Technik Macht über die Gesellschaft gewinnt, die Macht der ökonomisch Stärksten über die Gesellschaft ist. Technische Rationalität heute ist die Rationalität der Herrschaft selbst. Sie ist der Zwangscharakter der sich selbst entfremdeten Gesellschaft. Autos, Bomben und Film halten solange das Ganze zusammen, bis ihr nivellierendes Element am Unrecht selbst, dem es diente, seine Kraft erweist. Einstweilen hat es die Technik der Kulturindustrie bloß zur Standardisierung und Serienproduktion gebracht und das geopfert, wodurch die Logik des Werks von der des gesellschaftlichen Systems sich unterschied. Das aber ist keinem Bewegungsgesetz der Technik als solcher aufzubürden, sondern ihrer Funktion in der Wirtschaft heute. Das Bedürfnis, das der zentralen Kontrolle etwa sich entziehen könnte, wird schon von der des individuellen Bewußtseins verdrängt. Der Schritt vom Telephon zum Radio hat die Rollen klar geschieden. Liberal ließ jenes den Teilnehmer noch die des Subjekts spielen. Demokratisch macht dieses alle gleichermaßen zu Hörern, um sie autoritär den unter sich gleichen Programmen der Stationen auszuliefern. Keine Apparatur der Replik hat sich entfaltet, und die privaten Sendungen werden zur Unfreiheit verhalten. Sie beschränken sich auf den apokryphen Bereich der „Amateure", die man zudem noch von oben her organisiert. Jede Spur von Spontaneität des Publikums im Rahmen des offiziellen Rundfunks aber wird von Talentjägern, Wettbewerben vorm Mikrophon, protegierten Veranstaltungen aller Art in fachmännischer Auswahl gesteuert und absorbiert. Die Talente gehören dem Betrieb, längst ehe er sie präsentiert: sonst würden sie nicht so eifrig sich einfügen. Die Verfassung des Publikums, die vorgeblich und tatsächlich das System der Kulturindustrie begünstigt, ist ein Teil des Systems, nicht dessen Entschuldigung. Wenn eine Kunstbranche nach demselben Rezept verfährt wie eine dem Medium und dem Stoff nach weit von ihr entlegene; wenn schließlich der dramatische Knoten in den „Seifenopern" des Radios zum pädagogischen Beispiel für die Bewältigung technischer Schwierigkeiten wird, die als „jam" ebenso wie auf den Höhepunkten des Jazzlebens gemeistert werden, oder wenn die antastende „Adaptation" eines Beethovenschen Satzes nach dem gleichen Modus sich vollzieht wie die eines Tolstoiromans durch den Film, so wird der Rekurs auf spontane Wünsche des Publikums zur windigen Ausrede. Der Sache näher kommt schon die Erklärung durchs Eigengewicht des technischen und personellen Apparats, der freilich in jeder Einzelheit als Teil des ökonomischen Selektionsmechanismus zu verstehen ist. Hinzutritt die Verabredung, zumindest die gemeinsame Entschlossenheit der Exekutivgewaltigen, nichts herzustellen oder durchzulassen, was nicht ihren Tabellen, ihrem Begriff von Konsumenten, vor allem ihnen selber gleicht.

Wenn die objektive gesellschaftliche Tendenz in diesem Weltalter sich in den subjektiven dunklen Absichten der Generaldirektoren inkarniert, so sind es originär die der mächtigsten Sektoren der Industrie, Stahl, Petroleum, Elektrizität, Chemie. Die Kulturmonopole sind mit ihnen verglichen schwach und abhängig. Sie müssen sich sputen, es den wahren Machthabern recht zu machen, damit ihre Sphäre in der Massengesellschaft, deren spezifischer Warentypus ohnehin noch zuviel mit gemütlichem Liberalismus und jüdischen Intellektuellen zu tun hat, nicht einer Folge von Säuberungsaktionen unterworfen wird. Die Abhängigkeit der mächtigsten Sendegesellschaft von der Elektroindustrie, oder die des Films von den Banken, charakterisiert die ganze Sphäre, deren einzelne Branchen wiederum untereinander ökonomisch verfilzt sind. Alles liegt so nahe beieinander, daß die Konzentration des Geistes ein Volumen erreicht, das es ihr erlaubt, über die Demarkationslinie der Firmentitel und technischen Sparten hinwegzurollen. Die rücksichtslose Einheit der Kulturindustrie bezeugt die heraufziehende der Politik. Emphatische Differenzierungen wie die von A- und B-Filmen oder von Geschichten in Magazinen verschiedener Preislagen gehen nicht sowohl aus der Sache hervor, als daß sie der Klassifikation, Organisation und Erfassung der Konsumenten dienen. Für alle ist etwas vorgesehen, damit keiner ausweichen kann, die Unterschiede werden eingeschliffen und propagiert. Die Belieferung des Publikums mit einer Hierarchie von Serienqualitäten dient nur der um so lückenloseren Quantifizierung. Jeder soll sich gleichsam spontan seinem vorweg durch Indizien bestimmten „level" gemäß verhalten und nach der Kategorie des Massenprodukts greifen, die für seinen Typ fabriziert ist. Die Konsumenten werden als statistisches Material auf der Landkarte der Forschungsstellen, die von denen der Propaganda nicht mehr zu unterscheiden sind, in Einkommensgruppen, in rote, grüne und blaue Felder, aufgeteilt.

Der Schematismus des Verfahrens zeigt sich daran, daß schließlich die mechanisch differenzierten Erzeugnisse als allemal das Gleiche sich erweisen. Daß der Unterschied der Chrysler- von der General-Motors-Serie im Grunde illusionär ist, weiß schon jedes Kind, das sich für den Unterschied begeistert. Was die Kenner als Vorzüge und Nachteile besprechen, dient nur dazu, den Schein von Konkurrenz und Auswahlmöglichkeit zu verewigen. Mit den Präsentationen der Warner Brothers und Metro Goldwyn Mayers verhält es sich nicht anders. Aber auch zwischen den teureren und billigeren Sorten der Musterkollektion der gleichen Firma schrumpfen die Unterschiede immer mehr zusammen: bei den Autos auf solche von Zylinderzahl, Volumen, Patentdaten der gadgets, bei den Filmen auf solche der Starzahl, der Üppigkeit des Aufwands an Technik, Arbeit und Ausstattung, und der Verwendung jüngerer psychologischer Formeln. Der einheitliche Maßstab des Wertes besteht in der Dosierung der conspicuous production, der zur Schau gestellten Investition. Die budgetierten Wertdifferenzen der Kulturindustrie haben mit sachlichen, mit dem Sinn der Erzeugnisse überhaupt nichts zu tun. Auch die technischen Medien untereinander werden zur unersättlichen Uniformität getrieben. Das Fernsehen zielt auf eine Synthese von Radio und Film, die man aufhält, solange sich die Interessenten noch nicht ganz geeinigt haben, deren unbegrenzte Möglichkeiten aber die Verarmung der ästhetischen Materialien so radikal zu steigern verspricht, daß die flüchtig getarnte Identität aller industriellen Kulturprodukte morgen schon offen triumphieren mag, hohnlachende Erfüllung des Wagnerschen Traums vom Gesamtkunstwerk. Die Übereinstimmung von Wort, Bild und Musik gelingt um so viel perfekter als im Tristan, weil die sinnlichen Elemente, die einspruchslos allesamt die Oberfläche der gesellschaftlichen Realität protokollieren, dem Prinzip nach im gleichen technischen Arbeitsgang produziert werden und dessen Einheit als ihren eigentlichen Gehalt ausdrücken. Dieser Arbeitsgang integriert alle Elemente der Produktion, von der auf den Film schielenden Konzeption des Romans bis zum letzten Geräuscheffekt. Er ist der Triumph des investierten Kapitals. Seine Allmacht den enteigneten Anwärtern auf jobs als die ihres Herrn ins Herz zu brennen, macht den Sinn aller Filme aus, gleichviel welches plot die Produktionsleitung jeweils ausersieht.

An der Einheit der Produktion soll der Freizeitler sich ausrichten. Die Leistung, die der kantische Schematismus noch von den Subjekten erwartet hatte, nämlich die sinnliche Mannigfaltigkeit vorweg auf die fundamentalen Begriffe zu beziehen, wird dem Subjekt von der Industrie abgenommen. Sie betreibt den Schematismus als ersten Dienst am Kunden. In der Seele sollte ein geheimer Mechanismus wirken, der die unmittelbaren Daten bereits so präpariert, daß sie ins System der Reinen Vernunft hineinpassen. Das Geheimnis ist heute enträtselt. Ist auch die Planung des Mechanismus durch die, welche die Daten beistellen, die Kulturindustrie, dieser selber durch die Schwerkraft der trotz aller Rationalisierung irrationalen Gesellschaft aufgezwungen, so wird doch die verhängnisvolle Tendenz bei ihrem Durchgang durch die Agenturen des Geschäfts in dessen eigene gewitzigte Absichtlichkeit verwandelt. Für den Konsumenten gibt es nichts mehr zu klassifizieren, was nicht selbst im Schematismus der Produktion. vorweggenommen wäre. Die traumlose Kunst fürs Volk erfüllt jenen träumerischen Idealismus, der dem kritischen zu weit ging. Alles kommt aus dem Bewußtsein, bei Malebranche und Berkeley aus dem Gottes, in der Massenkunst aus dem der irdischen Produktionsleitung. Nicht nur werden die Typen von Schlagern, Stars, Seifenopern zyklisch als starre Invarianten durchgehalten, sondern der spezifische Inhalt des Spiels, das scheinbar Wechselnde ist selber aus ihnen abgeleitet. Die Details werden fungibel. Die kurze Intervallfolge, die in einem Schlager als einprägsam sich bewährte, die vorübergehende Blamage des Helden, die er als good sport zu ertragen weiß, die zuträglichen Prügel, die die Geliebte von der starken Hand des männlichen Stars empfängt, seine rüde Sprödheit gegen die verwöhnte Erbin sind wie alle Einzelheiten fertige Clichés, beliebig hier und dort zu verwenden, und allemal völlig definiert durch den Zweck, der ihnen im Schema zufällt. Es zu bestätigen, indem sie es zusammensetzen, ist ihr ganzes Leben. Durchweg ist dem Film sogleich anzusehen, wie er ausgeht, wer belohnt, bestraft, vergessen wird, und vollends in der leichten Musik kann das präparierte Ohr nach den ersten Takten des Schlagers die Fortsetzung raten und fühlt sich glücklich, wenn es wirklich so eintrifft. An der durchschnittlichen Wortzahl der Short Story ist nicht zu rütteln. Selbst gags, Effekte und Witze sind kalkuliert wie ihr Gerüst. Sie werden von besonderen Fachleuten verwaltet, und ihre schmale Mannigfaltigkeit läßt grundsätzlich im Büro sich aufteilen. Die Kulturindustrie hat sich entwickelt mit der Vorherrschaft des Effekts, der handgreiflichen Leistung, der technischen Details übers Werk, das einmal die Idee trug und mit dieser liquidiert wurde. Indem das Detail sich emanzipierte, war es aufsässig geworden und hatte sich, von der Romantik bis zum Expressionismus, als ungebändigter Ausdruck, als Träger des Einspruchs gegen die Organisation aufgeworfen. Die harmonische Einzelwirkung hatte in der Musik das Bewußtsein des Formganzen, die partikulare Farbe in der Malerei die Bildkomposition, die psychologische Eindringlichkeit im Roman die Architektur verwischt. Dem macht die Kulturindustrie durch Totalität ein Ende. Während sie nichts mehr kennt als die Effekte, bricht sie deren Unbotmäßigkeit und unterwirft sie der Formel, die das Werk ersetzt. Ganzes und Teile schlägt sie gleichermaßen. Das Ganze tritt unerbittlich und beziehungslos den Details gegenüber, etwa als die Karriere eines Erfolgreichen, der alles als Illustration und Beweisstück dienen soll, während sie doch selbst nichts anderes als die Summe jener idiotischen Ereignisse ist. Die sogenannte übergreifende Idee ist eine Registraturmappe und stiftet Ordnung, nicht Zusammenhang. Gegensatzlos und unverbunden tragen Ganzes und Einzelheit die gleichen Züge. Ihre vorweg garantierte Harmonie verhöhnt die errungene des großen bürgerlichen Kunstwerks. In Deutschland lag über den heitersten Filmen der Demokratie schon die Kirchhofsruhe der Diktatur.

Die ganze Welt wird durch das Filter der Kulturindustrie geleitet. [...] Je dichter und lückenloser ihre Techniken die empirischen Gegenstände verdoppeln, um so leichter gelingt heute die Täuschung, daß die Welt draußen wie die bruchlose Verlängerung derer sei, die man im Lichtspiel kennt. [...] Das Leben soll der Tendenz nach vom Tonfilm nicht mehr sich unterscheiden lassen. [...]

In der Kulturindustrie ist das Individuum illusionär nicht bloß wegen der Standardisierung ihrer Produktionsweise. Es wird nur so weit geduldet, wie seine rückhaltlose Identität mit dem Allgemeinen außer Frage steht. Von der genormten Improvisation im Jazz bis zur originellen Filmpersönlichkeit, der die Locke übers Auge hängen muß, damit man sie als solche erkennt, herrscht Pseudoindividualität. Das Individuelle reduziert sich auf die Fähigkeit des Allgemeinen, das Zufällige so ohne Rest zu stempeln, daß es als dasselbe festgehalten werden kann. Gerade die trotzige Verschlossenheit oder das gewählte Auftreten des je ausgestellten Individuums werden serienweise hergestellt wie die Yaleschlösser, die sich nach Bruchteilen von Millimetern unterscheiden. Die Besonderheit des Selbst ist ein gesellschaftlich bedingtes Monopolgut, das als natürliches vorgespiegelt wird. Sie ist auf den Schnurrbart reduziert, den französischen Akzent, die tiefe Stimme der Lebefrau, den Lubitsch touch: gleichsam Fingerabdrücke auf den sonst gleichen Ausweiskarten, in die Leben und Gesicht aller Einzelnen, vom Filmstar bis zum leiblich Inhaftierten, vor der Macht des Allgemeinen sich verwandelt. Pseudoindividualität wird für die Erfassung und Entgiftung der Tragik vorausgesetzt: nur dadurch, daß die Individuen gar keine sind, sondern bloße Verkehrsknotenpunkte der Tendenzen des Allgemeinen, ist es möglich, sie bruchlos in die Allgemeinheit zurückzunehmen. Massenkultur entschleiert damit den fiktiven Charakter, den die Form des Individuums im bürgerlichen Zeitalter seit je aufwies, und tut unrecht nur daran, daß sie mit solcher trüben Harmonie von Allgemeinem und Besonderem sich brüstet. Das Prinzip der Individualität war widerspruchsvoll von Anbeginn. Einmal ist es zur Individuation gar nicht wirklich gekommen. Die klassenmäßige Gestalt der Selbsterhaltung hat alle auf der Stufe bloßer Gattungswesen festgehalten. Jeder bürgerliche Charakter drückte trotz seiner Abweichung und gerade in ihr dasselbe aus: die Härte der Konkurrenzgesellschaft. Der Einzelne, auf den die Gesellschaft sich stützte, trug ihren Makel an sich; in seiner scheinbaren Freiheit war er das Produkt ihrer ökonomischen und sozialen Apparatur. An die je herrschenden Machtverhältnisse appellierte die Macht, wenn sie den Spruch der von ihr Betroffenen einholte. Zugleich hat in ihrem Gang die bürgerliche Gesellschaft das Individuum auch entfaltet. Wider den Willen ihrer Lenker hat die Technik die Menschen aus Kindern zu Personen gemacht. Jeder solche Fortschritt der Individuation aber ist auf Kosten der Individualität gegangen, in deren Namen er erfolgte, und hat von ihm nichts übriggelassen als den Entschluß, nichts als den je eigenen Zweck zu verfolgen. Der Bürger, dessen Leben sich in Geschäft und Privatleben, dessen Privatleben sich in Repräsentation und Intimität, dessen Intimität sich in die mürrische Gemeinschaft der Ehe und den bitteren Trost spaltet, ganz allein zu sein, mit sich und allen zerfallen, ist virtuell schon der Nazi, der zugleich begeistert ist und schimpft, oder der heutige Großstädter, der sich Freundschaft nur noch als „social contact", als gesellschaftliche Berührung innerlich Unberührter vorstellen kann. Nur darum kann die Kulturindustrie so erfolgreich mit der Individualität umspringen, weil in ihr seit je die Brüchigkeit der Gesellschaft sich reproduzierte. In den nach Schnittmustern von Magazinumschlägen konfektionierten Gesichtern der Filmhelden und Privatpersonen zergeht ein Schein, an den ohnehin keiner mehr glaubt, und die Liebe zu jenen Heldenmodellen nährt sich von der geheimen Befriedigung darüber, daß man endlich der Anstrengung der Individuation durch die freilich atemlosere der Nachahmung enthoben sei. Eitel die Hoffnung, daß die in sich widerspruchsvolle, zerfallende Person nicht Generationen überdauern könne, das System an solcher psychologischen Spaltung zerbrechen müsse, den Menschen die lügenhafte Unterschiebung des Stereotypen fürs Individuelle von selber unerträglich werde. Die Einheit der Persönlichkeit war als Schein durchschaut seit Shakespeares Hamlet. In den synthetisch hergestellten Physiognomien heute ist schon vergessen, daß es überhaupt einmal den Begriff des Menschenlebens gab. Jahrhundertelang hat sich die Gesellschaft auf Victor Mature und Mickey Rooney vorbereitet. Indem sie auflösen, kommen sie, um zu erfüllen.

Die Heroisierung der Durchschnittlichen gehört zum Kultus des Billigen. Die höchstbezahlten Stars gleichen Werbebildern für ungenannte Markenartikel. Nicht umsonst werden sie oft aus der Schar der kommerziellen Modelle ausgewählt. Der herrschende Geschmack bezieht sein Ideal von der Reklame, der Gebrauchsschönheit. So hat sich das Sokratische Wort, das Schöne sei das Brauchbare, am Ende ironisch erfüllt. Das Kino wirbt für den Kulturkonzern als Totalität, im Radio werden die Waren um derentwillen das Kulturgut existiert, auch einzeln angepriesen. Um fünfzig Kupfer sieht man den Millionenfilm, um zehn erhält man den Kaugummi, hinter dem aller Reichtum der Welt steht und mit dessen Absatz er sich verstärkt. In absentia, doch durch allgemeine Abstimmung eruiert man den Schatz von Armeen, ohne freilich im Hinterland Prostitution zu dulden. Die besten Kapellen der Welt, die es nicht sind, werden gratis ins Haus geliefert. All das gleicht höhnisch dem Schlaraffenland wie die Volksgemeinschaft der menschlichen. Allen wird etwas aufgewartet. Die Konstatierung des provinziellen Besuchers des alten Berliner Metropoltheaters, es sei doch erstaunlich, was die Leute für das Geld alles leisten, ist längst von der Kulturindustrie aufgegriffen und zur Substanz der Produktion selber erhoben worden. Nicht bloß begleitet sich diese immerzu mit dem Triumph darüber, daß sie möglich sei, sie ist in weitem Maße dieser Triumph selber. Show heißt allen zeigen, was man hat und kann. Sie ist auch heute noch Jahrmarkt, nur unheilbar erkrankt an Kultur. Wie die Menschen dort, von der Stimme der Anpreiser gelockt, die Enttäuschung in den Buden mit tapferem Lächeln überwanden, weil man es schließlich im voraus wußte, so hält der Kinobesucher verständnisvoll zur Institution. Mit der Billigkeit der Serienprodukte de luxe aber und ihrem Komplement, dem universalen Schwindel, bahnt eine Veränderung im Warencharakter der Kunst selber sich an. Nicht er ist das Neue: nur daß er heute geflissentlich sich einbekennt, und daß Kunst ihrer eigenen Autonomie abschwört, sich stolz unter die Konsumgüter einreiht, macht den Reiz der Neuheit aus. Kunst als getrennter Bereich war von je nur als bürgerliche möglich. Selbst ihre Freiheit bleibt als Negation der gesellschaftlichen Zweckmäßigkeit, wie sie über den Markt sich durchsetzt, wesentlich an die Voraussetzung der Warenwirtschaft gebunden. Die reinen Kunstwerke, die den Warencharakter der Gesellschaft allein dadurch schon verneinen, daß sie ihrem eigenen Gesetz folgen, waren immer zugleich auch Waren: sofern, bis ins achtzehnte Jahrhundert, der Schutz der Auftraggeber die Künstler vor dem Markt behütete, waren sie dafür den Auftraggebern und deren Zwecken untertan. Die Zwecklosigkeit des großen neueren Kunstwerks lebt von der Anonymität des Marktes. So vielfach vermittelt sind dessen Forderungen, daß der Künstler von der bestimmten Zumutung, freilich nur in gewissem Maße, dispensiert bleibt, denn seiner Autonomie, als einer bloß geduldeten, war durch die ganze bürgerliche Geschichte hindurch ein Moment der Unwahrheit beigesellt, das sich schließlich zur gesellschaftlichen Liquidation der Kunst entfaltet hat. Der todkranke Beethoven, der einen Roman von Walter Scott mit dem Ruf: „Der Kerl schreibt ja für Geld" von sich schleudert, und gleichzeitig noch in der Verwertung der letzten Quartette, der äußersten Absage an den Markt, als überaus erfahrener und hartnäckiger Geschäftsmann sich zeigt, bietet das großartigste Beispiel der Einheit der Gegensätze Markt und Autonomie in der bürgerlichen Kunst. Der Ideologie verfallen gerade jene, die den Widerspruch verdecken, anstatt ihn ins Bewußtsein der eigenen Produktion aufzunehmen [...]. Das Prinzip der idealistischen Ästhetik, Zweckmäßigkeit ohne Zweck, ist die Umkehrung des Schemas, dem gesellschaftlich die bürgerliche Kunst gehorcht: der Zwecklosigkeit für Zwecke, die der Markt deklariert. Schließlich hat in der Forderung nach Unterhaltung und Entspannung der Zweck das Reich der Zwecklosigkeit aufgezehrt. Indem aber der Anspruch der Verwertbarkeit von Kunst total wird, beginnt eine Verschiebung in der inneren ökonomischen Zusammensetzung der Kulturwaren sich anzukündigen. Der Nutzen nämlich, den die Menschen in der antagonistischen Gesellschaft vom Kunstwerk sich versprechen, ist weithin selber eben das Dasein des Nutzlosen, das doch durch die völlige Subsumtion unter den Nutzen abgeschafft wird. Indem das Kunstwerk ganz dem Bedürfnis sich angleicht, betrügt es die Menschen vorweg um eben die Befreiung vom Prinzip der Nützlichkeit, die es leisten soll. Was man den Gebrauchswert in der Rezeption der Kulturgüter nennen könnte, wird durch den Tauschwert ersetzt, anstelle des Genusses tritt Dabeisein und Bescheidwissen, Prestigegewinn anstelle der Kennerschaft. Der Konsument wird zur Ideologie der Vergnügungsindustrie, deren Institutionen er nicht entrinnen kann. Mrs. Miniver muß man gesehen haben, wie man Life und Time halten muß. Alles wird nur unter dem Aspekt wahrgenommen, daß es zu etwas anderem dienen kann, wie vage dies andere auch im Blick steht. Alles hat nur Wert, sofern man es eintauschen kann, nicht sofern es selbst etwas ist. Der Gebrauchswert der Kunst, ihr Sein, gilt ihnen als Fetisch, und der Fetisch, ihre gesellschaftliche Schätzung, die sie als Rang der Kunstwerke verkennen, wird zu ihrem einzigen Gebrauchswert, der einzigen Qualität, die sie genießen. So zerfällt der Warencharakter der Kunst, indem er sich vollends realisiert. Sie ist eine Warengattung, zugerichtet, erfaßt, der industriellen Produktion angeglichen, käuflich und fungibel, aber die Warengattung Kunst, die davon lebte, verkauft zu werden und doch unverkäuflich zu sein, wird ganz zum gleißnerisch Unverkäuflichen, sobald das Geschäft nicht mehr bloß ihre Absicht, sondern ihr einziges Prinzip ist. Die Toscaniniaufführung übers Radio ist gewissermaßen unverkäuflich. Man hört sie umsonst, und es wird gleichsam zu jedem Ton der Symphonie noch die sublime Reklame beigegeben, daß die Symphonie nicht durch Reklame unterbrochen wird – „this concert is brought to you as a public service". Die Täuschung vollzieht sich indirekt über den Profit aller vereinigten Auto- und Seifenfabrikanten, aus deren Zahlungen die Stationen sich erhalten, und natürlich über den gesteigerten Umsatz der Elektroindustrie als der Herstellerin der Empfangsgeräte. Durchweg zieht der Rundfunk, der progressive Spätling der Massenkultur, Konsequenzen, die dem Film sein Pseudomarkt einstweilen verwehrt. Die technische Struktur des kommerziellen Radiosystems macht ihn gegen liberale Abweichungen, wie die Filmindustriellen sie auf dem eigenen Feld noch sich gestatten können, immun. Er ist ein privates Unternehmen, das schon das souveräne Ganze repräsentiert, darin den anderen Einzelkonzernen um einiges voraus. Chesterfield ist bloß die Zigarette der Nation, das Radio aber ihr Sprachrohr. In der totalen Hereinziehung der Kulturprodukte in die Warensphäre verzichtet das Radio überhaupt darauf, seine Kulturprodukte selber als Waren an den Mann zu bringen. Es erhebt in Amerika keine Gebühren vorn Publikum. Dadurch gewinnt es die trügerische Form desinteressierter, überparteilicher Autorität, die für den Faschismus wie gegossen ist. Dort wird das Radio zum universalen Maul des Führers; in den Straßenlautsprechern geht seine Stimme über ins Geheul der Panik verkündenden Sirenen, von denen moderne Propaganda ohnehin schwer zu unterscheiden ist. Die Nationalsozialisten selber wußten, daß der Rundfunk ihrer Sache Gestalt verlieh wie die Druckerpresse der Reformation. Das von der Religionssoziologie erfundene metaphysische Charisma des Führers hat sich schließlich als die bloße Allgegenwart seiner Radioreden erwiesen, welche die Allgegenwart des göttlichen Geistes dämonisch parodiert. Das gigantische Faktum, daß die Rede überall hindringt, ersetzt ihren Inhalt, wie die Wohltat jener Toscaniniübertragung anstelle ihres Inhalts, der Symphonie, tritt. Ihren wahren Zusammenhang vermag kein Hörer mehr aufzufassen, während die Führerrede ohnehin die Lüge ist. Das menschliche Wort absolut zu setzen, das falsche Gebot, ist die immanente Tendenz des Radios. Empfehlung wird zum Befehl. Die Anpreisung der immergleichen Waren unter verschiedenen Markennamen, das wissenschaftlich fundierte Lob des Abführmittels in der geschleckten Stimme des Ansagers zwischen der Traviata- und Rienzi-Ouvertüre ist allein schon wegen seiner Läppischkeit unhaltbar geworden. Endlich kann einmal das durch den Schein der Auswahlmöglichkeit verhüllte Diktat der Produktion, die spezifische Reklame, ins offene Kommando des Führers übergehen. In einer Gesellschaft faschistischer Großrackets, die sich darüber verständigten, was der Notdurft der Völker vom Sozialprodukt zuzuteilen sei, erschiene es schließlich als anachronistisch, zum Gebrauch eines bestimmten Seifenpulvers einzuladen. Der Führer ordnet moderner, ohne Umstände, den Opfergang wie den Bezug des Pofels direkt an.

Schon heute werden von der Kulturindustrie die Kunstwerke, wie politische Losungen, entsprechend aufgemacht, zu reduzierten Preisen einem widerstrebenden Publikum eingeflößt, ihr Genuß wird dem Volke zugänglich wie Parks. Aber die Auflösung ihres genuinen Warencharakters bedeutet nicht, daß sie im Leben einer freien Gesellschaft aufgehoben wären, sondern daß nun auch der letzte Schutz gegen ihre Erniedrigung zu Kulturgütern gefallen ist. Die Abschaffung des Bildungsprivilegs durch Ausverkauf leitet die Massen nicht in die Bereiche, die man ihnen ehedem vorenthielt, sondern dient, unter den bestehenden gesellschaftlichen Bedingungen, gerade dem Zerfall der Bildung, dem Fortschritt der barbarischen Beziehungslosigkeit. [...] Kunst hat den Bürger solange noch in einigen Schranken gehalten, wie sie teuer war. Damit ist es aus. Ihre schrankenlose, durch kein Geld mehr vermittelte Nähe zu den ihr Ausgesetzten vollendet die Entfremdung und ähnelt beide einander an im Zeichen triumphaler Dinglichkeit. In der Kulturindustrie verschwindet wie die Kritik so der Respekt: jene wird von der mechanischen Expertise, dieser vom vergeßlichen Kultus der Prominenz beerbt. Den Konsumenten ist nichts mehr teuer. Dabei ahnen sie doch, daß ihnen um so weniger etwas geschenkt wird, je weniger es kostet. Das doppelte Mißtrauen gegen die traditionelle Kultur als Ideologie vermischt sich mit dem gegen die industrialisierte als Schwindel. Zur bloßen Zugabe gemacht, werden die depravierten Kunstwerke mit dem Schund zusammen, dem das Medium sie angleicht, insgeheim von den Beglückten verworfen. Diese dürfen ihre Freude daran haben, daß es so viel zu sehen und zu hören gibt. Eigentlich ist alles zu haben. Die Screenos und Vaudevilles im Kino, die Wettbewerbe musikalischer Wiedererkenner, die Gratisheftchen, Belohnungen und Geschenkartikel, die den Hörern bestimmter Radioprogramme zuteilwerden, sind nicht bloße Akzidentien, sondern setzen fort, was mit den Kulturprodukten selber sich zuträgt. Die Symphonie wird zur Prämie dafür, daß man überhaupt Radio hört, und hätte die Technik ihren Willen, der Film würde bereits nach dem Vorbild des Radios ins apartment geliefert. Er steuert dem „commercial system" zu. Das Fernsehen deutet den Weg einer Entwicklung an, die leicht genug die Gebrüder Warner in die ihnen gewiß unwillkommene Position von Kammerspielern und Kulturkonservativen drängen könnte. Im Verhalten der Konsumenten aber hat das Prämienwesen bereits sich niedergeschlagen. Indem Kultur als Dreingabe sich darstellt, deren private und soziale Zuträglichkeit freilich außer Frage steht, wird ihre Rezeption zum Wahrnehmen von Chancen. Sie drängen sich aus Angst, man könne etwas versäumen. Was, ist dunkel, jedenfalls hat die Chance nur, wer sich nicht ausschließt. Der Faschismus aber hofft darauf, die von der Kulturindustrie trainierten Gabenempfänger in seine reguläre Zwangsgefolgschaft umzuorganisieren.

**Textnachweis:** Max Horkheimer/Theodor W. Adorno (1947): Kulturindustrie. Aufklärung als Massenbetrug. In: Dies.: Dialektik der Aufklärung. Philosophische Fragmente. Frankfurt am Main: Fischer 1988, S. 128–176; hier: S. 128–134 und 163–170. Copyright S. Fischer Verlag GmbH, Frankfurt am Main 1969.

# Jean Baudrillard: Die göttliche Referenzlosigkeit der Bilder und das Ende des Panoptikums (1978)[1]

## I.

Bei Jean Baudrillards Text handelt es sich um einige Abschnitte aus dem Kapitel „Die Präzession der Simulacra" aus seinem Band „Die Agonie des Realen", einer vom Berliner Merve Verlag im Jahr 1978 besorgten Zusammenstellung einiger Essays Baudrillards, die in dieser Form nie in Frankreich erschienen ist. „Die Präzession der Simulacra" war im selben Jahr in der französischen Zeitschrift „Traverses" erschienen, zu deren Herausgebern (u. a. neben Jean-François Lyotard) Baudrillard gehörte. Er bildet später auch das Einleitungskapitel des Buches „Simulacres et simulation", das in Frankreich Jahr 1981 erschienen ist. Es handelt sich also um die früheste und (mehr oder weniger) systematische Ausarbeitung der Simulationstheorie Jean Baudrillards und überhaupt bis heute um eine der wenigen Begründungen des Simulationsbegriffs.

Die kulturelle Gegenwart sei gegen Ende der 1970er Jahre, so Baudrillard, vom Zusammenbruch des Systems der Zeichen gekennzeichnet. Das System der Zeichen (und seine Erkenntnis) hat die Kultur der Moderne hervorgebracht. Es ist im Wesentlichen von Ferdinand de Saussure in seinem „Cours de linguistique générale" (1916) beschrieben und seit den 1930er Jahren im Strukturalismus und in der Semiologie erforscht und entfaltet worden. Es beruht im Kern auf einer Reihe von Leitunterscheidungen, die für die moderne Kultur und das moderne Wissen absolut verbindlich sind und im Verlauf des 20. Jahrhunderts Eingang in alle Geistes-, Gesellschafts- und Kulturwissenschaften gehalten haben. Die wichtigste unter diesen Leitunterscheidungen ist diejenige zwischen dem Zeichen und dem Gegen-

1 Da uns leider weder Galilée noch Merve die Abdruckrechte des Originaltextes erteilt haben, erfolgt im Folgenden eine Kompilation Baudrillards aus Zusammenfassung, Kommentar und Zitaten, verfasst von Lorenz Engell.

© Springer Fachmedien Wiesbaden GmbH, ein Teil von Springer Nature 2019
A. Ziemann (Hrsg.), *Grundlagentexte der Medienkultur*,
https://doi.org/10.1007/978-3-658-15787-6_47

stand oder „Referenten". Worte, Bilder und andere Zeichen, so lehren Strukturalismus und Semiologie, sind von den Gegenständen, die sie bezeichnen, die sie repräsentieren und auf die sie sich beziehen, durch einen tiefen Abgrund getrennt. Sie haben eigentlich nichts mit ihnen gemeinsam. Dass die Zeichen überhaupt mit den Gegenständen, den seit de Saussure so genannten „Referenten" in Zusammenhang zu bringen sind, dass sie als Repräsentationen der wirklichen Welt anzusehen sind, beruht ausschließlich auf gewachsenen gesellschaftlichen und kulturellen Konventionen, Verabredungen, Regeln. Die Welt der Zeichen ist in der Moderne, anders als in kultischen und magischen Kulturen, eine völlig andere als diejenige der Referenten. Trotzdem verlassen sich die Zeichen darauf, dass es Referenten gibt, auch wenn sie sie niemals erreichen, und sie durch die Existenz der Referenten und des Referenzhorizonts beglaubigt werden. „Es gibt" die Welt, die die Zeichen repräsentieren, von der die Zeichen handeln und auf die sie sich beziehen, auch wenn diese Beziehung völlig willkürlich, kulturell relativ, in nichts weiter als im System der Zeichen selbst begründet und historisch wandelbar ist.

Diese Leitunterscheidung nun zwischen dem repräsentierenden Zeichen und seinem repräsentierten Referenten bricht, so Baudrillards Diagnose, im Zeitalter dessen, was andere dann die Postmoderne oder den Poststrukturalismus nennen werden, zusammen. Und sie bricht deshalb zusammen, weil der Referent, der Legitimationshorizont der Zeichen, verschwindet. Es gibt gar keinen Referenten. Die Zeichen sind in ihrem Bezug auf die Wirklichkeit nicht mehr lediglich unbegründet, wie in der Moderne, sie beziehen sich in Wirklichkeit auf gar nichts (mehr). Es gibt keine Wirklichkeit. Diesen Zustand, in dem sich die Zeichen von nichts mehr unterscheiden und die Wirklichkeit abhandengekommen ist, nennt Baudrillard nun die *Simulation.* Sie ist dadurch gekennzeichnet, dass die Zeichen die Wirklichkeit – den Referenten – nur mehr vorspiegeln, der tatsächlich längst verschwunden ist. Dieses Verschwinden der Wirklichkeit muss aber seinerseits um jeden Preis verborgen werden (denn sonst bräche neben der kulturellen auch die politische Ordnung zusammen, deren Referent die Macht ist, und die ökonomische Ordnung, deren Referent der Wert ist). Der Gegenbegriff zur Simulation ist dem entsprechend auch nicht mehr derjenige der Realität (die es ja nicht mehr gibt), sondern derjenige der *Dissimulation:*

„Dissimulieren heißt fingieren, etwas, das man hat, nicht zu haben. Simulieren heißt fingieren, etwas zu haben, was man nicht hat. Das eine verweist auf eine Präsenz, das andere auf eine Absenz. Doch die Sache ist noch komplizierter, denn simulieren ist nicht gleich fingieren: ‚Jemand, der eine Krankheit fingiert, kann sich einfach ins Bett legen und den Anschein erwecken, er sei krank. Jemand, der eine Krankheit simuliert, erzeugt an sich einige Symptome dieser Krankheit' (so das Wörterbuch von Littré). Beim Fingieren oder Dissimulieren wird also das Realitätsprinzip nicht angetastet: die Differenz ist stets klar, sie erhält lediglich eine

Maske. Dagegen stellt die Simulation die Differenz zwischen ‚Wahrem' und ‚Falschem', ‚Realem' und ‚Imaginärem' immer wieder in Frage. Ist ein Simulant, also jemand der ‚wahre' Symptome produziert, krank oder nicht? Objektiv kann man ihn nicht als Kranken, aber auch nicht als Nicht-Kranken behandeln. Daher müssen Psychologie und Mediziner hier passen. Sie haben es an dieser Stelle mit der Wahrheit einer unauffindbaren Krankheit zu tun. Wenn sich jedes beliebige Symptom ‚produzieren' läßt und somit keine natürliche Tatsache mehr darstellt, dann ist offensichtlich jede Krankheit simuliert und simulierbar und die Medizin verliert ihren Sinn, denn sie kann nur Krankheiten behandeln, die aufgrund von objektiven Tatsachen wahr sind. Die Psychosomatik entwickelt sich im Dunkeln bis an die Grenzen des Krankheitsprinzips, wohingegen die Psychoanalyse das Symptom von der organischen in die unbewußte Ordnung verweist, die von neuem eine ‚wahre' Ordnung, wahrer als die andere sein soll." (S. 10 f.)

Und daraufhin stellt Baudrillard die entscheidenden Fragen: „[...] warum sollte die Simulation vor den Toren des Unbewußten halt machen? Warum sollte die ‚Arbeit' des Unbewußten nicht ebenso ‚produziert' sein wie ein beliebiges Symptom in der klassischen Medizin? Beim Träumen ist dies bereits der Fall. Ein Irrenarzt behauptet natürlich, daß ‚es für jede Form von Geisteskrankheit eine besondere Ordnung der Symptomabfolge gibt, die der Simulant nicht kennt, weshalb es ihm unmöglich ist, den Arzt zu täuschen'. Hinter diesen Worten (von 1865) verbirgt sich die Absicht, das Wahrheitsprinzip um jeden Preis zu retten und der durch die Simulation aufgeworfenen Frage zu entgehen – nämlich, daß es keine Wahrheit, keine Referenz und keinen objektiven Grund mehr gibt." (S. 11)

Die entscheidende Wendung liegt für Baudrillard nun darin, dass die nicht existierende Realität der Simulation so behandelt wird, als sei sie real: „Wie verfährt die Armee mit ihren Simulanten? Traditionellerweise werden sie mit Hilfe eines klaren Ermittlungsprinzips entlarvt und bestraft. Heutzutage wird ein guter Simulant genauso ausgemustert, wie ein ‚wirklicher' Homosexueller, Herzkranker oder Verrückter. Sogar die Militärpsychologen schrecken vor den cartesianischen Klarheiten zurück und zögern, zwischen Falschem und Wahrem, ‚produzierten' und authentischen Symptomen zu unterscheiden. ‚Wenn er so gut verrückt spielt, dann ist er auch verrückt'. Das ist nicht unrichtig: alle Verrückten simulieren in diesem Sinne. Diese Undeutlichkeit ist die schlimmste aller Subversionen. Gegen sie hat sich die klassische Vernunft mit all ihren Kategorien bewaffnet. Heute greift diese Undeutlichkeit wiederum auf die Kategorien über und überwältigt das Prinzip der Wahrheit." (S. 11 f.)

Das Prinzip der Repräsentation einer präexistierenden Welt durch Zeichen, das die Moderne kennzeichnet, und das Prinzip der Simulation einer Welt, der die Zeichen vorausgehen, liegen in einem Widerstreit. Simulation wird und ist Gegenkraft zur Repräsentation. Baudrillard schreibt: „Ausgangspunkt der Repräsentation ist ein Prinzip der Äquivalenz zwischen Zeichen und Realem (dies ist ein grundlegendes Axiom, auch dann, wenn die Äquivalenz nur utopischen Charakter besitzt). Ausgangspunkt der Simulation dagegen ist die *Utopie* des Äquivalenzprinzips, *die radikale Negation des Zeichens als Wert*, sowie die Umkehrung und der Tod jeder Referenz. Während die Repräsentation versucht, die Simulation aufzusaugen, indem sie sie als falsche Repräsentation interpretiert, schließt die Simulation das gesamte Gebäude der Repräsentation als Simulakrum ein.“ (S. 14 f.)

In einer besonders instruktiven Phase seines assoziationsreichen Textes skizziert Baudrillard die Entwicklungsgeschichte der Simulation: Wie konnte es geschehen, dass die Repräsentation in die Simulation umgeschlagen ist? Baudrillard bezieht sich hier insbesondere auf die religiöse Funktion der Bilder, auf die – von ihm immer wieder umkreisten – Repräsentationen des Göttlichen und Heiligen:

„Die Phasen, die das Bild dabei sukzessive durchläuft, sind folgende:

- es ist Reflex einer tieferliegenden Realität;
- es maskiert und denaturiert eine tieferliegende Realität;
- es maskiert eine *Abwesenheit* einer tieferliegenden Realität;
- es verweist auf keine Realität: es ist sein eigenes Simulakrum.

Im ersten Fall ist das Bild eine *gute* Erscheinung – die Repräsentation gehört zur Ordnung des Sakraments. Im zweiten Fall ist es eine schlechte Erscheinung und gehört zur Ordnung des Verfluchens. Drittens *spielt* es, eine Erscheinung zu *sein* und gehört zur Ordnung der Zauberei. Im vierten Fall gehört es überhaupt nicht mehr zur Ordnung der Erscheinung, sondern zur Ordnung der Simulation. Der entscheidende Wendepunkt liegt beim Übergang von den Zeichen, die etwas dissimulieren, zu den Zeichen, die dissimulieren, daß es nichts gibt. Erstere verweisen auf eine Theologie der Wahrheit und des Geheimnisses (die noch der Ebene der Ideologie angehört); die zweiten begründen das Zeitalter der Simulakra und der Simulation. Hier gibt es keinen GOTT mehr, der die Seinen erkennt, kein JÜNGSTES GERICHT, das das Wahre vom Falschen und das Reale von seiner künstlichen Auferstehung trennt, denn alles ist bereits tot und von vorneherein wieder auferstanden.“ (S. 15)

## II.

Im darauf folgenden Abschnitt seines Textes wendet Baudrillard sich von der Geschichte der Simulation zu ihrer Gegenwart und vom Bezirk des Heiligen zu demjenigen des höchst Profanen: zu den Massenmedien und hier insbesondere zum seinerzeit dominierenden Medium überhaupt, dem Fernsehen. Sein Beispiel ist die erste Reality-Show der Fernsehgeschichte, bei der die Fernsehkamera das Leben einer amerikanischen Familie über Wochen und Monate flächendeckend begleitete:

„Die Erfahrung der Fernsehwirklichkeit in Amerika bezieht sich noch immer, wie man am Beispiel der Familie Loud sehen kann, auf die Ideologie des Gelebten, der Exhumierung und des Realen in seiner grundlegenden Banalität und radikalen Authentizität: sieben Monate ununterbrochene Dreharbeiten, 300 Stunden Direktaufnahmen ohne Skript und Scenario. Dieser Versuch ist die Odyssee einer Familie mit all ihren Dramen, Freuden und Peripetien – und das Ganze nonstop – ein ‚ungeschminktes' (brut), historisches Dokument, die ‚schönste Leistung des Fernsehens, die man im Verhältnis zu unseren sonstigen Alltagserlebnissen nur mit der Fernsehberichterstattung über die Mondlandung vergleichen kann'. Kompliziert wurde alles, als sich die Familie während der Drehzeit auflöste: die Krise ist ausgebrochen, die Louds haben sich getrennt usw… Deshalb kam es zu der unlösbaren Kontroverse: war das Fernsehen hierfür verantwortlich? Was wäre geschehen, *wenn das Fernsehen nicht dabei gewesen wäre?*" (S. 44)

Die Fernsehfamilie, so Baudrillard, hat gar kein eigenes, vom Fernsehen unabhängiges und ihm äußerliches Leben, das dann nachträglich beobachtet werden könnte. Schon ohne Fernsehen, schon vor den ersten Bildern lebte die Familie so, als ob das Fernsehen dabei wäre, lebte sie wie im Fernsehen. Dies, die Vorgängigkeit („Präzession") der Simulacra, nennt Baudrillard auch: die Hyperrealität; eine Realität, realer als jede Realität, weil sie immer schon durch das Fernsehen beglaubigt ist:

„Interessanter als diese Fragen erscheint die Vorstellung, die Louds so zu filmen, *als ob das Fernsehen nicht dabei gewesen wäre.* Der Ausspruch: ‚sie haben so gelebt, als ob wir nicht dabei gewesen wären', war der absolute Triumph des Aufnahmeleiters. Eine absurde Formulierung, weder wahr noch falsch, aber paradox und utopisch. Dieses ‚als ob *wir* nicht dabei gewesen wären' hat den gleichen Stellenwert wie ‚als ob Sie dort gewesen wären'. Und genau das ist diese Utopie, dieses Paradoxon, das 20 Millionen Fernsehzuschauer mehr fasziniert hat als die ‚perverse' Lust, eine Intimität zu verletzen. In dieser Erfahrung der ‚Wahrheit' handelt es sich weder um ein Geheimnis noch um eine Perversion, sondern vielmehr um eine Art Schauder des Realen oder eine Ästhetik des Hyperrealen, Schauder einer betrügerischen und schwindelerregenden Exaktheit, Schauder von einer zur gleichen Zeit ablaufenden Entfernung und Vergrößerung, Schauder einer Distorsion im Maßstab einer exzessiven Transparenz. Lust am Exzeß des Sinns, wenn die Trennlinie des Zeichens im Pegel des Sinns unter den Normalstand absinkt: der Insignifikant wird durch die Einnahme des Blickwinkels eingesetzt. Hieraus wird ersichtlich, daß das Reale niemals existiert hat (aber man sieht es so, ‚als ob man dabei gewesen wäre'), ohne die Distanz, die den perspektivischen Raum und unsere Vision im Grunde ausmacht (doch ist der Eindruck, den man bekommt, ‚wahrer als die Natur'). Lust an mikroskopischer Simulation, die das Reale ins Hyperreale übergehen läßt. (Es ist ein bißchen so wie im Porno, wo die Faszination auch eher metaphysischen als sexuellen Charakters ist)." (S. 44 f.)

Und Baudrillard fährt fort: „Übrigens hatte schon die Wahl dieser Familie etwas Hyperreales: eine idealtypische amerikanische Familie, californian residence, drei Garagen, fünf Kinder, Berufs- und Sozialstatus: wohlhabend, repräsentatives housewife, standing upper-middle class. Gerade auf Grund dieser statistischen Perfektion war diese Familie in gewisser Weise zum Tode verurteilt. Wie in den antiken Opfern, war diese ideale Heldin des american way of life auserwählt, in den Flammen der Medien als modernes Fatum einen schicksalhaften Opfertod zu sterben. Doch es gibt keine himmlischen Feuer mehr, die auf verdorbene Städte herniederfallen, vielmehr zerschneidet das Objektive allmählich die gelebte Realität wie ein Laser, um sie so dem Tod zu übergeben. ‚Die Louds sind ganz einfach eine Familie, die sich freiwillig dem Fernsehen ausgeliefert hat und bereit ist, damit zu sterben', wird der Regisseur sagen. Eben daher handelt es sich um einen Opferprozeß, ein Opferspektakel für 20 Millionen Amerikaner. Das liturgische Drama einer Massengesellschaft." (S. 45 f.)

## III.

Für Baudrillard ist das System des Simulacrums jedoch, und das ist wichtig, auf keinen Fall als ein Überwachungssystem zu beschreiben, wie es etwa Michel Foucault unter dem Bentham'schen Modell des „Panoptikums" in seinem Buch „Surveiller et punir" (1975) gefasst hatte. Nach Foucault basiert die Überwachung darauf, dass – am Beispiel des Gefängnisses – die Gefangenen jederzeit sichtbar sind, weil sie von einer zentralen Überwachungsinstanz aus gesehen werden könnten (selbst wenn diese gerade schläft), und sich deshalb immer, auch im unbeobachteten Moment, vom möglichen Blick der Machtstelle disziplinieren lassen. Dieses Verhältnis wird im Zeitalter der Simulation und des Fernsehens hinfällig:

„Das Fernsehauge ist nicht mehr der Ausgangspunkt eines absoluten Blicks und die Transparenz ist nicht mehr das Ideal der Kontrolle. Im objektiven Raum (dem Raum der Renaissance) war die Transparenz noch Voraussetzung für die Allmacht des despotischen Blicks. Es war noch – wenn nicht ein System der Einsperrung – so doch wenigstens ein System von Planquadraten und der Kontrolle. Zwar subtiler, doch immer im Außen, im Spiel mit der Opposition von Sehen und Gesehenwerden, selbst dann, wenn der Brennpunkt des Panoptikums vielleicht blind war." (47)

Bei den Louds dagegen, so die Diagnose Baudrillards, verhält es sich ganz anders: „‚Sie sehen kein Fernsehen mehr, das Fernsehen schaut ihnen (beim Leben) zu', oder noch schlimmer: ‚sie hören nicht mehr auf „Keine Panik", dieses „Keine Panik" hört ihnen zu' – es kommt zu einer Krümmung des panoptischen Überwachungsdispositivs (Überwachen und Strafen). In diesem System der Dissuasion ist die Unterscheidung von aktiv und passiv abgeschafft. Es gibt keinen Imperativ der Unterordnung mehr in Bezug auf das Modell oder den Blick. [...] Es gibt kein Subjekt und keinen Brennpunkt mehr, kein Zentrum und keine Peripherie, nur noch die reine Flexion und zirkuläre Inflexion. Es gibt keine Gewalt und keine Überwachung mehr, sondern einzig und allein die ‚Information', geheime Virulenz, Kettenreaktion, langsame Implosionen und Raumsimulakra, in denen nur noch die Effekte des Realen spielen. Wir erleben das Ende des perspektivischen Raumes und des Panoptikums" (S. 47 f.).

Baudrillard konturiert seinen Gedanken von der Simulation und der Hyperrealität anschließend nicht nur gegen Foucaults Modell des Panoptikums, sondern auch gegen Guy Debords „Spektakel"-Begriff: „Wir sind also Zeugen eines Vorgangs, in dem *sogar das Spektakel abgeschafft wird.* Im Falle der Louds ist das Fernsehen kein spektakuläres Medium mehr. Wir befinden uns nicht mehr in der Gesellschaft des Spektakels, von der die Situationisten sprechen, noch weniger sind wir dem spezifischen Typ von Entfremdung und Repression ausgesetzt, den eine solche Gesellschaft impliziert. Sogar das Medium ist als solches nicht mehr greifbar; und insofern ist die These von der Vermischung von Medium und Botschaft (message) (Mac Luhan) [...] der erste große Satz in dieser neuen Ära. Es gibt kein Medium im buchstäblichen Sinne des Wortes mehr: von nun an läßt es sich nicht mehr greifen, es hat sich im Realen ausgedehnt und gebrochen, und man kann nicht einmal sagen, es habe sich dadurch verfälscht." (S. 48)

Die Medien, so Baudrillard, haben sich von einer Instanz der Beobachtung und der Kontrolle zu einer Instanz der Hervorbringung gewandelt; wie der genetische Code, der kein Abbild des Lebens, sondern ein Algorithmus zu seiner Hervorbringung ist:

„Doch muß die vom Diskurs auferlegte, negative Wendung beachtet werden: es handelt sich weder um eine Krankheit noch um eine Virusinfektion, vielmehr muß man sich die Medien so vorstellen, als seien sie in einer äußeren Erdumlaufbahn, einem Orbit, eine Art genetischer Code, der die Mutation des Realen und Hyperrealen bestimmt. Und genau wie der genetische so erweist sich auch dieser Code als bestimmend: nämlich bestimmend für den Übergang von der repräsentativen Sphäre des Sinns zur genetischen Sphäre des programmierten Signals. Die gesamte traditionelle Form der Kausalität wird hiermit in Frage gestellt: die perspektivische deterministische, kritische, ‚aktive' und analytische Form – Unterscheidung von Ursache und Wirkung, Aktiv und Passiv, Subjekt und Objekt, Zweck und Mittel." (S. 49)

„Überall dort", so Baudrillard weiter, „wo sich die Unterscheidung zweier Pole nicht mehr aufrechterhalten läßt, ganz gleich auf welchem Gebiet (Politik, Biologie, Psychologie, Medien), betritt man das Feld der Simulation und absoluten Manipulation – man ist nicht passiv, man kann vielmehr *aktiv und passiv nicht mehr unterscheiden.* Auf der Ebene der lebenden Substanz realisiert das DNS diese aleatorische Reduktion. Im Falle der Louds erreicht das Fernsehen diese *indefinitive* Grenze, wo sich die Familie dem Fernsehen gegenüber weder aktiv noch passiv verhält, genau wie die lebende Substanz gegenüber dem genetischen Code. In beiden Fällen ein Nebel, der sich in seinen einfachen Elementen und in seiner Wahrheit nicht mehr dechiffrieren läßt." (S. 51).

**Textnachweis:** Der vorliegende Text von Lorenz Engell beruht auf folgenden Quellen: Jean Baudrillard (1978): La précession des simulacres. In: Traverses 10, S. 3–37. Wiederveröffentlichung in: Baudrillard, Jean: Simulacres et simulation. Paris: Edition Galilée 1981, S. 9–68. Deutsche Erstübersetzung: Baudrillard, Jean: Die Präzession der Simulacra. In: Ders.: Agonie des Realen. Aus dem Französischen übersetzt von Lothar Kurzawa und Volker Schaefer. Berlin: Merve 1978, S. 7–70; hier: S. 10–16 und 44–51.

# Daniel Dayan/Elihu Katz: Medienereignisse (1987)

Fernsehen behandelt das Ereignis nicht nur in einer narrativen Art und Weise, es behandelt das Ereignis als ein *einheitliches narratives Spektakel.* Es führt die verstreuten Elemente eines Ereignisses für sein Publikum zusammen, das erwartet, alle Segmente – vom Anfang bis zum Ende – zu sehen. Das Fernsehen nötigt sogar die Organisatoren, sich das Ereignis als ein Ganzes vorzustellen und seinen Ablauf so zu organisieren, dass es eine eigenständige Kohärenz und einen unvorhergesehenen ‚Beat' – eine neue ‚Gestalt' erhält.

Damit wird ein anthropologisches Artefakt, ein hybrides Ritual hervorgebracht, das die Frage aufwirft: Ist die Übertragung die Repräsentation einer Zeremonie oder ist die Zeremonie nichts anderes als ein Live-Requisit für das Medienereignis? Wenn eine ‚Zeremonie' (wie wir es der Einfachheit halber nennen) traditionell eine Kette getrennter Zeremonien und eine Serie ritualisierter Begegnungen unterschiedlicher Gruppen in der Öffentlichkeit war – welche Konsequenz hat es dann, wenn nun die *gesamte* Öffentlichkeit *allen* Zeremonien beiwohnt? Wie verhält es sich dann mit dem Begriff der Teilnahme?

Unsere Untersuchung der verschiedenen Rollen, die dem Fernsehen in der *performance* solcher Ereignisse zukommen, beruht auf einer grundlegenden Annahme: Die Umformungen des ursprünglichen Ereignisses dürfen nicht als bloße ‚Änderungen' oder ‚Ergänzungen' durch das Fernsehen betrachtet werden. Sie sollten eher als Elemente einer qualitativen Umwandlung der Beschaffenheit öffentlicher Ereignisse begriffen werden. Deshalb führt es unserer Ansicht nach in die Irre zu fragen, ob das Fernsehen eine ‚wahre' Wiedergabe des entsprechenden Ereignisses darbietet. Angesichts des offen ‚performativen' […] Charakters der Rolle des Fernsehens wird die Problematik von ‚Wahrheit' und ‚Fälschung' so gut wie irrelevant. Es geht weniger um ‚Wahrheit' als um Loyalität. Der Fernsehdiskurs präsentiert weniger eine Reproduktion des Ereignisses als ein Bekenntnis zu ihm. Er setzt auf die Bedeutung des Ereignisses und bindet sich selbst an des-

© Springer Fachmedien Wiesbaden GmbH, ein Teil von Springer Nature 2019
A. Ziemann (Hrsg.), *Grundlagentexte der Medienkultur*,
https://doi.org/10.1007/978-3-658-15787-6_48

sen Schicksal, indem er journalistische Kriterien und Paradigmen über Bord wirft. Als erstes stellt sich also die Frage, was die Feststellung bedeutet, dass Fernsehen einer Zeremonie, so wie sie organisiert wird, ‚treu' ist?

Dieses Bekenntnis ist nicht nur ein moralisches oder ideologisches, sondern erstreckt sich auch auf die Form des Ereignisses. Das ursprüngliche Ereignis ist zweifellos eine Zeremonie. Ihre Retextualisierung durch das Fernsehen verflacht sie jedoch unvermeidlich zu einem Spektakel. Die Rhetorik des Fernsehens besteht daher vor allem in dem Versuch, die verloren gegangene zeremonielle Dimension wieder einzuimpfen, indem Ersatz für das ‚Dabeisein' angeboten und eine Ästhetik der Kompensation entwickelt wird. Wie kreativ ist das Medium dabei, seine eigenen Begrenzungen zu überwinden?

Für die Ästhetik eines ‚Medienereignisses' sind nicht nur Verarmung und Rekonstruktion der zeremoniellen Sphäre von Bedeutung, viel entscheidender sind drei weitere Aspekte der Fernseh*performance*, die in diesem Text aufgegriffen werden. Zuerst untersuchen wir die Loyalität des Fernsehens gegenüber dem Ereignis, wir nennen das die Ästhetik der Definitionswahrung. In einem zweiten Abschnitt erforschen wir den vergeblichen Versuch des Fernsehens, einen phatischen Kanal anzubieten [...], durch den Zuschauer und Feiernde sich wechselseitig interaktiv erreichen können, und die Realität der Feierlichkeiten auf wundersame Weise zu vermehren, als seien sie Brote und Fische. Von dieser eher nostalgischen Verwendung des Mediums wenden wir uns schließlich der Fähigkeit des Fernsehens zu, weder eine Reproduktion noch einen Zugang, sondern sein eigenes ursprüngliches Ereignis bereit zu stellen.

## Loyalität gegenüber dem Ereignis: Das Fernsehen als Hochzeitsfotograf

Das Bekenntnis des Fernsehens zum Ereignis ist in erster Linie definitorisch. Es nimmt das Ereignis wahr, übermittelt seine kennzeichnenden Charakterzüge, stellt das heraus, was John R. Searle (1974, 87) ‚konstitutive Regeln' nennt und Roland Barthes (1990) als seine ‚denotative' Ebene erkennen würde. Ein zweiter definitorischer Aspekt ist ‚hermeneutisch'. Über die Identifizierung des Ereignisses hinaus erforscht das Fernsehen, um was es bei dem Ereignis geht, und schlägt eine ‚unmittelbare Interpretation' – wie Pierre Nora (1972) sagen würde – vor. Um eine berühmte soziologische Unterscheidung zu verwenden, könnte man sagen, dass das Fernsehen für das Ereignis eine ‚zugeschriebene' Bedeutung vorschlägt, im Gegensatz zur Bedeutung, die das Ereignis letztlich ‚erwerben' wird – der Bedeutung, die Historiker ihm nachträglich geben. Darüber hinaus beschützt Fernsehen das Ereignis offenkundig. Es verdeutlicht die absolute Priorität des Ereignisses, insbesondere seinen Vorrang vor Nachrichten aller Art. Es verleiht der spezifischen Stimmung des Ereignisses Resonanz. Als ästhetischer Wachhund der Formen stellt Fernsehen sicher, dass die Einheit von Tonfall und Handlung des Ereignisses vor Störungen bewahrt wird.

## Die Definition bewahren

Im Gegensatz zu physischen Objekten definieren sich Zeremonien selbst; ihre *performance* besteht in der Verkündung ihrer Identität. Fernsehen hilft dabei, die einschlägigen Merkmale, durch welche diese Identität der Feierlichkeit verkündet wird, zu übermitteln und ermöglicht den Zuschauerinnen und Zuschauern, die Wesensart des Ereignisses zu identifizieren. Geht man vom vertragsmäßigen Charakter der meisten öffentlichen Ereignisse und einer Gleichwertigkeit der Rollen von Hauptdarstellern und Öffentlichkeit aus, können diese Merkmale sowohl auf der Ebene der *performance* als auch auf der Ebene der Reaktion [...] gefunden werden. Wenden wir uns zunächst letzterem zu.

Eine Zeremonie beinhaltet grundsätzlich eine reaktive Dimension. Das Fernsehen unterstreicht diese Dimension in mehrerlei Hinsicht. Zunächst hebt es die Reaktionen der primären Zuschauer hervor, die bei dem Ereignis selbst anwesend sind. Regisseure suchen unter den vielfältigen, in Großaufnahmen aufgenommenen Verhaltensweisen die für Übertragung und Nachahmung ‚relevanten' heraus. Neben diesen Verhaltenshinweisen für das Publikum zu Hause betont das Fernsehen den gemeinschaftsstiftenden Charakter der abgebildeten Erfahrung, die einmütige Bindung der Menge an die gefeierten Werte oder Symbole. Nicht allein die Einmütigkeit wird hervorgehoben, sondern vielmehr die Einmütigkeit in der Vielfalt. Konsens wird als Prozess porträtiert, in dessen Verlauf Unterschiede überwunden werden. Das Ereignis erfordert, dass Rivalen ihre Fehden beenden und Fremde ihre Eigenarten ablegen, um sich der überschwenglichen, ansteckenden Stimmung des Moments anzuschließen. Großaufnahmen bieten nicht nur normative Vorschläge, sondern auch eine qualitative Mischung. [...] Das Ereignis muss so dargestellt werden, dass es die gesamte Gemeinschaft angemessen repräsentiert. [...]

Bilder entsprechen keiner vorherigen Erfahrung, außer vielleicht der, die von visionären Schriftstellern wie Victor Hugo beschworen wird. Modernen Fernsehzuschauerinnen und -zuschauern werden neue und unerwartete Weisen der Teilnahme an der rituellen Erfahrung angeboten, neue ästhetische Wege, die nicht länger auf das Bedürfnis zurückzuführen sind, das Spektakel auszutreiben, sondern auf die Entscheidung, seine Macht in vollem Umfang auszuschöpfen. Fernsehen versorgt seine Ereignisse mit einer Narration, mit einer Perspektive und mit einem Inhalt. Es zeigt in jedem Fall eine Erfindungsgabe, die erklärt, warum Zuschauer, die eigentlich direkten Zugang zum Ereignis hätten, sich so oft dafür entscheiden, es auf ihren Bildschirmen anzugucken.

## Die Grenzen eines Ereignisses verfolgen: Kumulative Bearbeitung und textuelle Verpackung

Die grundlegende Geste des Fernsehens besteht darin, das Ereignis als Figur aus einem Hintergrund herauszulösen und innerhalb des Hintergrunds das, was der Rahmen des Ereignisses bleiben soll, von dem zu trennen, was als irrelevant weggelassen wird. In Bezug auf die Peripherie des Ereignisses ist die Rolle des Fernsehens am erfinderischsten, denn sie besteht buchstäblich darin, die Umgebung des Ereignisses wiederzuerschaffen. Diese Erschaffung dient vor allem drei Vorhaben: der Herrschaft über die Bedeutung, der Differenzierung der Fernsehsender, der liturgischen Unterbrechung der Alltagsgeschäfte der Welt.

Produzenten heben die Bedeutungen eines Ereignisses hervor, indem sie es mit Geschichten menschlicher Anteilnahme umgeben, kleinen Reportagen, die von den Sendern und nicht von den Organisatoren stammen. Die Formierung dieser textuellen Randgebiete, diese Nebenvorstellungen – Interviews, Dokumentationen –, verleihen den Sendern die Unabhängigkeit, ihre Lesarten vorzuschlagen und zu bekräftigen. Solche Nebenvorstellungen erscheinen nebensächlich und enttäuschend. Man wohnt ihnen ungeduldig, halb indifferent oder leicht amüsiert bei. Dennoch spielen sie eine wichtige semantische Rolle und zwar insofern sie Parabeln sind, die auf das Format der entscheidenden Botschaften zurechtgeschnitten werden; es sind kleine Konstruktionen, die es dem Produzenten erlauben, in einem Prozess, der an die Freud'sche Verschiebung erinnert, alles zu sagen, was sie über das Ereignis zu sagen wünschen, ohne es *sichtbar* zu ändern oder umzuformen. Auf diese Weise wird ein Problem gelöst, das für Live-Ereignisse des Fernsehens spezifisch ist, und das von der Verpflichtung der Sender herrührt, sich von der Herrschaft über die Bedeutung loszusagen, welche die normale redaktionelle Arbeit ermöglicht.

Wenn das Ereignis live gefilmt wird, muss es in einem Kontinuum gefilmt werden (was bedeutet: keine zeitlichen Schnitte). Andererseits kann man das Ereignis nicht in Form eines Drehbuchentwurfs redaktionell vorbereiten, denn das Fernsehen hat theoretisch einen Zugang zur Dramaturgie des Ereignisses (das unter die Verantwortlichkeit der Organisatoren fällt). Die redaktionelle Bearbeitung nimmt hier also eine einzigartige Form an. Sie ist eher *kumulativ* als *subtraktiv*. Sie besteht eher darin, dem Ereignis eine Ausweitung zuzugestehen, als ihm Teile wegzuschneiden.

Diese ‚kumulative Bearbeitung' (‚Autorschaft' in einem der ursprünglichen Sinne des Wortes) gewinnt an Bedeutung, wenn man sich vom Zentrum an die Peripherie des Ereignisses begibt. Wenn man sich vom Ereignis selbst in Richtung seiner Hintergründe bewegt, gewinnt das Fernsehen wieder an Kontrolle, die es über die eigentliche Gestalt nicht ausüben konnte. Auf dies Weise werden periphere Geschichten hervorgebracht, die das Live-Zentrum des Ereignisses mit einer ausgedehnten textuellen Verpackung umgeben, die typischerweise viel mehr Zeit verbraucht als das Ereignis selbst. Sie vermittelt den Eindruck, dass das Ereignis dazu dient, Werbung für die Verpackung zu machen, und nur als ‚Köder' funktioniert. Im Hinblick auf die Konkurrenz unter den Sendern ist die Verpackung sicher weit davon entfernt, von untergeordneter Bedeutung zu sein. ‚Live'-Übertragungen eines Ereignisses sind elektrisierend, aber sie tendieren dazu, einander zu ähneln. Die Verpackung erlaubt eine gewisse Abgrenzung und kann darum das spätere Ansehen des Kanals oder Senders, der sie zusammengestellt hat, erhöhen. Jeder Sender legt in seiner Behandlung des Ereignisses Wert darauf, erschöpfender zu sein als seine Rivalen – eine Ambition, die oft zu der Sisyphus-Aufgabe führt, das Ereignis zu ‚erschöpfen', indem jedes seiner Elemente in eine unabhängige Geschichte verwandelt wird. Von einem Live-Zentrum ausgehend, breitet sich das Ereignis auf diese Weise in alle Richtungen aus, ist einem endlosen Prozess von Fragmentierung und ‚Klonierung' unterworfen, der einen an das Schicksal mittelalterlicher Reliquien erinnert. Letztendlich ist das Ereignis, auch wenn es mit Boorstins Worten immer noch als „spontan" beschrieben werden kann, nichtsdestotrotz eingebettet in einen beständigen Hintergrund von „PseudoEreignissen". […] Durch metonymische Ansteckung erhalten diese Pseudo-Ereignisse üblicherweise ein Aussehen von Authentizität. Unvorteilhafterweise arbeitet metonymische Ansteckung in beide Richtungen.

## Den liturgischen Kontext des Ereignisses errichten

Fernsehen gibt sich nicht damit zufrieden, den semantischen Hintergrund der Ereignisse, die es überträgt, zu konstruieren. Es organisiert auch die Umstände des Sehens, indem es die Zuschauerinnen und Zuschauer einem komplexen *rite de passage* unterwirft und ihre übliche Definition dessen, was ‚wichtig', ‚real' oder ‚ernsthaft' ist, unterläuft. Fernsehen bietet viel mehr als einen Anlass für öffentliche Reaktion. Es baut diese Reaktion auf, indem es das Ereignis mit Reportagen umgibt, die dieses als die einzig wichtige Realität erscheinen lassen.

Die Errichtung des liturgischen Kontextes des Ereignisses ist ein zweistufiger Prozess. Der erste Schritt besteht in einer Dekontextualisierung. Fernsehen reproduziert innerhalb seiner Programmgestaltung die staatlich sanktionierte Unterbrechung gesellschaftlicher Rhythmen, welche das öffentliche Ereignis charakterisiert. Sie zielt darauf, die Unterscheidung von Arbeit als öffentlich und Freizeit als privat aufzuheben: Freizeit wird öffentlich und Arbeit ein Geschäft, das im Privaten durchgeführt werden muss. In diesem neuen Rahmen verschwindet die Ernsthaftigkeit und Wichtigkeit der Nachrichten für die Definition gesellschaftlicher Realität (im Gegensatz zur ‚nutzlosen' Welt der Unterhaltung) zugunsten einer neuen Realität, die weder den Nachrichten im üblichen Sinne des Wortes noch der Unterhaltung entspricht und beide entfernt, unreal oder schäbig erscheinen lässt.

Der zweite Schritt ist einer der Rekontextualisierung. Zeit wird nun als Vektor der Erwartung und Wiederholung strukturiert, mit dem Ziel, volle rituelle Beteiligung an einer außerordentlichen und darum unbekannten Zeremonie zu erlauben. Wir wollen diesen Prozess darstellen, indem wir zeigen, wie er im Fall der königlichen Hochzeit am Werk war.

Nur für ein paar Stunden zum Schweigen gebracht, verlor die Welt der Nachrichten ihre Unmittelbarkeit; das Tägliche wurde unreal, anachronistisch, zum Echo anderer Planeten. Als am Ende des Hochzeitstages wieder die Nachrichten einsetzten zeigten sie unter anderem Krawalle in Toxteth, die auf den Unfalltod eines jungen Mannes folgten, der von einem Polizeibus überrollt worden war. Aber der Schrecken und die Absurdität des Vorfalls schien weit entfernt, so als ob der Tod eines jungen Mannes weniger wichtig geworden war als die Form der Frackspitze eines Lakaien. Diese Wahrnehmung ging so weit, dass viele Zuschauer mit Zurückweisung reagierten, als eine Person aus dem Reich des Alltags im Rahmen des Ereignisses gefilmt und interviewt wurde. Mrs. Thatcher wurde trotz ihrer besonnenen persönlichen Zurückhaltung und den perfekten, einem Hochzeitsgast geziemenden Antworten, die sie ihrem Interviewer gab, als ‚unangebracht' angesehen.

Irgendwie war die Realität des Alltäglichen durch eine andere, stärkere und überzeugendere ersetzt worden. Das Ereignis hatte die Nachrichten überflüssig gemacht – und verdrängt. Insofern es in seiner Substanz als ernsthaft wahrgenommen wurde, war es etwas anderes als Unterhaltung. Ethnologen wie Victor Turner (1989) haben einen Namen für diese überwältigende, wenn auch kurzlebige Verschiebung der Realitätsdefinition geprägt. Die königliche Hochzeit gab Britannien eine Möglichkeit, in eine *Schwellenphase [liminal period]* einzutreten, in der das gesellschaftliche Leben durch die Aussetzung üblicher Normen und Strukturen bestimmt wird; bewässert durch eine Überflutung mit *communitas.*[…] In den Begriffen Turners sind solche Perioden gekennzeichnet durch die Verschiebung von einer ‚indikativen' Bestimmung von Realität (Realität als das, was *ist*) zu einer ‚konjuktiven' (Realität als das, was sein *könnte* oder *sollte*). Zufällig konnte solch eine Verschiebung in Reinform beobachtet werden. Skinheads sprachen farbige Feiernde auf der Straße an und teilten gesellig den freudigen Geist des Moments, während sie davor warnten, dass die Feindseligkeiten nach Ende des Ereignisses weitergehen würden. Vom Fernsehen zu ihren Meinungen über Charles und Diana befragt, neigten die Zuschauer auf der Straße dazu, Zweifel und negative Beurteilungen einzustellen. und lieber die platten ‚Gewissheiten' zu wiederholen, dass das junge Paar sich den traditionellen Normen füge oder fügen werde. Mit Bedacht entschieden die Leute, in dem Ereignis nur das zu sehen, was sie sehen wollten. Des Kaisers neue Kleider – daran hatten sie keinen Zweifel – mussten echt sein, und Lady Diana – dessen waren sie ‚gewiss' – würde in angemessener Zeit eine gute Köchin werden.

Das Ereignis war nicht nur vor der unwillkommenen Störung durch alltägliche Angelegenheiten sicher abgeschirmt […]. Das Fernsehen errichtete in den Tagen vor der Hochzeit darüber hinaus mit einem steilen Anstieg hochzeitsbezogener Sendungen die Vorherrschaft des Ereignisses über jede andere Realität. Dies geschah in einem solchen Ausmaß, dass, als der Mittwochmorgen erreicht war, ein Hinüberschalten zum Ereignis nicht als Unterbrechung, sondern als Höhepunkt erschien. „Endlich", titelten einige der Dienstagabend-Zeitungen und brachten damit die Spannung zum Ausdruck, die aufgebaut worden war, und bestimmten die Hochzeit selbst als Befreiung von dieser Spannung. Die Medien, insbesondere das Fernsehen, hatten eine weltweite Hypnose organisiert, die auf das gerichtet war, was die Zeitschrift *Broadcast* „Mittwochmorgen-Fieber" genannt hatte. Sie hatten als Zeremonienmeister gehandelt, die uns von allen weltlichen Belangen wegführen und den Eintritt – *rite de passage* – in einen heiligen Bereich ausführen *[perform].*

Als das Ereignis erst einmal begonnen hatte und auf den Weg gebracht war, stand das Fernsehen vor einem anderen Problem, nämlich dem, für seine Zuschauerschaften etwas zu vollbringen *[performing]*, das die Massen bei der Parade selbst improvisieren mussten: Wie lässt sich das Verlassen zu Stande bringen; die Rückkehr zur gewöhnlichen Realität; die Abreise vom verzauberten Reich des Möglichen, vom ‚sollte sein', vom Konjunktiv? Das Fernsehen spielte wieder die Rolle einer rituellen Übergangszone, einer Schwelle zwischen den Welten, indem es eine fortschreitende Wiedereinfügung in gewöhnliche Verhaltensmuster, gewöhnliche Normen, gewöhnliche Rhythmen vornahm. Diese Rückreise begann sofort nach dem Erscheinen der königlichen Familie auf dem Balkon des Buckingham Palace.

Es war an der Zeit, sich von dem Ereignis zu lösen und eine retrospektive Position einzunehmen. Das Fernsehen leitete die Zuschauerinnen und Zuschauer durch die Antiklimax des Nach-Ereignisses und schlug eine neue Palette an Haltungen ihm gegenüber vor. Leute aus der Menge wurden durch Interviewer, die sie fragten, welche Bilder sie für besonders erinnerungswürdig hielten, vorsätzlich in eine reflexive Haltung gezwungen. Bruchstücke des Ereignisses wurden zurückgespult, seine prunkvollen Paraden ins Gedächtnis gerufen, während es der Erfahrung der Zuschauerinnen und Zuschauer entzogen wurde. Schon war es eine Aufnahme aus dem Archiv, ein Spektakel, das nicht länger mit der Anziehungskraft der Live-Übertragung durchtränkt war, ein Ensemble von Zeichen, das von Absichten bewohnt, aber vom Leben verlassen war. Das Ereignis wurde dann in Gesprächsrunden im Studio diskutiert, zum Objekt von Talkshows gemacht (womit wir einen weiteren Schritt von ihm weggeführt wurden). Es wurde in seine Bestandteile zerlegt, und trotz einer heiteren Feierstimmung wurde uns das melancholische Wissen der Maschinerie vorgestellt. Wir wurden hinter die Bühne gebeten, dem Bäcker der Hochzeitstorte vorgestellt, den Eltern des Designers des Kleides, dem Mann, dessen entkörperte Stimme eine Zeitlang das Instrument darstellte, durch welches das Ereignis sprach. Parallel zu einer zunehmend peripheren Perspektive auf das Ereignis wurde das Ereignis selbst in Stücke geschnitten (Gäste der Queen beim Hochzeitsfrühstück im Buckingham Palace, während die frisch Vermählten zur Waterloo-Station fuhren) und rückblickend einer glücklichen, aber nichtsdestotrotz abflachenden Anatomie unterworfen. Der Zauber, der die Teile zu einem Ganzen addiert hatte, wurde nun in eine Serie gewöhnlicher Talente, Tricks oder Sachkenntnisse zerlegt.

Diese Anatomie diente als Vorspiel für eine Reihe von Pendelbewegungen zwischen dem, was vom Ereignis übrig blieb (das frisch verheiratete Paar, das zur Waterloo-Station fuhr), und seinen Außenbezirken, dem Außen des Ereignisses, der realen Welt des Alltags, deren unwillkommene Anwesenheit stetig zunahm, bis das Ereignis nach der abschließenden abendlichen Zusammenfassung wieder in die Nachrichtensendungen eingefügt wurde.

Das Alltagsleben forderte sein Recht, und wir wurden mit einigen der Kundgebungen vertraut gemacht, die organisiert worden waren, um gegen die Hochzeit zu protestieren, sie zurückzuweisen oder zu ‚ignorieren', so wie der Landausflug einer Handvoll Antiroyalisten nach Boulogne. Dennoch waren die Gegenfeierlichkeiten auf dem Bildschirm doch nur eine andere Weise, die Stimmung des Ereignisses hervorzuheben. So wurden die Feierlichkeiten zumindest noch etwas länger vor einer aufdringlichen Realität beschützt. In der Kritik des Ereignisses wurde sein Schwellenzustand *[liminality]* letztendlich wieder bestärkt. Es handelte sich tatsächlich um Kritik, aber ritualisiert und mit Champagner ausgedrückt. Wir waren fast wieder zurück im Gewöhnlichen.

Fernsehen handelte als Schwelle, als Übergang, und half dem Publikum bei der Aufgabe, sich wieder auf eine Welt einzustellen, die sich nicht länger durch die alternative Realität einer ‚Anti-Struktur' auszeichnete. Typischerweise nahm diese ‚Ausstiegshilfe' die Form eines Spiels zwischen Live-Bildern der Nach-Ereignisse und aufgezeichneten Bildern des Ereignisses selbst an und erlaubte ein langsames Auslaufen seiner Intensität.

Nachdem es das Ende des Ereignisses vollzogen *[performed]*, es rituell für beendet erklärt und den Fall des Vorhangs organisiert hatte, übernahm das Fernsehen eine neue Aufgabe. Nachdem es das, was der Erinnerung wert war, betont hatte, organisierte es das Vergessen. Mit immer kürzeren Rückblicken wurde an das Ereignis erinnert; es wurde auf Bilder reduziert, die in fast ideogrammatischen Mustern funktionierten, wurde durch die Reaktionen von zunehmend entfernten (argentinischen, russischen, chinesischen) Beobachtern betrachtet, wurde zum schwarzen Punkt am Horizont und verschwand aus der Wahrnehmung. Die Zeit war nun reif für Abstraktion, und eine Woche nach der Hochzeit war dieses Objekt der Freude oder Faszination offiziell zu einem Objekt des Wissens geworden […].

Wir haben hier zu zeigen versucht, wie Fernsehen nicht nur ein Modell für die Reaktionen bereitstellte, die von den Zuschauerinnen und Zuschauern erwartet wurden, sondern auch deren zunehmende Einbeziehung in und Loslösung von der ‚anderen' Realität, die durch das Ereignis konstituiert wurde, durchführte; wie das Fernsehen seine eigenen *rites de passage* über das im Ereignis enthaltene Ritual legte; wie es innerhalb des Konstrukts eines Schwellenzustands die basale Verantwortung übernahm, selbst die Schwelle zu *sein* (Turner 1978).

## Diaspora-Zeremonien

Unsere Beschreibung der ‚Erfahrung, nicht dort gewesen zu sein' zeigt […], dass ein Medienereignis nicht eine verarmte Erfahrung ist, sondern alles in allem eine andere Erfahrung. Um sie vollständig zu verstehen, muss diese neue Erfahrung in einen größeren Kontext gestellt werden. Öffentliche Ereignisse sind in ihrer Form nicht ein für allemal festgeschrieben. Im Laufe der Geschichte haben sie sich tendenziell den vorherrschenden Modalitäten, ein Ereignis öffentlich zu machen, angepasst: ‚Öffentlichkeit' *[‚publicness']* ist unser eigener Neologismus. Der herrschende Modus von ‚Öffentlichkeit' verändert sich heutzutage. Wir werden Zeugen einer allmählichen Ersetzung dessen, was man ein ‚theatrales' Modell von ‚Öffentlichkeit' – ein tatsächliches Zusammentreffen von Darstellern und Öffentlichkeit an Plätzen wie dem Parlament, Kirchen und Versammlungshäusern – nennen könnte, durch einen neuen Modus von ‚Öffentlichkeit', der auf der Trennung von Darstellern und Zuschauerschaften und eher auf der Rhetorik des Narrativen als der Macht des Kontaktes basiert. Dieser Modus wurde mit dem Kino geboren und in ästhetischen Begriffen als erstes von Walter Benjamin beschrieben. Dieser neue Modus von ‚Öffentlichkeit' erreicht mit dem Fernsehen seinen Höhepunkt, das ihn in alle Bereiche des öffentlichen Lebens hineinträgt, einschließlich in die traditionell besonders heiligen – die politischen und die religiösen. Er wirkt sich zutiefst auf die Art von öffentlichen Zeremonien und Ereignissen aus. Von der großen Mehrheit ihrer Öffentlichkeit abgetrennt, inszenieren *[perform]* Zeremonien nun die Textur, innere Kohärenz, den narrativen Beat und visuellen Glanz, die üblicherweise Hollywood-Spektakel auszeichnen. Öffentliche Ereignisse eignen sich einen Großteil der formalen Charakteristika fiktionaler Texte an.

Vom zeremoniellen Zentrum distanziert, aber zugleich voneinander isoliert, bilden die Zuschauerschaften des Fernsehens nicht länger Massen oder Mengen, außer auf eine abstrakte, statistische Weise. [...] Die Feiernden vorm Fernseher können nicht direkt auf die rituelle *performance* oder auf die Reaktionen der anderen Mitglieder der teilnehmenden Öffentlichkeit reagieren. Sie scheinen sich in bloße Zuschauerinnen und Zuschauer gewandelt zu haben. Und dennoch denken wir, dass sie mehr sind als Zuschauerinnen und Zuschauer. Die riesige Größe des Publikums hat die Feierlichkeit paradoxerweise in ein intimes Register überführt. Der zeremonielle Raum ist nirgendwo anders als in der häuslichen Wohnung rekonstituiert worden. Die Teilnahme findet in kleinen, um das Fernsehgerät versammelten Gruppen statt, die sich auf ein symbolisches Zentrum konzentrieren und sich sehr wohl bewusst sind, dass unzählige andere Gruppen zur selben Zeit dasselbe tun.

Können wir immer noch von einem öffentlichen Ereignis sprechen, wenn es zu Hause gefeiert wird? Gibt es eine kollektive Feierlichkeit, wenn die Kollektivität versprengt ist?

Mit ‚nein' zu antworten, würde darauf hinauslaufen, den vielen, gleichermaßen verstreuten und zu Hause stattfindenden Ritualen, die oft grundlegende Glaubenssätze religiöser Traditionen beinhalten, wie etwa der jüdischen Feier des biblischen Exodus – dem Passah *Seder* –, die Qualität der Feierlichkeit abzusprechen. Dieses spezifische Beispiel ist erhellend, weil das Ereignis, das es konstituiert, nicht nur religiös, sondern auch politisch ist. Es könnte als archetypisches Beispiel von Durkheims symmetrischen Thesen zur sozialen Dimension von Religion und der religiösen Dimension von Sozialität dienen. Charakteristischerweise hat das *Seder*-Fest über Zeiten hinweg als machtvolles Mittel zur Vereinigung eines zerstreuten Volkes gedient. Durch die Übersetzung eines monumentalen Ereignisses in eine Vielzahl gleichzeitiger, gleich gestalteter und an die häusliche Wohnung gebundener Mikro-Ereignisse hat es trotz geographischer Verteilung eine zeremonielle Struktur geboten. Indem es eine kollektive Zeremonie „ohne einen zentralen kultischen Tempel" zur Verfügung stellte und die öffentliche Feierlichkeit in das Haus verschob, scheint das *Seder*-Modell ein sehr ähnliches Problem gelöst zu haben, wie jenes, das heutzutage durch die zerstreuten Massen von Fernsehzuschauern erfahren wird. Es ist fast so, als ob der neue öffentliche Raum und der quantitative Sprung, den er produziert hat, indem er immense Zuschauerschaften von Massenzeremonien in ein gewaltiges Publikum von Medienereignissen umwandelte, zur Wiedererfindung seiner alten und intimen feierlichen Form geführt hat, nun aber in einem völlig neuen Kontext. ‚Diaspora-Zeremonien' für verstreute Gemeinschaften?

[…]

Barthes, Roland (1990) Rhetorik des Bildes. In: Ders.: *Der entgegenkommende und der stumpfe Sinn.* Frankfurt/M., S. 28–46.

[…]

Nora, Pierre (1972) L'événement monstre, In: *Communications,* 18, S. 162–172.

[…]

Searle, John R. (1974) Was ist ein Sprechakt? In: Siegfried J. Schmidt (Hg.) *Pragmatik I.* München, S. 84–102.

Turner, Victor (1989) *Das Ritual. Struktur und Anti-Struktur.* Frankfurt/M., New York.

Turner, Victor und Edith (1978) *Image and Pilgrimage in Christian Culture.* New York.

*Aus dem Englischen von Christine Hanke*

**Textnachweis:** Daniel Dayan/Elihu Katz (1987): Performing Media Events. In: James Curran et al. (Hg.): Impacts and Influences. Essays on Media Power in the Twentieth Century. London; New York: Methuen, S. 174–197. Deutsche Fassung: Dayan, Daniel/Katz, Elihu: Medienereignisse. In: Ralf Adelmann et al. (Hg.): Grundlagentexte zur Fernsehwissenschaft. Konstanz: UVK 2001, S. 413–453; hier: S. 414–417 und 442–453. Copyright 1987 Methuen & Co. Ltd, reproduced by permission of Taylor & Francis Books UK.

# Vergesellschaftung

# Zur Einführung

Andreas Ziemann

Die Soziologie begegnet seit ihren Anfängen als Kulturwissenschaft zahlreichen Veränderungsbewegungen und Krisenerscheinungen des modernen Lebens und beschreibt dieses dann idealtypisch als fortlaufenden und zunehmenden Differenzierungs-, Rationalisierungs- und Versachlichungsprozess. An der Evolution und Umformung von Kultur und Gesellschaft haben diverse Medien ihren Anteil; teils sind sie Bedingung, teils Effekt dessen. Man kann deshalb bisweilen einen ausgeprägten soziologischen Sensus für die Wechselwirkung zwischen Kultur und Medien feststellen, eben eine Beschreibung und Theorieanstrengung gegenüber dem, was wir unter „Medienkultur" verstehen und rubrizieren.

Neben einer historischen oder evolutionstheoretischen Betrachtung steht eine funktionalistische Auseinandersetzung mit Medien, also die Untersuchung der Fragen, wozu sie dienen, was sie leisten, welche Wirkungen sie auf Gesellschaft oder Individuen haben. Nach dieser Richtung wird soziologisch argumentiert, dass Medien als kulturelle Errungenschaften – konkret etwa: Sprache, Buchdruck, Geld, Liebe, Macht und Wahrheit – in jeweils spezifischer Weise soziales Handeln ermöglichen wie auch steuern, Vergesellschaftung stabilisieren und letztendlich soziale Ordnung im Generellen garantieren. Eine Medientheorie dient dann der Gesellschaftstheorie dazu, die Grundfrage nach sozialer Ordnung zu bearbeiten: Medien lösen das Problem sozialer Ordnung und wechselseitiger Erwartungsstabilität – nicht zuletzt unter Bedingungen geschichtlicher Veränderungen, gesellschaftlichen Wandels, sich unbekannter Akteure oder offener, verschieden möglicher sowie antagonistischer Handlungsziele und Verhaltensweisen. Aber Medien produzieren fortlaufend auch neue Probleme, die sie dann mittels Optimierung, Erweiterung oder Neuerfindung bearbeiten und lösen.

Soziale Ordnung soll dann gegeben sein, wenn Akteure wissen, was sie zu tun und was sie zu unterlassen haben; wissen, was andere von ihnen erwarten und dies befolgen; wissen, wie sie andere motivieren, fremden Intentionen zu folgen;

© Springer Fachmedien Wiesbaden GmbH, ein Teil von Springer Nature 2019
A. Ziemann (Hrsg.), *Grundlagentexte der Medienkultur*,
https://doi.org/10.1007/978-3-658-15787-6_49

und wenn alle wissen, welchen Wirklichkeitsausschnitt sie teilen und diesen mehr oder minder kollektiv bestätigen. Jeder sozialisierte Mensch hat entsprechend zu verinnerlichen, welche Werte, Normen und potenziellen Sanktionen in der gesellschaftlichen Alltagswirklichkeit vorherrschen und zu berücksichtigen sind. Im Idealfall basiert soziale Ordnung erstens auf einer medialen Vermittlung und Verbreitung relevanten Wissens und zweitens auf dem internalisierten Diktum „zu wollen, was man soll". Parallel zu allen normativen und disziplinierenden Mechanismen der Kultur und Gesellschaft haben wir aber eigenständige, bisweilen unkontrollierbare Triebe, Affekte und Wünsche, die dem entgegenstehen und sich Bahn brechen wollen. Dies bedeutet, dass soziale Interaktionen letztlich fragil sind, problematisch werden können und bezüglich einer erfolgreichen, friedlichen Kooperation auch höchst unwahrscheinlich sind. Und an eben diesen Problemen und Unwahrscheinlichkeiten setzen – funktionalistisch betrachtet – Medien an, um zur Kompensation oder Lösung beizutragen.

Als Vorläufer dieser Theorieperspektive kann man Georg Simmel (1858–1918) betrachten, der vor allem Geld als Medium moderner Vergesellschaftung behandelt. Interessant ist, wie er am Geld einige Merkmale festmacht, die späterhin in Medientheorien respektive in der Medienwissenschaft zum Gemeingut werden. Geld ist ein Medium, das Werte repräsentiert bzw. produziert und zwischen Unvergleichlichem (Objekten, Waren, Dienstleistungen etc.) vermittelt; Geld wirkt zugleich trennend *und* verbindend (wie auch Telefongespräche oder Schreib- versus Leseakte); Geld ermöglicht raumübergreifende und unpersönliche Beziehungen zwischen sich unbekannten Menschen (wie jedes Massenmedium auch); Geld verändert, vor allem versachlicht soziale Beziehungen oder soziale (Gruppen-)Kohäsion; oder Geld beschleunigt und quantifiziert soziale Verhältnisse und das moderne Leben im Generellen (wie heutzutage zusätzlich WWW, Smartphones oder auch alle technischen Apps im und zum „Quantified Self"-Komplex). So stehen das Geld und die moderne Geldwirtschaft bereits bei Simmel für neue Kulturen und Lebensformen ein, insbesondere eine ungekannte Temporalisierung und großstädtische Verdichtung des Sozialen.

Der US-amerikanische Soziologe Talcott Parsons (1902–1979) knüpft in mehreren Aufsätzen – prominent etwa in „Social Structure and the Symbolic Media of Interchange" (1975) – indirekt daran an und untersucht an den Basismodellen von Sprache und Geld allgemeine Eigenschaften von Medien. Er bezieht sich grundlegend auf John Stuart Mills politische Ökonomie und identifiziert – vollkommen ähnlich zu Simmel – drei entscheidende Funktionen des Geldes: Es ist ein symbolisches Tauschmittel (ohne eigenen Gebrauchswert); es dient als Wertmaßstab völliger heterogener Objekte, Dienstleistungen und Produktionsfaktoren; und es fungiert als Wertaufbewahrungs- bzw. Wertsteigerungsmittel. Dieser Theorieblick auf das Geld wird sodann mit den Eigenschaften der Sprache verglichen und von dort aus auf weitere Medien ausgedehnt: etwa Macht, Einfluss, Intelligenz, Affekt oder Commitment.

Grundlegend schreibt Parsons Medien folgende fünf Merkmale zu: (1) Symbolcharakter, (2) Institutionalisierung, (3) spezifische Sinnbedeutung und Wirkungsweise, (4) Zirkulationsfähigkeit, (5) kein Nullsummen-Charakter. Diese allgemeinen und generalisierten Kerneigenschaften von Medien überführt Parsons sodann in eine allgemeine Theorie gesellschaftlicher Austauschmedien. Er sucht dabei nach den Korrelationen von gesellschaftlichen Teilsystemen und ihren (institutionalisierten) Medien, die bestimmte Handlungen ermöglichen, regeln und integrieren. Ein sachlicher Aspekt der Systemdifferenzierung fällt dabei mit bestimmten erwartbaren sozialen Beziehungen zusammen bzw. steuert diese. Geld symbolisiert in der Sachdimension das Wirtschaftssystem und steuert die Teilnahmemöglichkeiten und Erwartungen von Wirtschaftsakteuren; oder Macht symbolisiert die Politik und steuert die Teilnahme von Professions- wie Publikumsrollen (Politiker versus Wähler). Im Idealfall korreliert mit jedem Vergesellschaftungsbereich ein spezielles Medium; oder anders: ein symbolisch generalisiertes Austauschmedium indiziert und steuert einen besonderen Vergesellschaftungsbereich. Parsons nutzt als erster eine Medientheorie zur Analyse und Erklärung sozialer Strukturen (in der Doppelausrichtung auf Stabilität und Veränderung) und begründet damit letztlich die gezielte Verbindung von Medien- und Gesellschaftstheorie.

Diese Theorieidee hat Niklas Luhmann (1927–1998) aufgegriffen und im Rahmen seiner soziologischen Systemtheorie ausgebaut. Er überführt erstens den Parsonianischen Begriff des Austauschmediums in jenen des „symbolisch generalisierten Kommunikationsmediums". Und er wechselt zweitens den Problembezug, auf den Kommunikationsmedien reagieren: nämlich auf allgemeine soziokulturelle und strukturelle Veränderungen der Gesellschaft im Laufe ihrer Evolution vom archaischen Typus zum modernen. Auch Luhmann geht vom Medium der Sprache aus und generalisiert von dort aus auf die Funktion von Verbreitungs- und Erfolgsmedien.

In besonderer Weise richtet Luhmann seine Kommunikationstheorie als *Problemtheorie* (und nicht als Optimierungstheorie) aus, d. h. er startet mit einer inkongruenten Perspektive – einer „Unwahrscheinlichkeitsepistemologie" – und negiert die unhinterfragte, selbstverständliche Praxis alltagsweltlicher Kommunikation. So werden die Negation des Selbstverständlichen und der Zweifel an Gewissheit zum Stachel der Erkenntnis und zum Motor einer tiefenscharfen Theoriebildung. Luhmann dreht die Spirale der soziokulturellen Evolution und allen gesellschaftlichen Fortschritts zurück, sodass wir uns am hypothetischen Nullpunkt von Gemeinschaft und Gesellschaft befinden. Nichts ist dort strukturell ausgeprägt, es gibt keine konkreten Verständigungswerkzeuge und Rollenerwartungen, keine kollektiven Werte und Normen; noch ist oder scheint alles möglich und offen. An dieses Gedankenexperiment knüpft Luhmann drei spezielle Unwahrscheinlichkeiten der Kommunikation, jener Basisoperation alles Sozialen: erstens die Unwahrscheinlichkeit des Verstehens, zweitens jene des Erreichens von Adressaten und drittens jene des Annahmeerfolgs.

Um diese kommunikativen Barrieren zu beheben, hat die Gesellschaft – so kann man es zumindest im Nachhinein auslegen – sukzessive spezifische Medien erfunden, etabliert und legitimiert, die Unwahrscheinlichkeiten in Wahrscheinlichkeit überführen, die von Unsicherheit auf soziale Erwartungssicherheit abstellen. Analytisch und funktional zu trennen, sind demnach: Verstehensmedien (natürliche oder künstliche Sprachen), Verbreitungsmedien (Zeitungen, Bücher, Radio, Fernsehen oder Internet) und symbolisch generalisierte Kommunikationsmedien (Geld, Macht, Wahrheit oder etwa Liebe). Sie alle führen zur Steigerung der sozialen Koordination und der strukturellen Konditionierung. Sie regeln, was gesagt und getan werden kann und soll. Der letzte Medientypus beruht erstens – in kommunikationstheoretischer Hinsicht – auf einem gezielten Mechanismus der Selbstbindung bei paralleler Fremderwartung. Und dieser Medientypus unterstützt oder leistet schließlich zweitens – in gesellschaftstheoretischer Hinsicht – die Ausdifferenzierung in verschiedene (thematisch wie wertlogisch getrennte und autonome) moderne Gesellschaftssysteme (Wirtschaft vs. Politik vs. Wissenschaft vs. Familie etc.). Insgesamt besehen, werden Kommunikations-, Medien- und Gesellschaftstheorie von Luhmann in ein integratives Verhältnis gesetzt und zur wechselseitigen Erklärung benutzt.

Mit einer wieder anderen soziologischen Theorieausrichtung und Argumentationslogik bearbeitet Bruno Latour (* 1947) den Zusammenhang zwischen Technik, Medien und artifiziellen Objekten einerseits und sozialer Ordnung und stabilisierter Interaktion andererseits. Er ist der einflussreiche Begründer der Akteur-Netzwerk-Theorie (ANT) und vertritt in diesem Kontext die zentrale Auffassung, dass menschliche wie nicht-menschliche Akteure konstitutiv miteinander verflochten und aufeinander angewiesen sind und ein „Kollektiv“ bilden. Ihr Verhältnis ist entsprechend „symmetrisch“ und „hybrid“. Oft geben uns Medien und Techniken überhaupt erst unsere Ziele, Intentionen und Motive vor oder sind mindestens auf komplexe Weise an deren Begründung und Ausführung beteiligt. Es ist demzufolge falsch, adäquate Beschreibungen und soziologische Theoriearbeit mit Dichotomien und analytischen Trennungen zu beginnen (etwa: Natur/Kultur, Mensch/Ding, Subjekt/Objekt, Materie/Bewusstsein). Stattdessen solle man den Akteuren folgen, sich jeder Form eines Reduktionismus entgegenstellen und alles Auffindbare und Beschreibbare zusammenlassen respektive „zusammenziehen“ – ganz so, wie Latour einen Aufsatz überschrieben hat: *drawing things together.*

Latours Art der Techniksoziologie will allen Objekten und Medien zu neuer Geltung verhelfen, indem – kongruent mit medienwissenschaftlichem Vokabular – verschiedene Dimensionen der Vermittlung (Übersetzungen, Verschiebungen, Kompositionen, Blackboxing, Delegationen) untersucht und ausgelegt werden. Es zeigt sich dann, dass erstens gesellschaftliche Ordnung nicht ohne Stabilisierungsleistungen der Technik auskommt und dass zweitens (Medien-)Techniken in zahlreichen Fällen soziale Handlungsprogramme übernehmen und dabei wirkmächtig menschliche Rollenträger ersetzen. Der (spät-)moderne Mensch ist aus dieser Theorieperspektive ein „homo faber socialis", der durchgehend mit künstlichen Objekten, Maschinen, technischen Gerätschaften und Medien(technologien) verbunden ist und mobilisiert wird. Deshalb nimmt eine soziologische Makrotheorie im Sinne der ANT technische Aktanten und nicht-menschliche Akteure ernst und bindet ihre Beschreibungen wie Erklärungen an diese.

# Georg Simmel: Das Geld in der modernen Cultur (1896)

Wenn die Soziologie den Gegensatz der neueren Zeit, insbesondere gegen das Mittelalter, in eine Formel bringen wollte, so könnte sie es mit der folgenden versuchen. Im Mittelalter findet sich der Mensch in bindender Zugehörigkeit zu einer Gemeinde oder zu einem Landbesitz, zum Feudalverband oder zur Korporation; seine Persönlichkeit war eingeschmolzen in sachliche oder soziale Interessenkreise, und die letzteren wiederum empfingen ihren Charakter von den Personen, die sie unmittelbar trugen. Diese Einheitlichkeit hat die neuere Zeit zerstört. Sie hat einerseits die Persönlichkeit auf sich selbst gestellt und ihr eine unvergleichliche innere und äußere Bewegungsfreiheit gegeben; sie hat dafür andererseits den sachlichen Lebensinhalten eine ebenso unvergleichliche Objektivität verliehen: in der Technik, den Organisationen jeder Art, den Betrieben und Berufen gelangen mehr und mehr die eigenen Gesetze der Dinge zur Herrschaft und befreien sie von der Färbung durch Einzelpersönlichkeiten – wie unser Bild der Natur mehr und mehr die vermenschlichten Züge auszumerzen und sie einer objektiven Gesetzlichkeit anheimzugeben strebt. So hat die Neuzeit Subjekt und Objekt gegeneinander verselbständigt, damit jedes die ihm eigene Entwicklung reiner und voller fände. Wie beide Seiten dieses Differenzierungsprozesses von der Geldwirtschaft getroffen werden, haben wir darzustellen.

Das Verhältnis zwischen der Persönlichkeit und ihrem Besitz tritt innerhalb der deutschen Geschichte bis zur Höhe des Mittelalters in zwei charakteristischen Formen auf. In der Urzeit begegnet uns der Landbesitz als eine der Persönlichkeit als solcher zukommende Kompetenz, er fließt aus der persönlichen Zugehörigkeit des einzelnen zu seiner Marktgemeinde. Schon im zehnten Jahrhundert indes war diese Personalität des Besitzes verschwunden und nun umgekehrt alles persönliche Recht von dem Besitz an Grund und Boden abhängig geworden. In beiden Formen aber erhielt sich eine enge lokale Verbindung zwischen der Person und dem Besitz. [...] Solche Zusammengehörigkeit zwischen Personalität und ding-

© Springer Fachmedien Wiesbaden GmbH, ein Teil von Springer Nature 2019
A. Ziemann (Hrsg.), *Grundlagentexte der Medienkultur*,
https://doi.org/10.1007/978-3-658-15787-6_50

lichen Beziehungen, wie sie jenen naturalwirtschaftlichen Zeiten eigen war, löst die Geldwirtschaft auf. Sie schiebt zwischen die Person und die bestimmt qualifizierte Sache in jedem Augenblick die völlig objektive, an sich qualitätlose Instanz des Geldes und Geldwertes. Sie stiftet eine Entfernung zwischen Person und Besitz, indem sie das Verhältnis zwischen beiden zu einem vermittelten macht. Sie hat damit das frühere enge Zusammengehören des personalen und des lokalen Elementes bis zu dem Grade differenziert, dass ich heute in Berlin meine Einkünfte aus amerikanischen Eisenbahnen, norwegischen Hypotheken und afrikanischen Goldminen empfangen kann. Diese fernwirkende Form des Besitzes, die wir heute als selbstverständlich hinnehmen, ist doch erst möglich geworden, seit das Geld trennend und verbindend zwischen Besitz und Besitzer getreten ist. Dadurch erzeugt das Geld auf der einen Seite eine früher unbekannte Unpersönlichkeit alles ökonomischen Tuns, andererseits eine ebenso gesteigerte Selbstständigkeit und Unabhängigkeit der Person. Und ähnlich wie zum Besitz entwickelt sich das Verhältnis der Persönlichkeit zur Genossenschaft. Die mittelalterliche Korporation schloss den ganzen Menschen in sich ein; eine Zunft der Tuchmacher war nicht eine Assoziation von Individuen, welche die bloßen Interessen der Tuchmacherei pflegte, sondern eine *Lebensgemeinschaft* in fachlicher, geselliger, religiöser, politischer und vielen sonstigen Hinsichten. Um so sachliche Interessen sich die mittelalterliche Assoziation auch gruppieren mochte, sie lebte doch ganz unmittelbar in ihren Mitgliedern, und diese gingen rechtlos in ihr auf. Im Gegensatze zu dieser Einheitsform hat nun die Geldwirtschaft jene unzähligen Assoziationen ermöglicht, die entweder von ihren Mitgliedern nur Geldbeiträge verlangen oder auf ein bloßes Geldinteresse hinausgehen. Dadurch wird einerseits die reine Sachlichkeit in den Vornahmen der Assoziation, ihr rein *technischer* Charakter, ihre Gelöstheit von personaler Färbung ermöglicht, andererseits das Subjekt von einengenden Bindungen befreit, weil es jetzt nicht mehr als ganze Person, sondern in der Hauptsache durch Hingeben und Empfangen von Geld mit dem Ganzen verbunden ist. Seit das Interesse des einzelnen Teilhabers, direkter oder indirekter, in Geld ausdrückbar ist, hat sich dieses wie eine Isolierschicht zwischen das objektiv Ganze der Assoziation und das subjektive Ganze der Persönlichkeit geschoben – wie es sich zwischen den Besitz und den Besitzer geschoben hat – und hat beiden eine neue Selbstständigkeit gegeneinander und Ausbildungsfähigkeit geboten. Den Gipfel dieser Entwicklung stellt die Aktiengesellschaft dar, deren Betrieb dem einzelnen Aktionär völlig objektiv und unbeeinflusst gegenübersteht, während dieser seinerseits absolut nicht mit seiner Person, sondern nur mit einer Geldsumme an der Assoziation beteiligt ist.

Durch diese Unpersönlichkeit und Farblosigkeit, die dem Gelde im Gegensatz zu allen spezifischen Waren eigen ist und die sich im Laufe der Kultur immer steigern muss, weil es immer mehr und immer mannigfaltigere Dinge aufzuwiegen hat, durch diese Charakterlosigkeit gerade hat es unermessliche Dienste geleistet. Denn damit lässt es eine Gemeinsamkeit der Aktion von solchen Individuen und Gruppen entstehen, die ihre Getrenntheit und Reserviertheit in allen sonstigen Punkten scharf betonen. Es wird damit eine ganz neue Linie durch die der Assoziation zugängigen Lebensinhalte gelegt.

[...] So soll man überhaupt, wenn man die trennende und entfremdende Wirkung des Geldverkehrs beklagt, doch das Folgende nicht vergessen. Durch die Notwendigkeit, das Geld umzusetzen und definitive, konkrete Werte dafür zu halten, schafft das Geld eine äußerst starke Bindung zwischen den Mitgliedern desselben Wirtschaftskreises; gerade weil es nicht unmittelbar verbraucht werden kann, weist es auf die anderen Individuen hin, von denen man das eigentlich zu Verbrauchende dafür erlangen kann. So ist der moderne Mensch von unvergleichlich mehr Lieferanten und Bezugsquellen abhängig, als der altgermanische Vollfreie oder der spätere Hörige; seine Existenz steht in jedem Augenblicke auf hundert durch Geldinteressen gestifteten Verbindungen, ohne die er so wenig fortexistieren könnte, wie das Glied eines organischen Wesens, das aus dem Kreislauf der Säfte ausgeschaltet wäre.

Vor allem wirkt zu dieser Verschlingung und Verwachsung des modernen Lebens unsere Arbeitsteilung, die sich im Zustande des Naturaltausches ersichtlich nicht über die dürftigsten Anfänge hinaus entwickeln konnte. Denn wie sollte man die Werte der einzelnen Produkte gegeneinander abmessen, so lange es noch kein gemeinsames Wertmaß für die allerverschiedensten Dinge und Qualitäten gab? Wie sollte sich der Tausch glatt und leicht vollziehen, so lange es noch kein Tauschmittel gab, das jede Differenz begleichen, in das man jedes Produkt umsetzen und das sich in jedes Produkt umsetzen konnte? Und indem das Geld so die Teilung der Produktion ermöglicht, bindet es die Menschen unweigerlich zusammen, denn nun arbeitet jeder für den anderen, und erst die Arbeit aller schafft die umfassende wirtschaftliche Einheit, welche die einseitige Leistung des Individuums ergänzt [...]. So ist es schließlich das Geld, das unvergleichlich mehr Verknüpfungen zwischen den Menschen stiftet, als sie je in den von den Assoziationsromantikern gerühmtesten Zeiten des Feudalverbandes oder der gewillkürten Einung bestanden.

Und endlich hat das Geld ein so umfassendes gemeinsames Interessenniveau für alle Menschen hergestellt, wie naturalwirtschaftliche Zeiten es absolut nicht konnten; mit ihm ist ein Boden unmittelbaren gegenseitigen Verstehens, eine Gleichheit der Direktiven gegeben, die außerordentlich viel dazu beitragen musste, jene Vorstellung des *Allgemein-Menschlichen* zu erzeugen, die in der Kultur- und Sozialgeschichte seit dem vorigen Jahrhundert eine so große Rolle gespielt hat – gerade wie sie in der Kultur des Römerreiches auftauchte, als in ihm die Geldwirtschaft völlig durchgedrungen war.

Allein wie das Geld überhaupt – das leuchtet wohl schon aus dem Gesagten hervor – eine ganz neue Proportion zwischen Freiheit und Bindung hat entstehen lassen, so hat die betonte Enge und Unvermeidlichkeit des Zusammenschlusses, die es bewirkt, die eigentümliche Folge, andererseits doch der Individualität und dem Gefühl innerer Unabhängigkeit einen besonders weiten Spielraum zu eröffnen. Denn der Mensch jener früheren Wirtschaftsepochen stand zwar zu weit weniger Menschen in gegenseitiger Abhängigkeit, aber diese wenigen waren individuell bestimmt und beharren, während wir heute zwar von dem Lieferanten überhaupt viel abhängiger sind, mit dem einzelnen aber oft und beliebig wechseln: wir sind von jedem *bestimmten* sehr viel unabhängiger. Gerade ein solches Verhältnis muss einen starken Individualismus erzeugen, denn nicht die Isolierung anderen gegenüber, sondern die Beziehung zu ihnen, aber ohne Rücksicht darauf, wer es gerade ist, ihre Anonymität, die Gleichgültigkeit gegen ihre Individualität – das ist es, was die Menschen gegeneinander entfremdet und jeden auf sich selbst zurückweist. Gegenüber den Zeiten, wo jede äußerliche Beziehung zu anderen zugleich personalen Charakter trug, ermöglicht das Geldwesen so, entsprechend unserer Charakterisierung der Neuzeit, eine reinlichere Scheidung zwischen dem objektiven ökonomischen Tun des Menschen und seiner individuellen Färbung, seinem eigentlichen Ich, das jetzt ganz aus jenen Beziehungen zurücktritt und sich aus ihnen mehr als je gleichsam auf seine innersten Schichten zurückziehen kann.

Die Ströme der modernen Kultur ergießen sich in zwei scheinbar entgegengesetzte Richtungen: einerseits nach der Nivellierung, der Ausgleichung, der Herstellung immer umfassenderer sozialer Kreise durch die Verbindung des Entlegensten unter gleichen Bedingungen, und andererseits auf die Herausarbeitung des Individuellsten hin, auf die Unabhängigkeit der Person, auf die Selbstständigkeit ihrer Ausbildung. Und beide Richtungen werden durch die Geldwirtschaft getragen, die einerseits ein ganz allgemeines, überall gleichmäßig wirkendes Interesse, Verknüpfungs- und Verständigungsmittel, andererseits der Persönlichkeit die gesteigerte Reserviertheit, Individualisierung und Freiheit ermöglicht. [...]

Die zentrale Stellung, die das Geld durch das ungeheure Anwachsen des Kreises dadurch erreichbarer Objekte erhält, strahlt in vielerlei einzelne Charakterzüge des modernen Lebens hinein. Das Geld hat dem Einzelnen die Chance völliger Befriedigung seiner Wünsche in viel größere, versuchungsvollere Nähe gerückt. Es gibt die Möglichkeit, gleichsam mit einem Schlage zu gewinnen, was überhaupt begehrenswert erscheint. Es schiebt zwischen den Menschen und seine Wünsche eine vermittelnde Stufe, einen erleichternden Mechanismus, und weil mit der Erreichbarkeit des einen unzähliges andere erreichbar wird, erregt es die Illusion, als sei alles dieses andere leichter als sonst zu erreichen. Mit der Annäherung an das Glück aber wächst die Sehnsucht danach. Denn nicht das absolut Ferne und Versagte, sondern das Nichtbesessene, dessen Besitz näher und näher zu rücken scheint – wie es durch die Geldorganisation geschieht –, das entzündet die größte Sehnsucht und Leidenschaft. Das ungeheure Glücksverlangen des modernen Menschen, wie es sich in Kant nicht weniger als in Schopenhauer, in der Sozialdemokratie nicht weniger als im wachsenden Amerikanismus der Zeit ausspricht, ist offenbar an dieser Macht und diesem Erfolge des Geldes genährt. Die spezifisch moderne „Begehrlichkeit" der Klassen und der Individuen, mag man sie nun verdammen oder als Stimulus der Kulturentwicklung begrüßen, konnte aufwachsen, weil es jetzt ein Schlagwort gibt, das alles Begehrenswerte in sich verdichtet, einen Zentralpunkt, den man, wie den Zauberschlüssel im Märchen, nur zu gewinnen braucht, um mit ihm zu allen Freuden des Lebens zu gelangen.

Damit wird – und dies ist sehr bedeutsam – das Geld jenes unbedingte Ziel, dessen Erstrebung überhaupt in jedem Augenblick prinzipiell möglich ist, im Gegensatz zu den konstanten Zielen, von denen nicht jedes zu jeder Zeit gewünscht wird oder erstrebt werden kann. Dadurch wird dem modernen Menschen ein fortwährender Stachel zur Tätigkeit gegeben [...]. Daher die Unruhe, Fieberhaftigkeit, Pausenlosigkeit des modernen Lebens, dem im Gelde das unabstellbare Rad gegeben ist, das die Maschine des Lebens zum *Perpetuum mobile* macht. [...]

Die Geldwirtschaft bringt die Notwendigkeit fortwährender mathematischer Operationen im täglichen Verkehre mit sich. Das Leben vieler Menschen wird von solchem Bestimmen, Abwägen, Rechnen, Reduzieren qualitativer Werte auf quantitative ausgefüllt. Dies trägt sicher bei zu dem verstandesmäßigen, rechnenden Wesen der Neuzeit gegenüber dem mehr impulsiven, auf das Ganze gehenden, gefühlsmäßigen Charakter früherer Epochen. So musste überhaupt eine viel größere Genauigkeit und Grenzbestimmtheit in die Lebensinhalte durch das Eindringen der Geldschätzung kommen, die jeden Wert bis in seine Pfennigdifferenzen hinein bestimmen und spezifizieren lehrte. Wo die Dinge in ihrem unmittelbaren Verhältnis zueinander gedacht werden – also nicht auf ihren Generalnenner Geld reduziert sind –, da findet viel mehr Abrundung, Setzen von Einheit gegen Einheit statt. Die Exaktheit, Schärfe, Genauigkeit in den ökonomischen Beziehungen des Lebens, die natürlich auf seine anderweitigen Inhalte abfärbt, hält mit der Ausbreitung des Geldwesens Schritt – freilich nicht zur Förderung des großen Stiles in der Lebensführung. Und in demselben Sinne wirkt, die Ausbreitung der Geldwirtschaft verkündend, der immer wachsende Gebrauch von kleinem Geld. [...] Die Tatsache, dass jeder kleines Geld in der Tasche hat, mit dem er, oft nur momentaner Lockung folgend, allerhand Kleinigkeiten sofort einkaufen kann, muss Industrien hervorrufen, die von diesen Möglichkeiten leben. Dies und überhaupt die Teilbarkeit des Geldes in kleinste Summen trägt sicher zu dem kleinen Stil in der äußeren, insbesondere der ästhetischen Ausgestaltung des modernen Lebens bei, zu der wachsenden Zahl von Kleinigkeiten, mit denen wir unser Leben behängen. Und jener Pünktlichkeit und Exaktheit, welche die Verbreitung des

Geldwesens – etwa analog jener der Taschenuhren – den äußeren Beziehungen der Menschen verliehen hat, entspricht auf ethischem Gebiete keineswegs eine gewachsene innere Gewissenhaftigkeit. Das Geld vielmehr verleitet durch seinen ganz objektiven und indifferenten Charakter, durch den es sich der höchsten wie der niedrigsten Aktion gleichmäßig und innerlich beziehungslos darbietet, leicht zu einer gewissen Laxheit und Unbedenklichkeit des Handelns, die bei anderen als bloßen Geldaktionen oft durch die eigene Struktur der Objekte, durch das individuelle Verhältnis des Handelnden zu diesen gehemmt wird. [...]

Zurückkehrend von diesen einzelnen Folgen des Geldverkehrs, schließe ich mit einer ganz allgemeinen Bemerkung über sein Verhältnis zu den tieferen Zügen und Motiven unserer Kultur. Wollte man den Charakter und die Größe des neuzeitlichen Lebens in eine Formel zusammenzufassen wagen, so könnte es diese sein: dass die Gehalte der Erkenntnis, des Handelns, der Idealbildung aus ihrer festen, substanziellen und stabilen Form in den Zustand der Entwicklung, der Bewegung, der Labilität übergeführt werden. Jeder Blick auf die unter unseren Augen vorgehenden Schicksale jener Lebensinhalte zeigt unverkennbar diese Linie ihrer Gestaltung: Wir verzichten auf die unbedingten Wahrheiten, die aller Entwicklung entgegen wären, und geben unser Erkennen gerne fortwährender Umgestaltung, Vermehrung, Korrektur preis – denn nichts anderes heißt die fortwährende Betonung der Empirie auf allen Gebieten. [...] Innerhalb der sozialen Gruppe werden die festen Abgrenzungen mehr und mehr gelöst, die Starrheit kastenähnlicher und ständischer Bindungen und Traditionen werden – mag es zum Segen oder zum Verderben sein – durchbrochen, und die Persönlichkeit kann durch eine wechselnde Mannigfaltigkeit von Lebenslagen zirkulieren [...]. Diesem großen und einheitlichen Lebensprozesse, den die geistige und soziale Kultur der Neuzeit in einen so entschiedenen Gegensatz gegen das Mittelalter wie gegen das Altertum stellt, ordnet sich die Herrschaft des Geldes, ihn tragend und von ihm getragen, ein. Indem die Dinge ihr Äquivalent an einem völlig farblosen, jenseits aller spezifischen Bestimmtheit stehenden Tauschmittel finden, indem sie sich in jedem Augenblicke gegen ein solches umsetzen, werden sie gewissermaßen abgeschliffen und geglättet, ihre Reibungsflächen mindern sich, fortwährende Ausgleichungsprozesse vollziehen sich zwischen ihnen, ihre Zirkulation, Geben und Nehmen finden in einem ganz anderen Tempo statt, wie in naturalwirtschaftlichen Zeiten; immer mehr Dinge, die jenseits des Tauschverkehrs zu stehen schienen, werden in seinen rastlosen Fluss hinabgezogen: Ich erinnere nur, als an eines der krassesten Beispiele, an die Schicksale des Grundbesitzes seit der Herrschaft des Geldes. Derselbe Übergang der Stabilität zur Labilität, der das gesamte moderne Weltbild charakterisiert, hat mit der Geldwirtschaft auch den ökonomischen Kosmos ergriffen, dessen Schicksale, wie sie einen Teil jener Bewegung bilden, zugleich ein Symbol und Spiegel der ganzen sind.

**Textnachweis:** Georg Simmel (1896): Das Geld in der modernen Cultur. In: Zeitschrift des Oberschlesischen Berg- und Hüttenmännischen Vereins 35, S. 319–324. Wiederveröffentlichung in: Simmel, Georg: GSG 5. Aufsätze und Abhandlungen 1894–1900. Frankfurt am Main: Suhrkamp 1993, S. 178–196; hier: S. 178–180, 181–184, 190–191, 192–195. Die Rechtschreibung wurde eigenständig modernisiert.

# Niklas Luhmann: Die Unwahrscheinlichkeit der Kommunikation (1981)

## I

Ohne Kommunikation gibt es keine menschliche Beziehungen, ja kein menschliches Leben. Eine Theorie der Kommunikation kann sich deshalb nicht nur mit Ausschnitten aus dem Bereich des gesellschaftlichen Zusammenlebens befassen. Sie kann sich nicht damit begnügen, einzelne Techniken der Kommunikation zu erörtern, auch wenn in der heutigen Gesellschaft solche Techniken und ihre Folgen, weil sie neu sind, besondere Aufmerksamkeit auf sich ziehen. Ebenso wenig genügt es, mit einer Begriffsdiskussion zu beginnen[1]. Das würde nur zum Ziel führen, wenn man zuvor schon weiß, was man mit dem Begriff erreichen will und in welchem Theoriezusammenhang er arbeiten soll. Darüber kann jedoch kein Konsens vorausgesetzt werden. Deshalb beginnen wir mit der Unterscheidung von zwei verschiedenartigen theoretischen Intentionen, von denen sich der Aufbau einer wissenschaftlichen Theorie leiten lassen kann.

Die eine Art von Theorie fragt nach den Möglichkeiten der Verbesserung der Verhältnisse. Sie läßt sich leiten durch Vorstellungen der Perfektion, der Gesundheit oder im weitesten Sinne bestmöglicher Zustände. Bacon und die von ihm ausgehende Wissenschaftsbewegung haben so gedacht. Naturkenntnis ebenso wie Vermeidung von Fehlurteilen sind nicht unbedingt für die Erhaltung der Welt nötig. Man braucht keine Optik, um richtig sehen zu können. Aber sie dienen dem Ausbügeln von Fehlformen und der fortschreitenden Verbesserung der Bedingungen, unter denen die Menschen leben.

Die andere Art von Theorie beginnt mit einer These der Unwahrscheinlichkeit. Ebenso distanziert wie die erste von bloßer Perpetuierung der Zustände, wie sie sind, löst sie die Routineerwartungen und die Sicherheiten des täglichen Lebens auf und nimmt sich vor zu erklären, wie Zusammenhänge, die an sich unwahrscheinlich sind, dennoch möglich, ja hochgradig sicher erwartbar werden.

© Springer Fachmedien Wiesbaden GmbH, ein Teil von Springer Nature 2019
A. Ziemann (Hrsg.), *Grundlagentexte der Medienkultur*,
https://doi.org/10.1007/978-3-658-15787-6_51

Im Unterschied zu Bacon hatte Hobbes die politische Theorie auf eine solche Unwahrscheinlichkeitsannahme gegründet; und im Unterschied zu Galilei hatte Kant sich nicht mehr auf die Möglichkeit einer natürlichen Erkenntnis der Natur verlassen, sondern synthetische Erkenntnis als solche bezweifelt und dann nach den Bedingungen ihrer Möglichkeit gefragt. Die Leitfrage ist dann nicht die nach praktischen Verbesserungen. Es geht um eine theoretische Vorfrage aller Verbesserungen: Wie kann eine Ordnung sich aufbauen, die Unmögliches in Mögliches, Unwahrscheinliches in Wahrscheinliches transformiert?

Die folgenden Überlegungen halten sich ausschließlich an die zuletzt genannte Fragestellung und suchen für den Bereich der Kommunikation eine entsprechende Theorieform. Der Grund dafür ist: daß nur so die Einheit eines alle Gesellschaft fundierenden Sachverhalts angemessen erfaßt werden kann. Aber es gibt auch Gründe der praktischen Orientierung, die sich in einer Wachstums- und Wohlfahrtsgesellschaft zunehmend aufdrängen. Man kann nicht länger naiv davon ausgehen, daß auf der Basis von „Natur" – sei es physischer, sei es menschlicher Natur – Verbesserungen immer weiter möglich sein werden[2]. Wenn man die Natur als überwundene Unwahrscheinlichkeit begreift, gewinnt man ein anderes Maß für die Beurteilung des Erreichten und des zu Verbessernden; dann wird zumindest klar, daß jede Auflösung einer Ordnung in die Unwahrscheinlichkeit einer Rekombination zurückführt.

## II

Eine Kommunikationstheorie des hier angestrebten Typs behauptet also als erstes: Kommunikation ist unwahrscheinlich. Sie ist unwahrscheinlich, obwohl wir sie jeden Tag erleben, praktizieren und ohne sie nicht leben würden. Diese unsichtbar gewordene Unwahrscheinlichkeit gilt es vorab zu begreifen, und dazu bedarf es einer sozusagen contra-phänomenologischen Anstrengung. Diese Aufgabe läßt sich lösen, wenn man Kommunikation nicht als Phänomen, sondern als Problem auffaßt; wenn man also nicht einen den Sachverhalt möglichst deckenden Begriff sucht, sondern zunächst fragt, wie Kommunikation überhaupt möglich ist.

Dabei stößt man sogleich auf eine Mehrzahl von Problemen, eine Mehrzahl von Hindernissen, die die Kommunikation überwinden muß, damit sie überhaupt zustandekommen kann.

(1) Als erstes ist unwahrscheinlich, daß einer überhaupt *versteht,* was der andere meint, gegeben die Trennung und Individualisierung ihres Bewußtseins. Sinn kann nur kontextgebunden verstanden werden, und als Kontext fungiert für jeden zunächst einmal das, was sein eigenes Gedächtnis bereitstellt.

(2) Die zweite Unwahrscheinlichkeit bezieht sich auf das *Erreichen* von Empfängern. Es ist unwahrscheinlich, daß eine Kommunikation mehr Personen erreicht, als in einer konkreten Situation anwesend sind. Das Problem liegt in der räumlichen und zeitlichen Extension. Das Interaktionssystem der jeweils Anwesenden garantiert in praktisch ausreichendem Maße Aufmerksamkeit für Kommunikation, und es zerbricht, wenn man erkennbar kommuniziert, daß man nicht kommunizieren will. Über die Grenzen dieses Interaktionssystems hinaus können die hier geltenden Regeln jedoch nicht erzwungen werden. Selbst wenn die Kommunikation bewegliche und zeitbeständige Träger findet, wird es daher unwahrscheinlich, daß sie Aufmerksamkeit voraussetzen kann. In anderen Situationen haben die Leute etwas anderes zu tun.

(3) Die dritte Unwahrscheinlichkeit ist die Unwahrscheinlichkeit des *Erfolgs*. Selbst wenn eine Kommunikation verstanden wird, ist damit noch nicht gesichert, daß sie auch angenommen wird. Mit kommunikativem „Erfolg" meine ich, daß der Empfänger den selektiven Inhalt der Kommunikation (die Information) als Prämisse des eigenen Verhaltens übernimmt, also an die Selektion weitere Selektionen anschließt und sie dadurch in ihrer Selektivität verstärkt. Annehmen als Prämisse eigenen Verhaltens kann dabei bedeuten: Handeln nach entsprechenden Direktiven, aber auch Erleben, Denken und weitere Kognitionen, Verarbeiten unter der Voraussetzung, daß eine bestimmte Information zutrifft.

Diese Unwahrscheinlichkeiten sind nicht nur Hindernisse für das Ankommen einer Kommunikation beim Adressaten; sie wirken zugleich als *Schwellen der Entmutigung* und führen zum Unterlassen einer Kommunikation, die man für aussichtslos hält. Die Regel, es sei nicht möglich, nicht zu kommunizieren[3], gilt nur innerhalb von Interaktionssystemen unter Anwesenden, und selbst hier regelt sie nur, daß, nicht was kommuniziert wird. Man wird Kommunikationen unterlassen, wenn Erreichen von Personen, Verständnis und Erfolg nicht ausreichend als gesichert erscheinen. Ohne Kommunikation bilden sich aber keine sozialen Systeme. Die Unwahrscheinlichkeiten des Kommunikationsprozesses und die Art, wie sie überwunden und in Wahrscheinlichkeiten transformiert werden, regeln deshalb den Aufbau sozialer Systeme. So kann man den Prozeß der soziokulturellen Evolution begreifen als Umformung und Erweiterung der Chancen für aussichtsreiche Kommunikation, um die herum die Gesellschaft ihre sozialen Systeme bildet; und es liegt auf der Hand, daß dies nicht einfach ein Wachstumsprozeß ist, sondern ein selektiver Prozeß, der bestimmt, welche Arten sozialer Systeme möglich werden und was als zu unwahrscheinlich ausgeschlossen wird.

Die drei Arten von Unwahrscheinlichkeit verstärken sich wechselseitig. Sie können nicht eine nach der anderen abgearbeitet und in Wahrscheinlichkeiten transformiert werden. Wenn eines der Probleme gelöst ist, wird die Lösung der anderen umso schwieriger. Wenn man eine Kommunikation richtig versteht, hat man umso mehr Gründe, sie abzulehnen. Wenn die Kommunikation den Kreis der Anwesenden überschreitet, wird Verstehen schwieriger und Ablehnen wiederum leichter. Diesem Gesetz wachsender wechselseitiger Belastungen scheint die „Philosophie" ihren Ursprung zu verdanken[4]. Sobald Schrift es ermöglicht, Kommunikation über den räumlich und zeitlich begrenzten Kreis der Anwesenden hinauszutragen, kann man sich nicht mehr auf das rhapsodische Moment des versgebundenen Rhythmus verlassen, der nur Anwesende mitzureißen vermag; man muß mit der Sache selbst argumentieren.[5]

Dieses Gesetz, daß Unwahrscheinlichkeiten sich wechselseitig verstärken und Problemlösungen in einer Hinsicht die Möglichkeiten in anderen Hinsichten limitieren, bedeutet, daß es keinen direkten Weg zu immer besserer menschlicher Verständigung gibt. Wenn man es darauf anlegt, steht man vielmehr vor einem Wachstumsproblem mit zunehmend diskrepanten Erfordernissen. Im System der modernen Massenkommunikation handelt man zwar unter dem Eindruck des Funktionierens so, als ob diese Probleme gelöst wären. Von den einzelnen Arbeitsplätzen in Redaktionen oder Rundfunkanstalten aus sind sie in der Tat nicht mehr sichtbar. Dennoch wird man fragen müssen, ob die Strukturen der modernen Gesellschaft nicht wesentlich dadurch bestimmt sind, daß die Problemlösungen sich wechselseitig belasten und immer neue Folgeprobleme auslösen.

## III

In dieser Theorie braucht man einen Begriff, der zusammenfassend sämtliche Einrichtungen bezeichnet, die der Umformung unwahrscheinlicher in wahrscheinliche Kommunikation dienen, und zwar für alle drei Grundprobleme. Ich schlage vor, solche Einrichtungen als *Medien* zu bezeichnen. Normalerweise wird nur von Massenmedien gesprochen. Darunter versteht man Techniken, die der Extension der Kommunikation auf Nichtanwesende dienen, vor allem Druck und Funk. Parsons hat dem den Begriff der symbolisch generalisierten „media of interchange" hinzu gefügt und eine entsprechende Theorie am Modellfall des Geldes entworfen[6]. Seitdem wird in den Sozialwissenschaften der Begriff der Medien in zwei verschiedenen Bedeutungen gebraucht und ist nur noch aus dem jeweiligen Kontext heraus oder mit Hilfe zusätzlicher Erläuterungen verständlich. Der Vorschlag, den *Begriff* auf das *Problem* der Unwahrscheinlichkeit im Kommunikationsprozeß zu beziehen und ihn damit *funktional* zu definieren, könnte diese Konfusion bereinigen und zugleich zur Klärung der Bedeutung und des Umfangs von drei verschiedenen Arten von Medien beitragen.

Das Medium, das das Verstehen von Kommunikationen über das vorausliegende Wahrnehmen hinaus steigert, ist die *Sprache*. Sie benutzt symbolische Generalisierungen, um Wahrnehmungen zu ersetzen, zu vertreten, zu aggregieren und die damit anfallenden Probleme des übereinstimmen den Verstehens zu lösen. Die Sprache ist, mit anderen Worten, darauf spezialisiert, den Eindruck des übereinstimmenden Verstehens als Basis weiteren Kommunizierens verfügbar zu machen – wie brüchig immer dieser Eindruck zustandegekommen sein mag.

Die *Verbreitungsmedien* sind mit der Bezeichnung als Massenmedien nicht zureichend charakterisiert. Vor allem erfüllt bereits die Erfindung der Schrift eine entsprechende Funktion, die Grenzen des Systems der unmittelbar Anwesenden und der *face-to-face-Kommunikation* zu transzendieren. Verbreitungsmedien können sich der Schrift, aber auch anderer Formen der Fixierung von Informationen bedienen. Sie haben eine kau m überschätzbare selektive Auswirkung auf die Kultur, weil sie das Gedächtnis immens erweitern, aber auch durch ihre Selektivität einschränken, was für anschließende Kommunikationen zur Verfügung steht.

Die Kommunikationstheorie hat sich im allgemeinen auf diese beiden Arten von Medien konzentriert. Das ergibt jedoch ein arg disbalanciertes Bild. Erst wenn man die Frage hinzunimmt, über welche Medien Kommunikationen denn Erfolg haben können, gelangt man zu einer Theorie, die Kommunikationsprobleme in der Gesellschaft vollständig ins Auge faßt. Die dritte Art von Medien kann man als *symbolisch generalisierte Kommunikationsmedien* bezeichnen, weil sich in ihnen das Ziel der Kommunikation erst eigentlich erfüllt[7]. Parsons nennt auf der Ebene sozialer Systeme als Medien dieser Art money, power, influence und value com mitments. Ich würde für das Wissenschaftssystem Wahrheit und für den Bereich von Intimbeziehungen Liebe hinzufügen[8]. Die unterschiedlichen Medien erfassen die wichtigsten zivilisatorischen Bereiche des Gesellschaftssystems und für die neuzeitliche Gesellschaft ihre primären Subsysteme. Man erkennt daran, wie sehr eine Steigerung der Kommunikationschancen im Evolutionsprozeß systembildend gewirkt und zur Ausdifferenzierung von besonderen Systemen für Wirtschaft, Politik, Religion, Wissenschaft usw. geführt hat.

Symbolisch generalisierte Kommunikationsmedien entstehen erst, wenn die Verbreitungstechnik es ermöglicht, die Grenzen der Interaktion unter Anwesenden zu überschreiten und Informationen auch für eine unbekannte Zahl von Nichtanwesenden und für noch nicht genau bekannte Situationen festzulegen. Sie setzen, mit anderen Worten, die Erfindung von generell verwendbarer Schrift voraus[9]. Angesichts von so stark erweiterten Möglichkeiten der Kommunikation versagen die im Interaktionssystem gegebenen, an Anwesenheit gebundenen Erfolgsgarantien. Sie müssen durch *abstraktere* und zugleich *spezifischere* Mittel ersetzt oder jedenfalls ergänzt werden. In der griechischen Klassik bilden sich dem entsprechend neue Code-Worte *(nómos, alétheia, philia)* und entsprechend differenzierte Normsysteme aus, die die Bedingungen bezeichnen, unter denen man auch für entsprechend unwahrscheinlichere Kommunikationen noch mit Annahmewahrscheinlichkeiten rechnen kann. Seitdem ist es nie wieder gelungen, die Erfolgsbedingungen für Kommunikation in einer für alle Situationen geltenden, einheitlichen Semantik zusammenzufassen, und nach Erfindung des Druckes verschärfen sich die Differenzen zwischen diesen Kommunikationsmedien so sehr, daß sie schließlich auch die Prämisse einer einheitlichen, natürlich-moralisch rechtlichen Grundlage sprengen: Staatsräson und amour passion, methodisch erarbeitete wissenschaftliche Wahrheit, Geld und Recht nehmen verschiedene Wege, indem sie sich auf je verschiedene Unwahrscheinlichkeiten erfolgreicher Kommunikation spezialisieren. Sie benutzen verschiedene Kommunikationswege die Staatsräson, z.B. das Militär und die Verwaltungshierarchie, der *amour passion* den Salon, den (publizierbaren) Brief und den Roman – und sie führen zur Ausdifferenzierung verschiedenartiger Funktionssysteme, die schließlich den Verzicht auf eine ständische Ordnung der Gesellschaft und damit den Übergang in die moderne Gesellschaft ermöglichen.

Diese knappe Skizze zeigt den Doppelaspekt unseres theoretischen Konzepts. Ordnung entsteht dadurch, daß unwahrscheinliche Kommunikation trotzdem ermöglicht und in sozialen Systemen normalisiert wird. Dabei steigert die Unwahrscheinlichkeit der Verbreitung, wenn sie technisch überwunden werden kann, die Unwahrscheinlichkeit des Erfolgs. Die Kultur wird durch Veränderungen im Bereich der Kommunikationstechnik unter neuartige Anforderungen gestellt. Die Art, wie sie ihre Überzeugungsmittel geordnet hatte, gerät unter den Druck veränderter Bedingungen der Plausibilität, so daß manches – etwa der Kult der „Memoria" – erübrigt und anderes – etwa der Kult des „Neuen" ermöglicht wird. Insgesamt fällt der Trend zu größerer Differenzierung und Spezifikation auf, also auch die Notwendigkeit, immer mehr Willkür zu institutionalisieren. Dabei nimmt, wie generell in der Evolution des Lebens[10], die Beschleunigung der Veränderung zu, so daß die Überwindung zunehmender Unwahrscheinlichkeiten in immer rascherer Folge aus dem Vorhandenen heraus entwickelt werden muß, also insgesamt schon aus Zeitgründen unwahrscheinlicher wird und das wählen muß, was rasch geht.

## IV

Die Überlegungen zu den Auswirkungen der neuen Massenmedien, die derzeit angestellt werden, lassen sich durch eine zu enge Problemstellung führen. Sie fragen, orientiert an dem Begriff der „Masse", nach den Auswirkungen der Medien auf das individuelle Verhalten. Die gesellschaftlichen Konsequenzen ergeben sich in dieser Sicht daraus, daß das individuelle Verhalten durch Massenpresse, Film und Funk massenhaft deformiert wird. Auch die sich abzeichnenden Veränderungen auf diesem Sektor, etwa die Erweiterung der Zugänglichkeit von Sendungen oder sogar von Kommunikation schlechthin im eigenen Hause werden unter diesem Gesichtspunkt antizipiert. Es soll nicht bestritten werden, daß man so forschen kann. Aber wichtige Veränderungen kommen bei dieser Verengung der Fragestellung gar nicht erst in den Blick. Denn die Gesellschaft ist immer ein differenziertes System; sie besteht nicht einfach aus einer großen Zahl von einzelnen Handlungen, sondern sie bildet zunächst Teilsysteme und Teilsysteme in Teilsystemen, und nur durch Zuordnung zu solchen Teilsystemen – etwa Familien, Politik, Wirtschaft, Recht, Gesundheitssystem, Erziehung – kann Handeln gesellschaftliche Relevanz gewinnen im Sinne von über die Situation hinausgehenden Effekten.

Will man einen Überblick gewinnen über das, was sich in der heutigen Gesellschaft auf Grund der Struktur ihrer Kommunikationsmöglichkeiten verändert, muß man deshalb sehr viel umfassender ansetzen. Das Problem der Unwahrscheinlichkeit von Kommunikation schlechthin und die Vorstellung der Gesellschaft als eines differenzierten Systems konvergieren, denn System ist die ins Wahrscheinliche umgeformte Unwahrscheinlichkeit der Kommunikation. Man muß daher sowohl die Veränderungen in der Verbreitungstechnik als auch die Unterschiede der Erfolgschancen von Kommunikationen und deren Veränderung sowie die Rückwirkungen beider Problembereiche aufeinander berücksichtigen. Zu all dem kommt noch die Frage, ob es unabhängig von der Vermittlung durch Systemdifferenzierung noch direkte Auswirkungen auf individuelle Einstellungen und Motive gibt, die im systemtheoretischen Sinne zur Umwelt des Sozialsystems Gesellschaft gehören, eben deshalb aber auf dieses zurückwirken. Dies Problem einer latenten, gleichsam demographischen Effektivität hat sich neuerdings auch in Analysen des Erziehungssystems aufgedrängt, so etwa unter dem Stichwort des heimlichen Lehrplans (hidden curriculum)[11]. Ganz ähnlich kann man vermuten (und insofern bietet sich ein Vergleich von Massenmedien und Massenerziehung in Schulklassen an), daß auch organisierte Massenmedien das Repertoire der Einstellungen und Bereitschaften selektiv beschränken, auf das andere Teilsysteme der Gesellschaft zurückgreifen können. [...]

Von den soeben erörterten Problemen unmittelbarer Rückwirkungen der Verbreitungstechnik auf Funktionssysteme muß die Frage unterschieden werden, ob das organisierte System der Massenmedien die persönlichen Einstellungen und Handlungsbereitschaften ändert, auf die die Gesellschaft als Ressourcen zurückgreifen kann, um sozial anschlußfähiges Verhalten selektiv zu motivieren[19]. Dies hat indirekt natürlich auch wieder Rückwirkungen auf die Möglichkeiten von Politik, Wissenschaft, Familienbildung, Religion usw. Aber diese Funktionssysteme reagieren auch schon direkt und ohne durch Motivlagen ihrer Mitglieder dazu genötigt zu sein, auf die Massenmedien. Man denke als Beispiel etwa an die kirchenpolitische Problematik des Falles „Küng“, in dem Provokation und Reaktion,

Mut und Zögern, Reformwille und Standpunktfestigkeit im Hinblick auf Massenmedien inszeniert sind.

Dies jetzt beiseitegelassen, mag es auch die schon erwähnte „demographische" Effektivität von Massenmedien geben, mit der kollektive Mentalitäten geformt werden, die dann Bedingungen vorgeben, mit denen alle sozialen Systeme rechnen müssen. Sicher darf man sich dies aber nicht so vorstellen, als ob in der Bevölkerung zum Beispiel durch Fernsehen massenhaft auftretende, gleichförmige Einstellungen erzeugt würden. Eher ist zu vermuten, daß gewisse Prämissen, nach denen gedruckt und gesendet wird, mitübertragen werden, und zwar Prämissen, die ermöglichen, daß etwas überhaupt als Information erscheint[20]. Die vielleicht wichtigste Prämisse dieser Art ist: daß etwas als *neu* bzw. als *abweichend* erscheinen muß, um meldewürdig zu sein. Das schließt monotone Repetition (Fußball, Unfälle, Regierungscommuniqués, Kriminalität) nicht aus, sondern ein. Ein ähnliches Ausleseprinzip ist *Konflikt*[21]. Man muß vermuten, daß solche Prämissen, die stets die Diskontinuität gegenüber der Kontinuität betonen, verunsichernd wirken. Man kann sich vorstellen, daß dadurch Forderungen nach *Sicherung vor* und *Teilhabe an* Veränderungen, also Ängste und Ansprüche zugleich stimuliert werden. Für das politische und das wirtschaftliche System der Gesellschaft mag es dann – gleichgültig, ob ihr Zusammenhang über privat- oder staatskapitalistische Ordnungen hergestellt wird – immer schwieriger werden, sich mit den Erwartungen der Bevölkerung abzustimmen. […]

## Anmerkungen

1 Klaus Merten, *Kommunikation. Eine Begriffs- und Prozeßanalyse,* Opladen 1977, hat den Versuch unternommen, solche Diskussionen auf übereinstimmend genannte Merkmale hin auszuwerten.

2 Für Äußerungen dieser Art siehe etwa Joseph Glanvill, *The Vanity of Dogmatizing,* London 1661; Francis Hutcheson, *An Essay on the Nature and Conduct of the Passi ons and Affections,* London 1728, „Preface".

3 Paul Watzlawick, Janet H. Beavin, Don D. Jackson, *Pragmatics of Human Communication: A Study of Interactional Patterns, Pathologies, and Paradoxes,* New York 1967, S. 48, 72 ff.

4 Vgl. Eric A. Havelock, *Preface to Plato,* Cambridge, Mass. 1963.

5 Zum Entstehen von nicht versgebundenen Kunstformen der Literatur vgl. auch Rudolf Kassel, *Dichtkunst und Versifikation bei den Griechen. Vortrag vor der Rheinisch-Westfälischen Akademie der Wissenschaften,* Opladen 1981.

6 Die hierzu wichtigsten Aufsätze sind neu abgedruckt in: Talcott Parsons, *Politics and Social Structure,* New York 1969. Siehe auch ders., „Social Structure

and the Symbolic Media of Interchange", in: *Approaches to the Study of Social Structure,* hg. von Peter M. Blau, New York 1975, S. 94–120. Aus der umfangreichen Sekundärliteratur ragen heraus: David Baldwin, „Money and Power", *The Journal of Politics* 33 (1971), S. 578–614; Rainer Baum, „On Societal Media Dynamics", in: *Explorations in General Theory in Social Science: Essays in Honor of Talcott Parsons,* hg. von Jan J. Loubser et al., Bd. 11, New York 1976, S. 579–608; Jürgen Habermas, „Handlung und System – Bemerkungen zu Parsons' Medientheorie", in: *Verhalten, Handeln und System: Talcott Parsons' Beitrag zur Entwicklung der Sozialwissenschaften,* hg. von Wolfgang Schluchter, Frankfurt/Main 1980, S. 68–105; Stefan Jensen, Jens Naumann, „Commitments – Medienkomponente einer ökonomischen Kulturtheorie?", in: *Zeitschrift für Soziologie* 9 (1980), S. 79–99 sowie die Einleitung von Stefan Jensen zu seiner Ausgabe von Talcott Parsons, *Zur Theorie der sozialen Interaktionsmedien,* Opladen 1990.

7 Bei hinreichender Verständigung über das, worum es inhaltlich geht, ist die terminologische Frage gegenwärtig völlig offen. Im Anschluß an Parsons wird teils von Tauschmedien, teils von Interaktionsmedien, teils von Kommunikationsmedien gesprochen. Keine Wortfassung befriedigt ganz. Wie oft bei theoretischen Neuentdeckungen steht in der vorhandenen Sprache kein genau treffendes Wort zur Verfügung.

8 Vgl. Niklas Luhmann, „Einführende Bemerkungen zu einer Theorie symbolisch generalisierter Kommunikationsmedien", in: ders., *Soziologische Aufklärung,* Bd. 2, Opladen 1975, S. 170–192, und zur Auseinandersetzung mit Parsons: Niklas Luhmann, „Generalized Media and the Problem of Contingency", in: Jan J. Loubser et al., a. a. O., S. 507–532.

9 Vgl. für die hierfür ausschlaggebende Entwicklung in der griechischen Stadt Jack Goody/Ian Watt, „The Consequences of Literacy" in: *Comparative Studies in Society and History* 5 (1963), S. 304–345.

10 Vgl. Gerard Piel, *The Acceleration of History,* New York 1972.

11 Vgl. insb. Robert Dreeben, *On What is Learned in School,* Reading, Mass. 1968, mit einer im ganzen wohl zu optimistischen Einschätzung.

[...]

19 Zum theoretischen Konzept, das hier vorausgesetzt ist, vgl. Niklas Luhmann, *Interpenetration – Zum Verhältnis personaler und sozialer Systeme.*

20 Wir setzen an dieser Stelle einen Informationsbegriff voraus, nach dem etwas nur als Information erscheinen kann, wenn es als Differenz selegiert wird. Das wiederum bedeutet, daß ein Vergleichsschema vorausgesetzt ist, das als Bedingung der Möglichkeit von Information fungiert, aber nicht mitübermittelt wird, also auch nicht (oder nur schwer) vom Empfänger kontrolliert und kommunikativ beantwortet werden kann.

21 Siehe speziell hierzu Hans Mathias Kepplinger, *Realkultur und Medienkultur. Literarische Karrieren in der Bundesrepublik,* Freiburg 1975.

**Textnachweis:** Niklas Luhmann (1981): Die Unwahrscheinlichkeit der Kommunikation. In: Ders.: Soziologische Aufklärung 3. Soziales System, Gesellschaft, Organisation. Opladen: Westdeutscher Verlag, S. 25–34; hier: S. 25–30, 32–33, 33–34. Nachdruck mit freundlicher Genehmigung von Veronika Luhmann-Schröder.

# Bruno Latour: Über technische Vermittlung: Philosophie, Soziologie und Genealogie (1994)

Für Heidegger ist Technik niemals ein Instrument, ein bloßes Werkzeug. Bedeutet das, dass Techniken Handlungen vermitteln? Nein, weil wir selbst zu keinem anderen Zweck als der Instrumentalisierung selbst Instrumente geworden sind. Männer – bei Heidegger niemals Frauen – sind von der Technik besessen, und es ist eine vollkommene Illusion zu glauben, dass wir sie meistern könnten. Im Gegenteil: Wir sind in dieses *Gestell* eingefügt, das selbst wiederum eine Form der Entbehrung des Seins ist. Ist Technik der Wissenschaft und der reinen Erkenntnis untergeordnet? Nein, weil sie – für Heidegger – weit davon entfernt ist, als angewandte Wissenschaft zu dienen, dominiert die Technik alle, sogar die rein theoretischen Wissenschaften. Indem sie die Natur rationalisiert und verfügbar macht, spielt die Wissenschaft der Technik, deren einziger Zweck es ist, die Natur endlos zu rationalisieren und verfügbar zu machen, in die Hände. Unsere moderne Bestimmung – Technik – erscheint Heidegger radikal von der *poiesis,* der Art des „Herstellens", die die antiken Handwerker zu erreichen wussten, verschieden. Technik ist vollkommen einzigartig, unüberwindlich, allgegenwärtig, überlegen, ein in unserer Mitte geborenes Monster. Aber Heidegger irrte sich. Ich werde zu zeigen versuchen, wie und auf welche Weise er sich im Hinblick auf die technische Vermittlung irrte, indem ich ein einfaches, bekanntes Beispiel verwende.

„Schusswaffen töten Leute" ist ein Slogan von jenen, die den unbeschränkten Verkauf von Schusswaffen zu kontrollieren versuchen. Worauf die „National Rifle Association" (NRA) mit einem anderen Slogan kontert: „Menschen töten Menschen, nicht Schusswaffen." Der erste Slogan ist materialistisch; die Schusswaffe agiert aufgrund ihrer materiellen Komponenten, die nicht auf die sozialen Eigenschaften des Schützen reduzierbar sind. Wegen der Waffe wird der gute Mann und gesetzestreue Bürger gefährlich. Die NRA andererseits bietet (amüsanterweise, wenn man sich ihre politischen Ansichten vergegenwärtigt) eine soziologische Version, die häufiger mit den Linken verbunden wird: Für die NRA verrichtet die

© Springer Fachmedien Wiesbaden GmbH, ein Teil von Springer Nature 2019
A. Ziemann (Hrsg.), *Grundlagentexte der Medienkultur*,
https://doi.org/10.1007/978-3-658-15787-6_52

Schusswaffe aus sich selbst oder kraft ihrer materiellen Komponenten nichts. Die Schusswaffe ist ein Werkzeug, ein Medium, ein neutraler Träger eines Willens. Wenn der Waffenbesitzer ein guter Mann ist, wird die Schusswaffe weise eingesetzt und nur gerecht getötet. Wenn er jedoch ein Verbrecher oder Verrückter ist, dann wird ohne eine Veränderung in der Waffe selbst ein ohnehin ausgeführter Mord (einfach) effizienter ausgeführt. Was fügt die Waffe der Schießerei hinzu? Alles – in der materialistischen Betrachtungsweise. Ein unschuldiger Bürger wird ein Krimineller kraft der Waffe in seiner Hand. Die Waffe befähigt natürlich, aber sie instruiert auch, lenkt, zieht sogar am Abzug – und wer hätte nicht, mit einem Messer in der Hand, zu einer gewissen Zeit jemanden oder etwas erstechen wollen? Jedes Artefakt hat sein Skript, seinen Aufforderungscharakter, sein Potenzial, Vorbeikommende zu packen und sie dazu zu zwingen, Rollen in seiner Erzählung zu spielen. Im Gegensatz dazu macht die soziologische Version der NRA die Waffe zu einem neutralen Willensträger, der der Handlung nichts hinzufügt, der die Rolle eines elektrischen Leiters spielt, durch den Gutes und Böses mühelos fließen.

Die zwei Positionen widersprechen sich auf absurde Weise. Kein Materialist behauptet, dass Waffen von selbst töten. Was Materialisten behaupten, ist, dass der gute Bürger mit dem Tragen einer Waffe verwandelt wird. Ein guter Bürger, der ohne Waffe vielleicht verärgert sein könnte, kann zum Kriminellen werden, wenn er eine Waffe trägt – als hätte die Waffe die Macht, Dr. Jekyll in Mr. Hyde zu verwandeln. Materialisten machen also den bedenkenswerten Vorschlag, dass unsere Qualitäten als Subjekte, unsere Kompetenzen, unsere Persönlichkeiten davon abhängen, was wir in unseren Händen halten. In einer Umkehrung des Dogmas des Moralismus bestehen die Materialisten darauf, dass wir das sind, was wir haben – zumindest, was wir in unseren Händen haben. [...]

Wer oder was ist verantwortlich für den Akt des Tötens? Ist die Schusswaffe nicht mehr als ein Stück vermittelnder Technik? Die Antwort auf diese Fragen hängt davon ab, was *Vermittlung* bedeutet. Eine erste Bedeutung von *Vermittlung* (ich werde insgesamt vier anbieten) ist das *Handlungsprogramm,* die Abfolge von Zielen, Schritten und Intentionen, die einen Agenten in einer Erzählung wie in der meiner Skizze der Schusswaffe beschreiben kann [...].

Wenn der Agent menschlich und verärgert ist und Rache nehmen will, und wenn die Erreichung des Ziels des Agenten aus welchem Grund auch immer unterbrochen wird (vielleicht ist der Agent nicht stark genug), macht er einen Umweg, eine Abweichung [...]. Agent 1 fällt auf Agent 2 zurück, in diesem Fall eine Schusswaffe. Agent 1 rekrutiert die Schusswaffe oder wird von ihr rekrutiert – es spielt keine Rolle, welches von beiden der Fall ist –, und ein dritter Agent entsteht aus der Verschmelzung der anderen beiden.

Die Frage stellt sich nun, welches Ziel der neue zusammengesetzte Agent verfolgen wird. Wenn er nach seinem Umweg zu Ziel 1 zurückkehrt, ist die NRA-

Geschichte die richtige. Die Waffe ist ein Werkzeug, ein bloßer Vermittler. Wenn Agent 3 von Ziel 1 zu Ziel 2 treibt, obsiegt die Geschichte des Materialisten. Die Absicht der Waffe, der Wille der Waffe, das Skript der Waffe haben jene von Agent 1 abgelöst; die menschliche Handlung ist nicht mehr als eine Vermittlungsinstanz, ein Zwischenglied. [...] Der Mythos des neutralen Werkzeugs unter vollständiger menschlicher Kontrolle und der Mythos der autonomen Bestimmung, die kein Mensch beherrschen kann, sind symmetrisch. Aber eine dritte Möglichkeit liegt meistens näher: die Schaffung eines neuen Ziels, das keinem der Handlungsprogramme der Agenten entspricht. (Man hatte nur verletzen wollen, jedoch jetzt – mit einer Schusswaffe in der Hand – will man töten.) Ich nenne diese Unsicherheit über Ziele *Übersetzung*. [...] „Übersetzung" bedeutet nicht eine Verschiebung von einem Vokabular in ein anderes, z.B. von einem französischen in ein englisches Wort, als ob die beiden Sprachen unabhängig existierten. Wie Michel Serres verwende ich „Übersetzung", um Verschiebung, Driften, Erfindung, Vermittlung, die Erschaffung eines Bindeglieds, das zuvor nicht existiert hatte und das zu einem gewissen Grad zwei Elemente oder Agenten modifiziert, auszudrücken.

Wer ist dann der Akteur in meiner kleinen Geschichte? *Jemand anderer* (eine Bürger-Waffe, ein Waffen-Bürger). Wenn wir versuchen, Technik zu verstehen in der Annahme, dass das psychische Vermögen von Menschen für immer festgelegt ist, werden wir weder erfolgreich verstehen können, wie Technik geschaffen noch wie sie verwendet wird. Man ist eine andere Person mit einer Waffe in der Hand. Sein ist Existenz, und Existenz ist Handeln. Wenn ich Sie durch das definiere, was Sie haben (die Schusswaffe) und durch die Reihe von Verbindungen, in die Sie eintreten, wenn Sie benutzen, was Sie haben (wenn die Waffe abgefeuert wird), werden Sie von der Waffe verändert – mehr oder weniger, abhängig vom Gewicht der anderen Verbindungen, die Sie tragen. Die Übersetzung ist vollkommen symmetrisch. Sie sind anders mit einer Waffe in der Hand; die Waffe ist anders, wenn Sie sie halten. Sie sind ein anderes Subjekt, weil Sie eine Waffe halten; die Waffe ist ein anderes Objekt, weil sie eine Beziehung mit Ihnen eingegangen ist. Die Waffe ist nicht länger die Waffe-im-Arsenal oder die Waffe-in-der-Schublade oder die Waffe-in-der-Tasche, sondern die Waffe-in-der-Hand, die auf jemand Schreienden gerichtet ist. Was für das Subjekt wahr ist, für den Schützen, ist genauso wahr für das Objekt, die gehaltene Waffe. Ein guter Bürger wird zum Kriminellen, ein schlechter Mensch wird sogar noch schlechter; eine stumme Waffe wird zur abgefeuerten Waffe, eine neue zu einer gebrauchten, eine Sportwaffe zu einer Tötungswaffe. Der Fehler sowohl der Materialisten als auch der Soziologen ist der, mit den Wesenheiten zu beginnen, denen der Subjekte *oder* jenen der Objekte. Der Ausgangspunkt macht unser Verständnis der vermittelnden Rolle der Technik unmöglich. Weder das Subjekt noch das Objekt (oder ihre Ziele) sind festgelegt.

Es ist nun möglich, dass wir unsere Aufmerksamkeit auf *jemand anderen* richten, den Hybrid-Akteur, der z. B. aus Waffe und Schütze gebildet wird. Wir müssen lernen, Handlungen viel mehr Agenten zuzuschreiben – auf sie zu verteilen –, als es weder für die materialistische noch für die soziologische Darstellung akzeptabel ist. Agenten können menschlich oder (wie die Waffe) nicht-menschlich sein, und jeder kann Ziele (oder Funktionen, wie Ingenieure es bevorzugt ausdrücken) haben. Da das Wort „Agent" im Fall von Nicht-Menschen ungewöhnlich ist, ist ein besserer Terminus „Aktant", ein Lehnwort aus der Semiotik, das jede Entität beschreibt, die in einem Plot bis zur Zuweisung einer figurativen oder nicht-figurativen Rolle agiert („Bürger", „Schusswaffe"). [...] Weshalb ist diese Nuance wichtig? Weil ich z. B. in meiner Skizze den Schützen durch „eine Klasse arbeitsloser Herumtreiber" ersetzen könnte, wobei ich den individuellen Agenten in ein Kollektiv übersetzen würde, oder ich könnte über „unbewusste Motive" sprechen, wobei ich ihn in subindividuelle Agenten übersetzte. Ich könnte die Waffe als „was die Schusswaffenlobby in die Hände nichts ahnender Kinder legt" neu beschreiben und sie damit von einem Objekt in eine kollektive Person, eine Institution oder ein kommerzielles Netzwerk übersetzen; ich könnte die Waffe als „die Aktion eines Auslösers auf eine Patrone durch die Vermittlung einer Feder und eines Schlagbolzens" definieren und sie damit in eine mechanische Abfolge von Ursachen und Wirkungen übersetzen.

Der Unterschied zwischen Akteur und Aktant ist genau derselbe wie im Märchen, wo die plötzliche Tat eines Helden mit einem Zauberstab verbunden werden kann oder mit einem Pferd, einem Zwerg, Geburt, mit den Göttern oder der inneren Kompetenz des Helden. Ein einzelner Aktant kann viele verschiedene ‚aktantielle' Formen annehmen, und im Gegensatz kann derselbe Akteur viele verschiedene ‚aktorielle' Rollen spielen. Dasselbe trifft auf die Ziele und Funktionen zu, wobei die ersten eher mit Menschen, die letzteren mit Nicht-Menschen in Verbindung gebracht werden; beide jedoch können als Handlungsprogramme beschrieben werden – eine neutrale Bezeichnung, die nützlich ist, wenn eine Zuweisung von menschlichen Zielen oder nicht-menschlichen Funktionen noch nicht vorgenommen worden ist. Haben die Waffen in „Roger Rabbit" oder die Uhr und die Kerze in Disneys „Die Schöne und das Biest" Ziele oder Funktionen? Das hängt vom Grad des involvierten Anthropomorphismus ab. [...]

Diese Beispiele von Akteur-Aktant-Symmetrie zwingen uns dazu, die Subjekt-Objekt-Dichotomie fallen zu lassen, eine Unterscheidung, die das Verständnis von Technik und sogar von Gesellschaft verhindert. Es sind weder Menschen noch Waffen, die töten. Die Verantwortung für ein Handeln müssen sich die verschiedenen Aktanten teilen. Und dies ist die erste der (vier) Bedeutungen von „Vermittlung".

**Textnachweis:** Bruno Latour (1994): On Technical Mediation – Philosophy, Sociology, Genealogy. In: Common Knowledge 3/2, S. 29–64. Deutsche Fassung: Latour, Bruno: Über technische Vermittlung: Philosophie, Soziologie und Genealogie (1994). In: Andréa Belliger/David J. Krieger (Hg.): ANThology. Ein einführendes Handbuch zur Akteur-Netzwerk-Theorie. Bielefeld: transcript 2006, S. 483–528; hier: S. 484–489. Copyright der deutschen Ausgabe: transcript Verlag, Bielefeld (2006).

# Text- und Rechtenachweise[1]

Walter Benjamin (1935): Das Kunstwerk im Zeitalter seiner technischen Reproduzierbarkeit; erste Fassung. In: Ders.: Gesammelte Schriften. I, 2. Herausgegeben von Rolf Tiedemann und Hermann Schweppenhäuser. Frankfurt am Main: Suhrkamp 1990, S. 431–469; hier: S. 435–449, 451–452, 454–455, 458–459, 464–469.

Robert Warshow (1962): Author's Preface (1954). In: Ders.: The Immediate Experience. Movies, Comics, Theatre and Other Aspects of Popular Culture. New York: Doubleday, S. xxxvii–xliii. Deutsche Fassung: Warshow, Robert: Vorwort des Autors. Aus dem Englischen von Thekla Dannenberg. In: Ders.: Die unmittelbare Erfahrung. Filme, Comics, Theater und andere Aspekte der Populärkultur. Berlin: Vorwerk 8 (2014), S. 29–33.

Kitarō Nishida (1926): Ort. In: Ders.: Logik des Ortes. Der Anfang der modernen Philosophie in Japan. Herausgegeben und übersetzt von Rolf Elberfeld. Darmstadt: WBG 1999, S. 72–139; hier: S. 72–74, 76–77, 81–82, 84–92, 96, 98, 101–102, 104–108, 130–136, 138–139.

* * *

Ernst Kapp (1877): Grundlinien einer Philosophie der Technik. Zur Entstehungsgeschichte der Cultur aus neuen Gesichtspunkten. Braunschweig: Westermann; hier: S. 68–76, 198–202 und 203–208.

1 Aus Gründen der bibliografischen Genauigkeit und systematischen Einheitlichkeit wird zuerst die Ersterscheinung und dann die deutsche Fassung bzw. Übersetzung angegeben.

© Springer Fachmedien Wiesbaden GmbH, ein Teil von Springer Nature 2019
A. Ziemann (Hrsg.), *Grundlagentexte der Medienkultur*,
https://doi.org/10.1007/978-3-658-15787-6

Martin Heidegger (1954): Die Frage nach der Technik. In: Ders.: Vorträge und Aufsätze. Stuttgart: Klett-Cotta, S. 9–40; hier: S. 17–23, 24–26, 27–28.

Günther Anders (1987): Über Prometheische Scham. In: Ders.: Die Antiquiertheit des Menschen. Band 1. Über die Seele im Zeitalter der zweiten industriellen Revolution. München: C. H. Beck (ISBN: 978-3-406-60171-2), S. 97–211; hier: S. 101–104, 110–112, 114, 193–198. Mit freundlicher Genehmigung durch Gerhard Oberschlick und Verlag C. H. Beck München.

Vilém Flusser (1991): Digitaler Schein. In: Florian Rötzer (Hg.): Digitaler Schein. Ästhetik der elektronischen Medien. Frankfurt am Main: Suhrkamp, S. 147–159. Wiederveröffentlichung in: Flusser, Vilém: Digitaler Schein. In: Ders.: Lob der Oberflächlichkeit. Für eine Phänomenologie der Medien. Bensheim; Düsseldorf: Bollmann 1993, S. 272–285; hier: S. 272–273 und 281–285. Die Rechte für diesen Text liegen bei Miguel Flusser, Brasilien.

* * *

Cornelia Vismann (2004): Was weiß der Staat noch? In: Peter Collin/Thomas Horstmann (Hg.): Das Wissen des Staates. Geschichte, Theorie und Praxis. Baden-Baden: Nomos, S. 41–46. Wiederveröffentlichung in: Vismann, Cornelia: Das Recht und seine Mittel. Herausgegeben von Markus Krajewski und Fabian Steinhauer. Frankfurt am Main: Fischer 2012, S. 181–188; hier: S. 181–183.

Gilles Deleuze (1970): Un nouvel archiviste. In: Critique, No. 274, S. 195–209. Deutsche Fassung: Deleuze, Gilles: Ein neuer Archivar *(Archäologie des Wissens)*. Aus dem Französischen von Hermann Kocyba. In: Ders.: Foucault. Frankfurt am Main: Suhrkamp 1992, S. 9–36, hier: S. 9–16, 18–24, 27–29, 31–34. Alle Rechte bei und vorbehalten durch Suhrkamp Verlag Berlin.

Jacques Derrida (2001): Le ruban de machine à écrire (Limited Ink II). In: Ders.: Papier Machine. *Le ruban de machine à écrire et autres réponses.* Paris: Galilée, S. 33–150. Deutsche Fassung: Derrida, Jacques: Das Schreibmaschinenband. Limited Ink. Aus dem Französischen von Markus Sedlaczek In: Ders.: Maschinen Papier. Das Schreibmaschinenband und andere Antworten. Herausgegeben von Peter Engelmann. Wien: Passagen Verlag 2006, S. 35–138; hier: S. 44–48, 49, 64, 65, 82–84, 92–94. Abdruck mit freundlicher Genehmigung des Passagen Verlag Wien.

Bolesław Matuszewski (1898): Une nouvelle source de l'Histoire (Creation d'un depot de cinematographie Historique). Paris: Noizette. Deutsche Fassung: Matuszewski, Bolesłas: Eine neue Quelle für die Geschichte. Die Einrichtung einer Aufbewahrungsstätte für die historische Kinematographie. Aus dem Französischen von Frank Kessler. In: montage/av 7.2 (1998), S. 6–12.

Johann Wolfgang von Goethe (1823): Archiv des Dichters und Schriftstellers. In: Goethes Werke. Herausgegeben im Auftrage der Großherzogin Sophie von Sachsen. Weimarer Ausgabe (WA). 41. Band, Zweite Abtheilung. Weimar: Hermann Böhlaus Nachfolger 1903, S. 25–28.

* * *

Henri Bergson (1896): Matière et mémoire. Essai sur la relation du corps à l'esprit. Paris: Felix Alcan. Deutsche Fassung: Bergson, Henri: Materie und Gedächtnis. Essays zur Beziehung zwischen Körper und Geist. Mit einem Vorwort von Wilhelm Windelband. Jena: Eugen Diederichs 1908; hier: S. 1–6, 16–25.

George Didi-Huberman (2002): Le montage *Mnemosyne:* tableaux, fusées, détails, intervalles. In: L'image survivante. Histoire de l'art et temps des fantômes selon Aby Warburg. Paris: Les Editions de Minuit, S. 452–506. Deutsche Fassung: Didi-Huberman, George: Die Mnemosyne Montage. Tafeln, Raketen, Details, Intervalle. Aus dem Französischen von Michael Bischoff. In: Ders.: Das Nachleben der Bilder. Kunstgeschichte und Phantomzeit nach Aby Warburg. Frankfurt am Main: Suhrkamp 2010, S. 499–559; hier S. 499–500, 504–505, 506, 522–526, 532–533, 533–538, 554–555, 556–557. Copyright der deutschen Ausgabe Suhrkamp Verlag Frankfurt am Main 2010.

William J. T. Mitchell (1997): What do Pictures Want? An Idea of Visual Culture. In: Terry Smith (Hg.): In Visible Touch: Modernism and Masculinity. Sydney: Power Publications, S. 215–232. Deutsche Fassung: Mitchell, W. J. T.: Was will das Bild? Aus dem Englischen von Achim Eschbach, Anna-Victoria Eschbach und Mark Halawa. In: Ders.: Das Leben der Bilder. Eine Theorie der visuellen Kultur. 2. Auflage. München 2012: C. H. Beck (ISBN 978-3-406-57359-0), S. 46–77; hier: S. 46, 47–48, 54, 55–57, 65–68.

Stuart Hall (1997): The Spectacle of the ‚Other'. In: Ders. (Hg.): Representation: Cultural Representations and Signifying Practices. London: Sage, S. 225–279. Deutsche Fassung: Hall, Stuart: Das Spektakel des ‚Anderen'. Aus dem Englischen von Kristin Carls und Dagmar Engelken. In: Ders.: Ideologie, Identität, Repräsentation. Ausgewählte Schriften 4. Hamburg: Argument Verlag 2004, S. 108–166; hier: S. 108–109, 129–133, 142, 143–145, 165.

* * *

Alan M. Turing (1937): On Computable Numbers, with an Application to the Entscheidungsproblem. In: Proceedings of the London Mathematical Society, Vol. (2) 42, Nr. 1, S. 230–65. Deutsche Fassung: Turing, Alan: Über berechenbare Zahlen mit einer Anwendung auf das Entscheidungsproblem. Aus dem Englischen von Bernhard Siegert. In: Ders.: Intelligence Service. Schriften, hrsg. von Bernhard Dotzler u. Friedrich Kittler. Berlin: Brinkmann und Bose 1987, S. 17–60; hier: S. 19–24, 25–26, 29–33, 36–39.

Vannevar Bush (1945): As We May Think. In: The Atlantic Monthly, Vol. 176/No. 1, S. 101–108. Deutsche Fassung: Bush, Vannevar: Wie wir denken werden. Aus dem Englischen von Susanna Noack. In: Karin Bruns/Ramón Reichert (Hg.): Reader Neue Medien. Texte zur digitalen Kultur und Kommunikation. Bielefeld: transcript 2007, S. 106–125; hier: S. 106, 107, 119–124, 124–125. Copyright der deutschen Ausgabe: transcript Verlag, Bielefeld 2007.

Douglas C. Engelbart (1962): Augmenting Human Intellect: A Conceptual Framework. Stanford, Cal.: Stanford Research Institute, S. 8–29; hier: S. 8–11, 17–26, 28–29. Aus dem Englischen von Textworks Translations und Moritz Hiller. SRI Summary Report AFOSR-3223; Prepared for: Director of Information Services, Air Force Office of Scientific Research, Washington DC, Contract AF 49(638)-1024.

* * *

Judith Butler (2004): Gender Regulations. In: Dies.: Undoing Gender. New York; London: Routledge, S. 40–56. Deutsche Fassung: Butler, Judith: Gender-Regulierungen. Aus dem Amerikanischen von Karin Wördemann und Martin Stempfhuber. In: Dies.: Die Macht der Geschlechternormen und die Grenzen des Menschlichen. Frankfurt am Main: Suhrkamp 2009, S. 71–96; hier: S. 71–76, 87–94, 95–96. Copyright der deutschen Ausgabe Suhrkamp Verlag Frankfurt am Main 2009.

N. Katherine Hayles (2006): Traumas of Code. In: Critical Inquiry, Vol. 33, No. 1 (Autumn 2006), S. 136–157; hier: S. 136–144, 155–157. Übersetzung aus dem Englischen von Textworks Translations und Hedwig Wagner. Herausgeberschaft, Copyright und alle Übersetzungsrechte: The University of Chicago Press 2006.

Wir danken den Herausgebern der Zeitschrift sowie der Universität Chicago für die freundliche Genehmigung zur Übersetzung und zum Abdruck.

Donna J. Haraway (1994): A Game of Cat's Cradle: Science Studies, Feminist Theory, Cultural Studies. In: Configurations, Vol. 2/1, S. 59–71. Copyright 1994 The Johns Hopkins University Press and the Society for Literature and Science. Translated and reprinted with permission of Johns Hopkins University Press. Deutsche Fassung: Haraway, Donna: Das Abnehme-Spiel. Ein Spiel mit Fäden für Wissenschaft, Kultur und Feminismus. In: Dies: Monströse Versprechen. Die Gender- und Technologie-Essays. Erweiterte Neuausgabe. Hamburg: Argument Verlag 2017, S. 242–257; hier: S. 242–250, 251–252, 255–257. Copyright für die deutsche Übersetzung Argument Verlag 1995, Neuausgabe 2017. Wir danken dem Argument Verlag Hamburg sowie der John Hopkins Universität für die freundliche Genehmigung zum Nachdruck.

* * *

Jack Goody (2010): The Eurasian Miracle. Cambridge: Polity Press, S. 79–93; hier: S. 81–83, 86–87, 88–93. Aus dem Englischen von Textworks Translations und Michael Cuntz.

Walter J. Ong (1982): Orality and Literacy. The Technologizing of the Word. London: Methuen & Co. Ltd. Deutsche Fassung: Ong, Walter J.: Buchdruck, Raum und Abgeschlossenheit. Aus dem Englischen von Wolfgang Schömel. In: Ders.: Oralität und Literalität. Die Technologisierung des Wortes. Opladen: Westdeutscher Verlag 1987, S. 118–137; hier: S. 119–126, 128, 130–131.

Bruno Latour (1990): Drawing things together. In: Michael Lynn/Steve Woolgar (Hg.): Representation in Scientific Practice. Cambridge, MA; London: MIT Press, S. 19–68. Deutsche Fassung: Latour, Bruno: Drawing Things Together: Die Macht der unveränderlich mobilen Elemente. In: Andréa Belliger/David J. Krieger (Hg.): ANThology. Ein einführendes Handbuch zur Akteur-Netzwerk-Theorie. Bielefeld: transcript 2006, S. 259–307; hier: S. 259, 261–262, 263–266, 285–288, 297–299, 300–302. Copyright der deutschen Ausgabe: transcript Verlag, Bielefeld 2006.

Jacques Derrida (1967): Linguistique et grammatologie. In: Ders.: De la grammatologie. Paris: Les Èditions de Minuit, S. 42–108. Deutsche Fassung: Derrida, Jacques: Linguistik und Grammatologie. Aus dem Französischen von Hans-Jörg Rheinberger und Hanns Zischler. In: Ders.: Grammatologie. Frankfurt am Main:

Suhrkamp 1974, S. 49–129; hier: S. 65–66, 69–71, 92, 94–95, 97–99. Copyright Suhrkamp Verlag Frankfurt am Main 1983.

* * *

Harold A. Innis (1950): Introduction. In: Ders.: Empire and Communications. Oxford: Clarendon Press. Rev. ed. Toronto: University of Toronto Press 1972. Reprint with a general introduction by Alexander John Watson. Toronto: Dundurn Press 2007, S. 21–31; hier: S. 21, 22, 23–25, 26–28, 29–31. Aus dem Englischen von Textworks Translations und Gabriele Schabacher.

Paul Virilio (1984): La conduite intérieure. In: Ders.: L'horizon négatif. Essai de dromoscopie. Paris: Éditions Galilée, S. 217–240. Deutsche Fassung: Virilio, Paul: Die innere Steuerung. Aus dem Französischen von Brigitte Weidmann. In: Ders.: Der negative Horizont. Bewegung, Geschwindigkeit, Beschleunigung. Frankfurt am Main: Fischer 1995, S. 203–226; hier: S. 203–213, 215, 222–226. Copyright 1989 Carl Hanser Verlag München.

Bruno Latour (1996): Trains of Thought: Piaget, Formalism, and the Fifth Dimension. In: Common Knowledge Vol. 6, No. 3, S. 170–191; hier: S. 173–179, 186–187. Aus dem Englischen von Textworks Translations und Gabriele Schabacher.

Susan Leigh Star/Geoffrey C. Bowker (2002): How to Infrastructure. In: Leah A. Lievrouw/Sonia L. Livingstone (Hg.): The Handbook of New Media. Social Shaping and Consequences of ICTs. London: SAGE, S. 151–162. Aus dem Englischen von Textworks Translations und Gabriele Schabacher.

* * *

Karl Marx (1867): Das Kapital. Kritik der politischen Ökonomie. Erster Band, Buch I: Der Produktionsprozeß des Kapitals (MEW 23). Berlin: Dietz 1962; hier: S. 391–396, 402.

Franz Reuleaux (1875): Theoretische Kinematik. Grundzüge einer Theorie des Maschinenwesens. Braunschweig: Vieweg und Sohn; hier: S. 38–40, 41–43, 55, 57.

W. Ross Ashby (1956): The Determinate Machine. In: Ders.: An Introduction to Cybernetics. London: Chapman & Hall, S. 24–41. Deutsche Fassung: Ashby, W.

Ross: Die determinierte Maschine. Aus dem Englischen von Jörg Adrian Huber. In: Ders.: Einführung in die Kybernetik. Frankfurt am Main: Suhrkamp 1974, S. 27–73; hier: S. 27–28, 46–47, 71–73. Copyright der deutschen Ausgabe Suhrkamp Verlag Frankfurt am Main 1985.

Gilbert Simondon (1958): Genèse de l'objet technique: Le processus de concrétisation. In: Ders.: Du mode d'existence des objets techniques. Paris: Aubier, S. 19–49. Deutsche Fassung: Simondon, Gilbert: Genese des technischen Objekts: Der Prozess der Konkretisation. Aus dem Französischen von Michael Cuntz. In: Ders.: Die Existenzweise technischer Objekte. Zürich: Diaphanes 2012, S. 19–45; hier: S. 19–22.

Gilles Deleuze/Félix Guattari (1972): Bilan-programme pour machines désirantes. In: Dies.: L'Anti-Œdipe. Capitalisme et schizophrénie. 2ème édition. Paris: Minuit, S. 463–487. Deutsche Fassung: Deleuze, Gilles/Guattari, Félix: Programmatische Bilanz für Wunschmaschinen. Aus dem Französischen von Bernd Schwibs. In: Dies.: Anti-Ödipus. Kapitalismus und Schizophrenie. Frankfurt am Main: Suhrkamp 1974, S. 497–521; hier: S. 497–502. Copyright der deutschen Ausgabe Suhrkamp Verlag Frankfurt am Main 1977.

* * *

Max Horkheimer/Theodor W. Adorno (1947): Kulturindustrie. Aufklärung als Massenbetrug. In: Dies.: Dialektik der Aufklärung. Philosophische Fragmente. Frankfurt am Main: Fischer 1988, S. 128–176; hier: S. 128–134 und 163–170. Copyright S. Fischer Verlag GmbH, Frankfurt am Main 1969.

Jean Baudrillard (1978): La précession des simulacres. In: Traverses 10, S. 3–37. Wiederveröffentlichung in: Baudrillard, Jean: Simulacres et simulation. Paris: Edition Galilée 1981, S. 9–68. Deutsche Fassung: Baudrillard, Jean: Die Präzession der Simulacra. Aus dem Französischen übersetzt von Lothar Kurzawa und Volker Schaefer. In: Ders.: Agonie des Realen. Berlin: Merve 1978, S. 7–70; hier: S. 10–16 und 44–51.

Daniel Dayan/Elihu Katz (1987): Performing Media Events. In: James Curran et al. (Hg.): Impacts and Influences. Essays on Media Power in the Twentieth Century. London; New York: Methuen, S. 174–197. Deutsche Fassung: Dayan, Daniel/Katz, Elihu: Medienereignisse. Übersetzung von Christine Hanke. In: Ralf Adelmann et al. (Hg.): Grundlagentexte zur Fernsehwissenschaft. Konstanz: UVK 2001,

S. 413–453; hier: S. 414–417 und 442–453. Copyright 1987 Methuen & Co. Ltd, reproduced by permission of Taylor & Francis Books UK.

* * *

Georg Simmel (1896): Das Geld in der modernen Cultur. In: Zeitschrift des Oberschlesischen Berg- und Hüttenmännischen Vereins 35, S. 319–324. Wiederveröffentlichung in: Ders.: GSG 5. Aufsätze und Abhandlungen 1894–1900. Frankfurt am Main: Suhrkamp 1993, S. 178–196; hier: S. 178–180, 181–184, 190–191, 192–195.

Niklas Luhmann (1981): Die Unwahrscheinlichkeit der Kommunikation. In: Ders.: Soziologische Aufklärung 3. Soziales System, Gesellschaft, Organisation. Opladen: Westdeutscher Verlag, S. 25–34; hier: S. 25–30, 32–33, 33–34. Nachdruck mit freundlicher Genehmigung von Veronika Luhmann-Schröder.

Bruno Latour (1994): On Technical Mediation – Philosophy, Sociology, Genealogy. In: Common Knowledge 3/2, S. 29–64. Deutsche Fassung: Latour, Bruno: Über technische Vermittlung: Philosophie, Soziologie und Genealogie (1994). In: Andréa Belliger/David J. Krieger (Hg.): ANThology. Ein einführendes Handbuch zur Akteur-Netzwerk-Theorie. Bielefeld: transcript 2006, S. 483–528; hier: S. 484–489. Copyright der deutschen Ausgabe: transcript Verlag, Bielefeld 2006.

Printed in Poland
by Amazon Fulfillment
Poland Sp. z o.o., Wrocław

74700777R00260